THE CONQUEST OF NATURE

Water, Landscape, and the Making of Modern Germany

David
Blackbourn

征服自然

二百五十年的環境變遷與近現代德國的形成

大衛・布拉克伯恩——著
胡宗香——譯

以此追憶我摯愛的祖父母

目次

推薦序

在沼澤中崛起的德國

蔡慶樺／獨立評論「德意志思考」專欄作家、德國議題評論作家

自然與征服自然

在談這本書前，我想先刻劃一個思想戰場。在德國思想史中，始終存在著一條線索：自然主義，那是對於原始、未經人類汙染的自然之嚮往，強調人存在於自然中與之和諧共存的關係。這種對於自然的歌頌，是德國浪漫主義思潮中一脈重要的發展。

對浪漫主義者來說，自然不只孕育了生命，還在我們脆弱以及受傷的時刻，提供具有療癒力量的避風港，相對於人類構成的世界隨時可能失敗，自然蘊含著更原始、神祕、根源的力量，是一種超驗的存在，甚至帶有宗教感。作家封德文瑟（Hans Jürgen von der Wense）在《漫行歲月》（*Wanderjahre*）中寫著：

「漫行並非享樂，而是一種對神的服事。」說出那種在自然中的神啟感受：人類在大地前，都是虔誠的。

也因此，對於德國人來說，「走入自然」的意義並不只是登山健行踏青，而是一種朝聖，是一種回到母體的返璞歸真，是尋求治癒。因此德文裡面有些與自然相關的詞彙，帶著某種充滿療癒感的誘惑，非常難以翻譯為其他語言。例如Fernweh這個字，由Fern（遠方）與Weh（痛楚）結合而成，相對於思鄉（Heimweh，家鄉與痛楚），是一種渴望遠行的心態，而這種遠行，正是走入自然的召喚；又例如，德文的Wanderlust這個字，由Wandern（漫行）與Lust（慾望、興趣）結合而成，直接點出了那種對於離開現時此境、走入原始的無法平息之衝動。而Waldeinsamkeit一字描述在森林（Wald）中的孤獨感（Einsamkeit），一種處在自然中，雖孤絕一人，但卻不帶某種負面情緒，而是能與神祕的原始對話的精神體驗。這是十八世紀德國畫家卡斯巴·大衛·弗里德李希（Caspar David Friedrich）常見的主題，更是大詩人海涅一首名作之題目，他這麼寫著：「在森林中，在森林中！在那裡，我可以與精神還有動物共存，過著自由的生活。」

可是，與這樣的自然主義相對，同時也有著一脈思潮，歌頌人類對自然的征服，而前進荒野的人類，甚至在文學中被以英雄的姿態呈現。人們不再信仰自然，轉而相信人的能力、科技的能力，強調自然可以、也應該為人所用。「自由的生活」並非處於森林中的孤獨，而是能夠征服自然的無窮盡的力量，進而開拓人類更廣大的生存空間。征服（Eroberung）一字在德文中與「在上位」（ober）同字根，征服自然也就是人類對於自然的關係，轉變為人類占有上位，能決定自然的存續與利用方式。

對自然宣戰

哈佛大學史家布拉克伯恩（David Blackbourn）便在這樣的思想史背景中試圖回答：這麼憧憬自然的德國人，為什麼要征服以及改變自然？又以何種方式改造自然？他談德國人如何在對於自然的態度轉變中，改造了空間，而這樣的改造，不只是純粹的人與自然關係轉化，還涉及德國工程技術發展、對科技的崇拜、大型行政計畫、政治與國際關係等複雜面向。其書寫的時間向度是十八世紀下半葉直到統一後的德國，讀者可以見到這樣的國家道路：從君主制時代到工業化時代、納粹時代、戰後時代等，大約兩百五十年的時間裡，德國如何透過工程學、統計學、製圖學等發展，征服原不適人居住的溼地，大幅獲得新領土，一步一步占領自然，並成為一個現代化強國。

如作者在本書前言引述的蘇格蘭作家鄧巴爾於一七八〇年寫的：「讓我們學會對自然而不是我們的同類宣戰。」這是一場持續兩百五十年的戰爭。法蘭克福美茵河畔有一知名觀光景點「鐵橋」（Eiserner Steg），橋墩上刻劃著幾百年來美茵河氾濫的洪水高度，那一道一道高於人身的淹水刻痕，正可以看出，這場國家現代化的征服之戰多麼慘烈。

只是，這場戰爭最終從人類對抗自然延伸為人類對抗人類，德國人最終還是對其同類宣戰，例如殖民帝國時期對殖民地的征服，例如希特勒時期前進東歐。這些征戰行為都來自一個信念：德國人需要更多的空間。

一九二六年，小說家漢斯．格林姆（Hans Grimm）出版長篇小說《沒有空間的民族》（*Volk ohne Raum*），描述十九世紀末的德國人，其困苦可憐的生活都源自於太小的生存空間，這本小說接續了十九世紀殖民帝國主義對於「生存空間」（Lebensraum）的執迷，從威瑪共和國時期暢銷到納粹時期。因此，從二〇年代開始，「沒有空間的民族」這個概念深入德國人心，三〇年代開始也成為納粹黨的宣傳口號，法學家甚至生物學家也用以正當化德國的對外侵略行為。

誰才應得更多的生存空間？是有能力征服自然的德國人，而不是東歐那些懶惰柔弱的斯拉夫人，這是當時視東歐為有待開發（如同新大陸的西部）的德國人之偏見，本書〈種族與土地再造〉一章即非常生動詳盡地呈現結合了工程學、區域規畫、民族學與種族主義的「東進」（Drang nach Osten），我認為是本書高潮，十分精采，也讓人深思：對納粹來說人種有高低之分，其實自然也是，德意志人的自然就是原鄉，是療癒之聖地，而斯拉夫人的自然就是荒原，是應被改造的、應該被納入更文明國家的。我們都在歷史中見證了，對自然（以及自然科學）的思考，如果缺乏倫理面向的反省，其後果難以承擔。

成為眾神

這本書雖由專業史學家撰寫，但是讀來絕不是難以親近的學術著作。布拉克伯恩的閱讀廣度驚人，從地理學、生物學、水利工程、政治學等角度書寫沼澤整治、萊茵河治水、巨型水壩修建、納粹的種族政策及東進等，甚至文學家鈞特．葛拉斯（Günter Grass）、間諜小說家約翰．勒卡雷（John le Carré）都是本書思想資源，為讀者提供了一個完全不一樣的角度看待自然、馴服自然與德國國族打造之關係。雖然偶有工程術語，但絕不影響閱讀樂趣。熟悉德國地景的讀者都會驚訝發現，原來許多今日我們視為理所當然的景觀，是幾百年來政治角力及工程技術發展後的結果。也因此這位美國史家所描述的另一種德國現代化之路，也受德國讀者肯定。本書在英文版上市後隔年即以《征服自然——一段德意志地景史》（*Die Eroberung der Natur: Eine Geschichte der deutschen Landschaft*）為名出版德譯版，並在德國學術界及書市獲得相當正面的評價。

閱讀這本書，我總是不斷想起哲學家弗洛姆（Erich Fromm）於一九七六年出版的名著《擁有或存有》，其中有一段名言：「我們曾認為，要成為眾神，成為強大的存在者，能夠創造出第二個世界，在這個世界中，自然只是為了提供構成我們新的創造世界的磚石而存在。」

本書呈現的對自然的征服史——那許多試圖成為眾神的德國人們——許多段落都值得在今日時空中細讀反芻，例如，我們如何定義自然？如何思考進步？本書暴露了德國征服自然過程中的官僚決策弊病，那粗暴地對生態體系的干預，經濟至上、開發至上的過時心態，隨著六〇年代以來生態主義的興起，今日的德國已經不能視自然為無止盡的開發對象，轉而強調永續發展目標，甚至必須對於昔日被征服的自然，進行「再自然化」（Renaturierung），把人類奪取來的生存空間再還給自然。

可是，這個重新自然化的工作，人類真的交回了對自然的主權嗎？或者還是另一種空間規畫的權力展現？在這過程中如何避免當年征服自然過程的官僚問題，並落實人類與自然的和諧關係？在這個生態浩劫愈來愈嚴重的時代，我們真的放棄了征服自然的夢嗎？

兩個例子說明，對今日的德國人來說，這些都是難以回答的問題：幾年前德國政府堅持在易北河上建造一座大橋，改變了景觀，使得聯合國教科文組織因此將易北河谷從世界文化遺產名錄中移除；另一個例子是，為了採煤礦，德國能源公司擬砍除大片原始森林漢巴赫林（Hambacher Forst），環保護林人士以及反煤礦能源運動者全力抵制，自二〇一二年起甚至部份人士在漢巴赫林中搭建樹屋，以居住其中的方式阻擋能源公司伐林。可是，就在閱讀本書的同時，大量警力衝入了森林，擡走幾十位環保人士，能源公司開始砍樹。幾千位德國人從四處來到漢巴赫聲援，幾百輛車輛擋住警車及工程車道路，有些人帶著樹苗，誓言把被砍掉的樹木再栽種回來。這場征服自然與捍衛自然之戰，仍在持續中。

兩百五十年來，成為眾神的夢，從未被人類放棄。

地圖清單

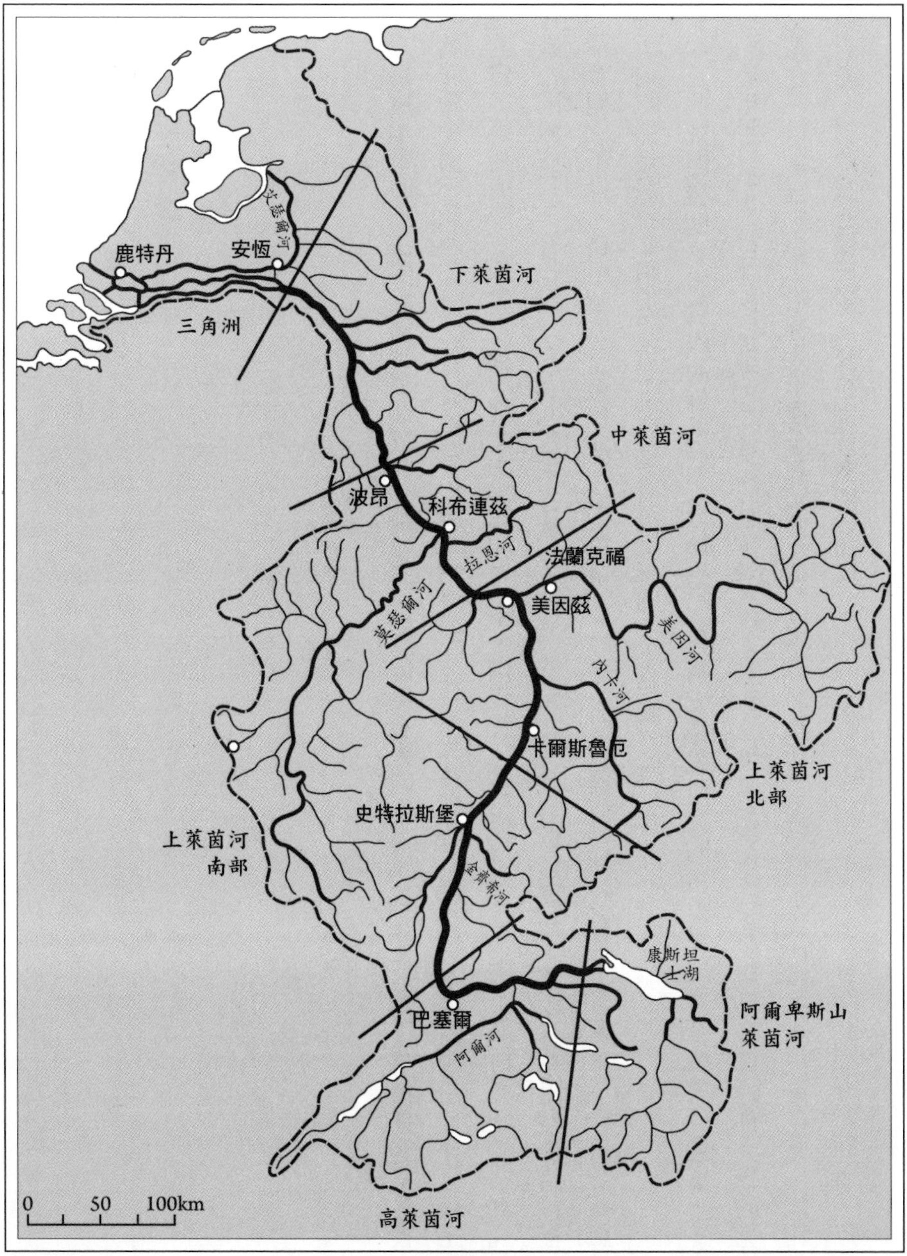
鹿特丹
安恆
艾瑟爾河
下萊茵河
三角洲
中萊茵河
波昂
科布連茲
拉恩河
法蘭克福
美因茲
莫瑟爾河
美因河
內卡河
卡爾斯魯厄
上萊茵河
北部
史特拉斯堡
上萊茵河
南部
康斯坦士湖
巴塞爾
阿爾河
阿爾卑斯山
萊茵河
0 50 100km
高萊茵河

萊茵河流域

自序

寫這本書的想法要回溯到很久以前。那是一九九〇年春天的加州，我在史丹佛大學擔任客座教授，開始閱讀美國「新西部」（New Western）歷史學者的著作。我在那時草擬了這本書的綱要，打算寫完手邊的書，再寫完下一本書之後，就著手進行這一本。兩年後，我定居美國。這本書的研究始於一九九五年赴德國的旅程，寫作從一九九九年末持續至二〇〇五年初。我喜歡這麼想，這本書是得益於這段漫長的孕育期。不過，借用萊斯－戴維斯（Mandy Rice-Davies）在聽說阿斯特勳爵（Lord Astor）否認認識她時所說的那句名言並稍加改述：「我是會這麼說的，不是嗎？」*

在此感謝襄助本書寫作的許多個人與機構，包括支持我研究的古根漢紀念基金會（John Simon Guggenheim Memorial Foundation）、洪堡基金會（Alexander von Humboldt Foundation）與哈佛大學的克拉克基金（Clark Fund）。哈佛大學准予我請假從事這本書的寫作，也提供了我所珍視的學術氛圍，能夠刺激思考，對此我心懷感激。我特別感謝歐洲研究中心（Center for European Studies）的朋友和同事，以及我今昔的研究生，他們對歷史這門共同事業的投入讓我得以保持樂觀，影響之深恐怕遠超過他們所知道。在德國，美因茲（Mainz）歐洲歷史研究所（Institute for European History）持續的支持與歡迎惠我良多，昆濟（Andreas Kunz）與佛格（Martin Vogt）在研究早期尤其鼎力相助。我也非常感謝卡爾斯魯厄的巴登邦檔案總館（Generallandesarchiv Karlsruhe）與柏林國家圖書館（Staatsbibliothek Berlin）友善的工作人員，以及德國各地的圖書館，他們透過館際圖書互借讓我取得數百種鮮為人知的書刊資料。在我服務的哈佛大學，豪頓（Houghton）與懷德納（Widener）圖書館的工作人員幫了大忙。我也希望對前後幾位研究助理表達感謝：赫特（Ben Hett）、歐斯托耶奇（Kevin Ostoyich）、普魯克（Katharina Plück）與崔梅爾（Luise Tremel），他們以高效率和好脾氣協助進行書目研究、書籍訂購與館際圖書互借。也要感謝憑藉過人精力取得插圖與使用授權的澤雅德（Katja Zelljadt），以及那些同意本書圖片授權與再製的機構個人。

我有幸受邀在許多不同的場合，對歷史學者與其他人談論本書中觸及的題材，這些場合讓我有機會形成並討論我的想法，我的收穫之大不是言詞所能表達。我首度發表書中的研究是一九九八年於波昂（Bonn）德意志聯邦共和國藝術與展覽館（Kunst- und Ausstellungs- halle der Bundesrepublik）舉行的一場會議，主題是水，那是以四大元素為主題（多妙的點子）的四場會議中的首場。在其後幾年的寫作期間，我得以在奧斯陸、柏林與溫哥華的觀眾面前，以及從加州、俄勒岡州和亞利桑納州到佛羅里達州、紐澤

*譯注：萊斯－戴維斯是英國模特兒與交際花。一九六〇年代英國保守黨政府的戰爭大臣普羅夫莫在婚外情醜聞事件中，阿斯特勳爵亦有涉入與萊斯－戴維斯的不倫戀，但阿斯特勳爵否認認識萊斯－戴維斯，萊斯－戴維斯在法庭反駁說，呃，他會的，不是嗎。這句話後來成為一句俚語。

西州和華盛頓特區等美國各地的會議、研討會與演講中，測試我的想法。許多鼓勵我或幫助我釐清自己究竟想說什麼的人並不是德國歷史學者，甚至不是歷史學者，我感謝他們每一位。閱讀不同領域作者與學者的著作讓我獲益良多，我欠他們更多感謝。本書最末的注釋足以顯示我受惠多少。當然，我為書中任何不符事實或詮釋有誤之處負全責。

最後，在此感謝一直最貼近這本書的人。一如既往，感謝我的經紀人韓貝瑞（Maggie Hanbury）與史特勞斯（Robin Straus）對我的支持和信心。我的家人，以及不同組合的四足動物，都與這本書共同生活了很長一段時間。感謝我的太太黛比和我們的孩子艾倫與馬修，感謝他們的耐心，最要感謝的是他們的愛，也謝謝我的父母這麼多年來充滿關愛的支持。書本有許多源頭。這一本書是在我如今安身立命的國家所構思及寫作的，而主題是我曾待過多年的國家，時間長到我覺得它的土地已是我生命的一部分。不過，從我最初展開這本書的寫作，它對我就別具個人意義，而源頭可能在更久以前。我的太太說，沼澤地或鹽沼的景色與氣味，會引發我進入某種沉醉的狀態。如果她說得沒錯（通常如此），那麼或許這本書和我在林肯郡的童年有些關聯，這也是我將此書獻給我已故祖父母的許多原因之一。

大衛．布拉克伯恩

美國麻州，列星頓

二〇〇五年九月

■ 引言

德國歷史中的自然與地貌

德國士兵在一九一四年八月出征時，德皇威廉二世（Wilhelm II）誓言他們將在秋葉落下前凱旋返鄉。時至一九一五年，士兵與平民都不得不認清，德國將無法如此輕易地讓敵人臣服於其意志下。那一年，作家布樹（Wilhelm Bölsche）出版了《德國地貌昔與今》（*The German Landscape Past and Present*）一書。布樹是二十世紀早期德國著名的社會改革者，他推廣達爾文的理論，也是田園城市（Garden City）運動的創始成員之一。該運動提倡的是：德國日益擴張的城市中，應有更多綠色空間。這本書是布樹對戰爭大業的貢獻，也是要動員自然為國家目標服務的眾多嘗試之一，書前的序言把這個訊息傳達得清楚明白。序言作者是同為社會改革者的戈爾克（Franz Goerke），他關心科學普及教育，也對自然保育這類「綠色」使命懷抱熱情。「在這個奮鬥與作戰的時代，」戈爾克寫道，德國的地貌「是我們必須捍衛的最偉大的事物。」[1] 對數百萬曾參與二十世紀戰爭的德國人而言，這樣召喚他們犧牲的話語並不陌生。需要他們捍衛的地貌是「德國偉大的綠色田園」，是他們的原鄉（Heimat），其草原、樹林與蜿蜒溪流是德國民族性與精神的搖籃。[2]不論戰爭可能帶來什麼巨變，自然地貌——正如其所滋養的人們一樣——總是會在那裡，讓人安心，永恆不變。

只是，它當然並非永恆不變。一九一五或一九四〇年的德國人如果回到一七五〇年，一定會為「自然」地貌在當時有多麼不同而震驚——耕地很少，由沙、灌叢，特別是水所占據的土地則多得多。來自二十世紀的訪客毋須走太遠，就會碰上早已被排乾和遺忘的水潭、池塘與湖泊。來到在十八世紀仍廣泛分布於北德平原的低地草澤和沼澤地，現代的旅人可能會完全迷失方向。受過教育的當代人將這些地方比為新世界的溼地，甚至是亞馬遜盆地，不是沒有原因。這是片陰暗的水鄉澤國，充滿被懸垂的藤蔓掩蔽、只能乘平底船通過的曲折水道，這裡是蚊子、青蛙、魚、野豬與狼居住的地方；與二十世紀德國人所熟悉、有著風車與整齊原野的開放地貌相較，這裡不僅看起來很不一樣，連聞起來、聽起來也很不同。任何一座德國河谷內的現代旅人一定都會覺得，自己回到了一個失落的世界。在一七五〇年，河流本身看起來很不一樣，連流經之處都和現代不同。現代由工程改造的單一水道，在兩側堤岸間快速流動，形成交通動脈，大大不同於十八世紀的河流，其時河流蜿蜒漫流於氾濫平原，或者在數百個由沙洲、礫石岸與島嶼分隔的水道中前進。它流動得迅速或緩慢，依季節而定，非依照全年通航所需要的節奏而定。沿著河流兩岸綿延數公里的是尚未被耕地與工業設施取代的溼地森林。這是萊茵河在十八世紀的樣貌。歌德在那條河中釣鮭魚，數百人在那兒的礫石中淘洗黃金。萊茵河在其後的一百五十年成為德國身分認同的最高象徵，但那已是一條新的、不同的河流了，沒有鮭魚和萊茵黃金容身之處。

上面描述的是一七五〇年左右的低地德國，多數景物在二十世紀的觀者眼中幾乎難以辨認。高地德國改變得比較少，但還是足以讓我們這位假想的旅人目瞪口呆。（想像這位二十世紀的旅人成長於東菲士蘭半島〔East Friesland peninsula〕，或是在曾經滿布泥炭沼地的巴伐利亞地區長大。）一七五〇年，數百年來形成的一片片廣大泥炭沼澤高地，大致上仍維持原貌，尚未有道路或運河縱橫其上，亦未為耕作農業所使用；只有少數地方的外觀因為採收泥炭而開始改變，其餘多數地方，仍讓人望而生畏。一直要到泥炭沼澤開始消失，有些德國人才開始視它們為「浪漫」。我們的旅人若是往更高處爬，進入艾菲爾山脈（Eifel）、紹爾蘭德（Sauerland）、哈茨山脈（Harz）或埃爾茨山脈（Erzgebirge）的高地，可能會看到另一個已經消失而讓人更為感傷的例子：數百座這樣的山谷後來被水壩淹沒。其時，這些山谷的原野與村落尚未掩蓋於水面下，正如被水浸潤的高地泥沼尚未被原野與村落所覆蓋一樣。德國地貌有許多特色，永恆不變絕非其一。

這本書所講述的，是德國人在過去二百五十年來如何改變他們地貌的故事，包括將草澤與泥沼改為新生地、將溼原排乾、將河流截彎取直，以及在高地山谷興建水壩。這些人為努力沒有一件是全然新穎的。中世紀的熙篤會（Cistercian）修士曾排乾沼澤的水；而萊茵河第一次成功的「截彎」工程早在一三九一年即完成；數百年前在德國的中部山脈甚至已經有某種水壩了，建造的目的是為礦井排水提供能源——利用水來抽取水。一七五〇年之後的水利工程與以往不同之處，在於其規模與影響巨大。這些工程對地貌的改變不亞於那些我們熟悉而顯而易見的現代象徵：工廠煙囪、鐵路，以及蓬勃發展的城市。為什麼有這些工程？是誰決定的？產生了什麼後果？我關心的是這些問題。我將這本書命名為《征服自然》(*The Conquest of Nature*)，是因為當時的人便是這麼描述他們所為之事。他們的態度隨著年代而改變，從十八世紀充滿陽光的啟蒙時代樂觀精神，到十九世紀對科學與進步的衷心信仰，再到二十世紀對於所標誌的技術官僚感到自信。(一九〇〇年，水力發電被描述為由穿著白袍的男人創造的乾淨現代能源。這些美好的描述現在讀來，一如六十年後的人對於核能發電的熱情期待。)在數十種大同小異的論調中，不變的是基本觀念：自然是我們的對手，必須被束縛、馴化、壓制、征服……諸如此類。

「讓我們學會對自然宣戰，而不是對我們的同類宣戰。」[3] 這是蘇格蘭作家鄧巴爾(James Dunbar)在一七八〇年所寫的，他認為人類應該對自然發起一場正當的戰爭。這樣的觀點在其後超過二百年的德國歷史中成為一再被提起的熟悉論調。與鄧巴爾同時代的普魯士國王腓特烈大帝(Frederick the Great of Prussia)，其排乾過的草澤與泥沼比同期任何一位統治者都多，他曾在俯視奧得河(Oder)草澤新生地後宣告：「我在這裡和平征服了一個新省分。」[4] 十九世紀，思想進步的人追求的是建立在沼澤原上的聚落與蒸汽船的通航。在自然科學的黃金年代，人類對自然的掌控被視為人類道德進步的標誌，那正是戰爭的反面，這樣的態度一直持續到慘烈的第一次世界大戰。在許多評論者眼中，那場戰爭中斷了人類進程的自然軌跡。佛洛伊德在一九一五年寫下《對戰爭與死亡時代的思考》(*Thoughts for the Times on War and Death*)，認為因為戰爭而「幻滅」的事物之一，是人類衝突可以和平解決的這種信念，而此信念是受到「我們在掌控自然上的技術進展」所助長；因為，秩序與法律的文明價值是「讓人類成為地球主宰者的特質之一」。[5] 戰後，馬克思主義文化評論者班雅明也提出近似的觀點，他感嘆：「取代了將水流自河川排出，社會將人流導向了戰壕。」[6] 談及水利工程時，這種化軍刀為犁刀的樂觀主義一直到二十世紀中期以後，有很長一段時間仍是自由主義者與社會主義者的共同論調。

史實又是另一回事。太多時候，將沼澤排乾或讓河道轉向並不如我們所以為的是「在道德上等同戰爭」（借用實用主義代表人物威廉．詹姆斯的用語），而是戰爭的副產品，甚至是為戰爭服務。以腓特烈大帝的諸多土地改造計畫為例，沼澤排乾後，消除了逃兵藏身的陰暗角落，也不再阻礙腓特烈如戰爭機器的部隊行軍的路線。挖掘運河與壕溝的是士兵，管理移墾者聚落的是從前的軍隊供應商；而對自然的征服，往往是在以征服所奪取的土地上進行。或者換個例子，看看十九世紀「導正」萊茵河的計畫。如果不是拿破崙毀滅了神聖羅馬帝國，讓德國的政治版圖變得單純，從而為改造這條河流開了大門，這個史無前例的龐大計畫不會在那個時候、以那種方式發生。類似的例子俯拾皆是。普魯士的工程師和數以千計的工人為什麼要與北海和雅德灣（Jade Bay）瘧疾橫行的泥灘搏鬥十年？這是為了替普魯士與後來的德國艦隊建造一座深水港。為什麼排乾並墾殖沼原的腳步在第一次世界大戰後加快了？因為德國人在《凡爾賽條約》簽署後，自視為「沒有生存空間的民族」（Volk ohne Raum），因此每一畝耕地都重要。國家社會主義黨（即納粹黨）在為下一場戰爭做準備時，進一步發展了爭取食物的戰鬥，同時也是對自然的戰鬥。他們在一九三九年之後為東歐規劃的水利計畫，則結合了技術官僚的自負，以及對他們所征服的「失序」土地上那些民族的輕蔑。種族、土地改造與種族屠殺，緊緊交纏。

歷代德國人所說的征服自然，換一個軍事隱喻也能貼切表達，也就是一連串的水的戰爭。在德國國內與海外都如此。水可以滿足許許多多人類用途，光是河流就提供了飲用水以及洗滌和沐浴用水。河流不僅灌溉作物，也透過魚類直接提供熱量。它們帶走廢物，也提供運輸方式（十七世紀法國哲學家、科學家暨數學家帕斯卡〔Blaise Pascal〕曾說，河流是會移動的道路）。河流提供了冷卻用水與其他工業程序用水，驅動簡易的水車與複雜的渦輪，是人類歷史上真正「重新發明輪子」的例子。*利用河流的這許多方式中，有些可以兼容並存，有些則否。本書中描述的德國水文改造，不管是將河流改道或開溝排水、排乾沼澤、挖掘運河或建造堤壩，每一項都讓這些用不同方式使用河流的人產生對立。河流與溼地經過改造以服務新的利益方時，斷裂紛爭就出現了。早年，衝突往往存在於漁業或狩獵與農業之間，後來存在於農業與工業之間，更晚近則在兩個有權有勢的現代利益團體之間（如內陸航運和水力發電）。幾乎總有地方上或小規模的訴求與較大利益之間的某種衝突發生；最後也幾乎總是較大陣營占上風。正如德國首屈一指的水壩專家所說：「能夠掌控水之後，隨之而來的便是因水而發生衝突的機會。」7

能夠掌控水，仰賴的是現代知識形式：地圖、圖表、清單、科學理論，以及水利工程師的專業。對水的掌控也是政治權力的指標。德國地貌的改造不僅具脅迫性，德國水戰爭有時是公然採取暴力的。沼澤地的漁村曾反抗遷離，被蒸汽船逼出河道的小船夫亦然。迎戰他們的是軍隊。公然的暴力在十九世紀中期之後逐漸減少（只有德國人在整頓別人的水道時例外），國內的水戰爭移至法庭、國會和內閣部長辦公室上演。但是法國人所說的「軟強迫」（violence douce）一直隱隱存在。只要看看德國的水道是怎麼改造的，就能看見權力的界線如何分布。人類對自然的主宰，透露了有關「人類主宰」這件事本身的許多訊息。

不過，這本書訴說的不只是暴力脅迫的故事，也是同心一意的故事。不管為一條運河或水壩所起的爭議有多激烈——誰該出錢、誰將獲益——德國水體可被任意重塑的這個基本原則，在出奇漫長的一段時間內，一直是政治人物、遊說者、官員與意見領袖的共識。可以重塑，也應該重塑——這種觀點不是菁英人士所獨有，許多人後來視掌控自然為自然的事情，或者如我們所說是「第二天性」。大眾熱情支持改造土地形貌的偉大土木工程建設；河道治理或水壩竣工後，歡樂的啟用儀式上有許多致詞演說；著名工程師如圖拉（Johann Tulla）和因茲（Otto Intze）享有十分崇高的地位；而大量流通的家庭雜誌在報導人類巧思的成果時那種興奮語調，都在在證明了這種態度。提倡水力發電的辛斯麥斯特（Jakob Zinssmeister）醫師在一九〇九年寫道，「畢竟人類存在是為了主宰自然而非服務自然」，只是陳述了多數人的想法。[8] 經常有人說，比諸英國人或法國人，現代德國人對於「現代性」的接受度較低，比較不世俗與物質化，對於機械文明懷抱更多敵意。這是用以解釋國家社會主義為何吸引人的一個說法。如果你相信這種說法，我希望這本書會讓你再想一想。

倒不是說人類對自然遂行掌控的權利，從未受到挑戰。如果辛斯麥斯特上述評論的語氣似乎頗為堅持，甚至不耐，那是因為這些言論是在回應保育人士對水壩建設衝擊地方地貌及動植物的質疑。水壩是新的憂慮來源，但是憂慮背後的不安早已存在。即使早在十八世紀，詩人與博物學者就已為人類的自大感到憂心。質疑的聲音在隨後的「進步的時代」愈來愈多。持懷疑態度的人為了不同的理由，質疑以工具論看待人類與自然界關係的主流觀點。在二百多年內，讓這件事情受到關切最持久的理由是美學（現在可能依然如此）。從浪漫派詩人的悲嘆，到二十世紀試圖阻擋水力發電計畫的壓力團體，他們關注的

＊譯注：英文諺語中有「重新發明輪子」reinvent the wheel 一說，指重新創造一個既有而且已相當完備的基本方法，比喻多此一舉，徒勞而無意義。此處指以水力驅動輪子，真正賦予了輪子新的用途。

中心都是土地自然美景所受到的威脅。而一八〇〇年代初期、改造萊茵河的提議剛提出時，就有人表達了另一種關切。如果事後證明療方比病症還糟糕呢？如果——多可怕的想法——造成「自然災害」的正是人類行動呢？這兩種憂慮，美學的與實際的，仍以人類利益為核心，儘管這種對人類利益的觀點與辛斯麥斯特的並不同。其他德國人則因為宗教因素而質疑人類是否有權利「改良造物者的創造」。溼地棲地流失導致鳥類物種衰退，也是激發這類焦慮的主要因素，因為鳥類學在德國很受歡迎，鳥類保護學會在德國成立的時間比多數其他國家都早，並且廣受支持。最後，還有獨排眾議的另一種質疑聲音，日後將愈形重要。一八六六年，德國生理學家海克爾（Ernst Haeckel）創造了「生態」（ecology）一詞，這標示了一個思想體系的興起，迫使人類面對他們與其他物種間複雜的交互關係。德國人對現代生態觀念有開拓式的貢獻，而對水生物種與棲地的研究正是這種新思維的一大驅動力。

這些悲劇的預言者形形色色，不論從智識上或政治上，都很難將他們歸於一類。德國在二十世紀初期興起了自然保育運動，但是八十年後重塑德國政壇的環境行動主義並非直接承繼這個運動而來。較早的運動所關注的生態議題有一些與驅動綠黨的議題重疊，但前者最關注的還是地貌的美感，也比較保守。一九三三年以後，這個運動與國家社會主義展開了一段熱情但幾乎是單相思的戀情，而一直到戰後，仍有一些人（往往是同樣那群人）持續抱持某些同樣的態度。後來的綠黨人士致力於「全球思考，在地行動」，但早先的自然保育者則在帶有強烈國家主義、往往還有種族主義色彩的框架內，照顧他們地方上的「國土」。如果我們因為「綠色」一詞，而以為有一套簡單明瞭、一脈相承的環保理念，那麼，就連綠色這個形容詞也不是可靠的指標。從十九世紀到二十世紀前葉，「綠色」一詞往往暗指德國的優越性：「日耳曼的、蒼翠的」；相對於斯拉夫人的「沙漠」或「荒野」。「德國村落永遠只會是綠色的村落，」曾有一名納粹景觀規畫師這樣寫道。[9] 他的觀點結合了地貌美學、生態關懷與種族自豪，也是當時多數保育人士的看法。現代的綠色運動（一如所有運動）為自己建構了一個前史，這段歷史中有在他們以前出現的先覺者，而兩者間確實也有一些聯結；但是，將過去與現在連起來的那條線，斷斷續續的地方多，連續的地方少。

書寫近現代德國地貌如何塑造，就是在書寫近現代德國本身是如何塑造的。今天任何人想從事這樣的書寫，都會面臨兩種迥異的呈現方式，姑且稱之為樂觀和悲觀的方式，前者是以英雄模式打造的敘事，後者是關於自嚐苦果的現代警世故事。第一個方式單純訴說有關進步的故事。人類愈來愈能掌控自然世界，這代表有新的土地可以拓殖，也有更多食物供養漸增的人口，這種掌控消滅了橫行的瘧疾，也抑制了自古以來的洪水威脅；它讓高地溪流的水得以保留，藉此提供安全的飲用水和新的能源；它也移除了交通障礙，讓人不再受限於封閉的地方世界，人與貨物沿著曾經蜿蜒的河流高速移動，一如蒸汽船穩穩行駛於海洋航道中。這是從限制中獲得解放的故事，對少數人造成了短期損失，但為多數人帶來了長期利益。直到「現代化」與進步的福音在大約一個世代前開始失去光彩以前，故事通常總是以這種樂觀昂揚的調性訴說。「一切都愈來愈好，」披頭四在一九六七年是這麼唱的，當時多數的歷史學者應該都會同聲附和。

以上是樂觀的版本。

現在少有歷史學者以這種方式寫作了，關注的焦點已經轉移到進步的黑暗面。對水的「征服」導致生物多樣性衰退，並且（一體兩面地）帶來了具破壞性的入侵物種，這些藻類、軟體動物和比較「具適應性」的魚類在已經受損的生態系中落地生根。各種水文計畫抹除了人類聚落，也隨之抹除了珍貴的地方知識：經過謹慎調整、與水共存與依水維生的生活方式。進步帶來的每一個好處都有代價：工業與化學肥料造成的水汙染導致魚類暴斃，危害人體健康；新開墾土地上引入的單一作物栽培極為脆弱；大規模排水導致地下水位下降。舊有的限制與危險消除了，但是被新的限制與危險取代。一個世紀前建造了水庫的城市官員誇耀他們增加了用水，但他們同時也建立了根本難以永續的恣意消耗模式。不論為何種目的建造的水壩，往往未能達成原先的目的，反而為後人帶來不可預見的問題。把河流盆地當作一連串的水溝與排水管以加快水流速度的做法，可能是最明顯的例子，凸顯了技術官僚對水的管理如何造成意料之外的後果。把一條河流與其支流的速度增加，將這條河流限制在一條狹窄的河道內，再鼓勵人類到以前的氾濫平原上墾殖，結果就是原本局限於一地的固定氾濫，變成較不頻繁但規模與損害都大得多的洪水——不過，正如自一九八〇年代以來在萊茵河、奧得河與易北河的許多「世紀」洪災所顯示，這些大型水災已經變得太頻繁了。

以上是悲觀的版本。

兩種版本都稱不上是呈現這段歷史最好的方法。兩者訴說的故事都失之偏頗。我們的時代充斥聳動的標題與簡單的敘事，似乎內建了對複雜事物的偏見，儘管如此，我們應該仍有可能在腦中保有兩種相反的觀念。德國邁向現代性的道路一如狄更斯筆下的法國大革命，是最好的時代，也是最壞的時代。征服自然就像浮士德與魔鬼的交易，為了近利，忘了遠憂。浮士德奮力馴服隱伏威脅的水，也透過「讓土地回歸土地」創造新的土地，他成功了，但也為此付出代價。[10]（在歌德的劇作中，付出代價的是老夫妻費萊蒙和鮑西絲，他們是早期「現代化的受害者」。）征服自然帶來的收穫與損失都真實無比，端視以哪個族群而言，用怎樣的時間跨度來看。這樣說不是要主張好壞參半的折衷說法，而是以此為誠實審視的開始。這本書裡的證據顯示，為了物質生活的進步，犧牲最大的往往是最貧窮、最弱勢的人。這是個概括式的結論，而其極端代表是一九一四年以前挖掘運河的移工與罪犯、第一次世界大戰中排乾沼澤的外國戰俘，和第二次世界大戰中在慘無人道的條件下挖掘運河、排乾沼澤並從事其他工作的奴工。同樣真實的是，當時在德國與其他歐洲國家，大型水文計畫的代價並不像在現代的第三世界那樣轉嫁到窮人身上。這本書中描述的土地改造為大多數德國人帶來很多物質好處：新的土地、家中有穩定供應的乾淨用水，以及水轉化為電力或使用於工業程序中，讓大眾消費變為可能。與魔鬼的交易依然存在，只是換了不同形式。德國在過去兩百年、特別是二十世紀沒有戰爭干擾期間，加速發展，從多數人壽命短暫、隨時面臨不安全與物質限制的世界，轉換為老年社會，享有人類歷史上前所未有的安逸舒適——還有餘裕審視自身的浪費行為。雖然包括我在內的許多人都會說，與其說我們有這個餘裕，不如說有這個必要。有關德國操控水資源並將之機械化的長期後果，現在真正該問的是可否永續的問題。什麼時候「需要」變成「想要」，誰來決定哪些「想要」應該獲得滿足？不接受這個問題背後思維的人，勢必得回答另一個問題：事情可以繼續這樣下去，而沒有未來狠狠算總帳的一天嗎？本書最後兩章顯示，相較於其他多數國家，德國人比較願意面對這個問題。

對這個問題的憂心，是今日悲觀的根源。今日的悲觀與以往性質不同，原因是歷史學者開始注意人類以外的物種，將人類歷史放在人類所居住世界的歷史框架內來看，這個世界包括岩石圈、大氣層與重要性不輸前兩者的水圈。[11]針對工業革命的社會影響而起的激烈辯論中，「悲觀者」並非對人類的未來悲觀。他們想要揭露過去人類社會的不平等，但是認為物質資源的分配在未來會趨向公平。讓自然世界屈居於人類使用之下是否明智，從來不是爭論的一部分。這一點已經改變。曾經象徵人類未來解放的建設計畫，比如蘇聯針對注入鹹海（Aral Sea）的河流所進行的水文計畫，今日觀之已可確認是人類與環境的災難。任何一本書，只要是以人類與自然世界長遠關係的改變為題材，都不可能不因我們今天面對的嚴重全球危機而蒙上陰影——氣候變遷、愈來愈快的物種滅絕速度、沙漠化，以及全球淡水供應黯淡的長期展望。這本書的讀者會看到德國水文革命造成負面環境效應的許多例子——排水計畫與「導正」河流造成土地乾涸，創造出迷你塵暴區（dust bowl，也讓德文中多了一個新的字：Versteppung），溼地與物種大幅流失，棲地愈來愈破碎，還有其他不可逆的改變，生態學家稱之為「蛋殼效應」(Humpty-Dumpty effect)。*[12]

既然如此，為什麼我還是認為「悲觀」觀點有所不足？一方面是因為我們可以指出其他改變，這些改變是可逆的，事實上也在過去三十年來獲得反轉，最顯著的例子是水媒汙染（water-borne pollution）與德國對河流盆地水災防治的整個想法。還有一些例子是人為干預產生的矛盾結果，比如有些水庫成為候鳥遷徙路線上的中繼站，已經自成珍貴的生態系並受到適當管理。在德國發生的這些事情只是小規模展現了一個全球現象，其中最戲劇化的例子是美國西南部的沙爾頓海（Salton Sea），這原是人類水文工程出錯所造成的災難，如今卻是美國本土吸引最多鳥類的地方。一段歷史敘述若是嚴肅對待環境議題，必然會在過去找到今日應引以為戒之事，但如果只是長篇累牘的激憤之言，那很可能是糟糕的歷史寫作（且可能對於掌握我們今日的問題沒有幫助）。人類與自然界之間的歷史注定充滿道德思辨，也因此，對歷史的反諷保持一定的敏感度更形重要。現在或過去的一切，並非都是朝向永劫不復的沉淪。

有關人類與自然世界關係的一些著述，很明顯地指向一種幾乎是宗教意義上的「墮落」。人類犯了罪，失去純真，被逐出伊甸園。以引自《聖經．創世紀》後半段的比喻來說，人類甚至因為無情地攻擊自然而被烙上了「該隱的永恆印記」。[13]當然，在多數史書中，這種失去恩典的感覺遠不及此強烈。儘管如此，這種想法還是很常見，讓一些思慮周延的環境史學者認為值得花時間反思。[14]我不認為這種立場有太大幫助，而經常伴隨這種立場、要人擁抱「純潔無瑕」的大自然的呼籲，在我看來更有問題。在這個議題上，沒有人說得比美國環境史學者理查．懷特（Richard White）更精闢：[15]

提倡回歸自然是故作姿態。這是一種宗教儀式，透過此，我們承認自己的罪並承諾不再犯，藉此確保可以恢復純潔。有些人相信罪會消失。歷史不會消失。

這個歷史，能不能用人類視角以外的方式訴說呢？許多人類以外的物種在這本書裡占有一席之地，從不起眼的石蛾到鮭魚，從德國人在十八世紀幾乎成功滅絕的狼到二十世紀席捲許多德國田地的蘇雲金芽孢

*譯注：英國童謠〈蛋殼先生〉（Humpty-Dumpty）描寫蛋殼先生有天從牆上摔下來後，任憑多少國王的人馬都無法把它拼湊回原貌，以此指一個生態環境一經破壞，即使所有的組成生物仍個別存在，也無法恢復原來的生態環境。

桿菌（*Bacillus thuringiensis*，也稱蘇力菌）。但我並未試著從這些物種中任何一個的個別角度講述這則故事——如果這麼做，那不過是借牠們的口講我自己的話罷了。這本書的角度絕對從人類出發，以人類為中心。我並未（像從前的英國歷史學家湯恩比那樣）讓植物說話，不過我引用了比利時作家康戴澤（Ernst Candèze）一本奇妙的書，書中透過一群勇敢進取的甲蟲、螞蟻和蚱蜢的眼睛，講述一座水壩的興建和對這些昆蟲帶來的後果。[16] 即使我們很想，我也不認為我們可以（如一位美國環境史學者所說的）「像河流一樣思考」。[17] 我以一個再人性不過的觀察者角度寫作。我是已經學到教訓的進步派，夠老，還能記得事情一直在變好的那個時代，但如今我更容易偏向另一種同樣欠缺歷史眼光的想法：事情一直在變壞。我想讓讀者看到德國現代化歷程中的種種矛盾。這本書的基調，以及其中的論點與反論點，都來自這樣的想法。

這本書以一系列戲劇化的事件為基礎，讓我們得以還原當年的人以為自己在做什麼（或試著防止別人做什麼）。這樣做，可以反制過去一旦成為過去，立刻就裹上的一種無可避免之感。我稱為樂觀者和悲觀者的那些人雖然持對立角度，但都有一種傾向，就是讓改變的過程顯得太直截了當、太順利無波而不證自明。我嘗試復原當時的人所面臨的選擇，嘗試呈現在書裡的每一個事件中都可看到的堅強意志與摩擦對立。但是從更長遠的視角看也同樣必要。所有的歷史都是意外後果的歷史，不過這一點在我們試著理清人類與自然環境的關係時尤其為真。把時間快轉，能讓我們看到所有當代的期望有多常以挫折收場。不管某一個案例的效果是好或壞（或兼而有之），改造德國的河流與溼地不僅困難重重，結果模稜兩可，同時也是不可預測的。我們在書中會經常遇見正在試圖解決問題的工程師，但這些問題會存在，完全是因為更早的解決方法不靈。而每一次，他們的信念都是一樣的：這一次會不同！悲觀者得一分。不過，同樣的一點也可用來攻擊另一方。在任一時間，自然保育者想要保護的現狀，其實只是處於某一次人類干預與另一次干預之間的某個點上，這個狀態是昨日的「進步」殘屑，只是經過時間覆上了一層「自然感」。如果進步的信徒太常為現在一勞永逸的解決方案而目眩神迷，批評他們的環保人士則是太常描繪出不符合真實的過去，為早已帶著人類使用痕跡的棲地加上了純淨原始的特質。[18] 這個論點，以及由此而生的許多反諷，像一條紅線（或者是一條綠線）貫穿全書。沼澤畫家莫德索恩（Otto Modersohn）在無意間證明了這一點：他在日記中寫下「我們應該以自然為師」，接著又指出，這個並不怎麼原創的想法是他「在穿過運河上方的橋上」時想到的。[19]

這本書充滿了像莫德索恩這樣俯視德國水景的人，只是他們通常是從比運河上的橋更高的地方往下看。這些觀察者提供了一系列德國地貌「之前」與「之後」的即景。我們能知道舊奧得河錯綜複雜的沼澤是什麼樣貌，是因為有一幅十七世紀的版畫從周圍高地的角度框住了這個景色；一百年後，腓特烈大帝驕傲地眺望綿延在他眼前的新生地，這片土地將在後來的陳腔濫調中被稱為德國的「美麗田園」（beautiful garden）。往西數百英里，畢爾曼（Peter Birmann）描繪了我們今日已然不認得的上萊茵河（Upper Rhine），渾然不覺自己正在記錄一個行將消失的世界；在他之後，許多十九世紀的觀察者俯瞰平原，他們看到的土地（如貝克〔August Becker〕所看到的），是「那麼豐饒與蒼翠……彷彿是一座大花園」。[20] 同樣的，神職人員與保育人士也俯瞰地景，為即將被水壩淹沒的河谷寫下輓歌，接著是技術官僚與旅行作家接手，而他們所歌頌的已經是另一片地景和另一種美——在艾菲爾山脈與紹爾蘭德地區水光粼粼的人造湖泊空拍照中，這種「水庫浪漫主義」仍鮮明可見。

一如後見之明，這些從高處俯瞰的視角有其價值，但不能代表故事的全貌。這些角度無法告訴我們，在「之前」變成「之後」的時候，真正身處其中是什麼意義。當你從上方俯瞰下方，可以看到許多東西，但也可能遺漏很多。因此我特意來到地面與水面，從這些角度看事情：從漁人的角度，他們的生活從高處看時，太容易被描繪得過於美好；從建築工人的角度，他們付出健康（有時是生命）完成了其他人從遠處熱情歌頌的功績；從低地沼澤新生地上的農人角度，他們經過幾代人才得以在這些土地上安身立命，而且永遠無法擺脫對洪水的恐懼；從沼澤原移墾者的角度，他們的生活同樣岌岌可危。作者總喜歡想像自己主導一切，但在任何一本書的寫作中，都有一些事物會從作者背後襲來，悄然占據一席之地。在這本書的例子中，讓我出乎意料的是泥巴：在一章又一章中，都有被泥巴淹至腰際的人物。我沒有嘗試把他們清理乾淨：自始至終，我的想法就是要提供多重視角，而這個角度是重要的。讀者可以期待跟著這本書來到高處，但也會跟著它來到土地與水接壤之處。

這兩者不只是角度上的不同，也不只是不同社會經驗的簡化呈現。它們是陳述一個想法的兩種不同方式：歷史不只發生在時間中，也發生在空間裡。真實的空間與想像的空間。這本書中所提到的土地有兩種：一種是由觀察者所框架的文化建構；一種是由岩石、土壤、植被與水所構成的物理現實。德國人視「自然」（人類觀念與情感的文化投射）與「自然本身」（地球上包括人類在內的各種生命形態的複合網絡）為不同的概念。[21] 當我書寫德國現代地貌的塑造時，我指的是這個雙重意義。這兩個意義是互補的，代表一個歷史的兩半。

人類是喜用比喻的生物。想到時間，我們就用河流來代表它。「時間是洶湧的洪流，」羅馬賢君奧里略（Marcus Aurelius）說過。馬基維利在《君主論》（*The Prince*）中也用了同樣的概念，他說，歷史（或命運女神 fortuna）就像「一條洶湧的河流，憤怒時便氾濫平原，毀滅樹木與建築，把這裡的土地擡起來，拋落在另一處」。[22]當著名的德國歷史學者蘭克（Leopold von Ranke）在十九世紀時指出歷史像河流一樣「流動」時，這個比喻已經是陳腔濫調了，他進一步寫道，歷史學者深陷於「無可抗拒的水流中」，但仍試圖「掌控」它。這種使用比喻的本能還是雙向的。我們看到一條河流，就把它變成神話與傳說的源頭。幼發拉底河、尼羅河與恆河流域文明有多古老，這樣的比喻就有多古老。現代德國人也將他們的溼地變成文化與政治意義的寶庫。藝術家、作家、歷史學者、旅人、政治人物與規畫者都為德國地景賦予了象徵價值，我也嘗試呈現他們達到這個目的的各種做法。同時代表浪漫主義、豐饒與「德國性」的萊茵河只是其中最著名的例子。[23]在俯拾皆是的例子中，德國的河流、溼原與沼澤成為某些更大更抽象事物的標誌：當然包括本書的雙重主題，征服與失敗，但也包括其他許多正面與負面的特質——美麗與醜陋、豐饒和匱乏、和諧與衝突。特別值得注意的是在十九世紀，德國人經常將自己想像的美德疊加在地貌上。近年來，許多歷史學者投入研究這些精神的地景，而且其來有自。我們稱之為地貌的東西，既不自然也不純真，它們是人類的建構。而它們如何、又為何被建構（許多人會說「被想像」甚至是「被發明」出來），則屬於歷史的範疇了。

每當我讀到有關「想像的地貌」（imagined landscape）的又一本書或一篇文章時，有時不免想和史坦（Gertrude Stein）發出同樣的抱怨：「沒有那種那裡。」而我想問：難道所有的地形都只存在於心智中，每條河流都不過是一個流動的象徵嗎？曾經，一個地方強烈的實體感是歷史的必要元素，十七世紀英國宗教與歷史作家海林（Peter Heylyn）在一六五二年以令人佩服的強烈措辭表達了這點：「少了地理的歷史就像一具屍體，沒有生命，一動不動。」[24]十九世紀最著名的一些歷史學者也會同意這個說法。試想英國人麥考利（Thomas Babbington Macaulay），或法國人米什萊（Jules Michelet）在他的著作《法國史》（*History of France*）中所寫：「少了地理基礎，人，歷史的創造者，就彷彿走在空氣上，一如那些少了地面的中國畫作。」[25]在地理學科發軔的德國，歷史學者也持這種態度。特賴奇克（Heinrich von Treitschke）最為人知的是他有關普魯士崛起令人激昂的政治書寫，而他的著述對於土地輪廓關注甚深，是沒讀過他作品的人（或只為了情節而讀他作品的人）想像不到的。

不可否認，到了一九二〇年代，歷史已經愈發成為以文件為研究基礎的專業，把鄙俗的地理留給地方上的文史工作者與推廣者，在德國尤其如此。不過，法國年鑑學派的歷史學者（得名自一九二九年創刊的學術期刊《年鑑》，*Annales*）對這種態度發起了革命性的挑戰，自此一切為之改觀。這些學者堅決認為實體環境不只是一個空蕩的舞臺，等待人類在上面演出。其中最傑出者布洛克（Marc Bloch）教導我們，人類歷史不只蘊藏在歷史檔案中，也蘊藏在「地貌的特徵背後」。[26]與舊態度分道揚鑣（或者說回歸到古老智慧）的不僅是法國人，在英國、美國與德國也有相同的發展。歷史學者應該有一雙耐用好走路的鞋成為超越國界的共同信念，在當時與其後多年都是如此。

這話今天聽起來有點老派。理論上，電子媒體應該已經讓我們「沒有地方感」。[27]我們把耐用好走路的鞋與特定年紀的人聯想在一起，比如地位崇隆的法國史學家杜比（Georges Duby），他曾惆悵地回顧他行走於鄉間的日子，那時他審視「一個文件……攤開在陽光下、在生命中，名為地貌」。[28]但即使在杜比寫下這些字句的一九九一年，改變已然開始。歷史學者與大眾都對於地方與地貌重新展現興趣。有關環境史與自然世界的書籍日益受到歡迎，顯示了某種變動。重新恢復宏觀歷史與實體環境間的聯結開啟了新的視角。為這本書進行研究時，我走過其中描述的許多地方，讓我更能體會人類強加於地貌上的改變之大。我也因而深信，這本書應該納入地理學者、植物學者和生態學者的說法。當然，從花粉分析得出推論或追蹤物種的改變，也是人類為自然世界強加意義的一種方式。這些是人類的命名方式。無論人類是否在場，河流總兀自流淌，發揮作用。意思是，河流「流動」和「作用」是我們的用語：河流並沒有用以稱呼這些事情的用語，那些都是人類的建構，與我們說河流「被征服」沒有絲毫不同。儘管如此，仔細審視人類活動如何劇烈改變了河流的流動與作用，相較於展現德國人怎麼將一片地貌視為和諧的、有秩序的、或能夠代表德國本質的，仍然是兩種迥異的工作。

這就讓我來到了真正艱難的問題。將歷史聯結至實體環境的努力會在德國徹底消失有一個特殊原因，那就是讓這件事和其他許多事染上汙點的國家社會主義。在一九二〇年代的德國，有一批歷史學者開拓了一種新的區域歷史，檢視人類與地貌的互動。但他們也抱持種族主義觀點，並且受到國家社會主義的強烈影響。[29]一整個歷史方法因而名譽掃地，它的語彙也染上汙點。兩名美國環境保護作者可以寫一本叫做《根植於土地》（*Rooted in the Land*）的書而不致觸犯禁忌；但是把這個書名變成德文，就太接近納粹使用的形容詞schollengebunden（根植於土壤）了。[30]法國區域史著作慣常會有名為La Terre et les Hommes（土地與人類）的一章，而沒人會多想什麼。試著換成德文，這幾個字會變成Land und Leute（土地與人），並且立刻召喚起陰暗的聯想，因為這是里爾（Wilhelm Heinrich Riehl）的一本書名，這位十九世紀作家經常被視為國家社會主義在知識上的先行者。[31]

若是提出我們在關注人以外，也該多關注土地，是不是在玩火？我很想這麼回答：我們是成年人，我們有權用火（此外，如我們將在後文所見，火也是歷史學經常探究的主題）。[32]但是針對納粹汙點這個議題應該給予更直接的回答。我們早該停止讓國家社會主義決定我們該閱讀誰的著作，以及該怎麼閱讀這些作者。以里爾為例，他受到同時代人的仰慕，包括思想自由、堪稱獨立女性表率的艾略特（George Eliot），綠黨與納粹黨都奉他為先行者（兩者的主張同樣可信，也可說同樣不可信）。他以土地與人民為主題的書依然是引人注目而有原創性的作品。我們為什麼要因為他書寫的內容在七十年後引起了一些國家社會主義者的共鳴而迴避他？知識的血脈總是模稜兩可而無可預測，不受控管也無法隔離。無論如何，我們沒有理由擔心恢復實體環境的歷史意義會讓我們灼傷手指。事實是，透過對區域、河流、生態系和村落的研究，實體環境早已緩慢回到德國歷史學中，這些寫作不帶有昔日種族主義（völkisch）包袱的任何痕跡[33]，它們也不會導向經常與納粹主義聯結在一起、地理即命運的結論。此處真正的反諷是，國家社會主義者代表很多東西，但絕對不是地理決定論者。他們總是談論地貌，但是對於任何可能被視為超越人類意志至高地位的事物，包括實體環境，他們一律抱持深刻的懷疑，尤其如果威脅到透過「血統繼承」（blood inheritance）而來的種族地位。我們將在本書第五章中一再看到這一點的展現。當納粹「地貌規畫師」維比金—尤根斯曼（Heinrich Wiepking-Jürgensmann）寫下「地貌即歷史，歷史即地貌」時，他所主張的是地貌的可塑性——亦即「優越的」種族依照他們的意志塑造地貌的能力。[34]

地貌既是真實，也是想像。現代德國人改造了他們的河谷、湖泊、溼原與沼澤地。他們排水、引流、築壩，改變了水文循環、物種平衡以及人與環境的關係。然而，同時代人也為這個改造過程賦予了各種形而上的意義。他們稱之為征服自然，視之為進步而加以頌揚，或視之為失去而為之哀悼，認為新的地貌井然有序而讚美有加，或視之為幾何形狀而深感厭憎。德國的水鄉澤國像一片螢幕，投射於其上的是一個變遷中社會的希望與恐懼。從萊茵河到維斯杜拉河（Vistula）的水鄉，都成為德國國家認同的象徵。有一位德國的沼澤專家曾有「一本溼漉漉的史書」（the wet book of history）之語。[35]那正是我試圖書寫的歷史之一，但是它也和感受與意義、政治與種族的歷史交織在一起。歷史與生命一樣多樣，它的分支是同一個真實的不同切面。「全歷史」（total history）這樣宏大的願景永遠無可企及，但依然值得追求。

這本書講述的是規模浩大的改造。十八世紀歐洲德語地區的樣貌與今日迥然相異——差異之大，如果我們能回到過去，許多地方看起來一定完全陌生。實體世界讓那個時代的人備受壓迫，大部分的德語區領土統治者都認為自然本該被宰制或征服，而這個觀念也受到開明之士支持。至於「德國」，則還只存在於想像中。在這本書的開端，法國大革命尚未發生，統一的德國還是一世紀以後的事情。《征服自然》描述實體環境在過去二百五十年的一連串劇烈改變。我嘗試呈現在不同時期與這些改變相關聯的事物：十八世紀的君主專制（absolutism），十九世紀的革命和國家主義，二十世紀的納粹主義、共產主義和民主制度，以及幾乎在每一個時期都與改變有關的戰爭。最後我想提出，在過去二百五十年來，對於自然的態度所經歷的改變，不亞於自然世界本身的改變。這本書講述的是德國地貌的重塑，同時試圖呈現這個過程如何塑造了近現代德國。

One

征服野蠻

十八世紀的普魯士

水鄉澤國的荒野

一七七〇年代的歐洲德語區充滿各種對比。德語區二千二百萬居民中，許多人的生活就像格林兄弟在四十年後採集的童話故事中所描述的一樣，塑造那個世界的是喪親之痛，充滿了孤兒與寡婦。半數孩童在十歲之前死去，只有十分之一的人活到六十歲。疫病威脅生命，作物歉收導致大規模饑荒，一七七〇年代早期在薩克森（Saxony）、普魯士與南德部分地區都發生這些情況。野狼漫遊在森林與沼澤地，特別是在東邊；而骯髒有毒的城鎮環境導致許多居民死亡，需要持續從鄉村湧入的人流才能維持人口數量。不論在城鎮或鄉村，這片土地在許多方面都是階級分明的社會。鄉間領主所享有的領主權愈往東走愈嚴苛。多數城鎮居民並非他們居住地的公民，城市裡的職業公會與教會基金會（church foundation）享有專屬的特權與優惠。在鬆散構成德意志民族神聖羅馬帝國（Holy Roman Empire of the German Nation）的大大小小數百個諸侯國中，一個人住哪裡、穿什麼、從事什麼職業、和什麼人結婚，都受到王公、領主、城鎮統治菁英、教會與職業公會大老施加的規範所限制。

然而這也是一個變動中的社會。在最基本的物質層面上，饑荒與疾病所帶來的威脅已經不像四十年前那麼嚴重。農產量提升，飲食與衛生的小幅改變也降低了死亡率，人口穩定成長。有些改善來自貴族統治者的行動。他們認同將人口視為珍貴人力資源的當代主張，因此鼓勵新作物的種植，也開始針對這個不安全的世界採取措施，以防範造成家庭災難最明顯的原因：火災、水災與流行病。如後文我們將看到的，消滅像狼這類「掠食性」動物的努力正源自這個更大的企圖。

這些行動也是一種跡象，顯示有些德意志領土國家的統治者在展現實力。不管我們將目光投向位於德意志北部與東部的普魯士王國（地域遼闊，透過四處征伐持續擴大），還是位於歐洲德語區西南隅、沒有那麼遼闊的巴登—杜拉赫邊侯國（Margraviate of Baden-Durlach），都可以看到統治者在伸張權力。他們不僅針對「失序」的自然世界如此，也針對阻擋在他們與他們的子民之間、同樣主張自己有權管理這些人的體制：包括教會基金會、職業公會、城市統治菁英，甚至是莊園制度（seigneurialism）。君主專制國家（absolutist state，或稱絕對權力國家）擴大中的權力與勢力範圍，是這些年間造成德語區歐洲改變的動態因素之一，但不是唯一。人口成長驅動了尋找新土地以供開墾的需求，也在鄉村地區創造了勞動大軍，參與所謂的「產出」（putting out）系統：批發商將原料（比如紡織品）提供給鄉間家庭，由這些家庭把原料製作為成品。這是對職業公會的直接挑戰。商人與生意人在一七七〇年代財富漸增，同樣於此時致富的還有受過教育的貴族、官員、神職人員與專業人士，他們聚集在那個年代萌芽中的書店、咖啡館和共濟會會所，形成了閱讀大眾，支撐起在一七六〇年代後進入全盛期的德國啟蒙運動。這些人（幾乎多數是男性）大量閱讀印刷品，並針對改良、實用性、和諧與理性等啟蒙時代的主要觀念辯論其價值。

一七七〇年代的德意志以這許多方式在改變；而這裡的人不僅處於變動，也在移動當中。在這個年代裡，旅遊大大拓展了德意志人的視野。最耀眼的一例是一七七二至一七七五年間隨庫克船長（Captain Cook）環遊世界的父子檔尤翰・福斯特（Johann Reinhold Forster）與蓋奧格・福斯特（Georg Forster）。

蓋奧格・福斯特的遊記《環航世界》(*Voyage around the World*)在一七七八年以德文出版後，讓他成為家喻戶曉的人物，這本書助長了啟蒙後的德意志大眾對於旅遊與旅遊寫作已有的狂熱。普魯士國王腓特烈大帝曾嘲諷對旅遊的「時髦」信仰。[1]在福斯特曾經造訪並大獲成功的哥廷根大學(University of Göttingen)，甚至有重要的教授開授以旅遊為主題的課程。[2]當時的道路狀況惡劣，土匪危害甚烈，使得柏林知識分子尼可萊(Friedrich Nicolai)的行囊中除了筆和測量儀器，還有一根棍子。儘管如此，一七七〇年代受過教育的德意志人熱衷於旅行的程度仍是前所未見。他們旅行至別處以觀賞建築，細看各種想像得到的收藏或尋找自己的礦物與植物標本，親睹模範畜牧業將新作物和動物品種引入德國田園的成果。當然，他們旅行也為了彼此會面、交談，可能是在像卡爾斯巴德(Carlsbad)這樣的溫泉勝地，在德國各地興起的學會和讀書會，或是在鄉間度假屋裡(如果主人與訪客趣味相投又好客的話)。

一七七七年時的柏努利(Johann Bernoulli)就是這樣一名旅人。柏努利是天文學者、數學家和物理學者，來自傑出的荷裔瑞士學術家族，也是柏林皇家科學院(Royal Academy of Science in Berlin)院士。柏林是當時的普魯士首都，人口歷經快速成長已超過十萬人，柏努利於五月中從這裡出發往東，最終的目的地是聖彼得堡。這趟旅程來回將費時十八個月，需要他以六本書來記述。[3]柏努利會踏上這趟旅程，是因為受到他的朋友普魯士外交官波德維斯伯爵(Count Otto Christoph von Podewils)的邀請，前往東邊位於奧得河另一畔的波美拉尼亞(Pomerania)莊園。不過他離開柏林經過悠閒的九天後，就先在波德維斯伯爵位於古索瓦(Gusow)的主要莊園停留，這片產業位於奧得布魯赫(Oderbruch)地區的西南緣。柏努利的品味偏向冷硬樸實，描述古索瓦時，他沒有針對不久前才以巴洛克風格重建的莊園大屋多費筆墨，更沒有提到屋內的房間或裝潢，即使提到畫作也是匆匆帶過，雖然他坦言有些作品（一幅克拉納赫的作品和「幾幅林布蘭」）可能會吸引美術愛好者的關注。他的注意力集中在嚴肅的事物上——放在玻璃櫃裡的東西。他讚美伯爵「排序非常有系統」的歷史、文學和植物學藏書，還有一批數學儀器和機械裝置，比如可以固定在推車輪子上的計轉器。柏努利也檢視了伯爵夫人的自然史標本。在經過「用心、整齊而細心」組合的櫃子裡有岩石、礦物、種子、乾燥果實、浸液動物標本，以及她的兩大明星藏品：一套貝殼與海螺殼收藏，包括剛在倫敦購得的南海（South Sea）海螺殼，以及德國最大的一套蝴蝶標本之一。[4]

更讓柏努利欣賞的是古索瓦莊園的土地，這片物業同樣展現了莊園主人富有智識的品味、對植物學的偏好和對秩序的追求。讀者初次認識古索瓦是透過一長段欣喜洋溢的文字，描述從曾經只有蘆葦與粗硬野草的土壤中奮力種出的一片豐美甘藍菜田。柏努利滿意地指出現代農牧業讓土地可以支撐更多人口。放眼望去，不管是溝渠交錯修剪整齊的田園、人造的柳樹林，或「美國花園」裡的樹木與灌叢，他都看到農業改良的證據。而這一切都是從波德維斯伯爵夫人在一七四〇年代繼承了她叔叔的這片產業後，在一個世代內發生的。[5] 接下來的十八個月，柏努利經常提到在一七四〇年代到一七七〇年代之間發生在土地上的劇烈改變。因此，在他離開古索瓦，準備穿越奧得布魯赫的「肥沃土壤」前往澤林（Zellin）的奧得河渡口以前，他所寫下的這句話，幾乎就像是將他的觀察總和為一個主題：「三十年前這裡還是一片荒蕪的沼澤。」[6]

三十年前，至少在受過教育的當代人眼中，位於古索瓦北邊和東邊的地區大多是一片荒蕪的沼澤，

腓特烈大帝時代的普魯士

0
50
100
150
200km
瑞
丹
麥
北　海
格雷齊爾
奧立希
恩登
東菲士蘭
埃姆河
威悉河
易北河
哈非爾河
烏克馬克
萊茵斯堡
新魯平
芬諾
運河
阿特馬克
斯滕達爾
林根
特克倫堡
民登
斯潘道
柏林
波茨坦
馬格德堡
比勒費爾德
拉芬斯堡
克雷弗
威瑟爾
哈母
哈柏斯塔特
里珀河
格登
摩爾斯
索斯特
魯爾河
哈茨山脈
埃爾里希
威廷
曼斯菲爾德
哈勒
克雷非
馬克
荷恩斯坦
薩　勒　縣
萊茵河
薩勒河
科布連茲
埃爾茨山脈
莫瑟爾河
美因河
萊茵河
瓦朗然
紐沙特

這片地方名為奧得布魯赫，意思是奧得河沼澤，沿著奧得河西岸分布，寬約十到十二英里（約十六到十九公里），並從北邊的奧德堡（Oderberg）延伸至南邊的里布斯（Lebus），長約三十五英里（約五十六公里）。十八世紀中以前，這是「貧瘠而沒有價值的沼澤地」，「一片水與草澤的荒野」。[7] 這類地區在普魯士隨處可見。西邊有柏林近郊的烏斯特勞（Wustrau）沼澤，越過奧得河則有科斯琴（Küstrin）堡壘，再往東去的瓦爾塔河（Warthe）與涅茨河（Netze）河谷，也是「多沼澤與水的荒地」。[8] 從這裡往北來到波德維斯伯爵的波美拉尼亞莊園所在地，還有其他類似的土地，如瑪督（Madüe）和波隆河（River Plöne）的沼澤。事實上，柏努利一路往東行，穿越西普魯士與東普魯士進入庫爾蘭（Courland）的途中，所經之地很少不是三十年前還人煙稀少，只有青蛙、鸛與野豬居住的地方。其中，維斯杜拉河（Vistula，維斯瓦河在德國境內的河段）積水的谷地是最惡名遠播的水鄉澤國之一。

這些沼澤地區有一個共同的地質成因。在最後一次冰期，一片巨大的冰蓋沿斯堪地那維亞、波羅的海和北海往南推擠，穿越今天的北歐平原（North European Plain），直到抵達現代德國與波蘭的中央高地才停下。接下來，在大約一萬年前，冰層後退了。大量的融水困在後退的冰壁與高地間，無法直接從冰層流走，因此沿著冰層橫向流動。這造就了好幾個東西向的巨大窪地，在德文裡稱為Urstromtäler，波蘭文中稱為pradoliny，英文裡則稱為古河谷（ancient river valley）。這些河谷從東邊的普里佩特河（Pripet）與布格河（Bug）延伸到西邊的易北河。漸漸的，這片水團被從南往北流的河流納入，最後注入波羅的海或北海，這也是我們今日熟悉的水系。但是古河谷谷底的沼澤留存了下來。[9]

後退中的冰層還以另外兩種方式塑造了這片地區未來的水文系統。它留下沉積碎屑，北歐平原的河流緩慢從中流過時產生了側流（side-arms），創造出側流間的溼地。同時，冰層也挖鑿出所謂的冰舌盆地（tongue basin），這是由冰層的舌狀突出（lobes of the ice sheet）所形成的小片窪地，並且逐漸為粉砂所填滿。維斯杜拉河與奧得河下游處的沼澤地就是這麼形成的。十八世紀中期，這片砂質平原仍有星羅棋布的沼澤與溼地。這些低地與巴黎或倫敦盆地不同，一點也稱不上是「豐饒、肥沃、微笑的土地」。[10]

波德維斯伯爵夫婦初抵古索瓦是在一七四四年，對於奧得布魯赫當時的樣貌我們有相當清楚的認識。一七四五年，三名藝術家為了描繪這片沼澤地親自走了一遭，他們以油畫捕捉到的景色，與一個世紀前梅里安（Matthäus Merian）一幅版畫中的景象相當接近。在梅里安的版畫中，觀察者從高處俯瞰錯綜複雜的水道網絡，這些水道蜿蜒穿過低地，在過程中創造出無數的小島。[11]當然，這些都是風格化的風景畫；而從上方望下，可能也讓下層灌木看起來比實際上濃密。不過，如果這些畫作在某方面是浪漫化的描繪，它們在另一方面又削弱了浪漫的傳奇。德國作家馮塔納（Theodor Fontane）在他一八六一年出版的《漫步布蘭登堡侯領》（*Rambles through the March Brandenburg*）中營造了一個改造前的奧得布魯赫的形象，這個形象從此被無盡地引用重述，但是這片土地與書中的形象不符，並不是有蔓生植物懸垂的原始森林。地圖證據顯示，這裡少有堅實的林地。[12]這裡有的是以草或蘆葦為主要植物的一塊塊沼澤與水池，間或有積水的濃密灌叢與赤楊林。奧得布魯赫每年有兩次會被十到十二英尺（約三至近四公尺）深的水淹沒，一次在春天融雪後，一次在當地暴風雨和遠方高地的逕流合力讓奧得河暴漲的夏天。而每年兩次在水退去後，舊的水道消失，新的側流出現。這片地區霧氣繚繞，很多種類的鳥、魚和動物以此為家，雲集成柱狀的昆蟲極為繁多，發出的聲響「宛如遠方的鼓聲」。[13]

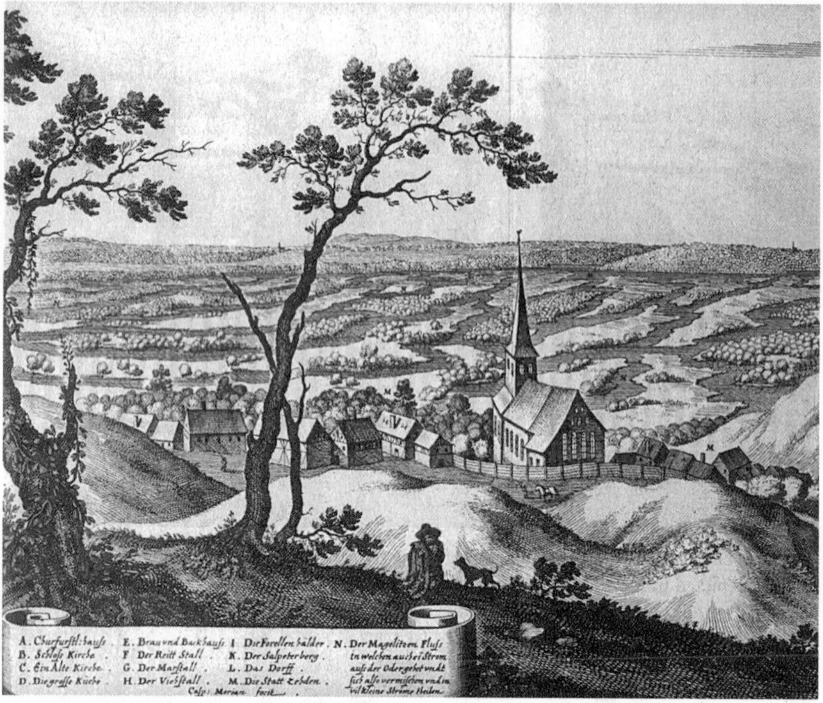

十七世紀由梅里安所繪的一幅版畫，從高處俯瞰澤登沼澤。

為馴化這些不適人居的水鄉所做的努力可回溯好幾個世紀以前到中世紀的條頓騎士團（Teutonic Knights，或譯德意志騎士團）和熙篤會。接續他們工作的是霍亨索倫（Hohenzollern）王朝，這個王朝於一五〇〇年後在該地區崛起，隨即開始謹慎地透過聯姻與購買的方式擴張領土。布蘭登堡的約阿希姆一世（Joachim I）在里布斯與科斯琴之間的奧得布魯赫南部，沿著奧得河上游建造夏季河堤；他的兒子約阿希姆與漢斯試圖截斷奧得河的一些側流。一五九〇年代，蓋奧格（Johann Georg）下令將河堤築得更高；十七世紀初期又建立了定期視察河堤的做法。這所有努力大多是想要將前一代做得不夠好的事情做得更好，而焦點都放在奧得布魯赫的南部。那裡的地勢略高一些，河流比較沒有那麼不受管束。南部獲得優先處理也是因為築堤有助於保護科斯琴城堡，並防止任意漫流的水阻斷西向道路，這條路經由瑟羅（Selow）與古索瓦通往柏林，具有商業與戰略重要性。但是在對德意志地區造成慘重破壞的三十年戰爭期間（一六一八至一六四八），入侵的瑞典軍隊不僅攻下了科斯琴，也毀去了多道河堤。[14]

戰爭結束後，「大選侯」腓特烈．威廉（Frederick William, the Great Elector）做了全歐洲人都做的事：把荷蘭人找來。十七世紀中期，低地國（Low Countries）的居民已經穩坐歐洲水利大師的地位，這個名聲有部分建立在低地國著名工程師的事蹟上。萊赫瓦特（Jan Leeghwater）抽乾了北荷蘭貝姆斯特爾湖（Lake Beemster）與其他數十座內陸湖的水；維爾穆登（Cornelis Vermuyden）則排乾了英國的沼澤區。從義大利到莫斯科公國（Muscovy），都有這兩位工程師的同胞受聘以專家身分工作。還有一些將土地排乾並進行墾殖的荷蘭殖民者，他們並不知名，但是在歐洲北部的河流三角洲與河口，遠至東邊的諾加特河（Nogat）與維斯杜拉河，都能看到他們的身影。[15] 腓特烈．威廉年輕時曾住在低地國，並且娶了一名荷蘭公主為妻，他鼓勵殖民者在布蘭登堡的沼澤地墾殖定居。這些人的努力有許多「新荷蘭」（New Holland）可為見證。[16] 這些聚落多數在柏林附近，位於曾是「青蛙天堂」的多瑟河（Dosse）與哈非爾河（Havel）沼澤的邊緣。[17] 一六五三年，也是維爾穆登完成英國沼澤區排水工程的同一年，大選侯引入荷蘭殖民者到更東邊的奧得布魯赫定居。但是這些殖民者欠缺成功建立聚落的資源，而他們零零落落築起的水堤與許多前人所建的一樣，最終都被水沖走了。[18]

這段與荷蘭人的淵源後來扮演重要角色，在十八世紀時帶來了比較持久的改變。一切始於國王腓特烈·威廉一世（King Frederick William I）。這位「士兵國王」（Soldier King）著眼於騎兵的需求，將常備軍人數倍增為八萬，因為新的土地可用以在冬天種植飼秣，於夏天提供牧草。面對奧得布魯赫堤防的劣化與一再潰決，他的因應之道是一套重建計畫。新的堤防會更高、更寬；新制定的法規則用以確保堤防獲得維護。（新的堤防委員會負責人德弗林格爾〔Friedrich von Derfflinger〕是一名軍官，父親是十七世紀的普魯士軍事英雄，以威廉一世與他所統治的國家而言，這樣的任命倒是與其風格一致。德弗林格爾恰好也是古索瓦莊園的主人，直到他於一七二四年逝世為止。）六個主要排水管在一七三〇年代建造完成，用於將新築起的堤防後方的土地變成新生地，總計約七萬英畝（約二百八十平方公里）。問題是，這些措施依然只針對奧得河沼澤的南部地區，水依循自然地勢被排入奧得河沼澤較低窪的北區。從一個地方被排出的水只是在其他地方以更大的力量展現其存在。更糟糕的是：當河流在北方沼澤的水位異常高漲時，水會倒灌並淹沒南方的新生地，一如一七三六年後果慘重的氾濫所見證，那是四十年來在該區發生的第九次重大淹水，更是短短八年內的第四次。[19]

水利工程師海爾倫姆（Simon Leonhard Haerlem）便在此時登場。一如他的姓名所顯示，他的家族源自荷蘭（有些作者將他的姓氏拼作Haarlem或Häarlem），但是早已有家族成員定居在漢諾威（Hanover），包括他的父親和祖父，兩人都是堤防大師。海爾倫姆生於一七〇一年，自一七三〇年代開始為普魯士服務，先後在易北河下游進行新生地工程以及擬定瓦爾塔河與涅茨河沼澤的排水計畫。[20] 一七三六年，國王腓特烈·威廉召他前往奧得布魯赫，立即的工作是負責監督在諾因道夫（Neuendorf）決堤的奧得河主要堤防修復工作。不過，他到了那裡以後，更遠大的計畫隨之誕生。那一年，腓特烈·威廉在尚未

腓特烈・威廉二世 © wikimedia commons

腓特烈・威廉一世 © wikimedia commons

改良下的奧得布魯赫狩獵蒼鷺時，住在國務大臣瑪爾紹（Samuel von Marschall）的蘭夫特（Ranft）莊園，他注意到這裡受惠於當地所建造的圍堤而沒有和其他地方一樣淹水。他問海爾倫姆，有可能在整個下奧得布魯赫都建造圍堤嗎？海爾倫姆的回答是可以，但是會很複雜——而且很昂貴。即使以霍亨索倫王朝的標準而言，腓特烈・威廉都屬慳吝的國王，而且深知自己已經年邁，因此決定把這個工作留給「我的兒子腓特烈」。[21]

他的兒子腓特烈二世（史稱腓特烈大帝）對奧得布魯赫有第一手瞭解，這源自他年少時期的一段慘痛經歷。腓特烈生活的每一方面都與他年僅十八時發生的事件有關。那是在位君王與思想獨立的王儲之間典型的政治對立，兩者間的意志衝突又因為父子間的緊張關係而益發尖銳，一方是強硬嚴厲的

漢斯—赫爾曼・馮・卡特 © wikimedia commons

父親，一方是寫詩、吹長笛、喜與哲學家為伍的兒子；用父親的話來說，這兒子就是個「吹牛皮的法國佬」。腓特烈厭倦了父親為了讓他變成一個道地普魯士人對他的咆哮和打擊，因此試圖與他最親近的朋友，名為卡特（Hans-Hermann von Katte）的軍官，一起逃離普魯士。他們遭逮捕並以逃兵身分受審。卡特被判終生監禁，但是在腓特烈・威廉堅持下被處死，腓特烈則被迫觀看行刑。[22] 此後較為平淡的發展才是我們關心的重點。在科斯琴堡壘的警衛看守下過了兩個半月之後，腓特烈請求父親原諒，隨後被指示到當地的省行政單位工作，在那裡「從基礎學起經濟」，這成了他的「科斯琴苦役船」（Küstrin galley）。* 他熟悉了王室的農業領土，比如卡爾茲格（Carzig）與沃路普（Wollup），這些飛地（enclaves）** 位於有部分地區經過水文治理的上奧得布魯赫。而正如十九世紀歷史學者蘭克所述：「他巡視建築、動物、田野與一切後，發現還有可能做更多改良，如果將對人類無用的沼澤排乾更是如此。」[23]

腓特烈透過這種方式認識了土地再造的好處，但這種方式是殘酷的，他日後也抱怨自己的年少時光被偷走了。不過，理性的農牧方式卻引發了腓特烈受到父親壓抑、屬於哲學和思想開通的那一面。繼任王位的三年前他寫道：「比起殺人，將領域內的土地變得可以耕種更吸引我的興趣。」[24] 最終，他兩件事都做得不少。腓特烈在王室土地上策馬巡遊、讓自己通曉農牧業各種細節的經驗，強化了他閱讀智識性書籍所獲得的觀念，使他堅定支持當代有關土地改良的想法。他在與法國哲學家伏爾泰的多封往來信件中寫過：「農業是百工之首，沒有農業就沒有商人、國王、詩人和哲學家。」[25] 這個信念也有趣味的一面。霍亨索倫王朝的前人曾經抽乾沼澤的水以建立酪農場；腓特烈則送人一大塊艾曼塔乳酪做為結婚禮物，還附贈一首讚美起司的詩。[26] 他深信土地的果實是最重要的事情，這不是裝模作樣，而且也符合他身為一個極端且無可救藥的「陸地人」對於水所存有的偏見。腓特烈曾經抱怨，即使只是泡在溫泉裡他都覺得不自在：水還是留給鰻魚、鰈魚、狗魚和鴨子就好了。[27]

腓特烈在一七四〇年登基後，不再擁有他在萊茵斯堡（Rheinsberg）所享受的閱讀、音樂與有內容的談話，取而代之的是在柏林因為權力而帶來的孤立。腓特烈嚴酷的年少經驗讓他更有自信，但也讓他的心變得堅硬，留下的是冰冷的自我控制與陰暗而憤世嫉俗的一面，而這一面在他四十六年執政期間變得愈發明顯。他親近的人很少：不是他貼身隨扈中的軍官，不是他聚集在柏林的外國哲學家，更絕不是他的妻子。他的妻子是布倫茲維克的克里斯丁娜（Elisabeth Christina of Brunswick），他盡可能少與她相處，兩人也鮮少在公開場合連袂出現。他的形象疏離而內斂，所到之處「散發令人敬畏與冷漠」的氣息。即使在登基前，腓特烈對軍事已經比從前感興趣得多，不過他從未像父親一樣熱衷於軍人喜歡做的事，

＊譯注：Galley是古時的槳帆船，划槳的經常是囚犯或奴隸（故有galley slave一詞）。此處指在這裡工作對他來說就像在槳帆船上划槳的工作一樣，是奴隸或囚徒做的苦差事。

＊＊譯注：飛地，enclave，在此指位於省級土地內但為皇室所有的土地，因此稱為飛地。

比如打獵。當上國王後他還是大量閱讀與寫作，並且依然關注啟蒙思想。他也持續受到農業改良與內部殖民工作的強烈吸引。

當上國王後，腓特烈立即頒布了有關這些主題的許多敕令。一七四六年，距離他父親與海爾倫姆的談話已經過了十年後，他要求官員回答一連串有關下奧得布魯赫地區的問題：堤防應該建在哪裡，費用為何，再造土地可預期的回報有多少？給他的回覆由海爾倫姆擬定，其中描述了「奧得布魯赫大規模排水系統」的計畫梗概。這個計畫的用字遣詞經過精心包裝以迎合國王的偏好，海爾倫姆表示他有信心，「現在只夠餵幾條魚的地方，未來有可能餵養一頭牛。」[28]他的報告寫於一七四七年一月初，由名為貝格羅（von Beggerow）的高階官員轉達給腓特烈。國王在一月二十一日指示由國務大臣瑪爾紹（十年前因為在地方圍堤防水而讓上任國王印象深刻）擔任奧得布魯赫委員會主席，委員會成員將包括海爾倫姆、貝格羅與省政府的一名高階成員。三天後這名成員在王室詔令下借調至委員會：他是西梅陶（Heinrich Wilhelm von Schmettau），來自一個成員都是普魯士官員與軍官的大家族，原於布蘭登堡擔任戰爭與領土辦公室（War and Domains Office）副主任。[29]不到三週後，他們就與幾年前參與建造普勞恩運河（Plauen Canal）的工程師馬西斯特（Mahistre）簽署合約。[30]

在許多有關再造下奧得布魯赫地區的通俗敘述中，經過逐漸演變才形成的大幅改造計畫，被當成了一開始就有的打算。海爾倫姆最初的構想確實包含一個大膽的提議，但那並不是最後實際採行的計畫。他在一七四七年一月提出的報告中建議，除了在奧得河畔建造更多堤防並且盡可能截斷側流，還要在奧得布魯赫北端為奧得河鑿一條新水道，介於新恩哈根（Neuenhagen）的磨坊和奧德堡之間。這個計畫在一七四七年上半年經過修改。新的提議是要為奧得河建一條十二英里（約十九公里）的水道，介於古斯特畢斯（Güstebiese）與侯恩—薩騰（Hohen-Saaten）之間。這條水道將讓奧得河縮短十五英里（約二十四公里），加快水流速度，並且讓蜿蜒難測的奧得河流淌其間的土地變得比較容易排水。委會員指出新計畫有三大優點：改善可航性，藉由縮短堤防長度降低費用，最重要的是讓更全面的土地改造得以進行。但是有一個很大的障礙：新水道的北端必須鑿穿一片狹長高地才能建成。這將是大工程。腓特烈二世因此下令進行現場勘查。[31]

這個任務交由三名男子進行。除了海爾倫姆與西梅陶，隨行的還有十八世紀極富盛名的數學家、生於瑞士的歐拉（Leonhard Euler），他所享有的「榮耀程度」（借用後世一名讚美他的法國人所說）是笛卡兒或牛頓都未曾達到的。[32]甫滿四十歲的歐拉在一七四一年從聖彼得堡遷往柏林，是腓特烈為了重建科學院名聲所聘得的重量級人物。歐拉的名聲源自他在幾何、代數、機率理論與光學方面的研究成果，但是他對實用科學也有興趣，展現在一七三六年發表的《力學論》（*Treatise on Mechanics*）。[33]腓特烈已經在水文問題上借重過他的專才。歐拉協助設計了新王宮無憂宮（Sans-Souci）的輸水道，而且與馬西斯特一樣參與過普勞恩運河的工作。這樣的背景，加上他在宮廷的好人脈，使他成為派往奧得布魯赫的不二人選。[34]

工程師海爾倫姆、政府官員西梅陶與科學家歐拉於七月七日從柏林動身，前往澤林渡口，與尤翰・柏努利在幾乎整整三十年之後的行程如出一轍。（這個相似處並非無用的細節：歐拉曾跟隨柏努利的祖父學習，也是柏努利的叔叔丹尼爾的一生摯友。丹尼爾在一七三八年確立了柏努利定理：若將水壓縮進比較窄的通道，其速度會增加。[35]）接下來兩天，三名男子帶著地圖和勘測工具溯河而下然後折返。歐拉親眼看到奧得河在古斯特畢斯的大彎，並且測量即將取代河彎的新水道的高度落差，他於幾年後在著作《給公主的信》（*Letters to a Princess*）中寫道，這是因為「挖一條運河前，你必須很確定河的一端比另一端高」。[36]此話不假，但稱不上是什麼特別的洞見，需要動用到牛頓等級的過人智慧。三名旅人有一度遇上了馬西斯特的手下，他們已經聚集起來準備展開挖掘；三人所到之處都看到河流的側流，有數十條，並為之搖頭。我很想說他們是三人同舟（three men in a boat）*，但這並不準確，因為有時他們不得不改走陸路。現在回顧，他們旅程中最驚人的一點，是他們行舟於上的流水很快就會變成陸地，而他們行走於上的陸地很快就會變成流水。他們在給國王的報告中總結，應該放手進行為河流創造新水道的大幅改造計畫。[37]短短一個多星期後，計畫在七月十七日啟動了。

海爾倫姆的計畫將耗費七年時間執行，還不包括讓新生地逐漸有人移居所需要的更漫長歲月。這是個史詩格局的浩大工程，沒有別的字眼能形容，不過，這個字眼需要謹慎使用。腓特烈大帝是好幾代普魯士史學家眼中的英雄，因為他馴服了奧得布魯赫，並且將開墾者移殖到新生地上。通俗作者也依循這樣的評價。一個世紀後，在革命紛起的一八四八年，堤防督察候爾（Carl Heuer）以一首詩描述了一個「強大的封臣……衝破壁爐與家園」，直到一名王族英雄「將他自戰場驅逐」。[38]

被擊敗的勢力是我們的奧得河

和其領土奧得沼澤

將他以鎖鏈綁縛的英雄
已上升至天堂的穹頂

現在吸引德國人前往布蘭登堡奧得蘭（Brandenburg Oderland）的觀光手冊中，記載了同一個故事較為平淡的版本。這些手冊小心避免給人尊崇舊普魯士的印象，但是「老腓」（Old Fritz）依然是故事的中心。誠然，腓特烈扮演的角色無可抹滅，他將奧得布魯赫排乾的功績已永遠刻在紀念石碑中。[39]

把成就歸於一人的敘述有太多可招非議之處了，正如布萊希特（Bertolt Brecht）詩中針對建造底比斯七座城門的國王嘲諷地詰問：那麼，是他們自己搬運那許多石頭嗎？[40] 雖然試圖刮除傳奇的表象有其必要，同樣重要的是不落入另一個依賴史學家與觀光單位的陷阱，那就是以為奧得布魯赫的排水工程以及後續許多類似的工作，就某種程度而言是自然的、是本來就會有的發展。因為，如果候爾的打油詩和舊時普魯士史學者的著作說對了什麼，那就是他們所堅稱的這是一場鬥爭：對象是自然力的抗拒與人類的抗拒。

這個計畫自始就命運多舛。[41] 建築工程師馬西斯特在動工後三個月辭世，接手的是羅騰加特兄弟（Brothers Rottengatter）。奧得布魯赫委員會主席瑪爾紹於一七四九年逝世，工作由海爾倫姆接掌。對工程進度比較嚴重的威脅是每年爆發的熱病，不僅奪去性命也讓更多人身染重病。對工程進展緊迫盯人並要求每週回報進度的腓特烈，此時下令從柏林派醫生前往。但是，一七五二年秋天爆發的熱病疫情，其

＊譯注：Three Men in a Boat 是英國幽默作家傑羅姆．K．傑羅姆（Jerome K. Jerome）的幽默遊記，講述三名男子乘舟同遊泰晤士河。

猛烈程度前所未有。這是瘧疾橫行的沼澤地，而粗重的體力活讓工人很容易受疾病感染。水利工程的科學與測量儀器的品質雖然進步快速，建築的機械面仍仰賴古老的楔子、槓桿與滑輪原理。工作材料以搬運車遠從柏林與斯泰丁（Stettin）等地運達工地，其餘工作都仰賴人力，由工人站在及腰的水中，手拿水桶、圓鍬與長柄的鏟子進行。

疾病讓原本就嚴重短缺的人力更形不足。有經驗的堤防建築工人與運河挖掘工人並不好找，也不便宜；兵役與作物收成分走了能參與計畫的勞工人數。[42]有些預定的墾殖者提早抵達該地區後投入建設工作，但是一七五〇年和一七五一年大半時間的工程進度依然遲緩，因為工人人數不是預期的一五〇〇到一六〇〇人，而是從未超過七百人。緩慢的進度讓工程暴露於天候因素中：冬天有冰層堆積，水位高時會造成半完成的堤防決口，導致淹水。阿特—維瑞曾（Alt-Wriezen）在這些年間兩度大水氾濫。因工作環境惡劣而對薪資不滿的勞工往往並不可靠，而不合作的當地人提出的訴願未被理會之後，有些人的反應是拒絕提供用於建造堤防的沉梢所需的木頭，或不提供他們的船隻以供運送材料使用。也有刻意破壞的行為。當地人對於建設計畫的主要目的懷抱恐懼和憤恨，而運河工人竊取食物、稻草和木頭的消息更無助於減緩這種情緒。一七五一年七月，一名厭煩的官員回報，在古斯特畢斯的搬運車夫和當地人之間發生了「又一次嚴重爭執」。[43]

腓特烈終於在一七五一年失去耐性，將工程交由軍方負責。瑞佐（von Retzow）上校在一月接掌全局，並且從奧得布魯赫回報國王，除非天候良好，外加有一六〇〇名勞工（其中半數必須是軍人），否則不可能在當年完成工程。這些條件沒有一個被滿足：海爾倫姆在四月回報瑞佐，高水位使得只有

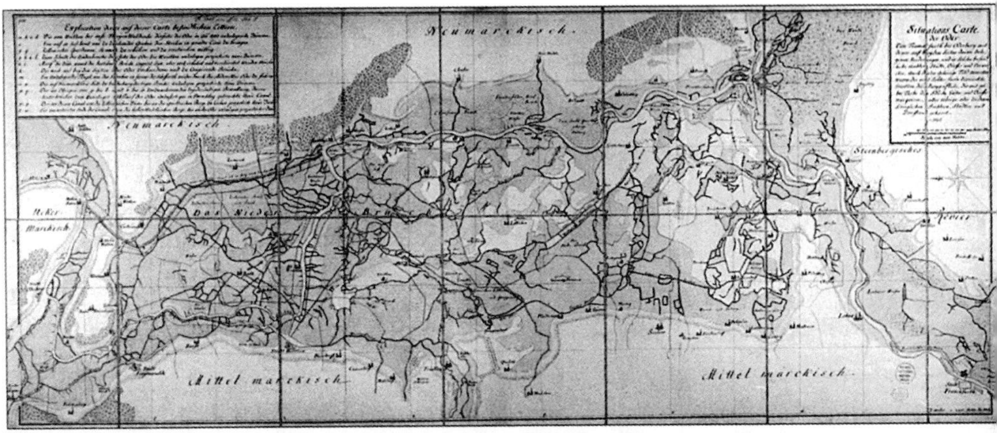

一七四七年的奧得布魯赫規畫圖

二百四十二名工人能上工。但情況在那年夏天改觀了。另一名軍人佩特里（Petri）上尉受派至奧得布魯赫協助海爾倫姆，到了八月，已有一千二百名男子抵達工地，其中九百五十名為士兵。早些年間，是兵役需求阻礙了工程，現在則情況反轉。這具體而微地證明了普魯士軍隊確實如一名史學家所說，是「經濟的飛輪」。[44] 整個計畫愈來愈帶有軍事行動的特質。佩特里於一七五一年在特殊命令下抵達後，隔年春天又有副官葛羅夏普（Groschopp）來到這裡以確保佩特里不負使命，村民的船隻在他們不情願的情況下被徵用，違抗者被脅以嚴厲處罰，而工程在軍隊看守下進行。儘管持續有疾病與逃兵問題，工作節奏加快了，計畫終於在一七五三年完成。七月二日，河水流入新挖鑿的河床。三天後，海爾倫姆與佩特里領著從柏林來的權貴顯要一遊「新奧得河」（也稱為佩特里運河，因為紀念的是軍人而非工程師的名字），認為水流順暢而「平靜」。他們從權充基地的愛希荷恩（Eichhorn）磨坊語帶勝利地回報瑞佐：「如今已毫無疑問，這個工程超越從前它所有敵人與批評者能理解的範圍，這些人現在應該感到羞恥。」[45]

腓特烈本人從周圍高地俯視新的奧得布魯赫時也同樣充滿勝利感：「我在這裡和平征服了一個新省分。」[46]後世的作者依循他的說法，候爾一八四八年那首詩採用征服的語言來描述土地再造是相當典型的做法。是否真以和平方式達成是另一回事。當代人所說的「在沉默中進行的七年戰爭」還比較接近真實。[47]暴力是這次土地改造不可或缺的一部分：少了士兵與軍隊的壓迫，這個計畫不可能在那樣的時間內完成。儘管如此，我們沒有理由質疑這個成就的重要性。從前也有人嘗試局部整治奧得河沼澤，有一個先例，那就是腓特烈．威廉一世於一七一八年展開的哈非爾河沼澤排水計畫，這個計畫同樣受到工程問題與地方阻力困擾，同樣需要荷蘭工程專業加上普魯士軍事力量才得以完成。[48]如果一七五六年爆發的七年戰爭標誌了腓特烈二世「和平」征服普魯士沼澤地的終結，那麼我們看待奧得布魯赫排水工程的方式也許會不同。腓特烈的作為會和他父親治理哈非爾河的努力一樣，只是歷史的異數。

但事實並非如此。普魯士為了保住腓特烈執政之初從奧地利奪取的西利西亞省（Silesia）而發動的七年戰爭，無疑帶來龐大的支出與破壞。普魯士軍隊在其入侵的領域——比如毗鄰的薩克森——造成極大破壞，相對的，戰爭與其間接效應（疾病與被擾亂的食物供給）也影響普魯士人的生活，導致他們同樣受苦。居住在奧得河以東的人民受到的影響尤深：波美拉尼亞省的人口曾短暫下跌。但是戰爭的效應只會讓墾殖新土地做為戰後重建工作的一環更形重要。隨著一七六三年和平到來，更多土地再造計畫以近乎狂熱的程度往前推動。以後見之明來看，奧得布魯赫是一切開始的地方。

自然的主人

腓特烈二世在位期間（一七四〇到一七八六年）所贏得的新生地，其規模之大幾乎難以想像。一切活動始於他執政頭十年的奧得布魯赫改造計畫，以及其他幾個在普利希尼茨（Prignitz）、斯泰丁沼澤和多恩（Dölln）谷地規模較小的計畫，並持續到他逝世的那一年。當年他寫信給在柯尼斯堡（Königsberg）的東普魯士首長德哥茲（von der Goltz），指示他「將蒂爾西特（Tilsit）附近的大沼澤排乾」。[49] 他在位期間總是有不同計畫在進行，有時同時有數十個處於不同施工階段的計畫，因此負責這些計畫的人必須往返於不同工地之間。軍事行動沒有讓工作停止。事實上，官員幾乎可以預期，腓特烈在往返於戰區的旅行途中，一定又會在哪裡看到一片沼澤並要求獲得完整的相關報告。

唯一的例外是七年戰爭，這段期間沒有開展任何新計畫，但既有的計畫儘管耗費人力與財務資源仍持續進行。最重要的一項是再造瓦爾塔河與涅茨河谷沼澤的大規模計畫，其複雜程度與奧得布魯赫的排水工程不相上下，而且最終耗時更久才完成。這個地區和奧得布魯赫一樣，是腓特烈因為待在科斯琴的那段時間所熟悉的地方，他與里奇夫人（Frau von Wreech）的關係讓他經常前往檀姆索（Tamsel），從那裡的高地可俯瞰瓦爾塔河。[50] 這項計畫與王國他處的許多計畫一樣，都交託給貝倫肯霍夫（Franz Balthasar Schönberg von Brenckenhoff），這個飛揚跋扈的冒險者來自安哈爾特—德紹（Anhalt-Dessau），以軍隊供應商的身分展開他在普魯士備受爭議的任事，最後成為腓特烈水利計畫中負責解決問題的人。[51]

土地改造的節奏在一七六三年之後變得更狂熱，並在一七七〇年代達到高峰。王國沒有一處看不到一群群官員與勞工，他們需要搬運車、糧食與住處，就像一個小型軍隊——而貝倫肯霍夫的背景就在這裡發揮了功用。單單一七七〇年代就在下列諸多地方進行計畫：布蘭登堡、波美拉尼亞、東普魯士與立陶宛；一七四〇年代初期自奧地利奪取的西利西亞；一七四四年兼併的東菲士蘭；以及一七七二年第一次瓜分波蘭所獲得的西普魯士。普魯士在擴張（腓特烈執政期間領土倍增），這一事實驅動了一七七〇年代愈來愈頻繁的活動。對外的征服創造出新領土，可在其上進行對內的征服：從地圖上的空間造出新土地。

在主要河流如易北河、奧得河、瓦爾塔河、涅茨河與維斯杜拉河的谷地或河口，改造持續進行，工作也沿著其他河流進行，但知道它們名字的人（許多已沒有德文名），可能只限於曾異常仔細研究普魯士老地圖或讀過馮塔納《漫步布蘭登堡侯領》的人。這些河流包括林茵河（Rhin）、多瑟河、亞格利茲河（Jäglitz）、阿蘭河（Aland）、碧利斯河（Briese）、謬德河（Milde）、諾特河（Notte）、努特河（Nuthe）與尼佩列茲河（Nieplitz）。關於普魯士消失中的沼澤，我們看到的故事都是一樣的，沼澤不論大小都受到同樣關注。有些沼澤很大，比如位於舊侯領（Old March）地區，一七七〇年代末被排乾的德呂穆林（Drömling）。這片沼澤長二十六英里、寬十三英里，提供了超過二十二萬英畝的新生地。在波美拉尼亞，瑪督湖周圍和波隆河上總計約七萬五千英畝的沼澤地則形成了特別的難題，這是貝倫肯霍夫負責的重大計畫之一。在光譜另一端則是相形之下顯得袖珍的哈普芬布魯赫（Hopfenbruch），它原本位在柏林植物園與夏洛騰堡（Charlottenburg）之間，後於一七七四年被排乾。

針對最明顯需要改造的地方的工作已經展開，或者正在擬訂計畫，躁動不安又精力過人的腓特烈仍要求看到更多省分的沼澤與泥沼的地圖和清單。這些消失溼地的名冊讀來就像舊普魯士的地方志：奧得布魯赫的舊蘭夫特（Altranft）、巴曲布魯赫（Bartschbruch）、大卡米納爾沼澤（Great Camminer Marsh）、丹姆謝沼澤（Damscher Bruch）、易北維希（Elbewische）、菲納爾布魯赫（Fienerbruch）、哥姆謝沼澤（Golm'scher Bruch）、哈維藍德沼澤（Havelländisches Luch）、伊納沼澤（Ihna Bruch）、耶米希瓦德沼澤（Jaemischwald Bruch）、克里蒙希沼澤（Kremmensee marshes）、勒巴希（Lebasee）、瑪督、涅茨布魯赫（Netzebruch）、歐布拉布魯赫（Obrabruch）、普利希尼茨、林茵路赫（Rhinluch）、希莫辛沼澤（Schmolsiner Marsh）、烏瑟多姆島（Usedom）上的特爾布魯赫（Thurbruch）、維爾莫希（Vilmersee）、瓦爾塔布魯赫（Warthebruch），以及澤登沼澤（Zehden Marshes）。這種土地改造活動的規模之大，遠超過熙篤會士或早期的布蘭登堡選帝侯所能想像。這些活動，以及這些年間在德意志他處類似的活動——馬格德堡平原（Magdeburg Plain）的湖泊排水工程、埃姆斯蘭（Emsland）地區泥沼的築堤與開溝工作，以及巴伐利亞多瑙河沼澤的再造工程——都比先前的任何活動更廣泛而全面。[52]

這些計畫最初得以成形的原因之一是資訊。即使只是早半個世紀，德國統治者還不可能取得執行腓特烈要求的工作所需要的詳細知識。這是屬於統計學者的英雄時代，比興（Anton Friedrich Büsching）和秀斯密爾（Johann Peter Süssmilch）這樣的新興專業人士，他們不僅數算出生、死亡與婚姻，也計算土地、人口與原料。統計學成為德國「統治科學」（science of government）重要的一部分，這門科學稱為官房學（cameralism），強調要訓練未來的官員嫻熟實用知識，以幫助統治者開發領土內的自然資源。[53]腓特烈大帝特別渴求資訊，而官房學是源自德國的名稱，但是這樣的發展並不專屬於普魯士或德意志。統計學在歐洲各地都受到日益廣泛的運用，在喬治三世的英國、路易十六世統治的法國、凱薩琳大帝治下的俄羅斯，以及許多較小的國家，都能見到。到了十八世紀中，調和的國家（well-tempered state）指的是其國王可以取得太陽底下所有事物的統計、列表與分類，包括那些有一天可能變成種植穀物的田地或足以餵養一群菲士蘭牛的「無用」土地。

將空間列冊——今日聽來多麼淺顯，但是收集這許多資料仰賴勘測技巧的重大進展。尼可萊在南德旅行時攜帶的測量儀器，以及尤翰・柏努利在古索瓦讚嘆的計轉器，都是時代的跡象。利用這些資訊所需要的東西可能更重要：在地圖上呈現資訊的新方式。十八世紀中期的地圖已經在改變當中。此前的地圖充滿城鎮或城堡等視覺符號，但看不出它們彼此間的關聯，也完全看不出地形，此時則開始呈現我們今日習以為常的東西：一片連續的實體地域。驅動這個改變的因素之一是軍事需求，因為移動中的軍隊需要與他們穿越的土地有關的準確資訊。軍事地圖仍屬機密；但新的繪圖規範成為標準。（普魯士軍官繪製地圖的經驗，是他們在腓特烈的戰爭稍歇期間被徵召參與土地改良計畫的原因之一。）新興的地理學也有助於讓這種新的地圖鞏固地位。法國人布雅舍（Philippe Buache）首開先例，以流域（watershed）做為地表「自然邊界」的分類方式，加特勒（Johann Christoph Gatterer）的《地理概論》（*Outline of Geography*）也走相似路線，同樣採取這種方式的還有著名的官房學學者貝克曼（Bernhard Ludwig Bekmann），他在他結合歷史－地理－地形學的著作中，對山脈、河川與平原都有詳細描述。[54] 表格、地圖與地形描述——這些都將權力交到了腓特烈大帝這樣的統治者手中。資訊讓浩大的再造工程變得可能。資訊讓人知道「如何做」——這是先決條件；但是資訊是否也讓人知道「為何做」——也就是提供了動機嗎？資訊絕對是動機之一。那些地圖與統計表格不是偶然出現的。秀斯密爾早期的工作受到腓特烈鼓勵，而由科學院院士貝克曼彙整的地形描述則是奉君命所寫。[55]官員時時被追問何時繳交詳細的報告，還被威脅如果不能提供資料，將被召往柏林當面解釋。資訊是絕對君權國家機器的燃料，而其更大的目的已由艾希柏（Henning Eichberg）總結：是為了「秩序，測量，紀律」。[56]

沼澤地嚴重觸犯了秩序感。沼澤地如果未經改良，會讓徵收土地稅所需要的地籍測量難以進行，會阻礙行軍的士兵，也為土匪和逃兵等「失序」分子提供了藏身處。一如這個時期新的公路（Chausseen），建於新生地的道路和沿線的里程碑是代表秩序已經建立的明顯象徵。從管理國家內部空間的角度來看，地圖上的行政界線現在與地面上的線條相符了，國家周圍的邊界線也是如此。歐洲國家的邊界在這些年間開始變得較為固定；但是當季節性氾濫或蜿蜒難測的河流讓一片土地的形貌每一年都不同時，要如何確立邊界？明斯特的馬克西米利安・法蘭茲主教（Bishop Maximilian Franz of Münster）在一七八〇年代排乾並墾殖沼澤原的時候，主要目標之一就是要確立他神職領土的邊界。[57]交託給貝倫肯霍夫的偉大計畫中，許多都是在擴張中的國土東緣進行。[58]每一個德意志王公都面對這個議題，但是它以特別強烈的力道衝擊柏林的統治者。普魯士正透過武力征服在沼澤遍布的北歐平原上擴張領土，對這樣的國家來說，確立邊界與土地再造密不可分。

借用普魯士將軍克勞塞維茲（Clausewitz）的名言並稍加修改來說，對自然宣戰是透過其他手法遂行的政治追求。但是這個關係也可反向而行。戰爭的語言滲透了有關自然世界的當代思想，這是為什麼奧得布魯赫的排水工程可以用「征服」來描述。或者以腓特烈在另一個場合的用語來說：「誰改良土壤、開墾荒地並排乾沼澤，就是在征服野蠻。」[59]這是十八世紀開明君主專制真實的聲音。想要獲得秩序、進行測量並施加紀律，不只適用於士兵與子民、土地和原料，也適用於自然本身，因為造物者在自然留下了一無用處的黑暗或「野蠻」角落。國王的觀點與學者和官房學官員的意見和諧一致，他們同意人類做為「自然的君王與主人」（笛卡兒的用語）和「大地領域的主人」（博物學者布豐的用語），有權利也有義務「修復」或「改良」墮落的自然（natura lapsa）。[60]

人類伸張主宰權的對象不僅是失序的水流。另一個自然元素，火，在這些年間受到的關注也沒少過。當時經常有城鎮被大火夷平，因為木頭與麥桿建材助長了火勢。[61]火災導致人命損失，（從官房學的觀點來說）也破壞人力與原料資源。普魯士在十八世紀首開先例實施壁爐檢查，頒布屋頂建材法令及有關滅火泵的指令。[62]或許更重要，而影響絕對更為廣泛的，是德意志國家為了減少鄉間野火以及農民火耕習慣所推行的措施（火耕在德文中稱為Brandwirtschaft，從前在英國稱為swiddening）。派恩（Stephen Pyne）曾主張，對專制君主與官員來說，「火是危險、非理性與不可預測的，消耗資源造成浪費，四處遊走胡作非為，也是懶散與暴力的誘因。火有力量，需要受到控制。」[63]火也確實受到控制。火觸犯了對木材資源的明智管理方式，因此消滅它的工作在理性思考的林業官員帶領下展開，包括頒布有關焚燒的法令、建造防火線，以及用更有秩序的方式種植樹木。在十八世紀下半葉的歐洲，科學林業在德意志地區所獲得的進展比在其他任何一地都多。瑞典植物學家林奈（Linnaeus）對植物有多少貢獻，莫瑟（Wilhelm Gottfried Moser）與斯塔（J. F. Stahl）透過他們的《林業經濟學原理》（*Principles of Forest*

Economy，一七五七年出版）對樹木世界的貢獻就有多少。此外，一如荷蘭人為歐洲提供水利工程師，德意志地區（「林業的故鄉」）則輸出其林業官員至歐洲其他地方以及海外的歐洲帝國。[64]

種植樹木也是那個時代努力以其他方式主宰自然的人類所採取的解決方案之一。困擾北德平原許多地方的不是火，是沙。漂移的巨大沙丘讓空氣中充滿了細小的粒子，不僅遮蔽道路，也飄至田園，摧毀了現存作物。「說到沙，除了利比亞，沒有多少國家能與我們相提並論，」腓特烈二世在給伏爾泰的信中帶著濃濃的反諷意味寫道。[65]那是他始終放不下的煩惱。官員被敦促採取的措施之一是種植松樹以固著漂移的沙；另一個措施是試驗性的鑽探，看看沙底下是什麼，如果底下有泥灰層就可以翻動土壤將之移到上層來。[66]一七七〇年代的狀況曾讓腓特烈懷疑是否能贏得這場戰役，而且他是對的。普魯士不會這麼輕易就告別「沙箱」之名。另一位腓特烈——腓特烈・恩格斯（Engels）——直到一八四〇年都還提到「北德的撒哈拉」，只是語氣中除了相似的反諷之外還帶著更多喜愛。[67]

同時間，針對野性自然的戰爭在另一個戰線上則較為成功，而且使用的武器遠比鏟子或鑽頭致命。我指的是將直接與人類爭奪資源的生物撲殺或消滅的工作。這些物種不受馴養，在「存在鎖鏈」（the Great Chain of Being）上的位階甚低，被視為有害或掠食性生物。名單很長。當然包括大鼠、小鼠與狐狸，但也有鼴鼠、鼬鼠、貂與河狸，以及多種威脅到牲畜、果園或作物的鳥類與昆蟲。消滅其中許多生物的戰役固定上演，可以由捕鼴鼠人與捕大鼠人為象徵（這兩種人身為「不名譽職業」的成員，地位都很低，這個社會認為他們的工作不可或缺，但他們的工作也因為接觸到有害生物而背上汙名，從這一點多少可以看出這是個什麼樣的社會）。[68]消滅某些物種的工作也隨季節或地方的需要而展開。在布蘭登堡，腓特烈・威廉一世和腓特烈大帝都曾因為蝗災而頒布詔令。在馬格德堡和哈柏斯塔特（Halberstadt）一帶，「撲滅措施」的對象是摧毀田裡的倉鼠。（為圖販賣倉鼠皮所得的利潤，當地捕鼠人會刻意釋放雌鼠以維持其數量，這個現象被發現後，腓特烈在一七六四年頒布法令，威脅對違反者處以肉刑。）從立陶宛到柏林城下，野豬也受到獵殺。然而純以數量而言，沒有一種生物受獵捕的規模比麻雀更浩大。一七三四到一七六七年之間，單是在布蘭登堡舊侯領地區就有大約一千一百萬到一千二百萬隻麻雀被捕殺，頭部繳交給當局換取酬勞。[69]

麻雀沒有被消滅，但是在普魯士與中歐德語區各地都有物種被消滅。這個故事中最戲劇化的一節，是熊、大山貓與狼遭獵殺乃至滅絕。這三種動物在三十年戰爭的破壞期間數量都有增長。在戰後休養生息期間，人類重新回到荒廢的土地，不同物種群體發現他們得在同一個地區生活在高密度的狀態。野生物種與人類和人類馴養的牲畜發生直接衝突，結果如何不難猜想。戰爭結束時，對抗掠食動物的戰役隨即展開。薩克森的喬治二世（George II of Saxony）與他的狩獵夥伴在一六五六至一六八〇年間獵殺了不下二千一百九十五匹狼和二百三十九隻熊；在普魯士，單在一七〇〇年被殺的就有四千三百匹狼，二百二十九隻大山貓，和一百四十七隻熊。[70] 腓特烈・威廉在十八世紀早期造訪東普魯士時，還在抱怨那裡「狼比羊多」。官方提供大筆賞金，後來還提高金額，獵人收到的指示是「找出、追捕、射殺並消滅」這些禍源。一七三四年，侯領地區與波美拉尼亞地區的官員接獲特別指示，必須回報所有目擊事件。職業獵人受雇協助，多達一百三十名男子參與了大規模的獵狼行動。數量不多的熊也受到類似待遇。腓特烈大帝與和他同時代的德意志人一樣，延續了這些行動。針對狼的行動集中在王國東緣，因為那裡尚存的狼群數量最多。[71]腓特烈在他死前不到兩個月的一七八六年六月，仍不忘告誡他在柯尼斯堡的高階官員，狩獵行動不可鬆懈，「這樣那些掠食動物才不會再度占到上風，而是在可能的範圍內被消滅。」[72]

焦慮與決心在瀕死的國王這封信中明顯可見。這不是為享樂而狩獵，而是純粹為了實際目的。至少在這個主題上，腓特烈與父親觀點一致。有一名官員愚昧到指出瓦爾塔布魯赫的野豬提供了狩獵機會時，腓特烈．威廉的回答很簡短：「與其獵豬不如獵人。」[73]獵捕這些生物也符合當時的人對動物改變中的觀感。腓特烈大帝不喜歡鬥熊，認為那是敗壞人心的奇觀；但是他仍然堅信野外的熊必須獵殺。這麼做的實際理由是野生動物會侵犯人類資源，而支撐這種理由的是當代思想中複雜而衝突的不同思潮。這些物種仍被廣泛視為殘忍而貪得無厭。人類對狼的投射特別多，經常將貪婪、奸猾與腐敗等特質加在牠們身上。[74]這些既定的擬人化刻板形象出現在民間故事與更早的動物寓言中，但是已經開始受到布豐和林奈為自然世界分類的新系統挑戰，這些系統甚至提出了可能觸及人類中心世界觀的問題。但是，業餘博物學者和受過教育的大眾，包括官員在內，從這些新分類方式所學到的最主要一點，是確認了人類是世界主宰的主張。任何更具有顛覆性的意涵都提出得太晚，來不及防止許多物種被獵殺乃至滅絕。在一七五〇至一七九〇年之間，狼、熊與大山貓幾乎完全從德意志諸邦消失了。從那時起一直到牠們在十九世紀被完全消滅，常常可以看到一些石頭，用以紀念某年某月某日「在這裡被殺的最後一匹狼」。[75]

野火、漂沙和掠食動物，在那個時代的人們眼中，都屬於自然危險而失序的那一面。但這一切，沒有一個比未經馴服的水更危險。水最具破壞性的一面出現在海岸和內陸地區週期性肆虐的洪水中。帶來最大災難的是北海的洪水，如一七一七年耶誕節的暴雨洪水，在東菲士蘭、耶弗蘭（Jeverland）、奧登堡（Oldenburg）、什列斯維希（Schleswig）與荷爾斯坦（Holstein），造成八千人死亡，甚至在某些地區有半數人口喪生。[76]內陸洪水從來沒有這麼致命，但是，頻繁發生卻造成很大的破壞。根據地方紀錄所得出的統計顯示，一五〇〇年之後，瓦爾塔河谷大約每十年出現一次「重大洪水」。[77]證據顯示下奧得河谷也有類似情況，當水比正常一年兩次的洪水還高時，大水就會溢流出來淹沒鄰近城鎮。一五九五至一七三七年間總計發生過十六次。洪水通常在春天發生，不過一七三六年災難性的洪水發生在七月，當時，河水連漲九天後在七月十七日決堤而出，漫流在科斯琴、維瑞曾、奧德堡與什威特（Schwedt）等城鎮。洪水毀滅了作物與動物。居民爬到屋頂上自救，但是他們缺乏食物和淡水，導致一千五百人患病，一百七十人死於痢疾和其他因為吃了腐敗的魚或飲用汙水而感染的疾病。[78]和重大火災以及有時會由水災引發的疫病爆發一樣，重大水災在十八世紀國家受到愈來愈多關注，德意志諸邦尤其積極。用渠化以及築堤來對付水所造成的威脅，就像用新的都市法規和改變中的林業措施對付火，或是以隔離和接種對付流行病一樣：都是預防式的災難管理。[79]紓解人類苦難以及保護珍貴資源（包括人）是兩個密不可分的目的。將脫韁自然（堤防督察候爾稱之為「危險封臣」）所釋放的洪水加以控制則是手段。

洪水造成的破壞顯而易見，但是當時的人看到更大的問題，他們相信溼地包藏的危險特別隱伏難見，而且一直都在。關於自然世界，沒有一件事比排乾草澤和林澤的必要性更能獲得啟蒙之士的共識了。不管我們看的是法國的布豐與孟德斯鳩，英國的法爾康納（William Falconer）和羅伯森（William Robertson），還是德國的福斯特（Georg Forster）和赫爾德（Johann Gottfried Herder），他們的主張都是一樣的。沼澤是黑暗惡臭之地，腐爛中的植被與動物散發出有害的臭氣。如果沼澤的氣味冒犯了嗅覺（因為十八世紀下半的歐洲人對腐敗的氣味變得比以前敏感多了），那它的潮溼混亂還冒犯了視覺，嘈雜的動物叫聲則冒犯了耳朵，不受歡迎地提醒著人類大自然的喧鬧混亂。[80]

與草澤和林澤相關的所有事情都是負面的。它們的居民被視為寡言、排他而迷信，看到沼氣就以為是鬼火。一如十七世紀的英國旅人坎登（John Camden）將沼澤區的居民稱為「野蠻人」，十八世紀的德國人——包括官員、作家以及住在周圍高地的人——對這些半兩棲的沼澤居民也心存疑忌。[81] 當時的人因為旅遊而日益關心氣候與社會之間的關係，這往往又強化了刻板印象。那時候的人對於「致命的沼澤」與疾病之間的關聯深信不疑，而這樣的聯想其實完全合理，只不過他們總是以當時的流行用語「瘴癘」來表達。沼澤地也被視為野生動物經常出沒的地方，這樣的想法同樣有好理由。腓特烈大帝因為無法消滅西普魯士的狼而深感挫折，但他知道問題出在哪裡，又該從哪裡尋求解決之道：「為了能更有效的達到最終目標，必須設法排乾那些我們無法深入但有狼群棲身的草澤和泥沼，並且讓這些地方變得更容易進入。」[82] 梅斯納（August Gottlob Meissner）在一七八二年也做了同樣的聯結，寫到尚未排乾的瓦爾塔布魯赫時他說：「從來沒有耕犁到過這裡，從來沒有人類企圖在這裡開創未來……在這裡你只會遇見沼澤和濃密的林下植物，以及蛇與狼的居所。」[83] 另一個同時代的人針對同一個地區也指出，「這整片地區長期以來都是野生動物的棲身處，有狼，經常有熊，還有水獺與各種有害生物。」[84] 草澤、林澤和泥沼是藏匿腐敗、疾病與致命有害生物的黑暗角落。這所有問題的解決之道由不同作者一再寫過：把水排乾、清除植被，讓空氣和陽光得以進入，以便利用重新取得的土地。

殖民者

這些年間的土地再造計畫規模浩大，逐漸住到新生土地的移民數量也不遑多讓。這樣的人口移動可以和德意志在中世紀時向東歐擴張的規模相比，而且與北美洲的拓殖同時發生。與所有浩大的人口遷徙一樣，這段經驗帶來艱苦，也創造了拓荒神話。此外，如我們將在後文所見，這三段殖民經驗都會在二十世紀為國家社會主義所援引和利用。腓特烈大帝統治期間有三十萬移民遷入普魯士，這是腓特烈年少時期柏林人口的四倍。這些移民有些和早他們而來的法國胡格諾派教徒（Huguenots）一樣，在首都柏林安身立命，或是落腳在像蘭茲堡（Landsberg）和德雷森（Driesen）等經歷七年戰爭摧毀後正在重建的城鎮，不過大多數人都在鄉村地區定居。領土擴張與土地再造在這些地方創造了地圖上的空白，而腓特烈的人口政策（稱為Peuplierungspolitik）就是要讓這些土地上住滿人。總計從一七四〇到一七八六年間，在普魯士建立的村鎮或鄉間聚落共有約一千二百處。生活在這些地方的殖民者是腓特烈珍視的對象。在他的期待中，殖民者會讓新贏得的土地變得有生產力，殖民者會栽植養肥牲口的飼料、照料供騎兵隊馬匹覓食的草原，以及種植人口日多的首都所需要的穀物。

在那個年代，國家可以利用的資源，包括人類在內，都被視為零和遊戲的一部分，在這樣的背景下，人口政策的內涵就是在德國各地和境外尋求殖民者，美茵河畔法蘭克福（Frankfurt am Main）與漢堡等關鍵城市因而有了永久的召募站。經常頒布的相關政令隨報刊出，將普魯士包裝成努力工作的移民的應許之地。[85] 這種過度積極的政策引來了其他統治者的反感，有些人的回應是試圖禁止對外移民。有時為了外交原因而必須安撫其他國家的不滿情緒時，普魯士會暫時中止在某些地區的移民召募。但是數字告訴我們，以承諾一個新未來做為行銷普魯士的努力策略大獲成功，其中，「推力」與「拉力」都有。在神聖羅馬帝國境內多數地區與其他地方受到宗教迫害的新教徒，在鄉村人口逐漸過多的德意志西南地區的農民與工匠，一七七〇年代早期薩克森與波西米亞地區的饑荒災民，都感受到了推力。誘因，也就是拉力，則包括旅行費用的償付，攜帶個人物品至普魯士境內免付關稅，免服兵役，不用負擔提供軍隊膳宿的義務與其他捐稅，以及木材免費等專屬特權。此外，移民若為農民可長期租用土地，外加獲得一棟房子、農具與牲口，工匠則可獲得一棟房子、工坊與工具。[86]

有些移民一無所有，迫切需要在抵達普魯士邊境的哈勒（Halle）或特羅恩布里岑（Treuenbrietzen）時就可收到旅費。後來規定改為必須抵達最終目的地後才能獲得旅費時，他們的處境又更為窘迫。但也有許多移民帶著可觀的資產而來。在瓦爾塔布魯赫的比爾肯韋爾德（Birkenwerder）定居的十四個家庭，每家都帶了二百八十塔勒銀幣（Taler）[87]，這可能是帶得比較多的。幾年後在涅茨布魯赫、瓦爾塔布魯赫與弗里德柏格－布魯赫（Friedeberg-Bruch）定居的二千七百一十二戶人家，每戶只帶了稍多於一百塔勒。[88] 若看一七四七年從帕拉丁（Palatinate）抵達波美拉尼亞的六批不同移民，數字也非常相似，他們有二百五十戶家庭共一千一百二十人，每家平均擁有一百一十四塔勒，其中八十塔勒隨身攜帶。[89] 這樣的金額在十八世紀中期足以購足一座小農場所需，用這筆錢可以買到三匹馬、兩頭牛、四隻豬、四隻羊、四隻鵝、四隻雞、一張床、家庭用品、一臺搬運車、犁、耙、鐮刀、斧頭和其他農具。[90] 況且多數移民並非從零開始。除了現金，他們也帶著家庭用品、器具與牲口來到這片普魯士的黃金國（El Dorado）。＊六百八十八戶家庭來到再造後的涅茨布魯赫定居時，隨行的還有四百三十四匹馬、一百三十頭閹牛，將近八百頭牛，和超過五百隻幼畜。[91]

我們很難不去想像他們從四面八方流入普魯士的景象：施瓦本人（Swabians）往北，梅克倫堡人（Mecklenburgers）往南，薩克森人往東，波蘭的德意志人往西移動。他們都移動得很緩慢，因為小孩與老人乘坐的馬車只能依循手推車和牲口的速度前進。一如在十九世紀美國朝西部前進的篷車隊，這些充滿希望的隊伍有時也會在途中損失一些成員，但偶爾他們的人數還會增加。在波蘭境內的德意志人教區塞伯爾多夫（Seiberdorf），有一支隊伍在一七七〇年啟程前往西利西亞省，出發時有超過三百人，等到他們抵達目的地時，隊伍中已經多了二十戶家庭共一百人。[92]在政治局勢緊張的這些年間，從波蘭往外移動最容易遭遇當地掌權者企圖阻擋。從塞伯爾多夫出發的那群移民獲得普魯士輕騎兵護送。不過至少那段旅程不長，提醒我們不是所有的大規模遷徙都長路迢迢。在地理位置鄰近的因素影響下，波蘭境內的德意志人越過邊界而來的時候，主要都落腳在普魯士境內離他們最近的東部省分，梅克倫堡人最常在布蘭登堡或波美拉尼亞安居落戶，薩克森人則多以布蘭登堡或馬格德堡為家。[93]

然而那些從遠得多的地方而來的人，如奧地利、瑞士或德意志西南部，又怎麼說呢？沒有明顯的地理因素吸引他們前來，不過有些模式逐漸建立起來，而且歷久不衰。後來的移民會追隨家人或朋友前去他們所去的地方，而官員則熟悉了特定的旅行路線、方言和地區特色。許多施瓦本人聚落透過這種方式在西普魯士建立起來，而波美拉尼亞則成為來自帕拉丁的移民最偏愛的目的地。在這些例子中，遷移的距離確實遙遠，旅程也很漫長。

施瓦本人的家鄉符騰堡（Württemberg）位於「斯特克特（Stuckert）附近」的內卡河（Neckar）谷地，與西普魯士的維斯杜拉河畔馬林韋爾德（Marienwerder on the Vistula）相距超過八百英里（約一千三百公里）。講法語的瑞士移民從紐沙特（Neuchâtel）前往奧得布魯赫的距離比較短，但仍有將近七百英里。所有踏上這趟旅程的移民都從紐沙特乘船前往索洛圖恩（Solothurn）開始，之後循陸路前往巴塞爾（Basel），再沿萊茵河而下，最遠可抵美因茲（Mainz）。在美因茲，有些群體會繼續沿萊茵河而下抵達鹿特丹，走海路前往漢堡，之後乘船經易北河、哈非爾河與斯普雷河（Spree）前往柏林，徒步完成最後一段旅程。但多數家庭選擇在美因茲離開萊茵河，沿美因河乘船一小段距離前往法蘭克福，接著經陸路完成旅程，穿越卡瑟爾（Kassel）、哈柏斯塔特和馬格德堡抵達柏林。[94]當時的道路讓他們行進緩慢。詩人克勞普斯托克（Klopstock）於一七五〇年從哈柏斯塔特前往馬格德堡時，六小時走了六個普魯士里（Prussian mile，相當於三十五英里），這樣的速度讓他稱奇，將之與古代的奧林匹克競賽相比——他搭乘的還是由四匹馬拉的輕型馬車。[95]從瑞士前來的旅程至少需要四個星期才能完成，而且通常耗費的時間接近六週。

那些年間，前往奧得布魯赫的一群奧地利人則花了更久才完成旅程。他們與上一代移民到普魯士的二萬二千名宗教信徒一樣，是來自信仰天主教的薩爾茲堡地區的新教徒。[96]我們最先在神聖羅馬帝國議會的所在地雷根斯堡（Regensburg）遇見他們，當地的普魯士大使館是將移民送入普魯士的管道。議員

＊譯注：傳說中位於南美洲，擁有無數黃金財寶的帝國。

維艾克（von Viereck）與腓特烈大帝在一七五四年四月初的通信顯示，他們正在為這群奧地利人安排後續旅程。這個過程想必花了一點時間（可能因為對於奧得布魯赫地區的計畫究竟何時能竣工缺乏信心），因為一直要到次月的十二日，維艾克才寫信給鄰近城市荷夫（Hof）的普魯士代表，告知他二十名農民和織工剛出發前往荷夫，隨後還有六、七十人會跟進。第二群人中可能有些追上了第一群人，因為在五月二十日有四十名薩爾茲堡人抵達荷夫。當地一名新教徒貴族慷慨贈與他們推車，並協助他們在同一天就展開前往普魯士哈勒的旅程。五月二十九日，柏林的總指揮處通知統領奧得布魯赫改造工程的瑞佐上校，近日即將有一批人抵達當地，但他們現在還在荷夫與哈勒之間的某處。他們如計畫抵達哈勒後，獲得七十七塔勒銀幣與十四格羅申銀幣（Groschen）的旅費，隨即「懷著滿滿的謙卑與忍耐」啟程前往波茨坦（Potsdam）與柏林，沿途唱著一首放逐之歌（「I bin ein armer Exulant」）。也許他們的歌聲太嘹亮了，因為在第一批薩爾茲堡人通過首都柏林之後，腓特烈下令，「從今以後，若有從雷根斯堡來的奧地利人，都不應引導他們取道柏林，而應該通過旁支道路，以避免所有不必要的 eclat（醜聞）與 bruit（謠言）。[97]最後，總計六十五人的兩群旅人在六月七日與八日分別抵達了維瑞曾，這裡是安置新抵達墾殖者的主要活動中心。此時距離他們在雷根斯堡等待發落命運已過了九個多星期，而他們告別家鄉的谷地又是更久以前的事了。[98]

這數十萬人的遷移應該讓我們驚訝嗎？不盡然。在法國大革命尚未發生，「舊制度」（Old Regime）存在的最後數十年間，德語區歐洲並不如有時被描述的那樣靜止不變。在許多方面它正掙脫束縛，因為既有的社會秩序受到各種壓力，包括新增長的人口、跳過職業公會的新商業組織方式、新土地上的新鄉村聚落、新的商業農耕形式，還有新的觀念。移動中的人口是這些變化的具體表現，因為舊制度其實有高度的流動性，只是並非以我們現在習見的方式展現。在那個年代，踏上旅程的不只是經過啟蒙的那些人，如柏努利和尼可萊，或是壯遊的年輕貴族。在任何時間，十個德意志人中就有一個在移動當中。有些是永遠在路上的人，流動攤販、叫賣者、吉普賽人、磨刀匠、娼妓，還有演員與樂師組成的表演團體，他們所屬的社會階層隨著人口上升而人數增加，而在許多懼怕他們的人眼中，有時很難分辨他們與乞丐和小偷有何不同。[99]與他們同在路上的，還有前往聖殿與其他崇拜場所的朝聖者，儘管天主教啟蒙運動致力勸導他們不要抱持可鄙的「迷信」。其他人隨季節移動，例如德意志西南地區的牧羊人，他們領著羊群從高地草原下移至多瑙河與萊茵河谷地過冬，次年三月再返回施瓦本或法蘭克尼亞（Franconia）地區的阿爾卑斯山。這些路線可長達數百英里：有些法蘭克尼亞的羊群往北遷移的範圍遠達圖林根（Thuringia），甚至到了荷蘭邊界。[100]還有一些人在生命的特定階段踏上旅途，比如為了尋找工作「浪跡天涯」的短工，他們在完成學徒期後啟程，旅程往往歷時兩年。

墾殖者與這每一個群體之間都有一些共通點，但又不與任何一個完全相像。也許我們應該稱他們為混雜的類型——正如往往和他們同時被引入新生地的新作物和品種一樣。新教徒移民和前往敬拜地點的天主教朝聖者一樣，經常邊走邊唱讚美詩歌，並且受到一種宗教使命感甚至是得救的感覺所驅動。他們和牧羊人一樣，帶著動物一起進行漫長的旅行。他們和真正的流動人口一樣隨身攜帶財產，不論是存放在推車中或包在打了結的包裹中背在肩上。他們和巡迴表演團體一樣，在抵達一座城鎮時經常因為他們陌生的服裝和語言——或許還有歌唱的方式——在當地引發騷動。然而，正如行遍四方的短工一樣，他們在途中的時間是一段間奏，是從在某地安居過渡到在另一處安居的移動。短工的願望是成為工匠師傅。殖民者將馬車的軛具卸下，抹去路途上的塵土時，期望的是在土地上落地生根。

迎接他們的不是善意。雖然他們和他們的新鄰居一樣是農人和工匠，而且多數也是新教徒，但還是因為他們的不同而不受信任。不過，讓他們不受喜歡甚至受到憎恨的主要原因，正是最初吸引他們前來的土地和特權。因為這整件事情的目的就是要以新殖民者來開墾新土地：要增加國家的人口，而不只是遷移既有的人口。當地人不是唯一對新來者抱持敵意的人，國家官員對於湧入的拓墾者也稱不上滿懷欣喜。當然，每個人都知道拓墾者是腓特烈最熱衷的事情之一，而負責新聚落的個別官員，比如貝倫肯霍夫，則分別成為某個族群衷心的支持者，特別是針對施瓦本人和帕拉丁人。依照官房學的理論，所有官員都應該歡迎這些成為普魯士名下「雙足資源」的新成員。實際上，他們抱怨連連：殖民者團體中藏有「不受歡迎」分子，他們在路途中遇到不測，針對旅費討價還價，抵達時間比預期中晚，更糟的是太早抵達，新的土地還沒準備好。簡而言之，從缺乏同理心的官僚觀點來看，殖民者帶來額外工作，也干擾了熟悉的例行公事[101]，因此才有許多新移民未受善待的案例，這倒不是說在十八世紀的普魯士，官員的粗暴態度需要什麼特別解釋。

腓特烈大帝的崇拜者一直以來都指出，他聽到這類事件時大發雷霆。[102]確實，因為他對殖民者未受善待以及相關的官方拖延問題感到不滿，才產生了一系列的詔令——但這也明確顯示他的旨意並未受到遵循。腓特烈以強烈的個人興趣密切注意新聚落的日常問題，這點毋庸置疑。不論是波美拉尼亞進度落後的一座堤防，或是奧得布魯赫的殖民者在波茨坦黑熊店裡積欠帳務的爭議，國王都要求知道實情。這種想要管理所有細節的欲望有兩個面向，幾乎可以說源自兩種相反的衝動，因此往相反的方向拉扯。拓殖新生地的計畫幾乎是一種諧擬，諧擬的對象是想讓無序的世界變得有秩序、在其上施加一種機械規律性的欲望。但是他所選擇的方式卻有一種狂亂、爆發式的特質，可能會危及原本的目標。兩者間的緊張關係在土地與居民身上都留下了印記。

秩序的那一面清晰可見，是這一面產生了極為精細的「殖民者表格」和帳冊，舉例而言，在瑪督支出的三六二三一塔勒銀幣，帶來了皇室領域內的七七九五摩根（Morgen）新土地，以及六五四三摩根的新貴族土地，足以供一百五十戶家庭或七百一十二人墾殖。[103]（一摩根相當於四分之一公頃，或超過半英畝。）這些聚落中沒有一樣東西是偶然的結果，不管在瑪督或其他地方都是如此。每一件事情都經過規定。地圖上的空白被依照固定間隔分布的村莊填滿，而每座村莊的房屋、花園、田地和草原大小以及牲口數量，小至一頭鵝、一頭山羊，都有規範，甚至連布局都是統一而直線式的。最常出現的是直線、方塊和十字形，曲線則一概闕如。[104]少有事物能比新聚落的形狀更清晰地見證啟蒙專制君主對秩序的追求，這是庫尼西（Johannes Kunisch）稱為「幾何式思考」的標準範例。[105]幾何式，也是機械式的。當代人喜歡機械宇宙的比喻，而地球是「一個巨大的機器」。腓特烈邀至柏林的當紅知識分子之一拉梅特利（La Mettrie）在他的《人即機器》（*L'homme Machine*）一書中甚至預言有一天會有機器人。[106]機器的比喻經常用在君主專制國家上面，因為其中的子民就好像機器人。也許因為在他的資料來源中充斥這樣的語言，才讓十九世紀歷史學者貝海姆—史瓦茲巴赫（Max Beheim-Schwarzbach）以機械用語形容腓特烈的殖民大計。以他的話來說，回顧整個歷程，國王死後，「整個工作靜止了，機器隨之停擺。」[107]想到那許多表格和財產目錄，這樣的比喻顯得再適切不過了。

既然如此，當貝海姆—史瓦茲巴赫將腓特烈的殖民政策形容為一場「暴力、突然、甚至危險的實驗」，我們又該做何感想？[108]這聽起來像是一個截然不同、混亂動盪的事業。以其手段而言也確實如此。腓特烈亟欲避免陷入官僚系統的羅網，他會利用權謀讓官員對立，尤其是在他統治後期，也喜歡以專案方式分派特殊任務。[109]有個惡名昭彰的例子是他習慣在法律程序緩慢或調查結果不如他意時，指派官員進行司法調查。不過，腓特烈「衝動的創意」在國內政策上最明顯的展現，是在實施浩大的土地再造與殖民計畫上。[110]只要可能，他總會避開國家機器，也就是位於柏林的總指揮處和地方政府官員，因為他認為他們不足以擔當必要的「最偉大工作」（Les plus Grande eforts）。[111]他的做法是指派直接受命於他並回報給他的官員，並賦予他們特殊權力。最初的典型是貝倫肯霍夫，來自安哈爾特—德紹的這名前軍隊供應商是半個文盲，但他精力過人，雖缺乏耐性卻善於解決問題，在侯領地區和波美拉尼亞的沼澤闢出了一大片田野。[112]多姆哈特（Johann Friedrich Domhardt）在東部省分也享有類似的權力，他和貝倫肯霍夫一樣在普魯士境外出生（他生於布倫茲維克），也和他一樣是致力於改良的地主和養馬人，他極為務實又野心勃勃，是個「靠自己起家的人」。為了讓他在面對地方官員時比較有權威，腓特烈將多姆哈特拔擢至貴族階層，不過多姆哈特真正的權力一直源自國王的個人支持。如果貝倫肯霍夫是涅茨河畔的國王，多姆哈特就是維斯杜拉河畔的國王，海爾倫姆則在奧得布魯赫稱王。[113]

這些負責解決問題的人發現，殖民新土地並不比開拓新土地容易。他們也許權力很大，但他們面對的問題也很多。其中一個問題是錢。這些土地計畫有特殊預算，由腓特烈從普通帳戶和其他來源挪用而來，包括來自西利西亞和西普魯士的盈餘。[114]但是這些資金的提供時多時少，而不管需求有多緊急，腓特利總是不願釋出額外資金。他在文件邊緣上的批注（non habeo pecuniam，「我連一格羅中銀幣都挪不出來」）是出了名的慳吝。[115]由於擁有相當大的決定權，加上工作節奏緊湊，這就難怪國王的人馬有時會陷入財務困境。總指揮處曾為了一個闕漏的帳務報表追了海爾倫姆四年，終於迫使他親赴柏林說明。 116
但真正惹上大麻煩的，是距離柏林較遠而且對記帳非常隨性的貝倫肯霍夫。在他於一七八〇年死後，由於他經手的資金中有十萬塔勒銀幣去向不明，過河拆橋的腓特烈沒收了他的家產。

從來沒有人認為貝倫肯霍夫是處理收支平衡表的人才，有位欣賞他的歷史學者甚至說他是「膽大包天的投機者，對於帳務秩序抱著輕忽不屑」。[117]他是蓄意欺騙，還是習於將私人與公家的錢混用，才導致帳務「極度混亂不清」？可能是後者，因為貝倫肯霍夫會以自己的錢財資助緊急工作，事後再取回墊付的款項。但真正的問題是，腓特烈為什麼賦予他本就認為充滿「陰謀和欺騙」的人這麼大的自由，甚至以他為腳步遲緩的官員應仿效的模範？[118]答案是，只要能完成工作，國王願意忍受邊疆地區那種粗糙但可行的做事方法。貝倫肯霍夫最後為這種方式付出了代價。至於新侯領地區和波美拉尼亞的地方官員，則必須「密切注意」貝倫肯霍夫，但又同時被警告「不要對他形成任何一點阻礙」。[119]他們的感受肯定與貝倫肯霍夫的帳務一樣混亂不清。話雖如此，混亂不清正是土地再造與殖民計畫的特色，因為腓特烈對快速成果的追求與正常的官僚程序發生衝突。如果不是為了錢，就是其他問題——雖然多數問題最後還是回到錢。水道轉向的影響引來了磨坊主人的抱怨，必須補償他們；在某些例子中，磨坊被拆除並在新址重建。職業公會抱怨新抵達的工匠會造成不公平競爭。再造的土地不只屬於國王，也屬於其他團體，因此必須與他們進行漫長的談判，包括城鎮、宗教組織，以及最主要的貴族。之後，還必須說服這些團體在新的土地上建立殖民聚落，而且必須和腓特烈要在皇室領域上建立聚落的速度一樣快。國王的全權代表人與不滿的地方官員之間存在的緊張關係，又讓這些任務更形困難。當時許多人懷疑，這些任務的成果是否值得那些「艱苦的工作，普遍的焦慮，和各種橫生的枝節與誤解」。[120]

這一切形成了不和諧的背景音樂，襯托著主要任務：讓殖民者安居落戶。在奧得河、瓦爾塔河、波隆河和其他地方進行的工程曠日費時，但只是創造了殖民的先決條件。該截斷的河流已被截斷，主要的水壩和堤岸已經建造（雖然有些並沒有完工），剩下的任務是把腓特烈那些格網內的方形土地填滿。這代表要在未來的田野上挖溝、築堤，建造水門，根除原有的植被並在新的排水道旁種植柳樹，針對條件不佳仍然難以利用的土壤進行整地，修建路徑、橋梁、房舍、農場與學校，同時還要維護那些新的防洪工事。必須取得木頭與其他建材，再以筏子和推車運到建地。雖然新抵達的殖民者自行完成了大部分的粗重工作，但是如海爾倫姆所抱怨，木匠、伐木工與勞工必須「從很遠的地方送來」。[121]戰爭的需求中斷了這些工作，尤其是在奧得布魯赫，因為七年戰爭發生在對這裡而言很關鍵的一段時間。瑞佐與佩特里在一七五六年返回他們各自的軍團，將計畫的指揮權交到一個財務官僚手中，留下海爾倫姆獨自面對許多日常的問題。建材更難取得了，而勞動力暫告消耗殆盡。

即使沒有歐洲強權間的戰爭雪上加霜，針對自然力量發動的這場戰爭也已經夠艱難了。造成壓力的因素之一是花在旅途上的時間。主事者必須檢查供應品，必須找到並管理數以百計的工人，要檢查建築物，還要寫進度報告。貝倫肯霍夫曾說過，他全部的薪水也不夠支付馬車的費用與打賞馬夫的錢。這無疑是誇大的話，而且是為了他自己的好處說的，但是仍然真實反映出貝倫肯霍夫居無定所的生活，而且讓尤翰．柏努利印象深刻，因此特別去波美拉尼亞造訪他，並且驚嘆這位「偉大的殖民者」擁有「極為肥胖的身材」。[122]這也是佩特里和後來的海爾倫姆在奧得河畔的生活，多姆哈特則在東部省分那些遼闊的土地上過著「不折不扣的游牧生活」。[123]想要完成工作，就必須隨時處於移動。從柏林調派前往、在不同時間協助過多姆哈特與貝倫肯霍夫的一名財務專家，從腓特烈那邊得到的指令是，「像個好漢子般騎馬代步」並帶著精瘦而健康的身體回到首都，也許國王也希望他將這句話傳達給壯碩的貝倫肯霍夫。[124]

讓這個工作更形複雜的事情是，殖民者抵達時，有時新土地還沒準備好讓人居住——運氣差的話，或是準備工作壓根還沒開始，有些群體只好被安置在臨時住處，就像今日的難民一樣。其他人抵達時，則是因為在幫不上忙的小官之間一再被轉手而毫無頭緒或火氣很大。還有人穿得太單薄，不足以抵禦北方嚴酷的氣候，或者沒有帶上在滿地泥濘間行走所必須的靴子。殖民者帶來許多問題，因此出門在外也許提供了貝倫肯霍夫、海爾倫姆和多姆哈特一個喘息的機會，因為每次他們巡視工地後回到基地時，都會被一湧而上的殖民者包圍。根據忠心又護主的佩特里所述，海爾倫姆因為「從早到晚……勒得他喘不過氣」的殖民者而精疲力竭。[125]

在金錢、人員、戰爭或自然力所引發的種種問題下，偉大殖民計畫的進展很不規律，時斷時續。這些計畫讓人想到在《浮士德》的高潮處，驅動那些土地改造計畫的狂亂精力：「他們每日徒勞的轟然湧上，用鎬掘，用鏟挖，一下又一下。」[126]在歌德偉大的劇作中，浮士德最後達成了他的目標，「讓土地回歸土地」。人類主宰了無序的水，新土地成為來自舊德意志的墾殖者「不折不扣的樂園」。將腓特烈的

土地再造與殖民計畫，視為這齣講述人類發展的史詩在現實中的先行者，並不是憑空幻想：[127]

草原青翠，豐饒；歡欣中
人類與牲口生活在這片嶄新的土地上。

喜悅與豐餘的原野

在《浮士德》中，人類為進步的勝利付出了代價，也有受害者。同樣的話也適用在腓特烈的「征服」上。土地再造與墾殖創造了新世界，卻摧毀了舊世界。失去了的是什麼，則必須以人類與環境的角度去估量。對於安居在本來不宜居住的土地上的男男女女而言，種種改變帶來了新的實質安全，然而這些改變讓遠多於此的人暴露於潛在的不安全中，也破壞了具珍貴生態價值的溼地棲地。我們如何找到平衡？這過程是困難的，因為短期與長期的後果很難在天秤上衡量，許多意料外的後果又讓這樣的衡量更形困難。我們可以選擇頌揚現代性的勝利，或惋惜一個世界的失落，但兩者都難以充分表達這樣的轉變究竟意義為何。

由堤壩、溝渠、風車、田野與草原構成的美麗新世界，是一片「豐饒而幾乎帶著荷蘭式整潔」的風景，帶來了許多不可否認的好處。[128]新土地為了殖民者創造出來，食物供應增加了。在貝倫肯霍夫的葬禮上，牧師瑞福（Rehfeldt）在他的紀念演說中描繪了一幅荒原被改造為「喜悅與豐餘的原野」的圖像。[129]

確實如此，再造的土地往往特別豐沃而多產，尤其在奧得布魯赫。土壤變乾後，在畜養牲口與酪農業之外，又多了極為多樣化的耕作農業——黑麥、小麥、燕麥、大麥、三葉草、油菜、葛縷子和特殊的經濟作物。[130]正如貝倫肯霍夫在東邊介於科斯琴和布羅姆堡（Bromberg）之間的丘陵上種植藤本植物，試驗種植不同品種的豌豆與扁豆，並且在新土地上畜養了丹麥牛、英國綿羊、土耳其山羊、頓河哥薩克（Don Cossack）水牛，甚至駱駝，奧得布魯赫提供了近乎實驗室的條件，可進行科學畜牧的試驗。[131]在井然有序的新土地上，當代人熱衷追求的改良作物與輪耕方式（特別是來自英國的作物與輪耕方式）得以獲得實踐。德國科學農業先驅特爾（Daniel Albrecht Thaer）在一八〇四年於該地區的默格林（Möglin）定居，並在當地發表了他的四冊巨著《理性農業原理》（*Principles of Rational Agriculture*），真是極為適切。[132]後來的評論者往往從周圍高地俯瞰布魯赫地區（腓特烈大帝向來如此），也總是描繪出同樣的景象。這是一個「生機蓬勃的省分」（克里斯提安尼〔Walter Christiani〕語），「多沙邊境上的綠色土地」，「一片廣大而美麗的花園」（貝萊特庫魯茲〔Ernst Breitkreutz〕語）。[133]馮塔納在小說《風暴之前》（*Before the Storm*）中形容十九世紀早期的奧得布魯赫時深有所感，將之與《聖經》中的描述相提並論：[134]

> 聖靈降臨時節，油菜正盛開，到處都是它們的黃金色澤和氣味。在此時漫遊於這片區域，就是想像自己從邊境地區移動到了某處遙遠而更為豐碩的土地。這片處女地的豐美讓人心中感到帶著喜悅的感恩，一如《聖經》中的列祖，在無人居住的地域數算上帝賜予他們的房屋和牲口時，心中可能的感受。

奧得布魯赫同樣給予了它的居民豐厚的收穫——至少對新土地的開墾者與後來的地主是這樣。到了一八三〇年代，奧得布魯赫農民已經有了汲汲於財富的名聲，當時的官員、神職人員與其他中產階級觀察者認為過度的財富有失合宜，但即使以這些批評者經常用以衡量財富的標準而言，農民累積財富的程度還是相當驚人。那些紅瓦綠窗的農舍，馬車與華服，菸草與葡萄酒，撲克牌與九柱球，都是暴發戶的傳統象徵。最尖刻的批評莫過於馮塔納在《漫步布蘭登堡侯領》和《梨樹下》（*Under the Pear Tree*）等小說中的描寫。然而馮塔納毫不懷疑，「一片荒蕪而沒有價值的沼澤地」已經被轉變成「我們土地上的糧倉」。[135] 腓特烈時期的殖民召募者所承諾的機會顯然兌現了。

而且不僅如此。那時的當代人認為瘧疾熱與瘴氣有關，這樣的解釋固然是錯誤的，但是他們認為瘧疾與草澤和泥沼有關並沒有錯。土地再造後，瘧疾不再於北德平原各處肆虐，就和一個世紀前瘧疾從英國的沼澤區消失了一樣。會孳生病媒的靜水被移除了；在施行新的畜牧業和酪農業的地方，瘧疾的病媒瘧蚊有了更好的吸血對象。[136] 瘧疾的消失有深遠的影響，這代表一個削弱人類免疫系統的疾病的終結，使得人類比較不容易患上貧血等慢性病以及對孩童會致死的肺炎和胃腸道感染等。和土地再造的其他副產品一樣，瘧疾的消失預示了「舊生物體制的終結，」*或至少是終結的開始。[137]

現代荷蘭土地再造專家瓦格瑞特（Paul Wagret）在一九五九年書寫「文明對沼澤地的征服」時，想的就是這類好處。[138] 今天要喚起這樣全然的熱情比較難了，因為這種熱情忽略了征服的代價。一如老夫婦費萊蒙（Philomen）與鮑西絲（Baucis）阻礙了浮士德的土地再造大計，也有人妨礙了腓特烈的墾殖計畫。舊有的奧得布魯赫是最好的例子。這裡有零星分布的村莊，建立在地勢較高的砂質小丘上，村落的居民就是位在沼澤地的一百七十戶人家，過著兩棲生活。他們多為漁夫，仰賴數量豐富的鯉魚、鱸魚、狗魚、歐鯿、鮊、圓腹雅羅魚、丁鱥、七鰓鰻、江鱈、鰻魚和蟹維生。但是在水位較低的時候，他們也準備乾草並放牧動物，利用與泥巴混在一起的動物糞便以及一捆捆枝條（稱為梢料）製作抵禦洪水的防護牆，並在這些牆上種植西葫蘆與其他蔬菜。除了低水期與冬季結冰時，全年大部分時間他們在錯綜複雜的水道間唯一的交通方式，就是透過平底船。[139]

這種生活方式被摧毀了，但不是沒有經過一番抗爭。反對勢力呼應了一個世紀前在英國沼澤區聽到的頑抗聲音：[140]

他們意在排乾所有沼澤
並且將水制服，
一切都將乾涸而我們必死，
因為艾色克斯的牛犢需要牧草……
我們必須讓位（喔這悲慘的事）
給長角的野獸與家畜，
但我們一致同意

＊譯注：Biological old regime，舊生物體制，也譯為「生態舊王朝」。在這個體制下，世界百分之八十的人口是農民，直接生產給自己和其餘人口（貴族）的糧食。任一時間的人口數都受到有限可耕地的限制和氣候影響。

以戰鬥將牠們驅逐。

英國沼澤區經歷了暴動與失序；在奧得河畔則有人試圖破壞土地再造工程，不僅在工程的初始階段，如前文所述，也在其後的階段。在一七五四年的春洪之後，海爾倫姆回報，堤防有一些地方出現缺口不僅是因為水勢，也因為「心懷惡意的沼澤居民可能為了捕魚利益，暗中刺破了堤防的三個地方，因此對防禦工事造成了重大破壞」。[141]根據庫恩寇（Hans Künkel）所述，舊瑪德維茲（Old Mädewitz）的居民「從他們以西葫蘆築成的堡壘進行反抗」——恐怕不是最佳的戰略位置。官方再度出動士兵，並且對抗爭者祭出死刑威脅。[142]費萊蒙與鮑西絲拒絕接受錢財與重新安置，在浮士德失去耐性後被惡魔梅非斯特（Mephisto）與他的手下殺死。沼澤居民獲得以新土地作為賠償的提案，也多數接受了，這些土地的面積與最大的新殖民聚落相當（大約五十五英畝），但是小於他們所習慣的大片沼澤與水域。實體抗爭結束了，取而代之的是捕魚家庭提出的請願和訴訟，以確保他們至少可以獲得應得的賠償，特別是來自貴族與市鎮地主的賠償。[143]但是也有許多人堅決不從而痛苦地緊抓一個消失中的世界不放，他們無法以耕犁取代魚鉤，雖然他們的孩子和孫子後來當然（如我們喜歡說的）適應了以陸地為主的新體制。

誠然，在這個改變以前，沼澤居民的生活並非完全不受限制。他們必須繳交莊園制度下的各種規費給他們的領主——取代勞役的現金，每年三頭鵝，「魚錢」，諸如此類。他們也面對魚類加工公會（稱為Hechtreisser，意思是「撕狗魚工人公會」）的壟斷勢力，公會成員在維瑞曾收取他們的漁獲，然後加以醃製、處理並出售。布魯赫的漁民也許居住在濃霧籠罩的孤立中，但他們屬於一個發展中的市場經濟以及依然存在的封建體系。[144]他們嚴酷的生活環境以及以「魚和蟹與蟹和魚」為主的飲食，也應該足以消除對他們原有生活的任何理想化想像，儘管黃金時代的神話曾提到他們極為長壽。[145]另一方面，他們的生活方式也並非如官員和後代作者往往假想的那樣非理性、或無助地受制於自然因素。他們的經濟活動是細密地依循土地再造前每年春夏正常的氾濫週期所進行。正如麗塔・古德曼（Rita Gudermann）近日審視的哈非爾蘭（Havelland）與東明斯特蘭（Münsterland）的居民，以及北德平原上其他許多草澤與泥沼上的居民一樣，他們發展出了小規模的地方解決方案，讓他們得以生存，並找出仰賴水的維生之道，直到國家的大規模「改良」計畫出現為止。[146]我們不該忽視這種智計與巧思的證據，儘管它們在憑恃科技而來的自大與國家權力的結合下遭全盤抹去。[147]有什麼東西失落了，這是我們在講述土地再造的歷史時應該採用的調性之一。

原有生活方式緩慢但無可避免地走向終結的，不只是以沼澤為家的居民，這裡的水也曾維繫了許多周遭城鎮和鄉村的打魚家庭。在填水造地之時，這些家庭占生活在下奧得布魯赫王室領地四百三十戶人家中的三百五十戶。隨著池塘、湖泊與河流中捕鰻魚的漁堰消失，他們必須到其他地方尋找未來。像維瑞曾這樣的城鎮甚至連外觀都改變了。魚類加工公會抱怨：「在漁民曾經拋出大網捕魚的地方，現在看到的是草原，甚至有小麥和其他種類的穀物。」[148]這個曾經勢力龐大的公會從一七四〇年的四十二名會員衰退到一七六六年的二十八名會員；到了一八二七年只剩下十三名會員。那時，公會議事廳已經賣給國家，改為猶太會堂。隨著釀酒與蒸餾業蓬勃發展，維瑞曾多了畜牛展示秀，漁業走向衰亡，昔日裝魚的貨櫃日漸腐爛，廢棄的船隻成為殘骸。[149]

代表未來的是墾殖者。但是第一、二代移入者也付出了高昂的代價，才得以建立起後來繁榮的基礎。疾病與粗重的勞力工作導致他們許多人喪命，在給腓特烈檢視而彙整的殖民者清冊中，許多寡婦名列其中。許多新殖民地原有的房屋和附屬建築，由於倉促建成、基礎薄弱而發生倒塌或陷落。動物在依然積水的草原上覓食後死於感染。[150]正如殖民者的諺語所說：「第一代與死神相遇，第二代與貧乏相遇，只有第三代遇見繁榮。」[151]（腓特烈大帝說的更不留情：「第一代殖民者通常成不了什麼大事。」[152]）有些人移往他處，有些人回到家鄉，比如不幸的保森先生。在奧得布魯赫地區新呂德尼次（Neu-Rüdnitz）的第一年（一七五九年），他和太太就遭一幫哥薩克人搶劫和攻擊。第二年，他有十四頭牛死於疾病，三匹馬被偷。第三年，他的田地遭水淹，雜草毀了他一半的作物，剩下的又被為患的老鼠吃掉。到了第四年他又碰上淹水，所有的豬和家禽都沒了。最後他賣掉所有家產回鄉去了。[153]

當然，所有的墾殖或邊境社會都有許多故事，講述初始階段的偉大奮鬥。不論是奧得布魯赫、美國西部邊境或是南非布爾人的大遷徙，這些有關於堅忍刻苦的敘事都有一個共同的輪廓：充滿希望的旅程，考驗決心的挫折，與大自然的力量對抗，最後獲得成功。這樣的故事因為久經傳頌而有一種超越時間的質地。但是他們幾乎沒有失去與地方的聯結感，因為這才是故事的意義所在，也就是從德國移墾者所經歷的艱苦中，我們得以看到有關土地再造代價的重要證據。比如那些人類與牲口所遭受的疾病和感染，或是蔓延為害的老鼠和雜草。這些不只是厄運和殘酷自然的反覆無常。透過環境歷史學者，我們已經知道人類從一個生態系遷移到另一個生態系時會產生的問題；因為人到哪裡都會帶著他們的生物相和病原體，在這個例子中是從德國的每個角落和歐洲的其他許多地方而來：法國、丹麥、瑞典、低地國家、瑞士、皮厄蒙（Piedmont）和薩瓦（Savoy）。當然，還必須加上由貝倫肯霍夫刻意引介到新土地的品種和物種，而這些他以一視同仁的熱情所引進的東西獲得的成功程度也不一。有些失敗了，有些造成感染，又或者有些「服務物種」（servant species）僭越了它們的位置，其實都不讓人意外。[154]

人類開發造成的某些常見災難，在這些新生地上倒是大致避免了。肥沃的沖積土（雖然不是都如同奧得布魯赫那樣肥沃）沒有像其他被開墾或更密集使用的邊緣地區（尤其在高地）一樣，發生地力耗竭。混合農業在這裡也幫了大忙，與種植單一作物的德國松木林後來發生的危機形成強烈對比。氣候與地形的特殊結合也讓土壤侵蝕在這裡不是大問題，不像在德國其他地方或美國大平原那樣，儘管未來會出現關於歐洲中部是否會產生乾燥貧草原的重大爭論。[155]不過，這裡有一個造成土壤侵蝕的明顯原因：持續在再生沼澤地與低窪谷地造成氾濫的淹水。說這裡有些時候到處都在淹水，以及任何時間都有某處淹水，並不為過。有些作者仍鍾情於被擊敗後遭囚禁的敵人這樣的比喻，對他們來說，這些定期氾濫證明了一個強大的對手仍然「猛烈拉扯著他的鐵鍊」。[156]土地再造後，重大的水災於一七五四年和一七七〇年橫掃奧得布魯赫，一七八〇年代有三次（包括災情慘重的一七八五年），一八〇五、一八一三、一八二七、一八二九和一八三〇年也有水災，而且後果慘重，之後在一八三〇年代還有兩次，一八四三、一八五四、一八六八、一八七一、一八七六年也有，從一八八八到一八九三年又有三次氾濫，如此直到進入二十世紀，最近一次在一九九七年，也是腓特烈一手推動的再造工程二百五十週年。[157]災情最慘重時，被徵召來進行修復的軍人和勞工，比當初投入再造工程的人數還多，花費也比從前還高。

在奧得布魯赫與其他低地發生的洪水有各種原因。通常是傾盆大雨的結果，或河流起源處的遙遠高地發生異常的融雪逕流所造成，水利工程的缺陷或短視讓洪水帶來的衝擊更為嚴重。堤防不足以應付它們面對的水量，或者再造的工作根本沒有完成，瓦爾塔布魯赫的西端就是這樣，連當代人如佩特里上尉都對於貝倫肯霍夫急就章和偷工減料的做法充滿懷疑。[158]又或者是過去的模式以預料之外的方式重新浮現，比如「新奧得河」如同過往一樣發生淤積。也或許改善方式有不可預見的結果，因為從一處被排出的水會在另一處再現，這種情況幾乎在每一個地方都或多或少發生過。[159]

人類對於這些挫敗的反應在過去二百五十年來已經改變。但多數時候，改變的是特定的修正方式，而不是根本的想法。每一次重大挫敗都帶來了一次重新思考，細看這一個個立意良善的回應，我們被強烈提醒一件事情，這件事情歷史學者早已瞭解，但是水利工程師則比較難接受，那就是：一個領域最先進的狀態永遠是暫時性的。他們信心滿滿地提出針對奧得布魯赫的解決方案，而一連串讀下來之後，我們發現每一套新提出的措施都保證會奏效，而且終將克服前幾代人的無知、工程上的錯誤或政治上的限制，一直到一九八三年的米夏爾斯基（Werner Michalsky）都是這樣，當時他說，在東德的規畫下，「數百年來人類想要控制自然力量的夢想，在社會主義的條件下終於實現。」[160]事實上，這些宣稱將是最終解決方案的做法——不管是在一七七〇年代的氾濫後加高堤防；在一八三〇年的洪水後阻斷「舊奧得河」；一八五〇年代的重大導正計畫，蒸汽幫浦和挖泥船的發明；一九二〇年代利用電動幫浦的新計畫，堤防協會的一再重組；甚至是社會主義的條件——沒有一個能夠防止洪水，洪水氾濫已經成為對工作週期的威脅，不再是工作週期的一部分。[161]在超過兩個多世紀的這段期間，再造的土地從未獲得免於被水侵擾的確切保障。相反的，在其他地方已經常見的模式中，洪水最後變得比較不頻繁，但是發生時的後果更慘重，一直到一九九七年的洪災都是如此，那已經是五十年間的第二場「世紀洪災」了。[162]

失樂園

「讓我們學會對自然而不是我們的同類宣戰；從混亂手中收復——如果可以這樣說——我們的遺產，而不是壯大他的王國。」這是蘇格蘭哲學家鄧巴爾（James Dunbar）在一七八〇年的戰呼。[163]在北德平原上，對「混亂」水域所發動的戰爭也導致了原生動植物的慘重傷亡。土地再造的環境衝擊有時非常劇烈，一位當代人曾描述奧得布魯赫原本糾結而積水的林下植物被連根拔除後發生了什麼事。這些植物被成堆留在原地等待乾燥，歷時經月，成為各種野生動物的庇護所。等到終於放火焚燒這些植物時，逃離烈火和煙霧的鳥和動物輕易成為獵人的囊中物。野貓、野兔、鹿、鼬鼠、貂、狐狸和狼匆匆逃往已經消失了的掩蔽處，沼澤雞、野鴨、喜鵲、鴞和鷹也只能在刺耳粗嘎的叫聲中離開臨時的棲地。馮塔納後來在《漫步布蘭登堡侯領》重述了這段往事，稱之為「滅絕之戰」。[164]

但是實際的改變之大遠遠超過這些劇烈事件，真正的改變透過生物多樣性的嚴重流失逐漸累積。這些地方曾經是豐饒的溼地，複雜的生態系支撐了今天幾乎難以想像的多種昆蟲、魚類、鳥和動物。長時間來看，燃燒的火槍所造成的損害，遠不及一片棲地的流失，這片棲地滋養了奧得布魯赫數量與種類都曾經豐富的魚類，這些魚類又使得這裡成為鶴、鸛、鴴、鵜與野鴨的家園。[165]佛康森（Jacques de Vaucanson）在一七四一年展出了他著名的機械鴨，這個模型可以搖搖擺擺地行走、鼓動翅膀、擺動

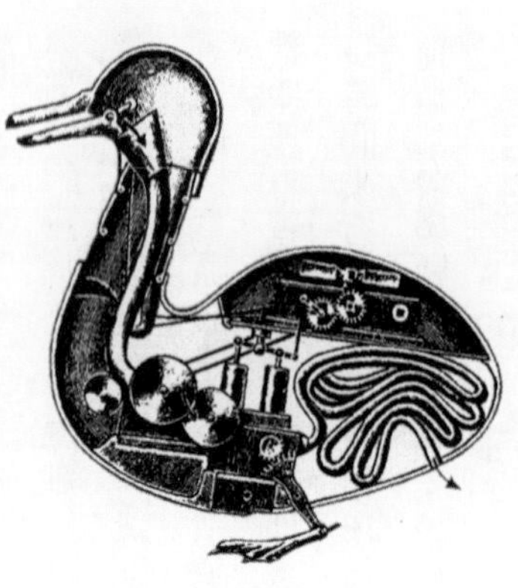

佛康森在一七四一年展出的機械鴨
© wikimedia commons

頭部，甚至可以撿拾穀粒並加以「消化」後排出。這個奇妙的發明受到當時歐洲各地開明之士的讚嘆，在法語《百科全書》（*Encyclopédie*）中也有條目描述。腓特烈大帝曾試圖延攬佛康森到普魯士。但是，機械鴨讓受過教育的觀眾深深入迷的同時，真正的鴨子正從再造後的奧得布魯赫與其他從前的溼地消失。[166]

在這個過程中有什麼重要的東西流失了，是在十八世紀後半愈來愈常聽到的聲音。在英國，鄧巴爾看到一場必須發動的戰爭，其他人則數算這場戰爭的代價。「看著這場大變革的黑暗面時，我哀悼，」華滋華斯寫道；「自然有她應當的權益，」柯立芝如是提醒。[167]在德國也有人提出同樣的提醒。詩人諾瓦利斯（Novalis）在一七九九年抱怨，人類的宰制已經「將宇宙永恆的創造性樂音變成一座醜怪工廠的單調敲打聲」。[168]這是發自浪漫主義的放聲悲嘆，火力全開將訊息發送出去。但是一種感性上更悄然的改變，其實可以追溯到此前數十年。哈勒的「安納克里昂派」（Anacreontic）詩人*以悵惋的詩歌讚揚自然之美；格斯納（Salomon Gessner）在其《田園牧歌》（*Idylls*）中也表達了同樣情感。[169]這些牧歌文學中依然有達夫尼與克羅伊**、自然幻化的寧芙女神（nymph）和樹精（dryad）的蹤跡，為失落感覆上了一層風格化的甜美。但克勞普斯托克（Friedrich Klopstock）就不是這樣，他直接談及自然「應當的權益」：[170]

妳在綠色大地上的作品都宏偉美麗
噢，美麗的大自然母親！

克勞普斯托克在當時是重要人物，原因有幾個。他是文學名人，有一群圍繞他的「森林聯盟」（Sylvan League）自然詩人，但他的影響力遠超過這個圈子。不僅如此，身為各種學會與讀書會的重要人物以及一名旅人、收藏家與業餘植物學者，他更是當代知識分子的原型，透過法國博物學者布豐與他自己的觀察，他學會因為自然世界的內在特質而尊重它。他強調美而非實用性，並且對自然經濟體的豐饒懷抱驚奇讚嘆（一七七〇年代的年少歌德也抱持這兩種情懷），這使他成為那個年代知識界的領頭羊。

他也是將盧梭「回歸自然」的主張引介至德國的管道，但他不是唯一。德國作家緊緊抓住盧梭的自然崇拜，也對「自然的」英國造景庭園抱持同樣強烈（但遲來）的熱情，因為英式庭園與正式而幾何布局的法國或荷蘭花園恰恰相反。（尤翰．柏努利雖然欣賞古索瓦的甘藍菜園，但也指出花園的對稱格局已經有一點過時了。[171]）蘇爾策（Johann Georg Sulzer）在《自然之美對話錄》（*Conversations on the Beauty of Nature*，一七七〇）中主張，只有「在自然的學校裡受教育的」孩童，才能獲得「讓人喜愛的天真與單純」，那是真正智慧的來源。教育改革者貝斯洛（Johann Bernhard Baselow）則更進一步，開設一系列示

*譯注：安納克里昂派（Anacreontic）詩人，指仿效古希臘抒情詩人安納克里昂（Anacreon）風格的一派詩人，使用特定格律。

**譯注：達夫尼（Daphis）與克羅伊（Chloe）是古希臘作家郎格斯（Longus，約生活於公元二世紀）同名浪漫小說的男女主角，小說講述這對牧羊少年與少女的愛情故事，以田園風格著稱。

範學校以傳布自然的福音，第一所學校在一七七四年成立於安哈爾特—德紹，正是貝倫肯霍夫的故鄉。[172]

這種新興的、對於野性自然的喜愛，在當年非常典型，而當我們回顧這種喜愛，浮現在腦中的是山脈與海濱。這些地方與正被夷平與限制的自然世界形成了最鮮明的對比，也讓「自然運動」（natural movement）這種新興崇拜者可以透過登山與游泳來實踐理念。德國人在一七七〇年代發現阿爾卑斯山，不久後又發現海濱。一直要到進入下世紀許久以後，草澤與泥沼才會獲得可堪比擬的明星地位，但是這些棲地和它們的命運並未全然受到忽略，盧梭已經確立了這個主題。他在《論科學與藝術》（*Discourse on the Sciences and Arts*）中與在《愛彌兒：論教育》（*Emile*）中一樣，批判將沼澤排乾的做法，認為這是以破壞性的方式介入自然，可能抹除地表上的物理特色。[173]「不毛沼澤」加入「野性森林」和其他地方，成為德國詩歌中喜用的地點，是作者可以卸下偽裝欺騙並獨處的地方。[174]

歌德的《少年維特的煩惱》是比較複雜的例子，這部作品講述一名年輕男子迷戀一名女子，最後為此自殺。這本書在一七七四年問世後讓歌德一夕成名，書中充滿了為愛所苦的主角對「大自然內在、光輝而神聖的生命」每一方面的關注，包括屬於霧氣與蘆葦的孤獨世界。[175]讀者也會注意到洪水的譬喻並不是用來表示危險，而是自由。書中很早就出現這樣的例子。維特明知故問地提出，為什麼「天才的水流鮮少以洪流之姿迸發？」答案：因為有冷靜自持的男人，「如果不是他們知道何時該建造溝渠與堤壩以面對迫近的危險，那他們的花園房舍，鬱金香花床與甘藍菜田會遭徹底毀滅。」[176]甘藍菜田與溝渠可曾被賦予這麼邪惡的角色？而為了表達對充滿束縛、與野性自然（與天才）正正相反的官僚世界的鄙夷，維特選擇的例子可能直接取自奧得布魯赫的農牧業新典範，也就是「數算豌豆或扁豆」的枯燥乏味。[177]

貫穿《少年維特的煩惱》全書、並且讓這本書符合其時代的觀念之一，是將未破壞的自然描述為「天堂」。這提醒我們，十八世紀晚期的旅人和他們的讀者遇見了新的世界，拓展了他們對自然多樣性的感知。從當代人對於被改造過的草澤與林澤的反應，我們很難不看到這個將自然視為天堂的主題。它就像一個試金石。當然，有時這個比喻被用來確認改造自然的正當性。我們被告知，昔日的哈非爾蘭草澤是「一片野蠻、原始的土地，由自然一手打造，一如南美的原始森林」。至於舊時的瓦爾塔布魯赫，「任何膽敢踏足的人都會覺得自己到了世上最不為人所知的角落之一。」一名丹麥旅人於一七八〇年代來到這片區域時，想到還未被排乾的「加拿大荒野」，並以之和已經改良過的草澤地區相比，不禁悚然。在他認為，那些地方井然有序而修剪整齊的「美麗」，才是「像天堂一般」。[178]

但是將天堂以相反的方式定義，也就是自然而未經破壞的，在當時已成為愈來愈常見的觀念。福斯特父子結束「果敢號」（Resolution）上的旅程、帶著大溪地純淨之美的證據返鄉後，這種想法逐漸獲得支持。兒子蓋奧格・福斯特在他的遊記《環航世界》中普及這個想法，並且啟發了「島嶼天堂」文類，這類書籍的背景都是動物不會遭殺害或吃掉、而水果自然從樹上掉落的地方。[179]父親尤翰・福斯特可以說是德國的懷特（Gilbert White，英國博物學者），身為自然學者，他喜愛各形各色的生命，也有描述事物的天賦。隨庫克船長出航的旅程中所見，讓他提出了對環境的關切，而同樣的關切也曾為在模里西斯（Mauritius）待過的法國博物學者如科默森（Commerson）與珀瓦弗（Poivre）提出。隨著他開始看到人類「改良」的黑暗面，從他的日記中可以看到愈來愈強烈的不祥之感。[180]美洲也自有關於森林除伐與土地再造的教訓。有些人已經以新世界為鑑，針對人類傲慢的可能後果提出警告。瑞典自然學者康姆（Peter Kalm）在著作《北美旅記》（*Travels into North America*）中指出，北美洲經過清除的沼澤出現氣候變化及魚類和鳥類數量減少，呼籲同胞不要「無視於未來」。這本著作影響了老福斯特，他並將之翻譯為英文。哲學家赫爾德亦援引類似的證據，堅持生命體之間彼此相關，人類「若要改變這種相互依賴關係應該謹慎為之。」自然是「活生生的一體」；不應「被強加宰制」。[181]

詩人、自然學者與旅人所回應的是明顯在改變中的世界，這些回應帶著懷疑，有時甚至是沮喪灰心，他們的反應形成德國文化中的第一波「綠潮」。在歷史的那一刻，發現與破壞處於微妙的平衡，難怪有些當代人會視純淨的自然為「綠色烏托邦」或「天堂」。[182]這個觀念至今仍保有召喚情感的力量。近二百年後，庫恩寇書寫他祖先的家鄉奧得布魯赫與瓦爾塔布魯赫時告訴我們，在土地改造以前，這些地方是「大大小小生物的天堂」。[183]即使是冷靜理智如布勞岱爾（Fernand Braudel）這樣的的歷史學者都提出，「在十八世紀末期，土地上仍有大片地區是動物的伊甸園。人類對這些天堂的侵擾是悲劇性的新發展。」[184]

那麼，可以用失樂園來形容嗎？十八世紀後期人類影響對自然世界的破壞之大，確實不容置疑。這發生在以石化燃料為基礎的工業時代以前，在北德平原的溼地上導致生物多樣性蒙受無以復加的損失。以「失樂園」這樣的語彙來描述這個巨大的轉變，並不比「用文明征服沼澤」（如瓦格瑞特所說）這樣的話語失真，但是也沒有比較真實。失樂園以墮落的觀念為基礎，有明確的墮落之前與之後。自然世界穩定、和諧而能夠自我平衡，直到受人類衝擊干擾，帶來不穩定、不和諧與不平衡。環境史學者與其他人主張曾發生這類斷裂的時候，引領他們的是浪漫派的情感，他們的全觀式範疇（holistic categories）深深影響了現代生態學思維。但是這種主張自有其問題，就和輕率的現代化推動者一廂情願的想法一樣。如果「改良者」最大的幻想是相信自己找到了一勞永逸的技術性解決方案，那麼環保人士則掉入了相反的陷阱，相信有一個永不改變的自然狀態。但是這與現代生態學者有關自然系統不穩定動態的堅實證據直接相悖。有些環境史學者顯然不太相信這些發現與這些發現的立論基礎，也就是混沌理論的應用，彷彿只要對自然的有機和諧有一點質疑，就會讓我們無法辨認造成破壞的人類行動。[185]不會的。但是當我們書寫人類對自然世界的衝擊時，應該認識到我們處理的是兩個動態系統的互動。

不僅如此。當我們思考這些看似純淨原始的溼原棲地，一個問題隨即浮現：它們究竟有多原始純淨？回顧十八世紀那名評論者所說的，這真的是「由自然一手打造」的土地嗎？答案是不全然。因為不論在遙遠與相當晚近的歷史中，透過人類與自然環境互動的局部系統，這片地區都曾經被人類塑造和再次塑造，儘管不像腓特烈大帝統治時期那麼戲劇化。土地再造計畫經常挖掘出早期人類聚落的遺跡。但我們甚至不用追溯到那麼久遠以前。有證據顯示，僅僅五百年前，在這裡還沒成為北德平原上無法穿越的沼澤以前，這裡曾經有人類聚落，直到氣候變遷加上人類行動，尤其是森林除伐，導致了災難性的洪水，迫使居民遷往較高處。[186]是在後來數百年間，漁人與狩獵採集者才在奧得布魯赫與瓦爾塔布魯赫等地區發展出他們的微型經濟，適應了當時新的環境條件。

這段紛雜而斷續的人類活動歷史，並不會讓腓特烈的「征服」變得比較不具新意或影響沒有那麼廣泛，就像北美原住民幾百年以來的活動，並不減少歐洲人征服並殖民新世界的衝擊。不過，這的確會削弱有關不曾受到干擾的自然世界的主張。聚落只是故事的一部分。人類還以其他許多使用方式塑造了這片所謂純淨原始的自然世界。狩獵是一個好例子。老布呂赫爾（Jan Brueghel the Elder）的畫作〈林中獵人〉（Interior of the Woods with Huntsman）可能是對生態舊制度最好的描繪，但是當我們的眼光落到畫面內，我們很難不注意到，如果沒有獵人，就不會有描繪這片水澤林地的畫作[187]，也不會有畫中的許多野生動物。紀錄顯示十七世紀的瓦爾塔布魯赫紅鹿群有超過三千隻個體，這是拜自然所賜，也是拜人類所賜。[188]

幾乎所有被再造的溼地其實都先是狩獵保留地，後來才成為牧草地或種植穀物的田地，這也是為什麼有那麼多普魯士貴族反對土地再造。細細檢視這些看似自然的棲地，就會發現它們受到的直接或間接人類介入有多少。水位有時候會高，是因為附近磨坊的運作導致水位高漲。[189]高地溪流被改變以利木材筏流或為鎚磨機提供動力，從而影響了低地沼澤的水文。遠方高地的森林除伐導致表土侵蝕，因而使沖積物持續出現在容易淹水的河谷裡。[190]最終，並沒有一個明顯的基準可以用來量度在土地再造期間「失落」的世界。若以博德（Elizabeth Ann Bird）犀利的用語來說，可以「反對破壞環境的科技，但不能基於這些科技是非自然的」。[191]

北德平原的溼地在十八世紀後半葉經歷了實質改變。對於奧得布魯赫這樣的地方所經歷的事情，最好的理解方式是，這是由三條主要支脈交織而成的一段歷史。首先，這是人類介入自然世界的歷史上戲劇化的一章，對這個地區的生態造成傷害，同時也對成長中的人口帶來複雜的影響，好壞都有。這個改變也揭露了權力如何運作：誰排乾土地、誰反抗，以及哪些知識形式最後占了上風。在腓特烈大帝時代的普魯士，把水變成土地這鍊金術一樣的過程，揭示了晚期絕對君權國家的權力如何分布。最後，消失的沼澤所代表的自然像一面投影螢幕，映照出人類投射的情感。這些事件被視為一種征服，馴化了危險的對手，但也開始被視為和諧自然世界的裂解，是一種失去。

Two

馴服萊茵河的男子

十九世紀德意志的河流再造

佛茲鐘聲

一個週日早晨，漁民從萊茵河畔萊梅爾斯海姆（Leimersheim）附近的村莊出發，要到萊茵河的一條舊支流收網。這天捕到的有丁鱵、歐鯉和鰻魚，他們很滿意，把槳收起，任平底船在河上漂流。遠方傳來鐘聲，他們從沒聽過那麼莊嚴的鐘聲，而且鐘聲隨著他們接近河流中間變得愈來愈響亮。漁民面面相覷：聲音是從水下傳來的。漢斯亞當最大膽，他探身從船側望下去，盯著水裡看了一會兒之後喚同伴來看。發出聲響的鐘位在一座教堂的塔內，教堂在他們下方的水中清楚可見，周圍有幾座簡樸的小屋。船在教堂上方緩緩移動。漁民擔心翻船，抓起槳奮力往河岸划去。他們迅速把漁獲存放好後，匆忙趕回村裡告訴大家。沒人相信他們的故事，還報以嘲弄，直到其他漁民在另一個平靜的星期天早上描述了同樣的經驗。從那時起，漁民總避免到那裡去。可是每當河水上漲、水災即將來臨時，村子裡還是能聽到鐘聲。[1]

這則十七世紀的傳說屬於一種常見的類型。在基督教文化中，鐘聲給人的聯想往往是用來驅逐超自然存在，抵擋惡魔，或是警告自然災害即將來臨。[2] 萊茵蘭（Rhineland）與德國其他地區一樣，流傳著許多鬼魅般的鐘聲故事，為了表達訓誡或警告。[3] 這些故事往往源自真實村落的命運，一如上面這一則。故事裡的漁民來自新佛茲（New Pfotz），那口鐘位於他們祖先居住的佛茲村。一如萊茵河這個河段左岸的許多聚落，佛茲是在十三世紀晚期建立的漁村，不到三百年後這個漁村就消失了。村落的地點位於蜿蜒的萊茵河上一處寬闊的河彎，持續被河流侵蝕。一五三五年，村落終於遷至西方數百公尺外較高處，並重新命名為新佛茲。荒廢的舊佛茲最後完全沒入了水中。[4]

舊佛茲不是唯一這樣消失的村莊，位於萊梅爾斯海姆和新佛茲之間的文登（Winden）也為萊茵河所吞噬。一個世紀後在南邊不遠的地方，沃特（Wörth）遭到同樣的命運，洪水在一六二〇年代漫入後，村民逃到較高處，在荒廢的佛拉赫（Forlach）村重新安頓下來。沿著上萊茵河這條短短的河段，還有兩個具規模的村落沒入水中。克瑙登海姆（Knaudenheim）是擁有四百位居民的農漁村莊，一七四〇年洪水來襲，淹死了兩個人和五十頭牛。村子一如既往將護堤更往後挪，但是一七五八年又遭遇更嚴重的洪災，水高八英尺（二．四公尺），淹沒作物，破壞地基，迫使居民爬到屋頂上。眼見堤防損害嚴重，長遠未來無望，村民訴請主教准許他們遷往步行四十五分鐘外的較高河岸，即使這是個「多沙、不豐饒而且相當貧瘠的地點」都比時時處於不安中要好。胡頓（Hutten）主教准許遷村，條件是新的村落必須以當時人鍾愛的幾何線條布局，而且村名中必須有他的名字，命名為胡頓海姆（Huttenheim）。克瑙登海姆的原址只由一塊紀念石頭標示。還有德滕海姆（Dettenheim），這座漁村建立於公元七八八年，是萊茵河這個河段沿線最古老的村落之一。到了十八世紀中期，這裡也一再受到河水威脅。村民首先在一七六六年訴請遷往比較安全的地點，但是這個案子先因管轄權爭議、後因戰爭而延宕，等到村莊終於遷移時，已經是一八一三年了，留下「曾經的德滕海姆」成為地圖上的一片空白。[5]

這些村莊以及勉強逃過同樣命運的其他村莊，都位於卡爾斯魯厄（Karlsruhe）到斯派爾（Speyer）之間幾十處河彎的範圍內。更往上游的情況也一樣，沿上萊茵河另一河段分布的村落不是被摧毀，就是被遺棄後在另一個地點重建。曾是重要貿易城鎮的諾伊恩堡（Neuenburg）在十五世紀末被河流席捲，連主教座堂的本殿都一併滅頂；萊瑙鎮（Rheinau）在十六世紀被毀；登豪森（Dunhausen）、蓋林（Geiling）、戈德休爾（Goldscheuer）、高爾斯包恩（Grauelsbaun）、格瑞佛倫（Grefferen）、洪茲非爾德（Hundsfeld）、伊里蓋姆（Ihrigheim）、穆佛恩海姆（Muffelnheim）、皮利特爾斯多爾夫（Plittersdorf）、佐林恩（Söllingen）和維登維勒（Wittenweiler），這些都是完全消失的村落，只留下以它們為名的原野。[6]

村落會荒廢有許多原因，其中兩大禍害是瘟疫和戰爭。從十七世紀的三十年戰爭、路易十四的征伐到十八世紀的衝突，居住在上萊茵河岸的人對於戰爭和往往隨之而來的瘟疫都不陌生。在這個近代歐洲的戰場，有些村落曾反覆被毀，但是這些村落和散布在這片地區的堡壘一樣，都在原址重建。不過，在河流改道時首當其衝的村落就不是這樣了，這些被遺棄的村落和其田野、茅舍、房屋、教堂和大鐘一起沒入了水中。

這些人類聚落會如此脆弱，其實沒什麼神祕之處，歸根究底，都是因為地形與水文，也就是一直到現代，萊茵河在上萊茵低地沿著變化莫測的水道流淌的方式。[7]萊茵河原本向西流淌，抵達巴塞爾之後轉而往北，直抵美因茲的陶努斯（Taunus）山脈壯闊的地塊。這裡是上萊茵河平原，長一百八十五英里（近三百公里），寬約二十英里（約三十公里），是一座年代可回溯至第三紀的大裂谷。谷地兩側都有山脈，東有黑森林和奧登森林山區（Odenwald），西有弗日山脈（Vosges）和帕拉丁森林（Palatine Forest）。這片平原像一塊墜落的拱頂石般塌落前，曾經是這些高地中央的拱形高起。現在它為萊茵河所主宰，萊茵河並未創造它，只是以它為通往海洋的走廊。萊茵河到了這裡，已經將屬於高地上少年時期的瀑布和

畢爾曼在十九世紀初從伊斯坦上方懸崖所看到並畫下的萊茵河 © wikimedia commons

急流留在身後，以較緩和的落差在谷底的砂土與礫石間流動，同時留下本身的岩屑和沉積物。

在十九世紀以前，萊茵河並未循著一道明確的河床流動。在上萊茵河平原的南部，河水的流動創造了無數水道，彼此間以礫石岸和沙洲分隔。這些礫石岸與沙洲是河流在因為洪水而暴漲、力量最大時所創造，又在水流變弱後形成了阻隔物。數世紀以來，經過一季又一季，這個循環創造出錯綜複雜的水道和島嶼——在史特拉斯堡（Strasbourg）以下長七十英里（約一百一十二公里）的河段中即有多達一千六百座島嶼，這正是畢爾曼（Peter Birmann）在十九世紀初從伊斯坦（Istein）上方懸崖所看到並畫下的萊茵河。[8]河流看起來比較像一連串潟湖，一片廣闊混亂的水世界占滿了畫布。觀者的目光先是往一邊看去，然後又看向另外一邊，因為河流蜿蜒在千絲萬縷的水道和樹木生長的島嶼間，觀者想從中找到一條主要水道卻徒勞無功。上萊茵河的這個河段當年稱為分叉區（furcation zone）。

往下游處，過了穆爾格河（Murg）匯入萊茵河之後，萊茵河的水流趨向單一，但仍不在單一水道中流動，而是在氾濫平原上以大大的弧度和圈狀蜿蜒流淌。這是河曲帶（meander zone）。一七八九年的萊茵河地圖顯示這種流動方式所形成的情景：主要水道水流緩慢而迂迴，兩側都有迴曲如蛇行的舊水道，彷若梅杜莎的蛇髮。針對逐漸填滿水道的沉積物所做的花粉分析顯示，其中最古老的水道年代可回溯到公元前八千年。在後來的年月裡，河流從未停止改變方向。基本的動力學很簡單，[9]即使在水流緩慢時，曲流外側的水流也會流速較快（以彌補需要流經的較長距離），侵蝕外側河岸並在內側河岸留下沉積物。經年累月，河道愈來愈彎，而曲流頸變得很窄，使得河流幾乎是原地往返。等到水位高時，河水便切穿曲流頸，使得原本的主要水道變成側流，最後形成牛軛湖，直到或許數百年後，洪水的力量和方向又將側流或牛軛湖變成主要水道。水位高時，河水可能會在兩側高岸間的氾濫平原上任一地方下切，形成新的河床，而河谷的天然階地就是從兩側的高岸開始。氾濫平原在某些地方綿延數英里，而萊茵河在漫長的歷史中一度漫溢於整個平原。河流高漲時也會沖刷高岸，沿河分布的許多不規則河灣與坡尖便是明證。

上萊茵河沿岸的許多人類聚落都位於高岸的邊緣，俯瞰氾濫平原，這個位置的淹水風險較小，但仍可以利用河流所賦予的資源，不管是動物、植物還是礦物。其他人冒險到離河更近的地方建屋，也更接近魚、禽鳥和肥沃的沖積土，被淹沒的村莊泰半位於這些地方。這些村莊與舊奧得布魯赫為數較少的村落一樣，通常建在地勢略高的土地上，下方有礫石岸或砂岸。自大約十二世紀起，發展出了一些用語，

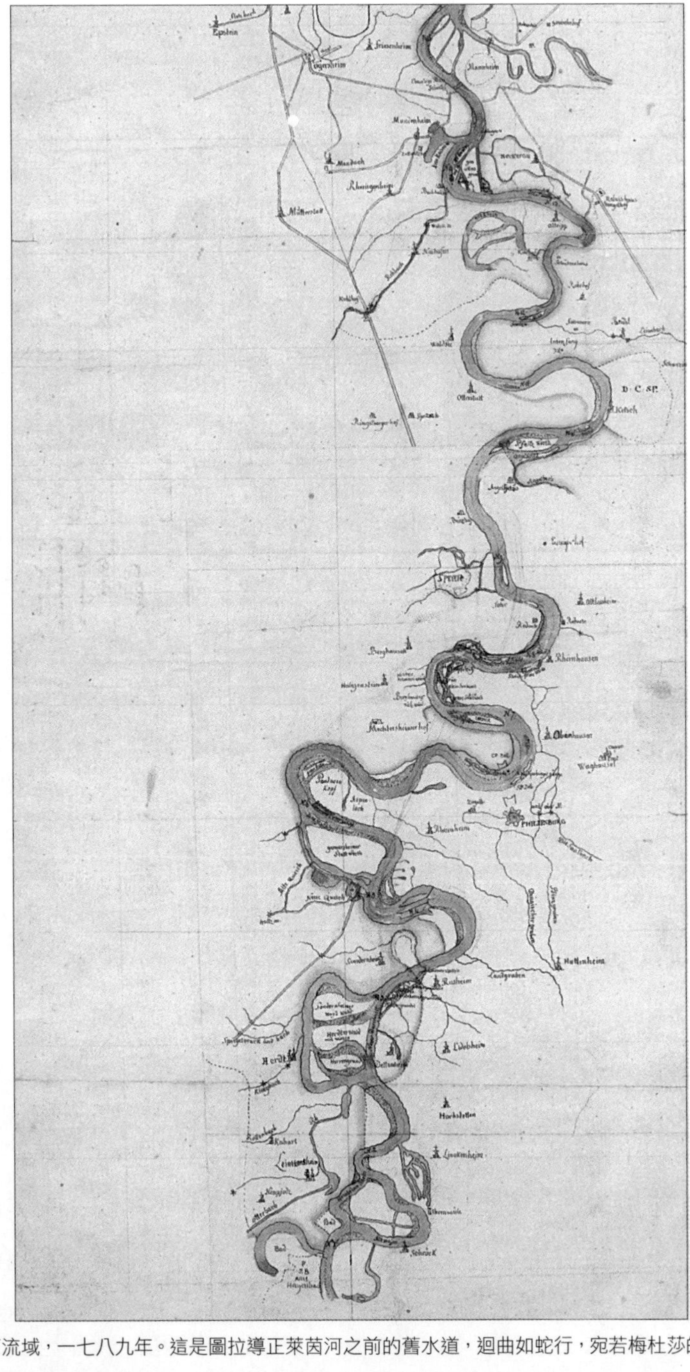

萊茵河流域，一七八九年。這是圖拉導正萊茵河之前的舊水道，迴曲如蛇行，宛若梅杜莎的蛇髮。

它們之間有足夠的差異表示當時河流的運行。針對各種側流、狹窄水道、牛軛湖和水潭有一套字彙：Altrhein、Giessen、Kehlen、Schlute、Lachen。針對曲流帶以外和以內描述土地乾燥程度有另一套字彙：Aue、Wörth、Grund、Bruch。不過，正如佛茲的命運所昭示，不論有多少地方知識都不足以抵禦萊茵河。[10]

我們不該以為河岸上的村民只能束手待斃。好幾世紀以來，他們不斷設法在河水的威脅下保護自己。從中世紀起，居民就築起堤壩與溝渠，最早以人工截流將河水導離受威脅地區的案例發生在一三九一年。到了十七世紀，在曲流帶內，人為的截流與河水自然造成的截流已經數量相當了。河兩岸都可看到保護田野與草原的堤壩，有些是重大工程。一六六〇年代竣工的新林肯海姆（Linkenheim）堤壩，綿延超過六百碼（約五百五十公尺）。儘管戰爭造成人力、資金與材料短缺（「以前有八到十個人，現在只有一個；以前有三百輛推車，現在只有四十輛」）[11]，這些建築工程仍在紛忙的十七世紀完成了。隨著人口在十八世紀增長，防治河流的努力也更為提升，曲流帶各處都以狂熱的速度築壩以及重建堤壩，一七七〇到一七八三年間，單在萊姆爾斯海姆就用了近四十萬捆梢料來強化護牆。[12]日趨頻繁的防治活動出自必要，因為萊茵河造成的威脅愈來愈大，原因之一是碎屑與泥沙逐漸在下游更遠處沉積，使得河床上升。到十八世紀末，曲流帶南部已經開始和野性未馴的萊茵河上游處有點像了。持續上升的水位對高岸的侵蝕日益劇烈，這表示氾濫平原上的村莊必須不斷加高堤壩。然而儘管有這些努力，下游處仍明顯面臨日益逼近的毀滅威脅（或遷村的必要）。

氣候變動又讓事態雪上加霜，因為這正是歐洲經歷「小冰期」的年代。不論原因是太陽黑子或火山活動，或單純為一連串歷時長久的氣候變動之一部分，很明確的是，從十六世紀晚期到十九世紀這段期間，氣候與之前或之後的都不一樣。來自樹木年輪、冰川運動、作物收穫量和歷史紀錄的證據，都支持這一點。中歐經歷了降雪較多的冬季、較晚也較寒冷的春季，以及更多雨的夏季。從一七六〇至一七九〇年間，幾乎每個夏天的降雨量都高得異常。像這樣導致冰川前進和生長季節縮減的氣候，同樣也造成河流水位上漲。[13]一七三〇年代以後的數十年間，增加的雪水量與大雨使得萊茵河與奧得河的水位格外高漲。在一七四〇年的「大冬」（great winter）和一七八六年的屢次洪水之間，河水大約每三年就水位高漲，從一七九九到一八〇八年之間更幾乎年年如此。[14]

零零星星增強防護工事的努力，不可能在面積八百平方英里（約兩千平方公里）的氾濫平原上成功抵禦河水，而平原上的林地也日益為易受河水威脅的牧草地和耕地所取代。在許多方面，這些注定無望的努力只是讓問題變本加厲。將河流限制在比較狹窄的水道中，更是加劇了河流在高水位來臨時的破壞力。一旦河水決堤，堤防只會減緩河水流出淹水地區的速度。一六六一年，施洛克（Schröck）的田野泡在水下長達十八週。[15]同樣揮之不去的問題是，在某處防治水患的努力，幾乎總會加劇其他地方受到的威脅。十七世紀，新佛茲的萊茵河曲流經人為截斷後（但沒來得及拯救舊佛茲），只是讓主要河道從朝向左岸改為朝向右岸的施洛克和林肯海姆而去；為減緩這個壓力所進行的另一次截流，又增加了左岸的萊梅爾斯海姆和霍爾特（Hördt）淹水的風險。霍爾特的因應方式是在一七五六至一七六三年之間進行截流，讓河水改向，流穿德滕海姆的田野，等於為這座村落判了死刑。[16]這些在水文上以彼此為墊腳石的遊戲，是屬於帕拉丁領地的左岸與右岸巴登侯國的聚落間的權力鬥爭，而且在十八世紀愈來愈頻繁。這個例子最能說明，靠著地方上零星的努力而想要馴服愈來愈危險的河流，是多麼徒勞無功。

到了十九世紀初，情勢明顯日益惡劣。德滕海姆與克瑙登海姆被迫遷村。即使是位於較高處的菲利普斯堡（Philippsburg），在一八〇一年也曾考慮遷移，幾年後的利賓斯海姆（Liedolsheim）亦如此。一七四〇年後的數十年間，河曲帶內幾乎每座村莊都曾一度受到嚴重威脅，而且通常不僅一次。地方統治者在神聖羅馬帝國末期首度提出了全面解決方案的可能性。但是統治者太多，彼此間的利益衝突導致僵持不下的局面。在舊時德意志帝國的西南緣，政治主權極為分裂；一直要到法國大革命的催化導致神聖羅馬帝國崩解、而德意志政治版圖重新洗牌以後，「馴服」萊茵河的大規模計畫才會獲得實行。

圖拉的大計

在巴黎的蒙馬特公墓立著一塊由巴登大公委託製作的墓碑，上面有浮雕的萊茵河地圖，在地圖的一側有一本數學書，翻開至畢達哥拉斯定理的那一頁，另一側是一座拱橋，橋上有一個地球儀。地圖顯示河流原本蜿蜒的水道，以及十九世紀經「修正後」的新水道。[17]這塊石碑所標示的墓裡，葬的是來自西南方巴登大公國的德意志工程師尤翰・戈特弗里德・圖拉（Johann Gottfried Tulla），圖拉構想並執行了改造萊茵河計畫的最早階段。一名現代法國作家曾經稱他為「真正的現代萊茵河之父」。[18]而他的出生地卡爾斯魯厄有一塊紀念石碑，上面的銘文以更戲劇化的用語總結了他一生的心血：「獻給尤翰・戈特弗里德・圖拉：馴服了野性萊茵河的男子。」[19]

圖拉家族來自荷蘭馬斯垂克附近的一座小鎮。十七世紀，科爾尼里厄斯・圖拉（Cornelius Tulla）於

尤翰．戈特弗里德．圖拉
© wikimedia commons

三十年戰爭期間在瑞典軍中服役，他將兒子留在德意志由寄養父母照顧，他自己則跟隨雇主四處征伐，然後在小侯國巴登－杜拉赫（Baden-Durlach）建立了一個路德教派牧師的家族。生於一七七〇年的尤翰．圖拉本來也將從事神職，但是他在卡爾斯魯厄中學展現了數學與物理天分。當地藩侯弗里德里希（Karl Friedrich）熱衷提倡「實用科學」，聘請了傑出的純科學與應用科學家在中學教書，圖拉在這裡不僅研讀數學理論、三角學與幾何學，也奠定了力學的實作基礎，測量並繪製藍圖。老師們看出圖拉早慧的天分，鼓勵他繼續深造。在國家多次補助下，他又以八年時間完成了進一步學習。[20]

這些年也是近現代德國史上最動盪的幾年。圖拉第一次請求財務支援時，由卡爾斯魯厄的財政部門審議，當時是一七八九年三月。短短六個星期後，法國三級會議就在巴黎召開。他當學徒的那些年，在後續的法國大革命相關事件中度過。巴士底監獄在一七八九年七月的陷落，起初在德意志領土中引發熱烈反應，法國的政治書寫迅速獲得翻譯和討論。威蘭（Christoph Wieland）和蒂克（Ludwig Tieck）等作者，以及當時還在杜賓根（Tübingen）大學讀書的青年黑格爾都表達支持。知識分子以「革命朝聖者」的身分啟程至巴黎見證歷史，而在漢堡的讀書俱樂部最受歡迎的克勞普斯托克暫時放下了寫給「美麗大自然母親」的詩歌，開始書寫「給自由的頌歌」。連德意志的一些統治者在革命早期階段都抱持同情，在他們眼中，這場革命對貴族、職業公會與神職人員特權的敵意，與他們在前幾十年推行的開明改革大同小異——可以說是要追上他們的腳步。採取這種觀點的包括哥達公爵（Duke of Gotha）與布倫茲維克公爵（Duke of Brunswick），更著名的一位是奧地利的開明君主約瑟夫二世（Joseph II），他一直到一七九〇年逝世前都深信法國人只是借用了他的想法。

然而，在法國大革命於一七九二年轉趨激進以前，有些德意志統治者就已經為法國的事件在他們土地上引發的影響而憂心。一七八九至一七九二年間，圖拉靜靜地坐在卡爾斯魯厄學習測量與繪製藍圖之時，萊茵河較下游處的美因茲、波帕爾（Boppard）、科布連茲（Koblenz）與科隆正發生暴動。河對岸的萊茵帕拉丁（Rhenish Palatinate，）也陷入紛擾。一七九二至九三年間，美因茲甚至出現過一個壽命短暫的「雅各賓共和國」(Jacobin Republic)*，其中最著名的參與者正是因為與庫克船長環航世界而出名的蓋奧格．福斯特。這些事件，包括美因茲共和國在內，都未曾動搖德意志的社會與政治秩序。更往東，在西利西亞與薩克森所發生的農民動亂雖造成較大威脅，但是也被軍隊鎮壓。不管是自認為雅各賓派的知識分子，還是薩克森那些揮舞草叉的農民，讓神聖羅馬帝國改頭換面的不是本土革命分子，帶來改變的是法國軍隊。在這個過程中，他們也在巴登為尤翰．圖拉這樣的人創造了新世界。

一七九二年，巴登政府決定送圖拉到外地完成訓練，而此時巴登已陷入與法國的戰爭。一七九一年的法國新憲法放棄了妨礙「任何民族自由」的征服與武力行動，但法國在隔年就對普魯士與奧地利的「暴政」宣戰，包括巴登在內的德意志諸小邦也被捲入戰爭。法國在一七九二年秋天攻下左岸城鎮如斯派爾與沃姆斯（Worms）之後，萊茵蘭一如過往所常見的成為主要戰線之一。法國革命軍隊的連番勝利最後迫使普魯士在一七九五年獨自尋求和平協議，巴登在一年後也如法炮製。

在這危險的年代裡，圖拉正在蓋拉波恩（Gerabronn）深造，師從郎斯多弗（Karl Christian von Langsdorf）教授，他是數學家兼工程師，擔任安斯巴赫親王國（principality of Ansbach）的製鹽廠總監。圖拉與導師一家同住。郎斯多弗詳細的紀錄顯示他們過著舒服但簡樸的中產階級生活：早上和下午喝咖啡，中午以一杯啤酒佐餐，晚餐配當地的葡萄酒，此外「他想吃多少麵包都有，但不塗牛油，因為我沒有養牛」。看醫生、各種藥物、補劑以及藥粉的收據，顯示了圖拉的身體並不好，他一直為健康所苦，隨著他在潮溼、多水的環境中待的時間愈來愈長，健康狀況也每況愈下。他在蓋拉波恩進一步接受數學指導，也開始針對他本來就有強烈興趣的水利工程培養相關知識。他得以接觸郎斯多弗針對這個主題尚未發表的研究，對他大有助益，因為根據他自豪地捎回卡爾斯魯厄的消息，這些研究涵蓋了這個領域中以德文或法文寫作的「所有新的」著述。[21]

兩年後，郎斯多弗建議有遠大抱負又嚴肅認真的圖拉去旅行，拓展他對水利科學的瞭解，看看「一般而言人工技藝如何影響自然，又是在什麼條件下做到的」。[22]卡爾斯魯厄的財務官忙著計算還在進行中的戰爭支出，比平常還緊張，但是批准了這趟旅行。圖拉在一七九四年四月離開蓋拉波恩，踏上為時超過兩年的旅程。他的行程包括下萊茵（Lower Rhine）、荷蘭、漢堡、斯堪地那維亞、薩克森與波西米亞，其中許多地區都正經歷戰爭影響以及戰爭帶來的社會不安，比如薩克森在一七九四年發生了新一波的農民動亂。在這些年間，圖拉將一部分時間投入正規學習，主要在德國首屈一指的工程學校，位於動亂地區薩克森的夫來伯格礦業學院。他也前往哥廷根，向當地的大學教授當面請益並造訪天文臺。不過他投

＊譯注：雅各賓是法國大革命發展期間最具影響力的政治社團，後來成為遍及全國的共和運動。

入最多時間的地方是水利計畫的工程地點，在那裡認識計畫負責人以及他們使用的機械。這正是巴登國期望他做的，也是極為務實的圖拉最樂在其中的事情。[23]

在萊茵河畔的杜塞朵夫（Düsseldorf），他參觀了水利工程總監韋比金（Wiebeking）所展開的計畫，仔細研究了河水動態，也看到截斷側流所導致的結果。二十四歲的圖拉所寫的日記中，我們已經可以聽到這位日後的專家特有的自信語氣：「多數水利技師只研究工程對一條河流表面上的影響。」[24]卡爾斯魯厄的鄉親著眼於實際應用，強烈鼓勵他前往普魯士的克雷弗地區（Cleve），因為萊茵河在那裡造成的問題，與上萊茵地區所遭遇的類似。下一站是有志成為水利工程師的人都要去朝聖的地方：荷蘭，他在那裡摘錄了最新的荷蘭專業文獻，以風車與斗輪飽饗心智，還差點在素描破冰船時以間諜活動的罪名被捕。他的旅程如此持續著，在這趟壯遊中遍覽船閘與堤岸、丁壩堤防與抽水設備，也難怪到一七九四年七月，他已經請求金援，「好讓我可以換件大衣與其他必要的衣物，它們已經被我穿到毀損不堪了。」[25]

因為持續發燒而耽誤了一段時間後，他在一七九六年六月返回蓋拉波恩，他必須在那裡通過由卡爾斯魯厄制定的考試，由郎斯多弗教授施測。考試一部分是理論，一部分針對極為實際的水利問題撰寫報告，比如達克斯藍登（Daxlanden）的萊茵河該如何「加以整治」。通過這一系列考試後（郎斯多弗熱烈表示，投資在這個年輕工程師身上的金錢已經「結出了一百倍的果實」），圖拉終於回到卡爾斯魯厄，參加由巴登侯國的頂尖科學家主持的口試，包括針對他在兩年旅途中應要求書寫的旅遊日誌中的筆記、素描和計算回答問題。這次口試的時間是一七九六年十一月，結束時同樣獲得口試官相似的讚揚。次年，圖拉獲任為國家工程師，主要負責拉施塔特地區（Rastatt）的萊茵河建築工事。他的薪酬是一年四百盾

（gulden）金幣，外加二馬爾特（malter，一馬爾特相當於一百至兩百公升）的黑麥，八馬爾特的斯卑爾脫小麥（spelt），以及八盎畝（awm，一盎畝等於四十加侖）的二級葡萄酒。[26]

告別多年的學徒生涯後，圖拉的事業進展迅速。卡爾斯魯厄政權進一步展現了對這位明日之星的信心，派他在一八〇一至一八〇三年間遊歷法國，他因此碰上一七九九年奪權的拿破崙忙於把自己從第一執政變成終身執政的那幾年（拿破崙後來在一八〇四年稱帝）。圖拉會在此時前往巴黎，也透露了當時他的國家的政治風向。我們將在後文看到，神聖羅馬帝國於一八〇三年遭拿破崙摧毀後，巴登是主要的受益國之一，一八〇五年後更成為法國忠實的盟友。在巴黎期間，圖拉參觀了水利計畫並與法國專家交流想法。他在一八〇三年返國後，晉升為資深工程師帶上尉軍階（以實物支付的薪酬也升級為「一級葡萄酒」），並自次年起負責全巴登的河流建築工事。一八〇五年他獲得兩個工作邀約，兩個都遭他婉拒。他回絕了在海德堡數學系的教授職位，以專注於他的實務志向，也拒絕了在慕尼黑的資深工程師工作，以在萊茵河上落實他的志向。這些年間他似乎無所不在，埋首地圖與測量數字間，檢查最新的梢料工程，乘著馬車奔波於各處，精力不輸貝倫肯霍夫。

圖拉針對萊茵河的多處河段進行工作，並展開調節其中一條支流維瑟河（Wiese）的計畫。他擬定並監督的計畫始於一八〇六年，直至一八二三年才完工。維瑟河工程動工後的次年，他收到來自瑞士的邀約，能讓他挑戰一項重大的水文計畫，但不必放棄他在巴登的長遠抱負。他受邀設計一套方案，解決位於林特河（Linthe）注入瓦倫湖（Walensee）處的下林特河谷淹水而多沼澤的問題。戰爭與法國的強索掏空了圖拉祖國的財庫，減緩了工事進度——直到數年後，圖拉還在向工程師同事抱怨「資源持續不足」，「每一天」都損害著水道與道路部門的效率。[27] 巴登政府樂於准許圖拉離開，從事想必會讓他獲得寶貴經驗的工作，用的還是別人的經費。他在林特河與瓦倫湖的工作耗時五年，累積支出一百萬瑞士法郎，這項工作強化了圖拉原本就很強烈的宏觀思考傾向。在瑞士這段期間，圖拉也於一八〇九年首度寫下了全面「修正」問題重重的萊茵河的提案。[28]

十九世紀早期，德國的水利工程師已經展現出累積經驗與技術專業的自信。科學家柏努利及歐拉等人所建立的基礎原理，經過兩個世代的實踐後，已使河流變直、改向，並裝設了船閘。這在整個北德平原上最明顯可見，包括從東邊的奧得河與瓦爾塔河，到西邊的下萊茵河與魯爾河（Ruhr）及尼爾斯河（Niers）等支流。[29] 嘗試與錯誤磨練出專家的判斷力，也使得相關著作愈來愈多。傑出的普魯士水利工程師基利（David Gilly）曾與貝倫肯霍夫合作多項計畫，他在一七九〇年代大量寫作與講學。一八〇五年，基利的普魯士同僚埃托維恩（Johann Eytelwein）正在為腓特烈時代的奧得河調節措施擬定改良計畫，他們兩人一起寫出了《水利工程實用指南》（*Practical Directions on Hydraulic Engineering*）的第一冊。[30] 基利與埃托維恩只是針對開始被稱為「技術」（technology）的這門領域進行寫作的許多人之一——技術一詞首度出現，是在一七七七年一本德文書的書名中。[31] 十八、十九世紀之交出現了大量新的工程手冊、綜論、辭典與文獻目錄。[32]

圖拉饑渴地閱讀這些文獻，包括他自己的導師郎斯多弗所著、一七九六年出版的《水利學手冊》（*Handbook of Hydraulics*）。講求實際的圖拉記下了他親眼所見的一切以備未來之用，不僅包括他在荷蘭與法國所見，也包括他在德意志所見。到了十九世紀初期，德意志諸邦已經不再仰賴從荷蘭進口的專才來改造他們的河流，一群本土人才已經形成。基利與埃托維恩活躍於普魯士，沃特曼（Reinhard Woltmann）忙於調節易北河的工作。圖拉在造訪漢堡時見過沃特曼，並且對用來測量河水水流的儀器印象深刻，由卡爾斯魯厄的技師幫他做了一個複製品。圖拉後來成為第一個用沃特曼水流測量儀測量萊茵河速度的人。此外，還有自信滿滿且遊歷四方的韋比金（Karl Friedrich Ritter von Wiebeking），因為工作他到過維也納和慕尼黑。圖拉於一七九四年在下萊茵河初次見到他。韋比金於一七九六年遷至達姆斯塔特（Darmstadt），這是當地統治者居住、經過仔細規劃的城市，與卡爾斯魯厄有些相似，他在這裡待了六年，負責萊茵河流經赫森—達姆斯塔特（Hesse-Darmstadt）的河段。圖拉認為韋比金自大得讓人無法忍受，比較好相處的是赫森的另一名工程師，克朗克（Claus Kröncke），他與圖拉成為好友，後來也成為他在萊茵河計畫中重要的盟友。這些男子的衣服還是沾滿泥巴，也會抱怨他們的各項支出，但是在其他方面，他們與海爾倫姆和貝倫肯霍夫那一代截然不同。即使他們有競爭關係，專業知識與共同專業能力的成長仍然清晰可見。

北德也許定義了河川整治最先進的狀態，但是整治水患的技術在巴登早已為人熟知。萊茵河對於這個濱河的國家具有中心地位的重要性，而最早為了將河流改道所進行的基本截流工作，早在超過四百年前就發生了。一七八七年，在卡爾斯魯厄中學二百週年校慶的一場學術演講中，數學家勃克曼（Johann Lorenz Böckmann，也是圖拉的老師之一）明知故問地提出：「數學與自然科學在巴登的土地上帶來哪些進展？」他在回答這個問題時讚揚了最近他同事投入的工作，「對抗萊茵河、穆爾格河與其他比較小但危險的河流，抵禦它們的侵襲與頻繁淹水。」[33] 他說得對。如我們所見，十八世紀後期經歷了密集的活動：水壩、堤岸，與截流。國家對圖拉的巨額投資表示他們相信未來還會需要更多改良。他們料得沒錯，連需要改良的特定地點都料對了。圖拉後來的萊茵河整治計畫中包含的許多截流工作，都是先前曾做為個別措施被提出過的。其中最早進行的截流之一，地點在達克斯藍登，還曾出現在他的考試題目中。

圖拉的提案之所以獨特，甚至讓人訝異，不是因為某個特定的創新做法，而是這些提案的規模。正如他在數年後指出，「對於一個國家的水利與道路建設計畫，總該擬定一個引導所有工作的總計畫——說明所有事情應該是怎麼樣的理想藍圖。」[34]他在一八〇九年初次提出想法後，又於三年後在一份備忘錄中重申：《萊茵河未來工事進行時所應依循的原則》（*The Principles According to Which Future Work on the Rhine Should Be Conducted*）。[35]這個名稱很實事求是，但內容卻是大膽激進。圖拉的構想是沿著整個上萊茵河進行工事，從巴塞爾的瑞士邊境到沃姆斯的赫森邊界，總距離約三百五十四公里。河流應該「導入有著和緩彎道、順應自然的單一河床，或者……若實際可行，呈一直線的河床」。[36]這個人造河床會大幅縮短萊茵河的長度並加快河水流速，使得河流切割出更深的河床，因而保護河畔村落不受淹水威脅，並使得以前的沼澤地因為地下水位下降而可供耕作。「修正後」的河流要確立二〇〇至二五〇公尺間的統一寬度。這等於要再造萊茵河。

圖拉寫下一八一二年備忘錄的時候，還差三個星期才滿四十二歲，比特爾（Daniel Albrecht Thaer）寫下第一本重要著作的時候還年輕幾歲，特爾的書叫作《英國農業與近年實作與理論進展知識概論，兼及德國農業改良》（*Introduction to the Knowledge of English Agriculture and its Recent Practical and Theoretical Advances, with Respect to the Improvement of German Agriculture*），又是一本光看書名很難猜到內容有多激進的作品。[37]特爾象徵了人與自然在經過再造的奧得布魯赫的新關係，而圖拉想要馴服野性的萊茵河，這兩人之間有一些深具啟發性的相似處。兩人都相信理論與實務的結合，拒絕傳統的學術職位，從而創立了新的教育機構。特爾在默格林推行以實務為基礎的教學，並且在原本接受了柏林大學的教授職務後又決定離開，確立了一個原則：大學不是研究農業最好的地方。圖拉婉拒了海德堡的教職，有部分是出於他對工程師接受實務訓練的信念，後來也對卡爾斯魯厄理工大學（Karlsruhe Polytechnic）在一八二五年的創立居功厥偉。[38]以他們最具代表性的成就而言，兩名男子都是不喜片段零碎的集大成者，兩人也都將他們對實際應用理論的理念濃縮為一句格言。「農業這項行當的目標是生產蔬菜與牲口來賺取利益。」這是特爾的話，在二百年前還未被普遍接受。「沒有任何一條河流或溪水，包括萊茵河在內，需要超過一條河床。」[39]這是圖拉的話，在十九世紀初的當時，他所闡述的還不是公理，而是會引發爭議的言論。

圖拉與特爾還有其他共通點，他們先進的思想並不限於技術方面。在他們眼中，德意志舊制度，也就是他們成長所在的神聖羅馬帝國，是技術與經濟進展的障礙，因此當法國大革命徹底改變了固有政治結構後，他們不僅象徵德意志隨之而來的改變，也是這些改變的受益者。普魯士改革者為了回應法國帶來的挑戰，邀請特爾前往默格林，而特爾給他們的回報是協助起草解放普魯士農奴的法令——腓特烈大帝在包括新生地在內的王室領土上已經完成了這件事，但未能在貴族土地上達成。由於曾經目睹農民被徵召前往水壩或堤岸提供強制勞務，圖拉也反對鄉間封建體制。在他看來，封建制度既不公平也沒有效率。他對於「現代」和「理性」的熱衷不限於他對最新測量儀器的支持。就萊茵河而言，十九世紀早期改變中的體制與政治背景，對實現他的偉大計畫有決定性影響。因為，如果是技術進展與專業的累積讓治理萊茵河變得可以想像，那麼，是法國軍隊引爆的政治劇變才使這個計畫變得可能。

再造上萊茵河

「超越所有想像的一股力量出現」：軍事理論家克勞塞維茲這麼描述法國革命軍與後來的拿破崙軍隊。[40]這是一種新的軍隊，全民皆兵，完全輾過敵手。在德意志，一七九二至一八〇六年的軍事行動帶來了一連串城下之盟，以及德意志政治版圖在其後的劇烈變動。德意志民族神聖羅馬帝國消失了，與之同時消失的還有數百個受其庇護的小諸侯國。邊界重劃，人民易主，舊有統治形式結束，新國家興起。巴登是贏家之一，它與其他德意志邦國一樣，與法國簽署了同意法國兼併土地的和平協議。在巴登的例子中，法國兼併了萊茵河左岸的土地，但巴登也獲得豐厚的領土補償。十九世紀初期，當圖拉還在磨練技術並且逐漸確信萊茵河必須經過全面整治的時候，巴登透過吞併右岸的微小領土逐漸壯大，多數在一八〇三年，其餘在一八〇六年，抹除了這些地方在地圖上的存在：包括神聖羅馬帝國控制的城市、帝國騎士持有的土地以及教會諸侯國。巴登的人口成長了六倍，領土擴大四倍。即使巴登侯爵沒有成為真正的國王，如巴伐利亞選侯（Elector of Bavaria）和符騰堡公爵（Duke of Württemberg），他至少成為一名大公。[41]這樣的好運勢是有代價的，也就是必須滿足法國的財務索求，但這並不改變一個事實，亦即從神聖羅馬帝國殘骸中興起的巴登，不再是區域性的君主國，而是一個重要的中型德意志邦國；在法國最終戰敗後所形成的新德意志，有三十多個像巴登這樣的邦國。

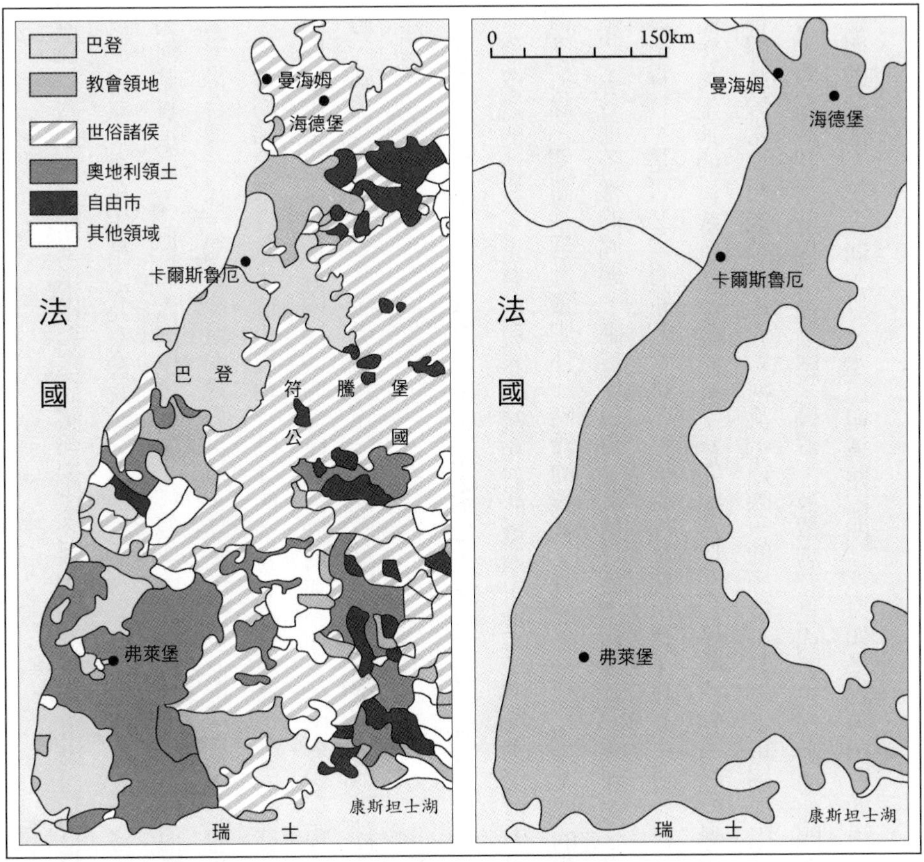

一七八九與一八一五年的巴登

拿破崙在一八〇六年建立了由德意志諸邦形成的組織，既是軍事聯盟，也是法國支持下對普魯士與奧地利的反制力量，拿破崙稱之為萊茵聯邦（Confederation of the Rhine），儘管有些成員國例如梅克倫堡距離萊茵河其實很遠。[42]但是萊茵河本身呢？從想要改造河流的人的角度而言，如果要像拿破崙把德意志的版圖變得合理一樣，把這條河流變得合理，那麼由法國霸權帶來的劇烈改變既提供了動機，也提供了機會。機會的出現來自數十個小屬地管轄權的消失，在此之前，全面治理萊茵河的嘗試總受到這些管轄權的阻礙。動機也來自這些國家的命運改變。先前並不連貫的巴登屬地現在有了現代領土國家的樣貌了；不過，就像其他受惠於拿破崙的邦國一樣，卡爾斯魯厄政權必須設法為它新的土地和子民創造共同的身分認同。

接下來數年間發生了一波官僚體系的中央集權化，以及針對新取得的土地蒐集資訊的工作，也有了新的地圖、修改過的法條、重整的稅務系統和新的標準化度量衡。[43]萊茵河的治理映照出這些改變。深入龐大的檔案紀錄、閱讀治理計畫中任一階段的資料，就好像是從這個邦國的生活切出了一段橫剖面。河川調節掀起了各種各樣的問題。誰提供勞力？沉梢、砂土和礫石從哪裡來？森林是至關重要的沉梢來源，為了保衛森林，是否必須有新的安排？整個工程誰要出錢，哪些可以向當地村落徵收？因為河流導入新河床而喪失土地的村落急切要求賠償，這該如何？相反的，因為河流整治而創造的新土地又怎麼說？應該都歸屬於當地村民嗎？位於新河流「錯誤」的一邊、甚至不再屬於巴登的土地，該怎麼辦？[44]就實質而言，圖拉的計畫動員了整個國家機器。被徵詢意見或要求行動的部門包括外交部、財政部、內政部、林務與礦業部、領土部，以及水道與道路部門。[45]但如果說萊茵河計畫反映了一個更大的模式，也就是國家建構，它也對這個過程有所貢獻。倡導者希望這項工作能讓新的邦國沿著領土內的主要動脈整合為一體。[46]

法國的軍事勝利還有另一個重要後果：它讓大規模整治萊茵河所需要的外交協議變得比較順利。神聖羅馬帝國還存在時，巴登對於改善河右岸的任何提議，都必須與左岸那一群各色各樣的領地統治者之一或多人進行協商，這些統治者包括：帕拉丁選侯、斯派爾采邑主教、法爾茲－茨魏布呂肯（Pfalz-Zweibrücken）公爵，以及萊寧根（Leiningen）伯爵（有三位）。法國兼併左岸，直截了當地解決了這個難題。這樣一來，巴登與法國的協商者可以一對一坐下來談。事實上，在一七七八年的水災後，兩國就曾進行討論，探討是否可能沿著史特拉斯堡附近的河段採取共同措施。雙方甚至在一七八二和一七九一年達成過協議，但因戰爭而擱置。巴登在一七九六年單獨與法國簽署的和平協議中，有兩個條款為未來的可能措施留下了伏筆。[47]

萊茵河整治的每一個階段都與外交有關，而卡爾斯魯厄很清楚這個連結。[48]圖拉在一八〇一年被派往法國進行長期旅程，就是為了讓他與當地專家建立有用的關係，並且精進他的法文，以備未來談判之用。當時與其後數年，巴登一直試圖對法國推銷萊茵河整治計畫，做為邊境問題的解決方案。這種做法正適合卡爾斯魯厄，因為這樣一來它就可以整合擴大後的右岸領土。合理推想，法國也有同樣想法。在十八世紀的法國，最好的國界就是「天然」國界這樣的概念逐漸獲得支持，也就是國界不由慣例或歷史定義，而是由地理決定。「最好以溪流、河川、集水區……為領域的界線，」一七七二年法國外交部的一份備忘錄中這樣寫道。[49]法國以此為根據，在一七七〇年代與一七八〇年代與相鄰的領域簽署了不少

「界線條約」(treaties of limits)，杜河(River Doubs)標誌著與符騰堡公國的邊疆，薩爾河(Saar)是與特里爾選侯國(Elector of Trier)之間的界線。法國革命者接收了這個想法並應用於萊茵河，但有個新解。由於他們不願意將兼併稱為「征服」，而他們占領萊茵河左岸很難說是廣受支持的一件事，因此「萊茵河障礙」做為防禦性「天然邊疆」的想法，成了愛國信仰的教條。

當然，問題是處於天然狀態的河流是非常不固定的界線。法國在革命之前與之後，在所有的邊疆都發現了這一點，而這個問題最顯而易見的地方就是萊茵河。正如史特拉斯堡一名工程師悲觀指出的：

> 每個人都認同，所有界線都應該是盡量固定不變的；然而，還有什麼比萊茵河中游，也就是它可以航行的河段，更多變的？萊茵河每年都改變河道，有時兩次、三次。隨著河水氾濫，一座島嶼或農村在春天時是法國的，到了冬天是德國的，然後在二到三年後又再度成為法國的……

人類東一塊、西一塊的零星介入只是雪上加霜，因為

> 河濱居民，有時是領土接壤的國家，會透過水壩或堤防把一座島嶼納回各自的河岸。這些島嶼缺乏穩定而明確的主人，助長了各式各樣的失序。50

圖拉的提案提供了解決方案，藉由馴服這些「失序」的地方把國界固定下來。圖拉正是為了邊界議題寫

下一八一二年的備忘錄，代表巴登呈交給萊茵河行政官署（Magistracy of the Rhine）。這個機構由拿破崙在一八〇九年成立，負責處理瑞士與荷蘭邊境之間整個河段沿線的領土與水文問題。雖然法國有一些懷疑聲浪，但行政官署接受了圖拉的計畫。一八一二年，巴登與法國協議在克尼林根（Knielingen）與施洛克之間的萊茵河進行六處截流，但是協議還來不及實施，拿破崙帝國就在一八一四年崩解了，萊茵河行政官署隨之告終，也暫時終結了圖拉的想法獲得實現的可能。[51]

一八一四與一八一五年的歐洲和平協議，讓法國在萊茵河沿岸的領土都向後退縮，只有在阿爾薩斯（Alsace）例外。因此巴登開始與巴伐利亞進行協商。巴伐利亞也是因為神聖羅馬帝國瓦解而受惠的南德邦國之一，獲得左岸的帕拉丁，這是萊茵河最適合實施圖拉第一階段計畫的河段。相關討論一直延宕到一八一六至一七年的重大水災，這些水患終於讓談判者集中心緒。根據一八一七年簽署的協約條款，兩國協議合作進行五處截流；一八二五年又進一步訂定協議，再進行十五處截流。[52]

此後還有更多輪的外交談判。有些讓萊茵河上游國家巴登、巴伐利亞與赫森訂定了進一步協議；有些牽涉到安撫下游國家如普魯士與荷蘭對於河流的新水文有可能造成破壞的憂慮。最後，早自一七七〇年代的談判所開啟的過程，以一八四〇年的萊茵河界線協約（Rhine Boundary Treaty）劃下句點，終於讓導正在巴登與法屬阿爾薩斯之間的萊茵河段變成可能。

水文與外交是萊茵河治理中不可分割的元素。法國革命與拿破崙的軍隊大幅簡化了德意志的地圖，創造了讓圖拉的想法首度獲得垂聽的政治空間。一本近現代德國歷史著作有名的第一句話是這麼說的：「太初有拿破崙。」[53]這句話做為對萊茵河再造的評斷或許也成立。但是拿破崙時代只是開始，因為這個計畫的時間跨距遠比我們與政治世代聯想在一起的時間更長。圖拉的夢想一直到一八七〇年代才實現。那時的德意志與歐洲地圖已經因為俾斯麥而經過又一次改造，這名男子出生的時候，已經是圖拉初次提議馴服萊茵河的六年之後了。

這是德意志史上進行過最浩大的土木工程計畫。巴塞爾與沃姆斯之間的萊茵河從三五四公里縮短為二七三公里，幾乎是其長度的四分之一。有截流數十處，移除了超過二千二百座島嶼。單在巴塞爾與史特拉斯堡之間的河段，即有超過八千三百平方公里的島嶼或半島被挖掘，興建的主要堤防達二四〇公里，使用了五百萬立方公尺的材料。[54] 一八六〇年代期間使用的沉梢每年高達八十萬束。[55] 如果把萊茵河的治理當作圖拉想像中的單一巨大計畫來看，所有數字都龐大得讓人卻步。然而，如果把放大倍數調高，看看這個目標如何透過一個個河段來實現，就比較容易瞭解這個計畫的艱辛困難。梅希特斯海姆（Mechtersheim）的截流工程耗時七年，從一八三七年開始，到一八四四年河水終於在新的河床內流動才結束。這樣的進度在河曲帶相當典型。決定好萊茵河的新河道之後，會沿著這個路線挖掘一條水道，通常寬十八到二十四公尺，有時窄一些。水道挖好後，兩端會被炸開，讓河水能夠順著阻力最小的路線湧入較短的路徑，逐漸透過本身水流的力量將人造水道變寬。接著用沉梢穩固新的河岸並截斷舊的支流，這樣一來，只有當河水水位非常高的時候，河水才會流入這些支流。[56]

至少理論上如此。同樣的理論也引導了幾乎一世紀前在古斯特畢斯（Güstebiese）與侯恩—薩頓（Hohen-Saaten）之間挖掘新奧得河的努力。土質愈鬆，河水的落差愈大，相對於河曲而言的截流愈短，河水就能愈快完成被賦予的工作。但一地的地質變化往往延誤了預期的效果。新河床上頑固的黏土層造成的問題最大，一旦碰到就必須進行更多挖掘，以人工方式創造額外的水位差（head of water）以沖刷河道，或者就只能等待。自一八一七到一八七八年在洛泰堡（Lauterburg）與沃姆斯之間的二十處截流中，從截流到河水建立新河床的平均時間間隔幾達九年。安格洛佛（Anghof）與弗里森海姆（Friesenheim）的兩處截流是極端的例子，間隔各為三十四年與五十年。即使排除這兩者，平均時間間隔依然達五年。57
在巴登與阿爾薩斯的分叉區內，萊茵河呈明顯辮狀，沿著這個河段的工作規模更龐大。那裡的島嶼最多，需要移除的碎屑量也最大。儘管河水的沖蝕力再度被利用，整治河水的單一階段工作仍可花上一代人的時間才能完成。在弗里斯特（Freistett），只是整合一個河床就牽涉到進行多處截流並移除大型島嶼（包括當地地標勞瓦科普夫〔Rauher Kopf〕），工程從一八二〇年展開，一直持續到一八六四年。[58]

建築工作在當時的性質也決定了計畫的進度。地圖、測量儀器與水利工程科學自十八世紀起都有進展，但挖掘溝渠的技術沒有。至少到一八五〇年代，大部分工作仍依靠人力與十字鎬、鍬、鏟與桶子進行。另一個主要的動力來源是馬。在這方面，萊茵河的整治與奧得布魯赫的排水工程相似。事實上，它與查理曼大帝早在一千多年前建立運河以連接美因河與多瑙河的徒勞嘗試，有非常相似之處。公元七九三年時有多達一萬名工人在挖掘卡洛林運河（Fossa Carolina）。萊茵河整治的每一個階段都有高達三千名勞工，並有士兵增援（如在奧得布魯赫），其中大約八百人參與挖掘了埃根斯坦（Eggenstein）的截流。[59]圖拉的夢想大致實現於建設機械化以前，那時人口也正蓬勃生長。結果是，一如那個年代的大型道路與鐵路修築計畫，再造萊茵河依賴的是一群群體力勞動者。

有時，萊茵河的整治與腓特烈再造奧得河的偉大計畫之間還有另一個相似處，那就是他們與軍事派遣隊合作以抵禦攻擊。圖拉的計畫引發的反彈主要來自村落居民，他們擔心萊茵河的新河道會讓他們更易遭受水患，或者讓他們損失珍貴的可耕地與林地。河兩岸的聚落都表達了抗議，而且他們有先例可循：一八〇一至〇二年，奧恩海姆（Auenheim）與萊茵海姆（Rheinsheim）地方曾組織反對勢力，抵抗法國人提出的截流計畫。對圖拉的提案持續最久的反抗行動來自克尼林根，這座村落位於河右岸，今天是卡爾斯魯厄市的一部分。他們展開抗議的時間比較早，在一八一二年，當時，計畫中的一道截流將會把萊茵河的水道往東移，讓村落擁有的左岸土地困在河彼岸，可能變成法國屬地。但是在戰後，反抗行動依然繼續。一八一六至一七年間的反抗最激烈，當時巴登試圖啟動圖拉的計畫，但卻遇上作物歉收與鄉村居民的焦慮升高。村民現在不只是寄發抗議信或要求面見長官了，他們破壞勘測員的工作，拒絕提供整治工作需要的梢料或勞力，並威脅願意配合的鄰村居民。一八一七年九月初，三十名來自埃根斯坦的男性在嘗試參與整治工作時被驅逐（「被克尼林根人打走，導致其中幾人受傷」），之後，步兵派遣隊進駐村莊，村民集會權利遭中止。[60]

圖拉傾向把所有形式的反對視為無知與小心眼的表現。他在一八二五年寫信給能夠瞭解他處境的同行、赫森工程師克朗克，信中寫道：[61]

> 導正萊茵河所面對的困難和障礙不在於這個工作本身、這條河流與其周圍地區，也不在於高昂的成本、不成比例的回報、或做出極大犧牲的必要；讓人感受到困難與障礙的主要因素，是有許多個人利益或聚落整體利益牽涉其中，以及其中的主動代理人是否多少已獲啟蒙並能持守道德。

圖拉經常懷疑理性有多少力量能驅散他眼中的偏見迷霧，並斷言只有更多水災能夠讓人獲得必要的慘痛教訓。他的口氣是典型的自信，帶著對不願認清明顯事實的人的不屑。那是對社會衝突感到不耐的德意志國家官員的聲音，也是狂熱的技術官僚的聲音。「如果沒有無知而有時帶著惡意的人介入，」他不客氣地指出，「而我能完全依照我的信念行動，許多事情都可以做得好很多。」全面的河川整治是「拯救河岸居民的唯一方式，」而圖拉對於那些不相信他的人——比如政客——完全缺乏耐性。[62]「不是專家的人」（這指的是赫森議會的成員）「能有的只是意見，而有意見的人可以忽略專家以全然的確信所提出的論點，是非常不對的。」[63]

可悲的是，連專家也有認不清真相的。圖拉有些最尖刻的言詞用於工程師同行身上。在萊茵河下游城市美因茲有一名工程師阿諾德先生（Herr Arnold）對圖拉的計畫抱持懷疑，針對這位先生，圖拉寫道：

> 我相信他不會容許自己改變想法，因為他對於河川工程的知識太貧乏，而或許抱持不同觀點能滿足他的虛榮心……我的原則是，想要針對人們能力範圍以外的事情教育他們，很大程度上是白費力氣。

此外還有圖拉在計畫最初階段的合作夥伴，巴伐利亞人。斯帕茲先生（Herr Spatz）的「見識有限」，而且太執著於自己早期的零星計畫，他把他那些「小堤壩」當成「不朽的孩子」一樣珍視。圖拉在一八二五年二月抱怨，斯帕茲贏得了巴伐利亞資深水利工程師韋比金的支持，導致巴伐利亞人「幾乎完全放棄整治萊茵河」。除了這兩名有影響力的巴伐利亞專家，還有第三名專家加入他們的行列：「完全不懂河川工程」的雷希曼先生（Herr von Rechmann）。如果河川兩岸都屬於巴登，「我們應該早已超越現在的進度了。」[64]

但是在巴登也有人質疑圖拉的偉大計畫。表達關切的有財務官員、國會議員與地方聚落，也有具影響力的資深工程師。圖拉最痛恨的人是魏布雷訥（Friedrich Weinbrenner），他是巴登的建築工程總監（Director of Construction Work），也是美因茲那位無可救藥的阿諾德先生的姻親（工程官員這個新興職業在德意志是家族事業，正如橋梁與道路部門〔department of Ponts et Chaussées〕在法國的情形一樣）。「我們這位魏布雷訥先生是全世界最自負的人，他自認是最偉大的天才，相信全宇宙沒有什麼事是他不能針對其書寫並指導人們的。」[65] 這是圖拉在一八二五年對魏布雷訥尖酸刻薄的評價，那一年是決定萊茵河整治計畫是否會往前推動的關鍵一年。

到了一八二五年底，巴登與巴伐利亞簽署了第二份協議，治水計畫獲得新的動能。圖拉的計畫最終還是占了上風有幾個原因：圖拉的批評者中年紀較大的人或者退休、或者死亡的同時，他正在工程官僚系統中平步青雲。一八二四年的水患最初是懷疑者手中的武器，但最後卻證明了圖拉的提案是對的，不再是拒絕這些提案的理由。圖拉本人努力說服那些舉足輕重的人，他帶領巴登的國會議員瞭解最初的幾處截流工程。最重要的是他的書寫。一八二二年的《備忘錄》（*Memorandum*）與一八二五年的《論萊茵河整治》（*On the Rectification of the Rhine*），並不是對水利工程知識的永恆貢獻之作，它們是因時制宜的作品，甚至刻意引發爭論，為了改變他人想法而寫。[66] 一八二五年其時，大部分的整治工作仍未進行，還需等待赫森大公國（Grand Duchy of Hesse）、法國及下游國家普魯士與荷蘭的同意。但是圖拉不會再寫備忘錄了。圖拉深受腸絞痛與風溼痛之苦，隨著健康惡化，他愈來愈暴躁易怒，最後前往巴黎接受手術。當他躺在法國首都，準備接受他沒有活著熬過來的醫療處置時，他依然在擔心萊茵河。一八二八年三月末，圖拉信賴的愛徒，年輕的工程師西布萊恩爾（August Sprenger）從巴登被遣往巴黎照顧他生病的老師，但圖拉在西布萊恩爾抵達前即溘然長逝。[67] 馴服了野性萊茵河的男子，要到身後才享有盛名。

贏家與輸家

有些讚揚是圖拉生前就已獲得的。萊茵河最早的截流處之一在克尼林根和埃根斯坦之間，雖然克尼林根居民表示抗議，但埃根斯坦的居民卻歡迎這項措施，因為威脅他們的河流被移到了安全距離以外。截流點在一八一八年一月二十日的午後開通，有數千人見證。六天後，圖拉與一群工程師和士兵航行通過了截流點。對於埃根斯坦居民和許多來自其他地方的重要人士，那是個值得舉杯誌慶的場合。地方官員迪爾曼（Bernhard Dillmann）為圖拉朗讀了一首詩：

讚美與感謝歸於他，
他提出明智的計畫，
並將它執行到最後，
讓我們從萊茵河解脫。

迪爾曼的詩裡還有這麼一句：圖拉「拯救了我們，讓我們未來一百年都免於這個苦難」。他以《聖經．路加福音》的兩段經文為結尾：「主啊！如今可以照你的話，釋放僕人安然去世；因為我的眼睛已經看見你的救恩。」當地的市長與公民也表達了類似感受，他們透過正式投票感謝「父親」，這是他們對圖拉的稱呼，因為他「以穿過紐佛澤森林所建的河道，創造了抵擋萊茵河的防禦物，使它無法再繼續——如長久以來那樣——奪走我們的土地和我們公民努力獲得的財產」。[68]

保護土地與財產不受洪水破壞，這一直是圖拉心中的主要目標。早在一八〇五年他就說巴登這個國家「文化進步與財產安全極為仰賴水利與水文技術事業」。這個信念驅使他對他在巴登的對手魏布雷訥做出特別嚴厲的譴責，因為他對於「數十萬人的福祉」漠不關心。[69]《浮士德》中讓土地回歸家園和人類主宰的主題，貫穿了圖拉的書寫。人類應該依照自身利益塑造河流：「在耕地上，小溪、河川與水流應該都要是運河，而水往哪裡流應該在當地居民的掌控中。」[70]

這個目標大致上達成了。圖拉的計畫並未包括全面性的萊茵河堤壩系統，那是後來的事。但是穿過上萊茵平原的河道經改造後，已經讓數十座城鎮與村莊免除了淹水的威脅。這個改變所附帶產生的結果之一，正如圖拉所預見，是心理上的：「河岸居民獲得了無法以數字表達的東西，那就是他們將不再那麼害怕。」[71]有了信心與安全，居民重新取回了從前氾濫平原的土地，並且密集耕種。在德意志的這個角落，這一點很重要，因為人口增加與土地不足，特別在帕拉丁，已經導致了十八世紀相當可觀的人口外移，前往美國、匈牙利——以及腓特烈大帝治下的普魯士。這片土地也很肥沃。一名現代的觀察者描述，「我們感受到這片土地的天生豐饒是一種內在的祝福，也享受眼前景致中的色彩。」貝克（August

Becker）在十九世紀寫作時，圖拉已經完成了他出色的工作，在貝克眼中，平原「如此豐饒而蓊鬱蒼翠，到處都有種植與耕作，使得這裡就像一座大花園」。[72]整治工作「把萊茵平原變成一座繁茂的花園」，這樣的意象因奧得布魯赫的例子而為我們所熟知，而這樣的想法，在今日任何一位搭乘火車經過河堤兩岸的旅人眼中，亦顯得很合理：他們看到的是綿延一公里又一公里的作物，讓土地彷彿一襲繽紛而對稱的拼花被。[73]耕作農業與現金作物並非直接因為河道整治而來，不像在奧得布魯赫是因為把水排乾了的直接產物。不過，圖拉的計畫實現後，不僅帶來新的保障，也帶來新的土地，而兩者都導向了更密集的人類墾殖。直到今天，馬克西米利安紹（Maximiliansau）的居民依然在「圖拉堂」慶祝豐收節。[74]

「河岸居民的態度與生產力，將改善他們的住屋、財產與農穫所受到的保護，兩者是互為正相關的，」圖拉曾寫道。「萊茵河沿岸的氣候將變得比較宜人，空氣會比較潔淨，水霧會比較少，因為地下水位將下降近三分之一，而沼澤會消失。」[75]在這一方面，他的樂觀也證明是對的。在河川整治以前，上萊茵平原是瘧疾、傷寒和痢疾的溫床。[76]一六八五年，選侯卡爾（Elector Palatine Karl）於萊茵河與內卡河匯流處附近的沼澤地指揮軍事操演後，瘧疾奪走了他的性命。[77]教區紀錄顯示，一七二〇年在伯克海姆（Burkheim）有超過一百人死於瘧疾，這個疾病在鄰近聚落如菲利普斯堡和梅希特西海姆也同樣流行。在十八世紀，瘧疾是比戰爭還可怕的殺手。改變河道加速了生態舊王朝（biological old regime）*的終結，一八八五年以後只有孤立的瘧疾病例。誠然，有些人曾爭論，瘧疾消失的最大原因究竟是河道改變本身，

*譯注：所謂「生態舊王朝」指的是絕大多數人口務農的世界，其中八〇%的人口是農民，可耕地的大小會決定人口成長速度與比率，氣候也會影響農業可以支撐的人口數量。

或隨之而來的牧牛活動增加，還是更廣泛的醫療與營養進步。甚至有人提出，在分叉區內，將側流從主流截斷，會在局部地區創造更適合瘧疾孳生的環境。但多數寫作者都強調上萊茵河兩岸居民整體健康的改善，而這個好處——與更大的保障和生產力一樣——也是拜全面的整治計畫所賜。[79]

那麼，難道沒有輸家嗎？以後見之明，可以清楚看到圖拉啟動的改變比他所能預見的還要劇烈。他是第一個改造上萊茵河的人，萊茵河後來還會經過數次改造（主要為了航運需求），直到它成為今天所見完全渠化的現代商業水道，兩岸散布著大型港口和工業工廠。後來發生的事情，不論好壞，都使得要為圖拉的成就做一張損益表很困難。雖然很困難，但值得一試。一邊是不再受地區性淹水之苦的居民的全體福祉，另一邊則是形形色色失落了的世界。即使對圖拉那一代的河川工程師而言，重整水流的思考邏輯也已意謂萊茵河上某些熟悉的地標，如渡船口和水上磨坊，必須為了更大的長期利益而犧牲。這些東西都是障礙，未來屬於橋梁與曼海姆的大型商業磨坊。[80]更戲劇化、而且絕對更充滿象徵意義的，是另一個損失：兩千年來從河中淘取的萊茵黃金消失了，以這個貴重金屬維生的「淘金者」（gold-washers）也隨之消失。[81]

金屑從瑞士的阿爾（Aar）地區隨萊茵河沖洗而下，金屑與石英、雲母和長石一起沉積在河的礫石岸，因為中高水位的河水流速緩慢而形成最大也蘊藏最豐的礦層。[82]從沙與礫石中篩洗黃金是萊茵河上最古老的職業之一，凱爾特人（Celts）在公元前第三世紀就在淘金了。古希臘歷史與地理學者斯特拉波（Strabo）在大約基督誕生之年曾記錄萊茵河的珍寶，據說，羅馬人運回義大利的萊茵河黃金之多，導致了黃金價格下跌。中世紀早期的文書記載了黃金礦床的持續存在。皇帝腓特烈二世在一二三二年下詔指示礦床屬於地方貴族，但是採勘權通常會依照小地塊劃分出去。[83] 採黃金的工作辛苦又耗時，需要用劖子挖掘並以篩子和木板過濾，且需要處理大約七百噸的沙和礫石才能獲得將近一百公克的黃金。善變的河流代表蘊藏黃金的礫石岸經常移動，有時完全消失，就像那些被淹沒的村落一樣。一七二一年有份報告是關於一片藏量豐富但不時移動的黃金礦床，裡面提到這片礦床在格爾梅斯海姆（Germersheim）、斯派爾與萊梅爾斯海姆的權利聲索人之間引起激烈爭議，但報告以這句精煉的說明做為結尾：「從那時起無人聞問；如今已沒入水中。」[84]

然而在圖拉帶來的巨大改變前夕，萊茵黃金依然重要，它為地方貴族帶來的財富多到讓他們擔心有人偷竊或走私黃金；對於實際上開採黃金的人它也依然重要，讓他們為了各方競爭的礦層使出形形色色的欺詐手段。[85] 建築工程引發的擾動，讓舊萊茵河在最後幾年的黃金產量高得誘人，那時，還沒有人察覺到河流整治的負面長期效應。在河左岸，一八三〇年代至一八四〇年代期間，每年大約有兩公斤黃金從帕拉丁送到慕尼黑的皇家鑄幣廠。這個數字在一八五〇年代減少為不到一公斤，到一八六二年只有二百八十公克的時候，巴伐利亞放棄了對於帕拉丁萊茵黃金的權利。[86] 在巴登那一岸，從一八〇四到一八三四年的三十年間，有將近一百五十公斤的黃金被送到卡爾斯魯厄的鑄幣廠，在一八三〇年左右多達一年十三公斤。這個數字到十九世紀中期都與歷史產量數字相近，之後急劇下降，一八六〇年代每年五百公克，到一八七〇年代早期已經不到一百公克。巴登在一八七四年停止紀錄時，黃金產量已經少到微不足道了。[87]

河流整治所創造的新水文環境，使持續從礫石中開採黃金變得不可能：高水位來得快去得也快，來不及留下什麼，只有微小而不固定的礦床。因此，在一八四九年的加州淘金熱與十九世紀晚期南非淘金熱之間的某個時間，在萊茵河中存在了兩千年多的黃金消失了。對今日多數人而言，「萊茵黃金」指的只是一齣華格納的歌劇，最早的演出在一八六九年，正是真正的萊茵黃金消失之時。萊茵黃金留下了什麼？當地地名（金地 Goldgrund，金礦 Goldgrube），還有曾經以淘洗黃金為生、愈來愈小的一群人，他們分布在沃特、新堡（Neuburg）、霍爾特、萊梅爾斯海姆、格爾梅斯海姆、桑登海姆（Sondernheim）、新佛茲、菲利普斯堡、奧柏豪森（Oberhausen）、萊茵豪森（Rheinhausen）和斯派爾。一八三八年的巴登人口普查中，單在右岸就列出了四百名淘金者。[88] 一個世代之後，不管在哪一岸幾乎都已經沒有淘金者了。最後的全職淘金者在一八六〇或一八七〇年代放棄，無奈地接受這條河已經不是從前那條河了（如萊梅爾斯海姆的最後淘金人孔恩〔Georg Michael Kuhn〕。斯派爾最後的淘金人死於一八九六年，身後留下的裝備最後進了帕拉丁歷史博物館〔Historical Museum of the Palatinate〕）。只有少數老者依然獨自在萊茵河的側水道中徒勞地淘洗，而同時代人就在他們的行業終結時，拍下了他們的身影。[89]

新萊茵河為河岸生活的每一方面都帶來改變。隨著河流沼澤先後為草原、耕地所取代，果園和馬鈴薯或甜菜田入駐，占據了肥沃的沖積土，舊有的土地使用方式變得無處容身。割蘆葦的人消失了，野禽獵人也消失了，他們原本狩獵的地方是寬闊的河彎周圍——曾經密密麻麻分布的鳥類活動地（Vogelgründe，birding ground）。我們可以觀察到某種流瀑效應（cascade effect）*。隨著河流逐段整治，野禽獵人被迫從河流的一地轉移到另一地，租約變成廢紙。[90] 一如黃金礦層，鳥類活動區變成只以歷史地名存在，比如今日位於卡爾斯魯厄市中心與萊茵河中間、忙碌的電車轉乘站恩登方（Entenfang，意思是

「獵鴨場」)，標誌著曾經滿是鴨子與獵人的地區。

最能象徵這些改變的是萊茵河漁業的衰落，萊茵河漁業充滿傳奇性——但浪漫主義知識分子熱切採集這些傳奇的同時，正是圖拉展開工作的那些年。從史特拉斯堡到下游的斯派爾，所有較大的城市聚落都有重要的魚市場，也有以漁業命名的城區，這些城鎮由兩岸的漁業聚落提供服務。中世紀的漁業行會也許在衰落中，但漁業仍欣欣向榮。對許多城鎮與村落而言，漁業是遠超過其他活動、最重要的收入來源，在上萊茵河可能比在任何其他河段都重要。在伯克海姆，河流整治以前的人口有一半是漁民、船工和他們的家人，漁會有九十名成員。再往北，沃特、佛茲與新堡等村莊幾乎完全以漁業為生。[91]這些往往是比較貧窮的村落，漁婦會挨家挨戶出售漁獲。但是在河畔較富裕而生計較為多元的聚落，漁業也扮演重要的輔助角色。十八世紀的萊梅爾斯海姆有十七名登記的漁民，另有二十四戶農民家庭中的五戶是兼職從事漁業。[92]他們依季節與水況在各種不同的地方捕魚。他們捕魚的地方包括主河與其側流、淺水和迴水處、不受管制的支流與內陸湖泊或洪水留下的池塘。他們也在萊茵河中數不盡的島嶼上捕魚，這些島上典型的木頭與蘆葦捕魚小屋和在河岸上一樣常見。歌德曾經描述他在一七七〇至七一年在阿爾薩斯的旅程中造訪幾棟小屋，「我們將萊茵河中冰涼的居民無情地放入鍋中，以熱滋滋的油脂煎煮。」[93]

歌德在阿爾薩斯的時候，上萊茵河與其支流中有四十五種魚[94]，有些是終年在河裡棲息繁殖的淡水魚，如鱸、丁鱥、歐鯉、歐鯿和鯉；其他是溯河洄游魚類，生活在海中，但會逆河而上繁殖，這種魚類包括七鰓鰻、海鱒和白鮭、西鯡與芬塔西鯡（這兩種都是肥碩的鯡科魚，但是有不屬於鯡科的河中產卵

＊譯注：是指一個動作影響系統，因而導致一系列意外事件發生的效應。

習性）、鱘魚——當然還有鮭魚。如果西鯡有時被稱為鯡魚之王，那鮭魚就是魚中之王。歷史上，上萊茵漁業會將「主要漁業」（鮭魚）與「次要漁業」（所有其他魚）加以區分。鮭魚不僅是魚中之王，還數量豐富。漁獲最佳的時候是鮭魚從海中溯河而上的時期，從一月開始，至七月極盛。用來捕撈鮭魚的是形形色色的流網與投網，而在史特拉斯堡等主要魚市場，一天可以賣掉至少一百隻。[95] 上萊茵地區的僕人抱怨一週有三天被迫吃鮭魚的事情幾乎可以確定是傳說，但前圖拉年代的豐足由此仍可見一斑。[96]

導正河流終結了這種豐足。據寇伯（Georg Friedrich Kolb）的紀錄，在一八三一年，洄游魚種與定棲魚種的漁獲量依然充足，但即使在那時也已經有了衰落的跡象。其後數十年憂慮逐漸升高。斯派爾、法蘭肯塔爾（Frankenthal）與格爾梅斯海姆的漁民在一八四〇年代初抱怨都沒有鮭魚和鱘魚了。[97] 在主河中已經無法像從前那樣進行漁撈，歌德熟悉的那些島嶼已不復存在。與圖拉改造後水流較冰涼而快速的河流相比，萊茵河以前的某些側流成為安靜的庇護所，而一開始，這裡的魚群數量變多了。這對漁民來說代表什麼，可以從漁業租賃契約的價格來衡量，有些租約一直到十九世紀晚期甚至二十世紀都維持穩定。[98] 但是許多具有漁業潛力的側流最後變成土地。其他曾經豐足的魚類來源，比如淺池和未受調節的支流水流（如洛斯海姆〔Russheim〕附近的赫倫巴赫河〔Herrenbach〕），與其他地方同樣嚴重受創，漁業租約的價值在二十年內跌至從前的十分之一不到。[99] 捕魚人家勉力維持，撐到了一八六〇年代甚至一八八〇年代或更久以後。[100] 接著，他們也轉而以土地維生，成為小農或勞工。其他人或移民或另謀工作，有些人直接參與河流整治工程，有些從事與工程相關的職業，比如採石，或是投入因為萊茵河氾濫平原的新用途而誕生的產業，比如精製糖廠。

萊茵河漁業的衰落有許多長遠因素，不能全都歸咎於圖拉。工業廢水汙染河水是其一，在一八四〇年代已經引起一些關注。蒸汽航運的成長與後來挖掘的一條深水道，對魚群數量有重大影響，而最後讓洄游魚類終於不再溯河而上的（儘管有魚梯依然如此），是二十世紀為了像康布（Kembs）這樣的水電廠而興築的水壩。這一個個階段造成了日益渠化的河流累積退化，一直持續到一九七〇年代，人們明白了河流受損的真正程度才停止。[101]這些變化與圖拉的原始計畫最多只有間接的關係，然而他所做的導正是對河川自然本質的所有改變中「最初、也對漁業影響最大的一個」，確然直接衝擊了魚群數量。[102]施工本身產生的干擾最早產生影響，接著，河川變快的流速和縮減的水面，破壞了棲息處和庇護所，尤其是淺灘和礫石岸這些最理想的繁殖地。[103]這些改變對洄游魚類的損害尤大。隨著萊茵河的改造，鮭魚、鱘魚、西鯡和七鰓鰻先是數量衰減，繼而消失。河岸國家在一八四〇、一八六九與一八八五年簽署了一系列條約以保護鮭魚。這些協議顯示了當時的關切，但最後無法反轉趨勢；而以孵化場扭轉局勢的努力雖依循相似的時間發生，但是對於洄游魚種同樣未見成功。上萊茵最早的鮭魚養殖場在一八五〇年於阿爾薩斯開始營運，二十年後巴登也出現其他養殖場。這些養殖場頂多延緩了改變所帶來的衝擊。從十九世紀末期開始，上萊茵河與其他河段及主要支流的鮭魚捕獲量就急劇而無可挽回地崩潰，萊茵河成為少數具有韌性和高度適應性物種——所謂「普遍物種」（universalist）——的領域。鯉科物種的三個成員（歐鯉、歐鮊和歐鯿）後來占萊茵河中所有魚的四分之三；白梭吻鱸和鰻魚也在改變後的條件下蓬勃發展。[104]

白梭吻鱸和鰻魚，兩者都能告訴我們河流經歷了什麼。白梭吻鱸和北美的虹鱒一樣，為了代替消失中的洄游魚類被引進萊茵河。相較於數百萬鮭魚卵所產生的微薄回報，這個實驗成功了，但是它的成功也標誌了改造後的新河流能生產的漁獲極限。[105]鰻魚的重要意義來自兩方面，與白梭吻鱸一樣，鰻魚能興盛發展有一部分是因為能忍受不利的新條件，另一成功之因是牠的生命週期正好與鮭魚或鱘魚相反。鰻魚在鹹水中繁殖，幼鰻在百慕達與西印度群島間的大西洋馬尾藻海（Sargasso Sea）誕生後，隨著墨西哥灣流漂流到歐洲海岸，接著沿萊茵河等河流溯游而上，在河中生活八到十年後再返回大西洋繁殖、死亡。[106]鰻魚的繁殖地因此沒有受到圖拉的整治與後來的措施干擾。鮭魚漁業崩潰的同時，河鰻成為二十世紀萊茵河漁民新的高價值漁獲。鰻魚漁業在一九二〇年代從萊茵河三角洲開始散播，初始於上萊茵河發展起來，先是在巴登那一側河岸，接著在左岸，萊梅爾斯海姆一名有創業精神的漁民建立了一個船隊，到一九三八年已經擴大為擁有十二艘漁船。[107]

關於這段歷史恰好有個虛構的敘事：古廷（Willi Gutting）寫的《鰻魚漁夫》（*The Eel Fishermen*）。[108]住在上萊茵河地區的古廷是學校老師也是當地作家，他先住在霍爾特，後來就住在萊梅爾斯海姆，而書中角色的塑造非常貼近他的鄰居。古廷描寫了鰻魚漁夫一年的工作週期：五月到十月間捕撈要洄游到海洋的成鰻，冬天時修補漁網。河裡已經沒有鮭魚，只偶爾有幼鮭落入春天時捕鰻船的漁網。巴克（Wendelin Bäck）依然「乘他的小船航行於迴水與溝渠中，是丁鱥與狗魚、鯉魚、鯢與白鮭之王」，但是他的生計仰賴芭芭拉，她是主掌村裡商業往來的女家長，也是創建了鰻魚船隊的路德・洛希（Rud Losche）遺孀。[109]古廷書中的故事從第一次世界大戰之前展開，結束於一九四〇年。他所描述的，是必須找到新方法與新的萊茵河共存共榮的一個河岸聚落故事（而他的回憶錄顯示這些敘述大致準確）。[110]《鰻魚漁夫》還寫到一個更重大的改變，迫使我們思考上萊茵河漫長的歷史變遷。古廷筆下的萊梅爾斯海姆村分別為水與陸、河畔的溼地邊緣與後方的農地所切割。讀者從書一開始就認識這裡的沼澤與林地，動物在這裡「祕密地生活在藤蔓植物的網絡與燈心草形成的黃牆之後」，而「大型水禽在滿是蘆葦的池塘和微微蕩漾的水道裡迷失於孤獨中」。[111]這片水鄉澤國是獵鴨人彼特福斯（Hanns Bitterfuss）的家園，在許多方面也是這本書的道德中心，作者一再回到這裡，描述「濃密雜亂的蘆葦與燈心草」，為水浸潤的柳樹與赤楊，「盤屈交錯的根幹，微型的原始森林。」[112]聽起來就像排水工程以前的奧得布魯赫。而這個鶴與鷺的棲息處也經歷相同命運，為了農耕需求而犧牲了。帶來改變的人是創立了捕鰻船隊的洛希，這名男子的家族世代依憑萊茵河為生，儘管如此，他如今將精力（最後還包括他的生命）都投注於透過排水溝與幫浦系統馴服這條河流的計畫。河流附近的低地將成為農耕用地，在本來是沼澤的地方，「土地的果實將欣欣向榮地長成」。看著自己的成果，洛希尋思：「雙腳踩在船上，與船隊一起航入初夏的感覺很好。重新得回土地，帶著遠見與高明的計畫將豐饒的土地從大敵手中奪回，更好。」這成為村中世代相傳的說法，因此路德的兒子海納（Heiner）得以聽聞自己的父親如何像一位魔術師或巫師，「將水從所有土地上驅逐，指揮它回到它在堤防後該有的位置，使如今各處農民都有乾爽的田地和甜美的草原。」[113]

洛希的土地再造計畫在小說裡有精確的時間：一九三一年。那麼，這個計畫與在半個多世紀前即完成改造計畫的圖拉有什麼關係？答案是，圖拉是第一個讓河流回到「它該有的位置」的人，使得在堤防後方生活與耕作的人有了受到保障的期待。[114]「每個人一定都支持進步，」芭芭拉的父親浩克（Adam Hauck）這麼想，在日記裡針對排水計畫寫下這些話。[115]在圖拉遺留的影響下，到了一九三一年，定義進步的方式早已只剩下一種，那就是面對河流如何獲得最大的保障。這麼看事情的不只是浩克這樣的農民；獵鴨人彼特福斯也是這樣想的，對於一個會威脅到他生活方式的計畫，他「像個瘋子般鼓掌叫好」。[116]然而事實是，在一九三一年，水禽依然飛翔於彼特福斯經常出沒的沼澤。其他上萊茵地區的寫作者在同時期也描繪了類似的鄉野景致，如斯派爾的詩人畫家史匹澤（Carl Philipp Spitzer），風景畫家也將萊梅爾斯海姆附近的沃特村變成時髦的田園風情度假去處，儼然是西南地區的沃爾普斯韋德（Worpswede）。此中無疑有政治面向。在戰後持續到一九三〇年的法國占領期間，讚揚一片「真正」的德國萊茵河地貌，很可能是為了引發對這片土地理想化的想像。但這當然不是故事的全部。還有一個問題是，圖拉出現以前的那條萊茵河，究竟在什麼時候成為一條悲慘的水道，成為近數十年來生態學者與保育人士譴責的「戶外幾何」象徵。[117]探尋這個主題就像追逐一個永遠在天邊的景色。一九七七年，一群保育人士與其他的萊茵河專家齊聚於斯派爾，有些年長者深情地回顧他們年少時、一九三〇和四〇年代的萊茵河。[118]劇作家祖克梅耶（Carl Zuckmayer）一九六六年寫作回憶錄時，追憶了二十世紀初期他兒時的舊萊茵河。當時主要河道已經疏濬，「但是蜿蜒的舊河床還在，緩緩流過叢林般的柳樹和赤楊，還有腐爛的白楊樹幹與冒著旺盛新芽的次生林。這是一片未經探索，幾乎無法穿透的溪流、樹枝、水流停滯的小灣、沼澤區域、靜止水池與多石支流的網絡。」[119]然而回溯到一九〇〇年左右，上萊茵河偉大的自然學者勞特波恩（Robert Lauterborn）卻痛惜他鍾愛的河流上動植物的流失。十九世紀早於勞特波恩的先行者已經講述出一個失落世界的故事了。[120]聽來像典型的黃金時代迷思：前一代的河流總是更純淨而多樣，不像現在這樣全是幾何線條而失去自然原貌。此處顯現的是每個人說得都對的例子之一。從圖拉最早的截流到至少一九七〇年代警訊已無可忽略之時，馴服萊茵河一直伴隨著逐漸累積的生態衰退。正如河裡魚類族群數量的改變，這個更大規模的生物多樣性流失亦始於圖拉，並且逐步惡化。

事情的全貌很清楚。在一個半世紀期間，大約百分之八十五的上萊茵河氾濫平原消失了。單是圖拉的計畫就讓超過二萬五千英畝（約一百平方公里）土地轉而提供人類新的用途。一片寬闊的溼地走廊縮減為一條狹窄的地帶，寬度通常不超過一百五十碼（約一百三十七公尺）。與自然的氾濫平原一起消失的，還有大半個奧恩瓦爾德（Auenwald），這是片廣闊的濱岸林，有橡樹、榆樹、赤楊和柳樹，以及典型的植被，包括野生果樹與濃密灌叢，沼澤與河岸草地。今天走一趟尚存的奧恩瓦爾德，經過萊梅爾斯海姆或霍爾特，那裡依然讓人陶醉，但已經難與從前相比，只是一片狹長溼地，夾在平原上的農業活動與河流上往來不斷的交通之間。隨著季節性氾濫的地區消失，以及水流以不同速度流動的地區愈來愈少，河流的自淨能力也受損了。當然，這些改變也代表棲地大幅縮減與碎塊化，以及因而流失的物種多樣性。許多物種消失或者落入岌岌可危且邊緣的存在。[121]

生物學者欽佐巴赫（Ragnar Kinzelbach）曾主張，上萊茵河的動物相在圖拉以後的一百五十年間比先前一萬年間「發生了更為根本的改變」。[122]物種的減少與更多物種所受的威脅，可以沿著食物鏈一路往上，從昆蟲到兩棲類、鳥類與哺乳類。在生態系受損後進駐的入侵種也一樣，不論是占據河底的斑馬貽貝，還是取代了原生哺乳類生態棲位的麝田鼠。[123]這一切與圖拉有多少關係？在欽佐巴赫用來解釋目前悲慘狀態的八個原因中，萊茵河最初的導正只是第一個原因。有一些原因，比如化石燃料與核能電廠以河水為冷卻用水導致河流暖化，是特屬於二十世紀的。（圖拉做的改變帶來的效果恰恰相反，讓河水較冷、含氧量較高，但是當然也對許多物種造成干擾。）有許多例子顯示物種的流失或瀕危有其他原因，而且時間通常較晚近，不論是仰賴乾淨的水生存的蜉蝣與石蛾的數量衰減（急劇減少發生在一九〇〇年以後），還是水獺最終的衰亡，牠們在戰間期（一次大戰結束到二次大戰爆發以前）因為棲地破壞、汙染與人類捕食而從上萊茵河消失。但要將不同原因清楚分割往往很難。汙染來源包括農業肥料的逕流，這是圖拉帶來的「繁茂田園」的副產品。隨著人類聚落持續蠶食原本的氾濫平原，人類捕食與鳥類或動物棲地的流失往往相伴發生，兩者相加起來的效果就能說明水禽受到的威脅（如鷺與鴨），以及為什麼十九世紀中期以後，在上萊茵河地區只能在博物館看到河狸了。在昆蟲、蛙類與其他許多鳥類的例子中，與圖拉有關的河岸溼地的消失，則是決定性的因素。[124]

上萊茵河植物相的變化有比較完整的紀錄，植物學者筆記本裡面的證據，可以由地圖與植物標本館提供的資訊補充。再一次，這篇壯闊的大敘事又是一則關於失落與一致性愈來愈強化的故事，雖然有關時間與因果關係的問題同樣難以釐清。所有人一致同意，老生林與從前河岸溼地與草原的原生植被典型發生了長期衰退，這些植物包括：橡樹、赤楊、柳樹、多種藤蔓植物、灌叢、花、藥草與苔類。以特別對水敏感（water-sensitive）的某些植物而言，圖拉之後的改變——優養化與汙染——很明確是造成物種受脅的主要原因。但是對於一些物種必須仰賴河濱礫石岸、週期性氾濫地，或已轉為耕地的昔日河岸溼草地才能生存者，十九世紀的河流導正已經造成了重大的棲地破壞。偶爾，我們還能瞥見正在消失邊緣的物種。休茲（F. W. Schulz）在他一八四六年的著作《帕拉丁的植物相》（*Flora of the Palatinate*）中指出，沼澤劍蘭仍然到處可見；到了一八六三年已經變成「曾經廣泛可見」，他也將有沼澤劍蘭生長的特定地點記錄下來。[125]十九世紀中期，休茲已經在感嘆更大片「蘆葦區」的損失，也就是我們今日稱之為溼地的地方。[126]然而，再一次的，如果圖拉的影響造成損害，破壞力也不及他的後繼者造成的衝擊，即使他們只是依循由他而始的思維。植物學家菲力匹（Georg Philippi）提到因為河流導正而衰退的各種物種如柳樹和香蒲時，特別指出衰退在一九〇〇年之後較為明顯，而且逐漸加劇。在菲力匹眼中，「圖拉的導正縮減了奧愛（Aue，德文中指溼地），也重組了奧愛的一部分，但是保留了奧愛。萊茵河較晚近的發展截斷了萊茵河與其奧愛和周圍地區的連結，導致奧愛大半被摧毀了。」[127]後來的變化造成的損害大得多，圖拉的作為根本無法相比。不僅如此，十九世紀河流導正的步調較緩慢，人類入侵也相對較少，這表示植物有時間找到替代棲地——也表示還有較多替代棲地可找。到後來，時間與空間都少得多了。

上萊茵河的導正工程，在位於北方的原河曲帶和南方的原分叉區造成的環境影響並不相同。圖拉的做法的根據，是透過加快河川流速以降低水面位置，藉此減少氾濫。實際發生的情況也如此，但是並不平均，而且有預料外的後果。在巴塞爾與卡爾斯魯厄之間的南區，萊茵河沖刷河床的深度變深了，而且往往在導正工程完成後不久就如此，這樣的結果出乎意料，而且造成相當破壞。萊茵河在諾伊恩堡的水位降低超過五公尺，在萊茵魏勒（Rheinweiler）降低七公尺，相當於兩層樓房子的高度。[128]諾伊恩堡在十八世紀曾一再淹水，現在它面臨的問題恰恰相反：不是水太多，是太少。隨著水位下降，樹木與植物的根部極度缺水。在布來沙赫（Breisach），溼地持續退化為乾草原，優勢植物是鼠李、薔薇灌叢和樹莓。[129]這與北邊的情況形成強烈對比。在河曲帶，許多從前的溼地因為與河流間的聯繫被截斷而成為迴水，失去了曾有的白柳、赤楊與爬藤植物，但發展為擁有豐美蘆葦與水生植物的棲地——這是圖拉的工作的意外結果，弔詭的是，這些棲地的植物生命變得比奧恩瓦爾德僅存的零碎溼地還要豐富，那些溼地仍為主流氾濫，而主流已經受到汙染。[130]在上萊茵河南部地區，迴水乾涸，睡蓮消失。在這裡，河流導正所製造的地貌在某些地方看起來就像乾草原。這是圖拉的「定時炸彈」最毀滅性的影響之一。[131]

南方水位的大幅下降出乎意料。圖拉河流導正的另一個可能結果則有人預料到，事實上是由圖拉的反對者以強烈態度提出，以此為反對實行他計畫的原因之一。這個可能的結果是：河流變直、流速變快後，有導致下游的中萊茵與下萊茵嚴重氾濫的危險。主要河道與其支流的高水位，在自然狀態下會交錯間隔發生，不會一次同時到來。提高萊茵河的流速可能會破壞這個模式，使得下游發生重大淹水的風險大大提高。這是個「冒險的計畫」，可能會引發「重大災難」。至少圖拉同時代的批評者安德烈（Fritz André）在他一八二八年的小冊中是這麼主張的，小冊名為《上萊茵河導正的一些觀察與此項工程對中萊茵與下萊茵居民可怕後果的描述》（*Observations on the Rectification of the Upper Rhine and a Depiction of the Dreadful Consequences of this Undertaking for Inhabitants of the Middle and Lower Rhine*）。[132]他的觀點獲得住在曼海姆的荷蘭水利工程師范德維克（Freiherr van der Wijck）呼應，只不過范德維克用字遣詞較為溫和。同樣的憂慮使圖拉的導正工程很早就遭遇來自荷蘭與普魯士的反對聲音。在普魯士工程師埃托維恩的例子中，他的反對是基於縮短奧得河引發水災問題的第一手經驗。[133]在上萊茵河甚至已經有一個具體而微的明顯先例了。圖拉在一八一四年展開了萊茵河支流金齊希河（Kinzig）的整治，整治後的金齊希河以較快速度流入主要河道，萊茵河隨即在一八一六年於開爾（Kehl）氾濫。[134]

當時的批評者沒有爭贏，但歷史似乎證明了他們是對的。試看一八八二到八三年的猛烈洪水，或一個世紀後在一九八三、一九八八、一九九三和一九九四年的洪災。現在沒有人懷疑下游城市如科布連茲、波昂和科隆承受的風險大幅增加了。這些城市就位於河岸，在歷史上，中萊茵與下萊茵河氾濫的機會比上萊茵河小多了，而現在，這些城市卻因為所在的位置而格外危險。不過，即使長遠的結果明顯可見，因果關係鏈依然複雜。一八八〇年代早期的氾濫後，工程師認為責任不在圖拉，將洪水歸咎於反常的氣象狀況。這是當時的常識，一種否認早期工程措施有任何負面效應的本能，而這種態度在主要的捍衛者之一杭瑟爾（Max Honsell）身上尤其強烈，因為他參與過上萊茵河導正工程後期的一些截流工作，自詡為圖拉的傳人。[135]雖然這種事不關己的態度易引人非議，但是議會在一八八九年針對洪水的調查，則獲得了比較有趣也可成立的論點。調查判定圖拉的導正沒有問題，因為他並未完全將萊茵河的舊側流從主要河道截斷，因此保留了可以滯留上萊茵河洪水的地區。不過確實，這一切後來都經歷了變遷。到了二十世紀晚期，那些側流已經完全被截斷，而以航運為目的的萊茵河現代工程進一步提升了其流速。一九四〇年代，萊茵河的高水位從巴塞爾流到卡爾斯魯厄附近的麥克叟（Maxau）需要六十五小時，比前圖拉時代快多了，但四十年後，這段時間少了一半以上，只需要三十小時。這大大提高了萊茵河與其支流蘭希河（Rench）、金齊希河、穆爾格河、伊勒河（Ill）、莫德河（Moder）、梭爾河（Sauer）與內卡河的高水位同時流至中萊茵與下萊茵河，造成重大災害的可能性。[136]

要圖拉為他死後一個多世紀的事情負責，就像把納粹後來以尼采之名所做的事情怪在尼采頭上一樣。不過在這兩個例子當中都可以持平指出一定程度上的責任——那責任在於精神視野的改變，讓某些從前難以想像的事情變得可以想像。這裡有兩大議題特別突出。圖拉一直都主張舊萊茵河的側流不應該完全截斷。那麼，他的後繼者為什麼這麼做，並且興築起必定會束縛河流的連續堤防系統？這是因為圖拉承諾過上萊茵河氾濫平原的居住者會獲得保障，後代所採取的措施，是為了更全面的實現這個承諾，試圖獲得更大的保障，只不過，這些是以下游聚落更大的不安全為代價。我們可以看到這一點在十九世紀逐步發生。檔案紀錄顯示一種以每十年為單位的「水文兩步驟進行曲」。某個檔案記錄了「一八四四年洪水造成損害」，另一個檔案則記錄「一八五一年的洪水」。結果為何？建議「加長並強化萊茵河堤防」的提案。接著又是一個厚厚的卷宗，有關「一八七六年的洪水與損害」，引發了「加長並強化」河流防禦工事的更多計畫。同樣的循環在一八七七年再次重複，洪水發生，然後是兩年後的提案，「加長並強化達克斯蘭登、克尼林根與新堡威爾區的萊茵河堤防」。這一次，新的洪水在工程還在進行時就來了。回應方式與之前每一次的氾濫毫無不同。於是，循環繼續，尋找永久保障的追求徒勞無功，唯一稱得上成功之處，是把問題往下游方向推去。[137]最近一次努力是重新開放氾濫平原的某些地區做為滯洪區，若以孔茲（Egon Kunz）的話來說，那是「往過去踏回一步」。[138]這些努力是為了安撫「圖拉的導正工程所喚醒的河流神靈」（也是孔茲的話），而這些嘗試點出了一個體認，那就是最初的計畫至少隱含了負面後果的可能。[139]

類似的邏輯，或可稱為意外後果的邏輯，也可見於在後圖拉的時代把萊茵河變成一條船運運河的各種計畫。那並非圖拉的本意。他確實早在一七九九年就針對蒸汽船擬定過計畫（這個計畫已佚失，只有一則相關描述尚存），但航運從來不是他的主要關注。[140]第一艘蒸汽船要到一八三一年才航抵上萊茵河，其時他已死去三年。很快就散布於河岸的港口設施與工廠在他的願景中從無一席之地。然而蒸汽船、港口與工廠畢竟來了，而它們的到來，是因為圖拉讓人們對於曾經野性的河流所帶來的態度轉變。但我們還可以把因果關係的鏈條拉得更緊一點。最初整治工程有一些最嚴重的副作用，其實讓萊茵河變得比較不適合船運。萊茵河在原先的分叉區沖刷河床的深度出乎意料，在有些地方如伊斯坦直接沖刷到岩石層，因此必須採取更多行動以抵銷這個結果。而因為沖刷被帶往下游的碎屑，對主河道有著不同但同樣負面的影響，圖拉死後多年所進行的疏濬與渠化，正是為了「導正」他的導正所帶來的效應。[141] 如果萊梅爾斯海姆村的路德．洛希在村落傳說中被視為魔法師，那麼圖拉就是整個上萊茵河沿線最初的魔法師。[142] 又或者，如果我們援引歌德的敘事詩〈魔法師的學徒〉（Der Zauberlehrling）*，將圖拉視為魔法師的學徒，或許更加貼切。

---

*譯注：Der Zauberlehrling（魔法師的學徒）是歌德著名的敘事詩，寫於一七九七年。文中稱圖拉為魔法師的學徒，顯是指他治水的努力可能與學藝未精的學徒指揮掃把的努力一樣，力有未逮，而後果不可收拾。

Three

黃金年代

從一八四八年的革命至一八七〇年代

雅德灣

一八五二年八月，兩名普魯士的談判代表前往德意志西北部的奧登堡大公國（Grand Duchy of Oldenburg）。這兩人是奇怪的一對：「精力旺盛但粗鄙」的克斯特（Samuel Gottfried Kerst），和較有外交手腕的蓋伯勒（Ernst Gaebler）醫師。[1] 克斯特曾是普魯士炮兵軍官，年輕時在巴西服役六年，於一八二五年對阿根廷爆發的戰爭中在巴西戰艦上擔任輪機上校。回到德意志後，他先在但澤（Danzig）的技術學院教書，後以自由派身分選上一八四八年革命後成立的法蘭克福國民議會（Frankfurt National Assembly）。相形之下，蓋伯勒是比較傳統的普魯士官僚，他是柏林警察主席團（Berlin Police Prasidium）的高階官員，頂頭上司是權勢熏天的警察總長辛寇迪（Carl von Hinckeldey），以其間諜組織而惡名昭彰。[2] 蓋伯勒唯一讓人意想不到的事情，是他為曼陶菲爾（Otto von Manteuffel）的親信，這是受人垂涎的位置。自一八五〇年至一八五八年，曼陶菲爾出任普魯士首相，是一位保守務實派，他的政治觀點預示了接下來十年間、另一位更加出名的保守務實派人士俾斯麥所秉持的部分主張。曼陶菲爾樂於擴張警察權力以制衡自由派反對人士，不過他同樣鄙夷想要假裝一八四八年革命從未發生的普魯士反動人士，而且隨時準備動用國內政治監視系統，不管是對付左派或右派都一樣。在一八四八年動亂後那個不穩定的年代，他掌控了普魯士政壇。

克斯特與蓋伯勒的共通處是他們都熱衷於德意志的海軍力量。克斯特曾在法蘭克福國民議會建立的德意志海軍部擔任祕書長，這讓他與同樣熱衷於海軍的人有了密切接觸，包括阿達爾貝特王子（Prince Adalbert）這位普魯士國王的表親。編制不大的艦隊在革命後裁撤，但並沒有澆熄克斯特的熱情。他到普魯士任職，透過備忘錄與私下談話持續推動這個目標。[3] 蓋伯勒也在做一模一樣的事情，不過他直接在曼陶菲爾身上下功夫。[4] 這個共同的目標讓克斯特與蓋伯勒成為一八五二年任務的理想人選。表面上，他們的旅程是為了替普魯士向從前的德意志海軍購買他們正在拍賣的船艦；另一個流傳的謠言是他們到奧登堡是為了討論對外移民的議題。兩者都是可信的掩護說法。然而，他們真正的目的是代表普魯士為購賣一塊土地進行談判，這塊土地將成為新的普魯士艦隊在北海的港口。[5]

普魯士能在此前二百年間成為歐洲強權，靠的是陸上軍事力量。大選侯在十七世紀建立的貿易公司沒有改變這一點；普魯士在腓特烈大帝時期短暫擁有過北海據點東菲士蘭，也沒有改變這一點。七年戰爭期間，英國與法國在北美與印度交鋒，腓特烈大帝治下的普魯士則在歐洲大陸打了一場戰爭。英國與普魯士為了推翻拿破崙時期的法國霸權而並肩作戰時，普魯士還是在陸上作戰。普魯士出產陸軍上將，不出產海軍上將。屬於霍亨索倫家族的元素一直是土地，不是鹽水。正如腓特烈自己說過：「我們這種陸地動物不習慣生活在鯨魚、海豚、鰈魚和鱈魚之中。」[6]

十九世紀最初幾十年間曾兩度有建立普魯士海軍的初步提案，兩次都無疾而終。正如一名批評者所說，普魯士是「歐洲大陸的巨人」，但卻是「海上的侏儒」。[7] 這一點隨著一八四八到四九年的革命開始改變。為了與丹麥爭奪什列斯維希公國而發生的衝突，凸顯了德意志在海上連一個歐洲小國都對抗不了的無能。德意志就像少了三叉戟的海神。[8] 自由派民族主義者在一八四八年對德意志海軍的熱烈支持，指出了普魯士可以贏得民心、同時拓展自身利益的方法，這正是一八五八年後攝政、並在一八六一至八八年以國王身分統治普魯士的威廉一世（Wilhelm I）會說的「進行道德征服」，也是英國駐柏林大使語帶譏諷所說的「對大眾喜好的逢迎」。[9] 向已經不再運作的德意志艦隊購買船隻，顯示了普魯士在海軍方面新興的野心。然而，普魯士本身的海岸完全沿波羅的海分布，而不是沿著北海，這很容易遭到封鎖。

奧登堡的雅德灣（Jade Bay）可以解決這個問題。雅德灣是有天然屏障的北海港灣，幾乎不會結冰，也有深水航道，奧登堡在一八四八年就已提出這是未來德意志海軍理想的基地，克斯特與阿達爾貝特王子也強烈支持這個觀點。相較於北海沿岸的其他地點，雅德灣也有地理優勢。與東邊的易北河與威瑟河（Weser）河口灣相比，它距離丹麥與英屬赫黑格蘭島（Heligoland）較遠，也比西邊的恩登（Emden）離荷蘭遠。在阿達爾貝特王子眼中，雅德灣絕對還有另一個優勢，那就是附近沒有任何城鎮可以危及海軍的紀律，只有黑本斯（Heppens）與諾伊恩德（Neuende）兩座小村莊——儘管可能的孤立與舒適物質生活的闕如，似乎讓海軍上將布魯姆（Admiral Brommy）與其他海軍軍官在一八四八到四九年間對雅德灣產生偏見，卻已預示了之後的發展。從普魯士的觀點來看，這裡最大的好處是奧登堡回應了低調的外交試探，對達成協議表示歡迎。[10]

克斯特在八月十日抵達奧登堡，蓋伯勒於四天後抵達。談判在極祕密的情況下進行，以防消息傳到疑神疑鬼的鄰國漢諾威耳中。普魯士內閣中只有曼陶菲爾與阿達爾貝特王子對談判知情。九月初，克斯特、蓋伯勒與奧登堡的談判代表厄爾德曼（Theodor Erdmann）達成了協議基礎。接下來，有關條款細節的爭議和曼陶菲爾對國內政治反對勢力的焦慮導致進展延宕，讓克斯特與蓋伯勒深感挫折。雙方在一八五三年七月針對最終文字達成協議（「這是我這一生最快樂的一天，」蓋伯勒代表普魯士簽署協議時說）。[11] 普魯士內閣中有人強烈反對——財政部長博德西溫（Bodelschwingh）擔心費用，也對自己被蒙在鼓裡感到不快，因而提出辭呈——但是協議獲得雙方政府與議會通過，並於一八五四年一月公布。漢諾威表示抗議，說這是「晴天霹靂」，而在德意志境內或境外都沒有獲得支持。[12] 依照協約條件，普魯士取得雅德灣西側一塊三百八十英畝（約一．五平方公里）土地的主權，加上另一側的一小塊地，供一個炮兵連使用。奧登堡為此獲得五十萬塔勒銀幣以及其他回饋。[13]

一八五四年十一月下旬，阿達爾貝特王子前往奧登堡，從大公手中取得地契。他接著前往未來的海軍基地建址，在鋪天蓋地的暴風雪中乘農民的推車完成最後一段旅程，與普魯士和奧登堡的高階官員會合。沼澤上已搭起帳篷，主權的正式移交就在裡面完成。奧登堡的旗幟降下，普魯士的旗幟升起，定錨在雅德灣內的三艘普魯士船艦發射了二十一響禮炮。儀式完成後，一行人在黑本斯的埃勒斯（Eilers）旅舍佐香檳共進了「簡單的午餐」派對。[14]

十九世紀，德意志諸邦之間在和平時期的領土買賣仍屬常見，正如在先前的時代一樣。加上戰爭與和談帶來的領土變動，曾經的神聖羅馬帝國境內多的是曾經被買下、出售或交換達五、六次的土地。如今，奧登堡—東菲士蘭半島的一個小角落被普魯士買下也是一樣情形。自十六世紀晚期開始，耶弗爾（Jever）領土曾先後屬於奧登堡、安哈爾特—采爾布斯特（Anhalt-Zerbst）、俄羅斯、荷蘭、法國、再度屬於俄羅斯，之後又回歸奧登堡所有。[15] 若說這種領土旋轉木馬很平常，那麼這個例子特殊的地方在於，不過幾個世紀前，這個港灣本身，也就是這整件事情的重點，壓根還不存在。

雅德灣（Jade Bay），這個名字與用於珠寶的淺綠色礦物毫無關係，它來自菲士蘭語（和英語）的gat一字，指沙洲間的開放空間，可能是水道或海峽。[16]這恰好描述了雅德灣，這個小灣以一條狹窄的水道與海相連，樣子像一個有修長頸部的瓶子或花瓶。它是什麼時候形成的、如何形成的？北海南邊的海岸線從來不是固定不變。以非常長遠的時間來看，數千年間，這條海岸線經歷了海洋多次的大幅前進與後退，規模最大的一次是公元前六千年到三千年間大西洋海侵（Atlantic Transgression）時期的海平面上升，將海岸線往南推進許多，最後淹沒了道格淺灘（Dogger Bank），創造出英吉利海峽。[17]從非常短暫的時間來看，在每一次潮起潮落之間，海岸持續經歷小規模變動，比如海水在某處侵蝕陸地，又在另一處留下沙與泥土。在這兩種時間尺度之間，在經常用以度量人類歷史的數十年或數百年期間，這片海洋不斷形塑與重塑海岸線的輪廓，一如它創造又抹滅了離岸島嶼。這種規模的改變往往出自一場重大水災，或是一系列水災。雅德灣是這樣造就的，一如更往西處與它類似的灣澳多拉特灣（Dollart）與須德海（Zuider Zee）。

雅德灣今日所在的位置曾經是土地，它最早的居民與沿海各地的其他人都相似。他們築起圓丘（Wurten或Warfen）做為對抗海洋的據點，此後或許一千年間，這就是他們的保障，直到十一世紀開始有系統的築堤為止。[18]東菲士蘭的這個地區在中世紀時稱為呂斯特林根（Rüstringen），它不僅是土地，還是在數百年間受到歐洲歷史深刻影響的土地：卡洛林王朝征服它，維京人劫掠它，獅子亨利（Henry the Lion）垂涎它，不來梅（Bremen）的總主教為它劃分教區。[19]這片土地成為後來海灣的海床，但是在消失以前，這片土地上有犁耕的農田，有牧草地，也有市集城鎮與村落，它們的教區教堂展現了所有富裕的表徵。[20]然後，發生了一一六四年的聖朱里安（St. Julian）水災，在內陸切出一條水道，深到無法重建堤防。一三三四年的聖克萊孟（St. Clement）水災、一三六二年的聖瑪策祿（St. Marcellus）水災與最後一五一一年的聖安東尼（St. Anthony）水災，都讓入侵的水道更向內陸延伸。[21]每一次海水沖刷新海灣的內陸，就有更多聚落滅頂，或者有田野與村落變成島嶼，之後緩緩消失。淹沒的土地如果位於淺水處，低潮時可能會重新出現。歐伯阿尼申（Oberahneschen）田野是一片泥灘，上面依然可見十四世紀的犁溝，而一直到二十世紀，這片田野仍有痕跡提醒人們它曾經存在。[22]在普魯士統治時期，這裡是退潮時獵鴨的地方。

歐伯阿尼申田野是奧德森（Aldessen）的遺跡，這是曾經很大也很重要的一個教區，它在數百年間的命運說明了有關海水作用的其他一些事情：海水既給予，也奪取。海水最初在內陸鑿刻出水道時，奧德森因而受益，它的市集在一三〇〇年已蓬勃發展。但是後來的洪水持續蠶食土地，直到一五一一年的水災過後，只剩下一連串島嶼。[23]那時發生的事情只是許多相似的例子之一，那就是在過了某個點以後，居民便接受了看似無可避免的命運，努力挽救還能挽救的，因而加速了像奧德森這樣的教區消失。當一個城鎮或村落不可能在周圍重建堤防後，它們的處境變得無望，於是就被「排除在堤外」，遺留在新建起的保護牆之外。尚存的建築被拆毀，為新的堤防提供建材；教堂的珍寶被出售以支付花費。這一切帶著無可否認的戲劇性，只是戲通常拖得太長而讓人痛苦。村落有時會在恐怖的一天或一夕之內消失，但這個過程更常是緩慢而無可抵擋的。一個世紀以前，最早嚴肅探討雅德灣的水文與其消失聚落的歷史學

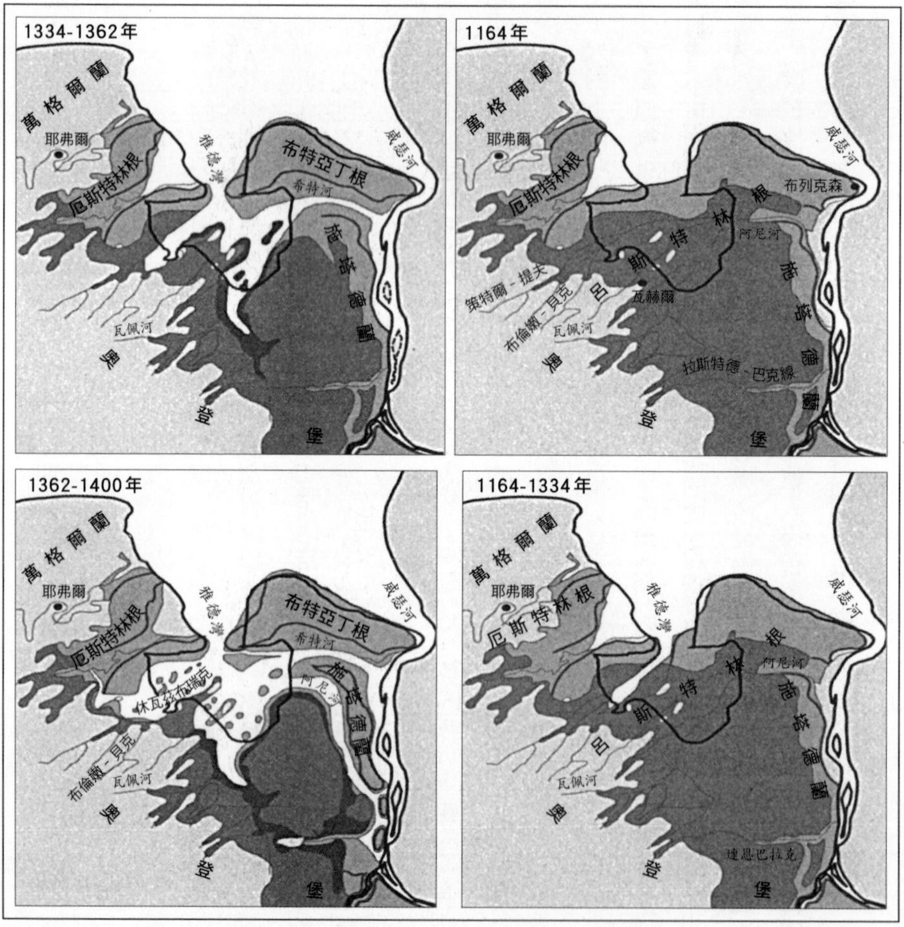

一一六四至一八五〇年雅德灣的形成

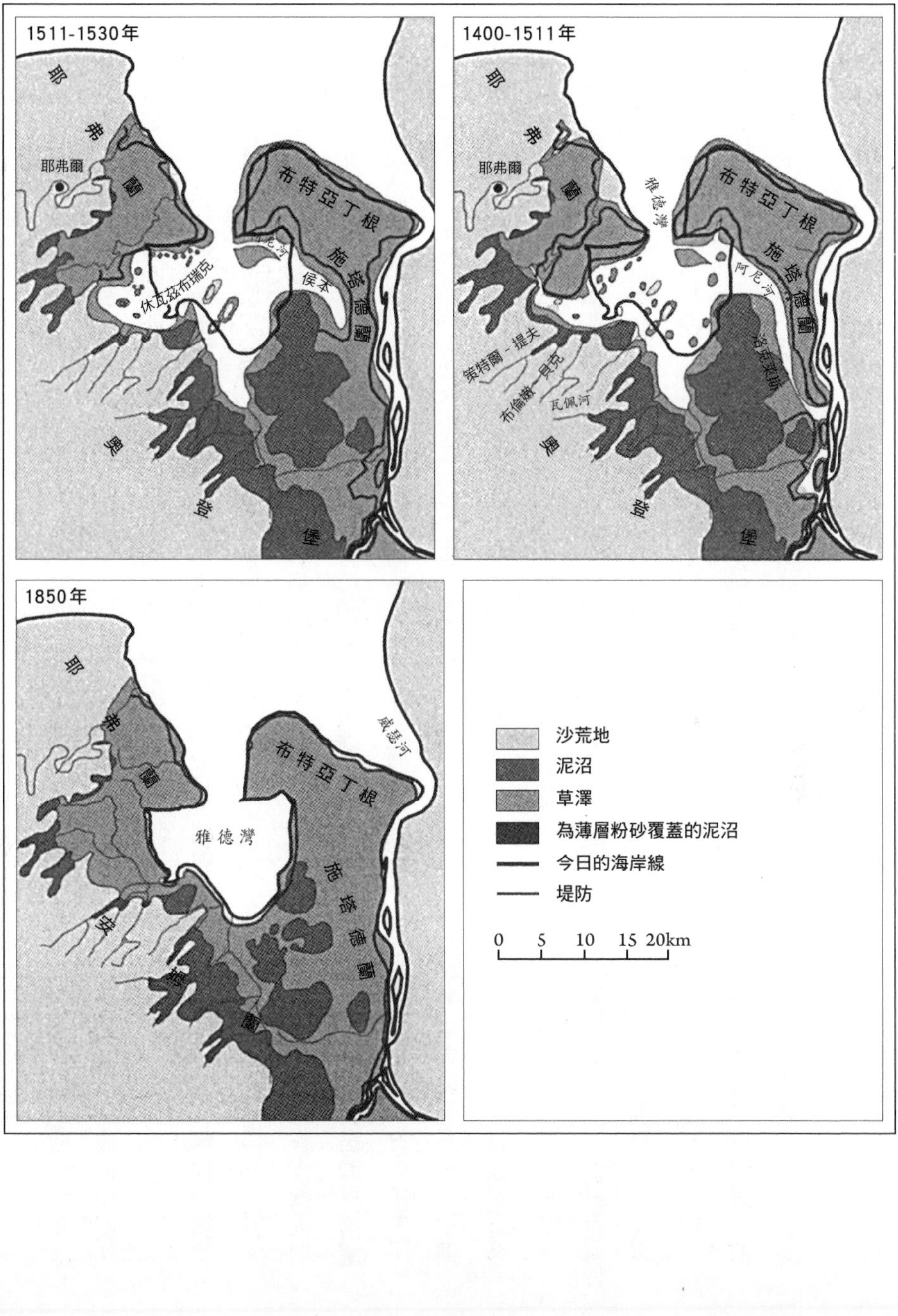
1511-1530年
耶弗蘭
耶弗爾
布特亞丁根
施塔德蘭
休瓦茲布瑞克
侯本
奧登堡
1400-1511年
耶弗蘭
耶弗爾
雅德灣
布特亞丁根
施塔德蘭
阿尼河
洛克萊斯
策特爾－提夫
布倫嫩－貝克
瓦佩河
奧登堡
1850年
耶弗蘭
布特亞丁根
施塔德蘭
雅德灣
威瑟河
沙荒地
泥沼
草澤
為薄層粉砂覆蓋的泥沼
今日的海岸線
堤防
0 5 10 15 20km

者之一在提到史冊裡記載的代表性洪災時寫道，這些是「很有修辭效果的標題」。[24]這位名為賽羅（Georg Sello）的歷史學者說得對。即使重大洪災啟動了一些決定性的改變，這些改變也往往在後來才展現出來，在人類已經因為災害而精疲力竭、無力修復堤防並收復失土的那些年間。

然而，不管如何，中世紀晚期幾百年所形成的雅德灣，大致上已與普魯士人在一八五〇年代所眺望的雅德灣相同。不管他們望向何處，在水面下都靜臥著失落的村莊，正如上萊茵河地區那些淹沒的村落。在海軍眼中如此吸引人的深水航道中，靜躺著胡門斯村（Humens）；在其西南，正對著後來新港灣入口的，是道恩斯（Dauens）；海灣另一端，在炮兵連預定使用地下方，則是曾經組成奧德森教區的村落遺跡。[25]正如萊茵河淹沒的村落，以及在海岸其他地方消失在北海底下的著名城鎮（盧恩霍特〔Rungholt〕，維內塔〔Vineta〕），雅德灣的失落聚落也留下豐富的傳說。[26]班特（Bant）的教區教堂毀於一五一一年洪災，謠傳每當新災難即將降臨時，教堂的一具大鐘就會響起，警告村民不要輕忽築堤工作。這正是許多傳說要傳達的訊息：洪水是一種道德審判，一個村落因為太富裕或太大意而沒有維持對海洋的警戒時，就會遭到報應。還有一類傳說是關於洪水創造的深邃洞穴（Kolke），據說這些洞穴需要固定的人類獻祭。在其他故事中，是堤防本身需要一頭牲口或人類做為犧牲，以安撫憤怒的水流。有一則故事裡，一個聾啞的小孩被母親賣掉，為挽救斯坦豪瑟西爾（Steinhausersiel）的堤防而被犧牲。小孩恢復了聲音，大喊：「母親的心比石頭還硬。」[27]在舊堤防出土的人類與犬類骨骼考古證據顯示，傳說可能有事實根據，但很難完全確定：重大水災之後尋獲的浮腫屍體總要葬在某處，而未決堤的堤防底部往往是附近唯一乾燥的土地。[28]

所有的傳說都有一個共通處，面對危險、惡意的大海，人類有一種強烈感覺，那就是永無止盡的掙扎。正如「扯動鎖鏈」的德國河流，北海也是擬人化的敵人，名叫「拉斯摩斯」（Rasmus）與「閃亮漢斯」（Shiny Hans）。維護堤防成為生命決定性的條件，是一種實質需求，同時充滿道德的急迫性。有一道嚴厲的命令是這麼說的：誰不願築堤，就得讓開。[29]與海洋永遠的鬥爭，為史篤姆（Theodor Storm）一八八八年的傑作《白馬騎士》（*Der Schimmelreiter*）提供了故事背景，這個中篇小說描寫海克．豪因（Haike Hauen）面對自私與冷漠的居民仍努力保存堤防的英勇事蹟，最後他因此犧牲了生命。[30]（在古廷的小說中，萊梅爾斯海姆村的英雄路德．洛希最後也遭遇相似的命運，在他身上有海克．豪因的影子。）現代文獻提及海岸防禦以及必須對海洋造成自然災害的威脅保持警戒時，總不只帶著一點描寫英雄事蹟的口吻，還夾雜著對最新技術的驕傲。[31]

洪水帶來災害，這點不需要太多論證。洪水是不是自然發生的，則是比較複雜的問題。在許多方面，海岸淹水幾乎是不可能再更自然的事了，這是風、潮汐與變動海平面的產物。破壞力最大的「暴洪」（storm floods），數百年間都發生在十一月到二月間，這有氣象學上的原因。北海南岸比波羅的海沿岸或北海東岸容易發生水災，是因為這裡的低水位和高水位之間的潮差比較大。[32]紀錄顯示，海平面在數百年來持續波動，威脅著沿岸聚落，而且原因與人類活動無關。主動因素是上升的海面，而非如以前所想的「下沉海岸」。[33]但人類也在無意間造就了自己面臨的問題。最早移居圓丘聚落的人接受了洪水固定發生的事實，並且對於沖刷到四周海岸沼澤上的泥濘營養物善加利用，他們的聚落與土地再造前的奧得沼澤聚落很相似。後來，他們也造了夏季堤防，以擴大保護可供農耕使用的土地，但這些堤防仍舊不能抵禦冬季暴洪。直到夏季堤防改建為固定的全年堤防後，才改變了這個狀況。從那時起，任何沒有築堤的沿岸地帶，都可預期會受到更多洪水衝擊，因此，堤防一道道連接起來，直到十三世紀在菲士蘭沼澤周圍形成了一圈「金環」。現在，洪水不再溢流到潮間帶泥灘後方水深幾英寸的沼澤上，而是在堤防後方累積並衝擊堤防，形成了那個熟悉的景象：憤怒而咆哮的海洋。土造的堤防很脆弱，尤其在流行病或戰爭導致無法固定維修的期間——十四世紀就發生這樣的情況，黑死病與呂斯特林根的內部政治衝突同時發生。[34] 如果堤防崩潰而海水決堤而入，大水會流入辛苦排乾的海埔新生地。這些地方面臨的風險特別高，因為土地變乾的同時也縮小了。由於沒有新的泥土沉積，這些地方往往沉降至低於海平面的高度。洪水穿過決堤的堤防形成一股強大的水道，流到好幾百年來沒有流至的地方，更往內陸，到了沙荒地與矮叢沼地。在泥炭被挖掘過（也會導致土地沉降）的地方，泥炭沼因為與海埔新生地相同的原因而容易淹水[35]，這就是為什麼會出現「游動的泥炭沼」，這些泥炭沼脫離了土地在水上漂浮，還帶著上面的樹木與灌叢，那景象讓人惶惶不安，也為許多驚訝的目擊者記錄下來。[36]

人類憑藉巧思創意，在曾經介於水陸間的地區劃出了清晰的界線，結果是每一次洪水都造成問題，而重大洪水則帶來重大災禍。被堤防攔阻的海水威力，加上堤防後方縮小的海埔新生地，讓海水一旦決堤就會迅速往內陸推進。須德海、多拉特灣和雅德灣都在全面築堤後的最初幾個世紀形成，絕非意外。雅德灣的面積從未超過一五一一年聖安東尼水災後那幾年間的面積。其後發生的事情是在海岸各處上演的歷程的一部分，從低地國家到什列斯維希都如此。數百年間，海洋被逼退，土地獲得新生，堤防的設計與材料改良了。戰爭與疾病造成的人命損失減少後，例行的修復與維護工作變得更有效。[37] 政治環境也改變了。崛起中的領土國家亟欲取得新土地，如霍亨索倫王朝在布蘭登堡與其東邊的沼澤進行大規模的土地再造。這些元素都在雅德灣上演，雅德灣因此慢慢縮小，並且在十九世紀時已經形成圓弧形而對稱的輪廓。先前洪水鑿切出的入侵水道深邃而呈鋸齒狀，堤防橫跨這些水道築起，土地上的水也逐漸排乾，這樣的情況就發生在雅德灣西側、靠近後來威廉港的黑水河（Black Water）*。[38]土地再造也有高低起伏。如果開疆拓土的野心啟動了新的再造計畫，這些計畫有可能因為統治者之間的紛爭而被破壞。奧登堡伯爵與東菲士蘭伯爵為了在黑水河築堤而打的漫長官司只是一個例子。[39]土地再造的步伐於十七世紀加快後，農民、堤防組織與領土王公為了費用與責任而屢起爭執。（「沼澤居民之間總有因為堤防而起的衝突，」薩克斯比〔Peter Saxby〕在一六三七年寫道。[40]）打斷築堤工程的甚至包括早期的勞工行動，這種行動只見於北部海岸，稱為Lawai，也就是新出現的按工計酬工人被大型或急迫的工程徵召後發起的野貓罷工（wildcat strike）**。[41]最急迫的工程出現在新的洪災之後。這些洪水往往在所經之處留下毀損的堤防、屍體、淹死的動物、毀壞的土地和無望的感覺，也因為在物質痛苦上又加上相互指責，讓一切既有的社會衝突更加尖銳。[42]

從十六世紀到十九世紀，洪水持續在土地再造的過程中施加反向力道，其中以四次重大水災最為突出。一五七〇年的萬聖節水災重創了從加萊（Calais）到斯堪地那維亞的沿岸地區，奪走數千條生命。黑本斯與諾伊恩德教區，也就是後來的普魯士海軍基地建址，有一百四十七人死亡。[43]下一場大水災發

*譯注：河水流經沼澤區，帶有大量腐植質而呈深色，因而稱為黑水河。
**譯注：野貓罷工：指沒有工會組織的罷工。

生在一六三四年，不過，雅德灣周圍海岸受到較直接的衝擊是在十七年後的聖彼得水災。[44]這兩次水災與一七一七年的聖誕節水災相比都是小巫見大巫，聖誕節水災至今仍是北海沿岸有史以來最毀滅性的暴洪之一。大水在十四天後終於退去時，沼澤上遍布人類與動物屍體。許多家庭為了不在洪水中分散而以繩子將身體綁在一起，死後依然綁在一起。屍體被沖入溝渠或是堆積在洪水把他們留下的地方，在一座橋梁的底部就堆積了三十具屍體，有些遭到狗或其他動物咬嚙。迪約克（Iffe Diercks）沒有讓他的太太遭受這樣的命運。迪約克夫婦爬上一棵蘋果樹，躲開了大水，但是迪約克太太在幾個小時後因為寒冷而死。迪約克先生把她的頭髮鬆開，再用頭髮把她綁在樹上，讓她之後可以被好好安葬。迪約克自己在三天後獲救，生存的代價是因為凍瘡而失去了所有腳趾。[45]聖誕節水災總計奪取了大約九千條人命，而數字會這麼高，有一部分是因為在較高的堤防後面，居民的安全感變高了。在雅德灣兩側的耶弗蘭與布特亞丁根（Butjadingen），有一些教區百分之八十的居民都殞命了。黑本斯與諾伊恩德有超過四百人死亡，鄰近的克尼普豪森（Kniphausen）有三七五人死亡。這場大災難對整個地區的人口都有長遠影響。死亡的家畜超過六萬頭。[46]一七一七年聖誕節的「恐怖與膽寒之夜」，成了每一次現代水災的衡量尺度。

以高水位衡量，一八二五年的二月水災超越了聖誕節水災，雖然近八百人和四萬五千隻動物的死亡數字並沒有超越聖誕節水災。這次水災再度讓居民措手不及。經歷多雨又狂風吹襲的晚秋後，那年冬天原本平淡無事，直到一場風暴自二月三日起開始襲擊海岸。一如一七一七年的水災，洪水在大約午夜襲來，把居民困在床上。二月三日晚上，教堂的鐘聲徹夜作響，隨著海水從堤防的洞口灌入，居民爬到最高的屋頂上，有些屋頂上聚集了多達五十人。一名目擊者描述大水退去後所露出的景象是「豐碩綠色田野中的一片荒漠」，從海岸到內陸兩小時路程的範圍內，全是一片沙土和礫石的荒原。被扯下的大片泥炭沼澤在這片荒原上聳立六英尺（近二公尺），一如沙漠上的岩石露頭。[47]

水災造成的巨大損失和新的支出，對海岸沼澤區的人口產生一個重大的社會影響。水災淘汰了經濟弱勢的小農民，他們失去土地後成為農業勞工或遷移至他處，這使得一個富裕務農菁英階層得以成形。雅德灣西岸的土地落入富裕的家族手中：黑本斯的厄普斯（Irps）、哈肯斯（Harkens）、格德斯（Gerdes）與穆勒（Müller）家族，諾伊恩德的安德烈（Andreae）與格默斯（Gummels）家族。與他們一起躍升至社會金字塔頂端的還有將收益投資於土地的商人，這些商人來自附近城鎮如馬里恩西爾（Mariensiel）與呂斯特西爾（Rüstersiel）。這些城鎮成長於巨大水閘周圍，而這些水閘是在將沼澤與泥沼排乾後所興築，以限制通往海洋之路，接著，這些地方又發展成為港口與貿易中心。[48]

一八五三年成為普魯士領土的土地，就是為這些人所有。一八五五年一張主要地主的團體照中，這些男人穿著燕尾服，看來富裕而安穩——事實上，他們與十九世紀中期奧得沼澤那些富裕的農民看來出奇相似。[49]在一八五五年，他們有充分理由看起來志得意滿，因為他們剛獲得普魯士政府給予的優渥條件。普魯士海軍部透過奧登堡當地的一名律師呂德（Maximilian Heinrich Rüder）購買需要的土地。（呂德和克斯特一樣，也是曾參與法蘭克福國民議會的自由派。）海軍部相當明智地要他在協約還沒有公布之前（一八五三到一八五四年冬天）就展開工作，以抑制會炒高地價的土地投機行為。呂德以自己為人頭買了最初的幾塊土地，但是取得土地所有權還是花了與購買主權相當的費用。建設工程還沒破土，普魯士就已經在雅德灣投入了一百萬塔勒銀幣。[50]

最先想到利用雅德灣來做港口的人，既不是一八四八年充滿國族熱情的德意志國會議員，也不是一八五〇年代的普魯士人。其他人也有過同樣的想法，可以一路回溯到三十年戰爭期間的曼斯菲爾德伯爵（Count Mansfeld）。事實上，當時還是奧登堡公爵的丹麥國王克里斯蒂安五世（Christian V），在一六八一年已經在雅德灣南側的瓦赫爾（Varel）附近著手建造港口了，但是技術問題始終難以克服，經過十二年時間與鉅資投入後，克里斯蒂安堡最後被棄置了。已建起的一切再度被拆毀。在法國戰爭與拿破崙戰爭期間，雅德灣相繼捕捉了交戰雙方的目光。俄羅斯人在一七九五年勘測了黑本斯周圍的土地，但是建設費用讓他們卻步。法國人控制這片地區後，在雅德灣另一側的艾克沃登（Eckwarden）做了一些勘測工作，同時間，被強制徵召的兩百名勞工開始在黑本斯建立炮兵陣地。據稱拿破崙曾說雅德灣擁有「偉大的未來」，但他的計畫同樣無疾而終。[51]這些事件在一八五〇年代可能傳達了好壞參雜的訊息給普魯士。好消息是這些事件證實了雅德灣是理想的地點；壞消息是技術與財務要求把所有人都嚇跑了。熱衷於建立德國海軍的人士喜歡指出偉大的拿破崙對雅德灣展現的熱情，但連他們都坦承港口設施是「吞噬金錢的深淵」，法國人在榭堡（Cherbourg）開港耗費了五十六年、斥資二千八百萬法郎，已經充分證明了這點。[52]

一八六八年九月，也就是威廉港鎮正式命名的一年前，一個新的地方報出現了。第一期《黑本斯新聞》（*Heppenser Nachrichten*）刊登了一首詩，詩人波佩（Franz Poppe）以海水侵蝕雅德灣畔土地的黯淡場景開始，但之後轉換到截然不同的調性：[53]

而你，黑本斯，本來也會隨著
你的草原和你的牧草地消失，
被海洋奔騰的怒氣摧毀，
要不是有一個英雄崛起，一名救世主。
這個年少的巨人燃燒著行動的欲望，
它是普魯士，聳立在德意志土地上。
有一天我們的艦隊會在這裡尋得庇護，
所以前進吧，讓我們建起一座港口。

這很像侯爾對奧得河沼澤排水工程的禮讚，而兩個相隔一世紀的計畫之間也有相似處。威廉港是霍亨索倫王朝意志的展現，是「一聲令下建起的城鎮」。而正如對奧得布魯赫的「征服」，雅德灣畔港口與城鎮的建造在事後被賦予英雄色彩，因為過程中經歷了與自然如此艱辛的對抗。要「從泥沼與草澤中變出一座城鎮」並不容易。[54]

問題從規畫階段就出現了。漢堡與倫敦兩位著名港口設計師的提案，都被普魯士海軍部視為難以實行（倫岱爾爵士〔Sir John Rendell〕的提案造價貴得離譜），他們最後採用了自行設計的計畫。長期的人事問題接著導致工程遲遲難以展開。兩年內，當地行政單位的第一任首長與先後兩任港口施工總監來了又走。[55]要吸引文官到雅德灣任職並把他們留在那裡很難，原因之一是這個地區與世隔絕，而且完全符合其多雨、多風以及多泥的名聲（這裡很快被戲稱為「泥巴鎮」）。[56]即使是無可選擇的軍官也視派駐到這裡為某種形式的放逐，他們的太太更不樂意來此。海軍軍官夫人露易絲・克隆（Louise von Krohn）一八五九年抵達，住進一座潮溼漏水的農舍裡，後來她針對「早期那些苦日子」寫了回憶錄。[57]她認為自己有責任安慰其他處境相似的人，比如「葛瑞特」，這位年輕軍官的太太被臉色蒼白的先生告知，她必須離開位在柏林選帝侯大道（Kurfürstendamm）的高雅公寓，搬到多沼澤又熱病盛行的雅德灣——這個前景「可怕到她幾乎無法理解」。[58]若單以其名聲而論，雅德灣簡直和位於遙遠北美洲的哈德遜灣沒有兩樣。

讓港口施工總監克里斯提安森（Christiansen）與沃鮑姆（Wallbaum）尋求提早調職的，不只是雅德灣的名聲或艱苦條件，他們面臨了以前從未碰過的問題，這些問題也持續困擾他們的繼任者古克（Heinrich Göker）。問題之一是隔絕的狀態。未來的威廉港就像「與世界斷了聯繫的孤島」，[59]信件寄到柏林需要四到五天。首要工作之一就是修築一條通往內陸的西向道路，聯絡最近的主要公路。即使有了道路，旅程還是漫長而艱辛。普魯士與奧登堡對路線與費用分攤的爭議，延宕了鐵路的建造。漢諾威的蓄意破壞更是如此。這種邦國間的瑣屑爭吵——當時人稱之為Kleinstaaterei（小國林立）*——在德意志統一前那些年間非常典型且時常可見。事實上，正是這種本位主義強化了自由民族主義——儘管它最後也讓許多自由民族主義者受到普魯士吸引，因為普魯士顯然是最有活力的德意志邦國，也最有可能帶來某種形式的德意志統一。

鐵路遲至一八六七年才建立。在此之前，早期多數的建材與其他補給品必須以船運送達，這讓建築工人在向海側的工事面臨了問題。普魯士人抵達後，很快就碰上了一八五五年的新年洪災，這次的水位是十九世紀第二高，僅次於一八二五年洪災；其後，水災又在一八五八年二月與一八六〇年一月接踵而來。這些水災嚴重延誤了第一階段的建設。大水沖走樁基，削弱了未來海港周圍新建的堤防，也阻礙了卸貨碼頭的建造。有時海浪會淹上建築工地，沖走建材。最揮之不去而打擊士氣的問題與圍堰有關，這個圍堰要保護未來主要海港入口的建址。這是當地官員永遠的「問題兒童」。[60] 圍堰以平行樁基中間填土的方式建造，但是因為被船蛆蛤** 蛀蝕而在一八六〇年的暴風雨中倒塌。建築工作在重建的屏障物後方重新開始，這道屏障又有一部分被海流帶走，對海運造成危險。海軍部的一名官員後來曾凝重地提到「與北海洪災的持久對抗」。[61]

對海港未來至關重要的深水航道引發了更多擔憂。荷蘭與菲士蘭沿岸的其他海灣，因為海流把沙土和泥巴從西帶到東，因而隨著時間自然淤積。對普魯士海軍部而言，一八五五年的水災來得格外不是時候，因為洪水重擊了離岸島嶼汪格羅格（Wangerooge），使島民外逃至本土，並且讓島嶼西端沉積至北海，有一部分落入了雅德灣。奧登堡大公在海灣南部和東部規劃了更多的海埔新生地，又造成第二個問題，因為可能會讓沖洗海灣的潮汐流減弱，此潮汐流亦可使深水航道保持暢通。從想要測量可靠水深有多困難就可得知，航道深度並不穩定。[62]

早期的挫折、緩慢的建設步調、淤積的長期威脅和持續增加的成本，這一切都確保了海港計畫必遭

*譯注：Kleinstaaterei 是帶有貶義的德文用語，主要指當時德意志與鄰近地區小邦的割據狀態，也擴大指小國利己心態。

**譯注：船蛆蛤，又名鑿船蟲、船食蟲，是雙殼綱的一種海洋動物，經常鑽進浸在海水裡的木頭，因此有著「海裡的白蟻」的外號。

批評。這與腓特烈大帝有些官員對他殖民計畫的牢騷不同，而比較像圖拉在巴登國會遇到的反對勢力，巴登國會是一八四八年以前全德意志地區最具自由主義傾向與坦率直言的國會之一。事實上，雅德灣在普魯士被視為支出的「無底」洞，遭受的批評之尖銳遠超過圖拉所曾面對。這是因為建設計畫正與普魯士自由主義政治的復興同時發生，這個勢力從一八五〇年代晚期開始重新擡頭，並以一八六一年進步黨（Progressive Party）的成立為高點，而起因是國王與國會間針對一項新軍事法案的重大衝突。這次「憲政衝突」導致威廉一世考慮遜位，也是讓俾斯麥取得權力的事件。

在這段情勢緊繃的時間，海港計畫的未來似乎岌岌可危，因為除了政壇與媒體中的批評者之外，政府內也有人質疑。[63]即使普魯士贏得了與丹麥和奧地利的戰爭，正為德意志統一奠定基礎時，批評的聲浪也從未停過。一八六四年，一名普魯士國會議員提出了淤積問題。他說「大自然」在雅德灣「製造的障礙」，是當地政府無力應對的，因為他們受到一八五三年的協約限制。事實上，協約在同年經過重新協商以擴大普魯士在當地的據點，而淤積問題也獲得處理：普魯士接下了保護汪格羅格島的責任，並說服奧登堡大公停止在海灣的土地再造工作。工作步調加快了，尤其在一八六四年與丹麥的戰爭之後。但是，反對勢力並未止息。一八六八年財務支持暫停後，導致大量建設工人遭解雇。[64]

那時，雅德灣聚集了大隊工人，人數在一八六一年超過一千，一八六四年達到二千，到了一八六八年八月、也就是四個月的停工期即將發生前，工人人數已經到達二千五百人。建設工作在次年重新展開時，這個數字成長到將近五千，此後都不會再超過這個人數。到一八六九年進行港口設施的最後工作時，半數工人是技術純熟的工匠。[65]但是在最後幾年以前，體力勞工占了絕大多數（工匠在一八六四年以前甚至未列入計算），是這些人讓雅德灣有了粗獷邊疆聚落的名聲。這裡在不同的回憶錄中一再被拿來與加州的淘金熱城鎮相比，是吸引懷抱希望與走投無路之人的「小美國」。[66]這一點在一八五〇年代與六〇年代並未讓這個地區特別突出。薩爾蘭德（Saarland）煤田在那些年間雜亂無章的快速成長，讓這裡有了「黑色加州」的稱號（黑色代表煤礦）；成長更快的魯爾則是德意志的「西部荒野」。[67]這些地方與雅德灣的差異在於，建造港口的勞動力是臨時性的。這一點，加上這裡的地貌所形成的特殊困難，說明了為什麼這裡的生活條件比蓬勃發展的煤田還差。

這裡的建築工人都是打零工的，有些是當地人，包括季節性農工和可能先前受雇建造堤防的人；其他人則來自普魯士東部，包括波蘭人和立陶宛人。許多外來者屬於從一個大工程移動到下一個大工程、四處為家的勞動大軍，除了一把鏟子和一雙過膝的靴子之外，身無恆產。他們可能前一天為一條鐵路或運河挖土，隔天就幫一座港口挖土。對多數工人而言，艱苦的勞動和漫長的工時（夏天時從破曉到黃昏，中午吃飯一小時）都不會是新鮮事。[68]但是雅德灣的實體環境特別嚴酷。海港入口、通往主要設施的航道和碼頭本身——全靠徒手挖掘。需要被挖掘出來的土石不可能再更難挖了。海港入口都是泥灘。往內陸去，建址位在平時高水位線以下約二英尺（〇・六公尺），而從地面往下有好幾英尺的黏土、大約一英尺（〇・三公尺）的泥炭、五英尺（一・五公尺）混雜著蘆葦的泥巴，最後是砂土。[69]這些全都必須鏟入手推車中，經過木板道運至傾倒場，用於將之後的城鎮墊高。這群男子就像成單路縱隊行軍的士兵，推著手推車行經木板道，一邊唱歌保持步伐一致，直到有手推車滑行偏離了路線，陷入泥巴裡，整個隊伍因而停擺。一直到最後，這個工作才由在軌道上運行的機械傾倒車取代，這些卡車稱為「狗」（柏林曾有官僚問：「狗是誰餵的？」)。[70]

因為當地地形的關係，建造每一個新的堤防、閘門、乾船塢或突堤都需要先將基樁打入地面。與前例一樣，一直到一八六〇年代中期，最艱苦的工作大多已完成後，蒸氣驅動的機械打樁機才出現在這裡。最初的「泥巴帝王」(monarchs of the mud)是憑著雙手將基樁敲入地面的。威廉港的建造方式，與建造威尼斯和阿姆斯特丹的方式一樣，也與早它一五〇年的聖彼得堡建造的方式一樣。聖彼得堡同樣是政治意志的展現，以高昂的人力代價在泥濘的河流三角洲建立起來。把兩者相比，也是在辨明兩者間的差異。彼得大帝的「歐洲之窗」造成了一萬條人命損失，普魯士在雅德灣的野心造成的損失相對較少。根據官方統計紀錄——雖然可能低報了——共有二四七名建築工人在一八五七至七二年間死亡。[71] 超過十分之一的死亡原因是意外；還有幾乎十分之一的死亡歸因於自殺或酒精；剩下的死亡原因都是疾病，尤其是肺結核、肋膜炎與肺炎等呼吸道疾病。這些疾病和流行性感冒是這個時期德意志各地工人的頭號殺手，它們的受害者早已因為體力耗竭與不健康的生活條件而身體虛弱。雅德灣的工人在一貫潮溼的環境中工作，住在擁擠的工寮裡，飲食不佳，又為了抵禦寒冷而飲酒，患病與死亡率都很高，並不讓人意外。[72]

此外還有瘧疾——稱為「沼澤熱」或「發冷熱」。瘧疾在周圍的沼澤盛行，而建設工作形成的無數滯水池為瘧蚊提供了最好的滋生地。[73] 瘧疾與泥巴一樣，純粹是日常生活的一部分。二十世紀初期有位醫生仍在努力消除這種疾病，提供他資訊的人還記得一八六〇年代「幾乎沒有人逃得過瘧疾」。[74] 瘧疾造成的死亡率很低，雅德灣有更多工人死於斑疹傷寒，但是感染瘧疾的人出奇得多，而患者會對其他疾病變得較無抵抗力。總計有紀錄的病例將近一萬八千例，而且數字總是在夏季月分達到高峰。一八六八年八月，百分之三十的勞工染病；次月有百分之三十六、超過一千名工人染病。[75]瘧疾無可避免的存在深刻地印在後來回憶錄作者們的腦海中。[76]這是上層階級居民與勞工大軍少有的共同經驗。對克隆夫人而言，瘧疾是生命的「災禍」之一，她與她的女傭和先生都曾染病。奎寧可以暫時退燒，但無法根治發燒，朱里烏斯・克隆（Julius von Krohn）持續多年為瘧疾復發所苦。[77]

瘧疾並非早年為數不多的軍官、官員與商人階層所面臨的唯一考驗。[78]當然，他們面對的艱苦無法與建築工人相比，他們毋須從事勞苦的體力活兒，飲食比較好，也住在最早的永久性房屋裡（克隆夫婦在一八六四年從漏水的農舍遷入了新建的曼圖埃佛路上的一棟房子），但是生活條件依然艱困。普魯士官方收到許多申訴，是有關建築工地飛來的沙，飛沙跑到眼睛裡、衣服上，透過窗框飛入屋裡，堆積在家具上。短期解決方式是在沙土上面撒泥巴，再把稻草丟在泥巴上。[79]但泥巴往往是問題而不是答案。泥巴好像無所不在，尤其是平均兩天一次的下雨之後。無論什麼場合大家都穿高筒靴——上教堂時穿、官員迎接固定造訪的阿達爾貝特王子時穿、行經木板道前往「休閒小酒館」參加舞會的一家人也穿。[80]帶來泥巴的不只是雨。當地地下水位本來就高（有時棺材會在墓穴裡浮沉），而建築工程又破壞了當地的排水溝，造成街道與住宅淹水。固定人口在一八六〇年代緩慢成長，到一八六〇年代末達到三千人，而建築工人有四千名，新的房舍也在從前的浸水草地和沼澤地建起。隨著人口成長，相關的問題隨之浮現，土地下沉是可預料的結果。[81]

《古舟子詠》*中的老水手必然能體會的矛盾是，雖然太多水造成問題叢生，飲用水的缺乏卻是重大

*譯注：《古舟子詠》（*The Rime of the Ancient Mariner*），或譯《老水手謠》，是英國詩人柯立芝（Samuel Taylor Coleridge）的著名敘事詩。

問題。這似乎是先天不良的地質條件加上人力無能的結果。一八六二年與一八六四年所鑿的自流井成果各異。尋水者*被找來，但是徒勞無功。直到一八七七年，當地城鎮才終於有了來自超過六英里（大約十公里）外的沙荒地的充足供水，在此以前，飲用水一直不足，水井遠不足以滿足需求。早上四點起就有人在為數不多的給水管前排隊，男人在前，女人在後。居民也從當地第一個監獄附近的集水洞取水，試著忽視偶爾在裡面出現的死狗或死貓，或者從工人清洗泥濘靴子的水溝裡取水。乾旱期間（即使在這個灰暗多雨的地方也是有的），水必須用船從不來梅運來，再以桶子分裝至每戶人家。[82]新聚落的生活供給還有其他不足之處。消費品既少且貴。最初的協約只准許零售商為未來的海軍基地服務，並明文禁止在雅德灣建立城鎮。但是這座海港後來變得比原先構想中龐大，尤其在官方決定在碼頭之外加建一座造船廠之後，而固定人口也隨之成長。奧登堡在一八六四年取消了相關限制後，商店開始沿著新鋪設的街道林立，退伍軍人之女希旺豪瑟（Catharine Schwanhäuser）在她後來的記述中，細細記載了店家的名字。[83]但是在一八七〇年代以前，要取得基本物資以外的任何東西都必須專程到耶弗爾一趟，一去就是兩天一夜。

讀書會、玩惠斯特紙牌遊戲的夜晚，以及舞會所創造的社交氣氛，讓剛成形的城鎮的早期居民有了精神支柱。這些帶來文明感的小事情在流傳至今的回憶錄中被忠實記錄下來，但是這些回憶錄的作者似乎同樣樂於回顧艱苦的日子：他們面對風雨、泥巴、瘧疾和匱乏，終究熬過來了。他們用親切的語氣回憶以瀝青紙為屋頂，因為外觀慘澹而被稱為「灰驢」的小酒館兼商店。甚至對建築工人「放浪生活」的描繪，都帶著某種紆尊降貴的親切語氣——他們大量飲酒、賭博、打架，和在安德烈酒館喧鬧的跳舞

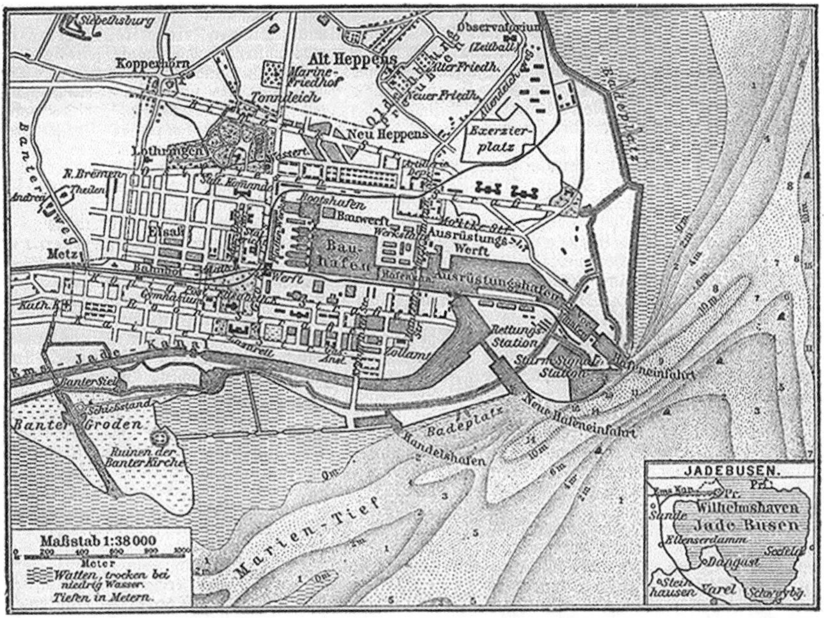

威廉港古地圖。一八八八年。© wikimedia commons

（但是提到風塵女子也在場時就不是這種語氣了）。[84]在平靜的生活中回想時，早期那些艱苦的日子成為地方上引以為豪的事情，是拓荒者堅忍精神的創世神話。

一八五四年，普魯士國旗在簡單的典禮中第一次在雅德灣升起，十五年後的啟用典禮則歡樂多了。那些年間，很多事都改變了。一八六六年普魯士戰勝奧地利（與多數其他德意志邦國），這對建立統一的「小德意志」（Lesser Germany）**而言是決定性的階段。這次勝利為一八六七年創建的北德意志邦聯（North German Confederation）奠下基礎，邦聯又是一八七一年成立德意志帝國（German Empire）的踏腳石。一八六九年六月十七日，很快將成為德意志皇帝的普魯士國王威廉一

*譯注：尋水者英文為dowser，以占卜術尋找地下水。

**譯注：小德意志是建立德意志民族國家的一個方案。

世，乘火車自奧登堡抵達雅德灣，隨行的有其他德意志邦國的統治家族代表，以及高階官員和部長，俾斯麥也在內。在場的還有總參謀部的成員，由毛克（Helmuth von Moltke）領軍。毛克自一八五七年起任總參謀長，身為策畫者的他強調戰略性運用鐵路，對於普魯士在一八六六年戰勝奧地利與其德意志邦的貢獻極大。

一行人穿過兩道特別打造、以雲杉裝飾的凱旋拱門走到港口，戰爭與海軍部長羅恩（Albrecht von Roon）簡短致詞，宣告了威廉一世為新城鎮選擇的名字。這時已經退休的蓋伯勒曾寫信給國王，提醒他阿達爾貝特王子希望城鎮能命名為海濱的佐倫（Zollern by the Sea），不過最後定名威廉港，以紀念威廉一世已故的兄長與前任國王，腓特烈．威廉四世（Frederick William IV）。國王接著登上英國米諾陶（Minotaur）巡防艦，這艘船艦由英國女王維多利亞派遣而來並停泊在海灣內以示尊敬，在國王登船後發射禮炮。接下來參觀港口設施後，威廉一世為新的駐防地教堂立下了奠基石。[85]不過，國王毋須看到太多真實。他造訪的時間經過仔細挑選，與正午滿潮同時，如此他尊貴的雙眼就不會看到大片泥灘。即使如此，一名退休的海軍官員在多年後寫道，當威廉一世為城鎮命名時，「他往四面八方看去的還是一片荒原。」一八六九年七月到訪的王儲腓特烈一定也有同樣的想法，據說他困惑地驚呼：「陛下在這兒啟用了什麼啊？」[86]

把這片荒原變成一座城鎮還要十年。威廉港在一八七三年成為普通的普魯士行政區，不再受海軍部管轄。但是有一個更重大的轉變正在發生。火車站已經成為真正的火車站，不再是由防水帆布蓋在木頭上的冒牌貨，像個巨大的帳篷或超前時代的概念藝術作品。[87]一八七〇年代，新德國到處都在狂熱建設，威廉港在這些年間獲得基礎建設，有了煤氣廠、用水管輸送的水、學校和政府建築，既有的少數幹道間鋪設了道路。在這個過程中，早期居民熟悉的地形消失了。集水洞和溪流被填起，海克舍牧牛場（Heikesche Cow Pasture）成為俾斯麥廣場（Bismarckplatz）和其周圍的住宅區。大量植樹和一座城鎮公園改造了實體地貌，正如合唱社團改造了社會樣貌。不過，昔日拓荒聚落的「文明化」有其黑暗一面。當地先天不良的排水因為建設工程而更為嚴重，依然造成許多問題。為了容納造船廠工人而在鎮內與鎮外「殖民區」快速建造的房屋，缺乏現代衛生設備。沿著這些地區分布的排水溝，水流停滯，加上過度開鑿，成為住家與人體廢棄物堆積的地方，造成嚴重的健康風險。瘧疾在二十世紀初期依然盛行，即使露易絲・馮・克隆堅稱這個疾病已經「消失了」。[88]

二十世紀初期的回憶錄作者急於為過去劃下句點，將泥巴與瘧疾歸於早先的年代。然而，認為威廉港在經過四十年後已成為一種有別於過去的異質象徵，並不是異想天開，也不純粹是地方愛國情操作祟。這裡不再是與世隔絕的放逐之地，反而吸引德意志各地工人來到它的造船廠。威廉港是一座「熔爐」的說法，是今天依然可見的陳腔濫調，而從一開始就把雅德灣比喻為美國淘金熱城鎮的並置比較，至此也完整了。最重要的是，海軍基地讓威廉港成為活力與現代的象徵。海軍基地是整個城鎮的中心，並且隨著統一後德國升高的海上與殖民野心而提高它的地位。船隻在備受歡迎與熱鬧的氣氛中抵達與離開，新船的入水典禮，決定了城鎮的生活節奏。這些事件讓居民在精神上與一個更大的世界連結起來。一八七八年，德意志著名的非洲探險家羅爾夫斯（Gerhard Rohlfs）在維多利亞飯店演講；一八八〇年代，最早的德意志帝國海外殖民地開始建立時，威廉港鎮主辦了一個盛大的藝術、工業品與園藝展，展品包括中國繪畫、象牙雕刻和熱帶鳥類，多數展品都由海軍人員提供。[89]

最能象徵威廉港在新德意志的地位的，莫過於威廉二世對它的關注，這名任意妄為又自戀的男子，在一八八八年距離他三十歲生日沒幾天時，成為德意志皇帝。甫登基三個月後，他就在一八八八年九月的海軍演習期間到訪，次年七月再度到訪。在後來多年間，只有姊妹港海軍基地基爾（Kiel）會這麼頻繁的獨受皇帝青睞。克隆夫人在威廉二世於一八八九年七月造訪時所記錄下的「狂熱興奮」，是德意志中產階級間常見的現象，並不獨屬於威廉港，不過這個城鎮與皇帝所追求的「世界政策」確實有特殊的利益相關。[90] 自從一八九八年開始建立新的德意志戰艦艦隊後，威廉港的造船廠就忙碌起來。海軍基地與城鎮都成長了。第三個海港的入口計畫在一八九七年擬定（這個計畫順道將一八五〇年代最早建造的一批建築摧毀殆盡），同一年，海軍元帥鐵必制（Admiral Tirpitz）也提出了第一項海軍法案。「我們的未來在水上，」皇帝威廉二世曾說，而威廉港的命運正與他這句夸言息息相關。[91]

相對於這片海岸漫長的人類聚落歷史而言，威廉二世、海軍聯盟（Navy League）與「海軍教授」熱切想像的未來，最後為時短暫。第一次世界大戰凸顯了德意志艦隊缺乏戰略價值，戰敗後，一九一八年十一月初在基爾與威廉港發生的水手叛變，引爆了一場革命。輪機銅匠暨上等水兵庫恩特（Bernhardt Kuhnt）成為壽命短暫的「奧登堡與東菲士蘭社會主義共和國」（Socialist Republic of Oldenburg and East Friesland）總統。[92] 高度依賴海軍基地的威廉港鎮，在一九二〇年代因為失去德國艦隊而受到嚴重衝擊，艦隊中大多數船隻都移交給戰勝國，也有很多在斯卡帕灣（Scapa Flow）被德國海軍自行鑿沉。儘管威廉鎮曾努力吸引其他工業（包括拆船業，一九二〇年代早期德國的拆船業領先全歐），但在一九二九年華爾街股災後的大蕭條來臨以前，這裡就流失了數以千計的造船廠工作。這讓威廉港鎮非常容易受到國家社會主義吸引，小企業和官員與失業造船工人都強烈支持這種思想。在一九三二年七月的國會選舉中，納粹在威廉港贏得幾乎半數選票（但是在城外無產階級集中區的比例沒有這麼高），遠超過他們在德意志全境的平均得票率。第三帝國帶來軍備重整，讓威廉港再度成為繁榮市鎮——在第二次世界大戰前夕，造船廠雇用的工人幾達三萬人。第三帝國卻也讓威廉港鎮在戰爭最後幾年的同盟國轟炸下幾乎全毀。普魯士買下在雅德灣的據點後不過九十年，這處海軍基地的歷史就走到了最末章。

殖民沼地

納粹於一九三三年掌權的前一年，奧登堡地區作家辛里希（August Hinrichs）回憶一八八〇年代昔日教室牆上掛的一幅地圖，地圖描繪了他居住的那片小宇宙，而他記得的是地圖上的顏色。最上面是北海的藍色；右手邊是雅德灣，形狀「像是火腿比較肥的那一邊」；然後是代表奧登堡與東菲士蘭半島上不同棲地和地貌的三種顏色：綠色是草本沼澤（marsh），黃色是沙荒地（geest），棕色是內陸的矮叢沼地（moorland）。[93]這些顏色在現代的地圖上仍相同，但是開墾與人類聚落區的拓展，改變了這些顏色的比例。辛里希指出了在他一生中看到的改變。事實上，這些改變甚至在更早以前就發生了，只是有時劇烈明顯，有時微小漸進。

若是一名旅人在一八七八年辛里希出生那年從威廉港啟程往西，他會看到這些改變。同一年，埃母河—雅德灣運河的工程展開，最後會取道奧立希（Aurich）將威廉港連結至恩登港（Emden），因此，聰明的旅人只需要循著工程師為新水道劃下的路線前進即可。[94] 旅程的第一段會穿越地圖上以綠色顯示的地區，這些是海岸沼澤，這裡的土地樣貌在此前數十年間變化最少，因為已經透過沿岸堤防與排水溝渠網絡經過大幅再造了。這片肥沃的耕地與牧草地為沼澤農民帶來財富，綠色無疑是最適切的顏色。經過大約十英里（十六公里）後，地勢微微上升（開鑿運河的人以建造一系列水閘解決這個問題），這是沙荒地（geest）的起點。geest本身的意思是「貧瘠」，這裡的土壤是沙土，而植被類似石楠荒原。穿越奧登堡—東菲士蘭半島的山脊有個較出名、地勢也較高的鄰近地形，也就是位於東邊的呂內堡石楠荒原（Lüneburg Heath）。這裡曾經是茂盛的林地，早自西元前三千年就為人類墾殖——這點可從考古發掘與花粉分析得知。但是多年的墾殖造成森林砍伐，中世紀農業帶來的破壞尤其嚴重。過度放牧，以及將最上層的草剝除以提供作物養分的做法，讓地表暴露於風中，使表土被吹走，露出底下的沙。沼澤農民變得富裕的那些年間，沙荒地為綿羊提供了放牧地，不適合耕種的土壤則僅能供小農靠著種植黑麥勉強維生，並以編織和製作木鞋補貼收入。到了十九世紀五〇年代以後，地貌再度經歷改變。這裡建起防風的樹籬，施用糞肥於土壤，並種下生長快速的松樹以固著飄移的土壤。今日沙荒地農地的典型樣貌已經開始成形了。[95]

沙荒地從距離海岸平原的六英里多一點後（約十公里）開始隆起，地貌再次改變。現在的地形是矮叢沼地。未來運河的路線貫穿「全然荒涼的矮叢沼」，這片地貌分布在半島上的奧立希與弗里德堡之間（Friedeburg），並往南又綿延五十英里（約八十公里）。[96] 這片遼闊的土地有一部分是低沼（low moor），

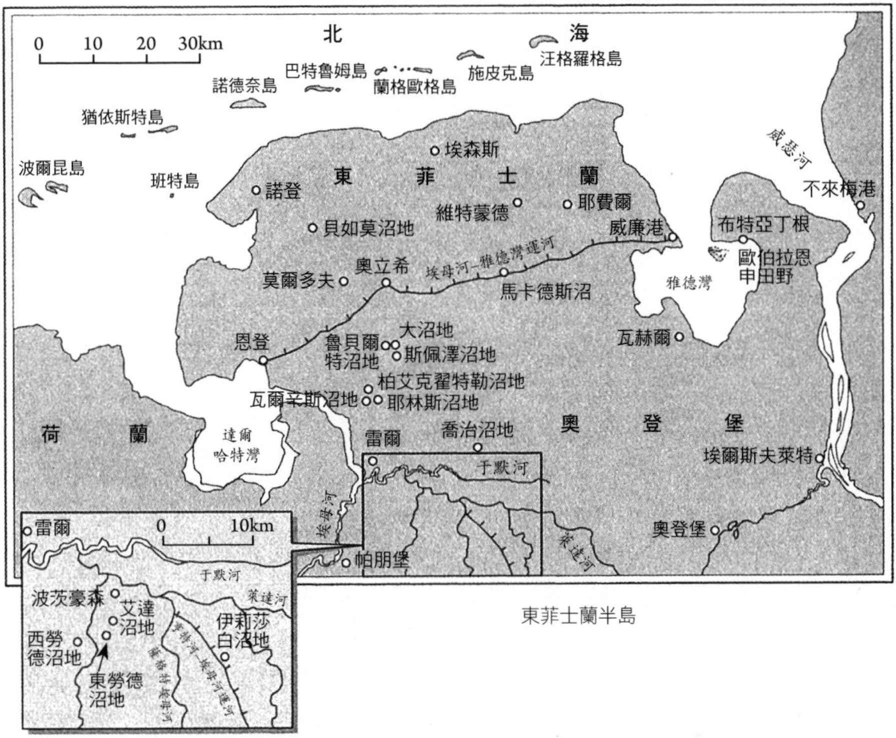

東菲士蘭半島

尤其在萊達河（Leda）與于默河（Jümme）河谷，在這些地方，河水逐漸變成了土地。低沼地與腓特烈大帝排乾的草本沼澤相似。另一方面，像奧立希與弗里德堡之間的高沼，位置遠高於地下水面，並且獨立生長，與地下水無關。發展出高沼地的是降雨多、蒸發低而排水差的地區，地表上有一層海綿般的苔蘚或泥炭蘚生長。當底部的蘚類死亡後，水會將之與氧氣隔離，導致無法完全分解，也沒有什麼細菌能幫助分解。長時間下來，地底下形成深色、酸性而浸水的泥炭沼（peat-bog）。經過數千年後，半島上仍在成長的沼地往往深達三十英尺（約九公尺）。[97]德國西北海岸的氣候與水文創造了沼地生長的理想條件。沼地覆蓋了四分之一的奧登堡與東菲士蘭，超過在德國任何其他地方。[98]

開鑿埃母河－雅德灣運河的數百名工人以波蘭人為主，這些工人一定會告訴我們，沼地是棘手難纏的危險地形。直到現代有了排水工程之前，穿越沼地很困難。而在高沼地，一直要到沿岸草澤和其他低地首度被成功排乾很久以後，能夠穿越沼地的時代才來臨。誠然，史前時代的證據顯示，曾有建於沼地上的木排路（corduroy road），這種道路以圓木橫向並置形成，不過最終還是被吞沒了。[99] 正如有時人也被吞沒了。穿越沼地不僅讓人覺得「神祕詭異」，如詩人德羅斯特－徽爾斯霍夫（Annette Droste-Hülshoff）所寫，也會威脅生命。來自不來梅的新教牧師烏內特（Johann Wilhelm Hönert）曾在十八世紀晚期警告，沼地如果不是「完全無法穿越，就是只能冒著困難和危險而進入。」路徑若要終年可通行，必須以梢捆仔細鋪設（烏內特將此比為建造堤防）並且用「一隻鞋高」的沙子覆蓋。[100] 但即使在十九世紀，旅人若是離開安全的地面，還是會被吸入泥炭沼澤，消失無蹤。[101] 事實上，在十九世紀以前，很少有旅人會像德羅斯特－徽爾斯霍夫一樣，為了愉悅或出於好奇而選擇穿越泥沼。沼地是荒原，貧瘠而危險，多變的表面上有叢生的草，矮小的羊齒植物，偶爾有發育不良的樺樹和沒有魚的一池池黑水，這裡可以聽到來自地底的「沼地雷聲」。[102] 十九世紀晚期誕生的現代沼地考古已經揭露出許多早期聚落保存良好的痕跡，但這些聚落要不是位在曾經處於低沼地下方的湖畔，就是位在高沼地的邊緣。[103] 在好幾個世紀期間，奧登堡與東菲士蘭半島的居民從乾燥的土地前往沼地取用泥炭為燃料時，總是抱著小心慎入的態度。

這名一八七八年的旅人，在循著未來運河的路線進入沼地幾英里後，會來到一個好的觀察位置，能夠一覽人類為了利用這片荒原所使用的不同方法。往南和往西不遠，有好幾個所謂的沼地聚落沿著運河而建，年代最古老的可回溯至十七世紀，也有的年代很晚近。[104] 接著是散布於四周的「高沼地聚落」，多數建立於十八世紀下半葉，其中最大（也最惡名遠播）的是往前二十英里（約三十公里）的莫爾多夫（Moordorf），比奧立希稍遠一點。最後，就在旅人所站的位置，在預定開鑿的那條運河路線旁，是當時人所看到的未來樣貌，因為瑪爾卡茲沼地（Marcards Moor）的聚落將在這裡建立，這是將一八七〇年代的「德意志高沼地文化」加以實踐的一項實驗。這些利用方式中有些會在地圖上留下較多線條，有些最後會比其他做法成功，每一種都對數千年來在不知不覺中形成的土地地貌，帶來了根本性的改變。

第一次有系統馴化沼地的努力始於十七世紀，這些地方稱為沼地聚落，低沼地與高沼地的聚落都可用這一詞指稱。這些聚落會建立，是因為三十年戰爭中斷了當地的泥炭供應，使得泥炭價格高漲。為了建造沼地聚落，首先要從最近的水道鑿一條運河到沼地邊緣；接著穿過沼地直接鑿一條運河幹流，通常會有以直角分支出去的主要水道。時間久了以後，有時還會再開鑿更多側流（稱為Inwieken），以便更容易取得泥炭。表層可燃性差的白泥炭經移除並存放後，深色泥炭便以特殊的鏟子透過人力採集，堆放乾燥後運到市場。上層泥炭接著與沙一起混入底土，以製造供種植作物使用的腐植質覆蓋。理論上，隨著泥炭被移除，聚落居民會擴大開墾的土地面積。

沼地聚落與許多其他改造溼地的做法一樣，師法荷蘭人。德意志地區的首例是埃姆斯蘭的帕朋堡（Papenburg），建立於一六三一年。其後在東菲士蘭出現一連串由私人公司建立的沼地聚落，許多是恩登的商人仿照他們在格羅寧根（Groningen）的同行所建立的，那些人才是真正的荷蘭拓荒先鋒。大沼地

（Great Fen）在一六三三年建立，接著是魯貝爾特沼地（Lübberts Fen）、胡克瑟沼地（Hookser Fen）、柏艾克翟特勒沼地（Boekzeteler Fen）與耶林斯沼地（Iherings Fen）。十八世紀的另一波活動後，建立了瓦爾辛斯沼地（Warsings Fen）、新沼地（New Fen）與斯佩澤沼地（Spetzer Fen）。這些都集中在較早的聚落附近。另外兩個大沼地聚落則不然。勞德沼地（Rhauder Fen）建立於一七六九年，位在恩登商人於二十年前首度開發但廢棄的地點，以及從日趨衰弱的耶路撒冷聖約翰騎士團（也經常稱為馬爾他騎士團）購得的土地——這是時代改變的跡象。勞德成為最成功的沼地聚落之一。位於很北邊的貝如莫沼地（Berumer Fen）也獲得成功，它的特別之處在於開發公司自行經營這個聚落，而不是引入承租人擔任「殖民者」（colonist）並由他們採集泥炭與耕種土地。[105]

這些都是私人事業，目的在產生利潤。德意志各邦國沒有參與，因為沼地聚落需要巨額的初期投資（普魯士開鑿了斯佩澤沼地的運河，然後把整個地方賣給私人企業集團以避免更多支出）。但是到了十九世紀，經營這類聚落的主角變成各邦國，為的是緩和社會問題並且為成長中的人口創造新土地，若非如此，這些人可能會離開，前往荷蘭尋找季節性工作或到美國尋求新開始。在漢諾威統治下，一八二〇年代的東菲士蘭建立了三個新的沼地聚落（北喬治與南喬治沼地和霍爾特沼地）。[106]普魯士也有一連串與德意志統一進程密切相關的動作。大約在一八六〇年，有人提議將大沼地往東朝雅德灣的方向拓展。漢諾威因為不滿威廉港的建立而阻撓這個計畫——再度示範了小國本位主義。[107]但是，因為政治因素而被阻撓的，也可以因為政治因素而開通。普魯士一八六六年軍事勝利的連帶效果之一是漢諾威被擊潰，普魯士重新取得東菲士蘭。

普魯士大獲成功後，農業部有位名為瑪爾卡德（Marcard）的熱心官員，擬定了一個包含運河與沼地聚落的大規模計畫。在埃母河左岸靠近普魯士邊境處，普法戰爭的戰俘開鑿了一條貫穿布坦格沼地（Bourtanger Moor）的南北向運河。一八七六年與荷蘭訂定的協約奠定了基礎，讓普魯士得以建造一連串分支運河，連接至荷蘭既有的運河網絡。再往北邊，先前將大沼地聚落往雅德灣拓展的提案重啟，但有個新轉折：在奧立希爾維斯莫爾沼地（Auricher Wiesmoor Fen）於一八七八年建立完成後，往東拓展的聚落換成斯佩澤沼地。一八八〇年代又加了兩個聚落：威爾海姆斯沼地（Wilhelms Fen）一與沼地二，這是瑪爾卡德的構想所實現的最後兩個結果。不過到了那時，普魯士對殖民沼地的想法已經改弦易轍了。[108]

最熱烈投入殖民沼地的是奧登堡。奧登堡比東菲士蘭遠離荷蘭及其影響，而且永遠現金短缺，兩個世紀來只能眼睜睜看著鄰國投入這方面發展。十九世紀中期，奧登堡以新信徒的狂熱加入了它們的行列。從一八四〇年代起，奧登堡開始在沼地開鑿運河，並沿著運河建立聚落：包括一八五〇年代的奧古斯特沼地（August Fen），一八六〇年代的伊莉莎白沼地（Elisabeth Fen），以及一八七〇年代的莫斯雷沼地（Mosles Fen）。到一八八一年，這些聚落涵蓋面積已達二千五百英畝（約十平方公里）。一八六五年建立的艾達沼地（Ida Fen）是私人事業。在一個世代之內，奧登堡成功建立了以運河為基礎的沼地聚落系統，而這些是位於其西方的邦國早已熟悉的系統。[109]

運河是沼地聚落的生活命脈。運河為沼地排水，並提供了運輸方式，將泥炭和農產品運出，並將糞肥或建材等商品運入。以當地歷史學者的話來說，帕朋堡是「運河上的城鎮」，而它所有的後繼者也都可以這樣形容。[110] 沼地聚落沒有城鎮中心或市集廣場，砂質道路通常沿水分布，但運河才是主要幹道，每隔一段有吊橋（swing bridge）跨越其上，而這種橋梁同樣來自深具發明才能的荷蘭人。運河的重要性不僅止於經濟，它象徵了與更大世界的連結。史塔克洛夫（Ludwig Starklof）在一八四七年出版了寫給朋友的四封信，信中對此有生動、有力的描述。書信集卻名為《亨特河與埃母河之間的沼地運河與沼地聚落》（*Moor Canals and Moor Colonies between Hunte and Ems*），實在很難看出作者對運河與沼地聚落的未來所抱持的熱切樂觀態度。[111]

史塔克洛夫是奧登堡人，長期於政府任職，也是旅遊作家、歷史小說家和業餘畫家，還創立了奧登堡的第一個公共劇場，有十年時間在任職於政府的同時還負責管理劇場。[112] 他是一八四〇年代的典型人物：一位有自由思想的官員，在他服務的小國內，狹隘而讓人窒息的政治氣氛令人感到挫折，同時也關注「社會問題」。一八四六年，史塔克洛夫寫了一本小說，名為《阿爾敏．蓋婁爾》（*Armin Galoor*），書中批評了奧登堡的情況，於是奧古斯特大公不容分說地把服務了三十五年的他免職了。他在次年為了一睹計畫中的亨特河—埃母河運河建址而前往當地。對史塔克洛夫和許多他的同道人而言，運河（一如鐵路）是進步的象徵。在給朋友的信中，他坦然表達自己的信念，也自嘲地指出自己的「運河熱」。[113] 書信集的前幾頁描述了薩格特埃母河（Sagter Ems）與索斯特河（Soeste）周邊地區混亂無序的水文，這兩條河流在運河直線貫穿沼地後將被一分為二。他和他的同伴找到已經展開工作的勘測團隊，包括測量員費門（Fimmen），他的副手凱賽爾先生（Herr Kessel），和一位負責攜帶量測鏈的不知名男子，並且對儀器的美麗和精細敏感大為讚嘆（「由卡瑟爾的布萊特普製作」）。[114] 沿途，史塔克洛夫遇到的人總是與他同樣熱情支持運河，比如有位老人這麼回答他：「亨特河與埃母河之間的運河？當然了，先生，你說得對！我們就是該努力做這件事！那就是東菲士蘭與奧登堡所缺少的！——這話我已經講了五十年了——能這樣就太棒了！不管是誰完成這件事，都會讓自己永遠留名。」[115]

但史塔克洛夫也是以沼地聚落倡議者的身分在寫作。當時，奧登堡連一個沼地聚落都還沒有。他的敘述框架是將落後的奧登堡與具有前瞻性的東菲士蘭互為對比。他與同伴通過波茨豪森（Potshausen）的橋梁越過萊達河穿越國界後，「彷彿有支魔杖一揮，」一切都改變了。奧登堡那一側的塵土、冒煙的小屋和貧窮消失了；東菲士蘭人生活在「白日清新透澈的光線中，像剛剝了殼的蛋一樣整齊清潔」。[116]勞德沼地讓史塔克洛夫大為讚嘆（和多數造訪者一樣）。他描述了那裡受到妥善照顧的房子和小小的前院，乾淨而井然有序的房間，裝滿食物的櫥櫃，偶爾還會有一個黑森林時鐘，以及屋後的耕地與草原，一路綿延至尚未開採的泥炭沼。這是來自荷蘭靜物畫的景象，「是進步、向前和成長的畫面。」至於當地的女性，她們不僅有牙齒，牙齒還是白的。[117]這井然有序和一片繁榮背後的原因為何？史塔克洛夫知道答案：「我們現在置身在屬於運河、貿易、買賣和大事業的地區。這些力量強大的手臂可以伸展得又廣又遠。可供航行、規畫良好而運河化的水道，以其賦與活力的影響洗滌這些人和這些房子，將它們滌盡，防止塵土在此落定，不准這裡變得破敗。」[118]這是史塔克洛夫大力強調的一點。貿易和貨品的往來是關鍵——「泥炭在這裡，而運河就在那裡。」水道是沼地殖民者通往廣大世界的「命脈」。[119]他深信奧登堡會獲得同樣的回報，重點是必須開始。

史塔克洛夫在一八四七年的期待是，亨特河—埃母河運河的工程會在次年年初展開；但一八四八年春天帶來的是一場革命。群眾在奧登堡鎮聚集，請願書如雪片紛至，工匠為了提出申訴而集會，自由派政治人物呼籲成立代議政府。革命不如在普魯士或巴登等南部邦國激烈——鄉間沒有人造反，城鎮裡沒有路障——但議題都是一樣的。人民要求憲政統治、選舉產生的國會、媒體自由、司法制度改革，以及處理「社會問題」的措施。大公在壓力下同意了，指派「三月部」(March Ministry)負責改革，與一八四八年春天德意志各地都在組成的部門類似。緊接著是奧登堡國會與法蘭克福國民議會的選舉。史塔克洛夫全力投入了選戰。他在民眾間培養了很多追隨者，深信這場革命將讓他恢復舊職。但他高分貝的基進主義惹惱了許多昔日的自由派友人，大公也拒絕重新接納這名他認為曾經汙辱他的人。

史塔克洛夫參與了選舉，但沒有選上新的奧登堡議院，也沒有選上法蘭克福國民議會。深感挫敗的他前往法蘭克福，為不來梅的一家報紙報導那裡的重大事件。他報導了關於憲法和國家問題的辯論，這些事件發生的同時，普魯士與奧地利的反革命在一八四八年秋後開始，期間還有其他叛亂活動。史塔克洛夫在一八四九年夏天的巴登見證了革命的最後幾次起義，之後和許多政治流亡者一樣到了瑞士。他在同年秋天返回奧登堡，依然立意贏回舊職。他在政府中的朋友在大公面前為他求情。不過史塔克洛夫真正垂涎的職位，是主持一個在奧登堡推行內部殖民的新機構，但是被不假辭色地拒絕了。他為自己的野心可能永遠無法實現而絕望，幾個女兒日益顯露的精神不穩定跡象也讓他擔心，然後，他在一八五〇年十月十一日消失了。他的屍體在三週後尋獲，漂浮在亨特河上。[120]

史塔克洛夫因為眼望未來而承受了數十年的政治與社會否定。他在那個未來正開始成形、政治生活變得開放的奧登堡，以及他支持的經濟政策開始施行之時，結束了自己的生命。他熱切提倡對外更廣泛的經濟聯繫，也是支持普魯士的民族主義者，卻沒能活著看到奧登堡在一八五三年加入德意志關稅同盟，或雅德灣協議的達成（代表普魯士海軍部在黑本斯購買土地的呂德，是與他同屬自由派的老朋友）。也許最讓人感傷的是，他深切關心的亨特河—埃母河運河工程，在他投身亨特河不過五年後終於展開了。這個工程始於一八五五年，但進度緩慢。一八七一年後引進了一艘哈傑斯公司（Hodges）的泥炭船，以機械化方式開採泥沼，但進展依然緩慢，因為表面的白泥炭仍舊必須以人工徒手移除。之後還須建造橋梁和水閘，然後是引水渠（feeder canal），以更進一步拓殖沼地。整條運河直到一八九〇年代才開鑿完成。[121]史塔克洛夫遇到勘測團隊的那個河段，完成的時間則早得多。最初的殖民者於一八六〇年代移入伊莉莎白沼地，第二波於一八七〇年代移入。這些沼地聚落形成貫穿沼地中心的新聚落走廊，一般認為足堪做為典範。這些聚落還吸引了荷蘭移墾者，這是最高的讚美了。

也許可以說，十九世紀中期的沼地殖民，證明了史塔克洛夫這類自由派人士對進步的無窮信仰是對的。許多既有的殖民聚落在這些年間蓬勃發展，有些經歷了最快速的成長，大沼地就是其中之一。在這個聚落成立後二百年的一八三三年，它的居民成長為一千二百人。到了十九世紀中，這個數字已經超過二千，到一八八〇年更達到三千。[122]影響這裡發展的關鍵，是經營這裡的公司的資本資產有了重大改善，使聚落得以擴張，技術得以改良。不意外的，勞德沼地也欣欣向榮，貝如莫沼地亦然。但其他聚落幾乎沒有成長，有些則顯然陷入了危機。即使是樂觀的史塔克洛夫也看得出，一八四〇年代的南喬治沼地出了大問題，居民的困境「讓我的心在我體內震顫」。一臉愁苦恐懼的佃戶住在簡陋的屋舍裡，吃的是腐爛的馬鈴薯，讓他覺得自己「彷彿置身愛爾蘭某個悲慘破敗的小屋裡」。[123]後來幾年情況依然「悲慘」。

許多殖民者逃到奧登堡的新聚落—奧古斯特沼地，其他人則移民美國。[124] 南喬治沼地（以及艾達沼地）的情況清楚地提醒著，即使沼地似乎被運河「征服」了，成功並不一定隨之而來。

這些差異該如何解釋？為什麼比起它在北邊的姐妹沼地，南喬治沼地發展得這麼糟？為什麼艾達沼地想要仿效鄰近的勞德沼地卻一敗塗地？日後的內部殖民提倡者花了很多筆墨抱怨「殖民人才」的品質。這是一直到後來納粹在東歐「殖民」時仍持續迴盪的執念。但即使我們接受有些新來者對新家園適應不良的說法，這樣的解釋似乎太泛泛而言了。無論如何，一如這些評論者也經常指出的，有太多事情都取決於這些未來殖民者所面臨的條件與情況；當條件與情況嚴酷時，舊的沼地聚落無法蓬勃發展，或新的聚落只能吸引那些「已經一無所有」的人（借用一名普魯士官員的話），也就不讓人意外了。[125] 殖民者面臨的不同情況包括租用土地的大小、財務條款、租金、各項服務的費用（例如「水閘金」），建造一棟房子或展開農耕的進度。由於每一個條件都可能對其他條件有所影響，因此這些條件中微小的不同，長期下來足以產生重大的差異。水文狀況並不是在哪裡都一樣；取得泥炭的難易度以及泥炭的品質也不相同。這類問題——取得高品質泥炭的困難、失敗的運河、頻繁的水災——是南喬治沼地數十年間的徒勞努力和挫折最主要的解釋。[126]

水道往往是成敗關鍵。納粹時期，福陸格（Hans Pflug）寫到帕朋堡時語帶欣賞，描述「運河筆直貫穿荒野般的沼地」。[127] 但這是高度理想化的形容。即使是帕朋堡的運河也無法與荷蘭的運河相比。[128] 一般而言，如果十八世紀的沼地聚落比十七世紀建立的沼地聚落成功，那是因為主要運河不是那麼小心翼翼地緊挨著沼地邊緣分布，而且水道網絡比較大。[129] 在東菲士蘭，私人開發的沼地聚落幾乎總是比國家建立的發展得好，在奧登堡的情形則是相反。在每個例子中，都有一個主要原因：好的運河會帶來成功的聚落；相反的，發展不順利時，問題通常都能回溯到運河的缺陷，例如運河開鑿的太窄或太淺，或維護不佳導致泥沙淤積和雜草叢生。[130]（後來發生一個現代才有的問題：入侵物種美洲黑藻在一八五七年從柏林植物園逃逸後，在一八七〇年代以後開始堵塞德意志西北的水道。[131]）夏季低水位造成的問題最嚴重，此時連吃水淺的泥炭船都必須載運較輕的貨物航行，減少了每一趟航行的經濟收益。水閘因為所耗用的水造成特別要注意的事項：在夏天，一艘船可能必須耗費數小時等待另一艘船抵達，好讓兩艘船一起通過水閘。

所有的人工水道系統都面臨維持水位的問題。這就是為什麼奧登堡要建造引水渠——也是為什麼在十九世紀末期，維持運河水位的需求協助驅動了水庫的興建。[132]在東菲士蘭與奧登堡，問題又更複雜，因為這裡的沼地聚落所開鑿的運河側流比在荷蘭沼地聚落的少。運河側流愈多，排出沼地的黑水量愈大，以維持水道系統的水位。運河側流較少，也表示泥炭必須在陸上運輸更遠才能運抵最近的運河，增加了生產成本，但是對產品品質的提升沒有絲毫幫助。東菲士蘭聚落的殖民者面對的問題更大：漢諾威或普魯士在這裡開鑿運河的速度太快，導致挖出來的泥炭和沙土全堆積在運河旁，在聚落和其通往外界的命脈中間形成了一堵牆。普魯士彷彿為了過度補償，投入巨額資金建造一條切穿布坦格沼地的示範運河，但是建錯地方了。這個憑藉信心之舉體現出「蓋了，他們自然會來」的原則，但事實證明這個信心是錯置了——或者用寬容一點的眼光看，是運河超前了它的時代。這條運河附近沒有市集，而且經過一段時間後才與荷蘭運河聯繫起來，讓它很難吸引殖民者。以殖民為書寫主題、後來成為保守派政治領袖的胡根貝格（Alfred Hugenberg）在一八九一年的描寫充滿黯淡：「整體而言，運河上看不到船隻，街道上看不到生命。」[133]

沼地殖民者（稱為Fehntjer），從來就不太可能成為富裕的奧得布魯赫農民或沼澤農民。他和他的家人身兼三種職業：泥炭挖掘工、務農者，以及小船工。或許這是為什麼沼地殖民者受到這麼多人感性看待，連自視為徹底現代化、對終於征服沼地感到欣喜的人（如史塔克洛夫）也是。沼地殖民者在馴服自然元素的同時，仍保有某種匠人特質，他身兼三職的生活方式，彷彿是對現代分工的譴責。[134]弔詭的是，不論沼地聚落是失敗或成功，沼地殖民者生活的合一性都是脆弱的。失敗，可能發生在沼地居民累積了對商人或泥炭船東的債務，實質上成為實現他人利益的泥炭挖掘工。或者，他們在某些聚落以泥炭為燃料的鐵工廠擔任臨時工，加工處理開採自沼澤的鐵礦，或是褐鐵礦。如果一個聚落沒有或只擁有少數經過登記的泥炭船，就表示一定發生了這類情況。不過，聚落的成功也表示這三種營生活動會自己區隔。這一點最引人注目的跡象是船運做為動態因素的興起。儘管運河不見得可靠，到了十九世紀中期，在有些沼地聚落，十戶人家裡就有九戶人家主要以船運為生。[135]帕朋堡在一八六九年有一百五十艘海船，外加七十艘泥炭船；一八八二年的東勞德與西勞德沼地共有九十艘海船，另有一百八十艘泥炭船。[136]看著那些比較大的遠洋雙桅帆船穿過沼地航行至恩登，一定就像目睹船隻在新開鑿的蘇伊士運河上，彷彿穿越沙漠航行一樣奇異。船運存在期間帶來了繁榮，但沒有繼續存在多久：停泊於沼地聚落的海船數量在十九世紀末急劇減少了。[137]但即使在仍有船運的時候，一個成功的沼地聚落也不全然就該如此——舊區以船運為主，新區以泥炭挖掘為主，而農業耕作夾在兩者之間。

十九世紀五〇年至七五年左右是沼地聚落的最高峰。舊聚落以前所未有的規模成長，新聚落也建立起來。接著，在經過了二百五十年後，沼地聚落做為一個觀念逐漸凋零：既有的聚落繼續存在，但是沒有再引發仿效者。乍看之下，原因似乎很明顯。成立沼地聚落的原始動機，也就是大規模的採集泥炭，已經過了全盛期；燃料之王煤炭才是未來的燃料，是萬能的替代品。威廉港的海軍行政部門想透過埃母河—雅德灣運河輸入的是魯爾的煤炭，不是泥炭。[138]這些都是真的。然而泥炭依然有市場需求，主要（但並非只是）做為家用燃料使用，而十九世紀後期的泥炭價格往往夠高，可以帶來好的收益；但也夠低，足以保有競爭力。至於需求，泥炭——正如煤炭與後來為威廉港的巡洋艦提供燃料的石油——是不可更新資源。馮塔納對布蘭登堡低沼地的泥炭發掘非常瞭解，也極感興趣，他曾以慣有的敏銳觀察指出，「沼地帶給市場的不是它的產品，而是它本身——泥炭。」[139]東菲士蘭有些沼地聚落的泥炭存量幾乎耗竭一空，但是在多數沼地聚落並非如此：在貝如莫沼地，一八五〇至一八八〇年間開採的泥炭量增加了一倍以上。[140]即使在海船數量減少之際，一八八〇年代以帕朋堡與東菲士蘭沼地聚落為據點的泥炭船數量是有史以來最高（約七百五十艘），從這一點就足見泥炭存量之多。同時，奧登堡沼地的開發又帶來了新的供給。十九世紀末，單在伊莉莎白沼地就停泊了一百二十艘泥炭船。[141]新沼地聚落的建立在泥炭耗盡或需求降低前就已經停止。當然，煤炭才代表未來的感覺在這個發展中扮演了一定角色。普魯士官員因為他們最近的挫敗而深感幻滅，尤其是布坦格沼地那條無人使用的運河。最重要的一點或許是，如果目標是要產生農耕聚落，那麼沼地聚落的發展實在太緩慢了——尤其有時它們最後還發展為船運聚落。

到一八七〇年代已經有一個新模式了，而這個新模式，是名符其實從舊日沼地利用方式的灰燼中興起。沼地燒荒是十七世紀從荷蘭引入德意志的輸入品：[142]沼地的表面粗略鋤過後任其乾燥，接著再鋤一次，然後在最後的霜降後於五月間放火焚燒。蕎麥種子撒在灰燼中，經過十到十二週後長出作物。一般而言，好收成可以維持三或四年，且這種火耕方式幾乎不需要任何資金。第一個以這種做法為基礎而建立的高沼地聚落位於埃姆斯蘭（第一個低地泥沼聚落也是），這座聚落以其建立者、來自荷蘭的醫生皮卡迪（Piccardie）命名。[143]沼地燒荒聚落迅速擴散，遠比泥沼聚落來得快，因為它們的成本低廉太多了。這些聚落遍布於奧登堡，其中，在腓特烈大帝於一七六五年發布土地再造詔令後，由普魯士在東菲士蘭所建立的最多，總計超過八十個聚落[144]。

沼地燒荒在科學界與農業改良的擁護者之間獲得支持，其中一位是在英國非常著名的楊格（Arthur Young）。燒荒在英國西南的沼地相當普遍，因而以有大片沼地的德文郡（Devonshire）為名，稱為devonshiring。沼地燒荒在英國其他地方與蘇格蘭也很常見，並受到官方許可（「沒有火的幫助，幾乎不可能將多水、多苔蘚的泥炭土從自然狀態變成可耕地。」）。[145]丹麥人與荷蘭人也有這種做法。不過，光靠沼地燒荒而沒有在草灰提供的營養物之外額外施肥，並無法永續，而在普魯士位於東菲士蘭的沼地聚落所施行的，正是這種火耕方式。[146]聚落本身是隨意拼湊而成的，也幾乎沒有任何準備工作。這些聚落成立的背後，是一個我們熟悉的想法：將新人口移植到「遙遠荒野」，由他們從這些地方創造經濟回報。[147]正如一七七〇與八〇年代被安置在新生地的人，沼地聚落的許多殖民者也來自外地，但兩者間差不多也只有這個共同點。與奧得布魯赫或瓦爾塔布魯赫相比，全無規畫的沼地聚落一點也不符合腓特烈大帝的風格。這是因為普魯士對東菲士蘭的「後母」心態，還是因為腓特烈不夠投入，未能監督地方官僚維持該有的水準，仍有爭論。[148]不論原因為何，其結果是一場生態與人類災難。

以長遠眼光看，很難否認沼地聚落也屬於對自然資源進行掠奪式利用的行為（德國人稱為Raubbau）。畢竟，這類聚落會切割沼地，終止其生長，並把構成它的物質運走。不過，這種聚落（通常）也留下可永續的農業。沼地燒荒與蕎麥種植相比之下浪費多了。最多七年後，土壤中的養分就會用盡，接下來三十年都處於地力耗竭的狀態。在沒有額外肥料的情況下，火耕農民只能離開，在下一塊沼地進行火耕，直到這裡也地力耗竭為止，其長遠效應甚至到今天都能從空拍照片看見。沼地燒荒引發了野火，野火產生藍黑色的煙與霾，懸浮在春天的德意志西北部，最遠會飄到聖彼得堡或里斯本，端視風向而定。[149]對本來就窮的殖民者而言，這是一種沒有希望的生存方式。蕎麥收成容易受高沼地常見的晚霜影響，平均而言，高沼地一年只有兩個半月沒有霜降。[150]作物歉收會讓農民陷入赤貧。殖民者接著發現，就在他們不需繳交任何款項給國家的「免費年限」（free years）結束時，作物生長區也不再長出任何東西了[151]，難怪高沼地聚落後來總和乞討與犯罪聯想在一起。這個新產生的下層階級成員向四周的沙荒地村莊尋求協助，這些村莊卻抱怨他們是「禍害」。最大的聚落莫爾多夫成為一貧如洗的代名詞。這些「荒野中的拓荒者」在破敗不堪的小屋中過著窮困的生活，成人與小孩在奧立希的街道上行乞，成了行人避之唯恐不及的「吉普賽人」。[152]

東菲士蘭在一八一五年後由漢諾威統治年間，建立了新的聚落，這些聚落建立前經過較詳盡的規畫，也召募當地沙荒地農民的兒子做為殖民者；但是地租定的太高，最後的結果沒有比較好。在「饑餓的四〇年代」，舊聚落與新聚落都陷入危機。正如西利西亞的手搖織布行業，東菲士蘭（和奧登堡）的蕎麥聚落是貧窮的溫床，加速而非緩解了一八四〇年代以後德意志地區的大規模人口外移。[153]一八七一年，一名普魯士官員在審視了高沼地聚落悲慘的歷史後，毫不留情地總結：「很難想像更不負責的殖民計畫。」[154]普魯士在一八六六年取回東菲士蘭的控制權之後，成立了調查委員會，研討補救措施。一八七六年創立中央沼地委員會（Central Moor Commission），一年後在不來梅成立沼地研究站（Moor Research Station），由普魯士與不來梅城邦共同支持。這一波行動，重新思考了建立高沼地聚落的決心，但是要以一種新的、更「科學的」方式進行。德意志高沼地文化誕生了。[155]

先前已有往這個方向發展的先例。在大約十九世紀中成立的奧登堡高沼地聚落，殖民者會在沼地表面耕作，但不是透過已被視為不可行的火耕法。他們可以在沼地燒荒，前提是那「只是一個開端，後續要採行理性的」農牧措施，而且最多只能連續二年進行燒荒。農民可貸款購買肥料與種子。[156]這是新的做法，正如奧登堡在沼地聚落的新投資。但這還不是研究站與專家所立意追求的科學道路。他們提出的新做法是應該要有系統地進行排水，接著去除表面植被，並且以石灰或鹼性肥料使底土肥沃，並中和其酸性。布坦格沼地被選為一個重要實驗聚落的地點：政府投入四十萬馬克公款於普羅文茲佑沼地（Provinzial Moor），在這裡採行經過許可的現代措施，而殖民者活動的每個方面都受到詳細規定。一個同時進行耕種與畜牧、成功的高沼地聚落誕生了。[157]

這是該地區殖民沼地的未來方向嗎？沿著新開鑿的埃母河－雅德灣運河所發生的事情顯示，確實如此。這條運河當初主要是為了滿足一項戰略目標，亦即運河應該將魯爾的煤炭運送給威廉港的戰艦艦隊，但是，這一點從來沒有成真，因為水道太淺了。「對自然的粗暴介入」──運河在某些地方切入沼地超過三十五英尺（約十公尺）——最後只是「巨大的失敗投資」。[158]然而，運河確實讓一大片沼地有了對外聯繫，可以形成新沼地聚落的重要出口——這正是史塔克洛夫想像中的未來。最後，主事者決定採行普羅文茲佑沼地所率先使用的高沼地農牧活動。瑪爾卡德沼地以在中央沼地委員會擔任主席多年的普魯士官員命名，沿著道路而非運河興建，它的根基是在施用了化學肥料的沼地表面所進行的農耕活動，生產馬鈴薯而非泥炭。道路、房屋和未來的公共建築，紛紛在殖民者到來前就建設完成，建材利用輕軌鐵路從運河送抵。這個新聚落有個新奇的事——也開啟了後來在德意志各地類似聚落所採行的趨勢——那就是以囚犯勞工進行工程。他們蓋的房子據說品質很好（「太好了！」一名批評者鄙夷地說）。燒荒種蕎麥的舊沼地聚落有個名聲是會把人變成罪犯；現在，囚工則被用來建造高沼地上新的模範聚落。[159]

瑪爾卡德沼地建立的時候，沼地的地貌已經以更快的步調改變中。在聚落以外的地方，大型沼地產業區興起，一群群季節性勞工在這裡開採泥炭，這延續了在某些沼地聚落已經發生的事情。這些大型產業區與馮塔納一八五九年在布蘭登堡烏斯特勞沼地看到的工廠一樣，在那裡，數千名季節性勞工在「泥炭王」（peat-lord）的控制下以論工計酬的方式工作，監督他們的是泥炭督察（這個角色在馮塔納的小說與《漫步布蘭登堡》中一再出現）。[160]蓬勃發展的大泥炭公司往往就位在沼地邊緣：瓦赫爾的羅士曼（Rushmann of Varel）、蘭姆斯洛的朗維爾與合夥人（Lanwer and Company of Ramsloh）以及奧登堡的迪特默—基里茲（Dittmer-Kyritz of Oldenburg）。[161]當時依然有廉價的勞動力供這些大型資本主義企業使用。一八七〇年代以後，它們雇用的對象甚至包括荷蘭的泥炭開採工，反轉了從前是德意志人在荷蘭從事勞動的模式。

另一方面，非由人類提供的動力也開始出現。機械化的切取機、填料壓機，以及工業化的泥炭土（peat mould）與泥炭墊料（peat litter）加工，都是將沼地產品工業化的努力。但是對於沼地的加速消失影響最大的，可以說是另一個機器，它能切入地表深處、將下方的礦藏翻取出來。蒸汽犁煤機（steam plough）出現的時間晚於蒸汽時代其他的象徵物（火車頭與蒸汽船），當它一旦出現，對沼地的影響之大並不亞於其他兩者。

蒸汽船的勝利

史塔克洛夫筆下對亨特河—埃母河運河展現出無比熱情的那位老人，還記得奧登堡鎮在十八世紀晚期的樣貌，那時，旅人只要一出城門，就會陷入及膝的沼澤中。史塔克洛夫說，老人若還在，會發現一切已經大為改觀，現在不但有公路，奧登堡鎮也擴張到舊城門以外的地方，面積成長了一倍。同樣重大的改變是，如今蒸汽船往返於奧登堡與埃爾斯夫萊特（Elsfleth）之間的亨特河上，這一點顯然讓追求進步的史塔克洛夫深感驕傲。[162]十年前，這還是不可能的事情，原因是河流中的淺水處與曲流。自從一八三五年起進行一系列截流工程之後——與尤翰．圖拉主導下於上萊茵河進行的截流相比是縮小版本——亨特河變得可以航行，蒸汽船隨之而來。這些船隻由威瑟河—亨特河蒸汽船公司營運（Weser-Hunte Steamship Company），將成長中的首都奧登堡鎮，與奧登堡大公國位於威瑟河左岸的小港埃爾斯夫萊特與布拉克（Brake）連結起來，再從那裡連結至不來梅與不來梅港。這標誌了一個新事物的開始。

從一八五〇年代至一八六〇年代，除了一八五七年短暫的經濟衰退使貿易往來趨緩，奧登堡的蒸汽船航運量一直穩定成長。[163]

在德意志這個落後角落所發生的事情，是時代的跡象。到處都在進行河流導正與調節。有時動機雖然是為了防治洪水或尋找新的農業用地，但這個過程愈來愈常受到船運需要所驅動。萊茵河提供了範本。圖拉的上萊茵河整治工作在一八五〇年至一八七五年間持續進行。一八五一年，萊茵河工程管理部門（Rhine River Engineering Administration）在普魯士萊茵省的首府科布連茲成立，開始馴服流經美因茲與科布連茲之間多岩狹谷的河段——這是「浪漫的萊茵河」，它對船運所造成的危險，幾乎與為遊客提供的景點一樣多。工程師處理了聖戈阿爾斯豪森（St. Goarshausen）的漩渦，巴查拉赫（Bacharach）的「狂野河段」，以及在低水位時造成多次船難、惡名昭彰的丙根暗礁（Bingen Reef）。炸藥把暗礁間的安全航道丙根缺口（Bingen Gap）拓寬了三倍。一如在上萊茵河的情形，島嶼消失了。支流的河口被移動，使支流以更小的角度匯入主要河道；主要河床經過疏濬以達到統一深度；最新式的丁壩（wing dam）則用以使河流寬度一致。[164]

在萊茵河是怎麼做的，在其他河流也就那麼做。工程師以日益累積的理論和經驗為基礎，開始移除曲流、島嶼、多岩石的淺灘和淺水區。這些工程的時間與節奏互有差異。東邊的奧得河與西邊的莫瑟爾河（Mosel）都經過較長時間才進行全面調節，魯爾河則因為對運輸煤礦的重要性很早就受到調節。最大的努力投注於國際水道如萊茵河與多瑙河，然後是易北河與威瑟河，而次要河流如亨特河與阿勒河所獲得的關注，亦顯示出河流調節已經極為普遍。[165]當代人對德意志河流的全面運河化大加稱譽，認為這就是進步（這是一八五〇年代與六〇年代的偉大關鍵字），後代作家懷念運河化的成果時也是如此。經濟學家提澤（Walter Tietze）從二十世紀初的觀點回看時，就把「對河岸發動小規模攻擊」的野性奧得河與經過「人類改良之手限制與約束」的河流相互對比。[166]

當時，多數受過教育的德意志人都相信人類可以、也應該「改良」大自然，他們對人類創意所衍生出的技術非常熱衷，其中還融合了一種怎麼形容都不嫌誇大的道德熱情。最能表現這種昂揚的樂觀主義的，莫過於人們認為蒸汽動力（也就是蒸汽船與鐵路）所擁有的近乎魔法的特質。工程師馬特恩（Ernst Mattern）回顧世紀中之後的年代時，將蒸汽船變成了英雄，他的用語透露了很多事情。他說，河流調節能發生，是在「蒸汽船運出現之後，人們因為新的文化生活而在各方面的期待都提高了，蒸汽船運是這種更高期待的一部分，因此必須對自然水道投注更多關注，以利用它們所蘊藏的財富促進大眾福祉」。[167]確實，蒸汽船是德意志河流樣貌改變的關鍵之一，正如它是那個時代的關鍵象徵之一。

蒸汽船不是突然間占據了河流。普魯士統計數字顯示，一八四九年有超過四萬家內陸船運事業，絕大多數由一個人與一艘船組成；十二年後仍有近三萬六千家。[168]十九世紀中期有許多版畫與雕版印刷品描繪交通繁忙的河流上擠滿了船，看看其中任何一張，不論場景是萊茵河或易北河，裡面總有蒸汽船從高聳而漆著鮮明顏色的煙囪中冒著煙；不過，畫面裡也總是有帆船和成群的小船。這些船隻都擠在德意志變直、變深的河流上，共享河面的還有蒸汽拖船、馬拉駁船和沿著萊茵河、易北河、奧得河與維斯杜拉河將木材順流運下的巨大木筏（可重達三千噸）。[169]雨果在一八四五年描寫了萊茵河上各色各樣的船：[170]

每一刻都有新的物體經過，有時是擠了太多農民而讓人觸目驚心的駁船……然後是有著長長尾流的蒸汽船，或是船中心堆著貨物的雙桅船，沿著萊茵河而下；駕駛員目光警醒，水手忙碌著，一名女子在艙門邊談天……或者會看到岸上一列列馬匹，拖著負載沉重的駁船；或是一艘有高拱的船，由單獨一匹馬奮勇拖行，就像一隻螞蟻把一隻死掉的甲蟲背走那樣。突然間，河流改向折返，你發現一艘來自納梅迪的巨大木筏堂皇地順流而下。三百名水手在這艘龐然大物上工作，船首與船尾的長槳同時撥打水面……一整座村落在這片驚人的木頭平臺上漂浮。

這些船筏共用河流，但不是以對等條件共用。就數量而言，小船主也許持續在德意志水道上占優勢，尤其在他們的船隻對地方環境適應良好的地方（如東菲士蘭的平底泥炭船）。但是，在比較大而受到調節的河流上，蒸汽船有明顯的速度優勢，也不受天候影響，尤其在往上游移動的時候。一八四〇年代以後，螺旋槳取代了明輪，讓蒸汽船更容易操控，又強化了它們的優勢。蒸汽拖船是馬拉駁船面對的重大威脅；新的深水內陸港有固定碼頭，讓比較大的船隻可以停泊在倉庫旁，使得將貨物從船隻載運到岸邊的小駁船變得多餘。這些經濟與技術轉變和法律環境的改變同時發生。針對主要河流（萊茵河、易北河與奧得河）的航行協議，廢除了地方上的船運壟斷和通行費，移除了曾經賦予船運公會優勢的商業咽喉點，這也為蒸汽船營業者帶來好處。[171] 頓失優勢的船家成為受雇的駕駛員，或是在較大的船隻上擔任普通水手。有時候，他們會攻擊他們深惡痛絕的蒸汽船以發洩挫折感，最著名的一次是在一八四八年革命期間的美因茲。[172]

以排筏流放運輸木材的方式可以回溯到十四世紀，並在十八世紀後半與十九世紀前半經歷了「第二春」。[173] 排筏其實一開始得益於淺灘與急流的移除，因為淺灘與急流讓排筏生意除了有巨利可圖，也有極大風險。[174] 然而，這些漂流的村落現在面臨了新的危險。馮塔納曾描述，奧得河上的蒸汽拖船喜歡故意讓排筏淹水，讓船上炊煮與睡覺的地方都是水，就像騎馬的人把行人濺了一身水和泥一樣。對於德意志拖船船長來說，看到波蘭和捷克的船員奔走著撿拾鍋子或衣服，似乎讓這個場面更添樂趣。（目光敏銳的馮塔納指出，這些蒸汽拖船有時候仍會協助陷入困難的小船，包括被排筏包圍的船隻——但是這些協助並未受到感激，不只因為費用高昂，更因為「救主兼暴君」的拖船船長洋洋自得的傲慢態度。）[175] 然而排筏面臨了比好鬥的蒸汽拖船船長更根本的問題。木材後來改以鐵路運輸，接著，北海與波羅的海的造船業者改為建造以鐵和鋼為船體的船隻。曼海姆的吊橋在一八六〇年仍為排筏開啟了四〇五次，一八六九年有三六八次，但未來帶來的只有衰退。一八九〇年，通過曼海姆的排筏僅有十艘，十年之後，一艘都沒有了。[176]

為一八五〇年代或六〇年代任何一條德意志大河上的往來交通拍一張快照，就彷如為一個變遷中的社會拍下了快照：現在的、過去的和未來的，都混合於此。河上的船隻包括所有想像得到的種類，但最後取得上風的將是蒸汽船與蒸汽拖船，還有隨後而來的柴油動力船。這個勝利有兩方面，比較不耀眼的一部分是大宗商品的運輸，比如從巨大的港口杜易斯堡—魯洛特（Duisburg-Ruhrort）運離魯爾的煤礦，或是運到河岸精製廠的糖。另一部分是內陸船運，這一面與快速工業化互為因果，是當時商會關注的對象，也依然在經濟史著作中占據重要位置。雨果寫下萊茵河不再是「神父的街道」而是「商人的街道」

時，想的是這一面。戈特英（Eberhard Gothein）熱情地寫下「萊茵河船運在十九世紀的所有轉變中都扮演了角色，而十九世紀改變了一切」的時候，也是如此。[177]戈特英寫作的時候（一九〇三年），這些字句已經是不容置疑的真實了。光是一個統計數字，就道盡了蒸汽船如何翻天覆地改變了歐洲最繁忙水道上的航運。一八四〇年，往下游運輸的噸數比往上游運輸的噸數多了三倍；到一九〇七年，這個比例已經反過來了。[178]這是個長期的過程（在其他河流上更久）。雖然透過德意志河流運輸的貨物在一八四〇到七〇年之間倍增，它們占所有內陸運輸的比例卻是下降的，因為鐵路成長得更快。一直到一八七〇年之後對河流調節與興建運河的巨大投資，才讓內陸船運重新取得較大占比。[179]

這一切對於十九世紀中期的人來說，意義都不大，真正抓住他們想像力的是蒸汽客船，它通常與鐵路並列為進步與解放的象徵。蒸汽引擎的「力量和可靠性」，是讓人類得以「在與大自然力量的鬥爭中獲勝」的又一個例證。說這些話的是作曲家韋伯的長子，馬克斯・韋伯（Max Maria von Weber），據他的出版商所說，「科技短篇小說」（technological novella）的發明應歸功於他。韋伯文集的編輯楊斯（Max Jähns）用以讚揚蒸汽引擎的誇張用語和韋伯相比毫不遜色：「它的強大遠非駿馬或戰車、船槳或船帆所能比擬，它是我們這個時代嶄新而強大的發動機。」[180]類似的熱情讚美雖然不太符合德國人「內向」與不喜機械文明的傳統想法，但可以在以家庭為對象的週刊中固定看到，比如《涼亭》（*Die Gartenlaube*）、《圖解世界》（*World Illustrated*）或《在土地與海洋上》（*Over Land and Sea*），這些全都是一八五〇年代誕生的刊物。新的交通方式讓旅遊變得比較容易，世界更多地方成為可以抵達的範圍，很多人因而受其吸引。正如鐵路在短工與農民間迅速受到歡迎，還啟發專為鐵路而寫的歌曲；奧得河蒸汽船每週兩次往返於奧得河畔法蘭克福與斯泰丁之間，除了載運商人與工廠主之外，也載運前往市集的日工與工匠。[181]

一個地方第一次出現蒸汽船的消息總是會引發關注。在科隆，這早在一八一六年就發生了，人潮群聚欣賞一艘從倫敦航行到法蘭克福的英國船隻。從鹿特丹到科隆，通常需要六週旅程的時間竟然在短短四天半內就完成，引發了驚奇——不過這樣的速度很快就會顯得不可思議地慢。[182]一八四四年，一艘比利時船隻駛入港口時，奧登堡居民看到了他們的第一艘蒸汽船。這件事讓大家「非常興奮」，並且由史塔克洛夫在一篇文章中記錄下來，他希望包下這艘船，航行至埃爾斯夫萊特與布拉克。[183]固定航班服務啟用時，一如從新的火車站開出的第一班車次，是要有演說、彩旗和歡呼的場合。或許比較出乎意料的是，固定抵達的蒸汽船航班仍持續吸引熱情的人群，這些地方的居民或仰賴蒸汽船服務，或只是單純喜歡來自外界的新聞、訪客與刺激。根據特里爾的史家記載，在一八五〇到七五年之間，居民會前往河畔迎接莫瑟爾河上的蒸汽船。[184]馮塔納形容他搭乘的奧得河蒸汽船在繞過一個河彎後，一個棧橋出現在眼前，而數百人擠上了一條老舊的木橋。蒸汽船繫泊後，「人潮往前擠表示歡迎，還伴隨著鐘響。」他們抵達什威特了。[185]

萊茵河上的情況有所不同。這裡不缺「忙碌擾攘」，這是來自英國的訪客昆恩（Michael Quin）的用語，形容一八四二年某天早晨的科布連茲碼頭。他寫道：「蒸汽船往四面八方冒著煙，有些剛抵達，有些正準備朝萊茵河上游或下游啟航。」[186]重點是，在萊茵河上，這一切已經成為慣常可見的景象了。普魯士—萊茵蘭蒸汽船公司（Prussian-Rhenish Steamship Company，後來成為科隆—杜塞朵夫航線）在一八二七年以蒸汽船協和號開啟科隆與美因茲之間的航班時，載運了一萬八千名乘客。到昆恩造訪時，這個數字是將近七十萬；再過二十年，已經超過一百萬了。而且同樣的航線上還有其他船公司在競爭。[187] 是數量讓萊茵河的蒸汽船帶來的影響與其他地方不同。讓人印象深刻的不是一艘船的進程或抵達，而是同一個河段上同時有八艘或十艘船的景象所創造的效果。昆恩和雨果都提到了這個「奇觀」。[188] 不過，後來的一名訪客最為傳神地捕捉了蒸汽船本身就是奇觀這種感覺。年輕的美國女子希爾（Lucy Hill）於一八七〇年代中期在科布連茲附近的席勒學會作客，待了一個秋天，並且在《萊茵河漫遊》（*Rhine Roamings*）中描述了這段經歷。[189] 希爾經常與同伴出遊，前往科尼斯文特（Königswinter）、蘭施泰因（Lahnstein）、美因茲與中萊茵河沿岸的許多著名地標，這些旅程都與蒸汽船有關，而蒸汽船也在她的記述中扮演了中心角色——搭上船、幾乎錯過船、在船上用餐，還有與同船乘客在船上「冒險」。她書中的四幅插圖各描繪一處著名的萊茵蘭景點，而每一幅插圖中都有一艘蒸汽船，很符合整本書的精神。長時間遊歷讓希爾可以深刻觀察，並透過她充滿情感的散文清楚顯現：[190]

> 我們擔心蒸汽船會提早幾分鐘到，讓我們錯過它的身影。但不是的；我們還要等幾分鐘。它出現時，大家異口同聲地說，「噢！多美啊！多麼像仙子啊！」……那是一艘雙層甲板的美國船隻，是當時萊茵河上唯一一艘這樣的船；甲板上擠滿了乘客，他們雖然看起來深深著迷於眼前目睹的一切，但是渾然不覺自己在這一幕中扮演的角色——船身、燈火明亮的廳室、擁擠的甲板、船的旗幟與高聳的煙囪，最後，還有乘客對著岸上的我們揮舞手帕，這一切都忠實地映照在下方的水面上。

閃爍的燈光與河面倒影彷彿施下了「魔咒」，而蒸汽船是這一幕中的明星。

當然，與此相反的是比較傳統的看法：從蒸汽船望出去可以看到「全景」（panorama）。全景的概念，也就是大自然排列成供人類觀賞的樣子，與進步的概念同為那個年代人類精神構件（mental furniture）的一部分。[191] 十八世紀旅人蒐集礦物標本或花卉，十九世紀旅人則蒐集風景或情調。想到現代交通方式為當代人開啟了新的全景時，通常浮現在我們腦海中的是鐵路。[192] 但是蒸汽船也有同樣的效果——或許更為強烈，因為它讓旅人有更充裕的時間觀賞。馮塔納發現蒸汽船是捕捉「自然風景」（scenic，這是他愛用的字）最好的觀賞處。對於中萊茵河上的旅人而言，這些風景接踵而來，像一本視覺的名言選集。雨果認為巴查拉赫彷如一個經過布置以供展示的「巨大珍奇物品店」。昆恩建議航往上游的旅人觀賞船隻已經經過的景色，因為「以那樣的方式觀看全景時，對我而言，景色的輪廓與妝點它的元素總顯得更完美。」即使是擁有懷疑精神的人，也很難避免使用這個詞彙。小說家因莫曼（Karl Immermann）雖然獨排眾議地宣告他認為中萊茵河「單調乏味」，仍坦言他很喜愛「美因茲的全景」。[193]

萊茵河與眾不同之處在於旅人數量多、旅人的組成國際化（英國人尤其多），以及「浪漫的萊茵河」無可比擬的神祕魅力。[194] 以昆恩精闢的用語來說，科布連茲與丙根之間多岩的峽谷是「萊茵河開始看起來像自己」的地方，換句話說，萊茵河在這裡開始像旅遊書裡所描述的它應有的樣子。[195]

昆恩與其他許多人透過他們的寫作，共同建立了對萊茵河的這種預設反應，恩格斯曾經諷刺過這個效應。他描述英國人布爾（John Bull）在從鹿特丹到科隆的蒸汽船上一直待在艙房裡，到了科隆「才爬到甲板上，因為那是『從科隆到美因茲的萊茵河全景』，或是他的萊茵河旅遊指南開始的地方」。[196]

這一段萊茵河擁有壯觀的玄武岩與頁岩條紋，以及與許多文學作品相關的突出自然地貌，比如龍岩丘（Drachenfels）*與羅蕾萊（Lorelei）**，還有葡萄園與荒廢的城堡。這裡仰賴特意營造的野性與歌德風格的名聲來吸引遊客，即使蒸汽船、旅遊書、庫克旅遊（Cooks Tours）***、飯店、旅社與挑夫都讓前往當地的旅行經驗愈來愈輕鬆舒適。

萊茵河特殊之處僅限於規模。在這裡發生的事情，後來也在其他地方以比較小的規模上演。更快也更可靠的交通方式在各處都開啟了休閒產業。第一本貝德克爾（Baedeker）旅遊指南以萊茵河為主題（這家出版社位於科布連茲），但這些收錄蒸汽船航班表與鐵路轉乘點、以紅皮封面為人所知的旅遊書，很快就涵蓋了德意志其他地區。[197] 萊茵河或許因為結合了風景、傳說和文學性的關聯而獨一無二（在推廣它的人眼中確實如此），但是其他地方也努力培養它們地貌與文化的優點。德意志統一前的幾十年間有一個諷刺之處：就在交通方式改善致使未來的國家更加緊密縫合之時，培養地方特色的趨勢也日益成長。[198]

以這些年間受歡迎的礦泉療養鎮為例[199]，一八五〇到七五年間，這些地方的訪客數量有可觀成長。萊茵河在這方面無疑享有特殊地位：以通往河畔或附近溫泉勝地的交通管道而言，沒有一條德意志河流像萊茵河一樣重要，在萊茵河一帶有維斯巴登（Wiesbaden）、巴德埃母斯（Bad Ems）和陶努斯山脈裡的

*譯注：龍岩丘相傳是敘事詩《尼伯龍之歌》（*Nibelungenlied*）中，勇士齊格菲（Siegfried）殺死巨龍之地。

**譯注：羅蕾萊是萊茵河中游的礁石，相傳女妖羅蕾萊會以動人歌聲誘惑行經船隻，使之遇難。十九世紀德國浪漫派詩人海涅曾創作敘事詩《羅蕾萊》，後來成為流傳很廣的德國民歌。

***譯注：庫克旅遊指英國人湯瑪士·庫克（Thomas Cook）於十九世紀創立的旅行社所規畫的旅遊行程。

溫泉。這是科布連茲與美因茲的碼頭在「旺季」時會這麼繁忙的原因之一。不過其他河流也能滿足同樣的功能，只是規模比較小，連馮塔納搭乘的奧得河蒸汽船上都有幾名旅客是要前往西利西亞的溫泉。200德意志地區有超過三百處可以泡溫泉的地方，絕大多數都不是以賭場、文學名流和皇室訪客而聞名的國際旅人聚集處。它們比較素樸，以中產階級為對象，這裡沒有賭博輪盤，沒有真正的或偽裝的英國人，而且送上的是Frühstück（德文的早餐之意），不是Breakfast（英文裡的早餐）。201這些溫泉形成新興旅遊休閒文化的骨幹。而正如所有想要吸引遊客的城鎮或地區，這些溫泉將日益熟悉而例行的事情，如時刻表或旅遊書的賣點，和地方特色的魅力結合起來，不論是水質特性還是獨特的景色。簡而言之，浪漫萊茵河的模式被廣為仿效。

鐵路與蒸汽船在這種新形式的旅遊中都扮演重要角色，甚至連時刻表都互相配合。但是在中萊茵河以外還有兩個地方，是蒸汽船真正舉足輕重之地。一個地方是湖泊。整個十八世紀，德意志湖泊上僅有的娛樂活動就是在貴族莊園舉行的化妝舞會與戰爭遊戲202；但是在十九世紀，湖泊成為備受珍視的休閒去處。位於德意志南端的康斯坦士湖（Lake Constance）是絕佳的例子。一八五〇年後，度假城鎮如諾能霍爾恩（Nonnenhorn）、瓦瑟堡（Wasserburg）、于貝爾林根（Überlingen）、美爾斯堡（Meersburg）和波德曼（Bodman），在靠近德意志那一側的湖畔發展起來，有常見的基礎建設如步道、飯店和賓館——以及碼頭。湖上的第一艘蒸汽船出現在一八二七年。隨著這個地區吸引愈來愈多遊人，蒸汽船也載運乘客到瑞士那一側的湖畔，到「花的島嶼」（康斯坦士湖的邁瑙島）出遊，或是來一趟月光下的旅程。這個地區的吸引力，蒸汽船的重要性不亞於煙火表演或天色晴朗時可以看到的阿爾卑斯山景色。203另一個吸引遊客前往的地方是北海島嶼，蒸汽船不可或缺。一七九七年建立的諾德奈島（Norderney）有數十年間一直只是菁英階層時髦的遊樂去處，因為那裡實在太難以抵達。成長始於十九世紀中期，當時，鐵道開始將旅客載運到海岸，當地也有了固定的蒸汽船航班。一八三〇到一八七〇年之間，東菲士蘭群島中的蘭格歐格（Langeoog）、猶依斯特（Juist）、波爾昆（Borkum）與巴特魯姆（Baltrum）興建了海水浴場，位於什列斯維希—荷爾斯坦近海的弗爾島（Föhr）與敘爾特島（Sylt）也在同時期對休閒旅客開放。[204]

北菲士蘭群島的大受歡迎有著萊茵蘭的影子，兩者都吸引了國際化的顧客，有人還抱怨敘爾特島變成「某種新的美國」[205]，然而，兩者也都因為對民族大業具有重要象徵意義而吸引了一些德國遊客。十九世紀上半葉的民族主義作家將萊茵蘭描繪為最典型的「德意志」土地，對法國針對河左岸的主權宣示報以激烈回應，並在一八四〇年差點爆發戰爭時達到最高點。[206]敘爾特島與弗爾島因為靠近主權有爭議的什列斯維希與荷爾斯坦公國，在一八四八年以後也有了代表「德意志」的類似情感意義。這種情感在有關諸島的敘述中明顯可見，例如韋爾科姆（Ernst Adolf Willkomm）的《北海與波羅的海旅記》（*Journeys by the North Sea and the Baltic*，一八五〇年）。[207]

島嶼、湖濱度假區、內陸的溫泉療養鎮和萊茵蘭都有另外一個共同點，它們代表德國水體的馴化。旅人在造訪期間從事的活動，相當於對水的另一種「征服」。不論是搭乘蒸汽船破水而行、泛舟其上、飲用泉水或瓶裝水、沐浴水中、凝視風光明媚的水域全景，或是利用機會（如俾斯麥在諾德奈島時）射獵悠游水中的海豹與海豚，都是如此。[208]這些稱得上無傷大雅的娛樂活動，建立在愈來愈繁複的基礎建設之上，這些建設讓旅行不那麼艱辛，也讓享受自然景觀變得更便利。溫泉療養鎮努力保護客人不受淹水與落石干擾，同時興建步道（甚至纜索鐵路）通往適合觀看全景的地點；北海諸島在一八五〇年後不僅投資興建碼頭、步道與更衣車（bathing machines）*，也投資興建海堤與防波堤，以抵禦可能會侵蝕沒有屏蔽的諸島西端的風成潮汐（wind-driven tides）。[209]

有錢旅行的人前往海濱或湖畔，是為了逃離發展中城市忙碌擾攘的世界，這已經是老生常談了。不過，要享受馴化自然的建設計畫所帶來的好處，並不需要離家太遠。十九世紀中期之後，各方面都忙於成長，新的財富、公民自豪與樂觀主義重塑了德意志的城市中心。鐵路的來臨永遠改變了這些城市，而它們亟需更多空間，因此這些城市與史塔克洛夫的奧登堡一樣，衝破了舊的城牆與城門，而且規模更大。住屋、商業建築，以及博物館和植物園等文化進步的象徵，沿著瓦斯燈照亮的大街出現。[210]馴服為患的水體往往是這些改變的序曲。一八六〇年代以前，萊比錫歷史中心以西的地區一直是沼澤地，每當埃爾斯特河（Elster）與普萊瑟河（Pleisse）溢出河岸時就會淹水。當時甚至有首風行一時的歌曲是這樣開始的：「在偉大的海濱城市萊比錫，曾經有過一次很可怕的水災」（最有名的一句是：「屋頂上坐著一位老先生，他不知道該怎麼辦」）。埃爾斯特河在一八六〇年代經過運河化，沼澤也排乾了，創造出宏偉的住宅區，統一後德國的最高法院後來就位於此。[211]同樣在那十年間，布雷斯勞（Breslau）的歐勒河（Ohle）被填滿以興建新的街道[212]，漢堡的阿爾斯特河周遭地區也經過類似的重建。改造阿爾斯特河不僅移除了潛在的危險，也增加了一項公共資源。在德意志各地新的城市中心，商業與文化的嚴肅氣氛因為有了河濱步道與大眾公園而變得活潑，如果沒有既存的水體可以馴化，人工水體就會像變魔術一樣出現。另一方面，蔓延的市郊使得較偏遠的湖泊也在城市居民可抵達的範圍內。這一切都創造了新的水濱娛樂機會：在大眾公園是有秩序而得體的，在河流沿岸與郊區湖畔則較有活力，或坦白說是縱情逸樂的。小船從重要的商業水道上消失後，在都會湖泊找到了利基。職業漁民在河流調節的效應下掙扎時，城市裡的週末釣客則快速成長。這些年間，德意志人對組成社團的狂熱，讓划船的人和水手開始創立自己的組織。水濱浴場迅速擴散。齊勒（Heinrich Zille）要到世紀末才會畫下泳客與抽菸斗的職員享受柏林水濱的素描，但早在他記錄他們以前，他們就在那兒了。

蒸汽船在這些水上遊樂場占有一席之地，在大柏林地區更是如此。大柏林擁有理想的蒸汽船航行條件，有一個原因是這裡永遠在興建新的人工水道，依循天然但無法航行的水流而建。另一個原因是，城市不斷成長擴張到郊區，而郊區有許多湖泊。這些優勢開啟了創業能量。一八四〇年代末，「西里西亞門邊馬斯紳士游泳與沐浴中心」（Maass Swimming and Bathing Establishment for Gentleman By the Schlesisches Tor）的業主已經開始提供小規模的蒸汽船服務，提供從島橋（Island Bridge）出發的顧客搭乘。薩斯（Louis Sachse）在一八五九年接手經營時，將蒸汽船服務範圍沿斯普雷河擴展到特雷普托（Treptow）。五年後，他與來自斯泰丁的兩名投資者共同創立了柏林與哥本尼克蒸汽船公司（Berlin and Cöpenick Steamship Company）。四艘長六十英尺（約十八公尺）、可載運一百二十名乘客的船隻，從亞諾維茨橋（Jannowitz Bridge）橋畔的浮動碼頭出發，往來於東邊與東南邊郊區的水道。到了一八六六年，這家公司已改名為簡潔的柏林蒸汽船公司，擁有十三艘船組成的船隊。在城市西邊，蒸汽船 Fortuna、

---

*譯注：更衣車是十八、十九世紀時，為了讓女性毋須穿著泳衣走過沙灘而出現的活動更衣室，有輪子可推入淺水處，女性泳客從一端進入更衣後，再從另一端的門直接走入海中。

Kladderadatsch與Trio號的固定船班由柏林的伯恩特（A. H. Berndt）經營，在同樣航線上競爭的還有來自波茨坦的造船業者格布哈特（August Gebhardt）。經過一場報紙廣告大戰之後，格布哈特最終占了上風，買下對手的船隊，航線以柏林為中心向四面八方輻射：往東經特雷普托和哥本尼克到米格爾湖（Müggelsee）和埃爾克納（Erkner），再到斯提澤恩湖（Stietzensee）；往東南穿過哥本尼克沿達默河（Dahme）到沙米策爾湖（Scharmützelsee）；往西經波茨坦到內德利茨（Nedlitz）和帕赫茲（Paretz）；北至海利根湖（Heiligensee）、下菲諾（Niederfinow）和魯平湖（Ruppiner See）。213

「最『柏林』的事，莫過於在侯領地區水域的蒸汽船之旅了，」記者施萊克（Harry Schreck）在一九二九年寫道。他認為，在傳統不受重視的時代，像這樣的蒸汽船旅程是少數尚存的簡樸而傳統的享受。這種懷舊之情可以理解，但在許多方面它是建立在一個假象上。二十世紀，休閒活動本身變得愈來愈有組織與商業化——在國家社會主義之下，也更政治化。不論是好是壞，在侯領地區水域那純真的蒸汽船旅程，代表的是與過去真正的告別，某種嶄新與現代的事物即將開始。214

對抗大自然力量的更多勝利

一八四四年九月，德意志自然科學家與醫學家學會（Association of German Natural Scientists and Physicians）在不來梅舉辦年會，當地分會的主席在歡迎會員時，斷然宣告這是他們的「黃金年代」。215學會的聚會場合從來不缺信心。二十五年後，物理學家兼生理學家亥姆霍茲（Hermann von Helmholtz）

在開幕演說中告訴觀眾，凝聚他們的是一個信念，那就是科學將「讓自然無理性的力量臣服於人類的道德目標之下」。科學家、老師、有影響力的政治家和「國家文化階級」的成員——全都「仰仗我們推動文明的更多進步和對抗大自然力量的更多勝利」。[216]

要宣告一個黃金年代的開端，最好的地方莫過於不來梅，這座城邦位於德意志的北海海岸，面對廣大世界。十九世紀中期會有這種無比樂觀的態度，有一個原因是新科技開始在全球散播。當時的人相信，電報在國內能做到的，靠著海底電纜也能越洋進行。同樣的道理也適用於蒸汽動力。蒸汽船是「普世交通的載體」，是「人類在全球普遍存在的中介」。[217]果真如此，那麼不來梅就是這一切的具體表現。這座漢薩同盟*城市加上它新的外港不來梅港，是德意志地區對世界的窗口，而這個世界似乎每一年都在變小。一八六〇年代，乘帆船航渡大西洋需要四十四天，但靠著蒸汽動力只需要兩個星期；到了一八八〇年代，這個時間已經減少為十天。華盛頓號在一八四七年六月十九日抵達不來梅港後，開啟了歐洲與美國之間的固定蒸汽船通航。其後數十年間，隨著蒸汽船橫越大西洋的成本與時間減少，不來梅港成為德意志與美洲之間最重要的連結之一。蒸汽船將棉花、菸草、米和咖啡從大西洋另一端運來，帶回去的是精製糖、加工米、啤酒——和人。一八四〇年代到第一次世界大戰之間，共有四百萬德意志人前往美國。從不來梅港出發的移民比其他任何港口都多，單在一八五四年即有七萬七千人。一八五七年在不來梅成立的北德意志—勞埃德（Norddeutscher Lloyd），成為全世界最大的海運公司之一。美國南北戰爭結束後，北德意志—勞埃德公司每星期都有八艘蒸汽船啟程前往紐約。它們的船隻在世界各地都能看到，不管是

*譯注：漢薩同盟是十二到十三世紀間形成的商業、政治聯盟，以德意志北部城市為主，全盛時期為十四世紀晚期到十五世紀早期。

加州、印度、香港還是澳洲。[218]

如果少了在本土的持續創新，這一切都不可能發生。不來梅港開埠短短二十年後，一座新港口就在一八四七至一八五一年之間建起，以容納較大的船隻。一八五八年，港口又經重建。不來梅港和威廉港一樣，經歷了一再加深船塢的循環，而且進行得更早、也更快。新的燈船、燈塔、浮標和領港站護衛著主要航道和通往威瑟河的進路；北德意志海洋氣象臺也於一八六八年在漢堡成立。[219] 船塢的大小與導航浮標的位置，這類聽起來像是只有研究古文物運輸的歷史學者才會喜愛的事情，與蒐集公車票差不多冷門——不過，那時的當代人卻對這類細節展現了出奇的熱情，而這些細節也總被拿來證明所有東西都正在變得更大、更強固或更快速。這個訊息也在青少年讀物中傳播，比如席克（Ernst Schick）的《詳述現當代重要建築、紀念建築、橋梁、機構、水利工程、藝術品、機器、儀器、發明與事業，為青少年的寓教於樂而改編》（*Detailed Description of Notable Buildings, Monuments, Bridges, Facilities, Hydraulic Constructions, Art Works, Machines, Instruments, Inventions and Undertakings of Modern and Recent Times, Adapted for the Instructive Entertainment of Mature Youth*）。書中，席克不吝於描述燈塔或港灣。[220]

除了在北海海岸建置了浮標和導航站，全球航道在一八五〇到七五年之間也愈來愈安全，航程愈來愈短。當時的人對這件事情所表現的興趣，我們或許比較有心理準備了，不過他們的熱衷程度還是讓人訝異。在一八六八年出版的單冊版《普通比較地理學》（*Comparative General Geography*）中，卡普（Ernst Kapp）大讚在海洋的「通衢大道」中航行，是「心智對於這些水體的勝利」。他書寫時距離蘇伊士運河開通只剩下一年，他毫不懷疑「一旦這個符合全球文明人類整體利益的導正工程完成，就表示數千年來讓人類為其所苦的大自然障礙，終將為人類心智所主宰。」當然，「導正」一詞也正是用以描述萊茵河與其他德意志河流改造工程的用語。卡普會用這個詞絕非意外。他相信，與蘇伊士運河（以及未來的巴拿馬運河）即將連結的廣大海洋相比，打通一座地峽就和搬走阻礙河水流動的石頭一樣——小事一件。[221]

我們如何解釋這種對人類主宰慣有的自信語氣？至少有三種思潮灌注其中。首先，對進步的信念夾帶著對未來更大的政治與文化期待。對於史塔克洛夫這樣的進步派而言，蒸汽船與鐵路都象徵一個新的、比較不受局限的社會，這樣的觀點，哈科特（Friedrich Harkort）說得最具煽動性，他誇稱，「火車頭是把專制主義與封建制度送進墳場的靈車。」[222]這是一八四〇年代常見的語調。我們在海涅（Heinrich Heine）的著述中經常看到。同樣的烏托邦式樂觀主義在瑪提（Karl Mathy）一八四六年的一篇文章中清晰可聞，這篇文章名為〈鐵路與運河，蒸汽船與蒸氣運輸〉（Railways and Canals, Steamships and Steam Transportation），是為了羅泰克與韋爾克（Rotteck and Welcker）編纂的《國家辭典》（*Staats-Lexikon*）所寫，《國家辭典》被奉為自由主義聖經。*瑪提主張，這些強大的新力量將讓田園豐美，為工坊帶來新生命；它們「也將賦予最底層的人能力，讓他們得以遠渡重洋教育自己、到他鄉尋求工作，並且在遙遠的溫泉勝地或海濱度假區恢復健康」。[223]這種樂觀態度並未隨著一八四八年革命結束而消失。卡普自己就是一八四八年革命的參與者，革命結束後他移民美國，在德州蓋了一棟房子，然後在一八六〇年代回到德意志，依然緊抱對進步的信仰。[224]

*譯注：《國家辭典》是一部政治辭典，由歷史學者與政治人物卡爾·馮·羅泰克（Karl von Rotteck）與法學教授卡爾·西奧多·韋爾克（Carl Theodor Welcker）合力編撰。

經過一八五〇年代的政治急凍後，自由派樂觀主義在一八五九年之後再度迸發而出。進步黨的成立是跡象之一。另一個跡象是充滿煙硝味的辭令，這是出自對德意志自然科學家與醫學家學會演說的講者之口。最常對學會演說、為了進步大業而鬥志最高昂的，莫過於菲爾紹（Rudolf Virchow）——他是醫生、科學家、科學推廣者、進步黨政治人物，以及激烈的反教權者。[225]最後這一點很重要。這些年間進步派的尖銳論調，不僅針對源自德意志諸邦政府陰魂不散的威權主義，更源自天主教會中捲土重來的宗教「愚民政策」（一八六四年的「謬說要錄」、一八七〇年的教宗無誤論）。鐵路與蒸汽船是棍子，用來打擊對現代世界拋出嚴厲譴責的教會。自由主義者與進步派人士認為自己在兩條戰線上作戰：一邊是與束縛人類的自然對抗，一邊是與束縛人類的「守舊」人士對抗。[226]

這些觀點中還融合了民族主義：統一的德意志將一舉清算神聖羅馬帝國的陰謀算計和狹隘的地方主義。另一方面而言，重要的是，德意志民族對現代科學成就有一種獨特的驕傲，這可能提供了第二層次的原因，說明他們為什麼會以特別誇張的言論堅持人類對自然的主宰。長久以來，德意志一直自視、也被視為「詩人與思想家的土地」——是夢幻的、形而上的，以及不切實際的。對科學與技術發明的高調頌揚，是對這種刻板印象的反動。政治人物、科學家與其他受過教育的中產階級成員大談蒸汽船與進步，揚棄了那個夢幻的形象，也擺脫了另一個長期以來的民族象徵：溫和、穿著睡帽、沒見過世面的人物，「德意志米歇爾」（German Michel）。*菲爾紹、亥姆霍茲和卡普崇拜的人物精力充沛多了。對現代科技大加讚揚的《涼亭》等家庭週刊和其他刊物的編輯也另有崇拜對象。斯班莫（Otto Spamer）的肖像系列《拉自己一把！》（*Help Yourself!*），以「憑自己努力出頭的男性」為主題，特別關注科學研究者、發明家和工程師，認為這些人應該為他們對於「文化、知識發展與人類進步」的貢獻而受到感謝，多虧了他們「開拓性的新想法」，才有「一股清新的微風吹過我們現在的世界」。[227]

當時人們對於人類主宰自然表達出讚嘆還有最後一個原因。很矛盾的，這種讚嘆的感覺出自人類對自然物理世界的敬意，因為它是形塑人類事務的一種力量。這個觀念現在已經太陌生了，但至少它在十九世紀的形貌而言是如此，因此我們必須努力發揮想像力，才能進入那些相信地理即命運的男子的思維（此處我們談的都是男子）。不管我們讀的是地理學家李特爾（Carl Ritter）、哲學家暨地理學家卡普或是歷史學者特賴奇克（Heinrich von Treitschke）的著作，有一個信念像一條紅線般貫穿它們，即群體與民族的命運由地球物理特徵（與氣候）所塑造——用李特爾一言以蔽之的用語說，就是「地球外在特徵對歷史進程的影響」。[228]這些著名人物與他們數以千計的讀者深深相信，山脈與海岸線對人類社會的演化有決定性的影響，正因如此，他們才會對人類巧思發明、粉碎了這些限制的工具，感到如此佩服。李特爾欣慰地記下，蒸汽動力實質上將河流長度減少了六到七倍；連穿越蘇伊士地峽的運河顯然都成為可能。他的結語：「在人類心智更增廣與穩固的統轄之下，整個地球的物理條件因而改變了。」[229]

世界愈來愈小是這些年間的老生常談。環遊世界只需要大約一百天，很快就只需要八十天了。蒸汽航運將未經探索的地區納入了可抵達的範圍內。斯班莫仰慕的「行動之士」中，包括遠渡重洋到未知或所知甚少地區（對歐洲人而言）進行探索和測繪的德國人。這些旅程和隨之而來的名聲都不是首見。

＊譯注：德意志米歇爾是代表德國人民民族性格的人物，就像John Bull代表英國人，而山姆大叔代表美國人。他通常被描繪成幼稚和容易上當的人物，喜歡樸素和安靜的生活方式。

半個世紀或更早以前，同樣的本能也曾驅使尼布爾（Carsten Niebuhr）前往阿拉伯、亞歷山大・洪堡（Alexander von Humboldt）沿南美洲奧里諾科河（Orinoco）而上，以及蓋奧格・福斯特環航世界。直到一八四五年都還有萊契哈德（Ludwig Leichardt）首度穿越澳洲大陸的旅程，只是他在啟程三年後葬身沙漠。[230]這類旅程在一八五〇到七五年之間愈來愈多，而這些旅程的宣傳設備也愈來愈發達。

這是想像的帝國主義，這種勃發的文化自信是一個序曲，將導向一八八〇年代之後在德意志占據中心地位的政治與經濟帝國主義。主導十九世紀中期的思維是對進步的信仰，而對遠方的探索表達出對「異國」的著迷，正是這種進步信仰的另一個自我（alter ego）。陌生與不同的事物被視為一種挑戰。有兩個地方捕捉了當代人的想像力。一個是非洲。一八四九到一八五五年之間，由古典學家轉為地理學者的巴特（Heinrich Barth）在赤道以北的非洲四處旅行，成為第三個進入廷巴克圖（Timbuktu）的歐洲人。他的著作《北非與中非旅遊發現紀事》（*Travels and Discoveries in North and Central Africa*）最初出版時有五冊，後來以大眾為對象出版了另一個版本，儘管如此，在他返回歐洲後，讚揚他的主要還是「科學之士」。[231]較為大眾所知的是羅夫斯（Gerhard Rohlfs），他在一八六〇年代穿越撒哈拉沙漠，然後從的黎波里到幾內亞灣穿越非洲。羅夫斯是醫生，所以他後來深入蘇丹的旅程，讓他成為德意志版的李文斯頓醫生*——如果我們可以想像李文斯頓會像羅夫斯一樣在法國外籍兵團服役。一八六〇年代和七〇年代在非洲的德意志探險家特別多，包括施維因富特（Georg Schweinfurth）、茂赫（Karl Mauch）、莫爾（Eduard Mohr）與藍茨（Oskar Lenz）。他們的旅遊涵蓋非洲的每一個角落，包括西海岸與內陸，不過他們當中多數人在某個階段都到過撒哈拉。[232]

如果非洲在德意志的想像中代表炎熱與「黑暗」，寒冷雪白的北極就是它的相反。德意志人也投入在北極水域的旅行與研究，抵達之處比曾經從北海港口出航的德意志捕鯨船都遠。最初的刺激來自地理學者彼德曼（August Petermann），一八六五年，他在法蘭克福舉行的德意志地理學者全國大會上發表演講，獲得熱烈迴響。儘管政治動盪延誤進度，第一次德意志北極遠征行動仍在一八六八年啟程了。長八十英尺（約二十四公尺）的蒸汽船日耳曼尼亞號（Germania）由考德魏（Karl Koldewey）擔任船長，在北極地區的夏季度過四個月，返航時帶著科學資料，但沒有獲得重大的地理發現。他們立即規劃了次年的第二次遠征。那次遠征用了兩艘船（帆船漢薩號〔Hansa〕加入日耳曼尼亞號的行列），並且再次由考德魏領軍，隊伍中包括六名科學家和大批科學儀器。遠征隊在一八六九年六月十五日從不來梅港出航時，威廉一世和俾斯麥也剛好在場，他們兩天後繼續前往參加威廉港的正式啟用典禮。遠征隊發現並測繪了格陵蘭東岸，在積冰中度過冬天。日耳曼尼亞號的船員在一八七〇年九月返回威瑟河時，普法戰爭正打得激烈。漢薩號沉沒了，但成員們因春季的裂解浮冰而存活下來，最後全部安全返回家鄉。他們在一塊浮冰上度過了整整二百三十七天，足以道出許多英雄事蹟的故事。在歡迎兩組隊員返鄉的餐宴上，遠征委員會主席舉杯致敬：「我們現在得以用驕傲和喜悅的眼光看這些水手和科學家的成果，他們充滿榮耀地示範了德意志的航海能力、德意志的毅力，和德意志為了豐富科學領域的努力。」[233]

對科學的重視在那個時代很典型。一八四〇年代到一八七〇年代之間成立的關於自然歷史、自然科學以及地理的各種學會，比十九世紀其他時期都多。[234]不來梅的摩爾研究站（Moor Research Station）與

*譯注：大衛・李文斯頓（David Livingstone，1813-1873），英國人，曾學醫，前往非洲傳教後投入地理探險，致力於終結非洲的奴隸貿易。

漢堡的北德意志海洋氣象臺，都是那個年代的產物。但是，這些探索的航程攸關的不僅是科學。沿著林波波河（Limpopo）而上的旅程和前往北極水域的遠征，連結到的是更深層的當代信念，即自然世界的限制可以被克服。探險家為「黃金年代」添加了戲劇化的驚嘆號，這個年代見證了一座新海軍基地從泥巴中建起，以內部殖民為名對沼澤的進一步征服，以及德意志河流在調節工程與蒸汽船下的全面馴化。托馬斯（Louis Thomas）在一八六〇年出版以青少年為對象的《神奇發明之書》（*Book of Miraculous Inventions*）中，有一篇引言名為〈人類，大地的主人〉，文中首先描述人類如何憑藉高超的巧思與技術，克服了在力量、聽覺與視覺上與其他動物相比的劣勢，然後托馬斯接著寫道：235

> 因此人類是創世的顛峰之作，是地球的主人，這一點透過地球本身就可證明。人類深入挖掘地球的內部，在它的表面播下各種植物的種子，那些生長在炎熱區域的植物，人類可以讓它們在較溫和的氣候中生長；他用炸藥炸開岩石，讓它們崩塌，並以運河和鐵路犁過地球；他造的路越過最高的山，他切穿雄偉的地峽將海洋連結起來，他也將沙漠變為擁有許多城鎮的國家或豐收的田野。風暴、雨水或寒冷都無法阻擋他，距離也永不再能阻擋他達到目的地，海洋亦無法分隔他。

這當然是片面觀點，而且不只在一方面如此。威廉港的建造者知道事情沒有這麼容易。要寫出托馬斯那段狂想曲不用花多少時間，要馴服泥巴和阻擋北海進襲則是耗費多年的事情，而且永遠不會獲得最終勝利。亨特河－埃母河運河的工程師知道這件事，東菲士蘭與奧登堡的沼地殖民者也知道。這些是征服野性之水的人類代價。與那些歌頌進步的人相比，真正付出代價的人穿的靴子比較泥濘、健康狀況比較惡劣。另外有時候，人類代價會以比較戲劇化的形式發生，比如危害許多早期蒸汽船的鍋爐爆炸，以及早年跨大西洋船隻的慘重損失——從一八三八到一八七八年間，有一百四十四艘蒸汽船沉沒在北大西洋中。激進詩人弗萊里格拉特（Ferdinand Freiligrath）為這一點添加了額外轉折，用以戳破有錢人的自滿。他指出，蒸汽船乘客的安全，仰賴的是遠離燈光和風景、在甲板下方勞動的鍋爐工與輪機員，他們只要一個蓄意之舉，整艘船就灰飛煙滅了。[236]

每當一艘蒸汽船啟航，飛到天上的總是煙。來自燒荒的煙霧在減少中，一部分是因為立法禁止燒荒，以此為宗旨的各個協會發揮了影響力；不過，由蒸汽船煙囪產生的「煙害」已經與其他形式的汙染共同成為進步的代價之一。[237]另一種汙染是家庭與工業廢棄物，它們把河流變成會毒害人類健康與水生生物的威脅。一家地方報紙描述一八七五年的埃姆舍爾河（Emscher）「色澤深黑，發出致命的惡臭。魚、蟹與青蛙死在……被阿摩尼亞和焦油毒害的河流中」。[238]這個問題蔓延至魯爾採礦區以外的地方。一八七七年，薩克森有一百四十個區提出水道汙染的申訴，其中超過百分之九十將原因指向工業造成的問題。[239]德意志河流因為工業化（以及「工業化」農業）而發生的退化，開始引發當代人覺醒，與之對抗的協會紛紛形成，科學家針對德意志河流的自淨能力能否承受前所未有的負擔而辯論。拉貝（Wilhelm Raabe）一八八四年的小說《費斯特的磨坊》（*Pfister's Mill*）以一起真正的訴訟案為素材，敘述一家廣受喜愛的鄉間小酒館受到上游糖廠排放汙染威脅的故事。[240]

進步讓人類付出了代價；但是，非人類付出的代價呢？尼采對鼓吹進步之人的夸夸其談深感厭憎，這些人總是樂於提出不合時宜的想法。對於人類對待環境的方式，尼采有話要說：「我們對自然的整個態度，我們在技術專家和工程師不顧後果的發明以及機器的幫助下對大自然的侵擾，是出於自大。」[241] 他寫下這些的時候是一八八七年，那時，進步的黑暗面已經受到很多關注。在河流調節與蒸汽船運行下消失中的棲地與受脅的繁殖地，讓植物學者與動物學者為之痛惜。沼地也有其憂心的捍衛者。巴伐利亞礦物學家柯貝爾（Franz von Kobell）批評，泥炭挖掘與沼地排水正在毀滅當地的鳥類族群，「人們的所作所為彷彿全世界都只是為了供他們使用」；他們消滅了沼地鳥類，「彷彿他們有權改良造物者的創作」。「幾百年後，」他在一八五四年寫下他的擔憂，沼地將「徒留其名」。[242] 事實證明，連這樣都太過樂觀了。受威脅的鳥類物種引發了高分貝的關注。柯貝爾憂慮著達豪（Dachau）沼地曾經數量豐富的鷸；植物學者與沼地保育先驅韋伯（Carl Albert Weber）為黑雄松雞和杓鷸的數量衰減而擔心；其他人指出溼地消失連帶使得白鸛賴以為食的青蛙消失，導致白鸛離開。[243] 類似的趨勢在德意志各地引發沉痛譴責。學校教師與鳥類學者利伯（Karl Theodor Liebe）在家鄉圖林根以四十年時間記錄鳥類生活，並在一八七八年描述了在那段期間觀察的物種有多少已經消失。同年，他成立了德意志鳥類保護協會（German Association for Bird Protection），這是以此為宗旨在世紀末前所成立的五個不同機構中最早的一個。在大眾壓力推波助瀾下，《鳥類保護帝國法》（*Imperial Law on Bird Protection*）於一八八八年通過。[244]

警告的聲音來自業餘者，也來自專家。這是業餘博物學者的全盛年代，正如週末考古學者一樣。官員、神職人員與教師帶著他們的網子與筆記本在土地上細細搜尋，記錄著、採集著，且擔憂著。這是進步文化的另一面。科學的威望，以及對精細觀察與確鑿事實的崇敬，驅使自然歷史學會的成員前往鄉間，尋找現存物種和化石。他們找到的，不管是哪一種，都有可能引發憂慮。對專業科學家而言，這兩者是相關聯的，尤其是在達爾文的《物種源始》於一八五九年出版之後。這本書在德意志產生了重大影響。過往物種的命運，開啟了對現生物種以及物種間彼此關係的豐富思考。生理學家海克爾（Ernst Haeckel）在一八六六年出版了受演化論啟發的普通形態學著作，在其中首創「生態」（ecology）一詞，定義為一個生物與其周遭外在環境間關係的科學——它的「存在境況」。[245]

德意志科學家在現代生態思想的興起中扮演了關鍵角色，這個思想體系又特別得益自水生物種與棲地的研究。一八五〇年代末，動物學者、科學推廣者與專研軟體動物的羅斯瑪斯勒（Adolf Rossmässler）大力提倡成立海洋水族館，誠然，那是人造環境，但能夠具體而微地展示物種間微妙的相互依賴，而這正是羅斯瑪斯勒熱情投入的教育使命。德意志果真在一八六四年於漢堡啟用了它的第一間水族館，主事者是生態思想的關鍵人物之一，莫比烏斯（August Möbius）。他是海洋動物學者，同樣專研軟體動物。他研究基爾灣（Kiel Bay）的動物相後，寫了開創性的著作，描述牡蠣床並指出過度採集的危險，但是他後來的名氣要歸功於他首創「生物群落」（biocoenosis）一詞，直到很久以後，這都是在歐洲用來指稱早期美國生態學者所稱的「生命群聚」（living community）的詞彙。其後十年，師事莫比烏斯的楊格（Friedrich Junge）出版了著作《村落池塘的生命群聚》（*Village Pond as a Living Community*），這是整體性敘述（holistic account）的先驅，很快使用於描述其他棲地，如沼地（卡爾·韋伯）、森林（蓋耶爾〔Karl Gayer〕）與湖泊（提尼曼〔August Thienemann〕）。[246]這些作品共通的結論是，對一個物種或某個生態系局部的干擾，會產生漣漪效應。其中的教訓是，人類不該魯莽干預複雜的生命之網。

最可能引發憂心的是環境干擾，而這讓人類也感受到負面衝擊。汙染是主要的例子，但不是唯一一個。全世界海洋交通大幅增加的結果之一，是我們現在稱為「生物入侵」的現象。跨越大西洋的不只是人類、棉花和菸草；其他物種也會躲在貨艙中或附著在船殼上，「偷渡」完成這趟旅程。在新統一的德意志帝國，引發最多憂慮的兩個入侵物種來自北美洲，即藤蔓病瘤蚜，以及會侵襲馬鈴薯的科羅拉多金花蟲。有一位官員負責處理這些威脅德意志農業的害蟲，他後來在回憶錄中以輕鬆諷刺的語氣描述了對這些有害昆蟲的「消滅之戰」。[247] 幽默感在當時是缺乏的。入侵物種抵達之時，法國在德意志西方邊境造成的威脅亦引發憂慮，針對天主教會的反對運動（稱為「文化鬥爭」）正值高峰，使得一名反教權人士將瘤蚜與科羅拉多金花蟲和耶穌會教士與「帝國的其他敵人」統統綁在一起。[248] 以此例來看，在語言中省略人類與非人類物種的區別有其目的。將天主教徒非人化是迫害他們的序曲，正如偽科學反猶太主義在一八七〇年代末於德意志興起後，其追隨者開始稱猶太人為「芽孢桿菌」或「害蟲」一樣。

其他物種——藻類、魚類、軟體動物——被帶入德意志的水道，在已經受損的生態系中逐漸壯大，如萊茵河的斑馬貽貝[249] 這些問題在一八四〇年發明壓載艙後更形嚴重，因為壓載艙在汲取壓艙水時會不加區別地吸入所有物種，然後在數千哩外排放出來。壓載艙約於一八八〇年開始普遍使用，加劇了水生物種入侵的「生態輪盤賭」。[250]

世紀中之後，另一個遠憂出現了。沼地開墾，河流被約束在其氾濫平原上的一小片地區，池塘與沼澤加快排水步調，這一切都引發一個問題：德意志是否「逐漸乾涸」？毫無顧忌地將溼地排乾並且使河水加速從集水區流入海洋，有其危險，結果可能是地下水位下降，以及對氣候、野地生物與人類便利性產生長期影響。這個議題在一八五〇年代和六〇年代開始在幾個國家被提出，最引人注目的是一八六四年出版的劃時代巨著，新英格蘭人馬許（George Perkins Marsh）的《人與自然》（*Man and Nature*）。[251]在法國，巴比內（Jacques Babinet）提出了類似問題，在歐洲德語區也是，包括奧地利人魏克斯（Gustav Wex），以及對於上萊茵河在圖拉的導正後，沿岸地下水位下降感到憂心的植物學者。[252]也許在德意志最能與馬許類比的人物，是巴伐利亞植物學者法拉斯（Karl Fraas）。他和柏金斯一樣曾經住在地中海地區，也思考著曾經欣欣向榮的農業用地的命運，這讓他產生類似的想法，擔心人類衝擊對氣候與環境的破壞。一八四七年，法拉斯出版了《氣候與植物世界的與時變化：一個歷史研究》（*Climate and Plant World over Time: A Contribution to History*）。他的熱心讀者之一是馬克思，馬克思在一八六八年寫信告訴恩格斯，法拉斯展現了資產階級文明如何「在其所經之處留下沙漠」。[253]但一直到二十世紀初期，有關德意志即將變成「乾草原」的擔憂才獲得更廣泛與急切的發聲。

馬許的書名是《人與自然》，與他同時代的德意志人針對人類自大的後果發出警告時，提到的也是「自然」而非「環境」。雖然自然對每個人的意義並不相同，卻是將其他方面觀點迥異的人串連起來的一條共同主軸。有些人視自然為天啟真理的來源，是足與宗教抗衡的精神力量，其聖典就是勞烏（Heribert Rau）的《自然福音》（*The Gospel of Nature*）。勞烏追隨盧梭、歌德與其他泛神論作家，強調自然做為一種生命力量應該受到崇敬。這個觀點在一八五〇年代與六〇年代的德意志所引發的共鳴是十九世紀其他時期都沒有的，在當時，這是對科學家的物質主義以及其他認為自然世界不過是一連串物理力量的人的反動。持不同觀點，認為自然是一座「殿堂」的人也享有穩固的體制基礎，其中包括《自然》（*Nature*）這樣的期刊、一八五九年亞歷山大·洪堡百年誕辰成立的洪堡學會，以及探索物種相互依賴關係的科學家，他們的整全分類觀（holistic categories）與勞烏所強調的與自然合一非常相似。對於以這種觀點看待自然的人，達爾文學說是一個重要的刺激，而很自然的，他們往往又對有組織的宗教抱持懷疑。其中許多人屬於非正統團體，例如新教的「光之友」（friends of the light），以及脫離羅馬教廷的「德意志天主教徒」。海克爾提倡以「簡單的自然宗教」取代基督教會的教義。事實上他提出，比起基督教強調人類是造物傑作、異於且優於其他物種，生態學觀念中的非人類中心主義與佛教的共通處還比較多。[254]

然而根據正統基督教教義，也有理由悲嘆不虔誠的人類對待自然的方式。不論《聖經·創世紀》對於自然的「治理」和「管理」說了什麼，基督教傳統中還有其他思想脈絡。[255]柯貝爾譴責那些自認所作所為彷彿可以改良受造物的人，表達的就是這種想法。鳥類學者利伯呼應他：神造了人類，也造了植物和動物，因此祂的所有受造物都應受到尊敬。[256]這些主張源自最終原因原則：天地間每一種生物的存在都有原因，也都在神的計畫中有一個位置。在一八五〇年代或一八七〇年代有人持此論點並不令人驚訝（除了相信德意志智識生活在十九世紀中期已經徹底「世俗化」的人例外），因為實際上在當時，每六本出版書籍中仍有一本是神學作品。新教與天主教的保守派尤其厭惡進步的時代與「物質崇尚」。哀悼失落的自然時，他們哀悼的是一個世界，其中所有他們珍視的事物——各種觀念與社會關係以及熟悉的地標——似乎都岌岌可危。

一八八〇年，保守的音樂教授魯道夫（Ernst Rudorff）發表了一篇文章，名為〈論現代生活與自然的關係〉（On the relationship of modern life to nature）。[257]寫這篇文章是因為他反對計畫中的一條觀光纜索鐵路，將建於萊茵河畔的龍岩丘，可是他論述的範圍遠不止於此。魯道夫嚴厲批評視自然為工具的態度，他認為這是當代文化墮落的徵狀之一。他譴責觀光業將事物平庸化的效果，也抨擊技術官僚為了實用而犧牲美感，為了追求利益而將每一條溪流變直，把所有的鳥類築巢地都毀去。魯道夫的長篇悲嘆根植於對現代生活的極端不喜，他透露出對生態的明顯關注，因為他主張河流調節其實會增加淹水風險。但事實上，他主要的關注焦點還是地貌美感。他的文章標誌著現代德意志自然保育運動的開始，強調保護真正本土的地貌。一直到十九世紀晚期，致力於這個目標的組織才在德意志中產階級中出現，這有一部分要歸功於魯道夫的努力。然而，一八八〇年以前的數十年間，也充滿了一種有什麼東西正在流失的感覺。如果魯道夫站在一個新運動的開端，他同時也得力於里爾（Wilhelm Heinrich Riehl）的早期著述。里爾學的是藝術史，後來成為民族學領域的先鋒。里爾與魯道夫一樣厭惡觀光客而熱愛溼地。他是保守派，不滿工業化，不喜對於進步的崇拜以及父權價值觀的消失。另一方面，他對「幾何狀」水道的批評和保存「荒野」的籲求，被關心生態的植物學者所採用，因此讓某些人主張他是現代進步綠黨（Greens）的先驅。[258] 這種模稜兩可的政治主張將貫穿德意志的自然保育運動。

當代人投射在自然上的失落感，不只是狹隘的保守主義和「反現代」反撲，這種情感也充盈在一八五〇年之後的文學中。正是在這時候，施蒂弗特（Adalbert Stifter）、史篤姆、拉貝和馮塔納等作家開始以一種新的精準度描寫自然地貌，彷彿知道它們的處境岌岌可危。[259] 在馮塔納的布蘭登堡旅遊寫作中，明顯可見他對這種脆弱與失落的意識。在他描述自己經常造訪的沼澤地正經歷的改變時，我們一再看到這種意識，他對這些地方的書寫，讓人感覺彷彿它們也感染了他的憂鬱。他說，「布里塞朗是一個衰落中的勢力，失去地貌的同時也失去了個性」；十二月的哈非爾蘭看起來比較有昔日的風貌，「再度夢想著以前的時光。」[260]馮塔納就這麼漫遊著，行過烏斯特勞和奧得布魯赫，甜蜜又苦澀地記錄著消失中或已然消失的地方和物種，以及取代了它們的綠色田野和草原。這些「綠色低地」、「廣闊的綠色區域」和「綠色地毯」豐富茂美，但新的綠意有時也「單一乏味」。[261]

馮塔納不是反現代派，而是溫文儒雅、行旅四方的城市居民，他能接受世界會改變。儘管如此，一種對失落世界的情感依然滲入了他的文字中。拉貝也是如此。在他後期的小說《吃蛋糕的人》（*Stopfkuchen*）裡，敘事者回到從前常去的地方：[262]

當我來到這裡，猶記以前有一座池塘，或者該說是一個沼澤，位在紅堤路的右邊，約有四、五百平方公尺。如今它不在了。那裡曾經充滿大自然的黝黯驚奇，現在他們把它變成了一片還算肥沃的馬鈴薯田，肯定很有用處，但是，以前比較漂亮，也比較有「教育性」。對於我們從前稱為蛙塘的地方，至少我該為它做的是，驚喜地四處找尋它，然後發現找不到的時候，感到非常遺憾。它是這麼好的一個結識對象，這麼好的一個老朋友啊！如此充滿白菖、蘆葦、香蒲、青蛙、蝸牛和水蟲，水塘上方有蜻蜓嗡嗡和蝴蝶飛舞，四周都是楊柳……「上帝知道，他們可以讓它保留原樣的。也應該如此。」我抱怨著……「他們不需要多那幾袋食物給自己或他們的牲口。」但他們以為他們需要，而現在你也沒什麼可以做的了。我只好接受這樣的失去。

敘事者聽天由命的態度，以及他在這段描述之前提到「大自然母親」時的輕微反諷，都讓人更強烈地感受到悲憫的情感。[263]

在每一個有關失落自然的當代敘事中，都存有內在的反諷。失去的可能讓觀察者的眼光變得敏銳，他們用文字或繪畫，偶爾用相機，框住了受威脅地貌的畫面——正如雅德灣的歐伯拉恩申田野愈是成為熱情依戀的對象，就愈是沒入水底。[264]更諷刺的是，對消失中的溼地與物種的熟悉感，很大一部分要感謝新的交通方式，但也正是這些交通方式預告了它們的消亡。隨著旅遊愈來愈普遍，愈來愈多旅人特意尋找「未經破壞的」風景。帶著馮塔納前往布里塞朗與哈非爾蘭的是鐵路與蒸汽船，正如拉貝筆下的艾篤華（《吃蛋糕的人》中的敘事者）是搭乘遠洋蒸汽船和火車離開他在非洲西南部的成功農耕事業，回鄉造訪他兒時之地。失落的水澤之地從未像它們在消失之際如此備受珍視、或讓人感覺如此熟悉。幾年之後，熱愛沼地的沃爾普斯韋德畫家莫德索恩指出，「自然」應該是人類的老師，接著補充，他是「在通過運河上方的橋上」有了這個想法。[265]

從運河上方的橋上看到的自然，有多「自然」？莫德索恩或馮塔納等人所記錄的，當然只是一個即景：是大自然在某一個時刻的一個畫面。藝術家和作家在沃爾普斯韋德所頌揚與描繪、流傳後世的沼地風光，已經經歷了至少一百五十年的人類干預，從根本上改變了。達豪的巴伐利亞畫家聚落所描繪的沼地也是如此。[266]這是無可迴避的問題。數算物種並惋惜其數量流失的神職人員與植物學者所記錄的，也只是一個更長的轉變過程中某一個階段的即景。他們為流失的豐足而悲嘆（「之前之後」中的「之前」），實際上可能是早前人類活動的產物，例如棲息在沙荒地樹籬中的鳥類和其他物種。自然，有時候是被蔓生草木掩蓋的遺跡，覆上了時光的鍍膜。[267] 里爾與他在德意志的後繼者使用「荒野」一詞，但是德意志其實沒有真正的荒野，只有或多或少經人類為了不同目的而密集使用的歷史地貌。[268] 針對十九世紀中期後的「黃金年代」，不管我們將目光望向北海海岸、西北的沼地，或德意志任何一處的河谷與溼地，可以指出的一點是，那些人類使用方式變得愈來愈密集。這些使用方式比早期的人類干預更具破壞性，儘管比起後來相對比較少。這就是為什麼莫德索恩畫筆下的沼地，與一百年前的即景相比是「去自然化」的，但依然描繪出了一個此後幾乎已經完全消失的地貌。

Four

築壩大業與二十世紀初期

從一八八〇年代至第二次世界大戰

在科技的仙境中

一九一一年，德意志城鎮布魯克斯（Brüx）的市政官員決定建造一座飲用水水庫，這座城鎮位於波西米亞西北。擋土牆在一九一四年六月二十六日建造完成。兩天後，法蘭茲·斐迪南大公在塞拉耶佛遭暗殺身亡，歡慶的啟用典禮因此從未舉行。直到兩名當地工程師寫的一本書出版之後，真正的慶頌才到來，此書主題即是這個「銳不可當的進步」象徵。[1]

另一個更形浩大的工程計畫也遭到同樣命運，這個計畫位於現在赫森（Hesse）的丘陵之間，當時是普魯士與瓦德克（Waldeck）侯國的邊境地區。埃德塔爾（Edertal）水壩的水面綿延十七英里（約二十七公里），覆蓋了曾經有三座村莊和數十座農場的谷地。歷時六年的工程在一九一四年結束，二億立方公尺的蓄水量使埃德水壩成為當時歐洲最大的水壩，直到今天仍是德國的第三大水壩。德意志皇帝與皇后、瓦德克侯爵與夫人，以及商業、政治與文化界領袖都接受了盛大啟用典禮的邀請，但是在典禮預定舉行的一九一四年八月十五日，戰爭已經開打兩週了。[2]一如布魯克斯的市政官員，埃德水壩的創造者被剝奪了慶祝的機會，唯一的安慰或許是地位最崇高的賓客已到當地參觀過：皇帝與皇后兩度造訪，一次在一九一一年八月，同行的有公主維多利亞·露易絲（Viktoria Luise）和坐滿六輛車的野餐隊伍；次年他們再度造訪，這次皇帝夫婦與負責建造的工程師有了交談，之後並享用下午茶。[3]

我們相當瞭解埃德水壩的慶祝活動會是什麼形式，因為當時才剛慶祝過另外兩座主要水壩的啟用。

一九一三年七月，索斯特（Soest）附近的默訥水壩（Möhne Dam）正式啟用；此前八個月，皇帝在西利西亞參加了波博爾河（River Bober）上的茂爾水壩（Mauer Dam）落成典禮。當時，經過數十場相似的典禮之後（雷母夏德鎮〔Remscheid〕為了慶祝埃什巴赫〔Eschbach〕水庫啟用，安排了不下五次活動），已經有一套運作嫻熟的程序了，包括致詞、歌曲、敬酒、盛宴、升旗、煙火和藍色閃焰。水壩的人工湖水面廣闊，張燈結綵的機動艇也會是演出的一部分。[4] 森巴赫水壩（Sengbach Dam）的建築師在一九〇三年五月將水壩正式移交給索林根鎮（Solingen）時，唸了一首打油詩，正能代表這類場合所傳達的情緒：[5]

所有的用心付出，讓你得償獎賞
你實現了所有人曾有的心願，
以石為基恆久堅固
在卑爾吉什的土地上傳播永遠的祝福！

雖然是翻譯，詩的意思沒有流失太多。

這首小詩所傳達的調性，放在慶祝奧得布魯赫的再造或圖拉的新萊茵河典禮上，也不會顯得突兀。這種場合的辭令將每一座新水壩都變成了人類與自然漫長鬥爭中的又一章。有一種比較溫和的版本，意思大致是自然本身創造了許多天然的山間湖泊；而那些沒有山間湖泊的地方，擁有多岩石的盆地，只等著「由人類的手完成」。[6] 比較常見的版本則毫不掩飾對自然的敵意。在一條河流築壩是「為自然的禮物套上鐐銬，讓它滿足我們的用途」，「驅使自然力量為經濟服務」，「強迫自然未經調節的水文循環進入整齊有序的水道」，確保囚禁在山間溪流的能量「被馴服並有效的運用」，以及諸如此類的數十種不同說法。[7] 強迫、驅使、套上鐐銬，以及馴服：這些是用在危險敵人身上的用語。正如與奧得河和萊茵河的鬥爭被套上軍事用語，築壩的谷地也成為「偉大的戰場」。這個用語來自工程師馬特恩一九〇二年以水壩為題的專書，他提醒讀者席勒（Schiller）是怎麼寫火的：在人類控制下能帶來益處，任其自由時則帶來恐怖。同樣的道理也適用於水。[8] 辛斯麥斯特（Jakob Zinssmeister）在幾年後寫作時，對於批評築壩者侵入自然的人士深感不耐：他們似乎忘了，「最終，人類的存在畢竟是要主宰自然，不是服務自然。」[9]

這類有關人類主宰的描述並不陌生，但在築壩的年代引發了全新的反應。當然，排乾沼地或改變一條河流的水道會讓地貌轉變，但都不如這些人類主宰的新象徵來得明顯或戲劇化。水壩的吸引力有一部分來自其新穎。一位不具名的作者在一九一三年時回憶，即使是早期沒有那麼巨大的水壩，「都比今天大了十幾二十倍的結構引發更多驚奇」，因為它們「首開先例」。[10] 確實如此。不過規模大小還是重要的，它會改變人的反應。第一次世界大戰前的十年間，隨著水壩愈蓋愈大，評論者只能一再援用同一套形容詞，它們「龐然」、「宏偉」、「巨大」。[11] 柯曼（Karl Kollmann）在艾菲爾山脈的烏爾夫塔爾水壩（Urfttal Dam）於一九〇五年竣工前不久造訪了建築工地，並且在家庭雜誌《在土地與海洋上》為讀者描述了他的印象。柯曼從遠處就為之震懾了，因為他看到，「一堵巨大的牆從谷地拔地而起，足足有半個科隆大教堂的大小。」近看時，他看到正在興建的「巨大瀑布」與「龐然大牆」；從上方俯視，工人看起來像螞蟻，作者也為之頭暈目眩。未來數千名訪客將見證「現代科技的壯觀奇蹟」。[12] 還沒建造完成之前，這座水壩就以「巨壩」之名為人所知，有一部分是因為卡魯斯（V. A. Carus）的繪本小冊：《艾菲爾山脈格明德與海姆巴赫之間巨壩地區指南》（*Guide to the Area of the Giant Dam between Gemünd and Heimbach in the Eifel*）。[13] 相關文獻中經常出現水壩是一種新巨人的想法，顯示當時的人或許認為只有以神話比擬，才足以傳達水壩給人的驚奇感。水壩的高牆經常被比作獨眼巨人的大眼。荀霍夫（Hermann Schönhoff）在描寫默訥水壩的一篇文章中，開頭就語帶詼諧地提到了民間傳說中塑造土地的巨人，現在大步跨越土地的是「巨大的結構」、「歐洲最龐大的水壩」，是「德意志開創性精神的巨大作品」。[14]

有些人認為這種自吹自擂的言詞並不恰當，可以想見，這些人包括人文主義學者，也就是辛斯麥斯特攻擊的對象；但也包括工程界內部的人。現代德意志的築壩年代正在開展時，恩斯特（Adolf Ernst）出版了《文化與科技》（*Culture and Technology*）一書。恩斯特是斯圖加特理工大學的工程學教授（專長為起重裝置），對現代科技帶來的自大態度深感懷疑。「只在某一方面受過教育的這些人，從他們對一部分自然力量的宰制」所獲得的結論是危險的；我們不該相信「我們正要成為造物之主，或至少在自然科學與技術結合下正在追求這個異想天開的目標」。[15] 恩斯特不是唯一譴責狹隘物質主義觀點的圈內人；迪內爾（Hans-Liudger Dienel）甚至曾主張，在這段時期，較之於其他人（例如自然科學家），工程師事實上是比較不狂妄自大的。舉例來說，水利工程師對於自大的危險有第一手認識，因此傾向以直覺的方式對待自然，而不僅僅視自然為一個受體。[16] 這種態度在當時的論辯中有跡可循，因為儘管有了更大、更精細的河流模型，如一八九〇年代由修伯特・恩格斯（Hubert Engels）在德勒斯登理工大學成立、開創的河流實驗室，卻明顯可見，河流動力學在許多方面——包括亂流與泥沙沉積——坦白說依然神祕難解。[17]不過至少較有自我批判精神的人願意承認，即使是工程師，在嘗試將秩序強加於複雜的系統時也可能犯錯。[18]

以上仍是少數觀點，自然通常被視為奴僕或敵人。[19]這樣堅定不移的態度主要來自恩格爾梅爾（Peter Engelmeier）與秦默爾（Eberhard Zschimmer）等人，他們在這些年間努力為科技提供哲學立足點，而日常在工程界操勞的人，多數也抱持這種態度。恩格爾梅爾是俄羅斯工程師，在德意志工作並以德文寫作，他寫過一本發明者指南，以及一本對托爾斯泰回歸自然觀點的批評，他對「科技的帝國」深具信心，因為那是「全球人類發展巨大時鐘裡的發條」。秦默爾在圖拉昔日就讀的卡爾斯魯厄理工大學擔任工程學教授，他在《科技的哲學》（*The Philosophy of Technology*，一九一四年）一書中主張，科技的目標是透過主宰物質與脫離自然的限制達到人類自由。[20]當時，許多在職工程師寫了數百種有關水壩的書本、小冊與文章，多數也傳達了這些觀點。至少這是我在閱讀超過二百種這類著作後的結論。我們知道這些著作是工程師寫的，因為在德意志，通常應該出現名字的地方，我們看到的是頭銜與資歷。他們嚴肅務實的散文，透露出對水壩的社會實用性感到驕傲，少有懷疑。

從艾伯蕭夫（Abshoff）到齊格勒（Ziegler），在當時，工程師是一門活力蓬勃且在擴大中的專業。德意志工程師協會在一九〇六年度過五十週年慶時，擁有二萬名會員。[21]前幾年，布本迪（H. F. Bubendey）教授在協會會刊中發表了〈二十世紀初德意志水利工程方法與目標〉（The Methods and Objectives of German Hydraulic Engineering at the Beginning of the Twentieth Century）一文，他指出一九〇〇年與一八〇〇年的對比：過去只有少數「天才」，現在則有「一支訓練有素的工程師隊伍」。[22]德意志蜚聲國際的理工大學在一八九九年獲得授與博士學位的權利，到了一九一一年每年已有一萬一千名畢業生。[23]此時的情況與羅特希爾德（Rothschild）家族成員當年說那句玩笑話時早已不可同日而語*：「把錢花光有三種最快的方法：女人、賭博和工程師。前面兩者比較讓人愉快，但最後一項是最確定有效的。」[24]正如恩格爾梅爾在一八九四年信心十足指出的，「我們的專業同儕在社會階梯上愈爬愈高。」[25]他說得沒錯：再也沒有人認為工程師是騙子或可疑的人物了。

誠然，有些人認為工程師缺乏受過人文教育者的宏觀視野；但是當時有關教育的激烈辯論，以及如天主教政治領袖李伯（Ernst Lieber）在國會中對工程師的嘲諷（「一個工程師愈有能力，觀點愈狹隘」），只是更強化了工程師伸張自身專業的氣氛。[26]跡象之一是他們開始樂於挪用人文學者的語彙，工程師強調他們不只是硬體的供應者，他們從事的是創意工作，是精神（Geist）的體現；工程師也是文化的守護者。當然，這是抵禦李伯這類批評的一種方式，但它至少在同樣程度上也是一種宣示，關鍵的字眼是文化。有關水壩的書籍與文章所主張的，不僅是這些巨大的新結構馴服並束縛了自然，而是它們也是「文化作品」。[27]這個趨勢早在戰前就已經顯而易見，並且在德意志工程師協會會刊於一九二二年改名為《科技與文化》（*Technology and Culture*）時，達到了最高點。

這些專家在分享他們對興築水壩的熱情時，對象是廣大群眾嗎？在許多例子中，我們看到的是工程師在與其他工程師對話。在《丁格勒理工期刊》（*Dingler's Polytechnic Journal*）、《烏蘭德技術週刊》（*Uhland's Technical Weekly*）與《水利工程師》（*The Hydraulic Engineer*）和其他二十幾本類似出版品中發表的水壩相關

*譯注：羅特希爾德家族是十八世紀興起於德意志的歐洲金融業家族，富可敵國。

文章，應該都只是為了讓工程師、官員、科學家與商人閱讀。這些文章並沒有試圖觸及由律師、教授、老師、神職人員與醫生組成的中產階級大眾——唯一的例外是針對水庫飲用水品質的重大辯論；這些文章更沒有以職員與低階官員為主的廣大中低階層讀者為對象，但這些人正開始成為大眾化讀物的忠實消費者，閱讀主題包括科學、技術與各式各樣的短暫潮流，比如「電氣栽培」（electro-culture）。

這群閱讀大眾在其他地方獲得關注。有很多行文活潑、關於水壩的非技術性文章，出現在《評論》（*The Review*）、《社會評論》（*Social Review*）、《普羅米修斯》（*Prometheus*）、《舊世界與新世界》（*Old World and New*）及《哲學家之石》（*The Philosopher's Stone*）等刊物，並在大量流通的《在土地與海洋上》及《涼亭》週刊中。類似的文章也不時出現在日報的副刊以及地區性期刊中。典型的文章會描述一座水壩，通常是最新的一座，文中可能會提到美索不達米亞或埃及以建立故事背景，但重點在於未來將從這個現代科技奇蹟湧出的種種好處。「龐然」與「巨大」等辭彙像一條紅線般貫穿這類文章。同樣貫穿這類文章的是一種新事物帶來的刺激感和奇觀所創造的興奮期待，讓對於水壩和其環境的具體描述因而顯得生動鮮明。

若借用歷史學者施陶登麥爾（John Staudenmaier）的用語，這些作者是科技的說書人（technology's storytellers），他們呈現了完美的過去與燦爛的未來。[28]這些作者中，有些是轉而嘗試為更廣大受眾而寫作的工程師；有些是受人文教育但對科技產生熱情的人，想要分享這種熱情。後者中有一個好例子是柏林的亨尼希（Richard Hennig）醫生。亨尼希在一次大戰前有廣泛著述，主要內容針對修建水壩，以及在德意志帝國和其非洲殖民地如何利用水力。[29]他也曾於一九一一年出版了給「成熟的青少年與成年人」的《著名工程師之書》（*Book of Famous Engineers*），書中以一整章講述一位名聲響亮的德意志築壩工程師。

[30]這本書提醒我們，當時是「工程師生平故事」這個文類的全盛期，而青少年是主要的目標讀者群之一。亨尼希的出版商是萊比錫的斯帕莫爾（Otto Spamer），擁有許多以年輕讀者為對象的科普系列書籍。另一位同時為成人與青少年寫作的是多米尼克（Hans Dominik），他在《涼亭》週刊中描寫水利工程的壯舉，並在一九二二年出版了《在科技的仙境中：青少年應該認識的傑作與新成果》（*In the Wonderland of Technology: Masterpieces and New Achievements that Our Youth Should Know*）一書。[31]書中，埃德河與默訥河上的水壩與機動車輛、飛機和無線電並列，同屬於「我們的科技光榮年代」。這些成就「將我們的世紀提升到遠高於先前的時代，也給我們堅定的希望，相信儘管有一時的困難和考驗，人類仍無可阻擋地往更高遠的目標和發展階段前進」。[32]用「困難和考驗」來描述第一次世界大戰的衝擊是太過輕描淡寫了，而我們也將看到，這場戰爭影響了德意志築壩大業的許多面相。多米尼克代表了許多其他作者，這群人一直到一九二〇年代和三〇年代，仍持續以帶著英雄色彩與激勵人心的語調，講述德意志水壩故事。

歷史學者奈伊（David Nye）以「美國科技的崇高性」（American Technological Sublime）一詞形容如胡佛水壩等建築為當代人帶來的強烈衝擊和敬畏之感。[33]這個主題在美國歷史上由來已久。[34]然而，奈伊堅稱這是美國卓異主義的例子：歐洲人感受敬畏與驚奇的能力停滯在哲學家康德與埃德蒙・伯克（Edmund Burke）的時代，從來沒有躍入現代，從來沒有如在美國一樣，發展為一種願意讚揚人類對自然主宰的態度。這是對於一個主題錯得最離譜的認識了。雖然新科技在德意志有其懷疑者，正如在美國一樣，但是有充足的證據顯示，新的科技奇觀有其吸引力。群眾出神地凝視柏林地下鐵路的隧道工程，著迷地關注齊柏林飛船的每一趟旅程，為遠洋客輪如漢堡美洲船運公司（Hamburg-Amerika Line）的「皇帝號」處女航歡呼。[35]本特（Franz Bendt）在一九〇六年告訴《涼亭》的讀者，「技術科學為現代增添了色彩，並將本身的很多內容給予了現代。」[36]人文學科教授保森（Friedrich Paulsen）以無奈多過熱情的態度記錄了同樣的趨勢：「人群不關注文學或美學，而是關注奴役自然的力量與如何征服大地。這已經對年輕人的心智產生影響了。我們可以為此後悔嗎？後悔幫得了我們嗎？」[37]

一如齊柏林飛船和遠洋客輪的首航，水壩也有慶祝啟用的儀式，不同的是水壩固定於一處，供人描述——和造訪。《評論》雜誌在一九〇四年刊登有關烏爾夫塔爾水壩的文章時，編輯加了一段針對傳統旅遊指南的抱怨：

> 該是時候了，貝德克爾與梅耶爾（Meyer）等旅遊指南不要只關注一些歷史意義不大的斷壁殘垣，或是不知名大師的褪色壁畫。旅遊書的領域必須經歷根本的改變，以符合我們這個時代不同的意趣。

「科技的藝術品」，如烏爾夫塔爾水壩，應該受到關注，而這名編輯請讀者看看卡魯斯有關這座「巨壩」的專書。[38]後來的發展是，文章與旅遊書的作者在前方引領，大眾跟隨其後。水壩從一開始就吸引了為數眾多的訪客。第一代的地方性水壩可以步行或依賴當地運輸方式抵達；較偏遠的巨大水壩可以透過大做廣告的鐵路抵達，後來則靠汽車。[39]這些水壩成為每年數千人甚至數萬人造訪之處。穆格（W. Mügge）在一九四二年回顧時寫道，經驗告訴我們，少有工程結構能像水壩一樣吸引這麼多造訪者。[40]訪客為了什麼而去、又從造訪中獲得了什麼，這較難說，但證據顯示有兩個可能的答案。一方面是不同作者一再提及的敬畏之感——那種強烈而如醉如癡的經驗，在水壩販賣的某些明信片也強化了水壩與新鮮和刺激事物的關聯。一九二〇年代一張未來的古魯塔爾水壩（Glörtal Dam）的明信片中，水壩上方的天空充滿了飛機、熱氣球、齊柏林飛船和一個帶著未來感的單軌鐵路。[41]這並不是僅見將水壩與航空兩大驚奇連結在一起的例子。在國家社會主義黨刊物《民族與世界》（*Volk und Welt*）一九三八年的一期中，飛行家與熱氣球飛行員艾伯康（W. Abercron）從相反的視角讚美水壩，因為它們形成了可從空中俯瞰的廣闊新水域，上面還有機動船穿梭。[42]即使對地面上的人而言，每一座新啟用的巨大水壩仍是讓他們感到驚奇的新鮮機會。另一方面，水壩也提供了比較世俗平凡的愉快體驗，這是訪客從水壩獲得了什麼的第二個答案。辛佛爾（Leo Sympher）說得精闢：埃什巴赫水壩「成為水壩之友真正的朝聖之地」，但對多數人而言，它是「許多人造訪的休閒娛樂之地」。[43]埃什巴赫水壩做為「郊遊」的去處很快就大受歡迎，也建立了一個模式。[44]新的人工湖吸引了健行者與釣客，如果沒有限制（在飲用水水庫應該有），這些湖泊在夏天廣受划船者歡迎，冬天則吸引滑冰的人。大型水壩如烏爾夫塔爾、埃德與默訥（普魯士西方諸省中最大的湖），遊客更多，他們乘蒸汽船遊湖、光顧食品攤，也購買明信片。[45]

這與多米尼克的科技仙境相去甚遠，但是水壩一路走來的發展自成一個故事。德意志水壩逐漸累積俗氣的觀光紀念品，就像齊柏林飛船最初的航行所帶來的興奮期待，最後轉化為雪茄與鞋油盒上的齊柏林伯爵的畫像一樣。[46]驚奇變成商品，對大自然的馴化被縮小為圖片，呈現在一盒雪茄或一張寄自默訥水壩的假日明信片上。如果征服自然的典型標誌之一是其成果最後顯得不證自明，這正足以衡量現代德意志的築壩大業從其戲劇化但充滿不確定的起源之後，走了多遠。

奧托・因茲・德意志水壩的「最高大師」

在河流上築壩與人類文明一樣古老。築壩的目的通常是為了留住一年一度的洪水，之後逐漸釋出以提供灌溉之用。德意志探險家施泰因富特（Georg Steinfurth）在一八八五年發現了最古老的水壩之一：赫爾宛（Helwan）的卡法拉堤壩（Kafara Dam），它位於開羅南方二十英里（大約三十二公里）處，約莫建於西元前二六〇〇年，用於儲存來自東方山區的洪水。[47] 倡導興建水壩的現代德意志人士經常讚嘆古埃及、亞述與中國的成就，它們為現今技術官僚對築壩的熱情添加了歷史的認可印記。

歐洲德語區的築壩歷史比這些古國短得多，但仍可回溯至七百多年前的普佛恩泰希（Pfauernteich）水壩，它在一二九八年之前即建成於下薩克森（Lower Saxony）。這座水壩長約二百公尺，最高處約為十公尺，用來儲存當地產業用水。在整個近代歷史的早期，都有功能相似、規模不大的水壩築成。德意志築壩史上第一個重要的時期始於一四八〇年代，此後持續了三百年。這段時期的水壩興築於哈茨（Harz）與厄爾士（Erzgebirge）等中央山區，是為了礦業創造出水位差。這些水壩產生的水力使得礦井的水可以被抽出，以開採地底的銀、錫與銅礦。水壩也為當地的沖壓廠提供動力。荷蘭水利專家如德拉特（Willem de Raedt）等人在這一切當中扮演了重要角色。水壩很多（在哈茨山脈有超過一百座），其中最重要的如埃爾茨山脈中的下哈爾特曼斯多夫（Untere Hartmannsdorfer，一五七二年）與哈茨山脈中的奧德泰希（Oderteich，一七二〇年代）都非常壯觀，儲存的水量比數百年後現代德意志築壩時期最初建造的水壩多了三倍。這些水壩建造精良：奧德泰希由花崗岩塊建成，有內建於水壩的出水管（以橡木建造）。十八世紀時，對水壩的理論瞭解已經很進步了，出版品勾勒出後來對山岳形態學的標準思維——計算方式所根據的原則是：水壩最好的興建地點是深邃而狹窄的谷地，這樣一來，就可以用合理的費用和相對較窄的結構，留存大量的水。[48]

雖然有些過去的水壩持續運作到現代工業化時代，但蒸汽為礦井抽水提供了比較便利的動力來源。埃爾茨山脈中夫來伯格的薩克森礦業學校夙負盛名，它雖然沒有在其他領域失去原創的名聲，但是在水壩的現代思維方面，棒子已經由英國人、尤其是法國人接過去了。從沙齊利（Chazilly，一八三七）、格羅布瓦（Grosbois，一八三八）到布齊（Bouzey，一八八一），十九世紀特有的新型砌石壩（masonry dam）都是在法國建造的。有關如何建造這些比較薄的重力壩以承受建材的壓力，最重要的理論作品也是法國工程師如德薩齊利（de Sazilly）與德婁克（Delocre）所寫的。法國人和所有的先驅者一樣，因為打前鋒而付出了代價。沙齊利與格羅布瓦的水壩都出現了明顯的設計問題；布齊在一八八〇年代經過兩度修復，最後在一八九五年潰決。[49] 法國工程師設計的水壩還是有很多並沒有崩塌，而德意志築壩的現代時期就是在這個不確定的背景下展開。初始的計畫還與法國有關。

在阿爾薩斯的弗日山脈，面東谷地的雨量比面西谷地的少，這是歐洲各地普遍的模式，因為盛行風會從大西洋引入低氣壓系統。流入這些陡峭山谷的降水——每年仍有二公尺——以一種所有山區水流都常見的不規則節奏流動。產生突發急流的時期（在此例中是十月到十二月以及夏日暴風雨期間），會與產生涓流的時期交替出現。像多列河（Doller）這類河流的高水位與低水位、水文盛期與水文旱荒之間的比例，大約是四百比一。[50]這是自然循環的一部分。之前樹木與其根系曾經提供涵水功能，平衡了季節性水流，但是到了現代，這個循環因為高谷地的森林砍伐而變得更加極端。築壩是在更早的人類行動破壞了自然機制後，又一個替代品的例子。為了替依賴水流或驅動磨坊水車灌溉田地的谷地居民創造更平穩的水流，法國工程師在十九世紀中期擬定了藍圖，要在成功提高了天然湖泊水位之後，更進一步在這些不合作的河流上築壩。但是財務問題、使用者之間的紛爭，以及即將生活在水壩陰影下的居民所表達的恐懼，這些因素使這件事難以進展，一直到阿爾薩斯在一八七一年成為德意志領土後才改觀。[51]

面對不甘願的新子民，「帝國土地」新的管理者想要表現出有在為他們做事的樣子。一八八一年，在多列河與費希特河（Fecht）谷地之間建造一系列水壩的計畫已經成形，工程在兩年後展開。位於阿費爾德（Alfeld）的第一座水壩於一八八七年竣工，其後陸續建造了四座水壩，而最後一座水壩在一八九四年於勞赫河（Lauch）谷地建成後，整個計畫宣告完成。略高於一百萬馬克的費用由國家支付，其中十六萬由即將受益於水壩的紡織業樂捐所抵消。[52]不管是因為它們位於從前的法國領土上、是由公家出資（與多數早期的德意志水壩不同），或是因為這整個計畫相對而言自成一格，這些水壩在現代德意志築壩的正典故事中，處於相當邊緣的位置。許多作者連提都沒提。

與後繼者相比，阿爾薩斯的水壩事實上既符合典型，也異於典型。它們最符合典型之處是地理位置。排乾沼澤、導正主要河流與殖民沼地都發生在低地平原；水壩則建於高地山谷。被水壩攔截的河水不是主要河流幹道，也不是流入這些河流的次要河流，而是這些次要河流的支流。在阿爾薩斯，水壩蓋在伊勒河（Ill，最後匯入萊茵河）的支流多列河與費希特河上，後來的水壩則蓋在默訥河而非魯爾河上；在埃德河而非威瑟河上；在路爾河（Roer）而非莫瑟爾河上。始於弗日山脈的做法，在德意志其他山區延續下去：水壩蓋在紹爾蘭德與卑爾吉什蘭德（Bergisches Land）地區，在艾菲爾、哈茨，以及埃爾茨山脈。阿爾薩斯的水壩在另一個相當不同的方面也很典型：它們代表國家在互相衝突的利益方之間促成妥協的嘗試，在此例中是陷入「激烈爭議」的農業與工業用水者。[53]

有關水權的衝突，驅動且形塑了德意志各地的築壩過程。水權衝突在弗日山脈的結果，是讓阿爾薩斯的水壩不同於典型的原因之一。證據顯示這些水壩非常成功，也滿足了當地期待，但並不是每個地方都如此。阿爾薩斯的水壩沒有私人投資者急著回收高額初期成本，這一點幫了忙。新的水壩讓多列河與費希特河谷地的居民留了下來，反觀同時期的鄰近河谷正在流失人口。工業與農業用戶共享水源而且堪稱和諧，足以讓早期的觀察者感到驚訝；而在十九世紀最後幾十年，德意志農工關係普遍積怨甚深之下，這點特別顯得與眾不同。[54]不過，這種隨著工商業在德意志經濟中逐漸占據主要位置而來的緊張關係，正指向德意志築壩大業的未來。這也是讓弗日山脈內的水壩最不符合典型的一點。它們是德意志境內第一批、也是最後一批以農業灌溉為主要目標而興建的水壩。以未來的水壩建設模式回顧，這些水壩都是異數。

萊茵蘭—西發里亞（Rhineland-Westphalia），這處蓬勃發展的工業區所產生的需求，帶來了新的時代，也就是一八九〇年代的築壩「黃金十年」。[55]借用馬特恩的用語，「現代德國築壩的搖籃」，是魯爾河與武珀河（Wupper）沿岸工業城鎮上方的山谷。[56]新時代的第一個偉大象徵是為雷母夏德鎮提供飲用水的埃什巴赫水壩。過去，雷母夏德鎮的居民向來從水井、泉水與蓄水池取水，但是成長中的人口

（一八五〇到一八七五年之間倍增，到了一八九〇年代再度倍增）帶來了嚴重問題。早年時，居民在黎明前趕到山谷下，用水桶舀起夜間多少累積的半鹹水，或是付很多錢給地點好的私人水井主人。當地議會針對相關費用激烈辯論後，雷母夏德鎮的居民決定仿效其他超過一百二十座的德意志城鎮，建立一個中央水廠。[57]水廠在一八八四年展開營運，汲取地下水並從附近河流引流地表水。但是用水人數一直增加，而他們的消耗量增加得更快，水廠在短短三年內就到達了供應量的極限。專家事先就警告過會發生這種情況；事實上，議會中比較「有遠見的」人物正等著水廠失敗，因為這樣他們就有機會提出他們偏好的解決方案：水庫。這個提案先前因為財務理由而遭否決，現在終於得以展開。[58]埃什巴赫水壩於一八八九年五月動工，一八九一年十一月建成，蓄水量超過一百萬立方公尺。這在萊茵蘭—西發里亞地區是第一座這類型的水壩，也是德意志第一座為了供應飲用水而建造的水壩。這座水庫的全景模型後來擺入了慕尼黑的德意志科學博物館。[59]

埃什巴赫水壩是一個里程碑。亨尼希在一九〇九年回看時，認為這是一個「運動」真正的開始。[60]即使在工程期間，水庫建址就擠滿了造訪的工程師與市鎮官員。[61]有關這座水壩的著述很多，它正式運作後一切順利，驅散了一些（但不是全部）與砌石壩有關的擔憂與不確定性。[62]不妨一提的是，一直到一八九八年都還有一名作者覺得自己有必要在《評論》雜誌中對一般讀者說明水壩是什麼（「太簡單了，」他宣稱，簡單到他可以用三個句子說明——事實證明，是三個很長的句子）。[63]埃什巴赫水壩證明了砌石壩是可行的，是一個「榜樣」，讓後來的水壩比較容易獲得興建，而且是大肆興建。到了二十世紀初期，模仿埃什巴赫的水壩已經在魯爾河與武珀河的集水區「如蘑菇叢生」。[64]人口眾多的德意志中部工業區

埃什巴赫水壩，二〇一一年。
By André Schäfer from Radevormwald, Deutschland
© wikimedia commons

起而效尤。那些地區的需求比任何地方都大，因為礦業和大量的家庭與工業用水導致地下水位大幅下降，地表水受到的工業汙染也限制了供應家庭用水的可能。相較於汲取更深的地下水（費用高昂），築壩攔截高地溪流是比較有吸引力的替代方案。[65] 埃恩西德爾（Einsiedel）水庫在一八九四年啟用，這是為肯尼茲（Chemnitz）與茲威考（Zwickau）供水的五座水庫中的第一座。薩克森與圖林根又興建了數十座水庫，成為德意志最依賴水庫提供飲用水的地區。[66]

有一名男子的印記出現在許多早期的水壩上。埃什巴赫與幾乎所有萊茵蘭—西發里亞地區其他的第一代水庫，都是他設計的，他也在其他地方擔任顧問。他在一九〇四年逝世時，由他設計的水壩有十二座已經在營運中，十座正在興建，還有二十四座後來依據他的藍圖而建。這名男子是奧托・因茲（Otto Intze）。在魯爾河畔的梅舍德（Meschede），他設計的亨內塔爾水壩（Hennetal Dam）頂部有一個紀念他的牌子，正如圖拉在萊茵河畔的卡爾斯魯厄受到紀念。[67] 這樣的比較很合理。因茲在他領域內的重要性不輸圖拉，而且可以說更具原創性。亨尼希將他收錄於《著名工程師之書》中，與他並列的有諾貝爾、馬可尼與萊特兄弟。[68]當時與後來的許多作者都認為因茲是德意志築壩領域的「老前輩」，是「最高大師」、「過去的大師」、「前鋒」、「先驅」[69]，他的影響力大到蓋過了在他以前的一切。以下一代水壩建築師中的佼佼者辛佛爾（Leo Sympher）的話來說：「因茲親自設計和建造的水壩，或是在他協助下建造的水壩，意義如此重大，讓這個領域中較早的成就都顯得不那麼重要，事實上是幾乎被遺忘了。」[70]

奧托．因茲 © Wikimedia commons

奧托．因茲（Otto Adolf Ludwig Intze）於一八四三年五月生於梅克倫堡（Mecklenburg）的多沙低地，距離他後來成名的地方——西邊蒼翠多雨的谷地——幾乎不能再更遠了。[71]他的父親是拉格（Laage）的小鎮醫生，母親是獵人的女兒。因茲上的是居斯特羅（Güstrow）的非古典中學，之後在波羅的海地區工作了兩年半，為建造里加—杜納堡（Riga-Dünaburg）鐵路的英國公司擔任繪圖員。年方十九的他在一八六二年回到德意志，就讀漢諾威的理工學院，四年後以優異成績畢業。短暫任教於荷茲民登（Holzminden）的土木工程學校後，因茲於一八六七年到漢堡的水利工程、道路與橋梁部門任職。三年後的他年紀仍輕，只有二十七歲，接受了新成立的亞琛理工大學（Aachen Polytechnic）土木工程教授職務。在一八六六至七〇年的短短幾年內，也是德意志正在統一的那幾年，早慧的因茲就這麼從得獎學生成為正教授。他的餘生都將在亞琛度過，在著名學者的身分之外（他後來擔任院長），還兼顧忙碌的建築工程業務。

因茲活躍於許多領域，他設計並監督建造了亞琛校園中的實驗室，他的私人業務則包括設計德意志、俄羅斯、瑞典與智利的工業建築，這讓他發揮了對防震建築問題的興趣。他是以鐵和鋼為建材的專家，而他針對這個主題的著作包括與海恩澤林（Friedrich Heinzerling）合著的一本書，後來成為標竿之作。一八八〇年代早期他也設計了一種新式的「水或氣體容器」（water-or-gas hloder），以有彈性而輕量的鋼材製造。後續二十年間，單是在德意志就建造了超過五百座因茲水塔（帝國專利號碼23187）。

因茲為了水塔興建工程的實地工作，來到紹爾蘭德、卑爾吉什蘭德與艾菲爾，他享有盛名的水壩後來多數建在這些地方。他早在之前就對築壩的理論與實務產生興趣，並陸續以此為主題做了數百場講學，第一場在一八七五年，對象是下萊茵與西發里亞建築師與工程師學會，講題是：「所謂水壩的目的與建造」。[72]在德意志，水壩在一八七五年仍是「所謂」的水壩；在其他地方則不然。因茲研究過典型的西班牙水壩，也造訪在比利時亞耳丁丘陵（Ardennes）新造的吉列普水壩（Gileppe Dam），與亞琛僅隔一條邊界。自一八七六年起營運的吉列普水壩，帶著一種刻意偉大的特質——有一尊高四十三英尺（約十三公尺）、象徵比利時的石獅，充滿威儀地立於水壩頂端。[73]因茲對西班牙和比利時的水壩都不以為然，他比較佩服法國工程師的作品，雖然他們遭遇了一些挫折。因茲在一八七八年代表普魯士的公共事業部前往在巴黎舉行的世界博覽會，審視了展出的水壩設計，返國時宣告德意志可以以法國的成就做為追求目標。因茲曾經檢視過弗日山脈仍在興建中的水壩，也很欣賞，這更強化了他對法國水壩的看法。那時他自己也已積極投入水壩的計畫、宣傳與建造。

根據亨尼希的說法，因茲將「古老的知識放在現代科學與技術的基礎上」。[74]實際上他所做的，是將德薩齊利與德婁克在法國首創、比較薄的砌石重力壩應用在德意志，這種做法讓體積與建材量減到最少，因而成本也減到最少。這個技術由英國工程師蘭金（W. J. M. Rankine）與美國工程師維格曼（Edward Wegmann）等人進一步改良，並在美國成為十九世紀末大型都會供水系統使用的標準形式，如紐約的克羅頓水壩（Croton Dam）與丹佛的奇斯曼水壩（Cheeseman Dam）。[75] 砌石重力壩的細長設計是阿爾薩斯水壩讓因茲欣賞的特色之一，他自己針對應力的計算也得出相似的輪廓：典型的因茲水壩是有著弧形軸線的優雅砌石構造。然而他的水壩也有鮮明的特徵，包括：上游側的楔形土堤（「因茲楔」），用來提供額外保護以防止水滲入水壩牆底下；使用厚厚一層防水瀝青塗層；以及使用由浮石凝灰岩、石灰漿與萊茵石英砂組成的「因茲混合」砂漿。只要可能，他總堅持使用當地開採的石料，並強調仔細測量每個集水區的降雨量與排水率，且往往使用他自己設計的器材。這些技術成就說明了為什麼今日的工程師們將此功勞歸予因茲——他開啟了德國築壩的「現代化時期」，並將所有在他之前的事物稱為「前因茲」（pre-Intze）。[76]

因茲以「德意志現代築壩事業真正的引擎」享有名聲，有更大原因是來自他投注其中的過人精力。[77] 雖然水壩結構本身就讓人產生信心，但是因茲「孜孜不倦地鼓動」也有助於「驅散仍舊普遍存在的憂慮——這種憂慮來自在人造水壩後方所蓄積的如此強大的水體力量」。[78] 他檢視了美國與歐洲當時發生的水壩決口，指出這些是設計不良、建材不佳、不負責的工程師或是三者共同造成的結果。[79] 他主張水壩是必要的，也可以安全建造。透過公開演說與著述，他投身「密集的啟蒙工作」。[80] 因茲對於「活潑生動的宣傳」很有天賦，[81] 但是他成功的關鍵是他在許多不同團體中享有的崇高地位。身為德意志工程

紐約的新克羅頓水壩，二〇一八年。By Acroterion © Wikimedia commons

丹佛的奇斯曼湖與水壩，一九二六年。By Rocky Mt. View Co. ©Wikimedia commons

師學會的活躍成員，他是同儕公認的水壩專家，他最重要的合作夥伴與學生——巴赫曼、馬特恩和林克——後來都將延續他對水壩的狂熱倡導，帶領德意志進入屬於混凝土水壩的一九二〇年代和三〇年代。[82]因茲的名字也變得家喻戶曉。《涼亭》雜誌一八九七年的一篇文章宣告，他是「德意志最受尊敬的水利工程師」。[83]同時，因茲在政治與經濟菁英圈內也人脈甚廣。他在一八九〇年代獲擢升為普魯士樞密院成員，成為普魯士建築研究院成員，也在普魯士上議院有一席次。他曾三度為皇帝威廉二世進行私人講學，威廉二世向來對科技的新奇產物深感興趣，不論主題是汽車、戰艦還是水壩。[84]那時的因茲已經很有自信，外型也完全符合大家長的形象（他蓄著鬍鬚，額頭很高，看起來像極了達爾文），是體制內的重要人物。

不過，他最早的熱情支持者其實來自截然不同的背景，他們是小型工業的企業老闆，以水車為動力來源。這是因茲的成就最弔詭的一點：這位新科技的先知，最初起家是想為一種消逝中的生產形式提出如何支持下去的方法。數世紀以來，在德意志的每一個高地區，水車一直用於鋸木、縮絨加工、推動風箱、擡升鎚子，以及輾壓金屬。[85]在卑爾吉什蘭德與紹爾蘭德，小型紡織與金屬加工廠集中在流速快的溪流旁，武珀河曾被描述為「歐洲最辛勤工作的河流」。[86]我們經常忽略這種早期的工業化形式在煤炭與蒸汽的時代仍存續了很久。一八六〇年代初，普魯士每千位居民仍有一座水車磨坊；在德意志某些地區，直到一八七〇年代晚期，以水力產生的能量仍比蒸氣多。[87]但從那時候起，沒落的徵兆已經很明顯了，尤其對武珀河與魯爾河支流畔的小工業家而言。靠煤炭起家的魯爾河重工業區摩洛（Moloch）以蒸汽為動力並且離運輸管道較近，而它興起的代價，是讓高地河谷的水車都不再有用武之地。[88]在這樣的情況下，這些水車在夏季的「死水」中轉動非常緩慢或整個停擺的問題，不只是讓人困擾而已，[89]這個問題危及了許多河谷的生計。

早在因茲建造埃什巴赫水庫以前，在一八八〇年代就有一些位於武珀河、萊內河（Lenne）與恩訥珀河（Ennepe）河谷的小企業找上他，他提議建造水壩以保持全年水流均衡，讓水車持續轉動。紡織與金屬加工廠的小企業主很期待以這種「側翼戰術」去截斷當時生產與工作機會皆往魯爾河地區流動的狀況。[90]但是，因茲的解決方案在十多年以後才實現。造成延遲的最大困難，是如何將費用分攤到那些預期將因水壩受益但卻拒絕共同出資的人身上。只要有人坐享其利的問題無法解決，水壩計畫就往往淪於紙上談兵。

幾位地方官員提出了有創意的解決方案，雖然面臨柏林某些部長的反對，但獲得因茲強力支持，那就是修改法律。一八九一年五月，普魯士有一項為了協助地方農業生產合作社的法律，規定所有可能受益者都必須加入合作社，這項法律經修改後也擴及武珀河集水區的水壩計畫。（後來亦擴及其他河流。）結果，武珀河谷水壩協會成立，成員是使用水力的中小型企業與地方水廠，由成員們均分水壩成本與利益。一八九〇年代，協會出資在武珀河流域興建了一系列由因茲設計的水壩。[91]

魯爾河的情形比較複雜，因為有許多不同的利益方在爭奪不穩定的供水。有好消息也有壞消息。好消息是，以相對於集水區的比例而言，魯爾河的水量很大——足以與阿爾卑斯山的溪流相比——因為它在紹爾蘭德的許多支流降雨很多。壞消息是，它的高水位與低水位隨季節而有極大差異，比從德意志中央高地流出的河流平均水位差異都大，而高地的森林砍伐又讓極端變得更極端。[92]一如在武珀河畔，小型水力事業的業主發現，他們面對大企業的競爭劣勢因為水文而更形嚴重；不幸處於下魯爾河畔、也就是「水鏈」最末端的業主，還因為都市水廠、礦場與重工業抽取大量河水而蒙受其害。這些單位的行為綜合起來的效應，導致了十九世紀末期魯爾河普遍的水危機。夏季水位極端低的時候，在河流的某些地方連腳都不用沾溼就能走到對岸；甚至，在魯爾河匯入萊茵河的地方，水流還有可能暫時逆轉，變成萊茵河朝上流入魯爾河。德意志工業化較不為人所知的成就之一是它讓水往上流了。[93]怎麼會變成這樣？魯爾河承受愈來愈重的負擔，要為整個區域供水；武珀河汙染嚴重，工業已經讓里珀河（Lipper）實質上成為一條鹹水河；而埃姆舍爾河也已經被「犧牲」了，它是負責將廢水排出工業帶的指定受害河流。[94]不僅如此，在一般稱為魯爾區（Ruhrgebiet）的地方，隨著煤田往魯爾河更北邊的地方擴張，因為降低了地下水位，導致礦業製造出更多問題。導致水位下降的不只是魯爾河畔的使用者；為其他河流城鎮供水的水廠也從魯爾河谷汲取驚人的地下水量，這些水量從未恢復。到了一八九〇年代，魯爾河谷已經流失了原本地下水總量的四分之三。採礦、金屬與化學產業為了清潔、冷卻和加工而直接從魯爾河抽取的水更多。埃森的克魯伯（Krupp）工業家族在他們新建的工業聚落內的工廠與工人都亟需用水，這個家族只不過是最為人熟知的例子，在日漸擴大的危機中。[95]

水壩理應是這個危機的解決之道。所幸一八九一年的法律讓魯爾河盆地最早的兩座水庫在一八九四至九六年間建起，水庫建於魯爾河支流弗爾貝克河（Füelbecke）與海倫貝克河（Heilenbecke）的河谷。由因茲設計的這兩座水庫在各方面都小：水壩小，出資的合作企業小，為共同利益合作的是小軋線廠和鎚磨廠以及小的市立水廠。原本這個模式無疑地會催生出未來更多同樣的例子；但是，早幾年已經開始展開的事件，導向將魯爾河谷內持續的築壩計畫朝著更大的規模發展，且這些水壩奠基於完全不同的基礎上。再一次，啟動一切的是不滿的「小人物」。一八九〇年代初，杜塞朵夫的普魯士行政當局開始收到來自下魯爾河依靠水力的工廠業者的抱怨，據他們說，水廠大量抽取河水損害了他們的營運。他們要求政府限制可以移除的水量，或者透過在魯爾河流域上游處建造水壩，確保相等的水量會回到河流中。[96]可以預料，當地行政當局會請教因茲的專家意見，更可以預料的是，他為建造水壩的提案強力背書。他也建議將各方聚集起來共同商議，以保障所有人的長程用水需求。[97]

有四年的時間，事情就維持在這個狀況。普魯士當局擔心產生支出，也知道這件事牽涉到複雜的用水權問題，於是徵詢各方意見，但沒有採取任何行動。[98]一八九〇年代中期，連年多雨，讓這個難題暫時沒有那麼急迫（但是從魯爾河中永久移除的水量持續升高）。之後，在一八九七年，下魯爾河畔仰賴水力的兩名小企業主，克特維希（Kettwig）的夏特（Johann Scheidt）與布羅伊希（Broich）的沃斯特（Hermann Vorster），對多特蒙德鎮（Dortmund）與其水廠展開法律行動。這是首開先例的訴訟案。魯爾河上游無法航行的河段受私有河流法管轄：一個水廠要抽取可用的水不需獲得任何許可，尤其水廠抽取的是地下水而非河水。同時，為城鎮供水被視為符合公眾利益，不得受國家以法律限制。這個私有－公有的二連攻就是多特蒙德鎮的辯護策略。但是原告指出，私有河流法中有一項條款要求，從一條溪流移除的水量，必須回補到同一條溪流裡，但許多水廠都忽視這個規定；他們進一步主張，多特蒙德鎮抽取的地下水無可避免地導致了河流本身的水位下降。法院判原告勝訴，而因茲（他支持原告的論點）也被傳喚，擔任評估損害的專家證人。但是法律程序趕不上情勢變化：一直緊張關注這起訴訟的行政當局決

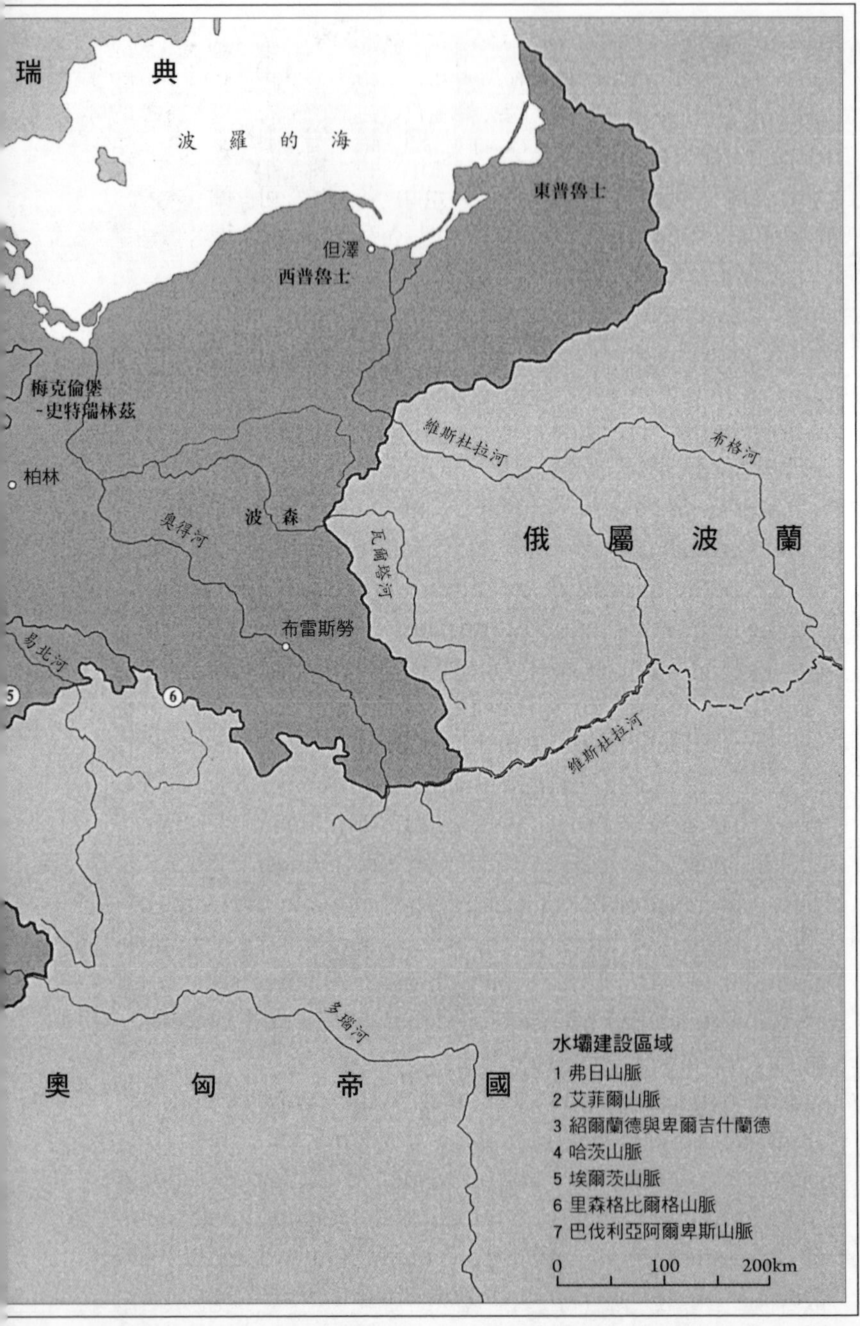
瑞
典
波羅的海
東普魯士
但澤
西普魯士
梅克倫堡
-史特瑞林茲
柏林
維斯杜拉河
布格河
波森
奧得河
瓦爾塔河
俄屬波蘭
布雷斯勞
易北河
5
6
維斯杜拉河
多瑙河
奧匈帝國
水壩建設區域
1 弗日山脈
2 艾菲爾山脈
3 紹爾蘭德與卑爾吉什蘭德
4 哈茨山脈
5 埃爾茨山脈
6 里森格比爾格山脈
7 巴伐利亞阿爾卑斯山脈
0
100
200km

德意志統一後的主要水壩建設區域

丹　麥
北　海
漢堡
梅克倫堡-什威林
奧 登 堡
不來梅
易北河
威悉河
布隆斯維克
荷　蘭
里珀
4
安哈爾特
魯爾河
3
科隆
萊比錫
比　利　時
萊茵河
圖林根
達母斯塔特
薩克森
摩瑟爾河
2
盧森堡
特里爾
赫　森
巴伐利亞
帕拉丁
巴　伐　利　亞
阿爾薩斯-洛林
多瑙河
巴登
符騰堡
萊茵河
法　國
慕尼黑
1
7
因河
瑞　士

定，該是時候讓各方齊聚一堂了。[99]

一八九七年夏天，魯爾區所屬的杜塞朵夫區高階官員萊恩巴本（Freiherr von Rheinbaben）在哈根（Hagen）召集會議，在場的有安斯伯格（Arnsberg）區的高階官員，主要魯普士相關部會代表，以及因茲。他再次表達他認為築壩計畫有其必要，主張應該由主要的用水者負擔費用，並同意準備一分備忘錄。後續會議於一八九八年一月在埃森舉行，所有互相衝突的利益方都出席了，仍由萊恩巴本擔任主席。他巧妙地利用紅蘿蔔與棍子，就因茲的宏大計畫大致達成了共識：建築水庫，做為提高整條魯爾河水位的計畫一部分。絕大多數資金將來自水廠與大型的工業使用戶，而因茲樂觀的預測也讓小企業主同意負擔一部分的費用。魯爾河谷水庫協會Ruhrtalsperrenverein，簡稱RTV）於一八九九年四月成立。[100] RTV加入了其他勢力龐大的利益團體（BdI、BdL、CVdI、HB、RHV），跨足於德意志帝國的經濟與政治領域，因茲本人則被冠上「魯爾河谷水庫協會之父」的稱號。[101]

協會為建築水庫注入了新的節奏。一九〇四到〇六年之間，又有七座水庫竣工營運，全部都由因茲設計，這些水庫在RTV出資下由當地協會建造。這些地方協會與武珀河畔的同質團體相似，聚集了小型鋸木廠、鎚磨廠與紙廠老闆，有時也有市立水廠加入。[102] 魯爾河畔的大用水戶透過RTV提供了大部分的資金，獲得的回報是這些水壩維持下游水位的功效。然而到了一九〇四年，協會已經決定自行建造水壩——更大的水壩——也相應修改了協會規章。改變方向後的第一個成果是利斯特水壩（Lister Dam，一九一二年）。一千二百萬立方公尺的儲水量讓它成為魯爾河流域最大的水庫，但這個地位只維持了一年，掩蓋它光芒的是一九〇八年興建、五年後完工的默訥河水庫。[103] 這個巨大的新結構位於魯爾河流域極北端，蓄水量為一億三千萬立方公尺，比之前在魯爾河與武珀河地區蓋的所有水庫加起來的儲水量還多。[104]這也是對昔日「最高大師」的獻禮。因茲的明星學生林克（Ernst Link）在一九〇四年離開普魯士行政體系，全職投入魯爾河谷水庫協會的工作，負責默訥水壩的建造。[105]

水災防治、航運與「白色煤炭」

就在萊恩巴本召開那場讓魯爾河谷水庫協會得以成立的會議之後，不過短短幾週，性質迥異的諸多水文問題就在德意志東部與中部各地戲劇化地展現出來。這次的問題不是水太少，是水太多。一八九七年七月二十八到三十日之間降下的豪雨，為西利西亞、薩克森、安哈爾特與布蘭登堡以及奧地利和波西米亞帶來了洪水。這麼多地方同時發生了沉重的人命與財產損失，「讓這些後果慘重的洪災成為全國性的災難。」[106]洪水來自西利西亞、薩克森與波西米亞交會的中央高地高漲的溪流，這些溪流也是奧得河與易北河的供水溪流。災情最慘重的地方就位於這些河流系統，不過奧地利阿爾卑斯山的許多山區溪流也淹過河岸，讓奧皇法蘭茲．約瑟夫（Francis Joseph）最喜歡的避暑去處巴德伊什爾（Bad Ischl）有好幾天對外交通中斷。這些洪水是夏日暴洪、不是緩慢的春季融雪所造成的，因而更難預測。許多地方的洪水在夜半抵達，讓生命損失更慘重。媒體進入災難模式，充斥報紙欄位的報導都是有關淹死的受害者，以及一邊緊攀著屋頂或樹木、一邊揮舞白色手帕求救的人，他們經過了十八或二十小時才得以獲救。也有以失敗告終的英勇救人的努力。在這些故事裡，洪水奪走了「父親與維持一家生計之人，嘲弄著寡婦與孤兒的眼淚」。[107]洪水沖走了橋梁、道路、鐵路與工廠，在還未收成的農田裡留下泥巴與石頭。在奧得河的支流波博爾河（Bober）上，洪水水位是百年僅見之高，受到影響的下游地區遠達奧得河中游谷地。在上易北河的什平德穆勒（Spindelmühle），河流調節將易北河「逐」出了舊河床，但是這次洪災讓河水又流回舊河床，造成「德皇」飯店的一翼倒塌，一名僮僕死亡，嚇壞了飯店的百名賓客。更往下游處，洪峰威脅到德勒斯登，一年一度的啤酒節因而取消。[108]

《涼亭》雜誌與其他德意志報刊一樣，接受來自讀者給予洪災受災戶的捐款，並且協助柏林全國救災委員會宣傳。此外，雜誌也大聲疾呼必須採取行動防止同樣的事情再度發生。要控制風和雨是不可能的，但總有可能進入山區，建造滯洪池以防止或至少緩解未來的洪水吧？[109]這個想法並非憑空飛來。水壩可以防洪這個附帶好處，在所有早期水壩計畫中，都隱含在計算當中，因茲即相當強調這一點。一八九七年的洪水讓防洪成為矚目焦點，因茲直接針對這個議題進行著述。[110]一心想被視為有所作為的皇帝把洪水問題變成他個人的努力項目，由因茲針對補救之道為他進行私人講學。當然，補救之道就是建造水壩。[111]一九〇〇年的普魯士水災防治法預告了將有一系列水壩出現在西利西亞山區中，它們將建於奧得河湍急的支流上。第一座水壩由因茲設計，於一九〇一年始建於克維薩河（Queiss）畔的馬克里撒（Marklissa），在因茲死後一年，也就是一九〇五年完成；第二座則建於波博爾河畔的茂爾。最終，共有十四座由普魯士與西利西亞省共同出資的水壩，沿著克維薩河、波博爾河、卡茲巴河（Katzbach）與格拉茨尼茲河（Glatzer Neisse）分布。[112]

因茲為皇帝進行的私人簡報與他在西利西亞防洪計畫中的活躍角色，可能與他獲任樞密院成員並且晉升至普魯士上議院有很大關係，他顯然視之為自己的重要成就之一。西利西亞的水壩出現在他為一系列水壩照片所寫的文字中，這些照片由普魯士公共工程部在一九〇四年的聖路易國際博覽會展出；同年二月，他在一生最後的一次演講中，再次提及西利西亞的水壩。[113] 那時，因茲已經可以看到另一個著名的作品接近完成，也就是「巨大的」烏爾夫特水壩，其主要目的之一是減少路爾河（Rur，或稱 Roer）與烏爾夫特河谷的淹水。這座水壩與馬克里撒水壩同樣於一九〇五年竣工。[114] 二十世紀最初幾年，因茲被視為面對洶湧洪水的解答者，受到各方爭取。他接受奧地利政府的邀請為波西米亞設計水壩，這裡在一八九七年水災中所受到的破壞不下任何地方。依照他的設計所建造的一系列水壩，目的在於至少能夠削弱未來洪水的衝擊。因茲的盛名在年輕波西米亞工程師切哈克（Viktor Chehak）心中留下了深刻印象，切哈克跟著他蓋了三座水壩。三十年後，當切哈克被邀請去針對一座出了嚴重問題的水壩提出專家意見時，仍自豪地提起這段關係。[115] 一八九七年的其他受災地區也對西利西亞的模式表達興趣，導致在薩克森有關築壩的辯論中，防洪相關的爭論扮演了更大角色。[116]

水壩所滿足的功能中，最能助長水壩是代表人類與自然「作戰」這種觀念的，莫過於防洪功能。亨尼希為因茲所立的小傳正以這一點為開始。現代文明已能控制或馴服許多自然力，包括閃電、火與流行病。雖然面對其他自然力時，依然無能為力，比如水災；然而，連這些「不受束縛的自然力量」，人類都學習著將它們變得無害，其中一個「神奇的手段」就是水壩。接著，亨尼希為讀者介紹了對此一發展「在現代的貢獻超越所有人的男子」。[117] 用這種方式展開描述，是直接學自因茲。因為因茲在一九〇二年為馬克里撒水壩擺放奠基石的時候，使用的比喻經過特意挑選，而且用了兩次：[118]

對付水量龐大的河流時，有必要……讓河水面對一個經過挑選的戰場，能確保人類最後獲勝。這個與自然力量對抗的戰場應該由大型水庫創造……

但這真的是對抗自然力量的戰鬥嗎？從某方面而言，答案顯然是肯定的。引發水災的是地形、水文與氣象的互動。這裡有山區水流從中央高地山脈流出，這些山脈包括埃爾茨山脈、里森山脈（Riesengebirge）與伊瑟山脈（Isergebirge）。這裡還有歐陸最惡名昭彰的低氣壓走廊之一，每年夏天，它領著來自北方與西北方的低壓穿過歐洲，在沒有屏障的山側產生暴雨。奧得河流域夏日的總降雨量之高已經不是新鮮事了，造成的結果既不受歡迎，也很難預測。還有什麼比這個更自然的？[119]

然而，我們至少可以指出三種方式來說明水災是人類行為所引發的。森林砍伐的累積效應導致暴雨帶來的降水更加快速地沿著山谷奔騰而下，不僅在中央高地如此，在艾菲爾山脈與更往西邊的魯爾都是如此。這個衝擊也因為河流調節將河水更快速地導往下游，變得更為嚴重，而因為這些受到調節的水道，為沿岸帶來了更密集的人類聚落，造成的破壞也放大了。這就是為什麼「世紀」洪災每隔數十年就發生一次。在波博爾河，十八世紀晚期以前，幾乎沒有重大水災的紀錄；到了十九世紀有四次。[120]值得注意的是，有許多當代人並不諱於指出洪災的人為因素。這些人並不是急於指出進步代價、對進步持懷疑態度的保守人士（這些人也表達了意見）；而是雙眼堅定望向未來、全心支持水壩技術的作者。[121]我們只需要看看眾多作者中的兩位，他們勾勒出了以「築壩加上再造林」來解決先前錯誤的方法。齊格拉（P. Ziegler）針對森林砍伐與河流調節製造的「不良效應」寫了力道十足的批評文章。他建議，既然「不可能回到先前的情況」，在山區溪流上築壩是補救損害的唯一方法。[122] 努斯鮑姆（H. Christian Nußbaum）教授的觀點同樣明確。他希望有一個龐大的國家計畫，在每一個可以築壩的河谷都建起水壩（他在一九〇七年做的預算已經算到二〇一二年），因為這是在森林砍伐與河流調節製造了這麼「糟糕的現況」之下，國家應盡的「義務」。[123] 易言之，在二十世紀的開端，名聲卓著的水利工程師已經指出了導致水災的非刻意人為因素，並且視水壩為消除昔日錯誤的手段。

齊格拉說不可能將時鐘倒轉的時候，現代河流航運也是他視為不可逆轉的事物之一。在多數有關築壩好處的計算中，航運利益都被包括在內。這不讓人意外。使用水壩來讓河水流量均衡的主要原因之一，是維持夏季的最低水位——這是船運利益方夢寐以求的目標。畢竟，德意志政府為了改善內陸航運耗費鉅資——在一八九〇至一九一八年間投入了十五億馬克之多。河流被鑿深以容納負重可達六百噸的船隻（在萊茵河上超過一千噸），新的運河也依照這樣的規格建造。[124]

就像德意志經濟的許多方面，「運河時代」來得比別人都遲。英國早在十八世紀就經歷了古典運河時代，美國則是在十九世紀前期。在歐洲大陸，法國是十九世紀在運河與水壩方面的領先者。不過，透過持續投資，德意志避開了其他地方所經歷（包括在英國、美國與法國）、貨運無可抵擋地轉往鐵路的趨勢。內陸船運不只在一八七五到一九一〇年間增加了七倍，與鐵路相比，它的發展甚至更勝一籌。[125] 這船運的支持者認為這個數十年前「夢想不到的大規模」擴張，是德意志經濟成長的根本原因之一。[126] 這是德意志工業活力的象徵，在這段時期，德意志成為超越英國的經濟強國。

利用蓄水輔助航運有歷史先例。長久以來一直有在高地河流築壩以創造水位差漂載原木的做法——

這造成了災難性的意外後果，因為筏運木材是導致河水氾濫的森林砍伐的主要例子之一。[127]但是現代的模式是外來的。許多十九世紀法國水壩的目的就是要輔助船運，美國工程師在上密西西比河建築水壩也是為了相同的原因。[128]正如飲用水水庫是辛苦抽取地下水之外的替代方案，水庫能將蓄滿的水釋放到河流中，似乎也比疏濬船吃力不討好的「薛西弗斯勞役」要好。[129]有時必須用到蓄滿水庫的水，才能抵銷先前河流調節導致河水沖刷河床的效應（如圖拉整治後的萊茵河），而這與最後導致了必須建造防洪水壩的循環相似。[130]運河則因為會浪費水資源而製造了特殊問題。每一次有船隻通過船閘，水就會從運河溢出而流失。[131]運河必須由河流供水，這就表示河流必須由其他來源供水。

這就是一九一四年完工的埃德河谷水壩主要的目標。這座水壩是一九六〇年代以前在德國建造的最大水壩。在這個地點築壩的想法先前就已有人提出並爭取支持，做為預防威瑟河支流埃德河發生水災的手段。但是，讓天秤往支持這個計畫傾斜的是它對航運的預期益處。[132]處於爭議中心的是密特蘭運河（Mittelland canal），它將把西邊的萊茵河－魯爾河與東邊的易北河連接起來。建造密特蘭運河的提案在一八八六年首次在普魯士國會提出，是當代引發最大爭議的政治議題之一，一方面獲得德意志工業與船運界的大力支持，一方面則被德意志東部的農業利益方大力反對，他們擔心便宜的外國食品變得更容易取得，也憂心因為工業而流失更多人力。兩方都視之為「攸關生死的鬥爭」。[133]在有關德意志是否無可避免以及是否必須從農業轉變為工業國家的激烈論爭中，密特蘭運河成為最重大的象徵性議題。[134]最終，農業人士的最後一搏以失敗收場。一九〇五年，將運河系統往東擴張的措施通過了，埃德河谷水壩是這個計畫不可或缺的一部分，它的二億立方公尺水量，加上比較小的第美爾河水壩（Diemel Dam），將回補威瑟河的水量，因為威瑟河的水必須用以供應既有的萊茵河－埃母河－威瑟河運河段，以及擴建至漢諾威的新河段。[135]告訴魯普士政府只有埃德水壩能達成這些目標的，不是別人，正是奧托・因茲。[136]

做為終極的「巨大水壩」，埃德水壩是兩個非常重大觀念的象徵。它是導正一個棘手的地理現實的關鍵：北德平原從西往東綿延，但是充滿從南往北流的河流。此外，做為密特蘭運河必要的附加物，埃德水壩具體表現了德意志屬於「工業」的未來對屬於「農業」的過往的最終勝利。

戰前德國的每一座重要水壩——烏爾夫特、默訥與埃德——都提供了額外的X成分。烏爾夫特提供了洪水防治外加X，默訥為魯爾河提供水流外加X，埃德為航運提供水流外加X，而X在每一個等式中都是相同的：水力發電。這三座水壩建成的那十年（一九〇五至一四年），這個新技術最引人熱衷的就是這一個面向。專業世界出現了名為《渦輪》（*The Turbine*）與《白煤》（*White Coal*）的新刊物。《工程科學手冊》（*Handbook of Engineering Science*）多了新的一冊，主題是「利用水力發電」。[137]這個訊息很快就傳到了廣大的閱聽者之間。阿爾格米森（J. L. Algermissen）在一九〇六年仍擔心《社會評論》的讀者中有人不知道「白煤」一詞指的是水力發電。[138]兩年後，柯恩（Theodor Koehn）已經熱切地指出，「整個人口都開始關心為了共同利益而利用水力最快、最好的方式是什麼」——這無疑是誇飾說法，但可以理解，因為似乎有數不盡的文章都在談論這個備受讚譽的未來能源。[139]蒸汽世紀已經讓位給電力世紀，而白煤就是關鍵。[140]

支持利用「來自山區的資本」的論點很多，[141]其中之一是對於未來能源的關切。煤炭消耗量大幅增加，但儲藏量有限，一如石油。煤炭價格迅速上漲，使用者有時只能受制於供應者。水力發電的提倡者宣稱，水力不僅是在德意志缺乏煤礦的地方可以使用的能源；它還是取之不盡的可再生能源，而且不受制於政治變遷。水力是「強大、持續而便宜的能源，獨立於罷工、煤礦同業聯盟與石油集團之外」，而且注定成為「未來的主要能源」。[142] 過去，水力發電被視為與所有以水為動力的驅動方式一樣，有一大缺點：它只能在定點利用。一八七〇年代的一名工程師曾經計算，這個限制讓每一單位的水力只有等同單位的蒸汽動力一半的價值。但是這個計算方式到了新世紀的開端已經有所改變。[143]

轉捩點可以精確地回溯到一八九一年八月二十四日。那一天，日後將成為德意志最重要的水力提倡者、三十六歲的巴伐利亞工程師米勒（Oskar von Miller）首度示範了動力可以在一處產生，但是於另一處使用。電力在內卡河畔勞芬的一座電廠產生後，經陸路傳送至在超過一百英里外的法蘭克福舉行的電工技術博覽會現場，用於電燈（還有一座人工瀑布）發電。這個以戲劇化方式呈現的示範達到了意圖的效果。柯恩後來寫道，「水力應用的新時代開始了。」[144] 同時，以柏努利和歐拉等科學家最初描述的原理為基礎的渦輪技術，在十九世紀進展快速。富爾內隆（Benoit Fourneyron，法國）、韓素爾（Carl Henschel，德國）、法蘭西斯（James Francis，英國）、佩爾頓（Lester Pelton，美國）與卡普蘭（Viktor Kaplan，奧地利）等工程師紛紛投入，不是為了重新發明輪子，而是重新發明水輪。到一八九〇年代，水輪效率已獲得極大的提升。[145]

但誰會利用它們？熱衷於水力的德意志人提出的主張裡，有頗為明顯的達爾文式經濟鬥爭意味。水力是「國家資產」，德意志承受不起跟不上趨勢。[146] 我們的老朋友亨尼希曾警告，「有些新興國家因為有充足的水力致使經濟前景看好，激烈的競爭即將來臨。」[147] 四處都是其他國家的成功例子。瑞士經常被特別提出來，因為他們迅速開發了阿爾卑斯山的資源（「歐洲水力發電的黃金國」）與瑞士境內的萊茵河。[148]其他人則指出義大利和斯堪地那維亞的例子。[149]還有美國。一八九五年開始營運、巨大的尼加拉瀑布水電廠讓德意志人深深為之著迷（「戴上鐐銬的尼加拉河」）。[150]目光敏銳的人也把羨慕的眼光投向加州，那是美國長途輸電真正的原鄉，舊金山的太平洋瓦斯與電力公司於一八九〇年代在這裡開始開發內華達山脈河川的水力。[151]美國的電力輸出完全在不同的等級上：尼加拉瀑布一九〇五年產生的電力，是德意志所有設施加起來所生產的兩倍。[152]歐洲其他國家提供了比較實際的比較標準。德意志作家很喜歡提出呈現該國與競爭者比較的表格，不過馬特恩抱怨這些統計數字是從一篇文章抄到另一篇文章，很少經過嚴謹檢視。[153]這些數字儘管粗略，仍然顯示德意志在比較之下表現不錯。戰前，德意志大約開發了可用水力的五分之一，僅次於瑞士。[154]

德意志水力發電的心臟地帶是缺乏煤礦的南部。一九一四年以前領先的是巴伐利亞，不過它最遠大的計畫當時還只存在於紙上。這個計畫由米勒構想，要利用瓦爾興湖（Walchensee）的湖水，並提供電力給巴伐利亞邦電力公司。這個計畫始建於一九一八年，於一九二四年啟用。[155]米勒最早成功完成的水電輸送是從符騰堡到海布隆

奧斯卡・米勒 By Friedrich August von Kaulbach
© Wikimedia commons

鎮（Heilbronn），而這裡也有興建中的計畫。但是與鄰邦巴登相比，這些都是小巫見大巫。如果巴伐利亞擁有南部最豐富的水力發電資源，巴登就是相對於面積與人口而言資源都是最豐富的——足可與瑞士相比，而它在社會與政治上也有許多地方與瑞士相似。最大的單一資源是萊茵河的水力，可以獨自開發或是與瑞士人合作開發。卡爾斯魯厄的一名工程師誇耀，這才是「真正的萊茵黃金」。[156]也有人提議開發穆爾格河與金齊希河的水力。萊茵河、穆爾格河與金齊希河——這些都是圖拉在一個世紀前活躍的地方。現在，工程師要再度改變河流，只是懷抱的目標不同。[157]

在對於水力的一片熱情支持中，有時會聽到特屬於南德的反抗聲音。米勒說到水力對於「為求經濟生存的奮鬥」產生的貢獻時，指的是巴伐利亞的奮鬥，不是德意志的奮鬥。[158]巴登也展現了類似的感受，這個邦國一直對於自己偏處德意志「西南隅」非常在意。[159]帝國要調漲電力稅的提案由「普魯士」財政部長提出後，引發了南方諸邦的懷疑，有一名作者甚至預見南北之間會發生經濟鬥爭。[160]這讓人很難不進一步延伸推想。南方有關水力的許多主張帶著社會烏托邦主義的意味，似乎反映出自由派南德的獨特性，不管是對於「壟斷企業」和「煤炭大王」的不喜，還是應該把電氣化的好處也帶給農民和工匠的信念。[161]畢竟，在符騰堡，管理水力的是德意志自由主義黨派中最進步的人民黨。[162]此外，南部也最大力呼籲要將水力發電納為公共所有（瑞士人已經這麼做了），以防止水電落入既得利益者手中。

這樣的主張以直覺來看很吸引人，確認了我們對於美茵河以北和以南兩個不同的德意志所有既定的想法。然而在現實中，水力在德意志的每個角落都隱含烏托邦式的基調。「白煤」便宜、乾淨、衛生而現代，與會產生煙霧與煤灰的煤炭不同。[163]（這與一九六〇年代對核能的熱情支持有許多相似之處。）

就連以千瓦時（kilowatt hours）*做為測量能量的單位，似乎都是在象徵性地告別舊日與過時的事物。（「一名工程師必須用一匹馬的價格為基礎來衡量一座水力設施的前景，一定有什麼地方錯了。」[164]）最重要的也許是，不論在南部還是北部，便宜的水力發電都被當成德意志社會問題的解答。眾口同聲宣稱，水力發電會幫助「小人物」——工匠與家庭幫傭——對抗大企業；透過扶助去中央化的生產，會終止人口往城市移動，提供鄉間短缺的替代勞力，減少城鄉之間的分歧。[165]在這個大合唱中，有些社會民主黨員也同聲唱和。[166]難怪有些清醒的聲音要人提防「太過熱烈的希望」、「無窮無盡的熱情」，甚至「自大狂妄」。[167]

主宰了水之後，衝突的機會隨之而來

帶著烏托邦色彩的不只是水力發電，整個築壩大計都帶著夢想的特質，畢竟，水壩理論上要用來灌溉農田、儲存飲用水、轉動磨坊水車、保護人類不受洪水侵襲、協助內陸航運，還要提供電力。水壩真的能做到這一切嗎？有任何一座水壩能同時扮演這許多角色嗎？專家說，當然可以。因茲向來強調水壩的多功能性——有一名作者將此稱為貫穿因茲作品的「紅線」——而常見的主管單位也唯他馬首是瞻。[168]對齊格拉而言，「幾乎沒有重大的水資源議題」可以在不考慮水壩的情況下獲得解決，他稱水壩為許多不同事業的「夥伴」。[169]誠然，沒有人否認在水壩現場會浮現的棘手問題。建造水壩代表當地水文會發

*譯注：千瓦時或千瓦小時（符號：kW·h；常簡稱為度）是能量量度單位，主要用於量度電力。

生根本的改變，而且一定會影響上下游既有的用水權。如何在既有的漁業、製造業或農業利益與一座飲用水水庫或電廠的未來好處之間取得平衡？誰該獲得補償，該給多少，由誰負擔？齊格拉比多數人關注這些「對立的利益」。如他所寫，「主宰了水之後，衝突的機會隨之而來。」[170]愈來愈多文獻試圖改善對水道上既有財產的估值方式，依據的是它們是否已開發或未開發，是購買的還是租用的，是繼承的或是透過拍賣取得。[171]而水壩的興築不僅帶來一八九一年普魯士生產合作社法的修改，更帶來了水法的全面修改，這一點絕非巧合。這些年間，每一個主要邦國都重寫了它們的法律，包括：巴登（一八九九，一九〇八）、符騰堡（一九〇〇）、巴伐利亞（一九〇八）、薩克森（一九〇八）與普魯士（一九一三）。

這為解決個別賠償問題提供了法律基礎，包括受水壩影響最劇烈的人獲得的補償金，這些人就是住在被淹沒谷地的居民。不過，要在即將受益者的利益之間求取平衡則困難得多，因為這些利益完全稱不上是互補的。飲用水水庫的衛生需求讓提供其他用途變得比較麻煩，或者可能因為考慮到這些需求而導致額外支出。農業在夏天有急迫的季節性用水需求；但是其他使用者也有，導致關於誰有優先權的爭論。同時，任何為了製造水位差以供發電之用的水壩，都會碰上來自船運業的問題，因為他們要的是平穩的水流。也許最難解的問題是如何讓洪水防治與其他需求並存，尤其是發電需求，因為這些設施的費用正是要以發電負擔（或至少抵銷支出）。讓西利西亞的一座水庫維持半滿以容納不一定會來的洪水，在財務上行不通；但是不這麼做又失去了原本的用途。[172]

不同利益方彼此競逐優勢的同時，邦國也被捲入衝突。不這樣也很難，因為水壩建設在太多方面都跨越了公共與私有利益之間的那條線。水道私有（無法航行）河段的水流如果發生變化，一定會影響到下游的公有（可航行）河段。建造默訥或埃德等大型水壩表示必須移動會消失在水面下的公共道路、鐵軌甚至火車站。還有那個關鍵問題：誰要為這些宏大的基本建設工程出資？對邦國而言，必須在審慎的財務政策（還有早期對新科技的擔憂）與經濟成長需求之間取得平衡。隨著水壩成為國家地位的代表物，在國際博覽會上宣揚國威的機會也必須納入計算。[173]

最終，如果一座水壩的用途是服務「公眾利益」，也就是防治水災與改善航運，費用就由德意志諸邦與省分負擔；而飲用水水庫一般則由各城市出資。為地方企業創造水力、或是為了魯爾河谷水庫協會更廣泛的服務目標而建造的水壩，會留給相關的利益方去負責。用於水力發電的水壩，由各邦、城市、私人企業與混合合夥等不同的組合出資建設。[174]但即使是以私人資金建造的水壩，邦國在中間也扮演了一定角色，儘管有些工程師會私下抱怨「官僚作風」和「拘泥法條的」官員很礙事。[175]邦國讓不同利益方達成共識（比如在魯爾河谷），為借貸提供擔保，增派官員，並且在收到移動道路、鐵軌和居民的請求時，展現了出奇高的配合度。[176]

另一個潛在的衝突形塑了現代德國的築壩事業，那就是大與小之間的緊張關係。比較大的計畫可以獲得更大的收益，這樣一來，小生產者形成的小團體在武珀河的側谷（side valley）建造小水壩，合理嗎？許多工程師認為地方水壩是對珍貴資源浪費的使用方式。馬特恩對於築壩運動早期那些隨機、「無序」的水力開發計畫表達譴責，而且他不是唯一一個。[177]亞當（Georg Adam）認為，地方上以水輪驅動的磨坊來利用水力是毫無章法的，幾乎可以說「純屬意外」。[178]談及水力發電，爭議就更激烈了。以奧斯卡·米勒為首的一群人擔心，小型、零星的計畫會危及大型計畫的成果（他想的是瓦爾興湖水壩）。[179]這類批評背後的思維由馬特恩表達得很清楚：

> 工程師必須將目光自瑣屑的日常事務中解放出來，大膽地為水力發電在未來幾年和數十年的開發奠定方向，這個方向不能束縛它的自由發展與創意。

必要的是「大規模計畫」。[180]由中央統籌、有組織性，最重要的是符合理性——這些字眼在戰前呼籲對水資源進行更完善規劃的文字中一再出現。[181]對缺乏耐心的技術官僚而言，小，一點都不美。

在這複雜的各方勢力交手之後，浮現出來的是什麼？從一九二〇年代晚期回顧，可以看到一個清晰的模式已經浮現。那時距離埃什巴赫水壩在雷母夏德鎮動土已經過了四十年，水壩建設達到「無比的規模」：建造完成的有近九十座，另有三十多座計畫興建。[182]德意志的每個地區都在興建水壩，但除此之外，最突出的一點是築壩的主要動機改變了。許多作者仍像念經般的主張，水壩可以服務（並調解）許多不同的利益方，但是贏家與輸家是誰已經很明顯了。

輸家是小型使用水力的工廠業主。看看武珀河與魯爾河河谷發生的事情，這裡是築壩運動的起源地，但是幻滅也很快隨之而來。事實證明，冀望這個新科技會成為與魯爾煤田大企業對抗的救主，是把希望放錯地方了。這些水壩蓋的太小，水流比承諾的少，而且依然會在降雨量低的夏日完全枯竭。因茲的計算錯了。[183]此外，這改變了水壩的經濟面，導致對於高額用水費用的不滿。同時間，魯爾河谷水庫協會卻忙於為默訥水壩這類計畫籌募資本，目的是為協會最初參與出資興建的小型水壩提供援手。這一切引發了對政府的籲求，還有各種官司。[184]情況在戰後未見好轉。事實上，主要為了提供水力而建造的水壩，在一九二〇年代逐漸轉為其他用途，通常是提供飲用水。[185]

農業的命運沒有比較好，農業利益在新的工業化時代中勢力衰退，這是農業政治代表發出許多雜音的原因。弗日山脈的水壩是德意志唯一仍以灌溉為主要目的的水壩，這與其他溫帶地區國家形成強烈對比，例如鄰近的法國以及美國。更驚人的是承諾與現實之間的對比。幾乎每一個水壩計畫都包含專對農業裨益的部分，但這些好處卻從未實現。住在恩訥珀水壩下游的地主從前利用河水進行灌溉；水壩建成後，他們被禁止使用水庫的水。[186]烏爾夫特水壩以它是獻給農業的大禮做為宣傳用語；但是計畫中的這個部分從未執行。即使是罕見為小農田地供水的埃德水壩，灌溉面積也比地主從前能灌溉的面積小，成效也沒有以前好。總計，由水壩供水的土地，僅占全德意志灌溉面積的百分之二。即使是支持農業、但不反對水壩服務工業或船運利益的作家與組織，也轉而抱持高度批判性的立場。他們獲得的「回報」是被曉以大義：農業不該再仰賴關稅保護，並且應該擁抱水壩。批評者說，農業是「砍掉自己的鼻子來傷害臉」，「行動太緩慢」，並缺乏「必要的啟蒙」，以致無法抓住機會。[188]

農業確實是依賴關稅成癮，也的確把抱怨變成了一種政治化的生活方式，但至少在此例中，它有抱怨的理由。索格爾（Kurt Soergel）一九二九年的詳細研究證實了他尖銳的評論其來有自，他說，雖然水壩的宣傳言論「無比大方地承諾明日將有多少果醬」，農業的資產負債表實際上大體呈現赤字。問題不僅在於灌溉。地下水位上升將為耕作者帶來好處的承諾，事後證明也是空話：農業用水需要「精細調節」，而水壩用水的方式很「粗糙」，成效充其量是好壞參半。另一方面，洪水防治雖然真的為務農者帶來好處，不過也製造了一些新的問題。[190]

索格爾支持農業的立場，沒有讓他對水壩與防洪採取完全負面的觀點，這說明了他的思想開放而持平。相較於支持者宣稱水壩將讓洪水成為「明日黃花」的誇大言論，他的自我約束更讓人折服。[191]不過儘管這類言論可能是水壩早期受歡迎的原因（這可以理解），事實上，從一開始也就有抱持懷疑態度的人了。有些人秉持舊日的觀念，認為河流調節才是洪水的最佳解決之道；其他人則表達了比較「現代」的觀點，這種想法在戰前就已開始出現，那就是在低矮的氾濫平原定居的人是自找麻煩，水壩也無法解救他們。（儘管如此，像艾爾格爾米森〔J. L. Algermissen〕那麼直白地寫出「德意志東部」的人愈來愈習慣「大發牢騷」和「到處向人討錢」，恐怕還是不智的——尤其他是一個來自科隆的寫作者，因為萊茵蘭的人很快也就會變成這方面的專家了。）[192]抱持懷疑的人包括工程師、地理學者和氣象學者費雪（Karl Fischer），費雪不留情地指出，這些巨大的實際問題不太可能「終止建築水壩的凱旋遊行」。[193]

即使在一九一八年，施普利特格爾貝（Splittgerber）有關水壩在水災防治上「大獲成功」的說法，已經受到很多人質疑了。[194]到了一九二〇年代，水災在東部和西部一再發生，懷疑主義的情緒更深了。既有的水壩成效不一：埃德水壩非常成功；武珀河流域的支流水壩則不然；而魯爾河流域、薩克森與西利西亞水壩的紀錄則好壞都有。[195]西利西亞是真正的測試案例。因茲蓋的幾座水壩在一九二六年的水災中似乎有一些效果[196]，但是那一年造成的「破壞」還是讓因茲昔日的一位合作夥伴懷疑「讓人滿意的解決方式」是否有達成的一天。[197]巴赫曼在一九二七年寫了一分嚴厲的評論，清楚指出了問題——不能到處都蓋水壩；而在一個地方築水壩，會讓另一個地區受到的保護變少。波博爾河與克維薩河上的水壩，最多只能阻擋最大的洪水四分之一的水量。真正的困難是，針對規模較小、更頻繁的高水位所提供的保護，與原先針對不頻繁的災難性洪水提供保護的目標，是互相衝突的。災難性的洪水往往在水庫已達滿水位的時候來臨——除非水庫已經在受控的洩洪後迅速排空，但洩洪本身會在下游造成嚴重破壞，導致居民聽到警告的高音喇叭聲就害怕。

在這一切問題底下有一個事實，那就是一座空蕩蕩的水壩不會產生電力。要安全還是要經濟報酬？這個衝突在水壩聲稱可以防洪的每一個地方都可見，但是在奧得河的支流上，氣象與水文條件讓這個困境更為尖銳。[198]巴赫曼的懷疑根深柢固而且持久不去，到一九三八年他仍在攻擊持樂觀看法的人：洪水的問題「不像看起來那麼容易解決」。[199]他的結論與現代風險評估專家獲得的結論一致：「以水壩做為洪水防治的結構性措施是有問題的。」[200]這個觀點在戰間期德國獲得了相當分量，足以澆熄建造新的防洪水壩的熱情。這個在今日已經確立無疑的觀點，或許曾顯示在某一點跡象上，那就是因茲的現代仰慕者曾提出，連因茲都不會輕率建議為了防洪目的而建造水壩。若真是如此，因茲展現的方式還真是隱晦。[201]

建造水壩的原因發生改變之後，贏家之一是船運業。船運業一直是勢力強大的利益方。戰前，在農業界支持下，船運遊說團體因為擔心對航運的負面影響，成功阻擋了因茲在東普魯士的黛梅河（Deime）與普雷格爾河（Pregel）上建造水力發電廠的計畫——這是因茲罕見沒有得其所願的例子。[202]埃德水壩是船運界在戰前的偉大功績，類似的建設在威瑪共和國相繼出現，最大的一座是位於圖林根薩勒河（Saale）的布萊洛赫水壩（Bleiloch Dam），此壩於一九二五至三二年間興建，二億一千五百萬立方公尺的水量使它比埃德水壩還大。這座水壩在戰前被提出時原本是做為防洪措施，但在戰後經重新規劃，以輔助航運為用途，這一點不能不說具有象徵意義。布萊洛赫水壩增加了易北河以及密特蘭運河部分河段的水量。[203]同樣在這些年間建造的奧特瑪豪水壩（Ottmachau Dam）位於奈塞河（Neisse）上，目的是注入更多水到奧得河內，以裨益西利西亞的工業。這座水壩只有布萊洛赫水壩一半的大小，但仍然比德國多數的水壩都大，僅次於少數幾座。土地因為水壩而淹沒的居民以及普魯士農業部都強烈反對這座水壩，但它還是建起來了。[204]來自這些水壩的水很昂貴，尤其是奧特瑪豪水壩的水。維持奧得河理想的最低水位，一天的花費是十萬馬克。[205]即使如此，有一名評論者仍然認為這些水壩的作用「非常小」，增加的水位高度「不超過幾公分」。[206]在最好的情況下——以埃德水壩而言——水位上升了大約十五公分，這才產生影響。[207]即使是支持者也認為，這些水壩在改善航運上沒有預

圖林根薩勒河布萊洛赫水壩，二〇一三年。© Wikimedia commons

期的成功。在埃德、布萊洛赫與奧特瑪豪水壩加起來的水量已達五億立方公尺的情況下，唯一能想到的解決方法，雖然聽來讓人難以置信，就是繼續為德國饑渴的河流與運河尋找更多水源。[208]

成長中工業城市的用水需求永不饜足。一九二〇年代和之後興建的愈來愈多水壩都是為了滿足對水的雙重需求：用來喝，也用於生產過程。這不是事情本來應有的發展。早期支持者承諾的是解決用水短缺的方案，不是永無止盡的建設計畫。連提供一萬人飲用水都很困難的集水區，卻宣告將支持有一百萬人的城市，而從水庫取得用水的城鎮將「永不缺水」。[209]在多數情況下，「永不」的意思是十到十五年，如果出現乾旱異常的夏季，這個時間又會縮短。倫內普（Lennep）鎮在一八九三年建了一座水庫，八年後水庫就必須擴建。一九〇二年，雷母夏德的埃什巴赫水庫預期在「未來很長一段時間」都能滿足所需；六年後，新的奈厄河谷（Neye Valley）水庫就動土了。巴門（Barmen）的第一座水庫竣工和第二座水庫的興建之間，只相隔十一年。[210]到處的故事都是一樣的，不管是戰前還是戰後，而每一座新水壩都比前面的那一座大。[211]

都市人口增加，愈來愈多城鎮採用中央供水，也愈來愈多城鎮仰賴水庫供水，這驅動了肯尼茲水廠主任口中「持續成長的需求」。[212]比較不明顯的因素是，第一代水庫所依據的計算，其實包括了許多急就章的粗估數字，而且總是太過樂觀，領路的還是因茲。[213]此外，巴門水庫的反對者提出裝設水表的建議，未獲任何地方採行。[214]驕傲的市政官員可能還比較會讚揚水庫「讓市民逐漸改變節約用水方式」的成效。[215]在日益工業化的德國，非家庭用水的需求上漲沒有什麼神祕之處，因為每清洗一噸煤炭就需要高達三千公升的水，生產一噸生鐵需要的水更是四倍之多。法國占領魯爾河時期以及一九二九至三三年間的經濟蕭條，展現了工業用戶的關鍵地位，因為用水量在這兩段期間都大幅下降。比較不那麼明顯的一點是，幾乎所有城鎮都決定不要投資建造各自獨立的家用與工業用水輸送系統（採取這種做法的歐伊斯基爾亨鎮是異數），這對供水有重要的長期影響，可以說費用與浪費都因此而增加。[216]

魯爾河是典型的例子，需求增加驅動了對更新、更大水壩的追求。它依然肩負大規模工業與家庭用水的雙重任務，尤其是飲用水開始直接從河流抽取，然後再滲濾回地底，成為「偽地下水」。[217]一八九七年從河裡抽取的水量為一億三千五百萬立方公尺；一九一三年是四億五千五百萬；到了一九二九年是六億六千八百萬；而經濟蕭條結束後數字再度激增，到了一九三四年是十億立方公尺。[218]這使得魯爾河谷水庫協會總是疲於奔命。默訥水壩應該要解決這個問題；但是到了一九二一年（旱年），協會因為碰上同樣的問題，建造了索佩水壩（Sorpe Dam，一九二六至三五年間）；水壩還沒建好，又一個旱年再度引發了在下韋爾斯河（Lower Verse）建造新壩的計畫，水壩於二次世界大戰之後竣工。那時，主事者的想法已經又迫不急待轉往興建下一座主要水庫了。[219]

戰後建築水壩的首要原因是白煤。[220]從一九一三到一九二七年間，用電量增加了四倍以上；但是在《凡爾賽條約》下，德國失去了百分之四十的煤田。褐煤填補了一些不足，但是水力發電變成決定性的因素。除了萊茵河與其他河流上的低落差水電廠以外，新的發電水壩在德國各地出現：巴伐利亞、黑森林以及西利西亞，甚至在東部多沙的普魯士，也在斯托爾普河（Stolpe）、拉督河（Radue）與雷加河（Rega）上建起了填土壩。雖然水力發電仍被稱為小人物的朋友（現在還是「主婦的好幫手」），戰前那些年間的美好夢想終究未能實現。[221]鄉村電力化的經濟現實是，電力沒有真的比較便宜，即使在有電可用的地方也是如此。[222]工匠受鼓勵投資購買電動機，這對供電商是好生意；但是經濟蕭條來臨後，工匠發現自己過度曝險，陷入債務。對於稱為中產階級（Mittelstand）的這些小企業業主而言，問題不是他們「守舊」（經常有人如此爭論），而是他們太前衛了。[223]他們的命運，就和武珀河流域那些相信因茲的計算的小工業家一樣，殊途同歸。

另外兩項戰前的期望——對公有制以及「南德意志」水力發電的希望——也落空了。一九一九年有一項在全德推行電力社會化的提案，因為既有的公家與私人業主反對而從未施行。實際發生的事情是，有一連串勢力龐大的聯合企業被創造出來以組織電力供應，包括公共與私有公司，以及混合型公司，如埃森的萊茵蘭—西發里亞電力公司（Rhenish-Westphalian Electricity of Essen，簡稱RWE）。[224]這種設置比較像商人拉特瑙（Walter Rathenau）在戰前所提倡的「計畫資本主義」，或是像經濟學暨社會批評家宋巴特（Werner Sombart）在戰後所倡導的「德意志社會主義」，這個問題無法有答案（假設兩者在實行上有所差別）。[225]發電水壩的批判者持續怪罪「我們資本主義經濟體在今日的形式」，好像電力控制權真的落入了某一群德國人手中，這群人與一九一四年以前經常被妖魔化的「美國壟斷者」相仿，儘管德國工業的所有權結構根本不符合這樣的指控。[226]話說回來，如果要找德國土生土長

雨果・斯廷內斯（一八七〇～一九二四年）
By Chronik eine Elektrizitätswerkes, Public Domain,

的壟斷企業家，最好的例子莫過於斯廷內斯（Hugo Stinnes），RWE公司就是由他組成。RWE與其他兩家位於普魯士的公有公司一樣，採取了野心勃勃的南進政策——一九二七年，他們三方企圖一定要完成談判以達成分界協議，稱為「電力和平」。這種積極商業作為背後的目標，是要在北方以煤炭為主要來源的電力之外，再加上南方的水力發電，讓電力可以依照不同季節從系統的一部分「運送」到另一部分。[227]這個策略的成功，讓南方人曾經寄予水電的厚望落空了。到了一九二〇年代，巴伐利亞與巴登巨大的水電資源，已經由位於魯爾或柏林的聯合企業所擁有。

環境與地貌受到的衝擊

德國在第一次世界大戰之前進入高壩的年代。一九二〇和一九三〇年代，高壩數量逐漸增加，此時期興建的包括布萊洛赫、尼德瓦特（Niederwarthe）、索佩與施瓦明瑙爾（Schwammenauel）水壩。依照一九三〇年的分類，「高壩」（high dam）的標準是在六十到一百公尺之間，這些德國最大的水壩都只是低空飛過：高度幾乎介於六十到七十公尺之間。它們以世界標準而言不算出色，隨著時間過去看起來又更一般了。國際大壩委員會（International Committee on Large Dams）的名錄中有許多非常高的水壩（超過一百公尺），位於北美洲、前蘇聯和第三世界。德國沒有那麼高的水壩，容量與其他高壩相比，差異更是驚人。胡佛水壩（一九三六）的蓄水量幾乎是埃德或布萊洛赫水壩的二百倍。如果是一九五〇和一九六〇年代那些宏偉的代表性水壩，包括卡里巴（Kariba）、伏塔（Volta）和亞斯文高壩（High

Aswan），這個倍數則接近八百倍。[228]早在一九一四年以前就有一些德國人知道，他們國內的「巨人」事實上極為矮小。美國的水壩以及英國人更早建造的亞斯文水壩是一般用以比較的標準，而每一次的比較都讓人心生嚮往。[229]包括亨尼希在內的不少作家都曾期待於一八八〇年代取得的非洲殖民地是能讓德國人也能建造超大水壩的地方，但是，第一次世界大戰的戰敗，去除了這個可能。[230]納粹德國持續以崇敬的眼光看待亞斯文水壩。[231]然而，現在回顧起來，由於沒有建造界定了二十世紀水壩建築的那種巨大結構，也因為其氣候因素，德國逃過了水壩最慘重的環境代價。這些代價，一如水壩本身，在德國的規模小了一個等級，但絕對不容忽略。

過去幾十年來，愈來愈多證據指向大型水壩的負面效應。以亞斯文水壩為例，它的目的是為了控制尼羅河的洪水，較有系統地利用河水用於灌溉與發電。它達成了這些事情，但隨之而來的是意料之外的可怕後果。為了取代不再沿尼羅河而下的肥沃淤泥，水壩的電力被用以製造化學肥料，而化肥又透過逕流製造了本身的副作用。蓄積這麼大的水體（表面積是德國最大湖泊康斯坦士湖的十二倍），導致很高的蒸發率。少了每年氾濫的沖洗，危害所有灌溉模式的鹽化作用變得更嚴重；同時，埃及的灌溉水道成為攜帶血吸蟲病的螺類滋生地，這種傷害肝臟、腸與尿道的疾病，如今影響了一整個地區的人口。少了淤泥的尼羅河三角洲面積縮小，讓地中海沒有營養物，因而摧毀了沙丁魚類和蝦類漁場。這實在稱不上是先前承諾的「永久繁榮」。[232]同樣慘淡的故事因著地方差異在一個又一個國家上演。這些好像還不夠似的，過去三十年，許多深具說服力的證據顯示，水壩不僅容易受地震影響，還會引發地震。有關水庫引發地震活動的主張始於一九三〇年代晚期，聯合國教科文組織自一九七三年起即建議針對水壩進行地震監測，全世界已記錄到至少九十次案例，通常與水庫初期蓄水有關，有時則與水庫快速洩降水有關。[233]

這些問題中，有些與德國的經驗較為遙遠；但水壩引發的地震活動不然，至少小水壩曾經引發地震，而且在鄰國也發生過，包括瑞士、法國與義大利的阿爾卑斯山區。這些地區中，有些地方先前的地震活動並不活躍。目前為止，德國境內還沒有記錄到這樣的事件，[234]德國也沒有經歷以水壩為主的巨大灌溉計畫相關的鹽化與疾病問題，因為灌溉在德國水壩的建設中扮演非常邊緣的角色。農業或許吃虧了，但是成為「輸家」卻因禍得福，因為事實證明，德國實行的地方性小規模灌溉是比較永續的做法——有些敏銳的當代人當年就預測到了，並且指出美國西部因為過度澆灌而引發的災難。蓄水蒸發的問題確實發生了，但是蒸發率（大約百分之五到百分之十）低於在乾燥國家水壩所記錄到的程度。任何程度的蒸發都表示珍貴的水流失，還會導致當地氣候變遷，[235]這讓當時的一些評論者感到憂心。[236]事實上，氣候的改變大致上是良性的，調和了溫度，植被因而受益。水霧在冷季防止結霜；露水在降雨低的時候提供水分。[237]諷刺的是，曾經在上萊茵平原備受鄙棄的水霧，現在在高地谷地卻受到歡迎。諷刺還不僅於此：河流調節與數千座自然湖泊、沼地和草澤被排乾所導致的德國土地乾化的長期效應，因為水壩所創造的人工湖泊而獲得緩解。[238]不過，建造水壩以另一種方式促進了乾化的過程。有些計畫需要把水從一個河川流域透過穿岩而過的隧道引至另一個河川流域，未預見的後果之一是這些隧道把水從它們上方的地區吸走了，導致地下水位下降。這個問題在哈茨山脈尤其嚴重，並導致二十世紀早期一座水壩被棄置——不是為了環境原因，而是因為擔心遭求償大筆補償金。[239]

那麼，水壩對下游水流的衝擊呢？在德國，淤泥也堆積在水壩後方：所有水壩到最後都會成為本身最初目標的絆腳石。德國水壩淤積的速度通常比在非洲、美洲與亞洲（或西班牙）的水壩慢得多，[240]但也有例外，從武珀河到阿爾卑斯山，淤積速度較快。這樣一來，在下游活動的農業工作者可能的損失變大了，所幸因為河川調節，讓他們損失的東西因而減少。[241]每一座水壩都會徹底改變下游的水流動態和泥沙沉積。在德國，那些最嚴重的影響效應與圖拉調節後的萊茵河所發生的狀況相似，河流少了留在水壩後方的碎屑與泥沙的重量後，開始沖刷河床，導致地下水位降低，造成植物死亡。有些巴伐利亞的河流出現了水流穿破本身河床，突然切穿透水岩，並且一次往下降數公尺的現象——是水文版的中國症候群*。[242]築了壩的河流對下游的效應，最後會影響到它們所流入的海洋，而且無可避免會影響海洋，因為全球排入海洋的水有六分之一來自這類河流，如果河流很大（比如尼羅河）而海很小（比如地中海），這種影響尤其明顯。在德國，築壩的河流幾乎都流入北海或波羅的海，後者相當於北方的地中海。[243]這些河流造成的衝擊值得研究，因為我們已經知道，斯堪地那維亞的二百四十座水壩由於改變了季節性注入波羅的海的淡水水流，影響了從前淡水與鹹水在波羅的海與北海之間的交換。[244]

與最嚴重的例子相比，例如伏塔河與聶伯河（Dnieper），德國水壩的負面環境影響不算太糟，因為德國的氣候不同，水壩比較小。但是，以休瓦貝爾（Jürgen Schwoerbel）的話來說，它們依然構成了對河流「形態與生態結構巨大的干擾」，對整個流域都產生影響。[245]感受最強烈的是水壩所在位置與周圍地

*譯注：中國症候群（China Syndrome）是美國核物理學者拉普（Ralph Lapp）在一九七一年的一篇文章中所創。這個詞指的是一個假設狀況，即如果美國的核電廠發生爐心熔解，核燃料熔液會熔解圍阻體外洩到下方的土地中，一路熔解穿透地殼、地函和地心，直通中國（因為在地球上中國位於美國的「下方」）。

區。那時候的人描述這是一種「暴烈的……轉變」；生活情況「從上到下改變了」。[246]怎可能不如此？水壩盆地底部被刮除表面，用炸藥炸，用鑽子鑿，然後封底。剝除了樹木、植物與腐植質的盆地，看起來像一個「布滿裂縫、補丁和節瘤的浴盆」。[247]接著，這個浴盆裡注滿了水，形成的是一個看起來像湖泊、通常也稱為湖泊的東西，但是它不是。水庫與它們天然形成的表親有幾個共通的特徵：稱為seiches（從法文而來）的波震盪，以及對當地微氣候的衝擊。[248]但是，它們之間的差異多過相似處。一座湖泊最深的點在湖心附近；在水庫裡就位於壩牆後方。水庫的溫度結構不同，並且會經歷更為頻繁的水位變化（天然湖泊用於發電時，如瓦爾興湖，也會發生同樣的事情）。最後這個差異有決定性的影響，因為這表示會逐漸產生典型的「階地化」效應，於是也沒有了植物與動物可以立足生長的固定濱水帶。[249]

水中的生命也改變了。水庫在德國出現的時候，大約也是湖沼學這門學科形成的時候。提尼曼（August Thienemann）檢視了天然與非天然的湖泊。提尼曼是自然學者，後來成為早期生態思想的重要人物，他開拓了有關生命群聚（德國人稱為生物群落）與棲地（或稱生物型，biotype）關係的新思維。[250]他證明了水庫是一種相當新的水體，這種生物型比較有利於能夠適應變動條件的物種。[251]易言之，水庫與圖拉改造後的萊茵河具有相同的效應。在這兩個例子中，魚類都鮮明地見證了改變。地方研究顯示，新的條件——水溫、水位與繁殖條件的變化——導致優勢物種快速周轉，在水庫內與下游處都如此。埃德水壩下游的狗魚和鱸魚消失了，第美爾河下游的茴魚消失了。這是改造德國河流的結果之一。還有另外兩個結果。水壩當然對已經面臨嚴重衰減的洄游魚類形成一大障礙，而水庫最後也不如當初所承諾的是對漁業的贈禮。水庫帶來了初期的豐餘，但犧牲了同一條河流其他河段的魚類。接著，水庫本身的魚群也往往減少了，只能靠養殖漁業維持，這樣的故事後來在全世界各地都耳熟能詳。[252]

提尼曼協助分辨今所熟知的兩種水：健康的貧養水（營養物少，氧氣多），以及不理想的優養水，這種水中豐富的有機或礦物質營養物會導致海藻的生長與腐敗，使含氧量耗竭。（這些過程在德意志築壩的古典時期並不為人所知，即使是頂尖的自然學者也一樣。提尼曼自己第一次使用由一名瑞典植物學者首創的貧養（oligotrophic）與優養（eutrophic）兩個名詞時，是一九二一年。[253]今天，這兩個名詞在德國水庫的報告中大量出現，因為許多水庫都已優養化，甚至是超優養化。這是家庭廢棄物和農業肥料流入水中的結果，在淺水庫所造成的後果尤其嚴重。淺水庫主要位於武珀河流域和薩克森，這些水庫裡的混濁水質和增生的藻類都顯示問題嚴重。當然，天然湖泊可能、也確實會優養化；但是水庫更容易受到影響，特別在水位洩降後。於是魚種的重要性不再取決於經濟或休閒需求，而是取決於是否能以「生物操控」來修補破壞。希望的做法是，透過滋養以較小型的浮游動物為食的物種，來增加更大型的浮游生物所占比例，由此改善水質。鱒魚和米諾魚是這種生態工程中的救星角色，反之，如果歐鯉、歐鯿等鯉科物種與狗魚占多數，往往顯示水世界不對勁的跡象出現了。[254]

在河流築壩的生態效應並不都是負面的。新的溼地在水庫入口形成，創造了珍貴的生態區位，水生昆蟲得益於新的棲地。在武珀河谷水壩周圍土地漫遊的一名昆蟲學家，在一九三〇年代早期興奮地描述了那裡豐富的昆蟲生命，讓他最狂喜的是在貝弗水壩（Bever Dam）附近的馬糞中找到了罕見的蛆 *Arricia erratica*；不過，讓他興奮的主要原因是，自水壩建成後的數十年間，甲蟲數量巨幅增加。甲蟲得益自潮溼、有泥巴、石頭與苔蘚的環境，當牠們從冬天的棲身處出來後，等待牠們的是被沖到岸上的草莖與纖維，讓牠們得以興旺發展。[255]但是最明顯受到這些新水體吸引的是鳥類。自然學者記錄到的有野鴨、蒼鷺、魚鷹、鷗、翠鳥和小辮鴴，偶爾還會看到繁殖偶。許多水庫成為候鳥遷徙路線的一部分，從當時到現在，每到春天和秋天，這些地方就會因為鳥類而生機勃勃。[256]這個矛盾的結果，應該會讓預期人類介入必定只會帶來環境災難的人覺得驚訝。畢竟，連像沙爾頓海（Salton Sea）這樣真正的環境災害——這一片有毒廢棄物位在加州沙漠中，是河流工程出了嚴重差錯的結果——也已成為候鳥在太平洋遷徙路線上的重要一站，這裡的鳥種比美國其他任何地點都多。[257]同樣的，德國水庫也成為意外的庇護所，而且不只是鳥類的，這與因茲的構想大相逕庭。但是評論者很快就注意到，那些新水壩周圍的土地是絕佳的自然保育地區，這個概念在第一次世界大戰前就已經逐漸普及。[258]到了一九三〇年代，這已是常見的概念；而今天，水庫周圍的生態管理更是與水壩本身的「綠化」一樣是理所當然的事情。[259]

不過，現代的價值觀，不應與七十年前的論點等量齊觀。最早的水壩建成後，以及其後的數十年，即使是水壩的批評者都鮮少以生態理由提出論點。[260]自然：這才是重點。萌芽中的自然保育運動所不滿的是水壩威脅到「美麗」、「自然」、「浪漫」的地區。[261]這些地方未經開發且「未經汙染」——正如還沒建造布萊洛赫水壩以前的薩勒河谷——是「風景迷人的珍珠」，也因此，「美麗難以言喻的一片地貌正在消逝。」[262]批評者想要保存的自然，是理想化的地貌。他們抱怨未來的地景將為河水強大的水平線條所主宰時，隱含的美學評判顯而易見。這樣的評判在他們慨嘆水庫將吸引「尋歡作樂的群眾」時更為明顯。瑙曼（Arno Naumann）形容像他這樣的保育人士是「地貌美學價值的守護者」，說得一點也沒錯。[263]

如果我們要問，為什麼他們最後成功守護的這麼少——或者換個方法問，為什麼一直要到一九八〇年代，水壩計畫在德國才真的被阻止——有兩個可能的答案。第一個是，只有在一個不同的社會，一個開始學習談論限制成長的社會，而且有了水壩造成環境問題的證據以後，反對勢力才有可能起決定性的影響。第二個答案是，以美學為原因捍衛地貌，從來都是高度主觀的事情，它缺乏明確的準則，甚至可以用來合理化對自然選擇性的破壞。舉例而言，像舒爾策—瑙姆堡（Paul Schultze-Naumburg）這樣著名的保育人士，願意犧牲他認為以美學需求而言純屬多餘的地貌（「在一個走了好幾公里風景都一成不變的地方，如果這片谷地的一部分變成一座水庫，不能被視為無可取代的損失」）。[264]這是工程師可以接受的。連頑強的進步宣揚者艾伯蕭夫（Emil Abshoff）與馬特恩都表示有信心在確保經濟未來的同時，保留「富有詩意的谷地」與「自然的美好」。[265]另一名工程師在面對保育人士的批評而為瓦爾興湖水壩計畫辯護時，也坦承有些「侵入式」的工程計畫會侵犯「莊嚴宏偉的荒野」。但是這種對「自然之美的珍貴禮物的褻瀆」，並非無可避免：可以做一些安排，讓「風光美好的地貌盡可能獲得保存」。[266]

結果可以預料。一個共識浮現：只要水壩可以和諧地融入周遭環境，就不是對地景價值的冒犯。默訥水壩「把自己美好地置入了自然風景中」；幾乎完全一樣的字眼也用於宣告武珀河水壩達成了「少有的和諧」。[267]類似的說法可一再讀到。[268]在決定誰能於設計水壩建築（有別於工程建設）所舉辦的競圖中勝出（默訥水壩吸引了七十二組參與），「適應」地方地景是被強調的一點。[269]在細節問題上雖有意見不同之處，但是共識也不少：建築師應該從一開始就參與，不是在最後才加入以美化結構；應該避免裝飾，不應試圖掩飾水壩是人造物，同時，應該對周遭自然環境保持敏感。

國家社會主義也加上了自己特殊的好惡：不喜以混凝土為建材（這是希特勒最討厭的東西之一），

對現代功能主義抱持敵意，反對任何不屬於「自然德國地景」的「外來」物。[270]但是納粹思想大致的要點：不喜裝飾，讚美「本真」，強調水壩與自然環境之間的和諧，都是建立在一九三〇年代已經存在的共識上。這個共識讓對於地景的美學判斷成為築壩者與保育人士的辯論中心，因此將問題從「應該蓋嗎？」轉移到了「應該怎麼蓋？」。

以這種方式定義水壩與自然的問題，為另一件事開了大門。如果建造水壩不只是保留自然之美，還能提升自然之美呢？不意外的，這個觀點是在漢諾威德國水庫協會的一次會議中提出來的，也有其他利益團體提出。[271]不過這個想法顯然有更廣泛的吸引力，而且就從舒爾策—瑙姆堡這樣的保育人士開始。[272]事實上，這個觀點變得非常普遍，甚至有醫生相當不耐地提醒，不管飲用水水庫為地景添加了多少美麗，這都不是當初建造它們的原因。[273]水庫可以改善自然的論點總是讓這些新的水體引來注目，尤其在沒有天然湖泊的地區。批評者看到一個主宰了目光的粗陋水平線條，支持者卻看到一片「莊嚴美好」的水體，光線在其上變幻，周圍的丘陵映照其中。[274]這或許可以稱為水庫浪漫主義文類，而且經常可以在溫馨的《家園》（*Heimat*）之類期刊中看到。

一篇典型的文章形容貝弗水壩是「卑爾吉什的土地上最浪漫的水庫之一」，文章旁邊有一張布魯赫爾（Brucher）河谷水庫的照片，照片裡只見雲朵和林木映照在黃昏的水面上，圖說寫道：「向晚的布魯赫爾河谷水庫。」[275]同一本月刊（《卑爾吉什家園》，*Bergische Heimat*）中的短篇故事甚至以「水庫浪漫主義」為名。尚．保利（Jean Pauli）的故事一開始，水庫是一幅「安靜與平和的美好景象」，從夕陽下水面上閃爍的光線，到傍晚的教堂鐘聲，沒有一個陳腔濫調沒被用上。保利筆下的主角捨不得離開，因為「這裡如天堂般美麗，如此孤寂而靜謐」。受到湖水吸引的他划船出水，看到一隻蒼鷺，接著又看到——可能嗎？——兩隻美人魚。但其實只是兩名在沐浴的純樸年輕女子。一陣歡笑後，三人一路歌唱，「在月光下踏上歸途。」[276]

淹沒的村落，毀棄的水壩

水庫美學的黃金準則是，谷地不該看起來「被淹沒了」。[277] 但是，谷地當然被淹沒了——古恩特（Rudolf Gundt）這麼描述靜躺在布萊洛赫水庫底下的薩勒河谷：「淹沒的美人」。[278] 新的地景是比較美或比較不美，見仁見智；不可否認的是，如今躺在水底的，是人們曾經耕作的農田和居住的農場。因為家園位在被淹沒的河谷而被迫離開的男男女女，成為小說家無法抗拒的主題，英國、法國、比利時、奧地利和捷克都有這樣的例子，[279] 其中最具原創性的故事是讓甲蟲、螞蟻和蟋蟀當上了主角。比利時醫生康戴澤（Ernst Candèze）寫的《水壩：一個昆蟲民族的悲劇與冒險歷史》（*The Dam: The Tragic and Adventurous History of an Insect People*），處理的主題是吉列普水壩的影響。這本書在一九〇一年翻譯為德文後，到一九一四年已經出到第三版了。[280] 以擬人化的昆蟲為出場角色，本書從受害者的角度溫和嘲諷了人類自命宰制一切的態度。

《水壩》開場時，喜歡享受生活的龍蝨菲力・卡爾普芬斯特徹爾（Phili Karpfenstecher）和他認真老實的朋友天牛偉伯（Weber），正在討論為什麼水從他們曾經蒼翠的谷地消失了，讓這裡變成一片「荒原」。昆蟲會議後，他們決定派一支隊伍沿著現在遍布岩石的河床溯源而上，進行調查。經歷了和人類與其他掠食者有關的一連串不幸遭遇後，隊伍中還活著的成員發現了問題所在：橫跨河谷的一道巨牆。蓋格（Joseph Joachim Geiger）遇到來自當地的另一隻蚱蜢，得知原生的黑蟻、列隊毛蟲（processionary caterpillar，松舟蛾的幼蟲）與蟋蟀，在人類蓋完牆之後發生的大洪水中被「驅離自己的家」。[281] 一對年老的蟋蟀接著把悲慘的故事講完。（他們「像費萊蒙與鮑西絲一樣」面臨上漲的河水，不過在這個版本的《浮士德》故事中，他們活了下來。[282]）啟程兩週後，這群昆蟲帶著壞消息返回家園：「人類的專斷獨行」讓他們永遠沒有水了。既然訴訟無用（一隻蟑螂怨憤地描述了人類如何利用他們的法律對付弱小），唯一的選擇就是偉伯的建議：集體遷徙。書的尾聲，昆蟲們計劃著要到水庫上方遠處的坡地重新安頓下來。

比利時昆蟲學家康戴澤（一八二七～一八九八年）
© Wikimedia commons

康戴澤筆下的昆蟲所經歷的事件與情感的循環，是每一部有關水庫來臨的小說所共有的：焦慮、紛擾、不可置信、認命、摧毀和遭逐。一切的開始，是帶著公事包、地圖和測量儀器的陌生人抵達村子的那一刻。康戴澤讓那對年老的蟋蟀敘述這個「命定」的一刻，以他們充滿田園牧歌的音樂之夜，對比那些外來者吵雜的活動。寇貝（Ursula Kobbe）的《水壩大鬥爭》（*The Struggle with the Dam*）以一九三〇年代晚期為背景，同樣描述了在奧地利阿爾卑斯山東部布魯恩陶（Bluntau）谷地的胡薩爾（Hussar）旅社投宿的「外地客人」所引發的憂心。這些虛構的記述，與當時官員首度在埃德河谷出現時的情況相當貼近。[283] 後來發生在布魯恩陶的事情造成的干擾則嚴重得多，因為河谷「完全改變了樣貌，成為一個巨大的建築工地」。[284] 這表示有工人和機器。據說，埃德河谷的村民不知道是哪一個更讓他們吃驚：是「像精靈一樣」（kobolds）*祕密完成工程的「大隊」工人，還是那些巨大的機械。[285] 九一四年以前，重大水壩計畫就已經向德國最大的土木工程公司招標，這些公司使用如挖土機、碎石機、蒸汽動力絞車和自動推進車輛等重裝備；一九二〇年代，混凝土拌合機、傾倒車、輸送帶和起重機也運抵現場。這些公司通常也會安裝自己的發電機。噪音一直都在。引爆炸藥是最大的噪音，而在埃德河谷，爆炸聲從裝了二萬四千公斤硝酸肼（Astralit）炸藥的一萬個炸孔裡面傳出。當地人熟悉的地理景觀被改頭換面了。隨著舊的地標被夷平，河谷地面現在被輕軌道和它所帶來並傾倒的一堆堆建材所占滿，只對當地小孩有吸引力。[286]

建造默訥、埃德與烏爾夫特水壩的工人一次多達一千名，即使是比較小的奈厄水壩也雇用了八百人。許多是外籍工人，甚至在某些工程中占絕大多數，包括波士尼亞人、克羅埃西亞人、波蘭人、捷克人與無所不在的高超石匠，義大利人。為工人們所建的營房與食堂形成了臨時城鎮，比存在已久但預定摧毀的村落還大。[287] 戰後，不再有「棕皮膚的外籍工人」可用，這是砌石壩蓋得比較少的原因之一。[288] 不過土壩與鋼筋混凝土壩仍然需要大量勞工。參與建造阿格河谷水壩（Agger Valley Dam）的工人遠超過

*譯注：kobolds，德國民間傳說中的精靈，身材矮小，與採礦有關。

一千人。從一九二〇年代晚期開始，工人通常來自膨脹的失業人口。[289]村民與工人之間是否關係緊張？這是可以料想到的。即使建造人員不像挖運河的工人一樣惡名在外，他們仍是遠離家鄉的年輕男性，在十一個小時的工作結束後想要輕鬆一下。在烏蘇拉・寇貝的小說中，建築工人在當地酒館喝酒、大吵大鬧，當地一名女僕懷孕後被義大利負心漢拋棄。但是在埃德與默訥谷地的勞工數量之多，可能讓他們比布魯恩陶谷地那些虛構的工人更能自給自足，因而減少了與當地人的互動。[290]雇用失業的德國勞工可能也表示有潛在的衝突點，畢竟在經濟蕭條最嚴重時，關於成群結黨的失業者會在夜晚到鄉間打劫、偷走田裡的甜菜和甘藍菜的故事，讓德國農村地區的人心懷恐懼。而這些男性現在有工作了，而且常常在週末時搭乘特殊火車班次返家。如果地方上有恐懼和緊張關係，至少在紀錄中是看不到的。

在即將被摧毀的村落中，認命似乎是最普遍的情緒。一般而言，在德意志帝國或威瑪共和國治下的德國鄉村聚落，在政治上並不消極被動。農業危機和與都市利益方之間的爭議，引發了許多抗議運動，甚至是直接行動。如果面對的是人數少而不受歡迎的團體，如吉普賽人，德國村民會一再顯示出他們不怕使用武力將「外來者」逐出該地。但是沒有任何針對建築工人或官員的這類事件。在瓦德克的國會發生了針對埃德水壩迫使居民遷居的抗議，一九二〇年代奧特瑪豪水壩也受到大眾反對。[291]然而，水壩計畫難得被推翻時，不是因為地方抗議，而是因為擔心費用或流失黃金農業用地的行政考慮。[292]唯一的例外恰恰證明了這個規則。一九二五年，電力集團RWE宣布要在德國與盧森堡邊界的奧爾河（Our）谷築壩，將造成一千人流離失所，多數是盧森堡人。這個「為德國經濟做出犧牲」的提案引發群情憤慨。談判沒完沒了，直到RWE在四年後放棄計畫。水壩直到一九五〇年代初期才建成，規模比較小，政治情勢也已經大為不同。奧爾河谷的命運獲得暫緩執行，是因為盧森堡人的國家情感被傷害了，也因為原來的計畫會讓維安登村（Vianden）不復存在，這是「大公國的明珠」，也是受歡迎的觀光去處。[293]

類似這種事情沒有阻礙德國人把普通的德國谷地淹沒。許多動人的寫作哀悼了即將消失的事物，比如埃德爾塔爾的村落和那裡的房屋、教堂與歷史——有一座女修道院，一封十二世紀來自美因茲大主教的保護信。這些記述中的失落與悲憫之情無可置疑，書寫者通常是受過教育的男性，住在他處，但是對谷地非常熟悉。他們難以承受正在發生的事情，但是也接受官方觀點，即為了更大的利益，痛苦的犧牲是必要的。「日耳曼尼亞母親需要這一小塊日耳曼土地以造福好幾千、或許是好幾百萬她的兒女，」來自卡瑟爾的神職人員赫斯勒（Carl Heßler）寫下的描述。這是僅有的安慰了。[294] 犧牲的語言瀰漫在這些書寫中；失落的村莊甚至被描繪為某種給水壩的奉獻物或還願的祭品。[295] 赫斯勒與佛克爾（H. Völker）等人寫作時的身分是追憶者，不是反抗的倡導者，他們的語氣帶著宿命論的調性：「但必然如此！」「哎，沒有其他選擇。」佛克爾有關埃德谷地「注定毀滅」的描述，充滿了無可避免之感，因為那些村莊與田野即將「在當權者一聲令下後消失」。[296]

當權者的一聲令下——這正是重點。這些計畫展開之前沒有任何公開調查，而對付不願協商出售土地的地主，可以祭出強制購買權力。隨著水壩愈來愈大，它們淹沒的谷地也涵蓋更多村落與農地。築壩者與當地人之間的衝突主要圍繞補償問題。購買土地占築壩整體支出很大的一部分，根據一名專家所述，可以高達總數的四分之一[297]，有時候甚至更高。在埃德河谷花掉的九百萬馬克，占總支出的百分之四十五，這個數字在默訥河谷沒有少太多。[298] 有些計畫因為土地購買費用而超支，這也是為什麼有時候初步勘查會「低調」進行，以避免將價格推高。[299] 協商過程充滿了互不信任。築壩者認為地主貪求無度；地主深信估值過程被動了手腳，對他們不利，有些地方官員也持同樣看法。默訥河谷與恩訥珀河谷中將近四分之一的土地最後是透過強制購買所取得，足以說明紛爭不和的程度，而這樣的取得方式又引發了多場官司。[300]

補償金是為了讓「被迫離開故土」的人能夠重新安頓下來。[301] 這些人數量可觀：默訥河谷七百人，埃德河谷九百人，薩勒河谷九百五十人。他們是誰和他們去了哪兒，最好的相關證據來自埃德河谷。那裡有三座村莊完全消失，艾索（Asel）、貝里希（Berich）與布林豪森（Bringhausen），另有兩座村莊消失了一部分。[302] 工程於一九〇八年展開，居民有三年時間遷離。赫斯勒在一九〇八年寫下有關這座谷地書籍的第一個版本時，盡責地記錄了三座村莊中所有人的名字、職業、家屬人數和未來打算遷居的家園。多數人是農民、農工或工人，參雜著工匠、酒館主人和教師或警察等低階官員。布林豪森另有一名樂手和兩位女性貧民。在那個階段，多數名字旁邊的「未來家園」那一欄出現的是「尚未決定」或問號，不過在最小的貝里希村不是這樣，它的居民已經決定要在別處重建村落。[303] 其他村落一定在某一個時間也做了相同的決定，因為新艾索和新布林豪森都在俯瞰未來水庫的地方建立起來。儘管如此，居民未來新家的分散地區之廣依然驚人，從附近的瓦德克與赫森各地，到遠及薩克森與西發里亞的地方。有些人在東部省分波森（Posen）買了「墾殖」農場，不過似乎沒有人接受水壩建築師辛佛爾的建議，前往前景看好的德國海外殖民地。[304]

村民早自一九〇八年就開始遷離谷地，其他人在一九〇九年春天和夏天跟進。接著到了舉行最後儀式的時間，包括在半木結構的農舍前拍攝姿勢僵硬的照片，還有為仍留在當地的人舉辦最後一次送別派對。布林豪森在一九一〇年仲夏舉辦了這個儀式：「特別是老人家，帶著深深的憂傷想著不斷逼近的那個時間，他們終將與房舍和農場、家園與溫暖永遠分離。」[305]死者已經從墓園中挖起，重新安葬在新墳中。接著是生者，他們把老教堂的一些部分帶到重新建立的村落，做為某種延續性的象徵。知道谷地數十年來一直在流失人口，會讓他們的離去比較沒有那麼艱難嗎？還是會因為知道他們的被逐發生在「德國享有最深刻和平的年代」，而變得更難受？[306]這是賓恩（Ludwig Bing）提出的說法，他回憶起自己在谷地的童年，回憶時是一九七三年，當時德國已經經歷了兩次世界大戰。

建造一座大壩需要很多年，建完後將水庫注滿水還需要更多年。注定消失的谷地因而是慢慢死去，讓悲涼之情更為深刻。佛克爾在撰寫關於埃德之書的時候，谷地正在等待水位上升，而對於將臨之事的清晰預知，形成這本書傷感的主旋律。還沒找到新家的人要趕快了，他寫道，要趕在水淹沒他們的舊家之前離開。他在後文指出，在赫茲豪森（Herzhausen）以下的地方，湖水雖然還淺，但已經相當廣闊了。再之後，他敘述了一些地方歷史，回到念念不忘的主題：「時間不多了，埃德谷地中那片美麗、或許是最美麗的地方，將從地球上消失；一座巨大的湖泊將吞噬它，而波浪將輕拍山坡與岩石。那時，漫遊者將時常默默想起從前。」[307]漫遊者在書中出現數次，作者邀他在還來得及的時候細細品味谷地，或是造訪勒澤卡默（Wilhelm Lösekammer）在貝里希開的酒館，想像湖水比那古老兩層樓建築的頂端還要再高兩公尺。讀者瞭解這個靜止在時間中的漫長一刻所具有的情感力量，和它特別讓人著迷之處。在維安登，奧爾河上要蓋水壩的計畫宣布後，有報導指出庫克旅遊將安排當地行程。當地一家報紙問道：「誰不想要看一座即將被一公分、一公分慢慢淹沒，從地球表面消失的城鎮？」[308]但是維安登已經是遊客熟知的景點了。埃德谷地可憐的反諷之處，如佛克爾所認知到的，是它原本罕為人知也少有人造訪；是水壩本身透過建築工人帶來了新的活力和人口，是水庫很快地將使「人流再度湧入這座浪漫谷地」。[309]

要把一座谷地注滿水需要很多時間，但是要驅散關於水壩潰決的擔憂需要更長時間。正如教堂與房舍的遺跡在某個非常乾旱的夏天重現在水庫的水面上，每有一座水壩潰決的新案例，恐懼就重新浮現。[310]水壩和其他的新科技一樣：驚奇的感覺與恐懼的震顫是一體的兩面，超乎尋常的大體積（就像超乎尋常的速度一樣）讓兩種情緒都變得更強烈。[311]有充分證據顯示這種恐懼存在，特別在堅持這些恐懼沒有根據的工程師所寫的文字中。[312]大眾文章與保育運動都助長了焦慮。早期許多支持者強調水壩擁有悠久的歷史，用意可能是提供某種安慰。用長遠眼光來看水壩是否讓人感到安心，則是另一回事。

人類歷史上有超過兩千次水壩潰決的紀錄，如亨尼希一九〇九年所寫，水壩的歷史就是水壩潰決的歷史。[313]德國開始築壩的年代，正是發生了許多重大潰決事件的十九世紀。西班牙的普恩托斯壩（Puentos Dam）在一八〇二年潰決，造成六百多人死亡；英國在維多利亞年代中期經歷了一連串災難，最後以一八六四年雪菲爾（Sheffield）附近的戴爾戴克壩（Dale Dyke Dam）潰決、造成二百五十人死亡為最終章；法國都會區的水壩出現安全問題後，緊接著是阿爾及利亞的艾爾哈布拉壩（Al Habra Dam）潰決，奪走兩百條生命；而一八八九年美國賓州詹斯鎮（Johnstown）的南福克壩（South Fork Dam）潰壩，造成兩千多人死亡（在兩個不同的德文紀錄中，數字分別是四千和五千）。對德國工程師來說，詹斯鎮之災來的極不是時候。法屬莫瑟爾河上的布澤伊（Bouzey）重力壩事件也一樣，這座水壩在一八八一年由法國最著名的兩名築壩者建造，結果在十四年後潰壩。[314] 這些災難發生於德國正開始大規模築壩的第一個十年。接著，埃德與默訥水壩還在建造時，美國賓州（奧斯丁谷地內）又有一座水壩潰決，這則消息成了聳動的頭條新聞；這座水壩與埃德、默訥與它們那些德國的前身一樣，都是重力壩。[315]

因茲與他的同事對大眾的焦慮很敏感，他們有各種回應。首先，前所未有的技術知識讓人有理由抱持完全的信心，潰決會發生全是因為施工草率不良。這話裡有很多真實，針對詹斯鎮與布澤伊潰壩事件所進行的調查足資證明。還有一件事也是真的，那就是很多潰決的水壩是在英、美常見但德國很少的土壩（土壩好壞參半的歷史讓德國人對土壩有很深的成見）。不過，有關最先進技術的主張就不盡實在了。一九〇〇年前後，土木工程師針對經過先前五十年演變的重力壩建造原理，發生了格外激烈的辯論。當代的批評者指出，應力計算沒有納入上舉力、剪應力與石造結構的彈性問題。[316] 這些指責後來被全盤接受。在此，我們看到貫穿奧得沼澤與萊茵河調節歷史的又一個例子。當某一代工程師堅稱現有知識是前所未有的時候，他們似乎忘了前一代工程師也曾有過一模一樣的主張。有時我們甚至看到同樣的人重複著相同的口號。一九二九年，馬特恩回顧德國的四十年築壩歷史，坦承上舉力與剪應力問題在早期「大多沒有被納入考慮」。一九二九年的馬特恩輕鬆愉快地承認了早期的「不完美」、「有限的知識」、「粗略的計算過程」和「理論上的不足」，他承認重力壩可能會「滑動」的危險，「總是未能獲得充分正視」。[317] 但一九〇二年的馬特恩沒有透露出有任何這類缺失的跡象，同時主張雖然築壩在德國「才剛起步」，工程專業的現狀已足以給人「完全的信心」。[318]

回顧過去，馬特恩也提出早期工程師在有需要的時候，會為了補償理論知識的不足而以保守的方式設計。這是真的。但同樣為真的是，刻意的過度設計——將水壩蓋得比理論上所需要的更加堅固——不僅是出於謹慎或謙卑，也是為了安撫大眾的恐懼。這一點在西利西亞非常明顯。德國幾乎所有的專家，包括設計者因茲在內，都認為馬克里撒水壩施工過度，他們把這件事歸咎於焦慮的大眾。因茲抱怨，壩頂的額外強化「是因為過度重視居民的恐懼」；是「西利西亞人民的緊張焦慮」讓他為了想像出來的危險而增強結構。[319]工程界的同儕同聲附和。有一人贊同應該要怪罪「西利西亞人民的恐懼」；另一人認為「有過度謹慎的情形」；還有一個人不悅地宣告，「不論一座水壩的安全是多麼嚴肅的責任，」馬克里撒仍是大眾恐懼導致「多餘安全措施」的「許多例子」之一。[320]無知的大眾必須被安撫的觀點不是德國所獨有。美國墾務服務處（US Reclamation Service，後來的墾務局）處長紐維爾（Frederick Haynes Newell）曾說，他的單位偏好堅固的水壩，「不僅是想要讓建築結構堅固，也要它們看起來如此」；擬定計畫時，他們著眼的是「不僅要安全，還要看起來安全」。[321]

因此，馬特恩認為早期德國水壩建築師會過度設計結構完全是出於謹慎自知的說法，我們只能有限度地接受。不過，他說對了另一件事情：在德國，建築過程中的每一個階段都獲得極為小心謹慎的對待。從初步勘查、開挖地基，到材料的品質控管，從頭到尾都是如此。即使有任何想要偷工減料的意圖，嚴密的國家監督也會讓這種事變得很難。在普魯士，國家監督徹底讓人折服，而或許在薩克森更是如此。監督從初步計畫就開始了，一路持續到材料的檢驗和現場視察。結構完成也不代表監督就結束了。德國人是建造觀測通道的先驅，從通道可以監測水壩的運作，而檢查規範明列在「精確規則」中，這種精確的規範經常為德國官僚制度引來嘲諷。[322]不過，這個嚴謹的監測制度導致了驕傲自滿，這也是工程師對大眾焦慮另一個常見回應背後的原因：不是「在今時今日不可能發生這種事」，而是「在德國不可能發生這種事」。水壩安全議題強烈牽引著民族情感，就和水壩做為威望象徵的更大議題一樣牽引人心。二十世紀初期為了水壩建築種類（填土壩、重力壩或拱壩）與首選材料（石造或混凝土）而起的激烈專業爭議，往往帶著民族主義的色彩。有時候只是間接的，如沃夫（Kurt Wolf）教授一九〇六年的評論：「今日的工程師，尤其是德國工程師，所建造的壩體非常安全，讓人可以對它們的牢固完全放心。」[323] 其他時候這種意味比較露骨，比如德國與法國工程師之間尖銳的言詞往來。法國人認為德國人呆板而創新速度緩慢；德國人認為法國人太過傾向於「理論推測」。[324]

從德國人的角度，最鮮明的對比存在於他們和美國人之間。德國人對美國的批評，帶著歐洲人對文明世界無法無天的邊緣地帶正在發生的事情的厭惡。正如英國工程師看到奧地利水壩的剖面時，經歷了「血液為之凝結的感受」；德國人也為美國人的做法感到驚駭。德國工程師針對一九一一年奧斯丁谷水壩潰決所寫的文字，可以讓我們稍微體會這種感受。當時或後來的評論者都不會反對德國工程師的結論，即奧斯丁水壩設計不良、地點不佳、建材粗劣以及監督不足。值得注意的是這些評論的語氣：導致潰壩的「難以言喻的不負責任」，未能處理警訊的「無可原諒」、「讓人難以置信的」失職。恩斯特．林克帶著不可置信的難過語氣寫道：「今天在美國聯邦大多數州內的情況是，個人或私人企業可以隨時隨地以任何方式建造水壩，這是我們在德國難以想像的。」[325] 奧斯丁谷事故後不過六天，威斯康辛州黑瀑河（Black Falls River）的兩座水壩潰決。由拉克羅斯水力公司（La Crosse Water Power Company）營運的這兩座水壩建造不良，溢洪道嚴重不足，因此只要連續豪雨就足以造成潰壩。柏林一名工程師（名為派克斯曼）嘲諷地列舉出所有未採取的步驟，然後下了尖刻的結論：「這所有的安全措施當然都需要……或多或少在費用與建造時間的有所犧牲。」[326]對於美國在「率先建造設計大膽的水壩」上所扮演的角色，德國人給予一些肯定，但是他們認為法規控管的不足遠比這一點重要。這讓人想起馬克斯·韋伯，他在寫作中對美國資本主義不受官僚主義限制的活力表達了真誠的欣賞，但是又為他們對於人命代價的輕忽不在意感到厭惡。他的結論是，美國企業認為補償意外事故的受害者，比起遵循讓人處處受限的安全措施要來得便宜。[327]第一次世界大戰後，德國工程師的自我認知中添加了自憐，他們怨嘆，「外國人，尤其是法國、英國和美國人，對於德國水資源管理和我們的水壩建設，知道——或想知道的——很少。」[328]

到了二十世紀末，這已經是過去的事了。德國人的自憐亦隨著自憐的原因一起消失。即使對美國的達爾文資本主義仍有殘留的厭憎，這也不適用於水壩，因為美國的水壩正為環境原因而一一拆除，而安全檢驗制度更是堪為典範。然而美國安全檢驗所揭露的事情讓人擔心。一九七七至八二年間的檢查計畫發現，在檢驗的九百座水壩中，有三百座「不安全」，其中超過三分之一嚴重不安全。[329]那麼德國水壩在過去和現在有多安全呢？水壩建造之初是為了屹立數百、甚至數千年，但許多水壩都讓這樣的信心落空了。有些建造地點後來發現在地質條件上不盡理想，有時候那些地點會被選中是出自其他因素，比如成本。一層層軟質的透水岩如石灰岩間穿插著堅硬的片岩，導致水滲透而出，時間一久，水也會侵蝕石造結構的砂漿，若不處理會威脅到壩體。最後，因茲與其他人在一九一四年以前建造的水壩，忽略了上舉力，這些壓力會讓一座水壩依照阿基米德原理「像水上的船一樣」往上擡升，減少壩體的有效重量。這一點對於重力壩可能產生嚴重的後果，因為重力壩堅實度的關鍵是體積而非形狀。以一名現代專家的話來說，這是「先天缺陷」。[330]

有些水壩幾乎在營運之初就需要關注，比如因茲設計的林吉斯河谷水壩（Lingese Valley Dam）和供應哥達（Gotha）地區的坦巴赫水壩（Tambach Dam）。來自圖林根的尋水人竇爾（Eduard Döll）踏上了前往中歐各地水庫的旅程，因為他是公認在不應該有水的地方找到水的專家，可以在他找到水的來源後將之封起。[331]伏流與滲流在早年以數千包波特蘭水泥對付，後來則以高壓灌漿處理滲流與砂漿侵蝕的問題。有些水壩已經回天乏術。一九〇五年啟用的亨內水壩在一九四九年因為壩體不穩而永久關閉；其他水壩則是水位被大幅降低，僅供休閒目的使用。[332]過去二十年來，許多老舊的水壩必須經過昂貴的整建工作：固定壩體、將液態水泥注入壩體與壩基岩盤、修復壩頂、建造新的出水口與洩洪道。官員沒有公布結構缺陷真正的程度，用一名不滿的工程師的話來說，「無疑是為了避免製造恐慌」。[333]沒有任何科技能保證完全安全。依照系統分析師的計算，每二百座壩體中就有一座會在營運七十年以內潰決。整個二十世紀，世界各地都有水壩潰決，總計二百座，一九一八至五三年間光在美國就有三十三座。[334]透過保守地設計、小心地建造、嚴謹地檢查和好運氣，德國現代築壩年代在超過一個世紀之前展開至今，沒有發生水壩潰決。確切地說，是除了在戰時以外，都沒有發生，而那時潰決的起因是刻意破壞。

水壩在戰時易受攻擊是存在已久的擔憂。一九一四年，水庫遭放毒的謠言在德國迅速流傳；而在那之前就已經有水壩可能遭蓄意破壞的擔憂。[335]第一次世界大戰與隨後的國際緊張情勢，驅散了歐洲還留存的任何一點純真。在烏蘇拉・寇貝的《水壩大鬥爭》中，摧毀布魯恩陶谷水壩與發電站的陰謀是主要的劇情元素之一。在捷克邊境城鎮夫拉諾夫（Vranov，從前是奧地利的夫蘭〔Frain〕）一九二三年的水壩計畫「為了軍事原因」而保密。在德國和盧森堡邊界建造奧爾河谷水庫的提議遭到當地人民反對的原因之一，就是可能遭到蓄意破壞的危險。（法國軍事情報單位一名代號「帕勒克斯」的上尉認為，這座水壩是納粹的陰謀，可能是未來軍事入侵的基地，不過他沒能說服上司相信。）[336]空中力量大幅增加了水壩受影響的可能。水壩從空中明顯可見，形成誘人的目標。佛朗哥將軍在西班牙內戰時曾試圖摧毀畢爾包（Bilbao）附近的奧爾敦特水壩（Ordunte Dam）。第二次世界大戰時，德國人也有攻擊亞斯文水壩的提議，而紅軍在一九四一年撤退時真的把聶伯河水壩炸掉了。[337]三年後，進軍萊茵河的美國陸軍第一步兵師視艾菲爾山脈的一連串水壩為戰略要地，立意要摧毀或占領這些水壩，以防裡面的水被當成對付美國士兵的武器，因此才有烏爾夫特與魯爾河谷的猛烈轟炸與激烈戰鬥。[338]

德國官方在第二次世界大戰前就預期到可能的攻擊。皮爾納水壩（Pirna Dam）在一九三五年進行規劃時，主事者以模型模擬了如果水壩被炸毀，會對距離僅十英里（約十六公里）外的德勒斯登造成什麼影響。實驗結果顯然讓人滿意，而這個威脅也從未成真。[339]德勒斯登將湮滅在大火而不是大水之中。大水在別處降臨。一九四三年五月十七日清晨，從林肯郡英國皇家空軍斯坎普頓（Scampton）基地起飛的六一七中隊蘭開斯特轟炸機，對三座主要德國水壩發動攻擊。「懲戒行動」（Operation Chastise）的炸彈直接擊中了填土結構的索佩水壩，沒有造成潰決，不過對默訥與埃德水壩的攻擊則成功引發潰壩。兩座水庫幾乎都在滿水位。水以每秒超過八千立方公尺的速度從潰決處湧出，這個速度比先前已知的所有自然洪水流速都快了許多倍，產生了一道高聳的水牆，影響遠達數百公里之外的地方。默訥水壩的洪水在二十五小時以後抵達萊茵河時，使河流水位上升了四公尺。在距離埃德水壩四十英里（約六十四

默訥水壩，一九四三年五月十七日遭到轟炸，大壩潰決。
By Flying Officer Jerry Fray RAF © Wikimedia Commons

公里）的卡瑟爾，洪水在早上十點抵達，持續上漲到下午三點，水位高度比一八四一年大洪災時還要高很多，之後才在下午五點開始退去。340

德國軍備部長史佩爾（Albert Speer）在次日黎明飛越兩座河谷時，看到的是悲慘的浩劫景象。在埃德河谷，房屋與廄舍被毀，表土被沖走，泥巴沉積在已成碎片的建物內。四十七人殞命，多數集中在壩體下游不遠的阿佛登（Affoldern）、吉非利茲（Giflitz）與海姆福爾特（Hemfurth），還有數百隻動物死亡：牛在淹水時的哞哞叫聲，次日牠們散布在谷地中的屍體，是許多見證者特別恐怖的回憶，正如在許多第一次世界大戰退伍士兵的腦海中，死馬的身影

默訥水壩，一九四三年五月十七日的潰決造成內海姆－許斯滕超過數百人死亡。此紀念碑於二〇一五年五月十七日豎立。
By Ad Meskens©Wikimedia Commons

總縈繞不去。洪水的衝擊在狹窄的魯爾河谷更為嚴重。一千戶房舍全毀或受損，還有數十座工廠、橋梁與電廠毀損，超過六千隻動物淹死，而洪水帶走了一千二百八十四條人命，其中超過七百人是在內海姆－許斯滕（Neheim-Hüsten）為軍需品工業工作的俄國女性奴工。英國政府與媒體將這次結果包裝為一次勝利，重挫了魯爾工業區，如《倫敦新聞畫報》（*Illustrated London News*）所稱是「一記重擊」。[341] 默訥水壩受損後的照片被放大並空投於德國各處。納粹官方從其他建設計畫調來了數千名工人，水壩在當年就重建完成。儘管德國媒體一開始被告知低調處理這個新聞以防影響士氣，消息還是快速傳開。不過這次攻擊也被用於宣傳政軍領袖戈林（Göring）抨擊英國皇家空軍「可恥的恐怖行為」；而轟炸水壩的主意則被歸咎於倫敦的一名猶太移民。[342]

Five

種族與土地再造

德國與歐洲的國家社會主義

一片灰黑色的荒野

一九三〇年代，普里佩特河的沼澤橫跨波蘭與蘇聯邊境，這些沼澤涵蓋面積約十萬平方英里（近二十六萬平方公里），形成歐洲最廣大的溼地（現在仍是）。這個區域為草澤、泥沼與即將成為泥沼的湖泊所占據，柳樹和蘆葦遍布，間或點綴著沙丘，以及松樹、樺樹和赤楊林，這片區域在波蘭文中的名字因而是波利西亞（Polessia），「林地」的意思。普里佩特河的支流如斯托科德河（Stochod，意思是「百種流法的河流」），從周圍高地流入一片低淺的盆地，這些曲折的水流塑造了整個地區的樣貌。每逢三月和四月，冰塞（ice-jams）*與因為融雪而高漲的水流讓這些河水溢流出低淺的河岸，漫流到四周的土地上，造就一片與奧得布魯赫被排乾以前很像的水鄉澤國，只是規模浩大得多。狼與野豬棲息在林地，野鴨與野雁遍布天空，蚊子享受著完美的滋生地。幾艘燒柴火的蒸汽船以平斯克（Pinsk）為基地，往返於普里佩特河與侯林河（Horyn）等大河之間，載運著旅客，或拖行著巨大的木筏，不過只有平底船能在比較小的水道間航行。在普里佩特沼澤的許多地方，只有等到冬季降臨，把淺淺的湖泊與水道冰凍後，才有可能通行。[1]

一九三〇年代有些造訪者為眼前所見深深著迷，其中一位是美國地理學者博伊德（Louise Boyd），她在一九三四年於華沙參加國際地理學者大會時前往當地，後來的記述透露出沼澤「孤寂荒野」對她的牽引，帶著強烈的浪漫主義情懷。她難忘那裡「深沉的靜默——唯一打破這片靜默的是偶聞的獨木舟划槳聲或難得聽到的蒸汽船鳴笛聲」，她也對那裡的居民感到興趣，帶著欣賞的語氣描寫了他們的足智多謀與地方知識。[2] 來自但澤的德國地理學者布余根納（Martin Bürgener）則嚴厲得多，他以普里佩特沼澤為主題的書在一九三九年出版。在一九三〇年代中期，他行遍了這片地區，對這裡的美麗不是全無感覺；但是當他形容這裡是「歐洲發展最落後而最原始的地區之一」，並沒有讚美的意思。[3] 布余根納在這片「灰黑色的荒野」中看到的是一連串問題：無序的水道，失控的昆蟲與害蟲，以漁獵或原始農業為基礎的不穩定經濟，還有「在無望的無感中消極度日」的人口。[4] 畢竟，這裡是斯拉夫人的 Urheimat，原鄉——至少德國斯拉夫語文學者法斯默爾（Max Vasmer）是這麼認為，也提供了讓包括布余根納在內的許多德國學者都滿意的證據。[5] 在戰間期充滿政治意涵的學術辯論中，指稱斯拉夫人來自這片「荒野」並不是小事，因為這支撐了另一個更可疑的主張：即淺膚色藍眼睛的條頓部族（Teutonic tribes），也就是現代德國人的直系祖先，早在新石器時代晚期就開始在北歐平原的土地上留下了他們良善的印記。這個稱為 Urgermanen（原始日耳曼）的理論深具影響力，其傳播在此前四十年始於考古學者柯西納（Gustav Kossinna）之手，到一九三三年希特勒統治時在德國已經是既定觀念了。它的中心論點與布余根納對普里佩特沼澤的描述完美相合。在他對這片土地的解讀中，只有在仍留存早期「條頓人」影響遺跡的少數地方，才能暫時從「混亂的」聚落形態中喘息；只有在後來的德國墾殖者曾經耕耘過的地方，才看得到「堪為典範」的農耕跡象。[6]

布余根納看到問題，也提出了解決方案，這些解決方案取材自現代德國水文大業中常見的策略，而

＊譯注：冰塞，在封凍冰層下面的河道被冰花和碎冰阻塞，導致整個或局部的阻水現象。

且很基進。他提議應該對普里佩特河與其支流進行河道治理。一旦挖掘好適當的排水溝，河谷中的沖積土就可以用來創造以養牛和乳製品為主的農業，與荷蘭或丹麥相抗衡。再造的沼澤可以種植作物，從泥沼挖掘的泥炭可以提供珍貴的能源。他無視造成地下水位下降的擔憂，轉而指向光明的前景。「我們可以毫不遲疑的假設，」他充滿自信地宣告，「一個全面執行的波利西亞改良計畫真正的結果，就是農業可用地將增加至少五百萬英畝。」[7]

是什麼人或什麼東西阻礙了這個偉大願景？布余根納指出三個障礙：斯拉夫人、猶太人，以及波蘭。貫穿他全書的是以種族為基礎的一個假設，即普里佩特沼澤的斯拉夫居民是軟弱而被動的，帶著「全然的無助」與一種「對真正的農耕天生的無能」，缺乏能力塑造自己的環境。[8] 我們不該誤認布余根納的論點完全源自納粹德國治下的政治環境。這其實是由來已久的想法，這種常見的十九世紀刻板印象將「有男子氣概」與「積極」的德國人，與「被動」和「女性化」的斯拉夫人區分開來。就連認為沼澤是某種試驗場、能力高超的德國人會在此戰勝懶惰的斯拉夫人，也是由來已久的陳腐論調。早在布余根納寫書的將近八十年以前，那時候最著名的德國歷史學者特賴奇克（Heinrich von Treitschke）就曾描述條頓騎士團如何「與多變的維斯杜拉河進行艱苦鬥爭」。他所講述的故事如下：[9]

> 在位於維斯杜拉河與諾加特河回水間的廣闊沼澤上，有一片看似無法穿越的叢林生長在蘆葦上方，直到每年春天當地人最恐懼的事情來臨——融冰裂解後隨之而來的春汛。跑腿報信的人宣布敵人逼近，這使人緊張。敵人來得很慢，可是廣闊的森林最終會被淹沒……騎士團……指揮了好幾代的勞

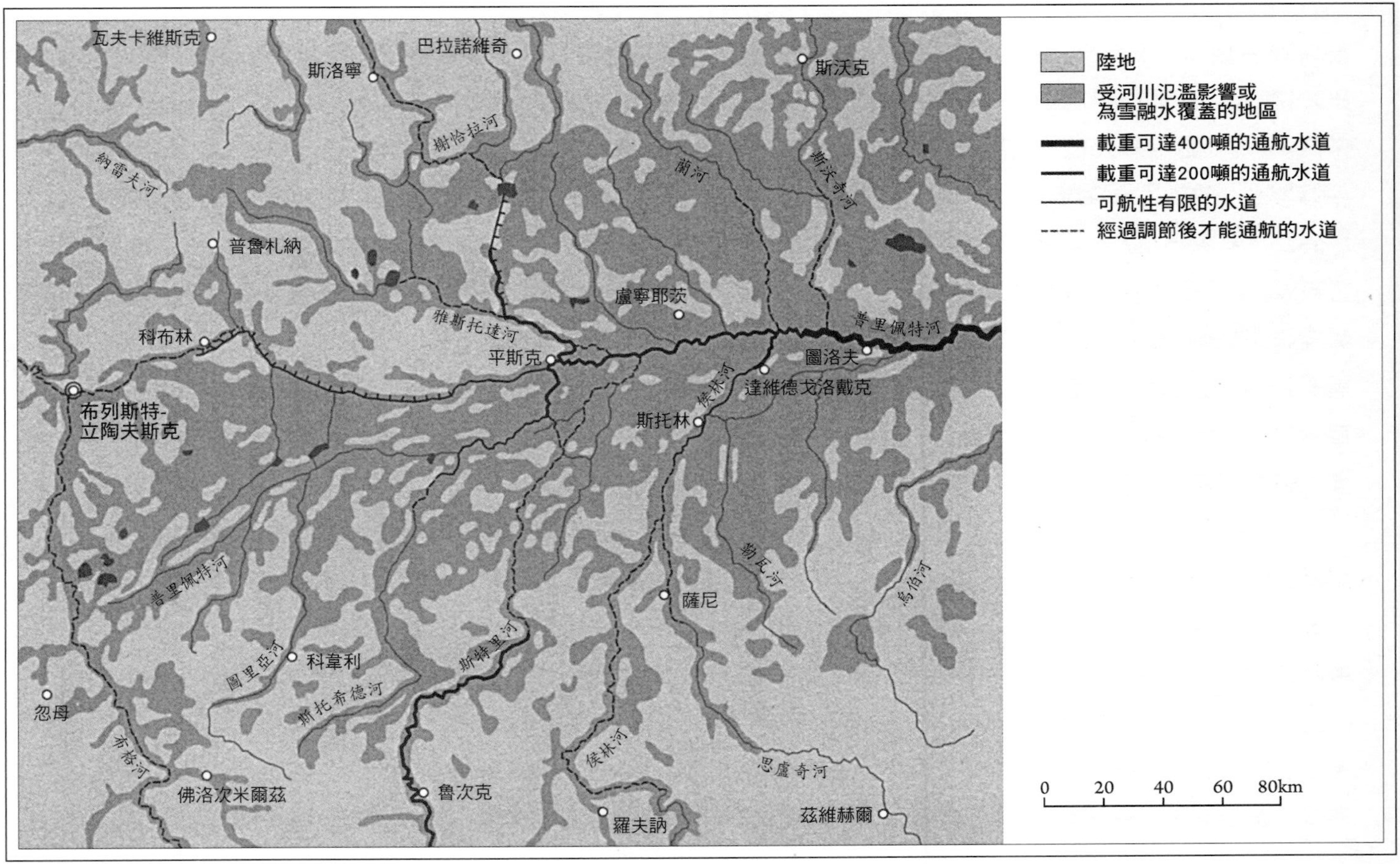

一九三九年的普里佩特沼澤

力，馴服了強大的河流。鏈狀的一連串堤防在土地上築起，受嚴格的堤防法保護，並且由農民擔任堤防監視官與視察員負責執法。

經過如此的再造與保護後，下維斯杜拉河谷增高的土地變成豐盈的糧倉。腓特烈大帝在一七七二年瓜分波蘭後在西普魯士進行的排水計畫，只是讓土地恢復先前由德意志人創造的輝煌狀態，因為「正如第一代德意志征服者曾經將河洲的穀地從洪流中拯救出來，現在，人民勤奮進取的內茨區（Netzegau）與繁榮的布羅姆堡，也將從沼澤中並肩興起。」[10]

特賴奇克這些歌功頌德的概括陳述，一直到二十世紀都持續為大眾所閱讀。與特賴奇克同時代、現在已少有人知的貝海姆—史瓦茲巴赫（Max Beheim-Schwarzbach）也是如此，他以同樣詩意的方式呈現「德意志勤奮努力的新綠」與波蘭人的「林澤和草澤」之間的對比。[11]一八七〇年代之後，出現了數百本關於霍亨索倫王朝殖民者與他們中世紀祖先的書，此後，這種區別成為老生常談，形成觀看東部的思維框架。德意志人照顧作物和牲口；斯拉夫人在多水的聚落（稱為Kietz）捕魚為生。「林地與沼澤地」讓位給「德意志人進步的農耕邊城」，這是「有計畫的排水措施與興築堤防」的結果；斯拉夫人「不健康、偏遠、軟爛而多水的荒原」，在「移墾者長久不懈的工作下」改頭換面，成為「豐美草地耀眼的綠色。」[12]針對德意志墾殖歷史的地方研究，被有意普及這段歷史的著名史家綴綴成篇，創造一種用於描述德意志優越性的主要慣用語。（這類學者包括第一次世界大戰前的蘭普雷希特〔Karl Lamprecht〕，以及戰後的漢佩〔Karl Hampe〕與奧賓〔Hermann Aubin〕。）他們所寫的內容出現在德意志旅遊作家的記述中，這些作家告訴讀者，東部的德意志人在歷史上是文化使者與傳布者：他們帶來了「文化」（不僅指城鎮與職業公會，也指綠色的田野與草原），而這讓土地變得肥沃豐饒。[13]有一種誇大的虛構文類書籍以德意志人墾殖東部為主題，也是透過以刻板印象塑造粗糙的人物，講述同樣的英雄色彩故事。第一次世界大戰後德國在東邊的領土損失，創造了對這類作品接受度很高的大眾，這些作品中的自憐與自尊共同創造出一種強烈的德國「應得感」。

較有分量的文學作品也傳達同樣的調性，其中一部是弗萊塔克（Gustav Freytag）的《借與貸》（*Soll und Haben*），初版於一八五五年，一直到進入二十世紀很久之後都是暢銷書。這本書描寫十九世紀的波森，為讀者呈現了波蘭荒原與整齊有序的德國墾殖地間一連串的對比。安東・沃爾法特（Anton Wohlfarth）第一次旅行至波森時，面對的是「荒野」：一片砂質而單調的平原，上面有一池池死水坑坑疤疤地分布。在他前來管理的頹圮莊園上，只有少數幾戶身陷重圍的德意志家庭種了樹木，並創造了有圍籬的園圃。安東一方面組織對抗勢力來面對威脅進犯的波蘭人（書中背景是一八四八年革命）；一方面著手進行早期在東部的德意志人已經做過的墾殖工作，「挖掘穿越沼地的溝渠，在空蕩蕩的土地上讓居民落地生根。」返回德意志中心地帶之後，他滿意地回顧這些成就：「他成功在未經墾殖的地區帶來了新生命的綠芽；他參與建立了同族者的新殖民地。」安東獲得貴族子弟芬克（Fink）的協助，芬克想出了一個大膽的計畫，要引流一條溪水，藉此「將荒蕪的沙地轉變成青翠的草地」——這個願景透過德意志工程師與數十名德意志志工實現，這些人沒有協助抵禦反叛的斯拉夫人，而是用十字鎬與鏟子「在荒野中變出水與綠色草地」。[14]這種顏色識別符碼成為德意志人解讀地貌時根本的一部分。斯拉夫的顏色是灰色，德意志的顏色永遠是綠色。[15]這些刻板印象與布余根納那一代人沒有宣之於口的各種臆斷是一樣的。[16]

有關斯拉夫沼澤居民的陳腔濫調充滿了對種族的輕蔑。「斯拉夫洪水」也一樣，這個用語同時傳達了敵意和恐懼，在第一次世界大戰前已經在受過教育的德意志中產階級之間隨處可聞。[17]身為時代產物的布余根納，對此用語之發揮又更甚。他從一九三〇年代多產的種族理論學者根特（Hans Günther）的著作取材，將普里佩特沼澤的斯拉夫人歸類為典型的「短頭」(short-headed）或「東波羅的海」(eastern Baltic）型，因而從定義上就「缺乏靠己力拓展生存空間（Lebensraum）的力量或能力。」[18]這是國家社會主義的偽科學種族主義，堅稱血統決定一切。用另一位地理學者哥羅特呂申（Wilhelm Grotelüschen）的話來說，地貌是「種族民族（völkisch）文化的鏡子」。[19]布余根納所採取的顯然就是這個觀點，他是德國地理學在一九三〇年代經歷「知識上的徹底改變」後典型的產物。[20]

地理學者很快採用了國家社會主義的語彙，如血、土、生存空間——以及最重要的，種族。布余根納可能比某些同行多了一些自我約束——他從未像薛普菲爾（Hans Schrepfer）一樣將希特勒引為種族與環境的權威；但是，他對波利西亞斯拉夫人的觀點，可以從他認為「值得考慮對這個劣等種族人口墮落的生殖力進行有意識的圍堵」而清楚得見。[21]這句話裡充滿了既定觀點的用語，是布余根納將納粹種族思想與更早的種族刻板印象融合在一起的標準範例。對生殖力的指涉讓人想起長久以來把斯拉夫人等同於「沼澤居民」的做法，這種聯想帶著強烈的性意涵（妓女是「草澤的花朵」，是「溼軟土地」和「林澤」的居民）。[22]布余根納寫「圍堵」時，用的字眼是Eindämmung，通常用於在一個危險的水體上築壩或築堤防，而這又讓人想到「斯拉夫洪水」。當他把這個字與「墮落的生殖力」和「劣等種族人口」連用，帶有現代而偽科學的意味，以及絕對是充滿威脅性的納粹口吻。這種說法讓人想到希特勒否定絕症患者的生命權，還補充這麼做可以「立起一座水壩，阻擋性病的進一步傳播」。[23]當布余根納使用懶惰、混亂與無序等字眼來描述土地以及民族的時候，他把老式的偏見與新式的種族思想結合在一起了。透過這種不算含蓄的方式，他讓讀者準備好接受一個觀念，即需要清洗（Säuberung）的，不僅是普里佩特沼澤的水道。

布余根納轉而討論該地區的猶太人口時，更是什麼含蓄都沒有了。猶太人約占總人口的百分之十，絕大多數集中在城鎮與村落，布余根納形容他們是「不屬於這片土地，寄生的少數民族」，是靠宿主為生的「外來物」。[24]當然，這種語言和思維在一九三九年的德國寫作中已經是例行公事，用在所謂東部猶太人（Ostjuden）身上時，往往又格外惡毒。早在第一次世界大戰以前，這些猶太人在前往新世界的路上，就只能搭乘密封的火車，因為這樣才能獲准從俄羅斯穿越德意志抵達不來梅。[25]此外，自一九一七年以來，大多數支持國家主義的德國中產階級，怪罪東部猶太人是散播共產主義的「桿菌」。戰間期針對波蘭寫作的德國人，以各種不同方式發揮「寄生」與「外來」這兩個用語（罕見的例外是德布林〔Alfred Döblin〕，他在造訪波蘭期間，重新發現了自己的猶太身分）。[26]這些用語有時候瀰漫整個作品，如弗萊塔克（Kurt Freytag）在他的東部旅遊書中使用的軼事和描述。其他例子當中，如文根多夫（Rolf Wingendorf）等作者可能只是簡短提及波蘭境內的「外來物」。對經濟－人口學者如歐伯蘭德（Theodor Oberländer）和色拉芬（Peter-Heinz Seraphim）而言，東部猶太人的種族刻板印象與波蘭的「人口過剩」和農業問題密切相連。[27]

布余根納的書最接近歐伯蘭德和色拉芬。它有一個明顯的「學術」議題——猶太人阻礙了普里佩特沼澤的「改良」——但是它用來支撐論點的描述惡毒之極，會以為作者好像已經精神失常了。在這本由德國最老牌的地理期刊出版的專書中，有一些段落一定是為了讓讀者驚駭顫抖而寫（也成功讓我們感到驚駭，雖然原因不同），這些段落召喚出的場景，很適合出現在納粹宣傳影片《永遠的猶太人》（*Der ewige Jude*）*當中。在巷弄中的門前階梯上，「坐著油膩、骯髒的女性，身體滲著肥油，」她們「把頑劣的孩子舉在街道水溝上方便溺。」[28] 博伊德覺得平斯克的猶太市集「五彩繽紛」而氣氛歡樂，布余根納在這個「波利西亞的耶路撒冷」卻只看到髒亂與失序。充滿憎恨的描寫就這麼奔流而出：猶太人是「其他人努力成果的受益者」，猶太人那些「東方的風俗」，猶太人「油膩的外套」與未洗的腳，猶太商人帶著「因為肥油從他們體內流出而斑駁的破爛紙盒，還有用印著希伯來文的報紙包著的巨大而亂七八糟的包裹」，那些光是名字就讓作者心生鄙夷的猶太人（「什麼哈伊姆、摩榭和其他那些名字」）。[29] 這種種族主義毒語可能看起來與偉大的改良計畫距離很遙遠，但其實沒那麼遠。布余根納總結普里佩特沼澤的需求時，我們看到一個長句以排水系統開頭，結尾是「猶太問題的生物解決方案」。[30]

讀著布余根納針對斯拉夫人與猶太人的評論，不可能不想到短短幾年後所發生的事情，以及在普里佩特沼澤發生的事情，他對於波蘭的種種指責也讓人有這種聯想。普里佩特沼澤從一七七二年波蘭被瓜分之後（當時波蘭被俄羅斯、奧地利與普魯士所瓜分），就是帝俄領土；直到第一次世界大戰，當地成為一九一六年著名的布魯西洛夫攻勢（Brusilov offensive）發動地。俄羅斯革命後，波蘭與布爾什維克勢力在這個地區互相爭奪，直到一九二一年，《里加條約》（*Treaty of Riga*）將此劃歸波蘭。戰爭的痕跡遍布在這片土地上。一九二〇年代在南波利西亞的斯托科德河畔進行援助工作的國際貴格會團體，經常碰上穿越沼澤的刺鐵絲和舊壕溝。壕溝已經慢慢被砂土填滿，鐵絲為濃密的植物所覆蓋；然而，變動的水道不時會暴露出骨堆，也有謠傳在很深的池水裡，有重達六十磅（約二十七公斤）的狗魚，牠們靠著戰時留下的屍體為食。[31]新波蘭的這些東部地區，遠超過波蘇戰爭結束時西方勢力畫下的寇松線（Curzon Line）**。這些土地的主權一直有爭議，而這個邊境區的鄰國和它的少數民族都讓波蘭政府緊張。

布余根納主要關注的是華沙政府為這些東境土地做了什麼——或沒做什麼。當他指責波蘭在普里佩特沼澤犯了不作為的罪，他的指責混合了種族蔑視、政治怨恨與地緣政治幻想。這是個惡毒的組合。如果目標是有系統的排水（這也確實是華沙政府明定的政策），那麼波蘭在波利西亞的水文治理工作無疑有很多缺點。[32]一八七〇年代在帝俄統治時期，這裡首度推動了排水工作，但是俄國人的這些工作起初在新波蘭並沒有被延續下去。一九二八年，農業改良辦公室在布列斯特—立陶夫斯克（Brest-Litovsk）成立，但是預算不多，十年後也沒有什麼成果可以示人。那時候，俄國工程師挖掘的許多排水溝都已經淤積了。對布余根納而言，這些事情清點之下讓人鄙夷。正如維斯杜拉河波蘭河段的河流調節進度緩慢（這個批評在戰間期德國作者中出現之頻繁已達執迷程度），波利西亞的水文治理工作不足也被當作證據，用以合理化一個激進的結論：「波蘭沒有能力進行東部殖民。」[33]依照他的論證，有一個「自然法則」是，

*譯注：相傳一名猶太人在耶穌被釘上十字架前嘲諷他，因而被詛咒永遠在世上行走，直到耶穌再次降臨。

**譯注：寇松線是由英國外相寇松侯爵在一九二〇年針對波蘇戰爭所提出的停火線（一九二一年被修訂）。

拓殖的前線永遠會朝尚未真正拓殖完成的地區前進，並將這些地區納入拓殖範圍。在歐洲，這條線是從西往東移動，但是華沙政府沒有完成東進（Drang nach Osten）的挑戰，而普里佩特沼澤依然是與波蘭心臟地帶沒有連結的「死氣沉沉的空間」，是「波蘭身體上的死肉」。[34] 排水與拓殖再度與種族密不可分：波蘭沒有成功讓波蘭殖民者定居在由烏克蘭人、白俄羅斯人與猶太人占多數的地區，也沒能在這裡遂行其意志。隨著他的論證繼續開展，有一件事清楚浮現：布余根納真正在勾勒的是另一件事情，他在描繪一個真正的殖民民族會怎麼做，這個民族無時或忘它在東部的「使命」，這個民族一心投入沼澤的全面再造，這個民族夠勇敢，能夠體認到要找出針對這片土地上斯拉夫人口的「生物正確解決方案」，以及針對其猶太居民「問題」的「生物解決方案」。[35] 布余根納心中所想的，顯然不是波蘭人民。

這當中有明顯的政治面向。正如那些年針對波蘭寫作的大部分德國人，布余根納始終有一眼望向波蘭的西方邊境——一九一九年因《凡爾賽條約》而「失落的」德意志領土（位於波森、西普魯士與西利西亞）；以及將東普魯士與德國其餘地方分隔的波蘭走廊。這對一個來自但澤的德國人而言是特別的痛處。因為在這座城市，戰後合約條款所激發的反波蘭情緒特別高漲，因此，布余根納宣稱波蘭忽略了東邊的疆域是因為一心想要同化西邊新的「德國」土地，顯然是在政治上逞口舌之快。[36] 他看到又一個機會可以質疑波蘭的能力，甚至是正當性，這也是對波蘭「肢解」德國間接的指責。布余根納追隨的是無數小冊作者、政客、旅遊作家與歷史學者的腳步，二十年來他們持續抨擊波蘭，呼籲修改《凡爾賽條約》。他們幾乎每一個人都曾一度轉向那個此時已再熟悉不過的主題，對全世界抱怨是德國人清除了森林、排乾了沼澤、調節了河流，並創造了田野與牧草地——簡而言之，是德國人創造了波蘭人現在正任其破敗的一座「花園」。歷史學者吉拉赫（Erich Gierach）熱情洋溢地寫道，「東部德國人的公民證件不是一張泛黃的羊皮紙……而是他們從野性的自然中辛苦謀得的微笑的草地和茂盛的田野。」[37]這些自我服務的論點是為了支持德國對土地主權的主張，但也同時表達了德國人對殖民東部深植的幻想。

對波蘭的隱含威脅貫穿了布余根納的書。他告訴讀者，普里佩特沼澤在經濟和民族方面的未來，「不再只是波蘭的內部問題，而已經是泛歐洲的問題。」[38]這個論點與我們在歐伯蘭德和色拉芬以波蘭為主題的書中所見一樣。再一次的，這種思考方向反映了當時的政治局勢：德國在東部的野心，以及對於位在德國與蘇聯之間那些脆弱的獨立國家的敵意。但是這種思考方向也揭示了地緣政治思維在一九三〇年代德國的主導地位。這一點最明顯的跡象是對Raum（空間）一字的使用（Lebensraum，生存空間；Grossraum，大空間；europäischer Raum，歐洲空間），詞彙之多讓這個字失去了意義。地理學者克里斯塔勒（Walter Christaller）在自己的學科內像個局外人，他針對這個被神化的「時髦」字眼寫過嚴厲的批評：「因為空間成為我們這個時代所渴求的事物……導致連學者都受它誘惑，想要用『空間』這個口號解釋並涵蓋一切。」[39]他繼續寫道：

> 人民變得太容易滿足於這些口號，這些是關於空間能帶來力量、散發力量的口號；是關於空間的狹小、空間的宰制、空間的魔法等口號。空間不是魔法師或超自然的存在。

布余根納的書的尾聲，確實帶著一些克里斯塔勒形容的矯揉造作與類神祕主義的思想，他編織了一個有關未來的東歐空間的夢想。讀者得知，波利西亞位在東方與西方、北方與南方之間的十字路口。沒有開發以前，它是波羅的海與黑海之間，以及與更遠的黎凡特、東非與印度間的交通障礙。普里佩特沼澤是建立河流運輸與陸橋的關鍵，它將把但澤、里加與美麥（Memel）直接連接至烏克蘭的糧倉、頓涅茨河（Donetz）流域的工業與高加索山脈的石油。如果再加上幾個納粹規畫者喜歡放在地圖上、看起來很有行動感的那些大箭頭，布余根納的偉大計畫就會完美融入接下來幾年德國發展出的東方總計畫（General Plan for the East）了。[40]

這個「具解放力量」的發展願景為什麼沒有實現？布余根納給了答案：阻礙它的「唯一原因是歐洲不自然的政治版圖，尤其是東歐空間」。[41]這個觀察帶著不祥，也像是預言。他的書出版的同一年，裡面提到的東歐空間就經歷了大幅重整。一九三九年八月二十三日，納粹德國與蘇聯簽署了互不侵犯條約，震驚外交世界，條款中包括如何瓜分波蘭的祕密協議。九月一日，德國從西方入侵，大約兩週後，蘇聯從東邊進犯。該月底，波蘭已經被兩大強權占領並瓜分，兩國都以嚴酷的手段展開了對新領土的改造。波利西亞落在新邊界的蘇聯那一側，一直到一九四一年，這個地區才會再次出現在德國的計畫中。到了那時，布余根納的主張在普里佩特沼澤實現，亦走到了種族滅絕的終章。

種族、土地再造與種族滅絕

閃擊戰迅速獲得成功後，劃歸德國的波蘭領土又被區分為兩個面積大致相同的部分。西區併入第三帝國成為波森大區（Gau Posen，後改名瓦爾特蘭德大區，Gau Wartheland）以及但澤—西普魯士大區；剩餘的地區則併入兩個既有的省分。這些被「納入」（incorporated）的土地上主要住著波蘭天主教徒或猶太人，並且將德國的邊界外推至遠超過第一次世界大戰後因為波蘭而「失去」的領土。所有位於這個新膨脹的帝國和與蘇聯的劃分線之間的地方——包括華沙在內，有大約一千萬居民——則命名為波蘭占領區總督府（General Government of the Occupied Polish Areas）。這個殘缺的波蘭完全受德國控制，由納粹律師漢斯・法朗克（Hans Frank）於克拉考（Cracow）這座歷史古堡加以治理。總督府的功能是擔任帝國的勞工與原料來源，也接收德國的「不受歡迎」種族分子。[42] 一九三九年十月初，親衛隊首領希姆萊（Heinrich Himmler）受希特勒交託「強化德意志民族性」的任務（希姆萊旋即自命為「強化德意志民族性帝國委員會專員」〔Reich Commissar for the Strengthening of Germandom〕，而這個頭銜也從未遭到質疑）。這個委員會有兩個要務，一方面，希姆萊受命協助海外德意志人返國，並且為這些歸國者與「舊帝國」的公民在新取得的土地上規劃農業墾殖區；另一方面，他也受命消滅對帝國與民族構成「危險」的「外來」分子的「有害影響」。再一次的，這項授權特別針對新納入的土地，那裡的「外來」分子占人口多數。[43] 這個雙重授權啟動了在東部的大規模人口遷移與種族工程。

當代人經常談論Ostrausch，即對於東部的迷醉。這個用語後來變得如此常見，以至有些納粹黨員會當成反諷來用。對東部的迷醉，可以從那些來自「舊帝國」、如今親睹德國軍事勝利果實的記者身上看到；也可以從前往東部為國家目標出一分力的數千名年輕女性身上看到，她們當中有學生、德國少女聯盟（League of German Girls）領袖、幼稚園老師和學校助理，有時候她們獲得的權力，與我們對希特勒治下所熟悉的德國女性印象形成強烈對比。[44]這種感受最強烈的可能是年輕的男性官員與專家，他們晉升到在家鄉不可能指望坐上的位置，而且似乎有無限的機會可以將他們的想法化為行動。不管他們是實際被派駐到東部，還是從柏林的辦公室前往該地區（如將近兩百年前腓特烈大帝手下那些負責解決問題的人），都有這種感覺。這種全世界都在他們腳下的感受最明顯的地方，莫過於在希姆萊的強化德意志民族性帝國委員會工作的規畫官員之間。他們的首領邁爾（Konrad Meyer）用「處女地」的意象描述新納入的地區，負責規劃村落的法朗克（Herbert Frank）也是如此。[45]負責整體地貌規畫的兩名官員之一，馬丁（Erhard Mäding），對於自己是在一片白板上書寫的想法興奮不已：「東部地貌的重塑沒有前例。」[46]另一名整體地貌規畫官員維比金–尤根斯曼（Heinrich Wiepking-Jürgensmann）針對在德國東部等待參與「急迫任務」的一群年輕德國人演講時，預言了土地規畫者將迎來輝煌的「春天」，會「超越即使是我們之中最熱血的人也從未夢想過的一切」。[47]親衛隊行政辦公室納粹種族與土地墾殖計畫專家坎恩（Friedrich Kann）熱情地說，德國「生存空間」的擴張所帶來的機會「規模之大史上未見」。[48]這種程度的狂喜，以迷醉來形容幾乎是太輕描淡寫了。

讀過德國對於歐洲東部地貌的種種提案後，任何人首先注意到的一定是其範圍如此之廣。邁爾的團隊成員對於零星的改變不感興趣；他們要的是改變地貌的全部。這些規畫檔案中一再出現浮誇的詞語，他們關心的是「整體規畫」、「全面性措施」、「重塑地貌」和「有機的空間設計」。[49]這些提案中散布著一些關鍵字，其中一個是Aufbau，這原是指「建設」的日常用語，但是迅速成為納粹專門用語，用在「東部的建設工作」中。還有一個是Gestaltung，意思是「塑造」或「設計」。在一篇完全表現出納粹黨死板文風的文章中，瑪休伊（Artur von Machui）讚美了「塑造土地」這個用語。為什麼？因為「使用『塑造』這個字表達了全面的創作意志，一種普遍的積極性質」。[50] 馬丁在一篇三頁的文章中，竟有辦法用了Gestaltung或其衍生詞不下二十一次。[51] 這個字是個護身符，與Raum有相似之處，它表明了將整個東部地貌依照德國的意象設計的野心，包括道路、鐵路和水道。總計畫涵蓋了新村落的位置與布局（主要村落與「衛星」村落）、村落內的農宅、農場建築與公共設施，以及村落外的田野與牧草地。不論規畫者是利用動時研究（或稱工時學，time and motion study）來設計模範農宅廚房、或是應用中地理論（central place theory）以決定新聚落的地點；是規定田野應有的形狀（不准有小於七十度的銳角！）、或堅持樹木與灌叢必須沿南北與東西軸線種植；是在瓦爾特區（Warthegau）改良「長滿野草」的排水溝、或是委託製作北極區與裏海之間整個東歐的土壤地圖，顯然事無大小，都難逃他們的注意。[52]

終極目標是創造出一片土地，適合即將移入的德意志人居住。這意味什麼？下面是一九四二年由希姆萊簽署後發布的「地貌塑造規則」。對於條頓—德意志人（Teutonic-German）而言，與自然之間的關係是「生命絕對必須」的，因此被「外來種族」人民破壞的土地必須被如實記錄：[53]

> 在他昔日的家園，以及他透過種族能量所殖民並且經歷好幾世代所形成的地區——農場、城鎮與園圃、聚落、田野與地貌——如此和諧景象，就是他存在的記號。田野的劃分與以林地、矮林、綠籬、灌叢與樹木為界的方式；對土地與水這些自然資源的運用；對聚落的綠化（Grüngestaltung）等，定義了德國人墾殖的土地特質……因此，如果墾殖者新的生存空間要成為他們新的家園，土地經過規

畫並且貼近自然的設計（Gestaltung）是必要的先決條件，這是確保德意志民族性的基礎之一。光是讓我們的種族在這裡墾殖並消除外來種族的人民是不夠的，這些空間必須具有與我們存在本質相符合的特質才可以……

真正的德意志土地要生氣蓬勃、區塊分明、乾淨而有秩序，最重要的是要「健康」。[54]這就是土地與民族之間的生物連結。以德國農舍形式研究以及植被地圖繪製為專長的艾倫伯格（Heinz Ellenberger）用一個恐怖空洞的簡單詞語做了總結：「德意志民族性與地貌——血與土！」[55]對於努力為「強化德意志民族性帝國委員會」實現幻想的規畫者而言，這句話足以成為他們的座右銘。

希姆萊主要的「墾殖者」來源是一九三九年之後落入蘇聯控制地區的德意志裔居民，他們來自波羅的海國家、波屬沃里尼亞（Volhynia）與東南歐。一九三九至四〇年，親衛隊與納粹黨的機構透過浩大的組織與後勤工作，讓五十萬德意志裔人「回歸到帝國家園」，他們的農場與生意由德國政府以未來的穀類與石油供應交換而來。他們帶來的有家用品，還有對於只隔著一段距離就可以看到的第三帝國的許多幻想。第一批抵達的愛沙尼亞人與拉脫維亞人在一九三九年秋天從里加與日瓦爾（Reval）啟程，搭乘納粹「力量來自歡樂」（Strength through Joy）休閒旅遊組織的蒸汽船，他們分別抵達斯泰丁、美麥、但澤與格地尼亞（Gdynia，現改名哥騰哈芬，Gotenhafen），迎接他們的是擴音機高聲播放、有關石楠花的濫情歌曲，以及穿著制服、發放麵包給他們的德國少女聯盟成員，之後他們被轉運到接待營，然後進入長期停駐的觀察營，在那裡接受篩檢並依照種族成分分類。[56]最早有系統的大規模屠殺與這一次人口移動有關，當時，至少有一萬名精神病患被以毒氣廂型車殺害，先是在港市但澤、斯泰丁與斯威訥門德（Swinemünde）周圍的精神病院，後來在一些內陸的地點，這些地方為臨時中途轉運營地創造空間。[57]

一九三九到四〇年冬天迎來了比較戲劇化的返抵場面——足以為宣傳部部長戈培爾（Josef Goebbels）提供影片素材——這次是十三萬五千名來自沃里尼亞與加利西亞（Galicia）的德意志裔人，以將近一百輛火車與一萬五千輛馬車走陸路撤出。一九四〇年一月，載著沃里尼亞德意志人的第一輛馬車在漫天飛雪中駛過普熱梅西爾（Przemysl）桑河上的橋梁時，希姆萊親自迎接他們。[58] 隨後抵達的有五萬名立陶宛人，第二波是愛沙尼亞與拉脫維亞人，然後是一九四〇年秋天十三萬來自比薩拉比亞（Bessarabia）與布科維納（Bukovina）的德意志裔人，他們走陸路或搭乘租賃的多瑙河蒸汽船而來。總計，約有五十萬德意志人「回家」，他們待過國外德意志民族事務部運作的一千五百個營區（包括從前的夏季營地、療養院、廢棄工廠與充公的教會產業），在這些營區焦急地等待穿白外套的醫生與「種族專家」的「辦理」結果，這會決定他們是不是「夠德國」。如果是，他們收到的顏色分類卡上面會標示「O」（代表Ost，意思是他們的種族血統讓他們適合到東部墾殖），或是會標示「A」，這表示他們會被分派到「舊帝國」擔任勞工。普遍用來描述這個過程的字眼又是來自水利工程的隱喻，在納粹委婉用語中經常出現，也就是Durchschleusung，用來表示正在通過水閘的船隻。[59] 最終，大約三十萬人在他們的新「家」安頓下來。多達百分之七十最後落腳在新成立的瓦爾特蘭德大區。他們遷入的農場、住宅與商家，是波蘭天主教徒與猶太人以前的農場、住宅與商家。「重新安置」得以實行，是因為原本的擁有者被暴力驅離，而且沒有獲得任何補償。

德國的暴力與殘酷不是從希姆萊的重新安置計畫才開始。德國在一九三九年的勝利，伴隨著九月與十月初多達一萬名平民的圍捕與殺害，他們是可能反對新政權的人和波蘭的「知識分子」，包括教師、學生、作家、神父、專業人員與貴族。這次的暴力事件包括隨機濫殺，模糊隱約的原因可能是為了「報復」——因為在戰爭爆發的「血腥星期日」，德裔平民在布羅姆堡遭到波蘭人殺害。每一座波蘭主要城市的猶太人都遭到攻擊與殺害，或被槍殺，或在猶太會堂與其他建築裡活活被燒死。這些恐怖行為讓某些德意志國防官員感到羞恥，甚至有少數軍官公開表達不滿。[60]

強化德意志民族性計畫所做的是創造了一股驅動力，導致對波蘭天主教徒與猶太人持續而無情的驅逐與「撤離」。在城鎮，他們被聚集到臨時營區；在鄉村，親衛隊與警官在年輕的德意志人協助下，於夜晚包圍一座村落，然後限居民在四十五分鐘內帶著最少的個人物品離開家。農民家庭被命令乘馬車前往最近的市集城鎮，到了以後被留置在鐵絲網後方，馬車則被用來將移入的「墾殖者」載到撤離後的農場。如果一切順利，墾殖者抵達前會已經有一隊德國清潔婦將匆忙離開的證據清除；但往往他們看到的是凌亂的床鋪，以及仍放在桌上，匆匆忙忙還沒吃完的早餐。在有些情形下，德意志人由卡車運至一座農場後，那裡的波蘭家庭正被強制驅離，德意志人或者看著這一切，或者移開目光，直到同一輛卡車再把那些真正的主人運走。受惠者意識到自己的好運氣，反應則隨著他們的背景和意識形態而不同，從滿足、自鳴得意、無法正視到心懷愧疚。[61]無論有什麼羞愧（或緊張）的感覺，借用一名拉脫維亞人的話來說，重新安置為他們在物質條件上帶來「往前的巨大一躍」。以另一名波羅的海德意志人充滿喜悅的話來說，「在收復的東部，卍字飄蕩在房舍的山牆上方，而這些房子已成為德國農民的堡壘，」只是，與此同時，流離失所的居民只能帶著一只行李箱與二十波蘭茲羅提幣，被迫往更東邊的地方去。[62]

在這個階段，更東邊只可能代表一個目的地：總督府。希姆萊在一九三九年秋天提出、並且在次年一再重提的目標，是將兼併地區的所有猶太人移除（大約五十五萬人），另外加上為了清出空間給德意志人所需要被「撤離」的波蘭人，總計至少一百萬人。希姆萊、海德里希（Reinhard Heydrich）與他的左右手艾希曼（Adolf Eichmann）擬定了一系列短期與過渡期計畫，將這些不受歡迎的人口運過邊界送到總督府。第一輛貨運火車在一九三九年十二月往東方駛去。一九四一年三月，這條野蠻的交通路線已經在漢斯・法朗克的管轄區卸下了多達四十萬人；在這裡，猶太人曾經於一九四〇年被趕入集中居住區以清出空間給波蘭人，而波蘭人本身又是為了清出空間給德意志墾殖者而被迫離開家園。然而，在每一個階段，運輸人數都遠低於野心勃勃的目標數。有一部分是因為後勤工作：鐵路車輛短缺，而運輸德意志裔人口以及將其他波蘭人往西運到帝國擔任奴工，都需要鐵路車輛。瓶頸也出自政治原因，因為從一開始，法朗克就使盡全力阻礙這些一無所有的人被棄置到總督府的轄區。[63]

這完全不是出自人道關懷的不安。法朗克與屬下反對的是運輸所引發的實際「問題」，因為運輸狀況經常一團混亂，計畫會在最後改變，而且火車可能會在各地間行駛長達八天後才抵達目的地，其後果可以想見。一九四二年末，法朗克在對親近的同事談話時，用自憐的語氣回憶了早期那幾年：

接下來，出現把數十萬猶太人和波蘭人安置在總督府的幻想。你們該記得那恐怖的幾個月，貨運火車日日夜夜駛抵總督府，載滿了人，有些車廂裡的人甚至滿到最上面。那段時間很可怕，每個地區首長，每個鄉村與市區官員，都從清晨忙到深夜，試著應付這些突然湧入的人——帝國突然想要驅逐的不受歡迎分子。

簡而言之，總督府被當作「一個糞堆，可以把帝國的所有骯髒汙穢都掃到下面、塞到裡面」。[64] 法朗克懷抱野心，想要把他管轄的領域變成具有經濟生產力的地區，而不是一個邊緣的垃圾場。支持這個觀點的包括戈林，甚至是總督府內高階的親衛隊人員，他們認為這些執行面的「問題」，是他們在柏林的老闆所制定的政策使然。

一九四〇年，每隔一段時間就會有一次攤牌。隨著更多德意志人一波波返國，而他們卻必須在營區經歷漫長的等待，因此，希姆萊希望運走更多波蘭人——這表示每有一名德國人移入，就必須有兩到三名波蘭人移出。強化德意志民族性帝國委員會專員也想為從前線退下的士兵保留土地，並且將三萬名辛提人（Sinti）與羅姆人（Roma）從帝國撤離。最重要的是，長程計畫依然是要將兼併地區所有五十五萬名猶太人移除；不過由於為德意志人取得農地被列為優先要務，使得實際上被運往總督府的人絕大多數是波蘭人，而瓦爾特蘭德大區的猶太人則被關入集中居住區，尤其在羅茲（Lódź）。但是法朗克和他的手下堅不讓步，幫他們撐腰的有戈林的支持以及希特勒的默許，他們認為一九三九年十月時的總督府已與之前大不相同。桑河畔的盧布林（Lublin）附近成立猶太人「保留區」的計畫喊停，將人運往東部的節奏也每隔一段時間就會放慢速度。戈培爾嘲諷希姆萊的偉大計畫受挫的同時，希特勒在柏林主持了一連串沒有結論的危機處理會議。[65]

對法國的迅速勝利似乎為這個僵局提供了解決方式，但為時短暫。諷刺的是，對法勝利所開啟的可能做法，最初是由反猶太的波蘭政府在一九三〇年代提出，後來才在與「猶太政策」相關的納粹單位中獲得討論：或許可以把猶太人運到馬達加斯加島。這個可能方案贏得各方支持。對希特勒以及帝國安全總部的海德里希和艾希曼而言，這會是「對猶太問題的全面解決方案」，如艾希曼在一九四〇年七月時所說，尤其此時愈來愈多猶太人正落入德國控制。[66]希姆萊為了同樣的原因也歡迎這個做法，而且這解決了他在兼併地區最急迫的「問題」：大區長官紛紛要求移除「他們的」地區內的猶太人，讓他備感壓力。這個提案對漢斯．法朗克也有吸引力，這讓他有機會擺脫總督府內為數眾多的猶太人——最初大約有一百三十萬人，不過這個數字已經因為集中居住區內的高死亡率而減少了。一九四〇年整個夏天，納粹忙著擬定計畫，委託製作報告書，並且在軍隊和外交部內進行討論。[67]不用說，馬達加斯加計畫的實行會因為途中的人員自然折損而帶來高死亡率，而這也是意圖的結果。不過最後計畫難產，是因為這個計畫的先決條件在於德國要能控制地中海航道，而這個可能性在一九四〇年德國未能擊敗英國後就消失了。馬達加斯加計畫留下的遺產是朝著「領土最終解決方案」（海德里希的用語）思考，用艾希曼在一九四〇年十二月給希姆萊的簡報中的用語，這個方案牽涉到將猶太人重新安置在「一個尚待決定的地區」。[68]看起來，希特勒在一九四一年初明確指派了海德里希擬定「撤離」德國控制區內所有猶太人的計畫——這是繼承馬達加斯加計畫而來。而也就是在此時，普里佩特沼澤再次被牽涉進來。

一九四一年的最初幾個月，帝國安全總部與強化德意志民族性帝國委員會持續擬定計畫，戈林與德意志國防軍亦然。很顯然，「尚待決定的地區」會在東部某處，因為將猶太人（與波蘭人）逼到更遠的「東邊」是一直以來的預設立場。但是總督府已不能被視為長程計畫的目的地，雖然整個二月人口仍持續運送至此。法朗克不是唯一的阻礙。隨著攻擊蘇聯的準備工作展開——希特勒在一九四〇年十二月十八日簽署了第二十一號指令（「巴巴羅薩行動」）——德意志國防軍表達了強烈的反對意見。把更多人運到總督府可能會引發騷亂，也會分散部隊動員所需要的珍貴鐵路資源。這就是為什麼把人口運送到法朗克轄區的做法終於在一九四一年三月喊停。但是，如果即將對蘇聯發動的攻擊關了一扇門，另一扇門卻因而開啟。在一些有關「下一場戰爭」的德國大眾小說中，蘇聯邊界後方的開闊空間經常被提及，可做為「驅散」戰敗的波蘭人之地；此際，這裡也提供了「重新安置」猶太人的可能地點。[69]要瞭解這代表什麼，可以把艾希曼在一九三九年十月就已透過尼斯科（Nisko）計畫小規模實施的做法，放大規模來想像。當時，數千名來自維也納與波西米亞和摩拉維亞保護國（Protectorate of Bohemia-Moravia）的猶太人被運到總督府東方邊境的盧布林區，並獲得會受到安置與重新訓練的承諾。他們抵達時，年輕健康的人被命令去建造營區、挖掘排水溝，其他人則在滂沱大雨中被帶著走過溼漉漉的草原抵達桑河，在那裡，他們被命令過河進入蘇聯領土，否則就等著被槍殺。這個臨時起意、未經協調的做法很快喊停，因為希姆萊決定，為新抵達的德意志族人「尋找空間」，必須優先於驅逐維也納和保護國的猶太人。[70]

十八個月過去，春天走後，進入一九四一年夏天，艾希曼、海德里希與希姆萊構想中的「領土解決方式」，如今指的是在既有的蘇聯邊界後方某處，這片土地預期在對紅軍取得快速勝利與布爾什維克派垮臺以後，將可供德國所用。經常被提及的兩個地方是北極海與普里佩特沼澤。[71]一九四一年春天，由邁爾領導的強化德意志民族性帝國委員會規畫部，委託帝國區域規畫處（Reich Office of Regional

Planning）針對與總督府接壤的地區製作了一份報告，報告描述普里佩特沼澤是「等待開墾的可耕地」。[72]無疑的——正如先前的馬達加斯加計畫——逼迫猶太人在這裡或是北極地區「安頓下來」並從事勞役的想法，是存心要滅絕種族的方案。

一方面，親衛隊忙於提前規劃擊敗蘇聯後的生活（這只是由邁爾負責、一再更新的東部總計畫中的一小部分）；另一方面，漢斯．法朗克也在發展自己的計畫。一九四一年三月，也是人口輸入終於停止的那個月，希特勒向法朗克保證，他的轄區在可預見的未來將「擺脫猶太人」，並提出總督府可能往東擴張的模糊可能。法朗克開始準備將包括普里佩特沼澤在內的白俄羅斯地區納入帝國領土，總督府內的猶太人將可以遣送到那裡。[73]他是否知道親衛隊內部也在密謀類似的計畫並不清楚，不過他似乎不太可能對這些計畫一無所知，因為他在春天與夏初頻繁造訪柏林。[74]到了七月，德國在蘇聯境內的攻勢似乎銳不可當，也就是在這段情緒高漲的日子，法朗克和他年輕的經濟專家團隊大力推動將普里佩特沼澤納入總督府轄下的工作。在七月十八日的一次會議上，克拉考區域規畫處處長謝珀爾斯（Hansjulius Schepers）收到法朗克的要求，請他在次日前備妥支持總督府向東擴張的一份文件：「我們的目標是將普里佩特沼澤地區與比亞維斯托克（Bialystock）地區納入總督府。普里佩特沼澤會創造大規模徵召勞力的機會，為再造工作做出有生產力的貢獻。」[75]七月十九日，法朗克寫信給帝國總理府祕書長蘭莫斯（Hans-Heinrich Lammers），爭取他的支持。他附上謝珀爾斯有關普里佩特沼澤「殖民工作」的文件，並告知蘭莫斯，謝珀爾斯會在柏林針對這個主題進行口頭報告。[76]他有沒有報告不得而知，但很清楚的是，謝珀爾斯的文件以及刊登在《地緣政治雜誌》（*Zeitschrift für Geopolitik*）的一篇文章，毫不客氣地抄襲了布余根納的書。謝珀爾斯描繪了一個「原始的」狩獵採集經濟，「自然是這個地區居民絕對的主宰」，並且大力鼓吹將近三百萬英畝（約一萬二千平方公里）的泥炭沼澤所帶來的機會：「一個以一百年為期的開採計畫，將能在這裡每年開採兩百萬噸的泥炭。」這些數據，以及光明無比的樂觀態度，都直接源自布余根納。[77]

受徵召支持這個計畫的還有另一名在克拉考的年輕新人（年僅二十八，謝珀爾斯時年三十二）。梅因侯德（Helmut Meinhold）是德國東部工作研究所（Institute for German Work in the East）的資深經濟規畫師與人口專家，他在一九四一年初抵達後表示，很期待能夠「依據我自己的能力創造新的事物。這對我而言是非常讓人興奮的事」。東部在他眼中——正如在厄哈德·馬丁眼中——似乎是一片「白板」。[78]梅因侯德在七月寫了以「總督府的擴張」為題的備忘錄，以及有關總督府做為「中轉地」的一篇文章。他同樣指出普里佩特沼澤是可以利用猶太人（與波蘭人）進行再造工作的地方，同時描繪出一幅更大的遠景，指出這個地區一旦開發，將成為東部與西部、北部與南部之間關鍵的運輸連結點——又是一個取自布余根納（但沒有歸功於他）的觀點。[79]同時代另一名參與了有關普里佩特沼澤的辯論的人是貝吉烏斯（Richard Bergius），他檢視了沼澤排水的技術問題，將過去的失敗與「墨索里尼治下興起的義大利」在波河（Po）谷地與朋廷（Pontine）沼澤獲得的成功相比較。貝吉烏斯承認，波利西亞的地形問題很難克服，即使在邊緣建造運河並使用強力的抽水機也一樣，因此，「對於農業水利技師，改良普里佩特沼澤的問題形成了困難但可敬的任務。」[80]這個議題在法朗克對當地的主張中占有中心地位。他曾在給蘭莫斯的文件中寫道：「以其現狀而言，這個地區的價值很小，但是經過徹底執行的排水與再造計畫，無疑可從這裡獲取可觀的價值。我建議把這個地區納入轄區，主要是因為我相信有可能讓人口中的特定分子（尤其是猶太分子）從事有生產力的活動，為帝國服務。你一定很清楚，從這方面而言我沒有理由抱怨勞力短缺。」[81]最後這一句話有法朗克獨特的冷酷挖苦，他信中亦對猶太人的生命展現全然漠視。法朗克公開與私下的發言一致表達出對「這個源自亞洲的大雜燴族裔」的厭憎。[82]在這一點上，他與希姆萊或海德里希並無二致，因為他們的政治權力鬥爭在猶太人上並沒有任何意識形態差異。

他們對普里佩特沼澤相互競爭的計畫，也顯示了種族與土地再造在他們心中的強烈連結。是同樣的直覺反思讓布余根納在幾年前提議「圍堵」斯拉夫人，也讓歐伯蘭德呼籲在波蘭進行農業改革，其作用將如「排水運河」一樣，可以把鄉村過剩的波蘭與猶太人口分流至別處。[83]邁爾團隊中一名負責規畫的屬下摩根（Herbert Morgen）在一九四〇年造訪新納入的瓦爾塔河畔地區返回時，懷著對波蘭人怠忽水文治理的蔑視：「波蘭人在河川調節方面幾乎毫無作為。瓦爾塔河與維斯杜拉河逐漸淤積，到處都可以看到廣大的淹水地區。」[84]這個母題一再出現在認為自己有責任重塑東部實體與種族景觀的人之中。比如，我們看到規畫者厄哈德・馬丁猛烈抨擊波蘭人居住的「貧瘠荒原與退化地區」，「被水氣與氣體掩蔽，瀰漫著令人作嘔的水道，讓人以為自己置身在灰暗而詭異的陰間地貌，而不是在有人類居住的塵世之地，」這個世界與德國「高等文化」創造的綠色田園是天壤之別。[85]與馬丁同為地貌規畫者的維比金－尤根斯曼在一九四二年為親衛隊組織報《黑色軍團》（*The Black Corps*）寫的一篇文章也帶著相同的口吻。他文章的開頭是最後一次冰期後創造的北歐平原是「水汪汪的荒原」。其後不斷縮減的冰層讓人明白，「人類種族的精神與精力如何透過地貌區分出不同，清晰銳利就如刀鋒。」像蝗蟲一樣寄生的草原民族太懶散，無法抵禦會沖走土壤的洪水或掩蓋土壤的風沙；反觀德意志種族則「有意識地塑造地表、土壤、水文循環，在可能的限度內也包括氣候」。那些種族任憑他們肥沃的黑土焦渴、敗壞：「我們引流河水，在海平面以下建造了成果豐碩的新生地，排乾草澤與沼地……直到我們在土地上留下了人類的印記，我們自己的樣貌。」[86]這種種族分類法使得斯拉夫人的「懶散」與猶太人的「寄生」可以從土地中「讀」出來，並且與德意志人健康的墾殖本能相對比。這是納粹思想的基石。戰爭後期，鮑曼（Gerda Bormann）寫信給她擔任納粹黨務部長與元首個人祕書的先生馬丁，告訴他自己聽了當地一位名為斯蒂德（Stedde）的縣級黨領導（Kreisleiter）演講。她描述了斯蒂德提到的傳統種族類型（德國農民、斯拉夫游牧人與寄生的猶太人），接著補充：「這位縣級黨領導說，我們必須堅定站穩，像一座堅固的堤防；如果不這麼做，洪水會席捲我們耕種的土地，毀滅我們祖先創造的一切。」[87]

將種族與築堤或土地再造連結在一起最引人注意的例子之一，來自海德里希——引人注意是因為他通常被視為體現了「清醒、理性和技術官僚的冷漠」。[88]在他獲命成為波西米亞和摩拉維亞保護國總督後的第一場演講中，他選擇用下面這個隱喻形容德意志種族在東部的任務：

> 對付這些空間，實際上應該像在海岸的新生地上築堤一樣，要在很東邊的地方建築一道保護農民的護牆（Wehrbauern），這樣才能把這片土地永遠與亞洲的暴潮隔絕開來；然後再以橫牆將空間加以區分，逐漸收復這片土地為我們所用；接著，在遙遠的正統德意志的邊緣，那片由流著德意志之血的人們所墾殖的地方，我們慢慢蓋起一道又一道德意志的牆，並逐漸往東部前進，期讓擁有德意志

血統的德意志民族建立德意志聚落。

這些「新生地」將從波西米亞和摩拉維亞開始，延伸到「大波蘭空間」，最後抵達烏克蘭。[89]種族與土地再造之間的連結，以及它對非德意志種族的非人化觀點，很難表達得更清楚了。

普里佩特沼澤的排水計畫還有一個額外的成分，帶著更不加掩飾的殺人意圖：勞役將達成的「自然耗損」。這是貫穿納粹思維的另一個不變，儘管其他方面有所差異。在馬達加斯加計畫的時期這就已經是共識了，至德國關注的焦點轉移到「東部」後依然如此。勞役制度在一九三九年十月於總督府展開。一九四一年之後，集中居住區與奴工營加強執行，猶太人在這裡艱苦工作，飲食、住屋與休息都嚴重不足。法朗克在一九四一年一月二十二日得意洋洋地寫道：「只要猶太人在這裡，他們就要工作，雖然絕對不是以從前那種方式。」[90]確實，到了夏天，著眼於「產量」的總督府經濟學家做出結論：猶太奴工在現有的條件下「生產力很低」。[91]但同樣為真的是，屠殺所有歐洲猶太人的決策確定之後，在東部許多地方的集中居住區勞役仍持續運作了很久，它們維持運作正是因為產出獲得重視。這發生在比亞維斯托克，甚至是位在希姆萊想要「德意志化」的瓦爾特蘭德大區內的羅茲。[92]此外，持續被利用的也不只是猶太人集中居住區的勞動力。自一九四一年九月起到一九四二年初，猶太奴工被用來建造第四通道（Durchgangstrasse IV），這是道路也是連接鐵路，將從加利西亞的利沃夫（Lvov）通往烏克蘭南部以支援東方戰線，並且為將來從波蘭到克里米亞的德國聚落提供一條軸線。[93]

比起道路的修築，役使猶太人使他們精疲力竭甚至送命的地方，沼澤地似乎更吸引納粹的目光。

一九三九年十一月，親衛隊准將施密特（Schmidt）在法朗克的副手賽斯－英夸特（Arthur Seyss-Inquart）陪同下進行視察，他指出桑河畔沿著分界線分布的一個地區，「非常具有沼澤地的特徵……可以做為猶太人保留區，這個措施或許可以大幅削減猶太人的數量。」[94] 總督府內的奴工營與集中居住區的工作隊經常被用於河流調節與土地再造計畫。在親衛隊帝國的黑暗心臟——奧許維茲（Auschwitz），也是同樣的情形。奧許維茲建立於上西利西亞的沼澤，指揮官霍斯（Rudolf Höss）曾描述希姆萊在一九四一年三月初造訪時，命令他把這裡建造為東部的偉大集中營，「特別要讓囚犯投入盡可能極大化的農業改良計畫，藉此將維斯杜拉河的整個沼澤與氾濫平原地區變得有生產力。」[95] 義大利作家同時也是大屠殺倖存者——普利摩．李維（Primo Levi）後來稱奧許維茲為「德意志宇宙的終極排水點」時，好像意識到迫害者腦中的想法，對迫害者而言，排除的概念既是隱喻，也是現實。[96]

當他們把種族、土地再造與勞役交織在一起的時候，所有納粹主要行動者的思維都帶著殺人的意圖。海德里希在一九四二年一月萬湖會議（Wannsee Conference）上所說的猶太人「自然的大幅減少」，是他們積極追求的目標。[97] 奴工直接或間接的生產產量，並不只是後來才產生的考量。德國征服波蘭和意圖摧毀蘇聯是受到許多不同的動機所驅使，包括爭取「生存空間」、對「劣等」種族蔑視所行之殘酷的種族烏托邦主義，還有一種地緣政治的天命感。但是，很難從這些動機分辨出來的還有另外一個動機：掠奪的可能，為德國的利益奪取並利用東部資源的機會。這是希特勒的觀點，也是與東部利益相關的德國政府單位的共通點：包括兼併領土的大區長官、戈林的四年計畫處（Office for the 4-Year Plan）、羅森堡（Alfred Rosenberg）的東部占領區政府（East Ministry）、建設高速公路的托特組織（Todt

一九四一年末的德國與東歐

Organization)、被引入經營專賣事業的私人企業、國防軍的軍需官、總督府，以及勢力範圍廣大的親衛隊帝國。這些單位會為了細節、戰術，特別是管轄權而爭執；但從不為了東部將為德國提供糧食、纖維、能源、墾殖土地與勞役的中心觀念爭執。他們公開表達對生產產量的重視。希特勒在一九四一年七月中堅持東部的民族必須「在經濟上服務我們」。他將東部比為一塊大蛋糕，德國人的工作是要「分割這塊大蛋糕，讓我們首先可以宰制它，再者可以管理它，三者可以利用它」。這個明喻雖然拙劣，但絲毫不減意圖的明確與令人膽寒之感。比較善於創造新詞的戈培爾稱與俄國的衝突，為「一場為了穀類與麵包的戰爭，為了豐盛的早餐、午餐與晚餐餐桌的戰爭。」[98] 對於大區長官葛萊瑟（Arthur Greiser）而言，瓦爾特蘭德大區的任務就是生產「穀類、穀類和更多穀類」。[99] 在漢斯．法朗克三十八冊經過竄改但仍然自我認罪的工作日記中，貫穿全部的是他對總督府生產產量的自豪：一年就送了六十萬噸穀類與三億顆蛋到帝國，數千噸油脂、蔬菜與種子，提供給國防軍的大量糧食。一如法朗克自己毫不謙虛所寫的，他管理的領域「達成了奇蹟」。[100]

因此，在對於戰爭與猶太人大屠殺都至關重要的時間點，也就是一九四一年春天和夏天，親衛隊與總督府的規畫者擬定了排乾普里佩特沼澤的大計。他們的方案結合了教條（種族與土地再造之間的精神連結）與必定會造成猶太人「自然耗損」的強迫勞動，並可望讓德國控制一片專家堅稱有生產潛力、也是重要地緣政治十字路口的地區。

這一切從未發生。實際發生的是，沼澤成為直接殺戮而非透過耗損殺人的場所。八月中，親衛隊控制的四個特別行動單位之一特別行動隊 C（Einsatzgruppe C）的指揮官拉許（Otto Rasch）依然主張「有絕佳的方式可以利用並耗損多餘的猶太群眾，也就是墾殖廣大的普里佩特沼澤。」[101]但他的思考方式已經過時了。[102]此前兩週，親衛隊首領已經下達了迥然不同的命令。當地一名高階親衛隊人物詢問是否可能對被指為游擊隊的分子展開「消滅行動」之後，希姆萊在七月三十一日前往普里佩特沼澤北緣的巴拉諾維奇鎮（Baranovitchi）。次日，他發布了無線電訊息：「親衛隊全國領袖最急令。所有猶太人格殺勿論。猶太婦女驅趕至沼澤。」指揮一支親衛隊騎兵旅的菲格萊因（Hermann Fegelein）後來回報，沼澤的水太淺，無法淹死婦女。但是到了八月中，騎兵旅已經在巴拉諾維奇和平斯克之間殺了一萬五千人，其中百分之九十五是猶太人。在某些地方他們只殺男性，在其他地方則男人與婦孺都殺。[103]德國陸軍沒有直接參與這些殺戮，但是難辭其咎，因為國防部官員欣然接受了猶太人不分男女老少都為游擊團體居中聯繫的說法。[104]那年八月發生在普里佩特沼澤的事情，國防部參與同謀，這只是一個地區性的例子，反映軍隊自巴巴羅薩行動之後普遍變得野蠻的事實——他們容忍親衛隊特別行動隊，服從「委員命令」殺害紅軍被俘的「政治委員」，虐待蘇聯戰俘造成他們死亡（一九四二年二月已經有超過一百五十萬戰俘死亡），進行遠超過軍隊安全需要的游擊隊搜捕行動，而這一切做為與「猶太—布爾什維克主義」對抗的一部分，都是「合理的」。[105]

一九四一年秋天在猶太人大屠殺的演化中是決定性的一刻。特別行動隊加快了殺戮的節奏，納粹計畫擴大奧許維茲並建造其他死亡營，十二月初在忽母諾（Chelmno）進行了行動毒氣車的實驗。毀滅的機器逐漸就位的同時，「把人趕到沼澤」仍持續被當作死亡的委婉用語，這個用法在那年秋天一再出現在希特勒的獨白中。有兩個場合特別突出。十月二十五日，希特勒大罵猶太人（「這個罪犯的種族要為世界大戰中死亡的兩百萬人受良心譴責，現在又多了數十萬人。不要告訴我我們不能把他們送去沼澤！」），這些話通常被視為證據，顯示希特勒很清楚希姆萊八月一日從巴拉諾維奇鎮發出的命令。[106]不到兩週後，希特勒在表達他對「沒有邏輯的教授」慣常的鄙夷時，再度提到這個主題：「兩千年後，他們設法解釋住在烏克蘭的人的起源時，會說我們是從沼澤出來的，雖然事實上是我們將原本的居民趕到了普里佩特沼澤裡面，這樣我們自己才能墾殖肥沃的田野。」[107]在這兩個例子中，「趕到沼澤裡」的意思都不難解讀。到了一九四二年，土地再造的想法已經形同虛構，比如在那年夏天，三千名猶太人從東加利西亞的德羅霍貝奇（Drohobycz）鎮被運到貝烏惹次（Belzec）的死亡營，表面上是因為「普里佩特沼澤的再造工作需要」他們。[108]即使有這個掩飾說法，負責運送的士兵都知道，這些被運送的人是「不可以被談論的」。[109]

保育和征服

普里佩特沼澤既是殺戮的場所，也為集中營內的殺戮提供掩護，這些是清楚的。比較不清楚的是，再造沼澤的計畫為什麼喊停。強迫猶太人從事苦役，或者以耗損殺人，並未因滅絕營的建造而完全停止。猶太人依然在建造第四通道的過程中操勞至死，而即使蓋了忽母諾的滅絕營來殺害那些來自羅茲的「沒有生產力」的猶太人，集中居住區依然在運作當中且「具有生產力」。最有可能的解釋是希特勒本人否決了再造計畫。他的原因為何？因為普里佩特沼澤是軍事行動的理想地形，但也因為排乾這片沼澤可能會對當地氣候有負面影響，導致沙漠化（Versteppung）。這是最可信的解釋，但無法確鑿證明。就像許多最後可回溯到希特勒的決策，連續不中斷的文書線索並不存在，我們只能憑推論進行。希特勒曾在八月談到不想「征服沼澤」，九月又提了一次，但表達的都很模糊（這在希特勒身上也很典型）。[110]讓事情更複雜的是，一九四二到四三年間，更偉大的普里佩特沼澤排水計畫又復活了，提出來的人是東方總督轄區（Reich Commissariat Ostland）的規畫員謬勒（Gottfried Müller），以及曾在總督府擔任漢斯．法朗克副手、當時已經是荷蘭占領區總督（Governor of the Occupied Netherlands）的賽斯—英夸特。他們兩個人都提議大規模部署荷蘭殖民者以再造並墾殖波利西亞，兩個提案都還保有一些一九四一年計畫中的技術官僚烏托邦主義，只是現在的計畫是以游擊隊活動愈來愈多的沼澤為背景所規劃。[111]

但是，如果我們接受希特勒在一九四一年終止原計畫至少有部分原因是出自環境考量，那麼就引發了一個問題，也就是在納粹政策中，征服自然與自然保育的平衡，以及兩者各自與種族和軍事征服的關係為何。納粹骨子裡其實是環保人士、是現代綠黨殺人無數的先行者嗎？果真如此，在種族屠殺與生態敏感性之間是否有某種扭曲的連結，讓納粹想要保護溼地與森林，同時卻計劃著毀滅住在這些地方的人類？[112]這是一個真正的難題。解答在於德國對東部的觀點。

德國自然保育主義與國家社會主義之間，確實有許多無可否認的相似處。兩者都不喜歡大城市與「冰冷的」物質主義，強調「有機」與「傳統」的美德，怪罪恣意發展的自由資本主義威脅到地貌的美麗，甚至同樣有一些自鳴得意的厭惡感——例如混凝土，因為那是「不德國」的建材，還有「破壞景觀」的鄉村廣告，以及「非原生」樹木與灌叢的種植。這種對「外來」事物共同的敵意，指向一個更黑暗的共同立足點。自然保育者往往擁抱在威瑪共和國保守分子之中很普遍的反猶太主義，其中有些最著名者（旬尼亨〔Walter Schoenichen〕，許文克〔Hans Schwenkel〕）寫作時以毫不掩飾的種族－生物用語談到植根於原生土地、與自然合一的德意志民族，然而，這個民族被都會的「無根狀態」所威脅。保育運動中另一個著名人物舒爾策－瑙姆堡在一九三二年以納粹黨員身分獲選入國會。希特勒於次年掌權時，多數主要的自然保育者都表示歡迎。[113]

他們對希特勒的支持源自他們與納粹的共通點，但也源自他們認為是納粹與他們的共同點，而且不無道理。以曾經從事豬隻育種，後來成為「全國農民領袖」與糧食和農業部長的達瑞（Walther Darré）為例：達瑞不是在譴責「猶太人、有色人種、罪犯與精神缺陷者」對德意志種族血統造成的威脅，就是在倡導自給自足的有機農耕與「滿足需求的經濟」的美德。[114]經濟去中央化、禁用化學殺蟲劑，以及採取保護動物、鳥類與森林的措施——這些都是達瑞與強調「血與土」的國家社會主義重要黨員的共同目標，其中包括希姆萊與希特勒的副手赫斯（Rudolf Hess）。希姆萊、赫斯與戈培爾都是素食者，黨內的其他人則受到風力與太陽能發電的可能性吸引。曾擔任庭園建築師的賽佛爾特（Alwin Seifert）是主管高速公路建設的托特（Fritz Todt）的愛徒，因為他，納粹黨內甚至有了能夠掌握新興生態運動語言、專門負責批評的討厭人物。[115]最後，還有德國首屈一指的素食者與自然之友。希特勒晦澀不明的觀點與善變的喜好，在許多方面都是納粹對自然的思維所常見。不過有一些事情是不變的。希特勒把達爾文的觀念誤用在以種族為基礎的世界觀中，經常表達對自然的尊重，因為那是「生存的鬥爭」主要上演的地方。他對動物的觀點融合了這個固定不變的想法（對「掠食」物種的尊重）與一種令人倒胃的善感。[116]他對資深的鳥類保護領袖漢勒（Lina Hähnle，「德國鳥類之母」）保證，他會「將他保護的手伸到樹籬上方」，並且「希望有更有效的鳥類保護」。[117] 納粹不只是說，也有行動，在掌權的前兩年半，一下子出現了許多相關立法。一九三三年四月到十一月之間通過了有關屠宰動物與虐待動物的法律，接著是全面性的動物保護法。誠然，其中第一個法律（以儀式性屠宰為目標）是德國死硬派反猶太者長久以來的要求，可回溯到一八八〇年代。但是以整體來看，這些措施立下了新的標準。在科學實驗中使用動物，受到了更加嚴格的規範；而防範虐待動物的法律因為把條文中先前的「刻意的殘酷」換成「不必要的殘酷」，而變得更有效。[118] 一九三四年一月通過了保護林地的新法。接著，一九三五年迎來了開創性的帝國自然保護法（Reich Law on the Protection of Nature），這個法律在很長的一段時間內都是戰後兩德自然保育的基本法律框架。[119]

對於這許多活動，我們應該多麼另眼相看呢？參與草擬一九三五年法律的保育人士克洛澤（Hans Klose）後來誇口，一九四〇年已經有大約八百座登記在案的保育區，但是事實上，其中至少一半是在納粹掌權之前就已經存在了（依據更早的普魯士法律設立）。[120] 帝國自然保育處（Reich Office for Nature Conservation）人手不足，許多工作落在不支薪的當地委員身上，是退休官員或教師，他們試圖阻擋商業利益或規畫官僚侵入他們負責的保護區，但是他們沒有執法權，連打字機或文書事務方面的協助都沒有。簡而言之，他們完全無法負擔。[121] 位於德國西北部沃特曼斯山（Woltermannsberge）的伍斯騰泰希（Weustenteich）展現了這些所造成的後果。這片溼地擁有豐富的鳥類，一九三六年成為受保護地區，到了一九四三年，它的五十英畝（約〇．二平方公里）土地已經完全被天然氣產業破壞[122]，就連重大的計

戈林 By Nicola Perscheid -Odette M. Appel
© Wikimedia commons

畫都經常沒有與保育人士諮商。規範與實際執行在其他方面也相互牴觸。國家社會主義黨在學校課程中增加了自然與土地保育的篇幅；但是為了產生水電，大型水壩的興築依然持續，修築高速公路的計畫也啟動了。在水壩與高速公路的例子中，保育的角色很邊緣，而且限於美學，作用是為了確保這些結構盡可能和諧的「融入地貌的節奏」。[123] 軍事需求與能夠為戰爭提供原動力的經濟計畫勝過了環境關懷，尤其是一九三六年由戈林（Hermann Göring）主導的四年計畫展開之後。恰恰正是戈林，他要同時負責刺激經濟增長與保護自然，這種雙重角色定義了何謂利益衝突。保育和產業利益相衝突時（這種矛盾沒有少過），永遠是前者被犧牲。

不論保育和讓土地有生產力的目標之間存在多尖銳的衝突，結果都是一樣。因為土地再造，或者說「內部殖民」，在納粹政策中具有中心地位。德國於一九一九年的《凡爾賽條約》失去領土之後，土地再造的節奏已經加快，第三帝國時期又再度加速。草澤與沼地的水被排乾，北海沿岸有了新生地。一九三六年，《涼亭》雜誌的一名作者用當時已習用的政治語彙描寫了人與海之間的新一輪鬥爭：

> 如果今天比過去更有必要將狹隘的國土邊界往外擴張，目的是為了一個渴求土地的民族，此民族想

> 要靠著和平的武器、憑藉毅力與努力去進行拓殖——那麼，這裡就是最好的地方，而可靠的方法就是築堤。

現在與從前不同的是「從海洋奮力奪取」土地的速度。在什列斯維希（Schleswig）的土穆勞灣（Tümmlau Bay），你可以看到，「歷經風吹雨打而堅強的人民正在工作……十字鍬與鏟子有韻律地舉起放下，堤防的頂部愈蓋愈高。」多達九百人投入了戈林新生地的再造計畫。[124]三年後，福陸格描述埃姆斯蘭的大規模沼地排水計畫時，用的是類似的語言，充滿了意識形態用語：[125]

> 光是埃姆斯蘭這個字，就已經代表了德國的經濟與政治重建計畫。在荒原般的沼地上，住在偏遠營地並從事艱辛的勞動工作，並不容易。但是，即使這一群群工作者之間存有差異，慢慢也隨著工作而消融了。終有一天，豐美的田野與草原將會從未經開墾的荒原中被創造出來。

這是向自然奮力奪取土地的古老史詩，穿上了新的政治衣裳，並且被納粹政權用來大做宣傳。[126]

這些工作主要由國家勞役團（Reich Labour Service）進行，這個組織在一九三一年由總理布呂寧（Heinrich Brüning）成立以緩解大量失業的情況，納粹透過對年輕男性的準徵兵方式擴大了這個組織，到一九三九年已足足有三十四萬人。勞役團現在被交託的任務是培養「民族社群」（Volk community）。以它的首領希爾（Konstantin Hierl）的話來說，在祖國的土地上工作將「創造屬於國家社會主義類型的新男子，讓我們民族的血和土再度與彼此連結」。[127]這個帶著烏托邦色彩的目標，就是為什麼德國要中止人口移動至城市並鼓勵人民到鄉村墾殖的原因，一如納粹黨經濟理論學者費德爾（Gottfried Feder）與拉瓦切克（Franz Lawaczek）所闡述。這個目標滲透了勞役團的意識形態，連官方許可的歌曲都受影響，其中一首歌的第一節歌詞是這樣的：「上帝保佑這個工作和我們的起源，上帝保佑元首與這個時代。我們再造新土地時上帝與我們同在，讓我們時刻準備好全心為德意志服務。」另一首歌裡，工人高唱：「我們的鏟子是光榮的武器，我們的營地是沼地中的島嶼，我們從荒原中創造田野，好讓我們祖先的土地能夠增長，祖國永遠不受饑餓。」[128]即使這裡的用語有些模糊，還是有兩件事情清楚透射出來。首先是納粹堅持內部殖民的必要性，因為與其他國家相比，德國的「生存空間」太過狹小，以葛林姆（Hans Grimm）一九二六年惡名昭彰的暢銷小說的普及用語來說，他們是沒有空間的民族（Volk ohne Raum）。另一個驅動力是糧食生產最大化的需求，尤其當農業用地持續因為工業、高速公路計畫與軍事活動而流失。納粹的經濟自足政策讓糧食供應在即將開戰之際更顯重要。[129]

達成這些目標就代表要犧牲溼地。自然保育經費嚴重不足的同時，勞役團光是從一九三四至三七年間就收到了近十億帝國馬克，一九三七至四〇年間又在四年計畫下獲得額外的十億帝國馬克預算，這個計畫以改造五百萬英畝（約二萬平方公里）土地為目標。[130]這一波忙碌的活動導致對尚未開墾地區的大規模入侵。在奧登堡的高沼地，勞役團共維持六座工作營，而奧登堡尚存未開墾的沼地在一九三四年後的十年間減少了三分之一，有絕大部分是因為住在營區裡的那些人。在更南邊的北西發里亞大區，一萬英畝（約四十平方公里）的懷特芬沼地（White Fen Moor）被排乾了，而埃母河與里珀河谷地則因為河川調節而徹底改變了樣貌。在薩克森—安哈爾特，德呂穆林沼地排水工程在腓特烈大帝時展開，最後主要在希特勒治下完成。[131]難怪保育人士會失望，甚至覺得遭到背叛。其中一人後來寫道，他們為之「泣血」。[132]像沃爾特・旬尼亨這樣的人以鬱悶而認命的心態接受了水壩非建不可的結果，而因為商業營運需要電力，土地上也必須掛起高壓電纜，他還配合地說，保育人士「不想以任何方式阻撓工業的輪子」。[133]但是斯格尼切熱情依戀「荒野的魔力」，因而溼地的流失與河川調節對他而言比較難以承受。國家勞役團留下的排水溝與筆直的水道讓人憎惡，「將德國地貌變得都是幾何形狀與混凝土。」[134]這是常見的慨嘆。保育人士撰寫文章並且在希特勒說過的話裡尋找似乎可以為他們背書的「元首語」——這也不難，因為希特勒經常針對太陽底下的每一件事情發表語意模糊的看法。有些人後來就直接以元首為對象發出籲求了。[135]

這些全面性的土地再造與河川調節工程甚至讓德語中多了一個新的字：**Versteppung**，也就是沙漠化。操控水文會導致地下水位下降的基本觀念從十九世紀末期就有了，但是科學界的警告在第一次世界大戰以後變得更急迫，因為在生態關注以外，現在多了水是國家珍貴資源的強烈感受。地質學者耶克爾（Otto Jaeckel）在他一九二二年《讓我們的國家乾化的危險》（*The Dangers of Desiccating Our Country*）一書中預言，如果事情沒有改變，未來將是黑暗的，會發生「普遍的乾化」，而後代將必須與這樣的結果共存。到那時，「我們多數的草原都已變成耕地，尚存的沼地與湖泊被改為草原，而我們田野的一大部分將已經變乾。」[136]這個觀念並不新，但是Versteppung這個字是新的，它帶著負面的「東方」意涵，暗指「亞洲」乾草原。這個字在一九三四年還未出現在字典中，讓它出現在字典的是賽佛爾特，他帶領由三十名

「土地擁護者」組成的團隊在托特手下工作，負責透過自然的彎道與原生物種的種植，確保高速公路將環境納入考量。賽佛爾特是文化保守主義者，對生態有興趣也有研究。他在一九三六年對一群巴登的環保人士演說時，首度提到對Versteppung的憂慮，而這有一部分是因為他看到了一九三四年的美國塵暴。同年稍晚，他有關「德國沙漠化」的文章出現在一本工程學期刊中，這篇文章造成轟動，為因應需求印了數千份抽印本，也在較為普及的文集中兩度重印。[137]

賽佛爾特警告，如果人類行為持續導致地下水位下降，德國就會出現塵暴區。他在文中對於威瑪共和國的自由資本主義以及其對自然的「機械化」觀念多所批評；但是，賽佛爾特也同樣嚴厲地譴責了國家勞役團的作為，是這一點讓他的介入帶著潛在的爆炸性。熱烈的辯論隨後展開，巴伐利亞製片廠（Bavarian Film Productions）甚至想要以「大自然的SOS」為名將賽佛爾特的警告拍成影片。政治人物、工程師、氣象學者與勞役團領袖都表達了批判意見。賽佛爾特因為無知、誇大與「形而上」的思考受到指責，甚至有些同情他立場的人也認為他危言聳聽。[138]但仍有來自傳統自然保育人士的支持，以及來自地質學者與生態學者如提尼曼等人的支持。提尼曼與其他五名大學教授共同發表了一篇聲明指出，賽佛爾特的文章「表達了聯署者多年來存有的想法與擔憂」。「野人艾文」（仇視他的工程師幫他取的綽號）既固執又對自己的使命深信不疑，始終不屈不撓。[139]雖然他沒有成功，但賽佛爾特在政治上受到兩名巴伐利亞同鄉的庇蔭：魯道夫．赫斯與弗里茲．托特。[140]即使後來失去這兩位導師，他依舊安然無恙。（赫斯在一九四一年五月為不明原因飛往蘇格蘭，而托特在九個月後死於飛機墜毀。）

那時的情勢已經改觀。開戰以前，不論保育人士針對沙漠化與塵暴區如何警告，他們的聲音一直很邊緣，自然的權利始終必須讓位給「生存空間」與「生產之戰」這雙重要務。然而，在東部征服的遼闊新領土改變了這個等式。德國農業專家現在經常為文談論歐洲的「農業秩序重整」，[141]正如控制了奧地利與挪威即開啟了豐富的水力發電可能，波蘭與蘇聯也將提供墾殖與糧食生產的土地。[142]東部是一道安全閥。保育人士克勞斯（Kraus）與孟克（Münker）在一九四一年的《自然保護》（*Naturschutz*）期刊中呼籲：重新考慮國土上的沼地再造工作，因為德國現在在東部有了一些「伸展空間」。旬尼亨則談到為「文明老國……緩解壓力」的機會。[143]一九四一年二月，當德國正在規劃入侵蘇聯的計畫與普里佩特沼澤的未來時，希特勒發布了他的沼地命令，告知帝國總理府祕書長蘭莫斯，他要現存的德國沼地都被保存下來，因為它們會帶來好的氣候效應，「尤其因為這場戰爭為我們帶來了充足的新森林與耕地。」賽佛爾特從托特那裡得知了這個中止令後欣喜不已，許文克等其他老牌保育人士也為之雀躍。[144]不過，農業部與經濟部的反應都是負面的，一個斷然否認排乾沼地有任何不良的水文或氣候效應；另一個則堅稱泥炭是必要的原材料。這個議題終於在次年變得悄無聲息，謠傳沼地命令（從未公開）已經被撤回。[145]但是，這場論辯已凸顯了戰爭與溼地之間的連結，也顯示了希特勒對於有關Versteppung的論辯持開放態度。

征服東部讓主事者得以思考放緩本土的「生產之戰」的可能，甚至讓保育者旬尼亨開始想像在奧地利與德國控制之下的東歐創立大型國家公園的可能性，這個前景吸引了奧地利出生的賽斯－英夸特。此況姑且稱之為「自然保育帝國主義」。[146]有一個著名的例子是戈林對波蘭的比亞沃維耶札（Białowieża）石楠荒原與林地區的關注。身為帝國狩獵部長（Reich Master of Hunting），他垂涎在這裡狩獵野牛；而身為四年計畫的負責人，他受到這裡的鋸木廠與松節油工廠吸引。[147]不論在這裡或普里佩特沼澤，由何者想法占上風，完全操之於這位手段高超的占領者。能夠有餘裕在這種規模上考慮到環境，就與種族滅絕一樣，是征服的副產品。

德國在東部的規畫者向來宣稱他們要在現代經濟需求與自然的權利之間找到平衡。邁爾於一九四三年在《新村落地貌》(*New Village Landscapes*)中寫了一篇引言，該期刊物以介紹新納入的東部地區為主題，文中他呼籲將「傳統與革命，自然與科技」相互結合。[148]兩者都在規畫檔案中留下了痕跡。科技散發的吸引力明確可見，充滿自覺的現代意識貫穿了這個工作。厄哈德·馬丁表示，對於某種想像中「風光如畫」的地貌充滿浪漫眷戀的情懷，令許多規畫者感到不耐。馬丁主張，浪漫的地貌是很好，但是往往隱藏了老化與腐壞的問題。東部的工作要達成的是不同的東西：[149]

帶著自覺所設計的地貌不會那麼風光如畫，它的線條、色彩明度與形式會比較簡單，它的規模也會比較大。與昔日經過墾殖的地貌不同，它不再看起來幾乎像是大自然的產物，它會……在很大程度上讓人可以看出是人類心智的產物，是一種文化形式，而且，肯定也是一個藝術作品。

赫伯特·法朗克也傳達了相似的看法，他說，為了因應科技時代對於鄉村墾殖的挑戰，必須找到「清晰的新形式」，而規畫者還在努力改善這些形式。接著，他又舉出高速公路與橋梁的設計是應該遵循的典範。[150]邁爾帶領的單位為了追求這個技術官僚願景，動員了各種專家：工程師、建築師、區域規畫師、地理學者、社會學者、人口統計學者、土壤專家、林業學者、植物學家與植物遺傳學者。[151]他們對現代東部的想像簡直沒有極限。高速公路將成為從列寧格勒到高加索的德國聚落分布的軸線，農村電氣化將為擠乳機提供電力，熱帶醫學研究所將測試消滅瘧蚊的新方法，而種植與水資源管理計畫將創造「氣候控制」的現代方法。[152]

水文計畫扮演關鍵角色。維比金—尤根斯曼接受《血與土月刊》（*Odal*）訪問時說，「排水是最重要的工作領域之一」，因為它影響了許多其他事情。訪問中他也指出調節河川、挖掘或修復排水溝，以及建造水庫的需要。[153]改善河川的適航性是規畫者的另一個主要工作，布余根納就是針對維斯杜拉河谷提出方案的專家之一。[154]經常讓規畫者眼睛發光的灌溉計畫也有其擁護者，他們以高度可疑的統計數字為基礎，預測在烏克蘭這類地區的果菜作物將會大幅增加。[155]最後、且絕對同樣重要的是，他們永遠在追尋新的水力發電來源。希特勒於一九四一年七月在托特已有的責任外又加了一個：水與能源督察總長（Inspector-General for Water and Energy），接手這個職務後，托特的主要任務之一就是利用占領區的能源資源協助德國的軍備工業。[156]一九三九年十月，水資源管理由德國控制後，總督府立即展開了各種水文計畫，包括調節、再造、灌溉、防洪以及從喀爾巴阡山脈（Carpathians）開發水電的計畫。我們可以透過漢斯．法朗克的案頭日記追蹤這些計畫的進展。擔任總督的他有時聽取布格河與維斯杜拉河沿岸工作的報告，有時訪視在一九四一年九月竣工的羅日努夫水壩（Roznow Dam），於此同時，貝烏葸次（Belzec）、索比布爾（Sobibor）與特雷布林卡（Treblinka）集中營也在建造當中。[157]一九四三年十月，法朗克與他的顧問聽取了一九三九年以來詳盡的成效與進度報告（五十七萬五千英畝土地排水完成、一百四十英里的新堤防建成、七百英里河流受到調節、二千二百五十英里的排水溝挖掘完成，以及羅日努夫水壩啟用），負責報告的正是布勒（Josef Buhler），他在前一年代表法朗克參與了萬湖會議。[158]

東部形同德國的實驗室，新的想法可以在這裡試行，就像在英國與法國的海外殖民地一樣。聚落規畫者無疑是這樣看待東部的，他們相信這裡新的村落布局、建材或景觀設計方式，最終會輸出回到「舊帝國」。[159]但如果東部是實驗室，那麼這裡也是保育觀念的測試場。這是康拉德．邁爾提出的自然與科技結合的另一半。維比金—尤根斯曼與厄哈德．馬丁是與新東部整體地貌規畫關係最深的兩個人，從他們的大量著述中可以看出，兩個人都堅決相信應該讓自然與科技融合。他們認為真正的德意志地貌將是現代的，意思是能反映最新的科學與技術進展；但也是接近自然的。維比金讚美德意志種族在過去的歷史中建造了新生地並引流了河川，堅稱這種對地貌的塑造是在與自然和諧共存的情況下所達成，因為德意志種族對此有特殊的責任感：「懷著這種浮士德式的渴求，我們完成了偉大的功業，創造了我們的世界，而正如歌德曾說過的，在這個世界裡，我們與植物和動物並肩生活，也生活在它們之中。」[160]馬丁的論述也依循一模一樣的思路，連有些例子都是一樣的。過去的德意志人馴服多沼澤的「荒野」，但是過程中仍「與土地上的自然生命保持和諧關係」，這就是他們現在在東部的任務，以配合「生命世界」（living world）的方式塑造土地。結果呢？德國規畫者「依循自然，獲得的獎賞是對自然更大的主宰」。[161]這種「雙重」視角正是自然景觀維護（Landschaftspflege）或土地管理（Landespflege）這些字眼在規畫文件中一再出現的原因。它們傳達的是一種希望，期盼地貌能同時擁抱「設計」與「保育」的關注。[162]

有環境意識的思考證據在規畫中處處可見。很多提案中都可以看到，每一座村落保留了保育用地並且在每一個區設置保育區；此外，保育廣泛地出現在治理原則當中。對於種植植物與無林地造林的執著關注、對於單一作物農業的排拒，以及希姆萊針對水文計畫必須「審慎衡量所有效應」的命令——全都是為了對抗土壤侵蝕與賽佛爾特提出的「沙漠化」可能。[163]在土壤貧瘠處與陡峭山坡上，將可耕地轉化為牧草地的「大規模綠化計畫」(Large-Scale Green Plan)，背後也是同樣的思維。這是信念問題：德意志農民「需要一座綠色的村莊，因為出於恐懼，他們憎恨多沙的乾草原」。[164]保育者許文克觀察到這一切，忍不住在一九四三年抱怨，雖然東部正規畫無林地造林與其他對抗土壤侵蝕的措施，林地與樹籬「在舊帝國仍持續遭到破壞」。[165]

許文克說得有道理。東部新征服的空間應該要緩解德國本土的土地所承受的巨大壓力，但反而是東部的土地變得優先，因為希姆萊手下的規畫者全心投入設計烏托邦式的地貌，而這些原則要到後來才會應用在舊帝國境內。最終，這些原則也從來沒有在東部實行，因為東方戰線多變的命運使得很少有計畫能夠離開紙上成為現實。唯一可以看到殖民專家努力成果的是無數文件、少數縮尺模型，以及為數更少的實際模範村落。自然與科技的「結合」實行起來會如何，因而也無從得知。事實上，我們很難相信當規畫者的想法大規模落實後，他們喜歡提及的「和諧」還能存在。環境觀念的命運，可能會像希特勒在一九四二年對於以去中央化的風力發電取代電網的熱情一樣，無疾而終。因為電力需求太急迫，而希特勒也缺乏持續的興趣去推動這個議題，一如他的沼地命令。[166]大規模綠化計畫不符合對「穀類、穀類和更多穀類」的需求；偏好落葉樹種的無林地造林計畫，與必須砍光森林以取得木材以及種植快生樹種的需求，背道而馳。在這兩個例子中，規畫者的想法都會遇上重視產量的一方的反對，不論是國防軍、戈林主管的單位、工業利益或是新納入領土的大區長官。[167]同理，監測水文計畫這麼有野心的目標，在實行上也會很困難——舉例來說，會比希姆萊在集中營引入鸛鳥築巢的小型計畫難很多。[168]

邁爾的下屬過的是受到雙重保護的生活：首先，他們在希姆萊有力的保護下工作；再者，他們偏好的妙方從沒有一個面臨現實的嚴酷檢驗。他們只偶爾意識到在把地貌做為一個「整體的空間藝術作品」（馬丁語）來塑造美學追求時，會與經濟剝削的冰冷邏輯之間存在差距。[169]他們的計畫事實上在更根本的層面上脫離現實。他們幾乎從未停止談論地貌，但是對於幾個尷尬的問題卻少有話說。誠如特立獨行的賽佛爾特坦率指出的，波蘭與蘇聯都建了防風林並採取了其他措施以對抗土壤侵蝕，面對這個事實，納粹的理論如何自圓其說？沒有答案。[170]又，如果在德國控制東部多年以後，總督府有生態意識的林務官員仍對森林砍伐與沙漠化的危險提出警告（確實有），那又如何？答案是回到這個說法：要修復波蘭「管理不當」所造成的損害需要很長的時間。[171]但最困難的問題要屬賽佛爾特、許文克、斯格尼切與其他保育人士所提出的這一個：如果理想的「綠色村落」流淌在德意志農民的血液中，為什麼「舊帝國」還會出現沙漠化的危險？這個問題無法忽略也不能靠辯解消除，而規畫者通常的答案是帝國確實有結構性問題（「過度」都市化、太多小農家庭，以及「資本物質主義」年代在農村遺留的態度），但是東部聚落會提供解決方案。這當然讓種族與地貌間號稱存在的連結變成笑話，也讓東部計畫做為整個德意志民族「更新」的源泉多了更大的象徵意義。

住在東部的人引發了更難以回答的問題。希姆萊的鸛鳥是一個提醒，那就是在規畫過程中，保育人士的思想與技術官僚的思想一樣，都是建立在徹徹底底的種族歧視與殺人意圖的基礎上。兩者都是一個更大的種族滅絕計畫的一部分。在上西利西亞的日維茨區（Saybusch）所建造的模範村落之得以建成，是因為先前有一萬七千多名波蘭居民被強迫遷移。[172]奧許維茲成為工業化殺戮的代表性場所以前，本是土地再造模範計畫的焦點。將東部占領區的土地稱為「無序」或「病態」，貼上惡臭沼澤或不毛乾草原的標籤，永遠不是太溼就是太乾，是否定當地居民有權住在那裡的一種方法。德國人一再稱呼東部為一片白板或「處女地」，想達成的也是這種效果。這些驚人的委婉用語顯示了占領者如何在精神上將真正的居民從這片土地上移除。東部是「空蕩蕩的」和它是德意志種族可以自我「更新」的地方的兩種主張，在另一個維繫迷思中結為一體：歐洲東部是德國永遠的邊疆，是民族精力的來源。正如其他國家社會主義黨的觀念（和其他的邊疆傳說），這個觀念有一部分屬於歷史—種族的範疇，一部分屬於政治的範疇，而且充滿了問題。但是它沒有因此而減損任何力量。

邊疆的神祕魅力與「東部荒野」

「窩瓦河必須是我們的密西西比河。」這是希特勒在一九四一年秋天說的話。自年少起他就為美國邊疆著迷，在對蘇聯發動攻擊後的那些年間，這成為他執迷的幾件事情之一，而這個主題散見於他的獨白中。[173]在另一個場合，他堅稱，「歐洲——不是美國——將成為機會無限的土地。」又或者，在他慣常怒罵美國當代文化的機械化與雜種化之後，他說：「但是美國人有一件事情是我們逐漸失去的，那就是對廣闊開放空間的感受。因此我們渴望擴大我們的空間。」德國人已經失去這種感覺，但它還會回來：「因為如果我們連對於空間遼闊的幻想都沒有了，我們又將在哪裡。」[174]

希特勒編織幻想的來源之一是他在卡爾·邁（Karl May）小說裡讀到的東西。他不是唯一一個，卡爾·邁也不是唯一以美國邊疆為寫作題材而進入德國人想像的作家，不過他的確是最有名的。[175]他的前輩包括佛洛里希（Henriette Frölich）、西爾斯菲爾德（Charles Sealsfield）、尤利斯·曼（Julius Mann）、尤翰·比爾納次基（Johann Christoph Biernatzki）、莫爾豪森（Balduin Möllhausen）、盧皮厄斯（Otto Ruppius），還有至今仍有許多人讀他的作品的多產作家格斯特克（Friedrich Gerstäcker），他是《密西西比河海盜》（*The River Pirates of Mississippi*）等冒險故事的作者。[176]美國邊疆也在意想不到的地方冒出來。馮塔納在《漫步布蘭登堡侯領》中告訴讀者，一路泡在雨裡乘船穿過烏斯陶爾（Wustrauer）沼澤之後，他與同行者覺得「我們好像行過了『在遙遠西部』的堪薩斯河或一片大草原。」在弗萊塔克的《借與貸》中，有一個情節發展被後世的評論者忽略了，因為他們執著的是小說中對布雷斯勞市（Breslau）的反猶描繪手法。在這個被忽略的情節中，有一個角色（貴族芬克）先在美國邊疆找到了自己，然後才幫助主角安東將德意志文化中的綠意帶到波蘭的「荒野」。[177]弗萊塔克的這本暢銷書提醒我們，德國文學即使來到西部邊疆，它的主題除了美國，依然是德國。美國邊疆是一面鏡子，而且往往是面哈哈鏡。那許多虛構作品、旅遊記述與給想要移民者的工具書（比如格斯特的《來去美國！》〔*To Amerika!*〕），都反映了德國人關注這個十九世紀有四百多萬同胞前往的國度。[178]納粹文宣中敘述德國移墾者堅苦卓絕的行為時帶著驕傲（和不少創意），但也帶著遺憾不滿，因為民族中有活力的成員「流失到」海外，原因是德國缺乏能把他們留下的「生存空間」。[179]這是希特勒最喜歡的另一個話題，由此我們可談到讓邊疆的魅力在納粹分子間根深柢固的第二個管道。

弗雷德里克・特納 © Wikimedia commons

歷史上有一個著名的邊疆理論，這個主張由弗雷德里克・特納（Frederick Jackson Turner）在一八九三年首度提出。他指出，拓荒者與荒野的關係以及邊疆生活的特殊性質，對美國價值觀與體制的塑造有決定性的影響。從那時以來，美國史學家就持續一點點的拆解特納的理論，削弱他的許多主張；但是一個多世紀之後，它在有關美國西部的論辯中仍是一個參照點。這是特納在美國的意義，不僅是學術的，也是公眾的與政治的。[180]邊疆的概念在歐洲引發廣大大眾迴響，在德國絕對是如此。特納的理論不只讓當代德國人感興趣，他的理論還有部分得益自他們的作品。特納感謝地理學者拉采爾（Friedrich Ratzel）有關地理對歷史影響的著述，後來他也與拉采爾的美國學生森普爾（Ellen Churchill Semple）合作。創造「生存空間」一詞的拉采爾認為，關於美國向西擴張的動態效應得以展現，應歸功於特納。[181]美國經驗（或是想像中的美國經驗）在德國人的思想中留下了深刻的痕跡，因為美國西部似乎是那麼明顯可與德國東部互為類比。一八九三年，也是特納首度發表他想法的那一年，經濟學者瑟林（Max Sering）寫了一本書，以德國「在東部的內部殖民」為題，指的是自一八八〇年代以來欲將東普魯士波蘭地區「德意志化」的企圖。瑟林與拉采爾一樣曾經造訪美國，他的書一再將北美的殖民者高舉為堅忍開創精神的典範，是德意志人在東部邊疆的模範。[182]與瑟林同時代的名人施穆勒（Gustav Schmoller）明白地把德國東部與美國西部相比。另一位偉大的公眾人物，社會學家韋伯（Max Weber）也做了這樣的比較，但是沒有明言。[183]德國人一直到戰後仍為美國的開闊邊疆著迷。我們可以在呂德克（Theodor Lüddecke）對美國「無盡曠野」的頌讚中看到（「美國的空間需要持續不懈的活動。它想要被征服」），也可以在茂爾（Otto Maull）對「白種征服者的創造力」的仰慕中看到。[184]這種著迷是一條共通的主線，邊疆的概念與德國東部之間的連結仍靠它串起。也是這條主線串連起這群人：以豪斯霍弗爾（Karl Haushofer）為中心的地緣政治思維擁護者、布余根納那一代的地理學者，以及像克勞斯（Ludwig Clauß）這樣的人——他專門散布原汁原味的種族思想，熱烈吹捧「北歐人種獲得空間的意志」與「北歐人種的凝視」（「它大步跨入空間與遠方；它塑造」）。[185]

德國的邊疆在東部。但這個邊疆出現在何時？簡短的答案是，它的光輝歲月出現在過去與未來。對第一次世界大戰之前與之後的德國人來說，當下是深深讓人失望的。一九一四年以前的數十年，即使在德國境內，德國與波蘭人的達爾文式鬥爭，德國都落居下風。因此，瑟林、韋伯與許多其他人才會對於扭轉「斯拉夫洪水」的「德意志化」運動的失敗深感挫折。一九一四到一八年在東方戰線的軍事勝利，讓德國暫時成為數百萬人的主人；雖然德國看到了未來統治與墾殖的誘人前景，戰後的協議卻把國界更往內推。[186]這激起了無邊的怨憤，讓德國人覺得徹底不公；也正是這種感覺，讓東部邊疆的觀念在一九一八年之後以前所未有的強度被提出來，以合理化德國的領土主張。這個觀點的支持者著重於過去的兩段時期：德意志在十一到十四世紀之間的東向擴張，和後來哈布斯堡與霍亨索倫王朝在東邊的殖民。同代的關注被投射到過往，作家們總是用一眼望著從中世紀到現代早期歐洲，土地上住滿了活力蓬勃的德意志拓荒者，擴展著文明的疆域。理想化的德意志東進政策，與同樣理想化的美國邊疆社會（想像中的）被扭絞在一起，形成一個混合體——這段乘載情感意義的敘事，用來做為推翻《凡爾賽條約》及「恢復」德國在東部勢力的論據。

這個論據透過各種作品表現，包括許多想像得到的、學術的以及大眾化的作品。凱瑟（Erich Keyser）在惡名昭彰的散文集《德意志東部墾殖地》（*German Settlement Land in the East*）中所寫的文章，捕捉到了個中三昧。這部文集邀集了歷史學者、考古學者、地理學者與民族誌學者為文，聲稱德國對東歐大片土地的道德主張。凱瑟寫道，對於中世紀的德意志墾殖者而言，他們拓殖的東部是「他們渴望的土地，一如現代的美國是許多厭倦歐洲的人渴望的土地，因為在這裡，遠離了祖國狹隘的限制，努力工作的窮人不僅可以有更好的未來，從家鄉帶來的資本也可以投資於購買土地與種植穀物並期待獲利」。[187]邊疆魅力的關鍵要素之一是一種信念，即自由與機會能吸引大膽進取的人，他們願意辛勤工作並有所犧牲。拓荒者與邊疆精神滲入了中世紀研究者的作品裡。[188]弗羅塞（Udo Froese）在一九三八年著書，以腓特烈大帝的殖民以及其留給第三帝國的「遺產」為主題，書中主張，界定墾殖者的是他們的「拓荒精神」：「他們像中世紀的墾殖者一樣，受到征服的精神所驅動，讓他們無法忍受祖國的狹小，因而向外發展，並展現他們想要住在德國東部廣闊開放空間的意志，」若非如此，那麼腓特烈的工作「將會毫無意義」。[189]歷史普及學者斯塔里茨（Ekkehart Staritz）在《德意志歷史中的西向東移動》（*The West-East Movement in German History*）一書中傳達了相似的觀點：如果東部真的像有些宣傳所說的是「天堂」，德意志種族會「沉淪，在舒服的生活與懶散中窒息」；當地條件需要的是勤儉的墾殖者，樂於「犧牲，並且配著眉頭留下的汗水吃他們的麵包」。[190] 邊疆精神出現在一九二〇與三〇年代的旅遊書中（拉脫維亞的德國墾殖者是波羅的海地區「廣大開放空間」裡的「拓荒者」），也為「墾殖者小說」文類提供了原型情節。以維那提耶（Hans Venatier）的暢銷書《法警巴爾托》（*Vogt Bartold*）為例，他筆下大膽無畏的十三世紀德意志墾殖者住在西利西亞，當他們俯瞰波蘭平原，看著「東方無邊無際的土地」，覺得自己好像「住在世界的邊緣」；他們必須克服許多困難，然而最終仍成功馴服「荒野」。[191]

一九三三年以後，這種理想的堅忍墾殖者類型成為納粹黨組織的必備要素，並透過學校課堂、歌曲以及經過批准的文學、歷史與種族相關著作加以傳播。這個典型也瀰漫在納粹領袖的思想中。對希特勒而言，德意志在十二世紀的種種成功將在東部重演，「正如在美國上演的征服一樣」，新的東部邊疆會打造「堅忍的種源」，能夠防止德意志陷入「軟弱」。[192] 希姆萊從年少時就抱持這類觀點，後來更確保了這種觀點在親衛隊的教育中占中心地位。康拉德・邁爾寫下將來德意志民族的「美國」將不再位於一海之隔以外、而是位於東歐的時候，傳達了同樣的想法：那裡的「工作與義務」將會讓德意志人回歸到英雄的過往。[193] 漢斯・法朗克在一九四二年於加利西亞的納粹黨集會演說時，義正詞嚴地駁斥了東部的德意志人什麼事也不做只是抽雪茄的印象（雖然「舊帝國」中有些人覺得聽起來滿吸引人的）：總督府不是殖民地，而是墾殖的空間，「不論墾殖區擴展到多東邊，那裡永遠都會有德意志民族、德意志特質還有德意志男女，他們從早工作到晚，因而健康、強壯，並且以堅定意志保衛他們的農場。」[194]

我在前文稱邊疆的魅力為一種維繫迷思。擁抱它的人是否相信自己說的話？沒有簡單的答案。當然有投機分子：靠著東部養肥自己的企業家，以及醉心於眼前機會的技術官僚。他們最有可能因為官方的墾殖意識形態影響到他們的利益而感到不耐。在納粹黨高層領袖中，戈林很少掩飾自己對希姆萊的偉大計畫興趣缺缺，戈培爾則把自己的嘲諷之舌用在「強化德意志民族性帝國委員會」身上。另一方面，希特勒與希姆萊是衷心的信仰者，親衛隊的高層以及其他在東部負有重大責任的人（如羅森堡）也是。說到為德國的新東進政策大力建構立論基礎的歷史學者，就比較難下定論了。他們的智力勞動無疑帶來了地位與專業上的好處，比如得以劫掠來自圖書館的藏書。赫曼．奧賓服務於德國東部工作研究所，利用這個位置，他讓自己像眾星拱月般被從前在布雷斯勞市的同行圍繞，就像個道地的德國教授一樣。[195]（克拉考的布雷斯勞歷史學者朋黨與漢堡那群圍繞在埃姆利西〔Walter Emmerich〕周圍的經濟學者朋黨很相似。[196]）然而許多人似乎也真心相信自己的主張，奧賓就是其中一位，他早在一九三三年以前就積極投入學生和大眾間，培養民眾對德國東部的關注。[197]如果邊疆迷思是為了提供正當性的意識形態，那麼借用社會學者莫爾奎爾（J. G. Merquior）的話，它既是面紗也是面具。[198]將所有占領者凝聚在一起的，是他們對德意志種族優越性與主宰東歐的權利的絕對信仰。在這個信仰以外，對於帶著英雄色彩的邊疆墾殖者這個概念，則可以看到各種不同的態度。對某些人而言，這是一個真正的驅動力；對其他人而言，這無關緊要，或者只是一個有用的虛構說法，並不能妨礙實際的經濟與政治目標；又有一些人游移在這些立場之間。

兩名比較現實的納粹領袖展現了這種模稜兩可的態度。戈培爾確實有時候會嘲諷希姆萊，並以宣傳潛力的眼光看待墾殖計畫；但是他的日記顯示他對墾殖計畫也有情感上的認同。一九四〇年三月，他在日記中提到正在拍攝一部德意志裔人口重新安置的影片，表達了對拍攝對象與影片效果的欣賞：「羅倫茲呈現了沃里尼亞德意志人徒步遷徙的動人畫面。這真的是壯觀的現代人類遷徙。」同年稍晚，他在一場高階會議中真誠地評論：「希姆萊回報了重新安置的情況。他已經達成很多，但是還有更多要做。所以讓我們繼續工作，因為我們必須完成東部空白空間的墾殖。」[199]漢斯·法朗克的立場也完全稱不上透明，他堅持總督府是墾殖地而非殖民地的時候，與他先前的主張相比是一百八十度大轉變。先前他說，他轄區的價值正是在於其「殖民地特性」，這裡是一個「保護國，像突尼斯一樣」。為什麼有這樣的轉變？一直到一九四〇年德國在西方取得勝利以前，法朗克都在尋找各種論證，以支持總督府是經濟發展區而不是人口傾倒場的主張。後來他獲得希特勒認可，將總督府劃入將進行「德意志化」的邊疆地區，而這個改變在總督府的正式名稱去除了「波蘭占領區」一詞之後，獲得了象徵性的標記。一旦獲得希特勒許可，法朗克就可以全心沉醉在他最在乎的幻想中，那就是有一天維斯杜拉河谷將與萊茵河谷一樣「德國」——事實上，是比萊茵河谷更德國，因為它將是新墾殖者努力贏來的。但是這會發生在什麼時候？是五十年還是一百年後？他從未設定任何時間尺度；一切會發生在「戰後」的某個時間。法朗克在一九四二年六月對希特勒青年團（Hitler Youth）與德意志少女聯盟的成員發表演說時，是否真的相信總督府將隨著他們「形成新的德意志生存空間的堅強根基」，成為他們「真正的家園」？[200]事實上，在德國占領者剩餘的時間裡，總督府一直是以最粗糙的經濟剝削為基礎所建立的殖民地，是充滿了腐敗與朋黨政治的犯罪事業。這裡吸引了像梅因侯德與埃姆利西這樣有能力的技術官僚；但也是像基佩特（Rudolf Kiepert）這樣的官員會被遣送來的地方，他原先任職於國外德意志民族事務部柏林分支，在一九四三年因為財務不實與不當性行為被解職後放逐到克拉考。[201]

在所有政治體系裡都存在辭令與現實的差距，在國家社會主義底下特別明顯，邊疆的農民就是最好的例子。他們應該是民族更新的泉源，因為他們是「比較好的德國人」——年輕力壯、生養眾多，與土地關係緊密。然而，最早被接回帝國準備前往東部重新安頓的波羅的海德意志人，沒有一個方面符合這樣的描述。他們相對年長，家庭人數低於平均值，而且以律師與藥劑師為主的上層階級人數較多。比薩拉比亞的德意志人與理想農民的差距也相當遠。[202]難怪大眾宣傳喜歡聚焦於駕著馬車的沃里尼亞德意志人，他們是「多年前就向外發展，進入東部廣大開放空間的農民。」[203]但這只是故事的一半。公共聲明、報刊文章與歌曲全都以古老的詞彙呈現人口在東部的重新安頓，彷彿這是完全與現代科技無涉的長途跋涉。事實上，墾殖者通常以鐵路或卡車遷移至他們的新家；而如果希姆萊對於東部的長程夢想真有從康拉德·邁爾的繪圖板上化為現實的一天，數百萬墾殖者將會被安置在連糞肥堆與節省勞力的廚房都已經規畫好了的土地上。未來的鐵路與高速公路將切穿東歐抵達波羅的海與克里米亞，而規畫者看著沿未來的交通路線分布的聚落「安全點」，稱此為「保齡球道系統」。[204]這個帶著未來色彩的烏托邦圍繞中央地區建造，形成以同心圓方式分布的一圈圈村落與主要道路，看來就像腓特烈大帝殖民時期那些仔細規畫的幾何形狀聚落，只不過是個醜惡的諧擬版本。它看起來一點也不像法警巴爾托居住的十三世紀西利西亞，也不像一百年前從密蘇里向西方綿延的拓荒路徑。

未來墾殖者的處境，也與宣傳辭令中精力旺盛的拓荒者相差甚遠，這可從兩個方面來說。墾殖者當然受惠於一個殘暴的占領政府，這個政府把從他人奪取而來的土地與資源給了他們。移入的家庭擺姿勢供拍照時，環繞他們的是鮮花、蛋糕與咖啡（還有元首的照片與一本《我的奮鬥》），這張照片述說的故事是德意志人在享受他們做為「優越人種」成員的地位。[205]但是，另一方面，他們付出的代價是自主權的徹底闕如。從他們戴著號碼牌在營區裡被運來運去，接受檢驗、分類，然後（如果核准通過）獲得藍色文件，被分發到東部，一直到最後被送到他們沒有持有權的農場。農場中的一切都仰賴親衛隊提供設備與原料，而從管理家務、養育小孩到「士氣」，則是受到來自墾殖研究組的志願工作者嚴密監控，這些墾殖者被對待的方式就好像是實驗室裡的老鼠，被系統化地剝奪了對邊疆神話最重要的一個特質，也是對「內部殖民」的倡導者向來主張不可或缺的最重要的一個特質：自力更生。希姆萊對於是誰掌管大權說得極為明確，他告訴墾殖者，第三帝國是「給予者」，他們所有的一切都要感謝帝國：新家的保障，孩子的未來，還有能夠住在元首治下的民族國家的喜悅。他又語帶不善地說，這一切讓「返國的德意志人有義務融入大德意志國整體的秩序與規訓」。[206]

對於前往東部這件事，海外德意志人無從選擇；但是住在「舊帝國」的德意志人有選擇，他們可以用腳投票。東部邊疆的魅力在德國境內有引起共鳴嗎？有足夠的人願意成為墾殖者嗎？在教科書、大眾歷史書籍、墾殖小說與納粹宣傳的傳播下，多數德國人或許對過去發生在德國邊疆的史詩故事有了感覺，畢竟，這些故事迎合了多數人視為理所當然、對德國優越性的信念。但這不表示他們自己就一定想成為新邊疆的一分子。過去，即使在德國境內的「內部殖民」都並不總是成功，倡導者對於出現的「墾殖人才」往往多所批評。而現在，強化德意志民族性帝國委員會所描繪的任務，浩大得令人卻步。根據東部總計畫中的計算，在二十五年到三十年間，總計將需要三百三十四萬五千八百零五名墾殖者。總計畫以這個透露出焦躁感的精確數字為本，在帳簿的另一側指出了可能的墾殖者來源，為數近六百萬，其

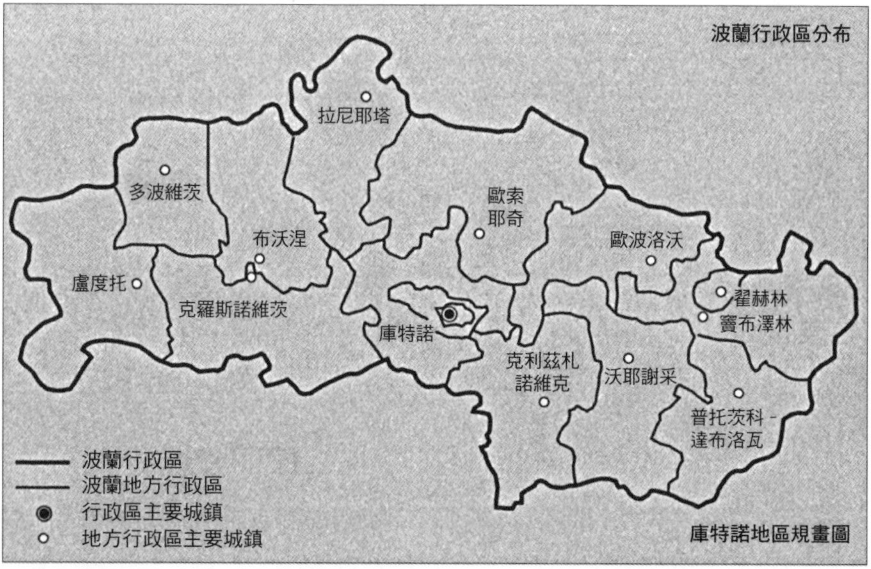

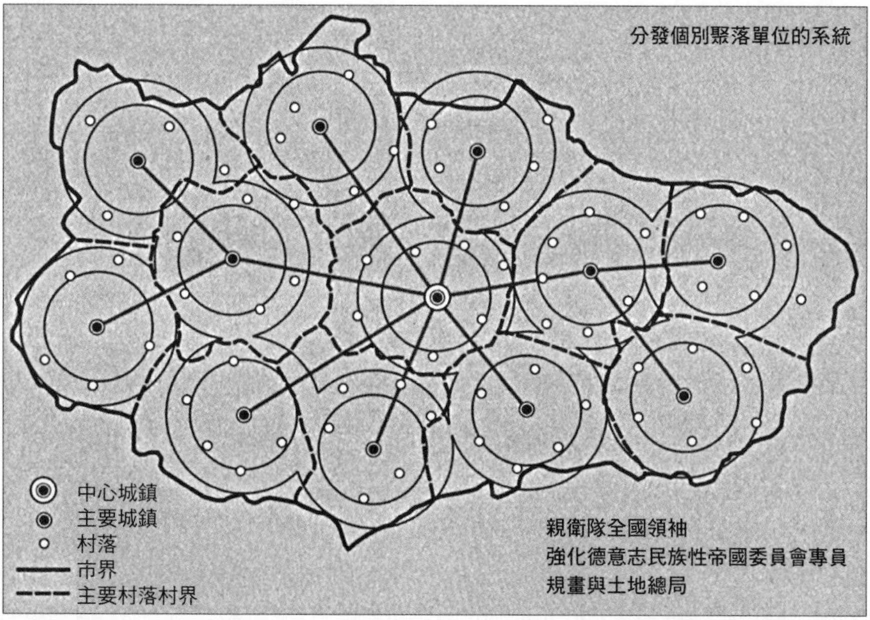

（上）波蘭庫特諾區規畫圖（下）德國規畫者的替代方案

中三分之二將來自「舊帝國」。[207]希特勒對於能夠吸引到這些人很樂觀，其中包括從斯堪地那維亞和低地國家等歐洲其他地區而來的「德意志裔」墾殖者。一九四一年九月的一個晚上，他告訴一群被迫聽他說話的人：[208]

> 如果我「為農民」提供東部的土地，將有一股人流朝那裡出發，因為農人會覺得美麗的土地就是多產的土地。二十年內，歐洲人口外移將以東部為目標，而不是美國。

希姆萊也期盼著快樂時光，那時，德意志墾殖者將馴服了「無邊的原始森林」，把黑土區的「河流用沙填滿」，並且把它變成「一個樂園，歐洲裡面的加州」。[209]漢斯・法朗克亦懷抱類似的願景。然而，即使是這些對未來抱持幻想的作者，似乎都存有懷疑。在《我的奮鬥》裡有一段耐人尋味的表述，希特勒提到德意志民族必須「被迫體認到」它的未來在於「德意志鋤犁的艱辛工作」。[210]從這個用語實在看不出信心，而即使在戰時樂觀態度最高漲的年間，仍一直有種揮之不去的不安。德國可能太「軟弱」的擔憂，像另一條旋律流貫在希特勒與希姆萊的發言中。當然，這就是拓荒者墾殖東部邊疆的整個目的：為帝國重新注入活力。但是，如果帝國的人口無法迎接這個挑戰呢？這類不安也在其他地方浮現。一九四二年，瑪休伊寫了一篇文章談論在東部「塑造地貌」。乍看之下，這篇文章充滿樂觀而誇大的口號；細審之則發現，它比較像羅列各種障礙的清單。戰後，德國少年與其他人將必須「受徵召」前往東部，而農民必須從他們頑固的生活方式「被釋放」出來，才能「為這個更大的空間解放能量」。

這需要「教育、秩序與指導」，因為一個世紀以來的錯誤發展，已經讓德國的農村社會過得太舒服，對於「過時的傳統」太緊抱不放。瑪休伊如此寫著，如果東部要獲得它所需要的「洪流般不受拘束的民族精力」，就必須改變每一件事情，包括工作標準、家庭模式以及舊有習慣。[211]被他一寫，這個任務聽起來好像不太可能實現。剛好就在此時，法朗克正在倡導「為『東部狂熱分子』提供公開演說的訓練，讓他們在帝國為東部宣傳」。[212]一如在法朗克身上經常發生的，我們從他的話裡聽到了東部自憐的聲音，他似乎疑心「東部的工作」沒有獲得德國其他地方的人應有的感激。

這種強烈的自憐在東部很常見，那是屬於邊疆神話的一種感傷——遠離家鄉而處境脆弱，但仍苦撐下來。年少的希姆萊在一九一九年的一篇日記中清楚捕捉到這種情感（與多愁善感）：「我為了我理想的德意志女子而努力，有一天，我將和她在東部生活；而身為一個遠離美麗德國的德意志人，我將進行我的戰鬥。」[213]女性與男性一樣在納粹對東部墾殖的幻想中占有一席之地，正如敘述過去一代代墾殖者在東部辛勤工作、打造德意志未來的無數故事，其中母系大家長與父系大家長有著同等重要的地位。在一九四〇年代，年輕與未婚的德國女性在東部扮演關鍵角色，她們為墾殖研究組監視德意志裔墾殖者，或是擔任老師與記者，她們甚至形成了自己的網絡。[214]儘管如此，邊疆的情感經驗仍帶著強烈的男性特質，正如四十年前的「泛德意志人」（「我們這些自覺最像德意志人的男性」），希姆萊這一代男性喜歡自視為在環境艱險的東部扮演著「壁壘」或「要塞」的角色。[215]有時候即使是邊疆最堅強的男性，心中也會浮現懷疑；事實上，危險所引發的震顫正是情感經驗的一部分。在新成立的波森帝國大學擔任解剖學教授的沃斯（Hermann Voss）為他口中的「狂野東部故事」而興奮期待，但他也在日記中坦言：「是的，

『狂野東部』使人精神緊張。有一天它會吞噬我們。」[216]

「狂野東部」為什麼狂野？有一個答案是：嚴酷的環境。納粹有許多歌曲用以美化朝東部前進的馬車車隊，借用其中一曲的用語，東部是「陌生的荒野」。[217]不只在民族歌曲作者（與地貌規畫者）眼中如此，低階官員、訪客與士兵也往往反射性地這樣看待東部。豪斯萊特（August Haussleiter）有關東部邊疆的一部小說為這個陳腐的印象賦予了風格化的形式，小說中呈現的德國士兵是「荒野中的魯賓遜……身處一片荒涼的平原、沼澤與森林中」。[218]但如果這裡的環境不友善，住在這裡的人也同樣不友善。在這個扭曲的世界觀中，原住民被輕忽地當成「沒有歷史的民族」，不是真正的歐洲人，是「游牧人」而不是耕種者。德國人把未開化的人或「野蠻人」會有的特質投射在他們身上：消極被動，孩童般的天性，以及最主要的：狡猾、殘暴與對「優等」人種永遠的仇恨。簡而言之，德國人將他們視為印第安人。

印第安戰爭

一九四一年十月，希特勒再次針對德國人在荒涼的東部創造出花園、田野與果園大放厥詞。他主張，德國人毋須因為住在那裡的人而有任何良心不安：他們是劣等人種，而土地必須從萎靡不振的狀態被拉拔出來。希特勒用一個驚人的類比強調他的觀點：「任務只有一個：透過引入德意志人展開土地的德意志化，並且將原住民視為印第安人。」[219]

這是邊疆古老的母題。腓特烈大帝曾經把新取得的波蘭西普魯士與加拿大相比，認為前者不如後者，並且把居住在那裡的「懶散的波蘭垃圾」比為易洛魁印第安人（Iroquois）。[220] 在腓特烈下令再造的瓦爾塔沼澤裡，連地名都反映出這段故事。斯拉夫漁民讓位給德意志農人，而當多水的 Kietz（斯拉夫人聚落）被幾何形狀的德國村落所取代時，新的聚落有了像佛羅里達、費城與沙拉托加這樣的名字。[221] 德國人將斯拉夫等同於印第安的做法一直持續到十九世紀，成為「普魯士政治人物最喜歡的一個主題」。其中一位主張，波蘭人就像「美國紅人」一樣，注定要毀滅；新世界的印第安人被迫退回「永恆的荒野」，在那裡慢慢衰亡，與此同時，波蘭人也「被迫離開城鎮與土地財產，讓位給普魯士文明。」[222] 這類比較當中有直接的也有間接的。在有關東歐勇敢進取的德意志墾殖者的歷史傳奇故事中，讀者不難猜出那些殘忍而狡猾的土著是誰，他們從沼澤與森林隱蔽處的原始茅舍潛至，偷取牲口，燒毀墾殖者的農場，威脅優等文化的傳承者。[223] 難怪波蘭作家波威達雅（Ludwik Powidaj）於一八六四年以「波蘭人與印第安人」為主題的文章中，在回顧美洲印第安人的命運後提出這個問題：「有哪個波蘭人還看不出自己國家的情況？」[224]

以這種負面方式將兩個群體等量齊觀，會招來某一種異議。尤利斯・曼《美國墾殖者》（*The Settlers in America*）中所說的「面對歐洲文明人的優越性，野蠻人必須退縮到愈來愈偏遠的地區」，或許代表了一整個文類的典型。[225] 但是德國人看待印第安人有另一種較正面的方式。十九世紀上半葉，我們可以看到上層階級的德意志人前往美國旅遊時，透過浪漫主義的稜鏡觀看原住民。他們和法國貴族夏多布里昂（Chateaubriand）一樣，尋找、也找到了「高貴的野蠻人」，他們的存在，就是對興起中的美國民主社會中粗鄙商業主義的譴責。有些人甚至在印第安人與古條頓人之間看到相似處。[226] 採取這種立場的作者包括小說家與旅遊者，他們往往對邊疆英雄如安德魯．傑克森（Andrew Jackson，美國第七任總統）所採取的印第安政策多所批評。到了十九世紀末，卡爾．邁透過《溫尼圖》（*Winnetou*）等作品普及這種浪漫觀點。故事的主人翁是德國人，他學到真正高貴的人是像他的朋友溫尼圖這樣的印第安人，美國北方佬則是不值得信賴的投機分子。[227] 卡爾．邁是希特勒一輩子讀了又讀的作者，有鑑於此，納粹對於東歐「印第安人」的觀點顯得更讓人不解。

當然，卡爾．邁的吸引力有部分是因為高貴的印第安人提供了一根棍子，用來打擊「偽善」的盎格魯－撒克遜人。同樣的，納粹作者也毫無顧忌地批評美國的奴隸制度，儘管他們對真正的非裔美國人完全缺乏同情——事實上，美國社會的「黑人化」（Verniggerung）是納粹對美國的批評中總能預期會出現的一項。不過，卡爾．邁的吸引力有更廣泛的基礎。理論上，德意志英雄與溫尼圖共有的高貴，一直是一個古老的德意志主題，是文化保守主義者之間常見的陳腔濫調，也就是德意志人比平庸而汲汲營營於賺錢的盎格魯－撒克遜人優越。讀者看到的是一個理想人物，取代了他們所痛惡的有關「美國主義」的一切（以及德國可能「美國化」的陰影）——商業的主宰地位、對物質成功的崇拜、機械化、擁擠的城市，以及文化或靈魂的闕如。[228] 這是第三帝國對美國常見的刻板印象。希特勒的獨白充滿了這些印象。是什麼能取代這個令人厭憎的現實呢？理想化的高貴野蠻人是一個；同樣理想化的邊疆精神也是一個。一如慣例，希特勒想要魚與熊掌兼得——繼續讀卡爾．邁的書，然後告訴他的追隨者，波蘭人與烏克蘭人應該像印第安人一樣被對待。通俗納粹作家寫到在美國的德國殖民者時也一樣，一方面指出他們與印第安人的關係比較親近，一方面又頌揚德國殖民者在莫霍克谷（Mohawk Valley）與南北卡羅萊納（Carolinas）

抵禦邊疆的「英勇行為」。[229]但是這兩個迷思無法相互結合，最終還是邊疆神話的魅力比較大。它是一個強大的故事，述說德國社會如何能透過墾殖重新獲得活力，也藉此合理化把妨礙他們的「歷史闕如的民族」——那些「部族」（Stämme）——驅離家園的做法。[230]

談論印第安人就是在思考種族滅絕。下面是漢斯．法朗克一九四二年在蘭伯格（Lemberg，又稱勒弗夫〔Lvov〕）的納粹黨集會上的演說，諷刺而粗野的風格讓他即使在納粹黨高層間也格外引人注目：[231]

> 我說的不是我們這裡還有的猶太人；我們也會處理他們。順道一提，今天我倒是一個都沒看到。這是什麼意思？畢竟，這座城鎮本來應該有數千數萬這些扁平足的印第安人才對——但是卻一個都看不見了。我希望你們不是對他們做了什麼壞事吧？（大笑聲）

前一年，希特勒在對比較少的一群人講話時，表現的是比較不帶情緒的冷嘲熱諷。他宣稱自己從未聽過有德國人在吃麵包的時候，擔心生產麵包的土地是否是以刀劍征服的。他還補充，「我們也吃加拿大的小麥，但不會想到印第安人，」——或許是因為他想到了卡爾．邁的《溫尼圖》，但也僅止於此。[232]納粹領袖是帶著這些態度面對「狂野東部」的。德國的政策碰到阻力時，只是加深了他們的成見。被當成印第安人的斯拉夫人與猶太人的行為，只是證明了他們確實與印第安人並無不同。希特勒在一九四二年八月說，「我們在這裡與游擊隊鬥爭，就像在北美洲的印第安戰爭中一樣。」三個星期之後他誇言游擊隊將被「吊死」：「這將成為一場真正的印第安戰爭。」[233]兩者間確實有相似處。在德國東部，正如在美國西部，征服者帶給原住民族的是財產被剝奪與種族滅絕，同時宣稱他們的使命是「開化」那片土地；接著再說他們的受害者充滿「憎恨」與「原始的殘暴」。儘管如此，兩者的過程差異很大：一個歷時漫長，一個集中於短短數年。結果也不相同。戈培爾也許拍攝了沃里尼亞德意志人重新安頓的影片，但他從未有機會拍攝「東部開拓史」的影片。*

一九四一年，希特勒在談論小麥種植時提到「印第安人」；到了次年，談論的脈絡已變成游擊隊活動，這個轉變反映了戰場上的情勢。一九四一年，圍捕游擊隊員嫌疑犯經常只是謀殺猶太人的掩飾說法；但是到了一九四二與四三年，武裝反抗勢力已經變得不容小覷。東方戰線上的攻守易勢是游擊隊活動增加的主要驅動力，一方面是因為心理效應，一方面也因為蘇聯提供給反德抵抗勢力的協助愈來愈多。一九四二到四三年的史達林格勒戰役以及紅軍隨後的反攻，在東方戰線展現成功效應，這與一九四四年諾曼第登陸成功在西方戰線對法國反抗勢力的效應一樣。德國的政策也製造了游擊隊員。圍捕猶太人以及肅清集中居住區的做法，讓少數得以脫逃的猶太人，尤其是年輕人，寧願到森林與沼澤中賭命。德國圍捕奴工供帝國役使的政策愈來愈粗暴，因而逃離的波蘭人、烏克蘭人與白俄羅斯人也加入了猶太人的行列。德國占領軍在一九四二到四三年間加緊執行政策，把聚集在城鎮聽音樂的群眾包圍起來運走，許多村落失去了所有適工年齡的人（還有很多不是適工年齡的人）。總計單在烏克蘭就有高達一百五十萬人被遣送到德國，即每四十人中有一人。這類遣送與游擊隊員人數的成長之間有直接相關。[234]德國墾殖者移入前粗暴驅離原居住者的做法，也創造了一群一無所有、已經沒什麼好怕的人。典型的例子是一九四二到四三年冬天，總督府札莫希齊（Zamość）區超過十萬波蘭人被粗暴地「去安置」

（desettlement）後，幾乎馬上發生了對德國墾殖者的報復攻擊。當地德國官員不滿地指出，重新安置政策把波蘭人口變成了「土匪」。[235] 這是親衛隊的墾殖計畫規畫者與漢斯．法朗克之間策略衝突的許多引爆點之一，因為法朗克的短期要務是要波蘭人順服於德國統治之下。

安全問題在德國東部占領區各地日益加劇。一九四三年出版的總督府貝德克爾旅遊指南警告，「現在在沒有人跡的漫長路段以及在夜間旅行時，最好攜帶武器。」[236] 對德國人生命財產逐漸升高的威脅，凸顯了德國征服者其實疲於奔命而且處境脆弱。對於那些處於遠離安全城鎮工作的鐵路、郵政與林務官員而言是如此；對於重新安置者更是如此，儘管希姆萊誇言波蘭人與其他人永遠不可能動他們一根寒毛。立陶宛德意志人布瑞考夫（Olrik Breckoff）與家人被「重新安置」在波森，五十年後他回憶他的叔叔在「不安寧的地區」總是帶著槍，而小孩被警告不可以繼續在當地森林裡玩耍，因為那裡現在不僅有鶴，還有游擊隊。[237] 持槍的農夫（Wehrbauer）在希姆萊馴服「狂野東部」的幻想中扮演不可或缺的角色。而一九四四年一整年，對「重新安置者」的宣傳訊息依然大力放送。[238] 但是墾殖者無法保衛自己，而德國軍隊與維安部隊也很快發現，他們連烏克蘭境內孤島般的德國墾殖區黑格瓦爾德（Hegewald）這樣的「安全點」都無法保護。從一九四三年起，隨著紅軍逐漸進逼，以及游擊隊活動日益增加，德國墾殖者往西方撤退，先是從烏克蘭與白俄羅斯，然後從加利西亞，最後從維斯杜拉河谷與新納入的地區撤退。[239]

森林與沼澤是逃離德國統治的人明顯的選擇，也是游擊隊自然的根據地。這些地方就像在希臘與南斯拉夫為反抗勢力提供庇護的山區一樣，是理想的掩蔽地形，游擊隊可以從這裡出擊，突襲德國士兵、

＊譯注：這是以美國一九六三年上映的電影《西部開拓史》（*How the West Was Won*）為典故所做的比較。

軍火庫與鐵路交通。到了一九四三年，沼澤與林地已經聚集了脫逃的猶太人、不願被遣送的年輕男性、擅離職守的前輔警、共產黨員、波蘭與烏克蘭民族主義者、罪犯，以及帶著武器與補給品跳傘抵達的蘇聯專家。普里佩特沼澤是反抗勢力的中心。布余根納已經知道未經排水的沼澤在戰略上「易守難攻」。[240]他想的是正統的軍事交戰，但是這一點在游擊戰中的效應更為明顯。波利西亞是另一個持續有游擊隊員湧入的地區，而這是德國的殘暴所導致的意外後果。歷史學者奇阿里（Bernhard Chiari）精采地還原了這一點如何在地方上逐步發生。在距離巴拉諾維奇（Baranovitchi）二十五英里（約四十公里）的北部沼澤內，有一座混居村落（他稱為Šmakoviči），在這裡，每一次圍捕猶太人的行動、每一次為帝國強徵奴工的企圖、每有一戶家庭陷入赤貧，以及每有一名輔警因為德國的要求而陷入兩難的處境時，都導致更多人遁入地下工作。軍事報復也帶來一樣的效果。以奇阿里的話來說，德國士兵與文官「打開了敵意的潘朵拉之盒」。[241]

一九四二到四三年的冬天，德意志國防軍與親衛隊騎兵在波利西亞發動多次「清理」行動，但結果不如所願。即使是所謂成功的行動也模稜兩可。由巴赫—策萊維斯基（Bach-Zelewski）的親衛隊騎兵於一九四三年發動的二月行動（Operation February），處死了超過七千名被控藏匿游擊隊員的人，以及近四千名逃亡的猶太人；但是有二千二百名游擊隊員死於雙方交戰的說法則讓人難以盡信，因為德方死傷人數與擄獲的武器數量都很少。無論如何，一九四三年春天，希姆萊被迫將一萬名德意志人撤出白俄羅斯，因為親衛隊、警察與軍隊都無法保障他們的安全。[242]那年冬天伊始，國防軍仍相信只要人數充足，就有可能包圍並擊潰游擊隊小組，但是在現場的軍官體認到游擊隊的機動性使這個目標不可能達成，搜捕行動的規模因而縮小。[243]那裡的地形本身對德國部隊造成了莫大的心理壓力。畢竟，如貝吉烏斯（Richard Bergius）在一切還充滿希望的一九四一年時所說的，這裡是「讓人畏懼的普里佩特沼澤」。[244]透過大規模部署荷蘭勞工以排乾沼澤的計畫在一九四二到四三年間被重新提出，這與當時的戰略局勢緊密相連。但是這些夢想無疾而終。[245]最後，進入這片水鄉澤國的德國人面對的正是數以百計小說、歷史著作與愛國宣傳所召喚的魅影——他們受到這裡原本的住民攻擊，而這些住民在攻擊後又退回沼澤與森林，遠離這個「優等」人種。這些曾經發生在條頓騎士身上的事，現在則在國防軍身上重演。對於普通的德國士兵來說，普里佩特沼澤是「神祕難測的荒野，讓他們充滿恐懼。」[246]

軍事情報單位在一九四三年六月估計，大約有四萬五千名游擊隊員在波利西亞活動；到了十月，他們把數字調整為七萬六千名。普里佩特沼澤內包含了東歐一些最大的游擊隊伍，包括裝備精良、編制相當於陸軍一個營的團體（約八百人），比如由烏克蘭共產黨員科瓦帕克（Sydir Kovpak）領導的游擊隊。多數隊伍比較小，由當地反抗者組成，其中大約四千名屬於由猶太或部分猶太人組成的游擊團體。[247]這些團體在普利摩．李維的小說《若非此時，那是何時？》（*If Not Now, When?*）中獲得了虛構的生命。[248]李維熟知普里佩特沼澤，他於《終戰》（*The Truce*）中描述，從奧許維茲集中營返鄉的漫長而迂迴的旅途上，他曾在那個區域度過兩個月。[249]這確然說明了他對這片土地的感受，以及沼澤植被與反抗勢力之間的關係——比如，冬天對游擊隊員而言最難熬，因為少了枝葉的掩護；點燃星火是危險的；而冰面也讓機動部隊較容易移動。在《若非此時，那是何時？》的開頭，時間是一九四三年七月，猶太游擊隊員李歐尼德（Leonid）與莫梅爾（Memel）一起走著，尋找諾沃瑟爾基（Novoselki），一座「沼澤共和國」：[250]

路徑愈來愈常被淺池阻斷，使他們不得不繞遠路，因而精疲力竭。水是清澈而停滯的，聞著是泥炭味，水面上飄著厚厚的圓葉子和肥腴的花朵，偶爾有一顆鳥蛋……他們在旅途中沒有看過像周圍這麼廣袤的天際。遼闊而憂傷，滿溢著藤叢濃烈而透著死亡氣息的味道。

這就是普里佩特沼澤，布余根納在一九三九年以無比的惡意形容過這裡和它的居民。短短四年後，仍未排乾的這片沼澤，成為生存與反抗之地。

Six

戰後兩德的地貌與環境

我們心中的花園：東部「失落的土地」

九十多歲、幾乎全盲的斯普瑞姆伯格（Daniel Spremberg）站在他家農舍外，將模糊的目光對準他鄙視的對象。如果他的曾孫剛好在一旁，他會徵借孩子年輕的眼睛：「小子，往那邊看，告訴我風車的翼板有沒有在轉！」如果回答是它們動也不動，老人會為此高興。上帝今天沒有送風來。也許——這是個渺茫的希望——當地的地主決定放棄新潮的耕作農業，回歸到畜養「有黃金腳的綿羊」。[1] 斯普瑞姆伯格是個牧羊人，一七七八年當他最初在瓦爾塔河谷的坡地上買下七百五十英畝（約三平方公里）地的時候，綿羊是根寧（Gennin）的主要產業；然而新世紀開始之後，他的女婿奧古斯特．昆克爾（August Wilhelm Künkel）已經為根寧的世界帶來翻天覆地的改變。土地成為耕犁的天下，而綿羊被發配邊疆。一八四〇年代，為了他們自己家和鄰居家磨製穀麥所建造的一座磨坊，成為令人難堪的最後一擊。[2]

在漢斯．昆克爾（Hans Künkel）於一九五〇年代撰寫並於身後出版的昆克爾家族史中，磨坊事件扮演重要角色。昆克爾在一八九六年出生於瓦爾塔河畔的蘭茲堡附近，打過第一次世界大戰後，餘生的大部分時間擔任老師。在他死前十年的一九四六年，獲授新教牧師聖職，同時持續他的志業，在沃爾芬比特爾（Wolfenbüttel）成立和經營一座孤兒學校。成年生涯寫作不輟，作品包括以命運及生命各階段為主題的通俗心理學著作、歷史小說，以及讚頌故土與家鄉的虛構文類故事。[3] 他所關注的這些事物匯聚於他的家族史當中。昆克爾的長篇敘事歷數家族世代變化，主題是「新時代」的來臨。[4] 那座磨坊，一條碎石子路，還有鐵路，以及火車上載著那群一臉無聊的乘客飛速穿越他們不再認得的鄉村——這些都是一個新時代的象徵。位在西邊奧得河對岸、銳意發展的首都柏林也是。隨著交通方式把世界變小，「沒有人可以在屬於十八世紀的綠色牧草地上過著與世隔絕的生活。」在他對一個逝去年代的哀歌中，昆克爾對於為追求利潤改變了人類與土地的關係發出譴責：「現在，」他說，意指十九世紀晚期，「土地是要被使用而不是提供服務的。」[5] 他的書中有三個人物站在這個美麗新世界的偏斜面，一位是活得比自己的時代還要長的盲眼大家長丹尼爾．斯普瑞姆伯格；其他兩位是昆克爾的祖父母，他們都是摩拉維亞弟兄會（Herrenhüter）的新教教派成員。但中心角色是土地本身。根寧的土地代表延續性、永恆與自然的韻律，它歷經政治變遷、戰爭與交錯往來的軍隊而依然存在。附近的科斯琴堡壘落入拿破崙手中，當地村落被法國士兵夷平後，土地依然存在；赫曼．昆克爾打完俾斯麥發動的戰爭後返鄉時，土地還在那兒；而作者從第一次世界大戰的戰場返鄉後，少了一隻手臂，土地也給他慰藉。漢斯．昆克爾的立場與家人一致，他們相信一個人應該「把自己活到土地裡」。[6] 以敬意對待土地就能獲得救贖。

關於這個被逐出天堂與失落純真的故事，並沒有什麼特別原創之處，在過去兩百年以來，這個故事現代版本的敘事弧線已經為人所熟悉。不過，這個故事不像一開始看起來那麼單純。昆克爾的敘事與本書在同樣的時間與地方展開——在十八世紀尚未被排乾的奧得河與瓦爾塔河沼澤那些潮溼的荒野之地。因為奧古斯特．昆克爾來自從前的奧得布魯赫漁村奧特—瑪德威茨（Alt-Mädewitz），但是後來背棄了他以捕魚為生的家族，他們還未適應腓特烈大帝的土地再造所創造的新世界。他在經過再造的瓦爾塔河谷地上方的坡地上安頓下來，這裡有屬於根寧莊園所有的草地。我們或許會預期他的曾孫漢斯．昆克爾對這些失落的世界帶有感情，而他也的確有——到某個程度。對於消失的蘆葦與藤本植物、魚類和野鳥，他在書中有帶著傷感而略顯傳統的描述，但那只是故事的一半。昆克爾對於在從前的沼澤中所創造出來的全新綠意，那些耕地與放牧地，也有正面描述。畢竟，這段家族記事的情感中心是根寧，不是曾經有野鴨與野豬棲息的溼地。對昆克爾而言，造成危害的不是十八世紀的土地再造，而是後來不顧一切的「物質主義」。一如許多以德國自然與德國家園為題的作者，尤其是二十世紀的保守作家，昆克爾讚揚的是一片「不變」的地貌，但是這片地貌其實絕非不變。[7] 書中動人的一刻讓讀者深切瞭解到這一點。在昆克爾從戰壕中負傷返鄉之後，根寧有一片草地成為昆克爾鍾愛的僻靜處，這片三角形的土地有許多野花與蝴蝶，樹影蔭涼，成為療癒的象徵。而這片形狀奇特的草原是怎麼形成的？是排乾瓦爾塔河沼澤時所挖的排水溝渠交錯的線條所形成的。[8] 這不由讓我們想起曾經站在橫跨運河的橋上想著人類應以自然為師的莫德索恩。[9]

昆克爾版本的失樂園帶著在本書中不斷看到的模稜兩可。讓它更顯模稜兩可的是德國東部土地在一九四五年以後的命運——那些「失落的土地」。昆克爾書寫家族歷史的時候，已經帶著九十一歲的母親逃到西部，而德國的瓦爾塔河（Warthe）也已經成為波蘭的瓦爾塔河（Warta）。昆克爾自己對一九四五年幾乎隻字未提：他在故事還沒寫到第二次世界大戰以前就過世了。是編輯告訴我們關於昆克爾出逃的母親，以及他在戰爭中失去兩個兒子的事情（但沒有提到他曾為一九三九年慶祝希特勒五十歲生日的專書寫文章）；這位編輯是來自哥廷根研究團體的法學教授，致力於保存德國東部家鄉的記憶，也是他在書的引言中明白提到「今日受波蘭管理」的德國故土。[10] 這種失落感瀰漫全書。昆克爾和他的母親在一九四四年末至一九四八年間離開了家園，那段期間，有一千兩百萬德國人在紅軍抵達以前逃離、或是從他們在東歐與東南歐的家園被驅逐，而昆克爾和他的母親只是其中之二。數十萬人在這過程中死亡（有些人估計的數字高達一百五十萬）。[11]多數難民與被驅逐的人最後落腳在德國的西部地區，占當地人口四分之一，而此地很快就被一分為二。這些「新公民」在年輕的聯邦共和國（即西德，正式全名為德意志聯邦共和國）中是不容小覷的存在。他們的同鄉會，也就是培養東普魯士、西利西亞與蘇臺德（Sudeten）德意志人集體身分認同的組織，是政治人物爭取的對象，尤其是阿登納（Konrad Adenauer）的基督教民主聯盟。他們透過政治遊說、年度聚會、展覽，以及各色刊物，伸張對「失落土地」的權力。此中有個無情的反諷：住在萊茵蘭或巴伐利亞的德國人，在此以前從未看過意象如此鮮明的德國東部。是因為難民教授、老師、神職人員、記者與熱愛故土的人們狂熱的努力，當位於奧得河與奈塞河以東的德國已經不再屬於德國以後，這片土地才真正為德國人所熟悉。[12]這是希特勒無意造就的弔詭結果。

難民作家追憶的德國東部是一片理想化的土地，凍結在時間中。他們筆下形象閃閃發亮的東部，有著紅磚的歌德式教堂與條頓騎士的堡壘，還有一片土地，以及聳立其上象徵德意志民族性的高塔。[13]但這是哪一種土地：自然的還是人為的？生的還是熟的？一如漢斯．昆克爾，多數難民作家呈現的是一種模稜兩可的組合。他們描繪湖泊與森林的自然美景、波羅的海沿岸的碎浪與沙丘、冬天的雪與春天馥郁的椴樹，還有東普魯士的野牛與麋鹿。同時他們總會強調德意志人馴服了土地，讓它變得豐美多產。費希特（Paul Fechter）嘗試描寫東部地貌的「魔力」時，將野性的德勞森湖（Drausensee，「鳥類天堂」）

與下維斯杜拉河「寬廣、青綠而平坦的荷蘭牧草地貌」並置比較。[14]格爾曼（Karlheinz Gehrmann）在一九五一年的文集《沒有德國人的德國家園》（*German Homeland without Germans*）中，對於東普魯士的書寫，表達比較直接。德意志人與土地之間的關係是「奇蹟」，因為「東普魯士成為經過開墾的土地，卻仍保持完全自然的狀態。在這裡，文明與自然並肩存在，彼此不會互相損害」。[15]換句話說，德國東部的維繫迷思依然存在，而延續薪火的難民作家仍然想要兩面討好：德意志人對自然有一種特殊情感，但是他們也有塑造土地的特殊才能。在這兩個主張中，後者並不比前者可信，但是在東歐伸張德意志的權利更為重要。這些戰後作家便這麼回收再利用了一個熟悉的故事，這故事自一九三〇年代（甚至自十九世紀）以來少有改變，講述德國人如何來到一片「荒野」，讓它開出花朵。連顏色編碼都是一樣的：「一致的灰色」由勤奮的德意志墾殖者變成「閃爍的色彩」與生氣盎然的綠色。[16]德國東部曾經是一座綠色花園，現在對於思鄉的難民來說，它是「我們心中的花園」。[17]

賦予這些情感最多感染力的，莫過於東普魯士詩人阿妮絲・米蓋爾（Agnes Miegel），沒有哪個例子更能說明這些情感有多受到政治影響。一八七九年生於柯尼斯堡的米蓋爾最初是以抒情詩的寫作闖出名號，她的詩、短篇故事與散文表達了對故鄉土地強大的情感，充盈著歷史感——那歷史屬於條頓騎士與德意志墾殖者，一如她自己家族祖先中的薩爾茲堡人。[18]米蓋爾自視為「綠色平原」之子，這是她作品中一再出現的母題。[19]她的自傳式散文〈高塔的問候〉是對「青翠」土地的頌歌，文中她充滿情感的描述了一次和家人在五旬節（即基督教的聖靈降臨日）漫步途中所見，有普雷格爾河沿岸的排水運河、穀倉與橋梁、一條磨坊水流，還有開滿花的蘋果樹。看著父母沐浴在夕陽的光芒中，她「奇異地感覺到自

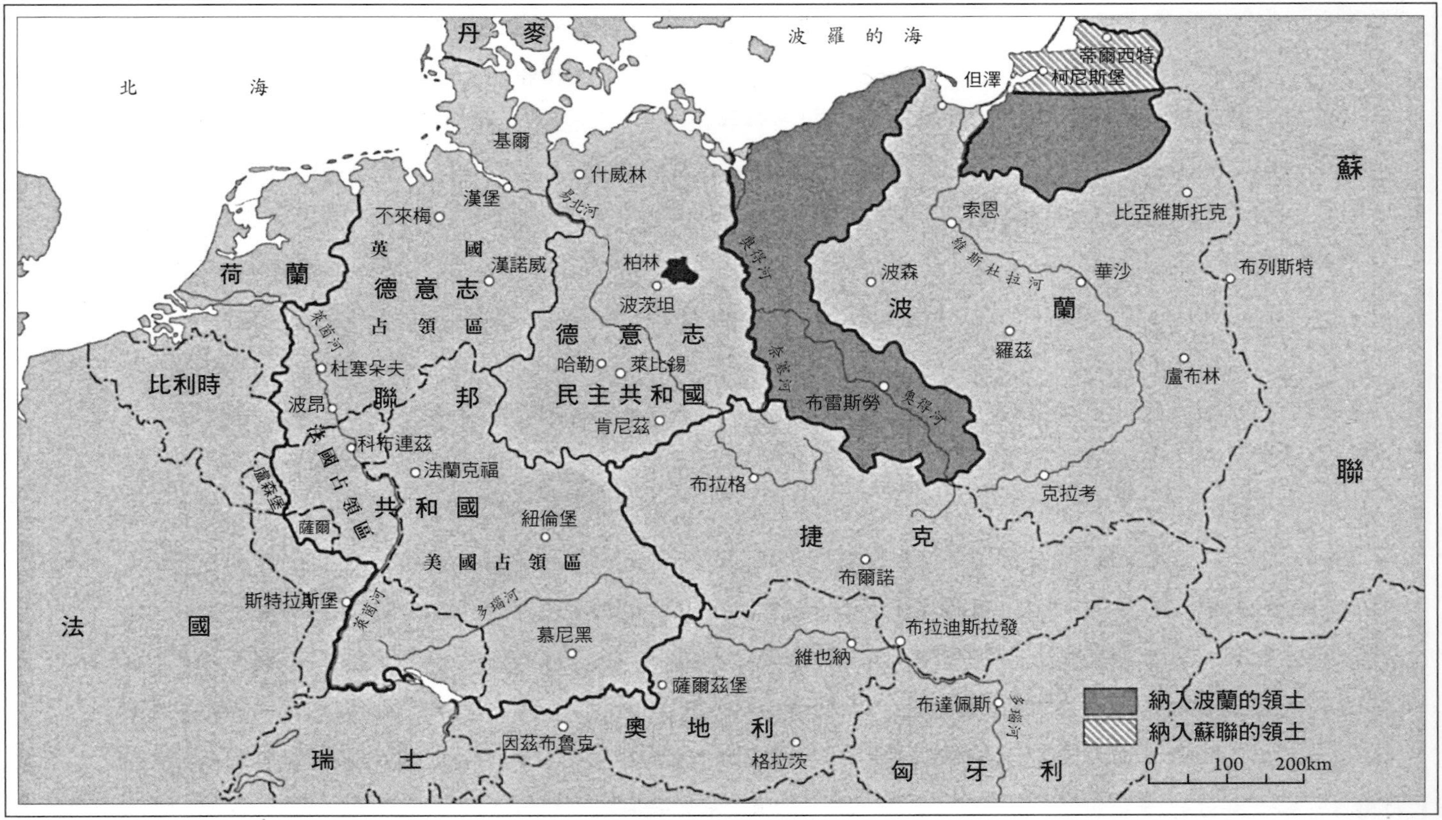

分裂的戰後德國與「失落的土地」

已與土地、太陽和五月氣味芬芳的綠色土地合為一體。」[20]米蓋爾在一九三六年寫下這篇文章時，已受邀加入納粹奪權後清除了猶太人的普魯士科學院，並在她位於東普魯士的家中招待希特勒青年團的來訪團體。她後來與漢斯．昆克爾一樣，也為希特勒五十歲生日的紀念文集寫文章，並成為納粹黨員，在德國兼併了波蘭領土後新成立的瓦爾特特區朗讀詩歌。米蓋爾或許如她的辯護者後來所堅稱，在政治上是無辜的，但是她的作品正落入一種文學傳統中，頌揚因為文化優越性而豐饒多產的德國東部土地。[21]她在一九四〇年戰時詩集《東方土地》中所寫的那些惡名昭彰的詩，與之前的詩並沒有那麼不同：[22]

風唱著永恆的
綠色東方土地之歌，唱著命運驅使的
神聖使命之歌：
要在無止盡的平原中成為一座堡壘與一道堤防

逃到西方後，米蓋爾成為「東普魯士媽媽」，是東普魯士同鄉會聚會中備受讚揚的貴賓。在〈緬懷〉與〈曾有一片土地〉等作品中，她追悼並頌揚屬於和平與多產的「綠色故土」。[23]那正是離鄉者組織刻意建立的理想化形象——彷彿在紅軍進軍西方以前一切都是和諧的田園風光，彷彿大量出逃的德國人是從天而降。

此中的訊息很清楚：德國人是受害者，一如他們所創造、曾經豐饒的土地。最常為難民出版品選錄

的〈曾有一片土地〉正是這種態度典型的表現：[24]

噢，風冷冷吹過空盪盪的土地
噢，風溫柔地吹拂灰燼覆蓋了的塵土與沙礫
傾頹的門上蕁麻深深
田野邊緣的薊草更深深。

土地在德國人被逐離後落入頹毀的意象在這類文學作品中很常見。保羅（Wolfgang Paul）的詩〈難民〉當中，一對年輕夫妻將農場的鑰匙留在甜菜園，逃到西方過著不快樂的生活；同時，「那片土地上長出叢林」。格爾曼描述，隨著乾草原往西擴張，河流為泥沙所淤積，堤防潰決，而低地氾濫，失落的土地亦逐漸回歸荒野。[25] 長久以來在德國人的意象中代表斯拉夫人失序的洪水，是作家喜用的比喻。「噢，你這淹沒的世界！」霍爾納（Herbert von Hoerner）如此慨嘆；「這一切像一個完全淹沒的世界」則是雷芬哈特（Joachim Reifenrath）〈荒廢的村落〉的開頭句。[26] 也許是同樣的精神反射，讓費希特和米蓋爾都寫了與「淹沒的」中世紀城鎮特魯索（Truso）有關的作品。[27]

經常有人說，來自東部的德國難民命運在聯邦共和國是個禁忌話題，但這並不符合他們的組織所享有的政治影響力以及來自公共資金的慷慨支持。西德有數百座紀念碑，光是以米蓋爾為名的道路與學校

東普魯士詩人阿妮絲・米蓋爾的紀念牌匾。
By Wikswat © wikemedia commons

就有數十座。[28]同鄉會總是急於控訴他們受到忽視，或是抱怨西方領袖的偽善，因為這些領袖口口聲聲提倡人權卻忽略德國被逐者的權利。然而，來自這些團體的人權語言帶著不僅只是一點點偽善的味道。這與德國長久以來根據種族或文化優越性所主張的東部權利並不相容，尤其當戰後作家仍持續描述天堂地貌遭到「亞洲」入侵者破壞時更是如此。被逐者組織的道德立場薄弱，是因為他們固執地只用閉著一隻眼睛的方式看待歷史。在他們建構的受害者論述中，「驅逐」、「恐怖」和「殘暴」是只有發生在德國人身上的事情。[29]一九七〇年代早期的社會變化與布蘭特（Willy Brandt）政府的東方政策，讓同鄉會在聯邦共和國成為比較邊緣的存在。但是，難民與被逐者組織自絕於外界而孤立在自己的環境中，改變非常緩慢。他們自我封閉的影響之一，是許多官方組織之外的作家對德國東部寫出了各種迥然不同的追憶。這些作家——包括重量級的葛拉斯（Günter Grass）、比內克（Horst Bienek）、哈定（Peter Harding）與藍茨（Siegfried Lenz）——亦銘記了他們所失落的。他們的作品事實上更具有道德重量，因為他們看到德國在東部的罪行，那些大規模逃離與驅逐的背後原因。他們描繪的東部地貌讓人更加信服，因為這些畫面不是那種只有德國人與自然互動、卻排除其他民族的永恆場景；而是能忠實反映複雜種族與語言現實的地貌。官方組織對這些作品予以忽略或發動攻擊。他們以這麼敏感的方式反應有充分原因，因為「其他」難民挑戰了他們凍結的記憶世界。這是文學的也是政治的論辯。在葛拉斯的小說中，戰前的但澤與其腹地擁有多元且彼此水乳交融的文化，這個世界沒有對「家園」的傷懷，是對被逐者代言人的駁斥，一如葛拉斯對他們有罪的指控，因為他們「傳達給老人的謊言與憤世嫉俗，讓他們在西方無法有家的感覺」。這片「碎裂的記憶地貌」在西德始終存在。[30]

世界在一九八九年十一月改變了，而此前不久出現了一本歷史照片與明信片集。叟訥（Heinz Csallner）的《在維斯杜拉河與瓦爾塔河之間》（*Between Vistula and Warthe*）是一個例子，說明有關德國東部的官方記憶如何在凍結了數十年之後開始融解，不過融解的並不平均，就像難民經常描寫的那些東部河流在春天時融冰的狀況一樣。在叟訥的書中，未經重建的世界觀與意欲坦率直言的姿態尷尬地共存。他在引言中談到「種族瘋狂」與猶太人和波蘭人受到的待遇，但是篇幅只有四行，而且立即在道德的天秤上獲得平衡（「德國人為此付出巨大犧牲，他們的故土和過去幾乎都消亡了」）。他對於「瓦爾特區」（Warthegau）一詞給波蘭人的負面聯想有所察覺，但他還是用了這個詞，理由是德國人在該地區有很長的歷史；然後他在書中唯一的地圖呈現了納粹時期的「帝國大區瓦爾特蘭德」（Reichsgau Wartheland）。[31]《在維斯杜拉河與瓦爾塔河之間》是對於德國文化成就低調但毫無疑問地讚揚——從腓特烈大帝再造的涅茨河與瓦爾塔河谷地，到繁榮的城鎮與興旺發展的村落如涅茨布魯赫（Netzebruch）的赫爾多夫（Helldorf，「在這張照片中可以看到何謂『家園』」），還有瓦爾塔河上的蒸汽船。蒸汽船與橋梁出現在許多照片中，象徵由德國科技改造的世界。其中一張是在萊斯勞（Leslau）跨越維斯杜拉河的橋，圖說中猜測，從河岸看去的景色「可能激起了很多新移民的熱情」。[32] 其他橋梁照片的圖說則告知讀者某座橋梁在何時為波蘭人所毀，但是沒有說明原因。

那是一九八九年。次年的兩德統一讓德國承認了奧得河—奈塞河線（Oder-Neisse line，德國與波蘭邊界），而蘇聯在隨後那年解體。造成被逐者組織興起的戰後世界改變了，因此這些組織也隨之改變。它們修改了成立章程中的用語，展開與昔日「家園」所在的國家的交流，尤其是與波蘭之間。出版品將被逐者的苦難放到歷史脈絡中看，紀念碑致意的對象不再只包括受害的德國人，也包括德國手下的受害者。（這一點在西德已經行之有年，毀於轟炸的德國城市的紀念物中，總不忘包括鹿特丹與科芬特里的照片。）維斯杜拉—瓦爾塔同鄉會稱之為「從對立到合作」的這種轉變，在一九九五年的大出逃五十週年紀念時已經顯而易見。[33] 這些組織曾經塑造或扭曲了難民與被逐者的集體記憶，現在這些組織往前走了，但是許多個人很難調適。一九九〇年代晚期，一名美國人為了有關普魯士的一本書進行研究時，與住在萊茵帕拉丁的一名前被逐者進行訪談。年近八十的男子坐在他現代化的小平房中，解釋了昔日家園對他的意義：[34]

> 把雙腳穩穩站在土地上，知道這土地是你的，知道受到悉心照料的美麗田野與林地之所以擁有那樣的風貌，全因為是你的家族塑造出來的——這就是我認為的家園……永遠、永遠準備好為它而死！這就是普魯士對我的意義。那片土地對我的家族而言是一塊海綿，它吸收了我們的汗與血，然後像沙漠中的綠洲綻放出來。

血祭的母題是納粹意識形態的遺跡；而德國人綠化荒野的觀念，則如我們已經看到的，有著更加源遠流長的譜系。

退休教師恩斯（Helmut Enss）在一九九八年出版了一本書，主題是他在下維斯杜拉河畔的故鄉瑪林奧村（Marienau），當時的他也已年近八十。[35] 這本書在德國通常屬於一種稱為「家鄉書」（一種地方誌）

的類型，是投注愛與心力的成果。與其說是歷史，不如說是敘事，是文件、歷史片段、地方傳說、各種清單、農場描述、個人回憶與照片的大雜燴。像這樣以德國城鎮與村落為主題的書多到數不清，寫的人往往是退休教師。這一本之所以特別，是因為瑪林奧村早在五十多年前就已經不屬於德國，而作者也從那時起就沒有再見過這個村子。寫作《瑪林奧》的最初動力來自還在世的村民在西德的同鄉聚會。這本有關失落家園的書是一本憂傷的書，也是一本經過正規出版作業的出版品，若說它寫於一九五〇年代不無可能。

瑪林奧是位在河流三角洲的村莊，保羅・費希特描述過它所屬的那片肥沃綠色土地，在那裡，富裕的農人——很像再造後的奧得布魯赫農人——是出了名地喜歡享受生命中的美好事物。[36]巧的是，費希特對瑪林奧也非常熟悉。一八九〇年代，還是年輕人的費希特生活在附近的艾丙（Elbing），經常造訪朋友，其中一位朋友有個叔伯和表親住在瑪林奧。夏天時他們在這裡漫步，欣賞排水運河之間肥美的牧草地與豐美的農田。冬天時他們搭火車，那時鐵路剛蓋到瑪林奧。為什麼要在冬天時去？瑪林奧有一間備受稱譽的鄉村旅舍，那裡提供豐足的食物與飲品，這是費希特可以打包票的——「最純粹的老東部」。[37]恩斯描述了這座村莊如何達到現在的繁榮景況，而他講述的故事聽來很熟悉：中世紀時孜孜不倦的築堤工作將維斯杜拉河下游變成「上帝的花園」；在波蘭領主治下這裡受到忽略並且洪水氾濫；荷蘭殖民者到來後，再度墾殖沼澤；一七七二年波蘭被瓜分後，西普魯士再度回歸井然有序的普魯士作風。[38]特賴奇克會認得這個敘事框架，畢竟，他透過自己的寫作對建立這個框架貢獻良多。特賴奇克也會認可恩斯把這個故事延續到十九世紀，並指出在俾斯麥的普魯士—德意志帝國治下，河流調節為三角洲村落帶來新的保障。對瑪林奧這樣的村落而言，威脅其存在的就是洪水。到了一九〇〇年，這個威脅終於被「驅除」了，或至少看來如此。[39]

之後，這個世界——這個德意志的世界——終結了。恩斯勾勒了這個世界消解的階段：《凡爾賽條約》讓三角洲的村莊成為但澤自由邦屬地，一九三九年波蘭戰役後短暫「回歸帝國」，接著是東方戰線上的戰況易勢，最後是大規模出逃。這些經過細心蒐集，有關分離的家庭、失去的摯愛、遺棄的家園與空洞無望的記述，讀來很難不讓人興起同情之感。苦難無可分割，它不會因他人先前承受過而稍減其真實。但是，難道不該多少也承認另一段歷史，以及那段歷史與一九四四至四五年間被撕裂的世界兩者之間的關聯嗎？恩斯的書中隻字未提德國的種族迫害。沒有集中營，沒有波蘭人或猶太人被謀殺，只有堅不讓步的波蘭逼使德國因為忍無可忍而發動戰爭，以及出於自我防禦而攻擊俄國的德國。在此例中，凍結的記憶並未消融。這本書的最後一頁引用了米蓋爾在戰後寫成的一首詩，[40]這些詩句特別適用於像瑪林奧這樣的三角洲村落，不過其中主要的隱喻對德國東部各地的人都已經是習慣成自然的觀念了：

> 我身處依然屬於德國的土地，
> 故土與我的族人都已不再，
> 曾經是他們在岌岌可危的堤防上守望。

堤防在戰爭尾聲時確實潰決了，但那是德國人自己造成的。一九四五年三月，德意志國防軍在撤退時破壞了維斯杜拉河沿岸的堤防，讓三角洲水淹四英尺（約一．二公尺）。一個多世紀以來，抵禦「斯拉夫洪水」的堤防或水壩一直象徵德國的種族優越性，但也象徵德國的焦慮。以恩斯的話說，現在的情況使得德國人必須以「洪水對抗洪水」。堤防的潰決在過去會是「詛咒」，現在則成為「恩賜」，因為它「阻擋了意圖殺戮與侵犯的遊牧民族」。[41]

「經濟奇蹟」與生態學的興起

一九四五年初，逃往西部的數百萬人當中，有一個人是女伯爵碼麗安．登霍夫（Marion Dönhoff），她騎著馬離開了家族位於東普魯士的莊園。登霍夫後來成為自由派的《時代》週報（*Die Zeit*）備受尊崇的出版人，而對於是什麼導致了一九四四至四五年間的災難，她沒有任何錯誤幻想。她和她周遭的人對於國家社會主義充滿鄙夷。在東普魯士，她與鄰近家族的蘭朵夫（Heini Lehndorff）是親近的朋友，他因為參與了刺殺希特勒的七月密謀而死。她描述西逃的文字精簡而內斂，其中回憶了當時場景：當地納粹官員一直到文官政府崩潰的那一刻，都還在阻礙撤離準備工作，而這些工作可能會拯救許許多多德國人的生命。對現實的體認也主導了登霍夫如何看待她追悼的故土，她於一九六二年出版書籍的序言中，描述自己如何獲得痛苦的結論——她別無選擇，只能接受失落的土地是真的失落了：[42]

我選擇肯定「是」所代表的痛苦犧牲，因為「不」代表的是報復與怨恨。我無法相信對家鄉最崇高的愛會以這些方式表達：持續陷在對占有它的人的恨意當中，以及詆毀那些支持和解的人。當我想起東普魯士的森林與湖泊，寬闊的草原與古老的林蔭大道，我確信它們依然無與倫比的美麗，一如那裡還是我家園的彼時。也許這才是最崇高的愛：愛，而不擁有。

地貌在這本書中扮演非常重要的角色，在她後來出版的回憶錄《東普魯士童年》（*A Childhood in East Prussia*）中也是如此。在逃離故土的記憶裡，土地一度以驚人而出其不意的方式現身。登霍夫回憶了一個時刻，在其中，「東普魯士地貌非常緩慢地、以慢動作的速度——彷彿這些畫面想要再一次留下印記——從我們身旁掠過，像是一部超現實電影的舞臺背景。」在艾丙和馬連堡（Marienburg）等歷史城鎮，在被照亮的天空與槍炮聲映襯下，數千難民就像一齣巨大戲劇演出中穿著戲服的臨時演員。[43]這種與一片帶著超現實特質的地貌突然道別的感覺，在其他有關逃離的記述中也可以看到。[44]徹底敗降的混亂在一九四五年創造了許多超現實的景象，這些畫面嘲諷或反轉了「主宰」自然世界的任何想法。曾經屬於納粹「力量來自歡樂」組織的遊憩用蒸汽船，不過幾年前才載運德意志裔乘客凱旋「回到帝國」，現在則被迫加入服務，從波羅的海的港口載運難民到安全之地。許多船最後葬身海底，比如威廉．古斯特洛夫號（Wilhelm Gustloff）被擊沉時造成九千條人命損失——比鐵達尼號的死亡人數多了六倍。[45]到了一九四五年五月，德國各地的港口與碼頭設施都已毀壞。短短九十年前才在雅德灣畔從泥巴中建起的威廉港遭炸彈夷平，毀於轟炸的不僅是港口與造船廠，還有學校、醫院、教堂、市政廳和圖書館。近三萬七千戶住宅毀損，五百名平民喪生。[46]在德國各地毀於轟炸的城鎮裡，供水系統崩潰，婦女站在緊急

霍亨索倫橋於一九四五年被炸毀彎曲。萊茵河畔，科隆。
By U.S. Department of Defense. Department of the Army. © Wikimedia commons

供水豎管旁等著打水到水桶裡；但是水出現在不受歡迎的地方，比如炸彈坑裡，還淹入無家可歸的人臨時改造為住所的地窖裡。[47]

「只有河流是完整的，」勒卡雷（John le Carré）小說中的一名人物回憶起那些年的時候說到。[48]但那也不是真的。德國的主要幹道河流在一九四五年就被阻斷了。河流裡仍舊塞滿了沉船的殘骸，以及後撤的德意志國防軍炸毀的橋梁，而後者創造了一個讓人難忘的天翻地覆的世界影像——最著名的或許是位於科隆、彎曲變形的霍亨索倫大橋。橋梁「屈膝跌入了水中」，瑞士劇作家弗里施（Max Frisch）在他的日記中寫道。[49]

由殘垣斷瓦與粉碎的基礎建設構成的地貌，在目睹者的腦海中揮之不去。無助地暴露在自然力中的記憶，不僅驅動了戰後重建，也有助於解釋為什麼滿足物質需求受到如此重視，不管這會讓自然世界付出多少代價。但是戰敗與破壞的悲慘也將人往相反的方向拉扯，他們尋求慰藉，而能夠找到慰藉的一個地方是大自然——這是將地方家園理想化了的自然世界。德國城市化為瓦礫堆後，「我們的存在所不可或缺的基礎，只剩下自然與地貌」。[50]這句傷感的話顯示，將自我認同與地貌和「療癒的大地」相聯還有另一個心理上的功用：它讓德國人得以自視為受害者。[51]至少在即將成為西德的地方是如此，而這一點在德國東部是否也為真，則比較難說。那裡的新政權極力壓制民眾普遍對家園或自然的牽繫，因為在一個中央集權且自覺反法西斯的現代國家，家園或自然這兩者都是國家所深惡痛絕的。僅有的證據顯示，這些情感還是持續存在，只是隱入地下。[52]這些情感在西德絕對沒有被埋葬起來。在西德，對一九四五年敗降的兩種反應——一方面渴望物質安全，另一方面將自然理想化——在戰後年間始終像對位音樂中的兩個聲部一樣彼此交織。數百萬來自昔日德國東部「失落土地」的難民身上，最能看到這些互相衝突的情感。

難民多數遷居至德國的西部地區，也就是未來的聯邦共和國，並且在一九五〇年代和六〇年代扮演了非常重要的角色，這是一段被冠以「經濟奇蹟」之名的繁榮時期。德國現代歷史中從沒有這麼高的經濟成長率，德國的河流與溼地也從未經歷這麼巨大或快速的轉變。持續了兩個世紀的過程，在重建的壓力與追求繁榮的驅力下，短時間內加速發生。在這個轉變中，難民是讓原始泥沼最終消失的主要原因。過去，這些地方曾經在「內部殖民」的旗幟下經過再造，做為社會問題的解方；後來，它們被期待成為

「沒有空間的民族」的救贖之道；現在，兼具著過去這些時期特點的人口移動，泥沼墾殖被設定為紓解難民與被逐者湧入的安全閥——然而當地人往往非常不歡迎這些被疏散到下薩克森與巴伐利亞等西德鄉村地區的人口。在後來成為下薩克森一部分的奧登堡，難民與被逐者的人數達二十五萬，逼近人口的三分之一。[53] 德國西北部尚存的高沼也落入耕犁下，好為西利西亞與波美拉尼亞的德國人提供新的家園。最早的六個聚落在一九五〇年已經建立完成，其後還有許多在埃姆斯蘭計畫（Emsland Plan）下建成。隨著阿申多爾夫沼（Aschendorfmoor）、維蘇威爾沼（Wesuwermoor）、蘇斯特魯莫爾沼（Sustrumermoor）、黑瑟珀爾沼（Hesepermoor）、瓦爾休姆（Walchum）與其他地方逐漸成形，不僅填補了早期聚落留下的空白，下薩克森未經開發的泥沼面積也縮小到只剩下三小片孤立的遺跡。[54]

泥沼在戰後立即面臨的命運是一種時代的反映。泥沼是迫切需求的土地來源，在食物與燃料供給恢復穩定以前，泥沼更是這兩者的來源。昔日泥沼地區在戰後較長期間的歷史雖然不同，不過同樣反映出新時代。在持續生產泥炭的地方，生產方式愈來愈機械化，而出售的產品是做為園圃用的泥炭墊料或絕緣材料，不再是燃料。在其他地方，耕犁翻起了泥沼表面下方的砂，創造出仰賴人工肥料的耕地。[55] 這是聯邦共和國境內農業生產故事的縮影，即使在上萊茵河平原這樣本來就豐饒的地區也一樣：在可以善用機械化的較大農地上以機械耕作，全面改變既有的排水系統，更密集耕作、更多灌溉、更多化學肥料與殺蟲劑。好消息是，縮水的農業部門支持了成長中的都會人口；壞消息是，愈來愈多河流被改造成水泥涵洞，還有——比較不明顯但更危險的——愈來愈多硝酸鹽肥料隨逕流流入水道並滲入地下水。這是聯邦共和國為了貨架滿滿的超級市場所付出的長遠代價，也是經濟部長艾哈德（Ludwig Erhard）

一九五七年競選期間成功喊出的「為所有人謀福祉」口號的另一面。[56]

人工肥料只是讓西德水道日益汙染的來源之一，金屬沉渣是工業蓬勃發展的副產品，有毒化學物也是。有些運河裡的化學泡沫高達十二英尺（約三．七公尺），石油溢漏到河川與沿岸水域裡，家庭廢水讓氨與磷酸鹽進入水道，連小的河川都受到影響。摩爾道河（Moldau）發源自奧登林山，最後流入上萊茵河。針對這條河流的長期研究顯示，它所承受的農業、家庭與工業汙染，在一九六〇年代末，已經破壞了河流的自淨能力。同樣的故事在各地上演。巴伐利亞河流中不再發生魚類暴斃是因為已經沒有魚了。[57]同樣的問題最後也發生在必須將這些有毒物質攜帶入海的主要河流上。早在一九五〇年代，萊茵河的鮭魚漁獲量就已經減少到每年幾千條（第一次世界大戰前仍有十六萬條），少數僅存的魚也無法安全食用。到了一九七〇年代初期，在丙根以下流貫峽谷的浪漫萊茵河段已經達到前所未有的骯髒與汙染程度，不過還不像最後穿越下萊茵平原流入荷蘭的河水那樣充滿了有毒廢水。多年來，人們一直得意地認為萊茵河可以稀釋農業逕流與工業廢水，這些廢水持續由沿岸設施產生，或從內卡河、美因河與魯爾河等支流沖刷而來。這個愚昧的期望已經無法繼續。萊茵河許多綿長的河段都已接近生物死亡狀態。[58]

石油輸出國組織（OPEC）暫停出口所造成的第一次石油危機在一九七三至七四年間重擊西德，在此之前，這個聯邦共和國已經歷了二十五年的高速成長，這讓水資源的運用到了極限。自十九世紀起就開始把德國河流變成有機機器的工程措施依然繼續，而且速度加快了。這意謂著進一步的河床調節，亦即在已經有水力電廠的河流上加蓋新的，並在之前未受調節（但稱不上純淨）的河川引入水電廠。其中一條是莫瑟爾河，這條河流在一九五六至六四年間依據法國、盧森堡與西德之間的協約進行渠化。新的河流包含十三道新的船閘與水壩，讓一千五百噸的船隻可以全年通行，並且透過德國河段沿線的十一座水電廠產生電力。這些工程造價七億七千萬德國馬克，尚且並未計入把莫瑟爾河塞進一個「科技的約束衣」（海因里希・孟克語）內無可計量的代價，亦未計算對當地植物相與動物相的負面衝擊。[59]莫瑟爾河的再造是德國水資源承受兩種壓力的例子，其中之一是航運的必然性，因為內陸船運在一九八〇年代已占西德境內四分之一的運輸量。[60]進一步調節河流的動力在構成較大西歐網絡的水道上特別明顯而強烈。（當時與現在，要觀察到這一點最簡單的方式是坐在萊茵河畔，注意看有多少船隻掛著荷蘭或瑞士的國旗。）第二個根本的問題是能源使用量的成長比人口增長的速度快，這是受到工業需求以及仰賴洗衣機、乾衣機和洗碗機等家電的家庭用電所驅動。回應方式之一是增加來自巴伐利亞阿爾卑斯山、黑森林以及平原河流的水電供給，雖然「白煤」已不再被視為早年讓熱衷者為之狂熱、幾近魔法的科技解決方式。[61]這個重任由核能接下，而一九五〇年代的保守人士對核能讚美有加（現在回看相當反諷），把核能描繪成不會破壞山谷自然美景的替代選擇。[62]

這不是說水壩的建設就停止了。事實上，水壩興築以前所未有的速度繼續。一九〇〇前後年間也許是德國築壩的古典時代，但若純粹以數量來看，真正的黃金年代是一九五〇年之後的三十年。多數新水壩不是提供電力就是提供飲用水，而這些水壩中有些是德國有史以來最大的，例如列希河（Lech）巴伐利亞河段的羅斯豪普騰水壩（Rosshaupten Dam，一九五四），以及迫使二千五百人遷居的紹爾蘭德畢格河谷水壩（Bigge Valley Dam，一九六五）。[63]即使如此，水庫也只供應了西德八分之一的飲用水。為了供應饑渴的集合都市，必須利用其他水源。對於萊茵—美因地區的三百五十萬居民而言，這表示他們必須從地下水儲量大的高地地區如赫森里德（Hessian Ried）、施佩薩爾特（Spessart）與福格爾斯山（Vogelsberg）抽水來用——由於水位大幅下降，導致一九七〇年代在赫森里德發生地層下陷，這是大量抽水與一連串乾旱的夏季所引發。某些地方的地層沉降多達十二英尺（約三．七公尺），對農業、森林與建築物造成了至少一千四百萬馬克的損失。該怎麼辦？A計畫是在陶努斯山脈蓋一座新的水庫，但是被抗議者擋下。B計畫是從赫森里德抽取地下水，但導致地層下陷。同樣備受爭議的C計畫是要投資約三億馬克，在萊茵河畔的比伯斯罕（Biebesheim）建一座淨水廠。淨化後的水會輸往山上，再流回土裡以維持赫森里德的地下水量，這樣一來，乾旱時就可以從那裡汲取更多地下水，讓施佩薩爾特與福格爾斯山得以「逃過一劫」。64

這些層出不窮的事件指往兩個方向。一方面往後指，指向水利工程充滿意外後果的漫長歷史，從奧得河到萊茵河，這本書充滿這類例子。防洪措施帶來新的水災風險，包括「整治後」的河流出乎意料地沖刷河床，水壩出現預期外的副作用，地下水位以災難性的幅度下降——這些全都在搬磚砸腳的水利工程清單中有一席之地。另一方面，困擾萊茵—美因地區的一連串供水問題也往前指向一個新的東西：嚴重的反對力量。水文工程師的每一個提案，不論是陶努斯山脈中的水庫，山丘上的抽水站，或萊茵河畔的淨水廠，都引來了批評與建議替代方案（包括節水，以及將飲用水供給與其他用途的水分離開來）。這絕不是孤立的例子，這個爭議的時間點也絕非巧合。當時是一九七〇年代，在這個戰後最受抨擊的十年間，德國人——或至少是西德人——對待水的方式開始改變了。

這樣的關注本身沒有什麼新意。水汙染從戰後初期就開始引發爭議，每當戲劇化的照片捕捉到魚類大量死亡的重大事件時更是如此。「保護德國水源同盟」於一九五一年成立；而早在《世界報》週報（*Die Welt*）宣告萊茵河是「德國最大的汙水溝」以前，就有人針對正在發生的事情提出警告。[65] 河流調節和新的水力計畫招致反對，巴伐利亞的自然保育者與權大勢大的能源集團 BAWAG 上演長期對抗。不屈不撓的克勞斯（Otto Kraus）帶領當地保育人士以近二十年的努力後，驕傲地宣稱他們光是在巴伐利亞就迫使十幾項計畫被放棄，不過——這是在各地一再出現的模式——往往能達成的就只是延緩原本提案或縮小其規模。莫瑟爾河的渠化招來了保育、漁業與觀光團體的反對（擔心產生競爭對手的鐵路公司也加入行列），共同爭取到一些小幅度的讓步。[66] 比起死魚或呈幾何線條的河流，溼地再造與過度抽取地下水的問題不那麼顯而易見，但是它們對地下水位的影響並未因此就無人評論或報導。沙漠化的威脅是由來已久的主題，也依然存在。安東．梅特涅（Anton Metternich）提醒：「沙漠形成威脅」；霍恩斯曼（Erich Hornsmann）則警告，生命最基本的要素正成為「供應短缺的商品」。[67]

一九五〇年代在西德是父權而保守的十年，但牽涉到自然世界時，一點都不滿於現狀。事實上，批評者會感到擔憂正是因為他們的保守思想。他們不喜歡「主宰」自然，正如他們不喜歡共產主義和美國搖滾樂一樣。他們對於自然地貌的焦慮剛好符合更廣泛的關注目標：捍衛家庭，捍衛德國家園，捍衛「基督教西方」以對抗鄙俗的物質主義和蘇聯「極權主義」。對經濟奇蹟黑暗面的反對意見往往被包裝成保守主義對科技之傲慢的批判（梅特涅稱之為「狂熱的自大」）。[68] 德國地貌的理想化形象依然是一種如同中心點般的參照模範，這不讓人意外。在一九五五至六五年間，一些穩定增加會員數的自然保育協會所慣用的主張是：地貌受到掠奪顯示出一個過度「機械化」與「美國化」的「大眾」社會。一九五〇年代，大量書籍用末世的宗教語言傳達這個訊息：包括霍恩斯曼的《除此只能崩毀：自然對濫用她法則的回應》（*Otherwise Collapse: The Answer of Nature to the Abuse of Her Laws*，一九五一），波姆（Anton Böhm）的《惡魔紀元》（*The Devil's Epoch*，一九五五），施瓦布（Günther Schwab）的《與魔共舞》（*The Dance of the Devil*，一九五八）。[69] 這類批判的文化保守主義傾向標示從一九四五年以前延續下來的思想脈絡。有些悲劇預言者與往來的政治人物之間引發令人質疑的關係（施瓦布在一九六〇年代與新納粹政黨NPD交往密切），而不容否認的是確實存在的「酪梨症候群」：外表是綠的，但核心是「棕色的」，即納粹的。[70]

活躍於第三帝國的保育人士中，有非常多的人在戰後直接恢復活動，從未自我反省或表達任何遺憾。如果他們對任何事情公開表達遺憾，那也只是遺憾戰前什麼事情都比較好，因為在那時，像他們這樣抱著善意的有識之士享有更大的影響力（他們這樣認為），不用參與使人不耐的政治辯論就得以從事保護自然的工作。他們的著述與演說散發出幾乎不加掩飾的威權主義傾向，有不少例子顯示直接從一九三〇年代沿襲而來的觀點。國家公園協會主席得意地說，國家公園扮演重要的「民族－生物」角色，因為祖國的土壤是種族的生命力所不可或缺。這些男子（幾乎總是男子）多數都懷念一九三五年的帝國自然保育法，認為那是「非政治」（apolitical）立法的典範作品。這些不可救藥的人當中也有我們的老朋友賽佛爾特，他在去納粹化的過程之後重新浮出檯面，重拾規劃地貌與倡導保育的專業生涯，帶頭批評莫瑟爾河的渠化（這是他投身的許多工作之一），也寫了一九六二年出版的自傳，取的書名是一派祥和、自我感覺良好的《奉獻給地貌的一生》（*A Life for the Landscape*）。此前一年，賽佛爾特才與其他重要人士聚集在康斯坦士湖，發布了邁瑙綠色憲章（Green Charta of Mainau），這是戰後西德環境思想的劃時代文件——至少現在回顧起來似乎如此。[71]

許多保育人士的政治背景可議，但這並不使他們說的一切都不成立，也不該讓我們忽略一個事實，即他們的主張往往帶有強烈而立論扎實的生態成分。塵暴區的威脅並不因為是賽佛爾特提出警告而稍減其真實。[72]而賽佛爾特、克洛斯、克勞斯與其他尚存的第三帝國保育運動者，也不是一九五〇年代和六〇年代唯一針對環境發出警訊的西德人。直接受影響的經濟利益方如漁業和觀光業發出聲音，許多科學家也沒有保持沉默，包括地質學者、植物學者和動物學者。在西德剛建立之初，以自然為德意志家園而加以捍衛者眾多，那些年間，科學家在保育運動的「生態化」中扮演了重要角色。這些科學家包括提尼曼，這位水文生物學者以他倡議了五十年的生態角度書寫，力促每一條河流都應做為「單一的整體，自然的分支」以及一個「微宇宙」被對待，每一條河流都是一個具體而微的世界，與周遭地貌因為固有的相互影響而密不可分。[73]政治領袖也起而行動。一九五二年，跨黨派工作小組成立，成員是呼籲對水等自然資源更審慎管理的地方與全國性政治人物。受到關注的主題很多元，這可以從邁瑙憲章的簽署者看出來，而這份文件也是德國早期使用「自然環境」這個用語的例子——「環境」（Umwelt）一詞要到一九六〇年代才獲得穩固的基礎。

奇怪的是，現在回顧起來，這麼多大聲疾呼的努力所造成的大眾與政治影響卻微乎其微。畢竟，霍恩斯曼與施瓦布都寫了暢銷作品，預示了瑞秋．卡森《寂靜的春天》（*Silent Spring*，一九六二）以德文譯本出版時所獲得的成功。另一方面，媒體樂於刊登生態浩劫戲劇化而吸引目光的例子，還有什麼比萊茵河中死亡或瀕臨死亡的鮭魚更戲劇化？如環境歷史學者安德生（Arne Andersen）所主張，因為自然保育者不盡光彩的過去致使其言論力量被削弱的這種說法，似乎不太可信。[74]這些言論與理念不僅與保守主義的其他關注議題相當契合，它也來自各種政治立場中庸的其他人士。因此，關於為什麼缺乏影響力，可能的解釋顯得平凡無奇：憂心環境的人社會基礎太有限，反對這一個或另一個計畫所動員的公眾意見太局限於地方，而且短暫即逝。同時，媒體關注始終零星斷續，雖然也有極為翔實與嚴肅的報導（比如一九五九年《明鏡》週刊〔*Der Spiegel*〕中有關水資源的一篇長文）。[75]警告的聲音太違反當時仍為主流的信念，即經濟成長可以肆意持續下去而不必付出長遠代價。

當改變發生時，來得很快。一九七〇年九月，只有百分之四十的西德民眾表示自己熟悉「環境保護」一詞；到了一九七一年十一月，這個數字已經上升到百分之九十。[76]這就像水突然變成冰或蒸汽，不只發生在自然世界，有時也會發生在人類世界的瞬間變化。在此處的例子中，觸發改變的是高階政治。我們甚至可以指出確切日期：一九六九年十一月七日。那年秋天，由社會民主黨與自由民主黨組成的新執政聯盟掌權後，衛生部的一個部門轉到由根舍（Hans-Dietrich Genscher）領導的內政部底下。這個部門有個冗長的名字：水保護、乾淨空氣保存與噪音防制部門（Department of Water Protection, Clean Air Preservation and Noise Prevention）。十一月七日的一次會議中，一名公務員建議把部門重新命名為環境保護部門，根舍同意了。[77]一九六九年十一月這個象徵性的改變只是外在跡象，還有更實質的議題牽涉其中。不可諱言，其中一個是政黨的政治優勢。自由派的自由民主黨是執政聯盟中的小黨，他們看到一個可以由他們主導的追求；而大黨社會民主黨受到吸引則是因為這個議題不分社會階級都能引起共鳴。不過，並非一切都是政治計算。根舍對環境議題嚴肅看待，擔任總理的社會民主黨領袖威利．布蘭特（有

「環境威利」之稱）也如此，早在他於一九六九年任總理並承諾通過新的環境法之前，他就在一九六一年對抗空氣汙染的行動中扮演要角，要求「魯爾河上藍天重現」。[78] 銳意改革的社會—自由派執政聯盟找來準備投入創新政治方案的官員、科學家與各種單一議題組織，並且在一九七〇年代初期提出。新的法律讓環境保護的能見度大為提升，聯邦環境辦公室於一九七四年成立後，研究工作獲得大量資源挹注，同時啟動的全球計畫強化了大眾對新方向的認知。歐盟高峰會指定一九七〇年為自然保育年；同年，美國首度慶祝地球日；而聯合國在斯德哥爾摩召開會議，為一九七二年的世界環境年做準備。羅馬俱樂部（Club of Rome）在一九七二年針對「成長的極限」（The Limits to Growth）提出警告，這份報告也迅速被翻譯為德文。這個議題獲得動能。波昂的環境政治現在吸引媒體持續報導，也為之前雖活躍但發散的環保支持者提供了一個聚焦點。[79]

環境保護主義成為西德政治辯論的必備議題，不論是在國會裡、媒體上或街頭上。公民發動了一波行動，抗議汙染，抗議吞噬土地的高科技廠，以及——最重要的——抗議在萊茵河流域布雷斯高區（Breisgau）的威爾（Wyhl）以及下易北河的布洛克道夫（Brokdorf）建造原子能反應器的提案。昔日的學生運動成員與議會體制外的左派勢力擁抱了這個目標，雖然他們在一九六〇年代對這個議題毫不關注（畢竟，曾對自己的孩子說「用功讀書才能讓你掌握得以主宰自然的技術」的，不是別人，正是切．格瓦拉[80]）。一九七〇年代末，創立綠黨的一群人混雜了環保人士、馬克思主義者團體、女性主義者、無政府主義者、都市公社成員與反對消費主義並奉行簡單生活的人。一九七〇年代是自然保育變身為生態意識並且在政治光譜上快速從右派轉移為左派立場的十年。一連串議題讓環境保護熱度不退：核能、酸雨、全球暖化等長期威脅，以及引人注目的重大事件，例如一九八六年秋天巴塞爾附近的山德士（Sandoz）公司發生化學品外洩，造成有毒物質流入萊茵河，當時距離車諾比核災只過了短短六個月。布蘭特政府採行新政策方向之後的二十年間，出現了探討不同環保主題的大量書籍、手冊與虛構作品。西德許多知名的批判性知識分子都捲入了環保議題。阿莫瑞（Carl Amery）以「自然即政治」（Nature as Politics）為題寫作；恩岑斯貝格爾（Hans-Magnus Enzensberger）奉行「生態社會主義」（eco-socialism）；藝術家博伊斯（Joseph Beuys）在他的烏托邦想望中添加了生態意味；瓦爾拉夫（Günter Wallraff）則從揭發小報《圖片報》（*Bild-Zeitung*）真相的報導轉而書寫環境宣言，譴責人類對自然的「主宰」，他也加入萊茵蘭同鄉伯爾（Heinrich Böll）的行列，呼籲成立「綠色人民陣線」。[81] 知識階層的綠化，是在感性變化中能見度最高的面向，而這種變化在年輕人——心態年輕的人——之中尤為突出。其他許多地方也都能看到這種新的感性，包括小出版社的環保短論；大眾抒情歌手的歌曲；非主流雜誌如《鋪路石下的海灘》（*pflasterstrand*）所記錄的都市「圈子」的信息、學生酒館裡的談話，以及都市共居團體的日常。自然與生態成為承載強烈情感意義的標語，其他關注——戰爭的威脅、企業勢力、女性權利——都環繞這兩個字眼而具體成形，程度之甚，可能是在任何其他大型已開發國家都看不到的。

大眾環保行動在狀況開始好轉之後仍持續成長。聯邦法律和規範、土地利用的規畫程序、環境影響評估，以及在法院內挑戰大型計畫的新機會——這一切總和起來，改變了保護環境的未來展望。這一切展現在德國水資源上的效應驚人。汙染大幅減少，原因是更進步的淨水廠，更嚴格的汙水管制，以及直接禁用如磷酸鹽清潔劑等汙染物。儘管持續有農業產生的硝酸鹽逕流，以及山德士事件等短期挫敗，西德的河川與一九七〇年代相比乾淨了許多。河流含氧量增加，昆蟲、軟體動物和魚類回來了。西德成功把水流（與空氣）變乾淨，與其他富裕西方國家在同期的成果類似。[82] 煤礦與鋼鐵產業的衰落讓這些改變變得比較容易，否則應該會更困難。或許更讓人佩服的是，西德在放棄核能的同時，透過更有效利用既有能源以及投資於替代能源，縮小了水力發電計畫的規模。替代能源有一個規模不大的例子（產能可供大約五十戶家庭一年所需），是位於卡爾斯魯厄萊茵河畔的一座風力發電機，不遠處就是在十九世紀改造萊茵河的男子，圖拉的紀念石碑。[83] 一九七〇年代後建造的水壩數量比以前少很多，它們與其他在環保上有問題的提案面臨同樣的反對勢力，這些提案包括新的跑道與高速公路擴建計畫，以及原子能廠。既有水壩的環境經過刻意努力「綠化」；飲用水庫的管理同時顧及生態目標；而在發生優養化的地方，浮游生物與魚類族群的「生物操控」成為反轉優養化的手段。[84]

這是某種形式的「回復自然」（renaturing）。是實際可行的目標嗎？面對經過重度調節的河流時，這個問題顯得非常尖銳。把時間倒轉的概念有許多潛在好處：美學的（移除水泥涵洞與渠化的外觀），生態的（重建生態位讓流失的物種回歸），和實際的（恢復溼地區做為滯洪池）。[85] 也不該忘了經濟面向。就像保存熱帶雨林棲地的原因之一是人類透過「生物探勘」* 以期未來能獲得回報，提倡恢復河流生態的德國人也強調河流退化的經濟代價。特提澤（Thomas Tittizer）與克雷布斯（Falk Krebs）提出一九八五年的一項計算，指出萊茵河如果淨化，有能力創造比當前高六十倍的經濟收益。[86] 自一九七〇年代晚期以來，每一條德國大川上幾乎都有過依循這類思考所進行的河川復原，有些較小河川已經過全面「回復

*譯注：生物探勘（bio-prospecting）指以生物資源為基礎所進行的新產品開發與商業化過程。

自然」。但是，要消除水道調節的效應，遠比移除汙染物困難，結果也較為模稜兩可。美學與生態目標往往互相衝突，而多數生態學者也不認為「人造曲流」就是答案。最好是保存而不是「修復」，保護能保護的，然後等待；而不是投入方向錯誤的努力，企圖「製造自然」。[87]要在萊茵河這樣的水道恢復溼地氾濫平原的提案帶來獨特的問題，因為這些溼地要重新連結的主要河流雖然比三十年前潔淨，流速卻遠比溼地最初被截斷水流時要快。這樣一來，在河流昔日的河曲帶所形成的新的群落生境（biotope）能生存下來嗎？[88]不過，對每一條主要河流的多數河段而言，最大的問題是能提供運用的空間有限，因為除了被緊束的河流本身，其氾濫平原被人類聚落、農業與工業占據的部分已經太多。為萊茵河與其支流進行的「鮭魚2000」行動說明了這些限制。透過持續努力保存與恢復繁殖地，在水電水壩等障礙物周圍建造有效的魚梯，並且重新在河川裡放入魚卵——這些行動雖然成功讓鮭魚回到萊茵河流域，但尚未建立可自行繁衍的族群。[89]

專家——不只是生態學者，還有工程師——在辯論相關議題時所談的是「回復自然」與復原溼地棲地，這本身就是情況已大為改觀的明顯例子。再也沒有人捍衛以水溝和排水管為主的舊式河川改造方法。同樣的情形也見於和沼地、草澤與海岸泥灘相關的討論，而捍衛這些地方的人再也不是焦慮無措的少數。現在的問題已然不是要不要保存，而是如何保存最好。到一九八〇年代，環保的必然性已經內建於西德的公眾辯論之中，不論主題是能源、資源回收或土地利用計畫，程度之深可能沒有其他大型已開發國家能相比（不過斯堪地那維亞國家和紐西蘭等小型已開發國家則可以相比）。大眾與媒體的期望是各方都必須納入考慮的。政治上，綠黨的存在也有同樣效果。一九八〇年代初，政治變天，柯爾（Helmut

Kohl）領導的基督教民主聯盟重新執政之後，環保政策並沒有重大改變，這一點讓西德右派與雷根治下的美國及柴契爾夫人治下的英國右派都有所不同。柯爾用字遣詞的方式廣受知識階層嘲笑，但是他從來沒有表示過樹木要為汙染負責（不像美國總統雷根）*；我們也無法想像他會甘冒民眾反應的風險（像柴契爾夫人在福克蘭危機時一樣）宣告：「當你政治生涯的一半都在處理像環境這樣乏味的議題，有個真正的危機在手上很讓人興奮。」[90]在西德，環境不容如此玩笑以對。巴登—符騰堡邦總理、基督教民主聯盟黨員施佩特（Lothar Späth）是追求現代化的技術官僚，他曾明智地說，如果聯邦共和國加速轉型至後工業化的資訊經濟體，環境將因此而受益。[91]而一九九〇年的社會民主黨聯邦總理候選人拉方丹（Oskar Lafontaine），原本也準備以環境做為該黨競選主軸之一，不過後來他和他的政黨都因為德意志民主共和國（即東德）的崩潰而面臨了突如其來的改變。

在德國改造自然

東德崩潰的副作用之一是揭露了另一個德國環境狀態之慘況。超過九千座湖泊因酸雨而死亡，地下水嚴重汙染，以及全歐洲最受汙染的河流——這些是「真實存在的社會主義」的部分遺產。事情如何演變至此？答案散見在東德存在的四十年間。但最重要的一個原因可以從東德在一九七〇年代的作為，或者說是沒有作為當中找到。東德的環境歷史在那段時間走到了轉捩點，卻未能轉向。

*譯注：美國總統雷根在一九八一年說：「樹木造成的汙染比汽車還多。」

兩德在敵對共存狀態的前二十年間，發展相仿。「瓦礫年間」之後，大量的重建工作逐漸為持續的經濟成長所取代——在西德當然比較快，但是在東德也夠快，帶動了有關「社會主義經濟奇蹟」的話題。在兩德，地貌與環境都為快速紛亂的工業增長付出了代價。當然，兩者的意識形態理據相當不同：西邊是自由市場資本主義的「創造性破壞」；東邊是蘇聯浩大的計畫經濟發展模式。正如馬克思說過的（或這個多變的人物的某一個版本所說的），資本主義的廢除將終結人對人的剝削，讓人類有自由剝削自然。或者，如一名蘇聯規畫者在一九六〇年代以典型的用語所說的，讓人類有自由「改正自然的錯誤」。說這話時，他指的是改變鄂畢河的方向以創造一座比裏海還大的水庫，融化北極冰帽，並將日本的洋流引來讓蘇聯東部變得溫暖。[92] 東德的規畫者並未想到極地冰帽，但是他們行動的精神是一樣的。莫勒（Otto Möller）於《蘇聯的自然改造》（*The Transformation of Nature in the Soviet Union*，一九五二）一書中，仰慕地描寫了蘇聯在史達林年代後期那些浩大的計畫。這不只是抽象的熱情。林納（Reinhold Lingner）在一九五一至五三年間擬定的「在德國實行改造自然的計畫」，就是以一九四八年幾乎同名的蘇聯計畫為藍本，內容包括河川調節與引流的大規模提案、灌溉方案，以及改變局部氣候的計畫。林納的提案從未完全實行，但是東德的計畫制定依然受蘇聯對巨大建築的狂熱（gigantomania）所深深影響，這一點可以在許多方面看到：匆促建造的新城市，如奧得河岸的愛森須騰斯塔特（Eisenhüttenstadt）；對煤、鐵與鋼產量的執迷；以及對於偏離理性常規的田野和水道的嚴厲不耐。舉例而言，進行農業集體化是為了以「反法西斯」之名徵用大型地主的土地，也是為了證明大就是美，為了證明那片由蘇聯曳引機耕作並從空中噴灑殺蟲劑的土地，表現一定會勝過農民持有的個別土地。正如地貌規畫師普尼奧韋爾（Georg

Bela Pniower）所說，「沒有地貌改革就沒有土地改革。」[93]

最能說明這一點的莫過於築壩被賦予的象徵意義，其中最搶眼的例子是以一九五二年啟用的索薩（Sosa）「和平水壩」為開端，與其後蓋在波德河與維珀河流域的一連串大壩。對提倡水壩的人而言，大小很重要，比如拉波德水壩（Rappbode Dam）的擋土牆在兩德都是最高最大。[94] 水壩可以宣傳「和平建設」以及社會主義計畫的好處，實現了因為資本主義體制的經濟衝突而受阻撓的「美好而進步的觀念」。[95] 然而同樣重要的是，水壩也見證人類意志與規畫可以「馴服並控制水的力量」，因為目標是要「依照宏大的視角塑造地貌」。借用工程師魏斯巴赫（Christian Weissbach）的話，「我們要的不只是改變自然，還要讓它變得有用，並且控制它。」[96]

粗糙的中央規畫在一九六三年為新經濟體制（稱為NöS）所取代。與捷克和匈牙利類似的新措施一樣，這是為了透過價格機制引入較為去中央化的決策過程以及市場誘因。實施後波折不斷的新經濟體制，在一九六八年「布拉格之春」遭鎮壓後，於一九七〇年代初因為政治因素而結束。[97] 關於新經濟體制原本是否可能成功、如果成功可能的效應又為何，各方意見莫衷一是。不過，新經濟體制在一個關鍵方面仍然依循蘇聯的主旋律，即非常著迷於科學與技術所能提供的機會，斯塔里茨（Dieter Staritz）稱之為「仿若對救世主的信仰」。[98] 當然，一九六〇年代在西方也有對技術（包括核子技術）類似的熱衷態度，而我們也許不該驚訝，在英國有首相威爾遜（Harold Wilson）為「技術革命的白熱高溫」欣喜若狂，在東德也有穿著人造布料的另一位政治領袖展現了同樣的熱情。但是烏布利希（Walter Ulbricht）推行的東德指導原則依然以蘇聯為範本。奧得河畔經過重建的一片法蘭克福住宅區命名為太空人區，這是那個

從哈茨山的拉波德水壩俯瞰。二〇〇三年。© Wikimedia commons

時代的表現，正如大膽創新、屬於未來的輕型車取名為「衛星」（Trabant）也是一樣——這個名字可是用珍貴的強勢貨幣向瑞士的商標持有者買來的。[99]

不論是在中央計畫底下，或是一九六〇年代對科學與技術寄予厚望的改革體制之下，自然被賦予的角色都是一樣的。它的存在，就是為了在暴力下臣服。這代表什麼，在實地看得最清楚。記者格拉德（Heinz Glade）擅長說故事，並且為故事添加正確的政治語調。他在一九七〇年代出版一系列文章，描繪過去約二十五年來他經常造訪和報導的奧得河沿岸地區。可預期的，他對讀者提到愛森須騰斯塔特的建造和奧得河畔法蘭克福的重生，也沒有忽略當地的半導體產業。提到奧得布魯赫，即在腓特烈大帝治下大規模土地再造發軔的地方，他用了比較多的篇幅。格拉德對過去致意，但是他也主張，現在的社會主義德國，不再受普魯士軍國主義與短視近利資本主義的束縛，洪水的威脅終於成為「歷史」；而透過合作社組織與「技術和科學方法」，集體化農業更讓這個地區欣欣向榮。[100]格拉德的文集一再提到奧得河，而閱讀他的寫作（或是魏斯巴赫有關水壩的著述），就像重訪一九〇〇年左右醉心於「技術仙境」那些作家的作品，只不過現在對進步的熱情披上了社會主義的外衣。[101]連欣賞巨大的東西這一點都是一樣的。位於下菲諾的航運運河升船機「極為巨大」，見證「科學與技術的進步」，也顯示「人類以巧思精神智取自然」。在格拉德的敘述中，自然經常在鬥智中落敗。奧得河畔新的一片圩田顯示「人類解決了土地與水之間的鬥爭」，為自己帶來好處；一艘破冰船延續了「對抗自然力量的戰鬥」；河流改造工程則讓「往往被稱為野性而頑強的奧得河馴服了」。[102]

這種工具主義態度所帶來的結果是我們再熟悉不過的。肆意的工業成長、以噴灑化學肥料為傲的集體化農業、大型排水與再造計畫，以及現代河川改造工程——這一切共同創造了一長串問題，不僅包括汙染、優養化水庫與受汙染的地下水，也包括土壤侵蝕和地下水位下降。死魚、海藻、禁止游泳的湖泊和地層下陷——這些是外在跡象，是無法隱藏的東西。當然，在官方說法中，這些都是資本主義的邪惡副作用，在東德不可能發生。如果不幸發生，那也有一套複雜的機制防止這些事情未來再度發生。原則上（東歐國家的黑色幽默之一是當虛構的葉里溫電臺〔Radio Eriwan〕每次發布消息時，總是以「原則上」開頭），東德環境受到強大的法律和政治機器保護。一九七〇年，西德的布蘭特政府開始大力推動環保，而絕非巧合的，東德政府也在這一年推出全面性的環境政策。一九七一年，東德成立環境保護與水管理部，比西德成立完全部級地位的相對應單位早了十五年。這個部門發布了林林總總的指導方針，尤其是

比特非德附近空氣品質惡化。一九八八年。
By Rainer Hällfritzsch © Wikimedia commons

針對水管理。生產企業必須將環境考量納入計畫；施行政令如雨水紛至，規定不同州單位的義務；科學家被政府單位收編。[103]可惜，這一切幾乎徒勞無功。有一些好的改變——化學肥料與農藥從一九七〇年代末期起減少使用，工業生產過程中使用的水在一九八〇年代也設法減少了，資源回收廣泛施行——但是在東德政權存在的最後二十年間，環境整體情況依然悲慘。一九八九年，工業城市比特非德（Bitterfeld，「歐洲最髒的城市」）附近的地下水pH值為一．九，酸度介於電池酸液與醋之間。[104]

為什麼兩德之間有如此驚人的不同，尤其這是在布蘭特政府最受稱道的東方政策正讓兩德關係較為和緩、包括在環保問題上彼此合作的時候？關係正常化本身就是答案的一部分。東德領袖一直以來都感受到與捷克或匈牙利領導者不同的壓力：另一個德國的存在就像一把衡量其表現的量尺。在經濟方面「趕上」或「超越」西德是烏布利希時代執著的一點。何內克（Erich Honecker）在烏布利希下臺後於一九七一年五月繼任，此後，東德仍持續以西德為比較對象。但是政策轉向了。現在，滿足東德消費者需求取得優先，因為愈來愈多民眾擁有電視，而幾乎每個人都可以轉到西德電視頻道，比較兩邊異同。許多東德人民受到消費品吸引並不讓人意外，因為東德在一九七〇年代回到比較偏向中央計畫的經濟，迫使民眾必須排隊數小時才能買到東西，讓牙刷等物品不時發生短缺，也使魚柳條這樣的東西成為奢侈品。[105]雖然節制個人消費在富裕的西德（某些圈子裡）逐漸流行起來，以節約為名的緊縮在東德仍是不適時的想法。當然，在東德，個人消費對環境造成的壓力仍然比西德低得多：公寓比較小，車子比較少，而包裝比較少使得東德家庭製造的垃圾只有西德家庭的三分之一。[106]但是透過大力補貼能源與大眾運輸費用以鞏固社會安定的政策，對環境帶來負面影響。而（為了同樣原因）嘗試在滿足消費者需求的同時，補貼基本食物與租金讓經濟完全缺乏創新所需的投資資本。投資量在一九七〇年代開始下降，同時，高借貸量開始讓東德對西方債臺高築。

東德在一九七〇年代未能重整經濟結構，且遲遲不進行包括西德在內的西方國家已經發生的痛苦轉型。[107]這個沒有發生的事情——就像福爾摩斯故事中晚上該叫而未叫的狗——帶來巨大的後果，甚至可能啟動了東德政權最後的衰落。後果之一是一九七〇年代的決策（或無決策）讓環境前景更為惡化。落後的金屬、紡織與紙工廠持續在以工業為主的南部汙染空氣與水。一九六〇年代仍受世界領袖支持的化學產業是一個主要因素：這個產業在一九七〇年代與八〇年代造成惡劣的環境紀錄，這是其技術日益落後的衡量標準之一。哈勒的布納橡膠（Buna）工廠每天排放到薩勒河的水銀多到危險程度，[108]木爾德河（Mulde）、易北河與威拉河等河流也命運多舛。一九七〇年代全球能源危機，東德遭逢的困境帶來同樣具破壞力的效應。蘇聯提高油價時，東德的回應是燃燒更多褐煤以補足缺口——這種煤炭是東德主要的化石燃料來源，但製造的水載汙染與酸雨多得驚人。一九八〇年代初，東德百分之八十的地表水都被列為「汙染」或「重度汙染」，這與褐煤有很大關係。[109]該國先天不足的水資源（全歐洲最少）使情況雪上加霜。水資源短缺，因此工業用水會被利用再利用，以薩勒河這樣的極端例子來看，重複使用竟高達十數次。[110]

一九七〇年代另一隻該叫未叫的狗，或叫了但沒咬人的狗，是環境運動。黨領袖從未面對如綠色行動人士在西德所施加的政治壓力，因為這類獨立運動受到禁止或是（在政權的最後幾年）面臨無止盡的騷擾。壓制的模式從一開始就確立了。蘇聯占領區內的保育組織被解散，負責管理地貌的單位明白拒斥保育人士的主張，例如賽佛爾特有關沙漠化的論述。這樣的做法不難理解，原因是賽佛爾特這類人士在納粹統治下扮演的角色——不過東德也任用曾經活躍於第三帝國的地貌規畫者，因為能用的人只有他們。[111]然而在意識形態上，「地貌是家園故土的表現」這個想法雖然在戰後西德傳播廣泛，也是早期保育人士抗議的基礎，卻並未為東德的執政黨所接受。誠然，隨著東德政權體認到培養社會主義版本的故土身分認同有其用處，自然保育學會也獲准成立；但是，它們與垂釣者和鳥類學者的組織一樣，處於嚴格官方控制之下。[112]接著，一九七〇年代到來。這十年在西德是重大轉變的十年，但是在東德卻沒有發生任何可堪比擬的環保觀念與組織的大量湧現，只成立了黨控制的職場與鄰里組織，致力於植樹等「有建設性的」任務。此處的強烈對比，不下於在工業重整方面可見的對比。

官方政策並非全然沒有受到質疑。異議知識分子從烏托邦社會主義角度探討生態議題。哈里希（Wolfgang Harich）的《沒有成長的共產主義？》（*Communism without Growth?*，一九七五）是為了回應羅馬俱樂部「成長的極限」報告所寫，他批評了何內克對西方「消費常模」的執迷。兩年後，巴霍（Rudolf

Bahro）在《另類》（*The Alternative*）中呼籲「重建生態穩定」，以及「從透過物質生產剝削自然，轉向讓生產適應自然的循環」。接著，異議科學家哈弗曼（Robert Havemann）在一九八〇年發表散文集《明日：十字路口的工業社會》（*Tomorrow: Industrial Society at the Crossroads*），書中勾勒出一場「生態危機」。在哈弗曼的觀點中，這是資本主義無法處理而「真實存在的社會主義」不願處理的。[113] 這三本書都在西方出版，而東德一本都看不到。哈里希與哈弗曼因為這些著作和其他異議言論受到迫害；巴霍在書出版後旋即前往西德，在那裡協助創立了綠黨。

要評估那些從未在東德出版過作品的批評者所產生的影響，有其困難；而要評估因研究結果得以獲得出版的另一群人的影響，也有困難，只是原因不同：後者這群人是效忠政府的科學家，這些科學家中不少人處理了國家的環境問題。比如在薩克森科學院，有以「社會過程與自然過程關係」為主題的一個工作小組，這個小組生產的論文指出，經濟發展以「破壞環境」與「破壞生物圈」的形式，造成「預期外的副作用」。此外，水汙染、農業產生的硝酸鹽逕流造成地下水汙染、植物的流失，以及魚類族群因為「對物種的保護不足」而發生的「根本改變」——這些都一一被指出來。地理學者主張，大規模計畫往往忽略了地方特性：應該要有更高的敏感度，而「對地貌規畫的口頭肯定」應該要化為實務。[114] 水文生物學者鄔爾曼（Dietrich Uhlmann）說得更直接。在一九七七年十月發表的一篇論文中，他一開篇就以引自恩格斯的一段話，小心地先為自己提供保護：[115]

> 我們切勿因人類對自然的勝利太過沾沾自喜，因為每一次這種勝利都會對我們復仇。誠然，第一次

> 勝利時，各方都獲得了預期的結果；但是第二和第三次卻出現截然不同而沒有預料到的效應，這些往往會抵銷最初的結果。

做為對人類自大的警告，這段話很難再說得更好了，儘管這顯然不是蘇聯規畫者有聽進去的辯證法。鄔爾曼指出，恩格斯的勸誡依然成立。波羅的海水域的汙染是一個例子；而「人工的生態系」，即水庫，也是一個例子，儘管原因不同。鄔爾曼提出，經常有人宣稱水庫可以「克服自然的缺點」，意思好像是一個自然的生態系也會有相似的目標；但其實沒有。[116]鄔爾曼特別關心水庫，他的論文有很大部分都在討論汙染與優養化的問題[117]，但他也批評化學農藥的過度使用與酸雨問題。「緩衝生態系」（buffer ecosystem）不足以應付它們所承受的壓力，待解決的問題不斷增加。鄔爾曼呼籲採行措施——在此他援引馬克思以為支持——以確保「對自然資源日益密集地剝削不會導致未來世代生活條件的劣化」。[118]鄔爾曼的結尾與開頭的方式相同：「儘管科學進步，現在沒有人足夠明確的知道生物圈維持穩定的極限，而生物圈將必須以全球為範圍獲得保存，以保護未來世代。」我們很難想像一座複雜的化學工廠在嘗試錯誤的基礎上運作，鄔爾曼指出，但這正是大型生態系內正在發生的事。[119]

這些都是立論成熟而急切的警告。誠然，相關的科學家都是在強調物質產出的知識框架中寫作——即「社會生產條件與生活條件的最佳發展」（東德版本的「為所有人謀福祉」）。[120]他們的論點是，環境破壞既浪費又缺乏效率，更好的規畫能讓預料外的後果可以被預料到。儘管在用語上有明顯不同，但這種想法與西德科學家的思維是否真有那麼不同，則並不清楚。東德科學家當然閱讀並引用了他們在西方

（西德、英國與美國）同儕的作品。他們投入的往往是非常相似的計畫，不論是精確的土地使用調查或是對水庫的生物操控。真正不同的不是他們的想法，而是政治與公眾辯論的脈絡，或是這種脈絡的付之闕如。這些科學家中有一些處於領導職務，例如鄔爾曼是數學與自然科學的科學顧問委員會成員，[121] 因此，他們的某些批評無疑被聽進去了：化學農藥的使用減少了。然而從執政黨的角度而言，他們的角色是提供「有建設性的」建議，僅止於此。畢竟，黨內的高階人士很清楚，汙染與地下水汙染是很嚴重的問題。這些科學家如果想保住位置，就沒有獨立活動的空間。他們的論文出現在學術期刊中，但是對於這些議題的公眾討論則一概闕如。一九八二年，環境破壞相關資料突然被列為機密，因為這些資料太具殺傷力了；有關環境的公眾辯論變得無關痛癢，[122] 憂心的科學家可能只會私底下抱怨。一九八〇年代的一名西方學者進行訪談後發現，東德知識階層中有真正的環保人士，甚至感覺他們形成了有共同目標的團體，但是他們始終沒有公開出面。[123]

在這種束縛下，唯一稱得上例外的是以新教這個大傘為庇蔭的小型草根運動的興起。這可以回溯到一九七〇年代早期，當時，位於維滕伯格（Wittenberg）的基督教研究中心開始關注環境議題，中心舉辦演講和巡迴展，後來並發行以「人類—自然衝突」為主題的研究通訊。[124] 教會也為獨立的運動人士提供了避風港。一定程度的相對自主權讓教會得以為一些團體提供保護傘，若非如此，這些團體太容易成為目標而無法生存。教會提供了集會場所、老古董油印機，甚至提供低階工作機會給丟了飯碗的環保人士。與他們在西方的同儕相比，這些團體能做的事情顯然受到限制。他們發行通訊刊物，偶爾進行公開活動以凸顯特定醜聞，個別成員也在私人生活中邁出「小步」，相當於西方對另類生活方式的追求。他們減少使用家用化學品，實行有機園藝，刻意限制自己的消費。像這樣的私人決定，有時也會公開示人，比如德勒斯登的一個生態團體即在通訊刊物中重寫了十誡（擴充的第十誡內容：「我們必須改變對俗世物品的態度以符合環境永續性」）。[125] 但是這些組織一直小而孤立，對公眾的影響微乎其微，這個例子再度顯示，在一個高壓社會僅有的生存空間中，能獲得的滿足多數是私人的（在此是清心寡慾的生活）。

環境反對運動在東德政權的最末幾年轉為激烈，許多新團體在一九八三至八四年間形成，與在西德湧現的環境與和平行動主義互為鏡像，而車諾比又讓這個使命增添了更多急迫性。車諾比事件發生在一九八六年，也就是在這一年，環境圖書館在柏林錫安教會的地下室成立，圖書館讓讀詩會、音樂會、演講以及西方訪客的客座講學有了固定場地，吸引的人數可多達三百人。東德環保人士與西方綠色政黨人物和同情他們的媒體擴大接觸，但是也擴大了與名為「綠色之道」（Greenway）的東歐團體網絡接觸。一九八八年，自稱為「方舟」（Arche）的團體脫離了以環境圖書館為中心的鬆散網絡，追求較為激進的路線。官方單位用胡蘿蔔與棍子對付環境運動，他們企圖把環境運動收編到官方支持的自然與環境學會之下。這個「黨與社會之間的橋梁」在一九八六年已有六萬會員，但是未能阻止獨立團體的成長。許多個人受到騷擾，環保通訊刊物遭沒收，而這個手法以在一九八七年對環境圖書館的突襲搜查達到最高點。直接壓制可能會讓環保組織獲得更多曝光，尤其是相關消息透過西方媒體傳送回東德之後。政權最後幾年，史塔西（Stasi，東德國家安全部）開始採取有系統的滲透政策，目的是製造運動內部的分裂，並從內部破壞環保運動。

一直到東德垮臺後，史塔西的紀錄才透露了苦澀的真相。安全警察在環境圖書館內有「非正式的合作者」，甚至透過「楔子行動」（Operation Wedge）促進了方舟團體的脫離。史塔西的滲透工作一直持續到政權垮臺，其影響則持續到更久以後，因為每一次有關史塔西卑劣手法的新揭露，都在過渡至德國統一的這段期間造成混亂，並削弱了環境運動。[126]

尾聲

一切的開始

一九九五年，葛拉斯發表了一本有關兩德統一的小說[1]，這部備受爭議的小說名為《遼闊的原野》（*Ein Weites Feld*），以六百五十頁篇幅涵蓋近兩百年的德國歷史，但其核心是一段雙重敘事，暗示一八七一年德意志統一後貪婪的物質主義和投機熱潮之間有相似處。連結起這兩個年代的人物是十九世紀小說家與旅遊作家馮塔納。「遼闊的原野」之名來自馮塔納筆下某一人物的口頭禪，由於葛拉斯小說的男主角深深認同有「永垂不朽者」之稱的馮塔納，因此朋友都叫他「小馮」。小馮是七十歲的提歐・烏特克（Theo Wuttke），曾任東德的檔案管理員，也偶爾在文化聯盟（Cultural Union）講學，思想獨立的他不屑在黨內謀求發展，並且利用以馮塔納為主題的講學傳達對德意志第一個「工人與農民國家」（Workers' and Peasants' State）的批評。

葛拉斯的小說處理的是地貌與德國的歷史記憶，他透過馮塔納讓讀者看見歷史如何烙印在土地上。我們跟著烏特克在一九五〇年代和六〇年代遊歷東德各地講學，或是隨著他和他的女兒一起去健行、乘蒸汽船出遊。我們也越過「小馮」的肩膀探見他神遊一個世紀前的同一片地貌，來到馮塔納設定為小說背景的地點，以及他在《漫步布蘭登堡侯領》中以細心和妙筆描繪的地方。隨著東德灰暗但熟悉的地貌逐漸消失，烏特克（小馮）又展開穿越今日德國與昔日普魯士的一連串旅程，來到新路平（Neuruppin）與新哈登貝格（Neuhardenberg），以及波羅的海島嶼和斯普雷森林（Spreewald）的水鄉。在許多旅程中他都有一個旅伴，即曾經負責跟監與保護他的前史塔西成員霍夫塔勒（Hoftaller）。有一天，他們開著霍夫塔勒的「衛星」汽車（「無與倫比的紙板車」）前往奧得河，他們想要凝望河對岸的波蘭，造訪馮塔納以奧得布魯赫為背景的第一本小說《風暴之前》（*Before the Storm*）的場景——這部小說是「鴻篇巨帙，像奧得河三角洲一樣往太多方向分岔而出」。[2]在標示德國東部邊界的奧得河西岸上，「小馮」指出框架了德國歷史的地點。北邊是科斯琴，這裡頹毀的堡壘曾經護衛著奧得河，也是腓特烈大帝尚未登基時被父親囚禁的地方；往東南是西利西亞和奧得河起源的里森山脈高地；正東邊是「失落的維斯杜拉地區」。兩個老人重溫所有關於德國與東部的熟悉主張，然後爭論那些主張是否終於成為過去。這時已經沒有竊聽者會聽見他們說話，至少沒有人類在聽他們說話：「這些話以及更多的話語奧得河都聽見了，河水不急，因為乾燥的夏天留下了低水位。」[3]

這條東界河流的憂鬱瀰漫在近年有關奧得河的著作中。攝影師里浩（Joachim Richau）在一九九二年出版了一本奧得河黑白攝影集，裡面充斥依然破損的橋梁和廢棄的海關站，如奧得布魯赫北緣的佐布魯克（Zollbrücke，我在幾年後騎自行車經過時依然荒廢）。「在這裡，戰爭的傷口只覆上了薄薄的一層皮，」基爾（Wolfgang Kil）在伴隨攝影集的文字中寫道。[4]確實，柏林的最後爭奪戰在一九四五年四月上演時，奧得河西岸的土地是歐洲殺戮戰場上最血腥的幾個地方之一。希羅高地（Seelow Heights）的戰爭紀念碑是這段歷史的提醒物，至今仍持續出土的屍體亦然。以找尋和辨認這些骸骨為畢生職志的科華克（Erwin Kowalke）已經尋獲了數千名受害者的遺體。[5]一九九〇年以前，奧得河在東德人眼中帶著憂鬱還有另一個原因，因為它標示東德的邊界——當然不是像將他們與西方隔絕的那道嚴密邊牆一樣，但依然提醒他們所受到的限制，讓他們因為知道還有另一個邊界的存在而受影響：「在這裡也一樣，」基爾說，「邊境成為一個特殊區域，沒有人進入時不帶著一絲焦慮。」從河流在德國這一側的巨大堤岸望去，波蘭那一側的垂釣者流露出的閒適與自然感是德國人在自己的家園看不到的；偶然經過的駁船似乎「來自外星」。在奧得河一段距離外的地方可以看到漆上黑、紅、金三色，上有東德主權徽章的水泥樁，紀念著河流的滄海桑田。「任何人經過這些柱子前往水邊時，一定都會思忖自己有沒有違反禁忌。只有鴨子、鳳頭鸊鷉、鸛與蒼鷺才會對政治一無所感。」[6]

野鳥在一條野性的河流上方盤旋，這驚鴻一瞥就是基爾所記得的奧得河，這也是我們在沃爾夫（Christa Wolf）一九七〇年代的小說《童年模範》（*Kindheitsmuster*）中看到的奧得河形象。在這本書裡，歷史與記憶和地貌緊密融合，正如三十年後在葛拉斯的作品中的一樣。帶有自傳色彩的小說主角來到奧得河的另一岸，造訪自己長大的城鎮：「G鎮，從前名為L鎮。」（G鎮是哥如夫維科波斯基〔Gorzów Wielkopolski〕，原為德國的瓦爾塔河畔蘭茲堡〔Landsberg on the Warthe〕。）回程時她看到「奧得河一景，河流迷失在草原與柳樹叢中，這條東方的河流寬闊、未經馴服而泥沙淤積」。[7] 奧得河未經馴服的「東方感」形象，一直維持到兩德統一之後。一九九九年十一月，施洛格（Karl Schlögel）在《法蘭克福匯報》（*Frankfurter Allgemeine Zeitung*）中發表了有關奧得河的長文。[8] 科斯琴頹毀堡壘的大幅照片為文章定下了基調，這是「奧得河與瓦爾塔河草澤間的普魯士所留下的記憶」，如今，蘆葦生長的水澤輕拍著這座雜草蔓生的堡壘。施洛格與葛拉斯一樣以馮塔納為師，馮塔納在《漫步布蘭登堡侯領》中描述了奧得河上曾經熱絡的蒸汽船交通，以及奧得河畔法蘭克福碼頭的繁忙景況。但是這一切已不復見，蒸汽船與駁船已隨著其他人類主宰的跡象一起消失：

> 數百年來因為工事與工業而被驅逐的自然，如今已經歸返河流。今天難得一見的蒸汽專船在航行時

所經過的地貌，是本來只能在東歐、在維斯杜拉河、在美麥河——在亞馬遜河才得以見到的地貌。蒼鷺、鸛、海鷗與其他罕見的生物在不遠處嬉戲。然而，在我們眼前的並不是「純粹的自然」。這個樂園的時代比較晚近。新荒野的先決條件是人類災禍所製造的荒蕪，自然的推進係跟隨人類的後退而來，溼地擴張到人類撤離的區域。

這個「亞馬遜地貌」的意象曾經是用以指稱再造前的奧得河沼澤的熟悉用語，施洛格很喜愛這個用語，在文中用了兩次。這裡是奧得河河岸，現代德國土地再造的歷史起源、也就是腓特烈大帝的時代，正是於此處發軔。如果施洛格所寫的話足以採信，那麼我們已經自始至終走了一個迴圈了。

但不論新舊，這裡都不是荒野。拜一連串密集的「整治」所賜，現在的奧得河比十八世紀時短了一百英里（約一百六十公里），而且仍是一條有作用的河流。誠然，河上交通在一九四五年之後嚴重限縮，即使在數百條船隻殘骸終於移除之後依然如此，而一九三九年以前由德國控制的強大貿易軸線也永遠摧毀了。但是，主要由普魯士水文工程師所創造的奧得河可航行河段，依然負責將今日波屬西利西亞的工業產品運輸到波羅的海港口什切青（Szczecin，以前的斯泰丁）。奧得河也服務愛森須騰斯塔特，這是東德向史達林式工業化致敬的城市，建於奧得河畔，鄰近奧得—斯普雷運河。更下游處，在奧得布魯赫的北緣，戰後疏濬工作讓船隻得以順暢航行於奧得河與芬諾（Finow）運河之間。[9]在下奧得河，與沃爾夫和施洛格描述的「野性」、「未經馴化」的東方河流最相似的河段，是沿著奧得河沼澤流淌的河段。沿著這裡漫步或騎自行車可以看到野鳥和小漁船，並感受到一種寧靜祥和，使得奧得河似乎與萊茵河或其他德國西部主要河流很不一樣。唯一能看到奧得河的地方是沿著整條河分布的高堤，這條比較「自然」的河段其實是佩特里（Petri）運河，這道巨大的切痕是二百五十年前為了排乾奧得布魯赫而鑿，它是一條人工水道，因為時間而覆上了一層自然的鍍膜。

同樣的描述也大致適用於奧得布魯赫。自從兩德統一以來，「自然感」一直是一個賣點。根據一九九二年出版的一本照片集所言，奧得布魯赫是「自然依舊完整」的地區。[10]尼珀特（Erwin Nippert）在三年後寫道：「任何人若想要尋找原始的自然」都應該造訪奧得布魯赫，因為這是「東德僅存的河川溼地地貌之一」，事實上還是一座「獨特的自然天堂」。[11]幾乎每一本觀光手冊都會如此描述：春天時，當地彷如被一片黃色毯子所覆蓋，這是耶誕玫瑰。多數也都會提到這裡還有稀有的黑鸛與長腳秧雞繁殖偶。當這些著作告訴你奧得布魯赫是在十八世紀由腓特烈大帝所排乾——卻不會告訴你這片「自然天堂」裡的耶誕玫瑰其實是歐亞大陸的移植物。今日的奧得布魯赫是人類創造的。許多保育人士想要保護它的自然美景——或許，他們看到的是卡爾．因莫曼在將近兩百年前所渴望的那片「柵欄圍起的小小綠色空間」。[12]讓我們正視事實，這攸關的不是「原始」或「完整」的自然，而是將奧得布魯赫「回復自然」的問題——這意謂了什麼，會進行到什麼程度。雖然其中的細節有所不同，但根本的議題和萊茵河的規畫者、工程師、農人、生態學者與觀光局處所面臨的是一樣的。

這些議題一直到兩德統一之後才受到矚目。東德年代的奧得布魯赫被用於不計代價的密集農業生產，保育是遠遠落於其後的次要事項。主持巴德夫來恩瓦德（Bad Freienwalde）自然保育之家的克萊舒曼（Kurt Kretschmann）關心的重點是「美化」：例如維瑞曾（Wriezen）某座養雞場的景觀設計，或是阿特維瑞曾（Altwriezen）與新科斯琴岑（Neuküstrinchen）村落綠地上觀賞性花園的布局。這裡沒有為長腳秧雞與黑鸛所做的設想；事實上，克萊舒曼對於美化地貌的執著，意謂對「荒原」加以管理，這也是為什麼他在一九七〇年代會贏得像格拉德這樣的共產黨記者讚美。[13]一九八〇年代開始改變了。當時，鳥類學者馬丁・穆勒（Martin Müller）協助在奧得布魯赫創立了「國家級溼地區」，保護了許多候鳥（包括估計八萬隻北方雁類）於每年秋春兩季會飛經的遷徙路線。[14]在東德逐漸衰落的年間，東柏林普倫茨勞貝格區（Prenzlauer Berg）的知識階層中，有一些人來到奧得布魯赫，成為永久居民或季節性居民，而這些人都是較有可能認同保育目標的藝術家與作家。[15]不過，真正艱難的問題是東德政權的結束。集體農場消失，失業率上升。一九九〇年代的失業率達百分之二十一，其中超過三分之二的人口是女性。年輕人的就業機會有限，當地人口也呈現下降趨勢。奧得布魯赫該如何在新的體制下自我改造？[16]

當時的回應之一是對農業進行基本重組。自從這片土地在二百五十年前經過再造以來，農業一直是當地經濟的基石，進行重組表示種植馬鈴薯與甜菜的區域減少，投入油料類植物與豆科植物種植的區域變多。[17]新的私有制以更高的專業化做為代表性特徵。然而，其他人則看出在耕作農業轉向之下，可以進行更基進改變的機會。他們主張，沿河的某個區域可以用來從事放牧。這個主張背後的想法是要恢復河岸溼地，並將既有的保育地區連結起來。但是農業利益方的壓力讓這些綠色夢想無法成真。[18]當地行政區在一九九四年組成的「行動團體」採行中間路線，強調「以具有環境永續性的農業為主要的經濟活動形式」，輔助產業為農產品加工業，另外也鼓勵小型企業與新的服務產業，並由觀光業在其中扮演重要角色。來自布蘭登堡邦與歐盟的資金用於扶助當地工藝，讓奧得布魯赫更能吸引觀光客。現在，拜翻修過的運河所賜，訪客可以從柏林一路走水路抵達當地。自行車道加長，遊客中心開張，為了幫助造訪者在這片外觀一致的低地中不致暈頭轉向，新的指標也一一掛起。曾經存放曳引機（蘇聯時代集體農業的象徵）的建物改裝為廄舍，昔日的政府辦公室則成為貴賓接待所。[19]

一九九七年夏天，這些結合農業活化與美感再造的明智做法受到宿敵威脅：洪水。[20]洪水到來時，距離一九四七年的上一次「世紀洪災」僅僅過了五十年，與腓特烈大帝在十八世紀展開的再造工程起始時間則相距整整二百五十年。一切慶祝的事物都被最新的奧得河洪水席捲而去。十九世紀的評論者如克里斯提安尼（Walter Christiani）可能會說，那是河流在「扯動鎖鏈」。[21]洪水的直接原因是七月初在捷克與波蘭的奧得河集水區降下格外高的雨量，這些高地區域的森林砍伐與河川調節加快了水流順著主河道流動的速度，這是在奧得布魯赫排水工程之前與之後都太常見的問題。到了七月十日，捷克共和國與波蘭已有大片地區淹水，數千人無家可歸，三十九人喪命。最終，洪水淹沒了一千二百座城鎮與村落，奪走一百多條性命。七月十三日，洪峰淹沒了弗次瓦夫（Wroclaw），即從前的布雷斯勞；次日，布蘭登堡邦針對鄰河地區發布一級警報。洪水在七月十七日抵達奈塞河匯入奧得河處的拉茲朵夫（Ratzdorf），測量顯示河水水位為六．二公尺，比正常的夏季水位高出幾乎三．五公尺。布蘭登堡的「抗洪戰」持續超過三週，因為高地集水區又降下大雨，創造了第二波洪峰。[22]

在布蘭登堡的奧得河沿岸有將近一百英里（約一百六十公里）的堤防，最後一次加高與加固的時間是一九八二年。堤防的狀況良好，但現在必須抵受每平方公尺將近六噸的水壓。這些土方堤防後來浸滿了水，並且在某些地方開始崩解。堤防上形成了數百個小的漏水處，並且在十幾處幾乎全面失守。有兩處真的潰決了，兩個決口都位於奧得河畔法蘭克福以南，第一道潰決於七月二十三日出現在布里斯考－芬肯希爾德（Brieskow-Finkenheerd），二百英尺（約六十公尺）的決口很快變寬成為超過六百五十英尺（近二百公尺）；次日在奧里特（Aurith）又發生潰決，居民已經撤離的齊爾滕朵夫（Ziltendorf）谷地遭淹沒。七月二十七日，破紀錄的大水抵達法蘭克福，但是沙包拯救了這座城市。奧得布魯赫接著成為關注焦點。由於這整片地區就是低於河流正常水位的一片巨大圩田，只要發生重大潰堤，那麼發生在齊爾滕朵夫的事情就會發生在奧得布魯赫，而且規模會更大。在七月的最後幾天，三萬名聯邦國防軍士兵與兩萬平民的主力集中於此，由直升機空投沙包到結構變弱而有潰決危險的堤防段，分別位於奧得布魯赫南邊的賴特維因（Reitwein）附近以及北邊的霍恩伍澤恩（Hohenwutzen）。奧得布魯赫北方地區的居民撤離後，在七月三十一日，霍恩伍澤恩堤防已有多處潰決，據估計只剩十分之一的機會能挺住。但是它挺住了。這就是「霍恩伍澤恩奇蹟」。為了主要防禦物失守時所拚命建造的備用堤防與丁壩最後都不需要了，奧得布魯赫撤離的六千五百名居民在八月九日獲准返家。

與「自然力量」的對抗戰充滿戲劇性，也製造了兩名英雄：被譽為現代「堤防大師」的布蘭登堡邦環境部長普拉策克（Matthias Platzeck），以及「洪水將軍」基希巴赫（Hans-Peter von Kirchbach）。[23] 媒體報導帶來泉湧而至的大眾捐款，是有史以來獲得最多捐款的國內災害。在為期三週的抗洪期間，每晚播出的電視新聞快報被視為功臣，拆除了（至少暫時）依然分隔東西德的那道「心中的牆」。軍人與志工的努力透過紀念碑獲得永久肯定，由克爾納（Matthias Körner）創作的「力量的平衡」在一九九八年八月於奧得布魯赫的新蘭夫特村（Neuranft）揭幕。在鬆了一口氣的感覺和一點沾沾自喜的意味之外，一九九七年七月發生的這些事件，還有比較陰暗的一面。洪水沒有造成任何德國人死亡，但是留下了死魚、暫時汙染的水源、必須清除的八百萬個沙包、毀壞的房屋、浸水的田野，以及超過六億馬克（或三億歐元）的損失。[24]部分人士稱為「千年洪災」的這場水患，也為未來帶來了艱難的問題。要如何預防這種事件再度發生？興築堤防就足夠了嗎？

當時聲譽高漲的環境部長普拉策克給了一個再清楚不過的答案。布蘭登堡邦很幸運，它「僥倖只帶著青腫的眼睛逃過一劫」：[25]

這裡避開了真正的大災難純粹是因為河流上游沿岸有六十五萬公頃土地被淹沒，少了這些地方意外提供的滯洪功能，水位還會上漲很多，布蘭登堡受洪水威脅的地區根本不可能逃過一劫。我們現在承受的結果來自一個事實，即過去一百年來，奧得河的滯洪區縮小了百分之八十，從七十八萬公頃減少為七萬五千公頃。

下奧得河畔國家公園內的滯洪區（就位於奧得布魯赫下游處）在受到考驗時證明了其價值。在下奧得河谷，由於高漲的河水有漫溢的地方，因此面臨的危險比較不那麼急迫；受到最大威脅的地方是直接沿著河流分布的堤防地區。普拉策克不是唯一有這種看法的人，而採取這個立場的也不只是綠黨黨員。洪水過後，布蘭登堡邦議會很快通過決議，表明「我們必須盡最大可能讓我們的行動與自然環境和諧共存」。[26]但是，「盡最大可能」有多大？在緊接著一九九七年七月洪災之後的期間，負責的邦部會曾經認真考慮「犧牲」已經供人類使用的部分氾濫平原，如齊爾滕朵夫谷地，或許還包括奧得布魯赫的某些區域。讓齊爾滕朵夫谷地回歸河流絕對有道理，因為它的農地已受損害，房舍也已毀壞，位於這片低窪谷地內的三座村落可以在安全距離外重建（畢竟，過去認為必須建造水庫的地方都是這麼做的）。如此，未來洪水造成的危險可能得以消除，而其他地區承受的壓力也可以緩解，以長期利益而言，所需費用相對低廉。[27]

但是這個基進的選項前方有太多障礙。政治人物擔心如果耕地與建地被轉化為溼地草原，會招致鉅額的損害求償，形象損失也牽涉其中。危機正烈時，政治人物曾經承諾將盡快讓居民返家並使情況恢復正常，這限制了後來可以操作的空間，連環保人士都陷入事件當下的戲劇性，讓他們困在現狀的邏輯中。下奧得河沿岸的生態學者與保育人士在奧得布魯赫生存戰中擔任堤防信差與填沙包的工作，這是人之常情，但是他們不僅如此；有些人最初已提到一場無可避免的「自然災害」——彷彿洪水是「自然」的，因為森林砍伐與山區河川調節，洪水才如此迅速到來；而在人類把奧得河束縛得最緊的地方，正是洪水造成威脅之處。[28]

一九九七年洪水之後，出現了雙軌政策，一方面重建堤防，一方面一小步一小步透過與自然較為和諧的措施著手解決洪水威脅的問題。受損的堤防迅速修復，接著啟動布蘭登堡境內總長一百英里（一百六十公里）的堤防加固計畫。到了二〇〇四年八月，工作已經完成三分之二，支出大約一億二千五百萬歐元。計畫預計在二〇〇六年完成。介於南邊賴特維因和北邊侯恩薩頓（Hohensaaten）之間的奧得布魯赫段堤防已經完工，不過，工程在二〇〇〇年一度延宕，因為工程師動工後發現大批第二次世界大戰的炸彈，其中有些是未爆彈（「全是炸彈與手榴彈的堤防是沒辦法修復的」），以及三十三名士兵的遺體。[29]新的堤防為了能夠抵禦二百年一次的洪水而設計，堤頂預留的出水高（freeboard，水文用詞，自由空域內的超高）則理應讓堤防即使碰上千年一次的洪水也足以抵抗。

雙軌政策中的第二個，也就是環保人士所偏好、比較「自然」的防洪手段，已經展開。二〇〇二年，布蘭登堡邦環境辦公室主席馬蒂亞斯・弗洛伊德（Matthias Freude）宣布，在奧得河畔法蘭克福以南的奧得－斯普雷地區，新策勒（Neuzelle）與奧里茲附近的堤防將移至離奧得河較遠的地方，創造出約一千五百英畝（六平方公里）的溼地區，未來也能做為蓄洪池。工作在次年展開。[30]河流的束縛衣現在在第二個地方鬆開了——第一個地方是奧得布魯赫下游的下奧得河谷國家公園。此前五年，普拉策克曾經讚美這裡善盡其責，因為一九九七年七月任其淹水的做法緩解了其他地方的壓力。[31]這種顧及環境的防洪方法近年來受到廣泛肯定與實行，從多瑙河到荷蘭，歐洲各地都有受到歐盟支持、為了生態原因以及創造蓄洪池而恢復的河流溼地計畫。德國在經歷易北河洪災後也採行同樣的政策。[32]二〇〇三年，聯邦環境基金會將「水災與自然保育」訂定為其主要計畫之一，與普遍抱持支持態度的邦與聯邦單位合作，以將河流系統「回復自然」的方式滿足雙重目的。基金會的試行計畫橫跨德國，西起圖拉從前奔波出沒的萊茵河與金齊希河，東至昔日東德的河流。[33]這是項吸引人的政策，消除了前幾代水利工程師造成的一些有害效應，還外加提升了水災防治。然而，一如我們在萊茵河的例子中所見，這種方式自有其陷阱和錯誤認知，而且即使在西德這麼有環境意識的國家，也只能在過去所產生的限制——歷史的重量——之下運作。

奧得布魯赫是絕佳的例子。它在某方面看起來就像一座綠色樂園，「綠色」在現代用法中是對環境友善之意。當地政治人物在十年前組成以鄉村經濟發展為主旨的LEADER行動團體，目的在以「環境永續」的方式發展基礎建設，將生態觀點納入考慮並發展生態旅遊。布蘭登堡邦政府相信奧得布魯赫涵蓋「對自然與地貌保育非常珍貴」的區域，正尋求方式將水道「回復自然」。[34]有一個例子是水資源顧問公司WASY在二〇〇二年委託辦理、提高里珀（Lieper）圩田地下水位的計畫，目的之一是減少乾化（drying-out）效應——現在沒有人稱之為沙漠化（Versteppung）了——同時尋找比當地水道上的保水堰較不礙眼的替代方案。[35]在聯邦教育與研究部出資的「地區創新動機」（InnoRegio）計畫底下，有一項培養地方就業的五年扶助方案，強調在奧得布魯赫施行生態政策，並將這些政策融入協助當地青年的計畫。這個方案提到有機農業、替代能源、「環境技術」的試行計畫，以及「生態與經濟合宜的社區項目」。即使在官僚式的冗贅散文中，談的盡是些溝通行動結構、創新互動，與「日益迅速變遷的社會」中的地方認同，綠色的理念還是穿透而出。[36]難怪致力於培養德國年輕人環保意識的柏林團體（BUNDjugend）會派員前往奧得布魯赫北部的威爾海姆叟（Wilhelmsaue）參加研習會，取得「生態執照」；[37]也難怪該地區已經成為有環境意識的藝術家與知識分子的避風港。

但這座綠色樂園必須自行爭取存在的權利。腓特烈大帝俯瞰排乾奧得布魯赫之後所創造的綠意，或是布萊特克羅伊茲（Ernst Breitkreutz）讚揚這片「綠色土地」的時候，他們用的都是綠色這個字的另一個意義——綠色的花園，被改造成肥沃而多產的土地。在奧得布魯赫至今還是如此，那裡百分之八十七的土地用於農業，而不管是LEADER行動團體還是布蘭登堡的官方單位都不能忽略這個事實。如邦政府所指出，這是一片土壤肥沃，「具有歷史和經濟價值的農耕地貌」，另外提到：「要將水道回復自然，必須適應這裡已發展出的耕地情況。」[38]但是農業耕種（多數非有機）的效應之一就是當地水道的汙染。腓特烈大帝再造工程遺留下來的舊奧得河水道網絡賦予了奧得布魯赫其特色，看起來一派田園風味；但它接收了大量的肥料逕流與家庭廢水，流速緩慢而且未經主河流沖洗，讓情況更為嚴重。二十一世紀初期，風光如畫的舊奧得河比萊茵河還髒。希羅與新特雷賓（Neutrebbin）之間的奧得河水質為二至三級（嚴重承載汙染物）；新特雷賓與維瑞曾之間的水質略微改善為二級（中度承載）；但是從維瑞曾直到水流匯入主河流，舊奧得河的水質經認定為三級，即「重度汙染」。[39]

這裡還有另一個東西讓人想起這個地區起源自腓特烈大帝，而這個提醒物讓許多人深感不安。從一開始，再造的奧得布魯赫就是一個實驗場，來自歐洲各地的動物物種以及人類聚集於此，新品種、作物與輪作法在此測試，以仿效十八世紀英國的新農牧模式。德國科學農業先驅丹尼爾・特爾在有著苜蓿、油菜、葛縷子與新品種豌豆田的奧得布魯赫定居並不是巧合。[40]與這波農業狂熱相當的現代現象是基因改造作物的使用，而奧得布魯赫再次成為實驗場也並不讓人意外。一九九〇年代末，巴德夫來恩瓦德以南的ＴＩＢＯ農業公司老闆曼泰（Siegfried Manthey）在一片土地上種了美國跨國企業孟山都（Monsanto）的基因改造玉蜀黍，這種玉蜀黍植株注入了細菌 *Bacillus thuringiensis*，用來毒死從南到北吃光了聯邦共和國玉米田的歐洲玉米螟。

其潛在好處顯而易見，而即使是科學界首屈一指的環保倡導者如Ｅ・Ｏ・威爾森（Edward O. Wilson）都接受基因改造作物「幾乎確定會在」農業生產的「常綠革命（evergreen revolution）中扮演重要角色」。[41]德國與歐盟禁止為銷售給大眾而種植的基因轉殖作物，這一點讓這種新科技的支持者深感不耐，責怪「生態基本教義派」讓科學帶來的人道奇蹟在推廣上受到延遲。[42]然而德國環境部長特立丁（Jürgen Trittin）以及聯邦自然保育辦公室主任沃特曼（Hartmut Vogtmann）表達的憂心其來有自。他們兩人提出的問題與奧得布魯赫環保團體例如「班寧（Barnim）反基因科技行動團體」所提出的類似。[43]

與先前的品種雜交不同，基因工程是在極為不同的物種之間進行，基因轉殖食品或飼料會有什麼結果很難預測。意料外的次級效應是一種可能，例如某些基因的作用形同過敏原或致癌物質。儘管試圖建立緩衝區，轉殖基因仍有可能從改造作物逃逸，進入同物種的野生作物中——從曼泰占地五英畝的基改玉蜀黍田可能逃逸至其他一千英畝玉蜀黍田，或是奧得布魯赫其他三萬一千英畝的穀地。基因轉殖的雜交品種是否真的可能壓倒野生品種，目前還是未知（過去雜交種與野生種競爭的經驗顯示應該不會），這仍是個待解答的問題。已經確立的是，當基改玉蜀黍中的細菌（*Bacillus thuringiensis*）藉由風力傳播到帝王蝶毛蟲覓食的植物上，導致其數量嚴重減少時，生物多樣性就受到損害了。一如以往，我們必須發揮想像力才能預見意料外的後果，而這些未來可能付出的代價必須與現在充滿信心的承諾放在一起衡量。E．O．威爾森擔心基改作物可能導致我們「困在浮士德式的交換中，危及我們的自然與安全」時，指的就是這個。[44]

奧得布魯赫的教訓值得記取，因為這裡的存在就立基於十八世紀「讓土地回歸土地」的浮士德式鬥爭。這是一片氾濫平原，人類將它造就的樣子只是暫時的。奧得布魯赫的地貌以及那裡的各種生活方式如果少了抵禦河流的因素就不會存在。農民與環保運動人士，曼泰和班寧行動團體中反對他的人，全都活在堤防的陰影下。這也是為什麼布蘭登堡邦政府謹慎的強調，將水道回復自然「只能一小步一小步進行，並且必須與水災防治同步」。有一份官方調查指出「住在那裡（奧得布魯赫）的人完全仰賴堅固的堤防。」[45]但這不是事實，或不是事實的全貌。威脅奧得布魯赫的洪水來自上游，而洪水是否會威脅到其存在也取決於上游高漲水流的去處。一九九七年七月，即使河流沖破堤防後只造成小小的齊爾滕朵夫谷地氾濫，但也已經立即發生效應，降低了下游水位。不過一九九七年奧得布魯赫真正的救星，如普拉策克所指出，是河流在捷克共和國與波蘭「收復」的大片奧得河氾濫平原。如果河流當時無法漫溢到那二十六萬五千英畝土地上，幾乎確定會流入奧得布魯赫。工程師估計，若不是上游的氾濫，布蘭登堡的洪峰還會再高六英尺（約一．八公尺）。[46]德國超過半數的洪災扶助慈善捐款轉給了捷克與波蘭受害者，是理應如此的自然正義。[47]

記者溫特斯（Peter Jochen Winters）曾提出，這場災害「加深了德國人與波蘭和捷克共和國鄰居之間的共同體的情感。」[48]這一點在災後立即的人道關懷方面來看，無疑是真的，但是一九九七年的災害也製造了衝突的可能。在從前的東德，人民對於「德國─波蘭和平邊界」另一邊的鄰居自覺優越是很常見的事情。在團結工聯（Solidarność）的年代，這種想法也受到黨領導的默默鼓勵。兩德統一並未驅除這樣的感受，而且恰恰相反。接著是波蘭對洪水的反應。波蘭的「奧得河二〇〇六」計畫方案包括加高堤防、疏濬和進一步調節河道以改善可航性，還有開發河流做為電力來源的新措施。布蘭登堡邦的運輸部長和環境部長馬上發表了強烈抗議：增加對中奧得河的束縛必定會讓水更加速往下游流，而下游處若再來一場重大水災將摧毀德國土地。包括環保團體在內，對波蘭這個計畫的敵意製造了敏感的政治問題。

布蘭登堡邦環境部長普拉策克與當時的聯邦環境部長安格拉．梅克爾（Angela Merkel）在溫泉勝地緬濟茲德羅耶鎮（Miedzyzdroje）與波蘭對口官員會面，試圖化解雙方歧見。普拉策克提到了「與波蘭方面艱難的討論。」[49]

這為一則古老故事添加了帶著反諷的新轉折。歷史上是德國人喜歡談論「征服自然」。腓特烈大帝將奧得布魯赫等沼澤地排乾後，以德國墾殖者取代了斯拉夫漁人。十九與二十世紀，德國人喜歡自視為築堤者，優於他們認為「軟弱」而無力塑造自己土地的斯拉夫人；而這個文化反射反應，在國家社會主義引發種族滅絕的自大中，以最黑暗的方式表現出來。[50]這種舊日鄙夷心態的痕跡仍留存在反波蘭的歧視語中，「波蘭經濟」是表示經濟管理失當的標籤，這是任何在東德長大的人都很熟悉的用語。現在，是波蘭的築壩與河川調節計畫在柏林激起了議論紛紛，因為德國有理由擔心這些計畫會讓未來的洪水對德國土地與生命造成更大威脅。但也許這只是那個古老主題的變奏。記者胡麥爾（Bernhard Hummel）在其為左翼柏林雜誌《叢林世界》（*Jungle World*）所寫的文章中提出，德國的回應中「隱含的沙文主義」來自一個沒有宣之於口的信念，即德國的新生地終究比波蘭的新生地更有價值，因此後者才應該繼續「被犧牲」以拯救前者。[51]

德國這一方確實隱含沙文主義（雖然不限於這一方）。但是與本書涵蓋的二百五十年歷史中多數時間相比，有關奧得河的當代辯論最突出的一點——也讓人抱持希望的一點——是其超越舊日歧見的程度。在民族國家不再是唯一行動者的世界中，其他聲音也能被聽見，其中一個聲音來自國際行動委員會「奧得河的時代」。這個聯盟由三十多個分屬德國、波蘭與捷克共和國的環境、保育和休閒組織共同組成，柏林與德國奧得河沿岸的團體，以及其他在弗次瓦夫、奧波萊（Opóle）、耶萊尼亞古拉（Jelenia Góra）、傑欽（Decin）與奧斯特拉瓦（Ostrava）的團體，全都因為這個聯盟而結合起來。聯盟呼籲採取環境友善的防洪方式，最主要是將河流「回復自然」以恢復河岸溼地，並拒絕「奧得河二〇〇六」計畫，認為那只是又一個無用的技術解決方式，只會把問題轉移到下游處並為未來製造新的問題。[52]「奧得河的時代」呼籲大家改變想法，在這個籲求的最後，他們敦促各方遵守另一個跨國組織的指導原則，這個組織就是歐盟。此中也有反諷之處。幾乎五十年前，歐盟的早期成員——德國、法國與盧森堡——在一九五六到六四年間不顧自然保育者的反對，合作推動了莫瑟爾河的渠化。[53]如今，歐盟已經擴大到包括東歐國家，對河川管理的觀點也與先前迥異，對於為奧得河谷找出更具環境永續性的未來，並打破不同國家各自以其他國家為水文墊腳石的循環，歐盟扮演關鍵的中間人角色。當時任布蘭登堡邦總理的施托爾佩（Manfred Stolpe）在一九九七年時曾說這是「歐洲的挑戰」，所言甚是。

在歐盟，透過「保護奧得河國際委員會」的討論，以及相關三國的雙邊會談，解決方案的輪廓已經清楚浮現。它不會來自任一國家的單獨行動，不管是德國、波蘭還是捷克共和國；也不會來自把河流視為敵人，必須把它限制在更緊束而流速更快的河道中來加以征服的態度。現在必須採行兩套措施。第一套，也是比較重要的措施，必須在奧得河的高地集水區進行。一個世紀以前，奧托．因茲等土木工程師曾經以為在中歐高地建造水壩會解決淹水問題：用因茲的話說，是在人類選擇的「戰場」上迎戰為患的河水。但如我們已經看到的，即使在一九二〇年代和三〇年代，這個「解決方案」就已經受到廣泛而理由充分的質疑。[54]長久以來的認知是，成功的植樹造林計畫會是更好的做法，這樣做可以讓大量降雨留存在高地區域，不像現在那麼迅速地流至低地平原。針對山地河川的調節機制（又是一個昨日許諾的未來）加以消解，也能達到同樣效果。高地豪雨的降水還是會導致水位上升，事實上，水位上升的時間或許會持續更久；但是大水的最高點會比較低，因為河流以較緩慢的速度流貫低地。

第二套措施必須在奧得河（以及其他河流）的中下游處進行：把堤防或其他防禦物後移以便讓氾濫平原的某些地區「回復自然」，這些地區將恢復為河岸溼地，並且滿足滯洪池的功能。這個政策在一八九〇年代的中歐洪水後即有少數人提出，但遭工程師摒除，稱之為「不可想像」，如今則已經是常識了。[55] 把堤防後移將花費高昂成本——據說在德國環境部內部用的是很不委婉的「真他媽的貴」（sauteuer）一字。現在的預期是，高達數十億歐元的費用應該大部分會由聯邦政府與歐盟支付。[56] 前幾代技術官僚追逐的白日夢同樣也很昂貴，而他們承諾的保障最後都沒有成真，各項費用也一再拖欠。當然，財務問題不是唯一的困難。在奧得河中下游，農業、工業與住宅已經占據了氾濫平原，是誰的利益要被犧牲？曾經，在以這本書的時間尺度衡量還不算太久以前，村落被改變河道的河流整個席捲而去是常見的事情，比如萊茵河上游那些淹沒的村落，亦如緩緩消失在雅德灣水面下的歐伯拉恩申田野。但這些是「自然」而隨機的事件。要將一座堤防後移，並刻意淹沒一座村落或經過數代耕作的一片土地，是另一回事情。以環境永續的水災防治之名透過這種做法去創造滯洪池，與為了創造水力發電的水庫而刻意淹沒一座山谷，有任何不同嗎？

容我在最後的一些省思中試著回答這個問題。過去那些導致村落消失的「自然」事件並不總是如表面上那麼自然，這些事件有時候是人類行動的間接結果——最明顯的是森林砍伐，又或者是一個村子決定強化其防禦措施，而將風險轉移到下游處另一座村子。這些事件永遠是因為在易受危害的脆弱地點建一座城鎮或村落所造成的結果。人們相信那些易受危害的處境可以成為過去，而人類安全可以受到保障，因此造就了河川調節與興築水壩的現代時期。事實證明，這個信念太過樂觀了。大規模技術計畫往往由幾近自大的自信所驅動，並且也帶來很多意外的後果，如這本書中已經一再呈現的。這些後果對人類與環境的代價和意義直到現在才全面顯現。同樣的狀況也適用於沼地墾殖、築壩以及導致地下水位下降與河川汙染所施行的各種方式。

這些事實都不會讓犧牲土地或人類聚落的刻意主張變得比較容易被接受，即使那是以達成比較合理的河川管理和水災防治為崇高目的。這本書關注的是人類如何塑造自己的自然環境，而人類創造的地貌獲得了充滿力量的歷史與情感連結。我所講述的歷史始於奧得布魯赫充滿戲劇性的土地再造。這裡的土地再造以人命為代價，更多人的健康因而受到損害，包括挖掘溝渠的人與早期殖民者。不管在當時或現在，土地再造的結果在某些層面上都難以用理性理解。那是一小片人口稀疏的地區，位於比一條河流正常水位低很多的地方，而且永遠受到河流的存在威脅。然而經過二百五十多年，這片新的土地覆上了時間的古銹，隨之而來的是某些主張。這是一片充滿歷史連結與人類努力痕跡的地貌，這是一九四五年春天在此戰鬥的德國人與俄國人身不由己的葬身處，這也是（至少在我看來）一片荒涼美麗的土地。即使可能，我也不願看到它恢復為再造以前那片「屬於水和草澤的荒野」。當然，「荒野」在極大程度上是人類的觀念，而且往往會誤導人。早在腓特烈大帝下令征服它以前，奧得河沼澤就已經有人類活動的印記。再造指的是某一套人類使用方式為另一套所取代。現在的問題是要不要重新設定現有的平衡，以及該怎麼做。這裡有足夠的空間容納食物生產和鸛鳥築巢，將某些河岸地區「回復自然」為溼地棲地的漸進措施，可以結合生態永續農業——這樣的信念並不是綠色運動的烏托邦夢想。

奧得布魯赫似乎不太可能被刻意淹沒成為滯水區（在它北邊和南邊現在都有滿足這個目的的區域），如果環境永續的水災防治政策獲致成功，這個地區將變得比過去安全。但是這個政策要成功，其他地方的其他新生地勢必將遭淹沒，居住在那裡的人會感受到他們所失去的。他們的不安終將消除，但那是因為他們搬離了自己的家園。告訴他們現在採行的政策不僅對環境較為友善，也會為奧得河沿岸的多數居民帶來更多真正的保障，幾乎不可能為他們帶來安慰，儘管這些話都是真的。同樣無法安慰他們、而且同樣一點不假的是，這項政策只有靠德國、波蘭與捷克共和國在歐盟大傘下達成協議才能成功。然而這兩個事實都應該是我們其他人欣慰的來源，因為在本書所涵蓋的大多數時間裡，自然應該被戴上鎖鏈的想法一直是主流，而「征服自然」在德國一直與對其他人的征服之間有著太過緊密的連結。

37 Http://www.bundjugend-berlin.de/presse/pm2002-11.html; 以及 http://www.oekofuehrerschein.de
38 'Alte Oder'.
39 同上。
40 見第一章。
41 Wilson, *The Future of Life*, 114-18（引文見頁 118）。
42 見 Thomas Deichmann, 'Trittin greift nach der Grünen Gentechnik', *Die Welt*, 二〇〇二年十月九日，較長的線上版本見：http://www.welt.de/daten/2002/10/09/1009de361129.htx
43 Gerald Mackenthun, 'Gen-Mais im Oderbruch', Barnimer Aktionsbündnis gegen Gentechnik: http://www.dosto.de/gengruppe/region/oderbruch/monsanto_moz.html. 亦見 Birgit Peuker and Katja Vaupel，由 Esther Rewitz 負責更新的 'Gefährliche Gentechnik', BUND Brandenburg: http://www.bundnessel.de/47_gen.html
44 Wilson, *The Future of Life*, 118.
45 'Alte Oder'; http://www.zalf.de/lsad/drimipro/elanus/html_projekt/pkt31/pkt3.html
46 Hummel, 'Nach uns die Sintflut'.
47 一億三千五百萬馬克中約有七千五百萬馬克捐至捷克與波蘭。
48 Winters, 'The Flood', 17.
49 Hummel, 'Nach uns die Sintflut'.
50 見第五章。
51 Hummel, 'Nach uns die Sintflut'.
52 有關這個組織的廣泛詳細資料見：http://www.bund-berlin.de/index
53 見第六章。
54 見第四章。
55 Georg Gothein, 'Hochwasserverhütung und Förderung der Flussschiffahrt durch Thalsperren', *Die Nation* 16 (1898-9), 536-9（引文見頁 537）。
56 Hummel, 'Nach uns die Sintflut'.

8 Karl Schlögel, 'Strom zwischen den Welten. Stille der Natur nach den Katastrophen der Geschichte: Die Oder, eine Enzyklopädie Mitteleuropas', *FAZ*, 一九九九年十一月十三日（'Bilder und Zeiten'）。

9 Glade, *Zwischen Rebenhängen und Haff*, 98-102.

10 *Das Oderbruch: Bilder einer Region* (n.p., 1992), 5.

11 Nippert, *Oderbruch*, 9, 216.

12 引用於 Makowski and Buderath, *Die Natur*, 181。因莫曼寫作時為一八三六年。

13 Glade, *Zwischen Rebenhängen und Haff*, 94.

14 Nippert, *Oderbruch*, 216-17.

15 例如一名攝影師與寫了 *Land ohne Übergang* 的一位作家。基爾住在普倫策爾堡（Prenzelberg），偶爾住在萊茨欣／奧得布魯赫（Letschin/Oderbruch）；里浩則將時間均分於柏林一沃爾特斯道夫（Berlin-Woltersdorf）與奧得布魯赫之間。

16 奧得布魯赫LEADER行動團體（LEADER Aktionsgruppe Oderbruch）詳細的人口與就業資料見：http://www.gruenliga.de/projekt/nre

17 布蘭登堡一九九〇年代各地區農業生產變遷的細節見：http://www.zalf.de/lsad/drimipro/elanus/html_projekt/pkt31/pkt.htm

18 Nippert, *Oderbruch*, 217-19.

19 LEADER Aktionsgruppe Oderbruch: http://www.gruenliga.de/projekt/nre

20 後文記敘引自：布蘭登堡邦官方來源，'"Jahrhundertflut" an der Oder'：http://www.mlur.brandenburg.de；Bernhard Hummel, 'Nach uns die Sintflut', *Jungle World* 32, 一九九八年八月五日；Peter Jochen Winters, 'The Flood', *Deutschland: Magazine on Politics, Culture, Business and Science*, 一九九七年十月，14-17。

21 見第一章。

22 Winters, 'The Flood', 16.

23 有關「自然力量」見：Winters, 'The Flood', 17。

24 布蘭登堡邦正式的支出明細（總支出為三億一千七百萬歐元）見'Hochwasserschäden'：http://www.mlur.brandenburg.de.

25 '"Jahrhundertflut" an der Oder 1997'.

26 Winters, 'The Flood', 17.

27 Hummel, 'Nach uns die Sintflut'.

28 同上。

29 'Deichreparatur am Oderbruch offenbart Grauen des Krieges': http://www.wissenschaft.de/wissen/news/drucken/156089.html

30 見'Ökologischer Hochwasserschutz'，源自 BUND-Berlin: http://www.bund-berlin.de

31 '"Jahrhundertflut" an der Oder 1997'.

32 見 Isolde Roch (ed.), *Flusslandschaften an Elbe und Rhein: Aspekte der Landschaftsanlayse, des Hochwasserschutzes und der Landschaftsgestaltung* (Berlin, 2003)，特別是 Christian Korndörfer 與 Jochen Schanze 的文章；Bernhard Müller, 'Krise der Raumplanung: Chancen für neue Steuerungsansätze?', in Müller et al. (eds.), *Siedlungspolitik auf neuen Wegen: Steuerungsinstrumente für eine ressourcenschonende Flächennutzung* (Berlin, 1999), 65-80。亦見環境與氣候史學者 Guido Poliwoda 和 Christian Pfister 建立的網站：http://www.pages.unibe.ch/shighlight/archive03/poliwoda.html

33 'Hochwasserschutz und Naturschutz', Deutsche Bundesstiftung Umwelt: http://www.umweltstiftung.de/pro/hochwasser.html

34 Land Brandenburg, 'Alte Oder': http://www.mlur.brandenburg.de; LEADER Aktionsgruppe Oderbruch.

35 'Wasserhaushaltsuntersuchungen im Oderbruch': http://www.wasy.de/deutsch/consulting/grund/oderbruch/index.html. WASY公司負責這個計畫的水文部分，並與另一家顧問公司合夥進行，另一家公司為 Büro für ländliche Entwicklung Agro-Öko-Consult GmbH。

36 'Leben lernen im Oderbruch': http://www.unternehmen-region.de/_media/InnoRegio_Dokumentation_2000_S08-31.pdf

107 這是Maier, *Dissolution*中的主要論點之一。

108 Jones, 'Environmental Movement', 236. 有關東德的化學產業見Raymond G. Stokes, 'Chemie und chemische Industrie im Sozialismus', in Hoffmann and Macrakis (eds.), *Naturwissenschaft und Technik in der DDR*, 283-96。

109 DeBardeleben, '"The Future Has Already Begun"', 152.

110 Dietrich Uhlmann, 'Ökologische Probleme der Trinkwasserversorgung aus Talsperren', *Abhandlungen der Sächsischen Akademie der Wiss. zu Leipzig*, Bd. 55, Heft 4 (1983), 3; Brüggemeier, *Tschernobyl*, 265. 不過在一九八〇年以後產業界找到方法設計出用水較少的工業程序，將整體工業用水減少約十%。

111 Dix, 'Landschaftsplanung', 335-6, 343-53.

112 DeBardeleben, '"The Future Has Already Begun"', 157; Elizabeth Boa and Rachel Palfreyman, *Heimat – A German Dream: Regional Loyalties and National Identity in German Culture 1890-1990* (Oxford, 2000), 131-2;Palmowski, 'Building an East German Nation'.

113 Hermand, *Grüne Utopien*, 144-6; Rudolf Bahro, *The Alternative in Eastern Europe*（London, 1978; 德文原文於一九七七年出版時的書名為*Die Alternative*），267, 407。亦見同前出處，頁428-30。

114 Ernst Neef et al., 'Analyse und Prognose von Nebenwirkungen gesellschaftlicher Aktivitäten im Naturraum', *Abhandlungen der Sächsischen Akademie der Wiss. zu Leipzig*, Bd. 54, Heft 1 (1979), 5-70, 特別見頁10-11；Karl Mannsfeld et al., 'Landschaftsanalyse und Ableitung von Naturraumpotentialen', 同前，Bd. 55, Heft 3 (1983), 55, 95-6。

115 Dietrich Uhlmann, 'Künstliche Ökosysteme', 同上，Bd. 54, Heft 3 (1980), 5。

116 同上。

117 亦見Uhlmann, 'Ökologische Probleme der Trinkwasserversorgung aus Talsperren'。

118 Uhlmann, 'Künstliche Ökosysteme', 15.

119 同上，31-2。

120 Neef et al., 'Analyse', 6.

121 Ekkehard Höxtermann, 'Biologen in der DDR', in Hoffmann and Macrakis (eds.), *Naturwissenschaft und Technik in der DDR*, 255-6.

122 Gerhard Timm, 'Die offizialle Ökologiedebatte in der DDR', in Redaktion Deutschland Archiv, *Umweltprobleme in der DDR* (Cologne, 1985).

123 DeBardeleben, '"The Future Has Already Begun"', 156.

124 Jones, 'Environmental Movement', 240-1.

125 Jones, 'Environmental Movement', 243; DeBardeleben, '"The Future Has Already Begun"', 158-9.

126 Jones, 'Environmental Movement', 241-58; Fulbrook, *Anatomy of a Dictatorship*, 225-36; Gransow, 'Pale Light of Progress', 196, 201-5.

尾聲　一切的開始

1 Günter Grass, *Too Far Afield* (San Diego, New York and London, 2000), 初版於一九九五年以*Ein weites Feld*為書名，由哥廷根的出版社Steidl Verlag出版。英文書名保留了原文中重要的地理感，但是不能傳達原文中所比喻的意義：「巨大的問題」。

2 同上，416-17。

3 同上，419。

4 Joachim Richau and Wolfgang Kil, *Land ohne Übergang: Deutschlands neue Grenze* (Berlin, 1992), 58.

5 有關希羅高地的紀念碑，見Glade, *Zwischen Rebenhängen und Haff*, 11-14; Nippert, *Oderbruch*, 50-60; 有關尋獲的遺體，見ZDF頻道的德國電視節目'Immer noch vermisst'（二〇〇三年十一月十一日）：http://www.zdf.de/ZDFde/inhalt/5/0,1872, 2080581,00.html

6 Richau and Kil, *Land ohne Übergang*, 27.

7 Christa Wolf, *A Model Childhood*（「模範童年」，New York, 1980），50，這是沃爾夫小說*Kindheitsmuster*（Berlin and Weimar, 1976）的書名英譯，容易誤導人。

vor Hochwasser und erhält naturnahe Flussauen (Stuttgart, 1988); Internationale Kommission zum Schutze des Rheins gegen Verunreinigung, *Ökologisches Gesamtkonzept für den Rhein: 'Lachs 2000'* (Koblenz, 1991), 特別見頁 10-14, 19-22。

86 Tittizer and Krebs, *Ökosystemforschung*, 39-40. 有關「生物探勘」，見 Edward O. Wilson, *The Future of Life* (New York, 2002), 125-8。

87 見 Ragnar Kinzelbach, 'Wasser: Biologie und Umweltqualität', in Böhm and Deneke (eds.), *Wasser*, 57-9, 以及同一文集中 Robert Mürb 與 Josef Mock 的文章。

88 這些辯論的例子見 Hailer, *Natur und Landschaft am Oberrhein*。然而梅涅特（Wolfgang Meinert）指出，主要河流與其側流在不同季節時的溫度差異（側流在冬季較冷，四月以後較暖）事實上會吸引魚類族群：Meinert, 'Untersuchungen über Fischbestandsverschiebungen żwischen Rhein bzw. Altrhein und blind endenden Seitengewässern in der Vorderpflaz', in Kinzelbach (ed.), *Tierwelt des Rheins*, 131-49。

89 Cioc, *The Rhine*, 185-201.

90 柴契爾夫人一九八二年五月十四日在蘇格蘭保守黨大會（Scottish Conservative Party Conference）的致詞，*Chambers Biographical Dictionary* (1997); McNeill, *Something New under the Sun*, 352（關於雷根發言）。

91 Lothar Späth, *Wende in die Zukunft: Die Bundesrepublik auf dem Weg in die Informationsgesellschaft* (Reinbek, 1985), 149-56.

92 蘇聯作者 Abadashev 所說，引用於 McNeill, *Something New under the Sun*, 333。

93 Andreas Dix, 'Nach dem Ende der 'Tausend Jahre': Landschaftsplanung in der Sowjetischen Besatzungszone und frühen DDR', in Radkau and Uekötter (eds.), *Naturschutz*, 351-2., 357-8.

94 Christian Weissbach, *Wie der Mensch das Wasser bändigt und beherrscht: Der Talsperrenbau im Ostharz* (Leipzig and Jena, 1958), 23.

95 同上，11-12, 22, 31。

96 同上，31, 35。有關薩克森的水壩，亦見 Such, 'Entwicklung', 70。

97 Mary Fulbrook, *Anatomy of a Dictatorship: Inside the GDR 1949-1989* (Oxford, 1995), 36, 80; Ian Jeffries and Manfred Melzer, 'The New Economic System of Planning and Management 1963-70 and Recentralisation in the 1970s', in Jeffries and Melzer (eds.), *The East German Economy* (London and New York, 1987), 26-40; Charles Maier, *Dissolution* (Princeton, 1997), 87-92.

98 Dieter Staritz, *Geschichte der DDR 1949–1985* (Frankfurt/Main, 1985), 157-62. 亦見 Dieter Hoffmann and Kristie Macrakis (eds.), *Naturwissenschaft und Technik in der DDR* (Berlin, 1997)。

99 有關「科學一技術革命」見 Walter Ulbricht, *Whither Germany?* (Dresden, 1966), 404, 417, 425；Glade, *Zwischen Rebenhängen und Haff*, 49（有關「太空人區」）；Jonathan R. Zatlin, 'The Vehicle of Desire: The Trabant, the Wartburg and the End of the GDR', *GH* 15 (1997), 358-80。

100 Glade, *Zwischen Rebenhängen und Haff: Reiseskizzen aus dem Odergebiet* (Leipzig, 1976), 5-18, 85-94（引文見頁 92）。亦見 Michalsky, 'Zur Geschichte des Oderbruchs'，文中有類似的自信話語，也見第一章。

101 有關「技術仙境」見第四章。

102 Glade, *Zwischen Rebenhängen und Haff*, 85-6, 90-2, 95, 103, 104. 造訪拉波德水壩建址的訪客因其體積巨大而「激動不已」，見 Weissbach, *Wie der Mensch das Wasser bändigt und beherrscht*, 26。

103 Joan DeBardeleben, '"The Future Has Already Begun": Environmental Damage and Protection in the GDR', in Marilyn Rueschemeyer and Christiane Lemke (eds.), *The Quality of Life in the German Democratic Republic* (Armonk, NY, 1989), 153-5.

104 Merrill E. Jones, 'Origins of the East German Environmental Movement', *GSR*, 256. pH 值愈低，酸度愈高。電池酸液的 pH 值為 1.0，醋為 2.4。見 McNeill, *Something New under the Sun*, 101。

105 Volker Gransow, 'Colleague Frankenstein and the Pale Light of Progress: Life Conditions, Life Activities, and Technological Impacts on the GDR Way of Life', in Rueschmeyer and Lemke (eds.), *Quality of Life*, 199; Burghard Ciesla and Patrice G. Poutrus, 'Food Supply in a Planned Economy', in Konrad A. Jarausch (ed.), *Dictatorship as Experience: Towards a Socio-Cultural History of the GDR* (New York, 1999), 152-7.

106 Brüggemeier, *Tschernobyl*, 269.

Wasser, 92-103; Dominick, *Environmental Movement*, 140.

58 Cioc, *The Rhine*, 146-71; Kinzelbach, *Tierwelt des Rheins*, 31; Tittizer and Krebs, *Ökosystemforschung*, 72-163; Schwoerbel, 'Technik und Wasser', 400-3.

59 Sandra Chaney, 'Water for Wine and Scenery, Coal and European Unity: Canalization of the Mosel River, 1950-1964', in Susan B. Anderson and Bruce H. Tabb (eds.), *Water, Culture and Politics in Germany and the American West* (New York, 2001), 227-52. Chaney的仔細分析顯示，支持者最高的期望與反對者最擔憂的事情都沒有成真。

60 Garbrecht, *Wasser*, 213.

61 水力在一九八三年僅供應西德三%的能源需求：同上，220。

62 比如巴伐利亞的奧托・克勞斯，見：Dominick, *Environmental Movement*, 161。

63 數據見Giesecke, Glasebach and Müller, 'Standardization', 81。以及Meurer, *Wasserbau*, 320-1; Feige and Becks, 'Wasser für das Ruhrgebiet', 33-55。

64 Deneke, 'Grundwasserabsenkungen im Hessischen Ried oder die Technisierung der äusseren Natur', in Böhm and Deneke (eds.), *Wasser*, 197-201; Kluge and Schramm, *Wassernöte*, 206-10. 這個問題絕非德國所獨有，見：Carbognin, 'Land Subsidence: A World-wide Environmental Hazard', 20-32。

65 *Die Welt*, 6 Nov. 1970: Dominick, *Environmental Movement*, 140. 有關保水同盟，同前，140-4。

66 同上，128; Chaney, 'Water', 235-44。

67 有關梅特涅的*Die Wüste droht*（一九四七），以及霍恩斯曼在一九五〇年代由「保護德國水源同盟」出版的*Als hätten wir das Wasser*，見Dominick, *Environmental Movement*, 142, 148-9。

68 Brüggemeier, *Tschernobyl*, 202.

69 Hermand, *Grüne Utopien*, 118-19; Dominick, *Environmental Movement*, 148-58; Brüggemeier, *Tschernobyl*, 202-5; Lekan, *Imagining the Nation in Nature*, 255.

70 Albrecht Lorenz and Ludwig Trepl, 'Das Avocado-Syndrom. Grüne Schale, brauner Kern: Faschistische Strukturen unter dem Deckmantel der Ökologie', *PÖ* 11 (1993-4), 17–24.

71 Alwin Seifert, 'Die Schiffbarmachung der Mosel', *NuL* 34 (1959), 54-5; Chaney, 'Water', 238, 240; Zeller, 'Alwin Seifert', 306-7; Jens Ivo Engels, '"Hohe Zeit" und "dicker Strich": Vergangenheitsbewältigung und-bewahrung im westdeutschen Naturschutz nach dem Zweiten Weltkrieg', in Radkau and Uekötter (eds.), *Naturschutz*, 363-404.

72 有關巴伐利亞乾涸的多瑙河沼地所形成的迷你塵暴區，見Zirnstein, *Ökologie*, 204。

73 Dominick, *Environmental Movement*, 137.

74 Arne Andersen, 'Heimatschutz', in Brüggemeier and Rommelspacher (eds.), *Besiegte Natur*, 156-7; Lekan, *Imagining the Nation in Nature*, 253-4.

75 *Der Spiegel*, 一九五九年十一月十八日，討論見Dominick, *Environmental Movement*, 187-9。

76 Dominick, *Environmental Movement*, 138.

77 Brüggemeier, *Tschernobyl*, 208-9, 取材自Hans-Peter Vierhaus的記述，見Hans-Peter Vierhaus, *Umweltbewusstsein von oben* (Berlin, 1994)。

78 Edda Müller, *Die Innenwelt der Umweltpolitik: Sozial-liberale Umweltpolitik* (Opladen, 1986); Franz-Josef Brüggemeier and Thomas Rommelspacher, *Blauer Himmel über der Ruhr* (Essen, 1992).

79 Hermand, *Grüne Utopien*, 131-5; Dominick, *Environmental Movement*, 146-7; Brüggemeier, *Tschernobyl*, 212-16; Sandra Chaney, 'For Nation and Prosperity, Health and a Green Environment: Protecting Nature in West Germany, 1945-70', in Christof Mauch (ed.), *Nature in German History* (New York and Oxford, 2004), 109-12.

80 McNeill, *Something New under the Sun*, 335.

81 Hermand, *Grüne Utopien*, 163, 181-5.

82 有關這類成功經驗（與其限制）的記述之間各有差異，見Brüggemeier, *Tschernobyl*, 216-42; Cioc, *The Rhine*, 177-85; Lelek and Buhse, *Fische des Rheins*, 2, 34-5, McNeill, *Something New under the Sun*, 352-3。

83 卡爾斯魯厄一麥克叟的風力發電機每年發電量為十三萬千瓦時。

84 見第四章。

85 見Ministerium für Umwelt, Baden-Württemberg, *Hochwasserschutz und Ökologie: Ein 'integriertes Rheinprogramm' schützt*

206-8。

24 Agnes Miegel, 'Es war ein Land'.

25 Wolfgang Paul, 'Flüchtlinge', *Land unserer Liebe: Ostdeutsche Gedichte* (Düsseldorf, 1953), 17; Gehrmann, 'Vom Geist', 129. 亦見 Hans Venatier, 'Vergessen?', in *Land unserer Liebe*, 28-9。

26 Herbert von Hoerner, 'Erinnerung', in *Land unserer Liebe*, 35; Joachim Reifenrath, 'Verlassenes Dorf, 同前，7。

27 Fechter, *Deutscher Osten*, 7; Miegel, 'Truso': *Es war ein Land*, 60-7.

28 以Agnes Miegel（阿妮絲・米蓋爾）進行網路搜尋，可以發現因為她在納粹德國的紀錄，德國各地城市都有人（尤其是綠黨人士）在爭取重新命名這些學校。

29 這樣的例子很多，其中一個見 Hanns von Krannhals, 'Die Geschichte Ostdeutschlands', 63-4, 文中將他聲稱仍持續存在的「亞洲」威脅（Asia ante portas）融入了全面性的德國受害者論述。

30 Hahn and Hahn, 'Flucht und Vertreibung', 338, 346-51; Günter Grass, *Über das Selbstverständliche: Politische Schriften* (Munich, 1969), 32-41（引文見頁 35）。

31 Heinz Csallner, *Zwischen Weichsel und Warthe: 300 Bilder von Städten und Dörfern aus dem damaligen Warthegau und Provinz Posen vor 1945* (Friedberg, 1989), 4-5, 176.

32 同上，110, 141。

33 *Von der Konfrontation zur Kooperation: 50 Jahre Landsmannschaft Weichsel-Warthe* (Wiesbaden, 1999); *50 Jahre nach der Flucht und Vertreibung: Erinnerung- Wandel- Ausblick. 19. Bundestreffen, Landsmannschaft Weichsel-Warthe, 10./11. Juni 1995* (Wiesbaden, 1995).

34 James Charles Roy, *The Vanished Kingdom* (Boulder, 1999), 28.

35 Helmut Enss, *Marienau: Ein Werderdorf zwischen Weichsel und Nogat* (Lübeck, 1998).

36 Fechter, *Zwischen Haff und Weichsel*, 294-5.

37 同上，345-9。

38 Enss, *Marienau*, 60-1, 66-71, 122-36, 150-6, 262-5.

39 同上，336。

40 同上，715。

41 同上，694。

42 Dönhoff, 'Vorwort', *Namen, die keiner mehr nennt.* 亦見 Dönhoff, *Kindheit in Ostpreussen* (Berlin, 1988), 221。

43 Dönhoff, *Namen, die keiner mehr nennt*, 25.

44 見 Ingrid Lorenzen, *An der Weichsel zu Haus* (Berlin, 1999), 97。以及同前出處，44, 110。

45 這是鈞特・葛拉斯短篇小說的主題，*Im Krebsgang* (Göttingen, 2002)。

46 Grundig, *Chronik*, vol. 2, 161-74.

47 瑞典作家斯提格・達格曼（Stig Dagerman）在他的報導中對此有精采絕倫的描述，*German Autumn* (London, 1988), 5-17。亦見 Zuckmayer, *A Part of Myself*, 391; Hermann Glaser, *Deutsche Kultur 1945-2000*(Munich, 2000), 76。

48 *A Small Town in Germany* 中的角色李歐・哈丁（Leo Harting）。

49 Max Frisch, *Tagebuch*, 1946-9, 引用於 Schneider (ed.), *Deutsche Landschaften*, 625。

50 保守的巴伐利亞自然保育者奧托・克勞斯語，引用於 Schua and Schua, *Wasser: Lebenswelt und Unwelt*, 167。

51 Applegate, *A Nation of Provincials*, 228-36; Lekan, *Imagining the Nation in Nature*, 254.

52 Jan Palmowski, 'Building an East German Nation: The Construction of a Socialist *Heimat*, 1945-1961', *CEH*, 37 (2004), 365-99.

53 Hinrichs and Reinders, 'Bevölkerungsgeschichte', in Eckhardt and Schmidt (eds.), *Geschichte des Landes Oldenburg*, 700-2.

54 Wegener, 'Die Besiedlung', 166-8; Jäger, *Einführung*, 228; Makowski and Buderath, *Die Natur*, 221.

55 Meyer, 'Zur Geschichte des Moorgutes Sedelsberg', 156, 161; Walter Gipp, 'Geschichte der Moor- und Torfnutzung in Bayern', *Telma* 16 (1986), 310-16; Behre, 'Entstehung und Entwicklung', 32-3.

56 Glaser, *Deutsche Kultur*, 256; Hermand, *Grüne Utopien*, 128.

57 Hans-Peter Harres, 'Zum Einfluss anthropogener Strukturen auf die Gewässersituation', in Böhm and Deneke (eds.),

248 Primo Levi, *If Not Now, When?* (Harmondsworth, 1986).
249 Primo Levi, *If This is a Man* and *The Truce* (Harmondsworth, 1979), 309-51.
250 Levi, *If Not Now, When?*, 67-8.

第六章：戰後兩德的地貌與環境

1 Künkel, *Auf den kargen Hügeln der Neumark*, 19-20.
2 有關根寧與當地的磨坊，見 Berghaus, *Landbuch der Mark Brandenburg*, vol. 3, 96, 235, 374-8。
3 見 'Der Autor: Ein Nachruf', *Auf den kargen Hügeln der Neumark*, 10-12。他的非小說著作為 *Das grosse Jahr* (1922), *Schicksal und Willensfreiheit* (1923), *Der furchtlose Mensch* (1930), *Das Gesetz deines Lebens* (1932) 及 *Die Lebensalter* (1938)。小說作品包括 *Anna Leun* (1932), *Schicksal und Liebe des Niklas von Cues* (1936), *Die arge Ursula* (1942), *Laszlo, die Geschichte eines Königsknaben* (1943) 及 *Die Labyrinth der Welt* (1951)。
4 這是昆克爾的書最後一章的標題，見：*Auf den kargen Hügeln der Neumark*, 117-46。
5 同上，126, 133。
6 同上，44。
7 鮑爾（Heinrich Bauer）有關布蘭登堡的著作幾乎與昆克爾同時期，書中也哀悼了比起當今「大眾文明」優越的「失落樂園」，見：Bauer, *Die Mark Brandenburg*, 47。
8 Künkel, *Auf den kargen Hügeln der Neumark*, 37-8.
9 見前文，自序及引言。
10 Herbert Kraus, 'Einführung und Geleit', *Auf den kargen Hügeln der Neumark*, 8.
11 Eva Hahn and Hans Henning Hahn, 'Flucht und Vertreibung', in Etienne François and Hagen Schulze (eds.), *Deutsche Erinnerungsorte*, vol. 1 (Munich, 2001), 335-51; Norman Naimark, *Fires of Hatred: Ethnic Cleansing in Twentieth-Century Europe* (Cambridge, Mass., 2001), 108-38.
12 Hahn and Hahn, 'Flucht und Vertreibung', 33 5–51.
13 對馬連堡堡壘與周遭土地「彼此相屬」的神祕一濫情意味敘述見 Paul Fechter, *Zwischen Haff und Weichsel* (Gütersloh, 1954), 290-1。
14 Paul Fechter, *Deutscher Osten: Bilder aus West- und Ostpreussen* (Gütersloh, 1955), 29-30.
15 Karlheinz Gehrmann, 'Vom Geist des deutschen Ostens', in Lutz Mackensen (ed.), *Deutsche Heimat ohne Deutsche: Ein ostdeutsches Heimatbuch* (Braunschweig, 1951), 137.
16 Fechter, *Deutscher Osten*, 20; Gehrmann, 'Vom Geist', 130-7.
17 Lutz Mackensen, 'Einführung', in Mackensen (ed.), *Deutsche Heimat ohne Deutsche*, 8; Hanns von Krannhals, 'Die Geschichte Ostdeutschlands', 同前，47, 55-61; Fechter, *Deutscher Osten*, 20; Kaplick, *Warthebruch*（副標題為 'A German Landscape in the East'「東部的德國地貌」），1; Fritz Gause, 'The Contribution of Eastern Germany to the History of German and European Thought and Culture', in *Eastern Germany: A Handbook*, edited by the Göttingen Research Committee, vol. 2: *History* (Würzburg, 1963), 429。
18 Agnes Miegel, 'Meine Salzburger Ahnen', *Ostland* (Jena, 1940), 13. 亦見 Inge Meidinger-Geise, *Agnes Miegel und Ostpreussen* (Würzburg, 1955), 17。
19 見抒情詩 'The Ferry', *Gedichte und Spiele* (Jena, 1920); 'Abschied vom Kinderland', *Aus der Heimat: Gesammelte Werke*, vol. 5 (Düsseldorf, 1954), 129; 'Heimat und Vorfahren', 354. 亦見 Anni Piorreck, *Agnes Miegel: Ihr Leben und ihre Dichtung* (Düsseldorf and Cologne, 1967), 118-19 以及 Meidinger-Geise, *Agnes Miegel und Ostpreussen*, 36。
20 'Gruß der Türme', *Unter hellem Himmel: Gesammelte Werke*, vol. 3, 118, 123.
21 Piorreck, *Agnes Miegel*, 183-92.
22 Agnes Miegel, 'Kriegergräber', *Ostland* (Jena, 1940), 37. 亦見 Ernst Loewy, *Literatur unterm Hakenkreuz* (Frankfurt/Main, 1966), 236-7; 以及（從辯護立場所寫的）Piorreck, *Agnes Miegel*, 207-8。
23 Piorreck, *Agnes Miegel*, 258-62（關於「普魯士媽媽」）; 'Zum Gedächtnis', *Du aber bleibst in mir: Elüchtlingsgedichte* (1949), 14-15; 'Es war ein Land' [1952], *Es war ein Land: Gedichte und Geschichten aus Ostpreußen* (Cologne, 1983),

的作為：Wolfgang Wippermann, 'Das Slawenbild der Deutschen', 70。

223 十九世紀的一個好例子是維謝爾特（Ernst Wichert）的*Heinrich von Plauen*（「普勞恩的海因利希」）；類似處在維那提耶的*Vogt Bartold*（「法警巴爾托」）中更顯而易見。其他作品的詳細分析見Wolfgang Wippermann, '"Gen Ostland wollen wir reiten": Ordensstaat und Ostsiedlung in der historischen Belletristik Deutschlands', in Wolfgang Fritze (ed.), *Germania Slavica* (Berlin, 1981), vol. 2, 187-255。

224 L[udwik] P[owidaj], 'Polacy i Indianie', II, *Dzennik Literacki* 56, 一八六四年十二月三十日。

225 Julius Mann, *Die Ansiedler in Amerika* (Stuttgart, 1845), 引用於Kriegleder, 'The American Indian', 490。

226 Harry Liebersohn, *European Travelers and North American Indians* (Cambridge, 1998), 1-9, 115-63.

227 Kriegleder, 'The American Indian in German Novels', 497-8.

228 見Adolf Halfeld, *Amerika und der Amerikanismus: Kritische Betrachtungen eines Deutschen und Europäers* (Jena, 1927); Berg, *Deutschland und Amerika*; Philipp Gassert, *Amerika im Dritten Reich* (Stuttgart, 1997); Herbert A. Strauss, 'Stereotyp und Wirklichkeiten im Amerikabild', in Willi Paul Adams and Knud Krakau (eds.), *Deutschland und Amerika* (Berlin, 1985), 19-38。

229 Ziegfeld, *1000 Jahre deutsche Kolonisation und Siedlung*, 39-41; Forstreuter, *Der endlose Zug*, 105-11.

230 Stamm或Stämme這兩個字在奧賓這類歷史學者的用語中愈來愈常見，因為這樣可以減少東歐民族真實存在的「國族性」(nationhood)。

231 *Diensttagebuch*, 522-3（一九四二年八月一日）。

232 Hitler, *Monologe*, 91（一九四一年八月十七日）。

233 Hitler, *Monologe*, 334, 377（一九四二年八月八日、八月三十日）。

234 Karel C. Berkhoff, *Harvest of Despair: Life and Death in the Ukraine under Nazi Rule* (Cambridge, Mass., 2004), 253-304.「舊帝國」對強迫勞動力的仰賴見Ulrich Herbert, *Hitler's Foreign Workers: Enforced Foreign Labor in Germany under the Third Reich* (New York, 1997)。

235 Jachomowski, *Umsiedlung*, 194-7（引文見頁197）；札莫希齊去安置行動與其效應的基本概要見Wasser, *Himmlers Raumplanung*, 133-229。

236 Aly and Heim, *Vordenker*, 189.

237 Breckoff, 'Zwischenspiel an der Warthe', 149; Lumans, *Himmler's Auxiliaries*, 197.

238 見'Wehrbauer im deutschen Osten', *Wir sind Daheim: Mitteilungsblatt der deutschen Umsiedler im Reich*, 一九四四年二月二十日。

239 Koehl, *RFKDV*, 151, 169-72.

240 Bürgener, *Fripet-Polessie*, 129.

241 Bernhard Chiari, 'Die Büchse der Pandora: Ein Dorf in Weissrussland 1939 bis 1944', in Müller and Volkmann (eds.), *Wehrmacht: Mythos und Realität*, 879-900; Bernhard Chiari, *Alltag hinter der Front: Besatzung, Kollaboration und Widerstand in Weissrussland 1941-1944* (Düsseldorf, 1998); Bräutigam, *Ostgebiete*, 92. Berkhoff, *Harvest of Despair*, 書中有德國企圖從波利西亞強徵奴工的資料。

242 Gerald Reitlinger, *The House Built on Sand: The Conflicts of German Policy in Russia 1939-1945* (London, 1960), 239, 246; Koehl, *RFKDV*, 171-2.

243 Klinkhammer, 'Partisanenkrieg', 819-36, 特別見頁829-33。

244 Bergius, 'Die Pripetsümpfe als Entwässerungsproblem', 667.

245 *Vorentwuf (Raumordnungsskizze) zur Aufhebung eines Raumordnungsplanes für das Ostland v. 17.11.1942. Bearbeiter: Provinzialverwaltungsrat Dr. Gottfried Müller*, in Rössler and Schleiermacher (eds.), *'Generalplan Ost'*, 189-97; Koos Bosma, 'Verbindungem zwischen Ost- und Westkolonisation', 出處同前，198-213；Burleigh, *Germany Turns Eastwards*, 238-9。

246 Chiari, 'Büchse der Pandora', 900. 士兵信件見Ortwin Buchbender and Reinhold Sterz (eds.), *Das andere Gesicht des Krieges: Deutsche Feldpostbriefe 1939-1945* (Munich, 1982)。

247 Berkhoff, *Harvest of Despair*, 276-8; Shmuel Spector, 'Jewish Resistance in Small Towns of Eastern Poland', in Norman Davies and Antony Polonsky (eds.), *Jews in Eastern Poland and the USSR, 1939-1946* (London, 1991), 138-44.

1944), 147, 186, 235, 435.

192 Kershaw, *Nemesis*, 434-5; Hitler, *Monologe*, 68（一九四一年九月二十五日）。有關希特勒針對中世紀拓殖的早期思想，亦見他一九二六年二月在班伯格（Bamberg）的演講，引用於Weißbecker '"Wenn hier Deutsche wohnten"', in Volkmann (ed.), *Russlandbild*, 20。

193 Konrad Meyer, 'Der Osten als Aufgabe und Verpflichtung des Germanentums', *NB* 34 (1942), 207.

194 *Diensttagebuch*, 534, 一九四二年八月一日：在蘭伯格的演說。

195 Burleigh, *Germany Turns Eastwards*, 192-3（談奧賓），253-99（談劫掠品）。

196 Aly and Heim, *Vordenker*, 232.

197 Marc Raeff, 'Some Observations on the Work of Hermann Aubin', in Hartmut Lehmann and James Van Horn Melton (eds.), *Paths of Continuity: Central European Historiography from the 1930s to the 1950s* (Cambridge, 1994), 239-49, Edgar Melton, 'Comment', 出處同前，251-61，以及Burleigh, *Germany Turns Eastwards*。艾督瓦德・穆勒（Eduard Mühle）正在撰寫奧賓傳記。

198 J. G. Merquior, *The Veil and the Mask* (London, 1979), 1-38.

199 戈培爾日記，一九四〇年三月十三日與一九四〇年八月九日，引用於Hans-Heinrich Wilhelm, *Rassenpolitik und Kriegsführung* (Passau, 1991), 93, 99。

200 法朗克的引文見Kaminski, *Dokumente*, 67-9, 72, 74-6, 80–1, 88。幾乎可以確定的是，法朗克相信過去曾有「條頓－德意志」聚落的可疑說法。

201 Lumans, *Himmler's Auxiliaries*, 140.

202 Volkmann, 'Zur Ansiedlung', 532-3; Koehl, *RKFDV*, 99.

203 'Die Heimkehr der Wolhyniendeutschen', 169.

204 Otto Bräutigam, *Überblick über die besetzten Ostgebiete während des 2. Weltkrieges* (Tübingen, 1954), 80.

205 見Werner Zeymer, 'Erste Ergebnisse des Ostaufbaus: Ein Bilderbericht', *NB* 32 (1940), 415。

206 Volkmann, 'Zur Ansiedlung', 545.

207 Wasser, *Himmlers Raumplanung*, 58.

208 Hitler, *Monologe*, 70（一九四一年九月二十五日）。

209 Reichsfüher SS〔希姆萊〕，*Der Untermensch*, 這是一九四二年的一本小冊，引用於Gröning and Wolschke-Bulmahn, *Liebe zur Landschaft*, 132。

210 Hitler, *Mein Kampf*, 742.

211 Machui, 'Landgestaltung', 297-304.

212 *Diensttagebuch*, 543（一九四二年八月十五日）。

213 一九一九年十一月十一日的日記：Ackermann, *Himmler als Ideologe*, 198。

214 Harvey, *Women and the Nazi East*; Aly and Heim, *Vordenker*, 198-202.

215 Chickering, *'We Men Who Feel Most German'*.

216 'The Posen Diaries of the Anatomist Hermann Voss', in Götz Aly, Peter Chroust and Christian Pross, *Cleansing the Fatherland: Nazi Medicine and Racial Hygiene* (Baltimore, 1994), 139, 146.

217 'Die fremde Wildnis schreckt uns nicht mit Falsch und Trug;/ wir geben ihr ein deutsch' Gesicht mit Schwert und Pflug,/Nach Ostland……', 作詞者為鮑曼（Hans Baumann，1935）：Gamm, *Der braune Kult*, 69。

218 August Haussleiter, *An der mittleren Ostfront* (Nuremberg, 1942), 引用於Rolf Günter Renner, 'Grundzüge und Voraussetzungen deutscher literarischer Russlandbilder während des Dritten Reichs', in Volkmann (ed.), *Russlandbild*, 416。

219 Hitler, *Monologe*, 91（一九四一年十月十七日）。

220 Bergér, *Friedrich der Grosse*, 54; Koser, *Geschichte*, vol. 3, 345, 351; Ritter, *Frederick the Great*, 180, 192.

221 Kaplick, *Warthebruck*, 23-5.

222 L[udwik] P[owidaj], 'Polacy i Indianie', I, *Dzennik Literacki* 53, 一八六四年十二月九日。非常感謝達伯勞斯基（Patrice Dabrowski）告訴我這個資料來源，並且惠予翻譯這些段落。歷史學者賴特邁爾（Johann Friedrich Reitemeier）讚揚德國在東部斯拉夫族土地進行的「開化荒野」時，將之比為歐洲人在北美

172 Broszat, *Polenpolitik*, 99; Aly and Heim, *Vordenker*, 147-9. Gröning and Wolschke-Bulmahn, *Liebe zur Landschaft*, 49-61 有力的傳達了這一點。

173 希特勒寫過，年少時的他「和所有將歐洲的塵土從腳上抖落的人懷抱一樣的態度，決意在新世界建立新生活並征服新家園」，見：Alan E. Steinweis, 'Eastern Europe and the Notion of the "Frontier" in Germany to 1945', *YES* 13 (1999), 56-7。

174 Kershaw, *Nemesis*, 434-5; Hitler, *Monologe*, 70（一九四一年九月二十五日），78（一九四一年十月十三日），398-99（一九四三年六月十三日）。

175 有關希特勒與卡爾．邁：*Monologe*, 281-2, 398。有關卡爾．邁，見 Helmut Schmiedt, *Karl May* (Frankfurt/Main, 1985)。

176 Wynfrid Kriegleder, 'The American Indian in German Novels up to the 1850s', *GLL* 53 (2000), 487-98; Friedrich Gerstäcker, *Die Flusspiraten des Mississippi* (Jena, 1848). 有關格斯特克與美國，見 Augustus J. Prahl, 'Gerstäcker und die Probleme seiner Zeit', dissertation, Johns Hopkins University, 1933。

177 Fontane, *WMB*, 346-53（引文見頁 353）；Freytag, *Soll und Haben*, 679–96 (Book 5, chapters 1, 2)。

178 Friedrich Gerstäcker, *Nach Amerika!* (Jena, 1855)。

179 例如，見 Adalbert Forstreuter, *Der endlose Zug: Die deutsche Kolonisation in ihrem geschichtlichen Ablauf* (Munich, 1939), 101-12, 133-9; A. Hillen Ziegfeld, *1000 Jahre deutsche Kolonisation und Siedlung: Rückblick und Vorschau zu neuem Aufbruch* (Berlin, n.d. [1942]), 39-42, 51-7。

180 見 Frederick Jackson Turner, *The Frontier in American History* (Tucson, 1986), ix-xx, 'Foreword' by Wilbur Jacobs; Patricia Nelson Limerick, *The Legacy of Conquest: The Unbroken Fast of the American West* (New York, 1988), 17, 20-3, 49, 71, 83, 253-4; William Cronon, *Nature's Metropolis: Chicago and the Great West* (New York, 1992), xvi, 31-54, 150。

181 Mark Bassin, 'Imperialism and the Nation State in Friedrich Ratzel's Political Geography', *PHG* 11 (1987), 479-80, 489; W Coleman, 'Science and Symbol in the Turner Frontier Hypothesis', *AHR* 72 (1966), 39-40; Steinweis, 'Eastern Europe and the Notion of the "Frontier"', 60-1.

182 Max Sering, *Die innere Kolonisation im östlichen Deutschland* (Leipzig, 1893), 160, 166, 172-3, 180, 205, 212, 214, 230-31. 有關拉采爾的美國之旅見 Mark Bassin, 'Friedrich Ratzel's Travels in the United States: A Study in the Genesis of his Anthropogeography', *HGN* 4 (1984), 11-22。

183 Dipper, *Deutsche Geschichte 1648-1789*, 26（談施穆勒）；Max Weber, 'Capitalism and Society in Rural Germany', in Hans Gerth and C. Wright Mills (eds.), *From Max Weber: Essays in Sociology* (London, 1952), 363-85（原為在聖路易以歐洲與美國為題的演講）。

184 Theodor Lüddecke, 'Amerikanismus als Schlagwort und Tatsache', 引用 Peter Berg, *Deutschland und Amerika 1918-1929* (Lübeck and Hamburg, 1963), 134; Otto Maull, *Die Vereinigten Staaten von Amerika als Grossreich*, 引用 'Eastern Europe and the Notion of the "Frontier"', 61-2。

185 Dan Diner, '"Grundbuch des Planeten": Zur Geopolitik Karl Haushofers', *VfZ* 32 (1984), 1-28; Bassin, 'Race contra Space'; Schultz, *Die deutschsprachige Geographie*, 176-228; Ludwig Ferdinand Clauß, *Rasse und Seele* (Munich, 1926), 37, 144.

186 Immanuel Geiss, *Der Polnische Grenzstreifen 1914-1918* (Lübeck and Hamburg, 1960); Vejas G. Liulevicius, *Warland on the Eastern Front: Culture, National Identity and German Occupation in World War I* (Cambridge, 2000).

187 Erich Keyser, 'Die deutsche Bevölkerung des Ordenslandes Preussen', in Volz (ed.), *Der ostdeutsche Volksboden*, 234.

188 見 Karl Hampe, *Der Zug nach dem Osten: Die kolonisatorische Grosstat des deutschen Volkes im Mittelalter* (Leipzig and Berlin, 1935; first edn. 1921), 37; Hermann Aubin, 'Die historische Entwicklung der ostdeutschen Agrarverfassung und ihre Beziehungen zum Nationalitätsproblem der Gegenwart', in Volz (ed.), *Der ostdeutsche Volksboden*, 特別見頁 345-7。亦見 Karen Schönwälder, *Historiker und Politik: Geschichtswissenschaft im Nationalsozialismus* (Frankfurt/Main, 1992), 35-65; Burleigh, *Germany Turns Eastwards*, 22-39。

189 Froese, *Kolonisationswerk Friedrichs des Grossen: Wesen und Vermächtnis*, 116.

190 Staritz, *Die West-Ostbewegung*, 160-1.

191 Freytag, *Raum deutscher Zunkunft*, 154, 249; Hans Venatier, *Vogt Bartold: Der grosse Zug nach dem Osten* (17th edn., Leipzig,

146 Wettengel, 'Staat und Naturschutz', 395.

147 Schama, *Landscape and Memory*, 67-72; Rubner, *Forstgeschichte*, 135-6.

148 'Einführing' to *Neue Dorflandschaften*.

149 Erhard Mäding, *Landespflege: Die Gestaltung der Landschaft als Hoheitsrecht und Hoheitspflicht* (Berlin, 1942), 215, 馬丁在次年的文章中重複了相同意見，見 'Gestaltung der Landschaft', 24。對「浪漫」想像的類似批評見 Walter Wickop, 'Grundsätze und Wege der Dorfplanung', 46。

150 Herbert Frank, 'Das natürliche Fundament', 11.

151 除了 Aly and Heim, *Vordenker* 與 Rössler and Schleiermacher (eds.), *'Generalplan Ost'*，亦見 Susanne Heim (ed.), *Autarkie und Ostexpansion: Pflanzenzucht und Agrarforschung im Nationalsozialismus* (Göttingen, 2002)。

152 William H. Rollins, 'Whose Landscape? Technology, Fascism and Environmentalism on the National Socialist Autobahn', *AAAG* 85 (1995), 507-8; Aly and Heim, *Vordenker*, 159; Achim Thorn, 'Aspekte und Wandlungen des Russlandbildes deutscher Ärzte im Dritten Reich', in Volkmann (ed.), *Russlandbild im Dritten Reich*, 448; W. Kreutz, 'Methoden der Klimasteuerung: Praktische Wege in Deutschland und der Ukraine', *FD* 15 (1943), 256-81.

153 Teschner, 'Landschaftsgestaltung in den Ostgebieten', 570. 亦見 Wiepking-Jürgensmann, 'Aufgaben und Ziele deutscher Landschaftspolitik', 81-96.

154 Martin Bürgener, 'Geographische Grundlagen der politischen Neuordnung in den Weichsellandschaften', *RuR* 4 (1940), 344-53.

155 See Kreutz, 'Methoden der Klimasteuerung', 275（表格），281。

156 ranz W. Seidler, 'Fritz Todt', in Smelser and Zitelmann (eds.), *The Nazi Elite*, 252.

157 *Diensttagebuch*, 189-91（一九四〇年四月二十四日）；250（一九四〇年七月十一日）；347-9（一九四一年四月三日）；546（一九四二年八月二十一日，訪視羅日努夫水壩）。亦見 Meinhold, 'Das General-Gouvernment als Transitland', 36-40, 44。

158 *Diensttagebuch*, 749（一九四三年十月二十六日）。

159 見 Frank, 'Dörfliche Planung im Osten', 45; Greifelt, 'Die Festigung deutschen Volkstums im Osten', 11-12. G. Brusch, 'Betonfertigteile im Landbau des Ostens', in Schacht (ed.), *Bauhandbuch für den Aufbau im Osten*, 197, 文中主張在東部鄉村建築中實驗性的使用預製混凝土是一個例子，顯示可以使用「現代技術」以「創造新事物」，之後在舊帝國使用。

160 Heinrich Friedrich Wiepking-Jürgensmann, 'Gegen den Steppengeist'.

161 Mäding, 'Gestaltung der Landschaft', 23-4.

162 Gröning and Wolschke-Bulmahn, *Liebe zur Landschaft* 以及 *Fehn*, "'Lebensgemeinschaft von Volk und Raum"'，都指出了這個雙重特質。

163 *Allgemeine Anordnung Nr. 20/VI/42 über die Gestaltung der Landschaft in den eingegliederten Ostgebieten*, 138.

164 Wickop, 'Grundsätze und Wege der Dorfplanung', 47; "Wiepking-Jürgensmann, 'Dorfbau und Landschaftsgestaltung', 42-3.

165 Schwenkel, 'Landschaftspflege und Landwirtschaft', 124，許文克在標題幾乎一樣的文章中重複了這個指控，見：'Landschaftspflege und Landwirtschaft', *NB* 35 (1943), 7-18, 特別見頁 13。

166 Brüggemeier, *Tschernobyl*, 165-7.

167 見 Rolf-Dieter Müller, 'Industrielle Interessenpolitik im Rahmen des "Generalplan-Ost"', *MGM* 42 (1981), 101-51。

168 Gröning and Wolschke-Bulmahn, *Liebe zur Landschaft*, 30.

169 原文為 *Gesamtraumkunstwerk*，見：Mäding, 'Gestaltung der Landschaft', 23。Gröning and Wolschke-Bulmahn, *Liebe zur Landschaft*, 125-39, 此處主張，地貌規畫中的美學元素是規畫者面對更大的經濟力量，為他們的軟弱無力合理化的方式。

170 Gröning and Wolschke-Bulmahn, *Liebe zur Landschaft*, 135-6.

171 例如見 Herbert Morgen, 'Forstwirtschaft und Forstpolitik im neuen Osten', *NB* 33 (1941), 103-7。亦見 Rubner, *Forstgeschichte*, 136-40。總督府的林業期刊 *Wald und Holz*（「森林與木材」）中也有生態觀點的文章，見 Christoph Spehr, *Die Jagd nach Natur* (Frankfurt/Main, 1994), 173-5。

Bahn, Panorama: Verkehrswege und Landschaftsveränderungen in Deutschland von 1930 bis 1990 (Frankfurt/Main, 2002), 203-9; Thomas Zeller, '"Ganz Deutschland sein Garten"', 277-81; Dietmar Klenke, 'Autobahnbau und Naturschutz in Deutschland', in Matthias Freese and Michael Prinz (eds.), *Politische Zäsuren und gesellschaftlicher Wandel im 20. Jahrhundert* (Paderborn, 1996), 465-98。納粹在開發自然資源的同時在口頭上支持保育，見 Ulrich Linse, *Ökopax und Anarchie: Eine Geschichte der ökologischen Bewegung in Deutschland* (Munich, 1986), 153-63。

124 Eugenie von Garvens, 'Land dem Meere abgerungen', *Die Gartenlaube* (1935), 397-8. 有關土穆勞灣（與建設的困難）見 Jan G. Smit, *Neubildung deutschen Bauerntums: Innere Kolonisation im Dritten Reich – Fallstudien in Schleswig-Holstein* (Kassel, 1983), 280-311。

125 Pflug, *Deutsche Flüsse – Deutsche Lebensadern*, 60-1.

126 Smit, *Neubildung*, 強調了宣傳功能。

127 Patel, 'Naturschutz', 216. 亦見 Patel 針對勞役團與美國類似單位的比較研究，*'Soldaten der Arbeit': Arbeitsdienste in Deutschland und den USA 1933-1945* (Göttingen, 2003)。

128 兩例中的歌詞都出自提羅・謝勒（Thilo Scheller），見：Hans-Jochen Gamm, *Der braune Kult: Das Dritte Reich und seine Ersatzreligion* (Hamburg, 1962), 94-5。

129 Wettengel, 'Staat und Naturschutz', 390.

130 Riechers, 'Nature Protection', 48.

131 Lampe, 'Wirtschaft und Verkehr', 757; Arno Schröder, *Mit der Partei vorwärts! Zehn Jahre Gau Westfalen-Nord* (Detmold, 1940), 140-2. 德呂穆林沼地尚有一小部分留存，後來成為自然公園，諷刺的是，這個公園得以成立是後來的戴特教授（Professor Däthe）於國家勞役團服務時對鳥類與植物的觀察所促成，見：Fred Braumann and Helmut Müller, 'Der Naturpark Drömling in Sachsen-Anhalt', *NuN* 152 (1994), 12。

132 Hans Klose, 引用於 Gröning and Wolschke-Bulmahn, 'Naturschutz und Ökologie', 9。

133 Maier, 'Kippenlandschaft, "Wasserkrafttaumel" und Kahlschlag', 258.

134 Patel, 'Naturschutz', 216. 亦見 Walter Schoenichen, *Zauber der Wildnis in deutscher Heimat* (Neudamm, 1935)。旬尼亨對「原始地貌」的關注近乎執迷，對此的分析見 Ludwig Fischer, 'Die Urlandschaft', in Radkau and Uekötter (eds.), *Naturschutz*, 183-205, esp. 186-7。

135 漢斯・克洛斯就是其中一位，見：Rubner, *Forstgeschichte*, 83-4。

136 Otto Jaeckel, *Gefahren der Entwässerung unseres Landes* (Greifswald, 1922), 12-13; Kluge and Schramm, *Wassernöte*, 183-99。

137 Alwin Seifert, 'Die Versteppung Deutschlands', *DT*, 4 (1936), 重印於 *Die Versteppung Deutschlands? Kulturwasserbau und Heimatschutz* (Berlin and Leipzig, 1938), 後又重刊於賽佛爾特自己的文集，*Im Zeitalter des Lebendigen* (Dresden, 1941), 24-51。

138 見 J. Buck, 'Landeskultur und Natur', *DLKZ* 2 (1937), 48-54, 一名工程師對賽佛爾特提出嚴厲抨擊，最嚴重的指控是他忽略了「沒有空間的民族」最迫切的需求。

139 見他在戰時的文章，'Die Zukunft der ostdeutschen Landschaft', *BSW* 20 (1940), 312-16。

140 Todt, 'Vorwort', *Im Zeitalter des Lebendigen*; Zeller, 'Alwin Seifert', 282-7; Bramwell, *Blood and Soil*, 173-4; Patel, 'Naturschutz', 215-18; Zirnstein, *Ökologie*, 205-6; Kluge and Schramm, *Wassernöte*, 191-6.

141 Hermann-Heinrich Freudenberger, 'Probleme der agrarischen Neuordnung Europas', *FD* 5 (1943), 166-7.

142 關於水力發電，見 Maier, 'Kippenlandschaft, "Wasserkraftttaumel" und Kahlschlag', 260-4; Roman Sandgruber, *Strom der Zeit: Das Jahrhundert der Elektrizität* (Linz, 1992), 212-19。希特勒談論挪威與水力發電見：*Monologe*, 53-4 (2 Aug. 1941)。

143 Gröning and Wolschke-Bulmahn, 'Naturschutz und Ökologie', 11-13; 'Politics, Planning and the Protection of Nature: Political Abuse of Early Ecological Ideas in Germany, 1933-45', *PlP* 2 (1987), 133-4; Fehn, "'Lebensgemeinschaft von Volk und Raum"', 220-1. 旬尼亨一九四三年一篇文章的標題值得注意：'Nature Conservation in the Context of a European Spatial Order'（「歐洲空間秩序脈絡下的自然保育」）。

144 Hans Schwenkel, 'Landschaftspflege und Landwirtschaft: Gefahren der zerstörten Landschaft', *FD* 15 (1943), 127.

145 Zeller, 'Alwin Seifert', 295-7.

Heims, ed. Werner Jochmann (Hamburg, 1980), 128。

108 Martin Gilbert, *The Holocaust* (New York, 1985), 307,引用於 Aly, *'Final Solution'*, 175。

109 見總督府人口與福利部門(Department of Population and Welfare)副部長佛爾(Walter Föhl)一九四二年六月二十一日致柏林「SS同志」的信:「我們每一天都接收來自歐洲各地的火車,每一輛都載著超過一千名猶太人,我們為他們提供急救,給予多少是臨時性的收容,或將他們遣送到白俄羅斯沼澤的更深處,往北極海的方向而去——如果他們活下來(來自選帝侯大道或維也納與普雷斯堡〔Pressburg〕的猶太人是一定不會的)——他們將在戰爭結束時在那裡被聚集起來,不過在此之前他們應該已經修了幾條路。(但我們不可以談論這個!)見:Aly and Heim, *Vordenker*, 215-16,以及 Aly, *'Final Solution'*, 175-6。

110 八月獨白中只提到該區地勢對軍事操演的價值(*Monologe*, 55);九月二十八日他提到軍事行動也提到出於環境考量的反對原因(同前,頁 74)。在這兩個例子中希特勒都沒有提及沼澤的名稱,就像他在十月二十五日帶著暴力意味的「前進沼澤」發言中,也沒有提供更明確的說明。

111 Martin Seckendorf, 'Die "Raumordnungsskizze" für das Reichskommissariat Ostland vom November 1942: Regionale Konkretisierung der Ostraumplanung', in Rössler and Schleiermacher (eds.), *Der 'Generalplan Ost'*, 180, 以及附加的 Dokument 6: Gottfried Müller, 'Vorentwurf eines Raumordnungsplanes für das Ostland, 17. November 1942', 196; Koos Bosma, 'Verbindungen zwischen Ost- und Westkolonisation', 同前,198-214; Burleigh, *Germany Turns Eastwards*, 238-9。有關普里佩特沼澤與游擊隊,見後文。

112 見 Anna Bramwell, *Blood and Soil: Richard Walther Darré and Hitler's 'Green Party'* (Abbotsbrook, 1985); Simon Schama, *Landscape and Memory* (New York, 1995), 67-72, 118-19。

113 Dominick, *Environmental Movement*, 81-102; Gerd Gröning and Joachim Wolschke-Bulmahn, 'Naturschutz und Ökologie', 2-5; Burkhardt Riechers, 'Nature Protection during National Socialism', *HSR* 21 (1996), 40-7; Kiran Klaus Patel, 'Neuerfindung des Westens – Aufbruch nach Osten: Naturschutz und Landschaftsgestaltung in den Vereinigten Staaten von Amerika und in Deutschland, 1900-1945', *AfS* 43 (2003), 207; Lekan, *Imagining the Nation in Nature*, 141-54.

114 Gesine Gerhard, 'Richard Walther Darré – Naturschützer oder "Rassenzüchter"?', in Radkau and Uekötter (eds.), *Naturschutz*, 257-71(引文見頁 268),較諸 Bramwell 的 *Blood and Soil* 更具批判性;Franz-Josef Brüggemeier, *Tschernobyl, 26. April 1986: Die ökologische Herausforderung* (Munich, 1998), 155-7(引文見頁 156)。

115 Thomas Zeller, '"Ganz Deutschland sein Garten": Alwin Seifert und die Landschaft des Nationalsozialismus', in Radkau and Uekötter (eds.), *Naturschutz*, 273-307; Patel, 'Naturschutz', 211.

116 Robert A. Pois, *National Socialism and the Religion of Nature* (London, 1986), 38; Boria Sax, *Animals in the Third Reich: Pets, Scapegoats, and the Holocaust* (New York, 2000).

117 Anna-Katharina Wöbse, 'Lina Hähnle und der Reichsbund für Vogelschutz', in Radkau and Uekötter (eds.), *Naturschutz*, 320.

118 Edeltraud Klueting, 'Die gesetzliche Regelung der nationalsozialistischen Reichsregierung für den Tierschutz, den Naturschutz und den Umweltschutz', in Radkau and Uekötter (eds.), *Naturschutz*, 78-88. Sax, *Animals in the Third Reich*, 175-9, 書中附錄重印了動物保護法。

119 Klueting, 'Die gesetzliche Regelung', 88-101; Wettengel, 'Staat und Naturschutz', 382-7.

120 Riechers, 'Nature Protection', 47; Brüggemeier, *Tschernobyl*, 159-60. 八百這個數字本身可能就估計過高。

121 Wettengel, 'Staat und Naturschutz', 382-9; Gröning and Wolschke-Bulmahn, 'Naturschutz und Ökologie', 11; Heinrich Rubner, *Deutsche Forstgeschichte 1933–1945. Forstwirtschaft, Jagd und Umwelt im NS-Staat* (St Katharinen, 1985), 85-6; Thomas Lekan, 'Organische Raumordnung: Landschaftspflege und die Durchfuhrung des Reichsnaturschutzgesetzes im Rheinland-Westfalen', in Radkau and Uekötter (eds.), *Naturschutz*, 145-65.

122 Hamm, *Naturkundliche Chronik*, 232.

123 有關費德爾等納粹黨員倡導水力發電,見 Henry A. Turner, *German Big Business and the Rise of Hitler* (New York, 1985), 281,希特勒對水力發電的熱衷見:*Monologe*, 53-4。有關水力發電、水壩與環境:Helmut Maier, 'Kippenlandschaft, "Wasserkrafttaumel" und Kahlschlag', 247-66(旬尼亨有關水壩與公路必須盡可能「融入地貌節奏」之語見頁 257)。有關公路與賽佛爾特的「地貌代言人」角色,見 Thomas Zeller, *Strasse,*

und Ziele', 81-2。

87 哥姐・鮑曼致馬丁・鮑曼（Martin Bormann）信，一九四五年二月二十四日：*The Bormann Letters*, ed. Hugh Trevor-Roper (London, 1945), 194。

88 Günther Deschner, 'Reinhard Heydrich', in Smelser and Zitelmann (eds.), *The Nazi Elite*, 92.

89 Müller, *Siedlungspolitik*, 102. Deschner認為布拉格的演講說明了海德里希的冷酷務實。

90 *Diensttagebuch*, 330: 一九四一年一月二十二日。亦見Broszat, *Polenpolitik*, 65-7；Pohl, 'Murder of the Jews', 85-6。

91 Aly, *'Final Solution'*, 167-8, 強調了這點。

92 Bauer, *Rethinking the Holocaust*, 90-1, 援引Sarah Bender（針對比亞維斯托克）與Michael Unger（針對羅茲）的著述。亦見Browning, *Nazi Policy*, 58-88, and Mayer, *Heavens*, 352, 他強調強迫勞動在一九四一至四二年為了冬天的戰爭而動員生產所扮演的角色。

93 Sandkühler, 'Anti-Jewish Policy and the Murder of the Jews', 111-25.

94 Safrian, *Eichmann-Männer*, 88; Browning, *Nazi Policy*, 8.

95 Bauer, *Auschwitz*, 165. Bauer接受這不只是霍斯後來為了「軟化」希姆萊所扮演的角色而提出的說法，而是對集中營歷史早期階段的準確描述。強迫猶太人勞動的討論一直延續到八月，見同前出處，頁170-1。最早有系統的施放毒氣（針對蘇聯戰俘）發生在一九四一年九月的奧許維茲。

96 Primo Levi, *Moments of Reprieve: A Memoir of Auschwitz* (New York, 1987), 124.

97 Mark Roseman, *The Wannsee Conference and the Final Solution* (New York, 2003), 101, 111.

98 希特勒與戈培爾的話見Manfred Weißbecker, '"Wenn hier Deutsche wohnten ..." Beharrung und Veränderung im Russlandbild Hitlers und der NSDAP', in Hans-Erich Volkmann (ed.), *Das Russlandbild im Dritten Reich* (Cologne, 1994), 34-5, 37。

99 Volkmann, 'Zur Ansiedlung der Deutsch-Balten im "Warthegau"', 541-2.

100 例如，見*Diensttagebuch*, 590-2：一九四二年十二月十四日；Kaminski, *Dokumente*, 96。法朗克甚至自豪的記錄了總督府的德國專賣為帝國提供了多少伏特加與雪茄：Frank, 一九四四年一月十四日：Kaminski, *Dokumente*, 99。

101 Burrin, *Hitler and the Jews*, 106-7; Sandkühler, 'Anti-Jewish Policy and the Murder of the Jews', 112; Bauer, *Rethinking the Holocaust*, 170-1; Aly, *'Final Solution'*, 176.

102 八月中正是新命令（殺害猶太人）開始傳達給特別行動隊的領導者之時，但是命令抵達的時間相當不一致。見Alfred Streim, 'Zur Eröffnung des allgemeinen Judenvernichtungsbefehls gegenüber den Einsatzgruppen', in Eberhard Jäckel and Jürgen Rohwer (eds.), *Der Mord an den Juden im Zweiten Weltkrieg* (Stuttgart, 1985), 113-16。

103 Ruth Bettina Birn, *Die Höheren SS- und Polizeiführer: Himmlers Vertreter im Reich und in den besetzten Gebieten* (Düsseldorf, 1986), 171; Christian Gerlach, 'German Economic Interests, Occupation Policy and the Murder of the Jews in Belorussia, 1941/43', in Herbert (ed.), *National Socialist Extermination Policies*, 220.

104 有關德意志國防軍與在普里佩特發生的行動，見Jürgen Förster, 'Wehrmacht, Krieg und Holocaust', in Rolf-Dieter Müller and Hans-Erich Volkmann (eds.), *Wehrmacht: Mythos und Realität* (Munich, 1999), 955-6; Lutz Klinkhammer, 'Der Partisanenkrieg der Wehrmacht 1941-1944', 出處同前，頁817; Mayer, *Heavens*, 380。

105 Christian Streit, *Keine Kameraden* (Stuttgart, 1978); Omer Bartov, *The Eastern Front, 1941-45: German Troops and the Barbarisation of Warfare* (London, 1985). 除了已經指出的一些共犯結構面向，最近有一些作品強調種族屠殺與為國防軍補給物資之間的密切關係。見Christian Gerlach, *Krieg, Ernährung, Völkermord* (Hamburg, 1998), 以及'German Economic Interests, Occupation Policy and the Murder of the Jews', 210-39。

106 Burrin, *Hitler and the Jews*, 111-12; Christopher R. Browning, *The Path to Genocide* (Cambridge, 1992), 106; Ian Kershaw, *Hitler, 1936-45: Nemesis* (London, 2000), 488. 在此幾週前的一九四一年九月，希特勒批准了元首總部（Führer-HQ）的外交部代表赫維爾（Walter Hewel）的提案，即如果英國人在伊朗囚禁的德國人未獲釋放，就將在英國屬地澤西（Jersey）島的英國人遣送至普里佩特沼澤。事實上，來自海峽群島（Channel Islands）的英國人遭逮捕並關押於黑森林。見Vogt (ed.), *Herbst 1941*, 54 n. 491。

107 希特勒，一九四一年十一月五日：*Monologe im Führer-Hauptquartier 1941-1944: Die Aufzeichnungen Heinrich*

64 法朗克一九四二年十二月九日的總督府報告，見：A. J. Kaminski, *Nationalsozialistische Besatzungspolitik in Polen und der Tschechoslovakei 1939-1945. Dokumente* (Bremen, 1975), 89-90。Werner Präg and Wolfgang Jacobmeyer (ed.), *Diensttagebuch des deutschen Generalgouverneurs in Polen 1939-1945* (Stuttgart, 1975), 頁585-6提到這一席歲末演講，但只簡短轉述了開頭與歷史相關的部分。

65 Aly, *'Final Solution'*, 59-79; Browning, *Nazi Policy*, 12-13; Philippe Burrin, *Hitler and the Jews* (London, 1994), 73-5; Mayer, *Heavens*, 186-90.

66 Aly, *'Final Solution'*, 92; Aly and Heim, *Vordenker*, 257-65; Browning, *Nazi Policy*, 15-17; Burrin, *Hitler and the Jews*, 77-9.

67 Christopher R. Browning, *The Final Solution and the German Foreign Office* (New York, 1978), 35-43.

68 Aly, *'Final Solution'*, 109, 125.

69 Kaminski, *Dokumente*, 5-16. 在這些小說中，西伯利亞通常是首選的目的地。

70 Hans Safrian, *Die Eichmann-Männer* (Vienna and Zurich, 1993), 68-85; Browning, *Nazi Policy*, 6-7; Burrin, *Hitler and the Jews*, 72; Yehuda Bauer, *Rethinking the Holocaust* (New Haven and London, 2001), 180. 有些辛提人與羅姆人也是尼斯科計畫的受害者。

71 Dieter Pohl, 'The Murder of Jews in the General Government', in Herbert (ed.), *National Socialist Extermination Policies* (New York and Oxford, 2000), 86; Christoph Dieckmann, 'The War and the Killing of the Lithuanian Jews', 同前，250; Aly, *'Final Solution'*, 171-4; Safrian, *Eichmann-Männer*, 105-12。

72 Aly, *'Final Solution'*, 176.

73 Pohl, 'Murder of the Jews', 85-6; Thomas Sandkühler, 'Anti-Jewish Policy and the Murder of the Jews in the District of Galicia, 1941/42', in Herbert (ed.), *National Socialist Extermination Policies*, 107; Thomas Sandkühler, *'Endlösung' in Galizien* (Bonn, 1996), 49-53, 110-11.

74 法朗克於一九四一年三月十七至十八日、三月二十七日、四月四日至五日與五月四日至六日在柏林，見：*Diensttagebuch*, 332-3, 339, 351, 371。

75 *Diensttagebuch*, 387: 一九四一年七月十八日。謝珀爾斯的簡短傳記見同一出處，頁951。

76 同上（但未收錄信件內文）；Aly, *'Final Solution'*, 175-6; Sandkühler, 'Anti-Jewish Policy', 109. Burrin, *Hitler and the Jews*, 100 認為法朗克知道該區「經濟利益貧乏」。

77 Hansjulius Schepers, 'Pripet-Polesien, Land und Leute', *ZfGeo*, 19 (1942), 280-1, 287. 謝珀爾斯與另一名後來參與普里佩特沼澤計畫的年輕經濟專家弗爾博士（Dr Walter Föhl），都在一九四一年一月八日代表總督府參與了在海德里希的帝國安全總部辦公室舉行的會議，見：Kaminski, *Dokumente*, 84。

78 Aly and Heim, *Vordenker*, 194, 198.

79 Helmut Meinhold, 'Die Erweiterung des Generalgouvernements nach Osten', 一九四一年七月，引用於Aly and Heim, *Vordenker*, 119, 2.49-52; Meinhold, 'Das Generalgouvernement als Transitland: Ein Beitrag zur Kenntnis der Standortslage des Generalgouvernements', *Die Burg*, 2 (1941), Heft 4, 24–44。

80 Richard Bergius, 'Die Pripetsümpfe als Entwässerungsproblem', *ZfGeo*, 18 (1941), 667-8（引文見頁668）。

81 法朗克致蘭莫斯信，一九四一年七月十九日，引用於Aly, *'Final Solution'*, 175。寫信給蘭莫斯不過三天後，法朗克在總督府一場會議的「討論項目」就包括了 'Entlastung durch Abschiebung von Juden und anderen asozialen Elementen nach dem Osten'，見：*Diensttagebuch*, 389: 一九四一年七月二十二日。

82 一九四一年一月二十二日在盧布林的納粹黨招待會上致詞：「他們是去馬達加斯加還是別的地方，我們毫不關心。我們很清楚的是，這個大雜燴亞洲後裔最好是夾著尾巴回到亞洲，他們的老家（笑聲）。」, *Diensttagebuch*, 330。有關法朗克，見Christoph Klessmann, 'Hans Frank: Party Jurist and Governor-General in Poland', in Ronald Smelser and Rainer Zitelmann (eds.), *The Nazi Elite* (New York, 1983), 39-47。

83 Oberländer, *Die agrarische Überbevölkerung*; Aly and Heim, *Vordenker*, 96. 布余根納熟悉歐伯蘭德的作品。

84 Herbert Morgen, 'Ehemals russisch-polnische Kreise des Reichsgaues Wartheland: Aus einem Reisebericht', *NB* 32 (1940), 326.

85 Mäding (1943), 引用於 Gröning and Wolschke-Bulmahn, *Liebe zur Landschaft*, 134。參照Mäding, 'Regeln für die Gestaltung der Landschaft'。

86 Wiepking-Jürgensmann, 'Gegen den Steppengeist'. 類似的陳述很多，例如，見：Wiepking-Jürgensmann, 'Aufgabe

47 Heinrich Friedrich Wiepking-Jürgensmann, 'Der Deutsche Osten: Eine vordringliche Aufgabe für unsere Studierenden', *DG* 52 (1939), 193.

48 Friedrich Kann, 'Die Neuordnung des deutschen Dorfes', in *Neue Dorflandschaften*, 100.

49 對此的根本討論見 Gröning and Wolschke-Bulmahn, *Die Liebe zur Landschaft*。亦見 Klaus Fehn, '"Lebensgemeinschaft von Volk und Raum": Zur nationalsozialistischen Raum- und Landschaftsplanung in den eroberten Ostgebieten', in Joachim Radkau and Frank Uekötter (eds.), *Naturschutz und Nationalsozialismus* (Frankfurt/Main, 2003), 207-24; Aly and Heim, *Vordenker*, 125-88。

50 Artur von Machui, 'Die Landgestaltung als Element der Volkspolitik', *DA* 42 (1942), 297. 使用這一用語的其他例子（有數百），見 Wilhelm Grebe, 'Zur Gestaltung neuer Höfe und Dörfer im deutschen Osten', *NB* 32 (1940), 57-66; Heinrich Werth, 'Die Gestaltung der deutschen Landschaft als Aufgabe der Volksgemeinschaft', *NB* 34 (1942), 109-11; M., 'Landschaftsgestaltung im Osten', *NB* 36 (1944), 2,01-11。

51 Erhard Mäding, 'Die Gestaltung der Landschaft als Hoheitsrecht und Hoheitspflicht', *NB* 35 (1943), 22-4.

52 Herbert Frank, 'Das natürliche Fundament', in *Neue Dorflandschaften*, 15; Paula Rauter-Wilberg, 'Die Kücheneinrichtung', 同上，133-6; Clara Teschner, 'Landschaftsgestaltung in den Ostgebieten', *Odal* 11 (1942) 567-70（與規畫師維比金－尤根斯曼的訪談）; Walter Christaller, 'Grundgedanken zum Siedlungs- und Verwaltungsaufgaben im Osten', *NB* 32 (1940), 305-12; Udo von Schauroth, 'Raumordnungsskizzen und Ländliche Planung', *NB* 33 (1941), 123-8; J. Umlauf, 'Der Stand der Raumordnungsplanung für die eingegliederten Ostgebiete', *NB* 34 (1942), 281-93; Walter Wickop, 'Grundsätze und Wege der Dorfplanung', in *Neue Dorflandschaften*, 47; Franz A. Doubek, 'Die Böden des Ostraumes in ihrer landbaulichen Bedeutung', *NB* 34 (1942), 145-50。

53 *Allgemeine Anordnung Nr. 20/VI/42 über die Gestaltung der Landschaft in den eingegliederten Ostgebieten vom 21. Dezember 1942*, in Rössler and Schleiermacher (eds.), *Generalplan Ost*, 136.

54 例：Konrad Meyer, 'Planting und Ostaufbau', *RuR* 5 (1941), 392-7; Werth, 'Gestaltung der deutschen Landschaft', 109; Wiepking-Jürgensmann, 'Aufgaben und Ziele deutscher Landschaftspolitik', *DG* 53 (1940), 84; Kann, 'Neuordnung des deutschen Dorfes', 100; Ulrich Greifelt, 'Die Festigung deutschen Volkstums im Osten', in Hans-Joachim Schacht (ed.), *Bauhandbuch für den Aufbau im Osten* (Berlin, 1943), 9-13, 特別見頁 11（對 Gesundung 的討論）。

55 Heinz Ellenberg, 'Deutsche Bauernhaus-Landschaften als Ausdruck von Natur, Wirtschaft und Volkstum', *GZ* 47 (1941), 85.

56 第一手敘述見 Berndt von Staden, 'Erinnerungen an die Umsiedlung', *JbbD* 41 (1994), 62-75; Olrik Breckoff, 'Zwischenspiel an der Warthe – und was daraus wurde', 同前，142-9; 以及 Koehl, *RKFDV*, 53-75; Wasser, *Himmlers Raumplanung im Osten*, 26-8; Jürgen von Hehn, *Die Umsiedlung der baltischen Deutschen: Das letzte Kapitel baltischdeutscher Geschichte* (Marburg, 1982); Harry Stossun, *Die Umsiedlungen der Deutschen aus Litauen während des Zweiten Weltkrieges* (Marburg, 1993); Valdis O. Lumans, *Himmler's Auxiliaries: The Volksdeutsche Mittelstelle and the German National Minorities of Europe, 1933-1945* (Chapel Hill, 1993)。

57 Götz Aly, *'Final Solution': Nazi Population Policy and the Murder of the European Jews* (London, 1999), 70-6.

58 S. Zantke, 'Die Heimkehr der Wolhyniendeutschen', *NSM* 11 (1940), 169-71.

59 Stossun, *Umsiedlungen*, 111-45; Dirk Jachomowski, *Die Umsiedlung der Bessarabien-, Bukowina- and Dobrudschadeutschen* (Munich, 1984), 107-42; Koehl, *RKFDV*, 95-110; Lumans, *Himmler's Auxiliaries*, 186-95.

60 Broszat, *Polenpolitik*, 38-48; Christian Jansen and Arno Weckbecker, *Der Volksdeutsche 'Selbstschutz' in Rolen 1939/40* (Munich, 1992); Arno J. Mayer, *Why Did the Heavens Not Darken? The 'Final Solution' in History* (New York, 1990), 181-4.

61 相關描述見 Breckoff, 'Zwischenspiel', 142-4; Staden, 'Erinnerungen', 64-9; Stossun, *Umsiedlungen*, 149-53; Broszat, *Polenpolitik*, 95-7; Lumans, *Himmler's Auxiliaries*, 195-6; Harvey, 'Die deutsche Frau im Osten', 206-7.

62 Hehn, *Umsiedlung*, 195; Hans-Erich Volkmann, 'Zur Ansiedlung der Deutsch-Balten im "Reichsgau" Wartheland', *ZfO* 30 (1981), 550.

63 Götz Aly, '"Jewish resettlement": Reflections on the Political Prehistory of the Holocaust', in Ulrich Herbert (ed.), *National Socialist Extermination Policies* (New York and Oxford, 2000), 59-63; Broszat, *Polenpolitik*, 100-1; Christopher Browning, *Nazi Policy, Jewish Workers, German Killers* (Cambridge, 2000), 9-13; Koehl, *RKFDV*, 121-6, 129-30.

Migration Control in the North Atlantic World (New York and Oxford, 2003), 223-36.

26 Alfred Döblin, *Reise in Polen* [1926] (Olten and Freiburg, 1968). 然而如書中所顯示，德布林對波蘭猶太人的態度依然模稜兩可。

27 Freytag, *Raum deutscher Zukunft; Wingendorf, Polen*, 73-4; Theodor Oberländer, *Die agrarische Überbevölkerung Polens* (Berlin, 1935); Peter-Heinz Seraphim, *Das Judentum im osteuropäischen Raum* (Essen, 1938); Seraphim (ed.), *Polen und seine Wirtschaft* (Königsberg, 1937). 有關歐伯蘭德與色拉芬，見 Götz Aly 與 Susanne Heim 的重要著作，*Vordenker der Vernichtung* (Frankfurt/Main, 1995)，91-101，他們引用了從相似立場寫作的其他作品。

28 Bürgener, *Pripet-Polessie*, 61-2.

29 同上，61-6；Boyd, 'Marshes of Pinsk', 380, 391。

30 Bürgener, *Pripet-Polessie*, 105.

31 Nankivell and Loch, *The River of a Hundred Ways*, 29, 46, 54-5, 252-6.

32 Boyd, 'Marshes of Pinsk', 395, 將普里佩特沼澤的進展與須德海和朋廷（Pontine）沼澤的排水計畫做對比。

33 Bürgener, *Pripet-Polessie*, 92, 以及 70-87 較廣泛的討論。

34 同上，91, 122。有關納粹作者從歷史上西一東向移動所獲得的「教訓」，見 Staritz, *Die West-Ostbewegung*; 以及 Wippermann, *'Deutsche Drang nach Osten'*。

35 Bürgener, *Pripet-Polessie*, 56, 105.

36 同上，122。

37 Gierach, 'Die Bretholzsche Theorie', in Volz (ed.), *Der ostdeutsche Volksboden*, 151. 這本文集中幾乎每一篇文章都包含相似的主張，比如 Aubin、Kötzschke 與 Schlüter 的文章。亦見 Erich Keyser, *Westpreussen und das deutsche Volk* (Danzig, 1919), 2, 10-12; *Deutscher Volksrat: Zeitschrift für deutsches Volkstum und deutsche Kultur im Osten* [Danzig], 1/19, 一九一九年八月十三日，154; *Mitteilungen der deutschen Volksräte Polens und Westpreussens*, 一九一九年三月十四日 ; *Westpreussen und Polen in Gegenwart und Vergangenheit*, 15; *Die polnische Schmach: Was würde der Verlust der Ostprovinzen für das deutsche Volk bedeuten? Ein Mahnwort an alle Deutschen, hsg. vom Reichsverband Ostschutz* (Berlin, 1919), 10. 這些手冊裝訂為一本，收於哈佛的懷德納圖書館（Ger 5270.88）。

38 Bürgener, *Pripet-Polessie*, 56.

39 引用於 Schultz, *Die deutschsprachige Geographie*, 226-7。

40 Bürgener, *Pripet-Polessie*, 9, 115-21, 127-8.

41 同上，127-8。

42 Martin Broszat, *Nationalsozialistische Polenpolitik 1939-1945* (Stuttgart, 1961).

43 Robert L. Koehl, *RKFDV: German Resettlement and Population Policy 1939-1945* (Cambridge, Mass., 1957), 49-52; Josef Ackermann, *Heinrich Himmler als Ideologe* (Göttingen, 1970), 204-6; Rolf-Dieter Müller, *Hitlers Ostkrieg und die deutsche Siedlungspolitik* (Frankfurt/Main, 1991), 86; Bruno Wasser, *Himmlers Raumplanung im Osten: Der Generalplan Ost in Polen 1940–1944* (Basel, 1993), 25-6.

44 Elizabeth Harvey, *Women and the Nazi East* (New Haven and London, 2003), 13; Harvey, 'Die deutsche Frau im Osten', *AfS* 38 (1998), 196; Aly and Heim, *Vordenker*, 188-203 ('Herrenmensch – ein Lebensgefühl').

45 Konrad Meyer, 'Zur Einführung', *Neue Dorflandschaften: Gedanken und Plane zum ländlichen Aufbau in den neuen Ostgebieten und im Altreich. Herausgegeben vom Stabshauptamt des Reichskommissars für die Festigung deutschen Volkstums, Planungsamt sowie vom Planungsbeauftragten für die Siedlung und ländliche Neuordnung* (Berlin, 1943), 7; Herbert Frank, 'Dörfliche Planung im Osten', 同上，45。

46 Erhard Mäding, *Regeln für die Gestaltung der Landschaft: Einführung in die Allgemeine Anordnung Nr. 20/VI/42 des Reichsführers SS, Reichskommissars für die Festigung deutschen Volkstums* (Berlin, 1943), 55-62 重印了希姆萊的 *Allgemeine Anordnung* 並加上評論。最初的命令也收錄於 Mechtild Rössler and Sabine Schleiermacher (eds.), *Der 'Generalplan Ost'* (Berlin, 1993), 136–47（引文見頁 137）。這道命令由康拉德・邁爾、維比金一尤根斯曼和馬丁擬定，加上直接來自希姆萊的意見。見 Gert Gröning and Joachim Wolschke-Bulmahn, *Die Liebe zur Landschaft, part Iü: Der Drang nach Osten: Zur Entwicklung im Nationalsozialismus und während des Zweiten Weltkrieges in den 'eingegliederten Ostgebieten'* (Munich, 1987), 112-25。

Urgeschichte der Ostgermanen (Danzig, 1934); Wolfgang Wippermann, *Der 'Deutsche Drang nach Osten': Ideologie und Wirklichkeit eines politischen Schlagwortes* (Darmstadt, 1981), 94, 98-9, 指出這個理論從一開始就有其批評者。

7 Bürgener, *Pripet-Polessie*, 86-90（引文見頁90），及71, 75。

8 同上，58。亦見38-9, 44-6。

9 Heinrich von Treitschke, *Origins of Prussianism (The Teutonic Knights)*, originally published 1862, transl. Eden and Cedar Paul (New York, 1969), 93-4. 少數幾處譯文經我修改已移除現已不再使用的古語。

10 Heinrich von Treitschke, *Deutsche Geschichte im 19. Jahrhundert, Erster Teil* [1879] (Königstein/Ts, 1981), 66. 相似的評論見同一出處，頁45, 56-7, 76。

11 Beheim-Schwarzbach, *Hohenzollernsche Colonisationen*, 423-4, 426. 他的著作後來為重要的納粹地貌規畫師維比金—尤根斯曼所引用，見：Heinrich Friedrich Wiepking-Jürgensmann, 'Friedrich der Grosse und wir', *DG* 33 (1920), 69-78。維比金—尤根斯曼有時使用全名的縮寫，有時只用名或頭銜；有時使用維比金，其他時候又用全名。此處所引著作署名為H. F. Wiepking；我提供了他的全名。

12 Otto Schlüter, *Wald, Sumpf und Siedelungsland in Altpreussen vor der Ordenszeit* (Halle, 1921), 2, 7; Müller, 'Aus der Kolonisationszeit des Netzebruchs', 3. 這些作品數量繁多：光是哈佛的懷德納圖書館（Widener Library）就有近一百本。詳究Schlüter引用的六十二個印刷著錄來源，這類作品的大量出版始於一八七〇與八〇年代。

13 Freytag, *Raum deutscher Zukunft*, 11.

14 Gustav Freytag, *Soll und Haben* (Berlin, 1855), 536-9, 681-3, 688, 698-9, 820.

15 Wiepking-Jürgensmann, 'Das Grün im Dorf und in der Feldmark', 442, 開篇的句子為「一座德意志村落永遠只會是綠色的村落。」Rolf Wingendorf, *Polen: Volk zwischen Ost und West* (Berlin, 1939) 書中有一章長篇大論的討論「灰色」的波蘭地貌。

16 蘭普雷希特以前的學生柯策克（Rudolf Kötzschke）和另一名想要普及這段過去的歷史學者在一九二六年指出，對「德國東向殖民」的歷史認識在「一個世代以前」變得不再專屬於學術領域，而是成為大眾關注的對象，見：Kötzschke, 'Über den Ursprung und die geschichtliche Bedeutung der ostdeutschen Siedlung', in Volz (ed.), *Der ostdeutsche Vol sboden*, 8-9。

17 見Neuhaus, *Fridericianische Colonisation*, 4。其他例子見Helmut Walser Smith, *German Nationalism and Religious Conflict* (Princeton, 1995), 193-4; William Hagen, *Germans, Poles and Jews: The Nationality Conflict in the Prussian East, 1772-1914* (Chicago, 1980), 184; Roger Chickering, *'We Men Who Feel Most German': A Cultural Study of the Pan-German League* (London, 1984), 74-101; Wippermann, *'Deutsche Drang nach Osten'*, 98-9。

18 Bürgener, *Pripet-Polessie*, 56-7. 根特有兩部著作的銷售量達數十萬本，包括*Rassenkunde des deutschen Volkes*與*Kleine Rassenkunde des deutschen Volkes*。布余根納在書中提到根特，但是書目中未收錄他的任何著作。布余根納也以類似的方式引用另一本著作，古斯塔夫・保羅（Gustav Paul）的*Grundzüge der Rassen- und Raumgeschichte des deutschen Volkes* (Munich, 1935)。

19 Hans-Dietrich Schultz, *Die deutschsprachige Geographie von 1800 bis 1970* (Berlin, 1980), 205.

20 地理學者托姆（Reinhard Thom）語，引用出處同上，頁203。以種族看待地貌的觀點在布余根納全書中都明顯可見；他援引最多的是N. Creutzburg的*Kultur im Spiegel der Landschaft* (Leipzig, 1930)。

21 Bürgener, *Pripet-Polessie*, 56-7. 有關薛普菲爾與希特勒，見Schultz, *Die deutschsprachige Geographie*, 209，有關地理學領域更普遍性的屈從，見頁202-28。

22 見Emily Anderson (ed.), *The Letters of Beethoven*, vol. 2 (New York, 1985), 638-9; Maynard Solomon, 'Franz Schubert and the Peacocks of Benvenuto Cellini', *19th-century Music* 12 (1989), 202. 感謝潘特（Karen Painter）提供這些參考資料。「沼澤區」暗指賣淫的用法也在馮塔納的小說*Irrungen, Wirrungen*中出現。

23 Adolf Hitler, *Mein Kampf* (Munich, 1943 edn., 279-80), 引用於Gert Gröning and Joachim Wolschke-Bulmahn, 'Naturschutz und Ökologie im Nationalsozialismus', *AS* 10 (1983), 15-16。

24 Bürgener, *Pripet-Polessie*, 61.

25 Jack Wertheimer, *Unwelcome Strangers: East European Jews in Imperial Germany* (New York, 1987); Katja Wüstenbecher, 'Hamburg and the Transit of East European Emigrants', in Andreas Fahrmeir, Oliver Faron and Patrick Weil (eds.),

Génie Civil的文章，賈奇諾的回應，'Über Talsperrenbauten'，見ZdB, 一九〇六年九月二十九日，503-5。
325 Ernst Link, 'Die Zerstörung der Austintalsperre in Pennsylvanien (Nordamerika) II, *ZdB*，一九一二年一月二十日，36；亦見Mattern, 'Die Zerstörung der Austintalsperre in Pennsylvanien (Nordamerika) I'，同上，一九一二年一月十三日，25-7; Ehlers, 'Bruch der Austintalsperre und Grundsätze für die Erbauung von Talsperren'，同上，一九一二年五月八日，238。
326 Paxmann, 'Bruch der Talsperre bei Black River Falls in Wisconsin', 同上，一九一二年五月二十五日，275。
327 Marianne Weber, *Max Weber: A Biography* (New York, 1975)。
328 Mattern, 'Stand', 862.
329 'Prinzip Archimedes', *Der Spiegel*, 一九八六年，no. 4, 79。
330 同上，77; Franke (ed.), *German Dams*, 181, 292-5; Weiser, 'Talsperren', 146-50; Kluge and Schramm, *Wassernöte*, 201-2。
331 有關林吉斯水壩，見Weiser, 'Talsperren', 102-3; 有關坦巴赫水壩與竇爾，見Ott and Marquardt, *Wasserversorgung der Kgl. Stadt Brüx*, 65-7。
332 Kluge and Schramm, *Wassernöte*, 202; Weiser, 'Talsperren', 75.
333 'Prinzip Archimedes', 77-9（引文見頁77，引自阿列西斯・沃格博士（Dr Alexius Vogel））; Jürgen Fries, 'Anpassung von Talsperren an die allgemein anerkannten Regeln der Technik', *GWF* 139 (1998), *Special Talsperren*, 59-64; Franke (ed.), *German Dams*, 181, 2.92.-5, 302-9。
334 'Prinzip Archimedes', 79; Alexander, *Natural Disasters*, 359.
335 Splittgerber, 'Entwicklung', 209; Lieckfeldt, 'Die Lebensdauer der Talsperren', *ZdB*, 一九〇六年三月二十八日，167-8, 文中提出戰爭——與地震一樣——是永遠要納入考慮的「外力」。
336 Frainer *Talsperre*, 5; Milmeister, *Chronik*, 17, 30-2.
337 Smith, *History of Dams*, 243.
338 Brogiato and Grasediek, 'Die Eifel', 421, 427-8, 431. 水壩後來成為戰時攻擊目標的例子，如在韓國以及在莫三比克和薩爾瓦多內戰期間，見Goldsmith and Hildyard, *Social and Environmental Effects*, 103-4。
339 O. Kirschner, 'Zerstörung und Schutz von Talsperren und Dämmen', *SB*, 一九四九年五月二十四日，301-2。
340 依據Kirschner, 'Zerstörung', 277-81; Joachim W. Ziegler (ed.), *Die Sintflut im Ruhrtal: Eine Bilddokumentation zur Möhne-Katastrophe* (Meinerzhagen, 1983); Bing, *Vom Edertal zum Edersee*, 14-18, 30-1; John Ramsden, *The Dambusters* (London, 2003)。
341 Ramsden, *Dambusters*, 12.
342 Ziegler (ed.), *Sintflut*, 26–7.

第五章：種族與土地再造

1 Louise Boyd, 'The Marshes of Pinsk', *GR* 26 (1936), 376-95; Martin Bürgener, *Pripet-Polessie: Das Bild einer polnischen Ostraum-Landschaft, Petermanns Geographische Mitteilungen, Ergänzungsheft* 237 (Gotha, 1939); Kurt Freytag, *Raum deutscher Zukunft: Grenzland im Osten* (Dresden, 1933), 84; Joice M. Nankivell and Sydney Loch, *The River of a Hundred Ways* (London, 1924).
2 Boyd, 'Marshes of Pinsk', 380-1, 395.
3 Bürgener, *Pripet-Polessie*, 9.
4 同上，53, 56。
5 Max Vasmer, 'Die Urheimat der Slawen', in Wilhelm Volz (ed.), *Der ostdeutsche Volksboden: Aufsätze zu den Fragen des Ostens. Erweiterte Ausgabe* (Breslau, 1926), 118-43. 布余根納接受這個論點，並引述法斯默爾與他眾多追隨者中的一些德國作者（Witte, Hofmann, von Richthofen）。亦見Michael Burleigh, *Germany Turns Eastwards: A Study of Ostforschung in the Third Reich* (Cambridge, 1988), 29, 30, 49, 60。
6 Bürgener, *Pripet-Polessie*, 46, 59. 有關Urgermanen理論：Gustav Kossinna, *Die Herkunft der Germanen* (Würzburg, 1911); Ekkehart Staritz, *Die West-Ostbewegung in der deutschen Geschichte* (Breslau, 1935), 25-48; Wolfgang La Baume,

295 Völker, *Edder-Talsperre*, 8.
296 Soldan and Heßler, *Waldecker Talsperre*, 55; Völker, *Edder-Talsperre*, 8.
297 K. Thielsch, 'Baukosten von Wasserkraftanlagen', *ZfdgT*, 一九〇八年八月二十日，357。
298 在埃德水壩，購買土地占總支出費用二千萬馬克的九百萬（Völker, *Edder-Talsperre*, 27）；在默訥是二千一百五十萬中的八百二十萬，或三八%（*Festschrift*…… *Möhnetalsperre*, 11, 25-7）；在茂爾為八百三十萬中的二百四十萬，或二九%（B., 'Die Talsperre bei Mauer', 611）；在恩訥珀是二百八十萬中的七十五萬，或二七%（*Ennepetalsperre*, 4, 11-12）。
299 Wulff, *Talsperren-Genossenschaften*, 21; Weiser, 'Talsperren', 78.
300 *Festschrift... Möhnetalsperre*, 25-9; Koch, 'Wert einer Wasserkraft'; Weiser, 'Talsperren', 241-2. 在默訥河谷，與貴族地主之間的協商最為困難，最後他們獲得非常優厚的補償：*Festschrift*…… *Möhnetalsperre*, 28-9。
301 Bechstein, 'Vom Ruhrtalsperrenverein', 138. 亦見 Sympher, 'Talsperrenbau', 177; Schultze-Naumburg, 'Grundsätze', 357。
302 默訥河谷也有三座村落完全消失，包括德雷克（Delecke）、督魯格特（Drüggelte）與克特勒斯泰希（Kettlersteich），另有三座村落部分消失。
303 Soldan and Heßler, *Waldecker Talsperre*, 66, 77-9, 83.
304 Soldan and Heßler, *Waldecker Talsperre*, 66, 77-9, 83; Völker, *Edder-Talsperre*, 16-20; Bing, *Vom Edertal zum Edersee*, 7; Sympher, 'Talsperrenbau', 177.
305 Völker, *Edder-Talsperre*, 10.
306 Bing, *Vom Edertal zum Edersee*, 1.
307 Völker, *Edder-Talsperre*, 20, 26, 54.
308 Milmeister, *Chronik*, 22.
309 Völker, *Edder-Talsperre*, 28.
310 有關遺跡重新浮現，見 Weber, 'Wupper-Talsperren', 313,316; Weiser, 'Talsperren', 195; Bing, *Vom Edertal zum Edersee*, 2-3, 8, 28-9。
311 Rieger, 'Modern Wonders'; 有關大壩引發的特殊焦慮，見 Ziegler, *Talsperrenbau*, 85。
312 'Thalsperren am Harz', 167-8; Wulff, *Talsperren-Genossenschaften*, 3; Ernst, 'Riesentalsperre', 668; Wolf, 'Ueber die Wasserversorgung', 633-4; Kluge and Schramm, *Wassernöte*, 136-7.
313 Hennig, 'Deutschlands Wasserkräfte', 232. 兩千這個數字來自 Alexander, *Natural Disasters*, 359。
314 Berdrow, 'Staudämme', 258; Graf, 'Verwertung von Talsperren', 485; Hennig, 'Deutschlands Wasserkräfte', 232; Meurer, *Wasserbau*, 117-18; Föhl and Hamm, *Industriegeschichte*, 129; Kluge and Schramm, *Wassernöte*, 135; Pearce, *The Dammed*, 35-6; Rouvé, 'Talsperren in Mitteleuropa', 303-10; Alexander, *Natural Disasters*, 358.
315 'Eine Dammbruchkatastrophe in Amerika', *Die Gartenlaube* (1911), 1028.
316 各種主張的綜述見 Smith, *History of Dams*, 201-7, 219-21。美國人摩爾（George Holmes Moore）針對基部寬廣的重力壩提出強烈批評，認為其易受靜水舉力影響，見：Jackson, 'Engineering', 560, 571。
317 Mattern, 'Stand', 858-60.
318 Mattern, *Thalsperrenbau*, v.
319 Intze, 'Talsperren in Rheinland und Westfalen, Schlesien und Böhmen', 28, 36; 'Ueber Talsperren', 254.
320 Fr. Barth, 'Talsperren', *BIG* (1908), 269; Koehn, 'Ausbau', 491-2; Bachmann, 'Hochwasserentlastungsanlagen', 334. 有關整個專業領域內（幾乎）一致的意見，見 Meurer, *Wasserbau*, 117。
321 Jackson, 'Engineering', 559.
322 例如普魯士貿易與工業部長、公共事業部長、內政部長及公地與林業部長一九〇七年六月十八日的政令：'Anleitung für Bau und Betrieb von Sammelbecken', *ZbWW*, 一九〇七年七月二十日，321-4; 亦見 Berdrow, 'Staudämme', 258; Mattern, 'Stand', 860; Weiser, 'Talsperren', 235; Giesecke et al., 'Standardization'。
323 Wolf, 'Ueber die Wasserversorgung', 633-4.
324 見馬特恩的 'Ein französisches Urteil über deutsche Bauweise von Staudämmen und Sperrmauern'（*ZdB* 一九〇五年六月二十四日，319-20），他回應法國工程師賈奇諾（Jacquinot）一九〇四年十二月三日刊登於 *Le*

268 Schultze-Naumburg, 'Grundsätze', 358; Philipp A. Rappaport, 'Talsperren im Landschaftsbilde und die architektonische Behandlung von Talsperren', *WuG* 5, 一九一四年十一月一日，15-18; Werner Lindner, *Ingenieurwerk und Naturschutz* (Berlin, 1926), 57-60; Ehnert, 'Gestaltungsaufgaben im Talsperrenbau', *Der Bauingenieur* 10 (1929), 651-6。

269 Kullrich, 'Der Wettbewerb für die architektonische Ausbildung der Möhnetalsperre', *ZbB* 28, 一九〇八年二月一日，61-5; *Festschrift... Möhnetalsperre*, 41。Weiser, 'Talsperren', 270-3，有插圖顯示參與競圖的前幾名作品。

270 Mügge, 'Uber die Gestaltung von Talsperren und Talsperrenlandschaften', 404-19（引文見頁418）。有關希特勒與混凝土，見 Martin Vogt (ed.), *Herbst 1941 im 'Führerhauptquartier'* (Koblenz, 2002), 9-10。

271 工程師維特（Witte）在德國水庫協會一九〇二年三月十二日的會議上主張，水壩帶來「對自然之美的提升」，見：'Thalsperren am Harz', 167-8。亦見 Kreuzkam, 'Deutschlands Talsperren', 660; Kelen, *Talsperren*, 11。

272 Paul Schultze-Naumburg, 'Kraftanlagen und Talsperren', *Der Kunstwart* 19 (1906), 130. 舒爾策—瑙姆堡在一次演講中也主張水庫創造出「新的美好」，演講的相關敘述見 Sympher, 'Talsperrenbau', 178。

273 Thiesing, 'Chemische und physikalische Untersuchungen', 262-3（文中對舒爾策—瑙姆堡指名道姓）; Graf, 'Uber die Verwertung von Talsperren für die Wasserversorgung', 479-80。

274 Kollbach, 'Urft-Talsperre'; Abercron, 'Talsperren in der Landschaft'.

275 Weber, 'Wupper-Talsperren', 316.

276 Jean Pauli, 'Talsperrenromantik', *BeH* 4, 一九三〇年八月，331-2。

277 Rappaport, 'Talsperren im Landschaftsbilde', 15.

278 Gundt, 'Schicksal', 215.

279 Reginald Hill, *On Beulah Height* (London, 1998); Thyde Mourier, *Le barrage d'Arvillard* (1963); Ernst Candèze, *Die Talsperre: Tragisch abenteuerliche Geschichte eines Insektenvölkchens*, 譯自法文 (Leipzig, 1901); Ursula Kobbe, *Der Kampf mit dem Stausee* (Berlin, 1943), 奧地利作品；Marie Majerova, *Die Talsperre*, 譯自捷克文 (East Berlin, 1956); Libusa Hanusova, *Die Talsperre an der Moldau*, 譯自捷克文 (East Berlin, 1952)。

280 Kluge and Schramm, *Wassernöte*, 167.

281 Candèze, *Talsperre*, 205.

282 Candèze, *Talsperre*, 209.

283 Candèze, *Talsperre*, 201-2; Kobbe, *Kampf mit dem Stausee*, 33-8; Völker, *Edder-Talsperre*, 5, 28.

284 Kobbe, *Kampf mit dem Stausee*, 140.

285 Völker, *Edder-Talsperre*, 28.

286 See *Festschrift... Möhnetalsperre*, 42.-64; Völker, *Edder-Talsperre*, 6, 23; Bing, *Vom Edertal zum Edersee*, 6; Kelen, *Talsperren*, 102-17; Kobbe, *Kampf mit dem Stausee*, 146.

287 W. Soldan and C[arl] Heßer, *Die Waldecker Talsperre im Eddertal* (Marburg and Bad Wildungen, 2nd edn., 1911), 38; Bing, *Vom Edertal zum Edersee*, 6; Völker, *Edder-Talsperre*, 7; *Festschrift... Möhnetalsperre*, 50; Kollbach, 'Urft-Talsperre'; Borchardt, *Denkschrift zur Einweihung der Neye-Talsperre*, 32-4, 43, 47; Föhl and Hamm, *Industriegeschichte*, 130.

288 Schönhoff, 'Möhnetalsperre', 685.

289 Middelhoff, *Aggertalsperrenanlagen*, 45; Stromberg, 'Bedeutung', 62; Naumann, 'Talsperren und Naturschutz', 80; Weiser, 'Talsperren', 99; Brogiato and Grasediek, 'Eifel', 414.

290 不過在埃德河與默訥河谷地，工人確實住在私人住宅中，見：Bing, *Vom Edertal zum Edersee*, 6; *Festschrift... Möhnetalsperre*, 54。

291 Völker, *Edder-Talsperre*, 4; Bachmann, 'Talsperren', 1140.

292 例如在中奧得河的一項提案（見 Fischer, 'Niederschlags -und Ablußbedingungen', 654），以及在維訥河（Wenne）谷地的另一項提案（見 Weiser, 'Talsperren', 246-7）。

293 Jean Milmeister, *Chronik der Stadt Vianden 1926-1950* (Vianden, 1976), 13-33, 127–9, 149, 164-8; Brogiato and Grasediek, 'Eifel', 336.

294 Soldan and Heßler, *Waldecker Talsperre*, 55-6. 官方與技術官僚對於「犧牲」之必要的常見觀點見 Mattern, *Thalsperrenbau*, 57; Hennig, 'Deutschlands Wasserkräfte', 233。

242 Maier, 'Energiepolitik', 253. 有關水壩與沖刷河床的問題，見 Alice Outwater, *Water: A Natural History* (New York, 1996), 105-6。中國症候群一詞是我的用語。
243 不是全都流入北海或波羅的海，是因為少數河流經由多瑙河流入黑海。
244 Raimund Rödel, *Die Auswirkungen des historischen Talsperrenbaus auf die Zuflussverhältnisse der Ostsee* (Greifswald, 2001).
245 Schwoerbel, 'Technik und Wasser', 378.
246 Arno Naumann, 'Talsperren und Naturschutz', *BzN* 14 (1930), 79; Gunther, 'Ausbau der oberen Saale durch Talsperren', 11. Mügge, 'Über die Gestaltung von Talsperren', 415, 描述水壩「突然而暴烈的」出現。
247 Ziegler, *Talsperrenbau*, 97.
248 Prof. Thiesing, 'Chemische und physikalische Untersuchungen an Talsperren, insbesondere der Eschbachtalsperre bei Remscheid', *Mitteilungen aus der Königlichen Prüfungsanstalt für Wasserversorgung und Abwässerbeseitigung zu Berlin* 15 (1911), 42-3, 140-1.
249 'Die biologische Bedeutung der Talsperren', *TuW* 11, 一九一八年四月，144; Becker, 'Beiträge zur Pflanzenwelt der Talsperren des Bergischen Landes und ihrer Umgebung', *BeH* 4, 一九三〇年八月，323-6; Edwin Fels, *Der wirtschaftliche Mensch als Gestalter der Erde* (Stuttgart, 1954), 88。
250 Leslie A. Real and James H. Brown (eds.), *Foundations of Ecology: Classic Papers with Commentaries* (Chicago, 1991), 11; Zirnstein, *Ökologie*, 159-60. Kluge and Schramm, *Wassernöte*, 169-72.
251 A. Thienemann, 'Hydrobiologische und fischereiliche Untersuchungen an den westfälischen Talsperren', *LJbb* 41 (1911), 535-716; 'Die biologische Bedeutung'（描述提尼曼的研究）。
252 C. Mühlenbein, 'Fische und Vögel der bergischen Talsperren', *BeH* 4, 一九三〇年八月，326-7; 'Die biologische Bedeutung'; Soergel, 'Bedeutung', 138-9; Thiesing, 'Chemische und physikalische Untersuchungen', 264-5; Borchardt, *Remscheider Stauweiheranlage*, 96-7. 有關其他地方的水壩與漁業，見 Goldsmith and Hildyard, *Social and Environmental Effects*, 91-101; White, *Organic Machine* 對於美國太平洋西北地區哥倫比亞河上的水壩與魚類有深入卓絕的描述。
253 Zirnstein, *Ökologie*, 161-3.
254 Kluge and Schramm, *Wassernöte*, 204-5; Norbert Große et al., 'Der Einfluss des Fischbestandes auf die Zooplanktonbesiedlung und die Wassergüte', *GWF* 139 (1998): *Special Talsperren*, 30-5.
255 P. Eigen, 'Die Insektenfauna der bergischen Talsperren', *BeH* 4, 一九三〇年八月，327-31。
256 Mühlenbein, 'Fische und Vögel', 327.
257 Richard White, 'The Natures of Nature Writing', *Raritan*, Fall 2002, 154-5.
258 Splittgerber, 'Entwicklung', 207. 有關自然保育的觀念，見 Michael Wettengel, 'Staat und Naturschutz 1906-194 5: Zur Geschichte der Staatlichen Stelle für Naturdenkmalpflege in Preussen und der Reichsstellefür Naturschutz', *HZ* 257 (1993), 355-99，以及第五章。
259 有關一九三〇年代，見：*Die Eifel* (1938), 137，引述於 Heinz Peter Brogiato and Werner Grasediek, 'Geschichte der Eifel und des Eifelvereins von 1888 bis 1988', in *Die Eifel 1888-1988* (Düren, 1989), 441-3; Mügge, 'Uber die Gestaltung', 418。有關今日情況，見：Franke (ed.), *Dams in Germany*, 295, 302, 310（分別針對恩訥珀、默訥與索佩水壩）；*GWF* 139 (1998): *Special Talsperren* issue。
260 Weiser, 'Talsperren', 4.
261 Klössel, 'Die Errichtung von Talsperren in Sachsen', 121; Völker, *Edder-Talsperre*, 25, 54; Arno Naumann, 'Talsperren und Naturschutz'. 有關瓦爾興湖的計畫與地貌，見 Koehn, 'Wasserkraftanlagen', 174;Hughes, *Networks of Power*, 340-1。
262 Rudolf Gundt, 'Das Schicksal des oberen Saaletals', *Die Gartenlaube* (1926), 214.
263 Paul Schultze-Naumburg, 'Ästhetische und allgemeine kulturelle Grundsätze bei der Anlage von Talsperren', *Der Harz* 13 (1906), 353-60（引文見頁 359）; Naumann, 'Talsperren und Naturschutz', 83。
264 Schultze-Naumburg, 'Grundsätze'.
265 Abshoff, 'Einiges über Talsperren', 91-2; Mattern, *Ausnutzung*, 1001-2.
266 Fischer, 'Ausnützung der Wasserkräfte', 106.
267 Schönhoff, 'Möhnetalsperre', 684-5; Weber, 'Wupper-Talsperren', 313.

213 Kluge and Schramm, *Wassernöte*, 161-3.

214 Weiser, 'Talsperren', 234.

215 Ott and Marquardt, *Die Wasserversorgung der kgl. Stadt Brüx*, 76.

216 Kluge and Schramm, *Wassernöte* 及 Olmer, *Wasser* 都為這一點提供了有力論證。有關歐伊斯基爾亨鎮（Euskirchen），見 Weiser, 'Talsperren', 234。

217 Feige and Becks, *Wasser für das Ruhrgebiet*, 14.

218 Link, 'Talsperren des Ruhrgebiets', 100-1; Link, 'Bedeutung', 67-9; Feige and Becks, *Wasser für das Ruhrgebiet*, 12, 32-3. 從魯爾河流域永久移除的水量比例逐步上升。

219 Link, 'Bedeutung', 69-70; Link, 'Die Sorpetalsperre', 41-5, 71-2; Weiser, 'Talsperren', 145-52. 新建的主要水庫位於畢格河谷（一九六五）。

220 Kelen, *Talsperren*, 6-11. 急劇的上升曲線見 Rouvé, 'Talsperren in Mitteleuropa', 323。

221 Stromberg, 'Bedeutung', 52, 55.

222 Soergel, 'Bedeutung', 137. 有關供應「低負載」電力給鄉村地區的經濟原理，見：Hughes, *Networks of Power*, 318。

223 Ulrich Wengenroth, 'Motoren für den Kleinbetrieb: Soziale Utopien, technische Entwicklung und Absatzstrategien bei der Motorisierung des Kleingewerbes im Kaiserreich', in Wengenroth (ed.), *Prekäre Selbständigkeit* (Stuttgart, 1989), 177-205, 這篇文章的來源為福斯基金會（Volkswagen Foundation）為引入電動機至德國工業與小企業的一項計畫，一八九〇至一九三〇。

224 Günther, 'Der Ausbau der oberen Saale durch Talsperren', 37; Hughes, *Networks of Power*, 313-19.

225 見 Hard, 'German Regulation', 35.

226 Hans Middelhoff, *Die volkswirtschaftliche Bedeutung der Aggertalsperrenanlagen* (Gummersbach, 1929), 60-1. 一九二八年的工業所有權為五七％公有，二九％公有、私有混合，一四％私有。

227 Hughes, *Networks of Power*, 407-28.

228 有關一九三〇年的分類，見 Kelen, *Talsperren*, 16。德國水壩的大小見國際大壩委員會（ICOLD）登錄名冊中的德國水壩清單（四萬座中占三百一十一座），見 Franke (ed.), *German Dams*, 466-95; Meurer, *Wasserbau*, 186。Smith, *History of Dams*, 236, 有全世界最大水壩的清單。

229 Hennig, 'Deutschlands Wasserkräfte', 232; Algermissen, 'Talsperren: Weisse Kohle', 139-40.

230 Koehn, 'Ausbau', 491; Bubendey, 'Mittel und Ziele', 501; Hennig, 'Wasserwirtschaft und Südwestafrika'.

231 Abercron, 'Talsperren in der Landschaft', 33.

232 McNeill, *Something New under the Sun*, 166-73; 亦見 Edward Goldsmith and Nicholas Hildyard, *The Social and Environmental Effects of Large Dams* (San Francisco, 1984), 這是西岳山社（Sierra Club）的出版品，彙編大壩所有可能的負面副作用。

233 Alexander, *Natural Disasters*, 56-7; Goldsmith and Hildyard, *Social and Environmental Effects*, 101-19. 與絕大多數研究結果相牴觸的質疑觀點見 R. B. Meade, 'Reservoirs and Earthquakes', in Goudie (ed.), *The Human Impact Reader*, 33-46。

234 歐洲的這類案例見 Rainer Blum, *Seismische Überwachung der Schlegeis-Talsperre und die Ursachen induzierter Seismizität* (Karlsruhe, 1975)，書中對此有極具價值的綜述以及對一座瑞士水壩的案例研究。

235 Steinert, 'Die geographische Bedeutung', 20-3.

236 比如哈爾布法斯（Wilhelm Halbfaß）教授，他的擔憂見 Zinssmeister, 'Industrie, Verkehr, Natur', 14。

237 Steinert, 'Die geographische Bedeutung', 39-47. 默訥水壩和其他地方的氣象站確認了這一點，見：Stromberg, 'Bedeutung', 44。

238 Jäger, *Einführung* 44-51.

239 Kluge and Schramm, *Wassernöte*, 203; Weiser, 'Talsperren', 243-4.

240 Steinert, 'Die geographische Bedeutung', 47-54; Mattern, *Thalsperrenbau*, 54-5.

241 Weber, 'Wupper-Talsperren', 37; Helmut Maier, 'Kippenlandschaft, "Wassertaumel" und Kahlschlag: Anspruch und Wirklichkeit nationalsozialistischer Energiepolitik', in Bayerl, Fuchsloch and Meyer (eds.), *Umweltgeschichte*, 253.

'Geschichte des Talsperrenbaus im Bergischen Land', 122-3.

184 見哈根金屬加工協會的請願書，引用於 Wulff, *Talsperren-Genossenschaften*, 21-2。

185 Weiser, 'Talsperren', 250–64.

186 同上，13。

187 Soergel, 'Bedeutung', 23, 53-60; Völker, *Edder-Talsperre*, 27. 艾伯蕭夫對船運業聽眾講述埃德河這類水壩的效果時指出，這些水壩或許能提供可供農業使用的剩餘水量；但他也清楚說明，如果為了「其他用途」而大量引水，會阻礙為了航運而增高河流水位的主要目的，因此這樣的事情應該「不要發生」，見：Abshoff, 'Einiges über Talsperren'。

188 'Landwirtschaft und Talsperren', 88-9; Hennig, 'Deutschlands Wasserkräfte', 233; Wulff, *Talsperren-Genossenschaften*, 6; Koehn, 'Ausbau', 496.

189 Soergel, 'Bedeutung', 39. 索格爾使用 Zukunftsmusik 一詞，字面意義是「未來音樂」，也可以翻譯為「明日的夢想」。在波西米亞也有恰恰相同的觀點，認為農業被排除在水壩的好處之外，見 Meisner, 'Flussregulierungsaktion', 408。

190 同上，87-135。

191 Koehn, 'Ausbau', 480.

192 Algermissen, 'Talsperren: Weisse Kohle', 145; Köbl, 'Wirkungen der Talsperren auf das Hochwasser', 507-8.

193 Fischer, 'Niederschlags- und Abflussbedingungen', 655; Steinert, 'Die geographische Bedeutung', 55.

194 plittgerber, 'Entwicklung', 206.

195 見 Weber, 'Wupper-Talsperren', 317; Bachmann, 'Talsperren in Deutschland', 1142, 1146, 1153-6; Weiser, 'Talsperren', 94-5; Stromberg, 'Bedeutung', 31-4; Soergel, 'Bedeutung', 120-35。這些作者討論的多是一九二五至二六年的重大水災。對於一九〇九年魯爾河與武珀河水壩在阻擋洪水上所扮演的角色，比較正面的評估見 Zinssmeister, 'Beziehungen', 45-7; L. Koch, 'Im Zeichen des Wassermangels', *Die Turbine* (1909), 494。

196 Soergel, 'Bedeutung', 127-8.

197 Bachmann, 'Talsperren', 1142.

198 同上，1154-6; 亦見 Soergel, 'Bedeutung', 107-18。

199 Bachmann, 'Wert des Hochwasserschutzes und der Wasserkraft des Hochwasserschutzraumes der Talsperren', *DeW* (1938), 65-9（引文見頁 65）。

200 David Alexander, *Natural Disasters* (New York, 1993), 135.

201 見 Föhl and Hamm, *Industriegeschichte*, 134-5。

202 Hennig, 'Otto Intze', 118. 另一方面，為了創立魯爾河谷水庫協會而進行協商期間，普魯士官員放棄了利用增高的魯爾河水注入當地一條運河的計畫，因為這威脅到他們的主要目標，見：Olmer, Wasser, 245。

203 Werner Günther, 'Der Ausbau der oberen Saale durch Talsperren', dissertation, University of Jena, 1930.

204 Stromberg, 'Bedeutung', 55-9; Mattern, 'Stand', 863; Bachmann, 'Talsperren', 1140.

205 Bachmann, 'Talsperren', 1151. 來自奧特瑪喬水壩的水每立方公尺比埃德水壩的水貴了五倍。

206 Köbl, 'Wirkungen', 508.

207 Stromberg, 'Bedeutung', 57.

208 同上，56-7; Mattern, 'Stand', 863。

209 Berdrow, 'Staudämme', 255; Steinert, 'Die geographische Bedeutung', 61. 亦見 Kurt Wolf, 'Über die Wasserversorgung mit besonderer Berücksichtigung der Talsperren', *MCWäL* (1906), 633-4。

210 Albert Schmidt, 'Die Erhöhung der Talsperrenmauer in Lennep', *ZfB* (1907), 227-32; Weber, 'Wupper-Talsperren', 106, 318-19.

211 肯尼茲地區的水庫逐漸變大，從埃恩西德爾（一八九四：〇・三立方公尺）、克拉特西謬勒（Klatschmühle，一九〇九：〇・五）、勞滕巴赫（Lautenbach，一九一四：二・九八）到賽登巴赫（Saidenbach，一九三三：二二・四），見：Meurer, *Wasserbau*, 125。

212 Meyer, 'Bedeutung', 121-30（引文見頁 123）；Stromberg, 'Bedeutung', 35; Meurer, *Wasserbau*, 127-8。

158 Oskar von Miller, 'Die Ausnutzung der deutschen Wasserkräfte', *ZfA*, 一九〇八年八月，405。

159 Kretz, 'Zur Frage der Ausnutzung', 362.

160 Hennig, 'Deutschlands Wasserkräfte', 209.

161 Kretz的 'Zur Frage der Ausnutzung' 將這個立場表達得格外清晰，但並非異數。Oskar von Miller的著述也帶有相似的社會關懷意味。

162 Kreuzkam, 'Zur Verwertung', 950.

163 例如，見Algermissen, 'Talsperren: Weisse Kohle', 161; Herzog, 'Ausnutzung', 23-4。這個論點在鐵路電氣化的脈絡中經常被提出：Vogel, 'Bedeutung', 611; Mattern, *Ausnutzung*, 793。

164 Fischer-Reinau, 'Die wirtschaftliche Ausnutzung der Wasserkräfte', 103.

165 Borchardt, *Remscheider Stauweiheranlage*, iv; Heinrich Claus, 'Die Wasserkraft in statischer und sozialer Beziehung', *Wasser- und Wegebau* (1905), 413-16; *Die Ennepetalsperre und die mit ihr verbundenen Anlagen des Kreises Schwelm* (Wasser- und Elektrizitätswerk) (Schwelm, 1905), 39; Hennig, 'Deutschlands Wasserkräfte', 233; Koehn, 'Ausbau', 479; Kretz, 'Zur Frage der Ausnutzung', 361-8; Mattern, *Thalsperrenbau*, 69-70; Vogel,'Bedeutung', 609-10. 在瑞士也有透過電氣化獲致社會進步的烏托邦願景，見Emil Zigler, 'Unsere Wasserkräfte und ihre Verwendung', *ZbWW* 6, 一九一一年一月二十日，33-5, 51-3。

166 Richard Woldt, *Im Reiche der Technik: Geschichte für Arbeiterkinder* (Dresden, 1910), 47-52.

167 Mattern, *Ausnutzung*, 991（描述批評者而非自己的觀點）; Badermann, 'Die Frage der Ausnutzung der staatlichen Wasserkräfte in Bayern', *Kommunalfinanzen* (1911), 154-5; Algermissen認為自大狂是水力發電造成的「幼稚病症」，見Algermissen, 'Talsperren: Weisse Kohle', 159-60。

168 Soergel, 'Bedeutung', 20-1, 23. 他的跟隨者見Sympher, 'Talsperrenbau', 159; Wulff, *Talsperren-Genossenschaften*, 3-4; Nußbaum, 'Wassergewinnung', 67-8; Ziegler, *Talsperrenbau*, v-vi; Kelen, *Talsperren*, 6-11; Mattern, *Thalsperrenbau*（水壩的不同用途在書的副標中幾乎都提到了）。

169 Ziegler, *Talsperrenbau*, 6.

170 Ziegler, *Talsperrenbau*, 5. 亦見同一出處，vii-viii, 57-9。

171 akob Zinssmeister, 'Wertbestimmung von Wasserkräften und von Wasserkraftanlagen', *WK* 2, 一九〇九年一月五日，1-3。

172 Hennig, 'Deutschlands Wasserkräfte', 233; Stromberg, 'Bedeutung', 7, 29; Soergel, 'Bedeutung', 20-1. 因茲 ('Ueber Talsperren', 252-4) 承認有人質疑防洪與其他用途是否能獲得調和，但是他主張這些懷疑只有「一部分是有根據的，而且隨著為設施選擇適當的尺寸而遞減。」

173 有關國家威望與工業博覽會，見：Berdrow, 'Staudämme', 255-7; Meurer, *Wasserbau*, 125。

174 Wulff, *Talsperren-Genossenschaften*, 6-7; Klössel, 'Errichtung von Talsperren', 121; Mattern, *Thalsperrenbau*, 77-81; Ziegler, *Talsperrenbau*, 67-8; Kretz, 'Zur Frage der Ausnutzung', 361-8; Koehn, 'Ausbau', 465.

175 例如：J. Köbl, 'Die Wirkungen der Talsperren auf das Hochwasser', *ANW* 38 (1904), 510; Albert Loacker, 'Die Ausnutzung der Wasserkräfte', *Die Turbine* 6 (1910), 235。類似的觀點貫穿了亨尼希的著述。

176 Ziegler, *Talsperrenbau*, 67-70; *Festschrift... Möhnetalsperre*, 6-24, 73-6.

177 Mattern, *Ausnutzung*, 931.

178 Adam, 'Wasserwirtschaft und Wasserrecht', 2.

179 Miller, 'Ausnutzung', 401-5.

180 Mattern, *Ausnutzung*, 1005. 亦見Vogel, 'Bedeutung', 612。

181「理性」一詞在洛克（Albert Loacker）的一篇演講中出現了二十八次，見Albert Loacker: 'Ausnutzung'。亦見Adam, 'Wasserwirtschaft und Wasserrecht', 2-6; Ziegler, 'Ueber die Notwendigkeit', 58。

182 Bachmann, 'Die Talsperren in Deutschland', 1134, 1156. 其他人提出的已完成水壩數字比較小，約為六十座：Ernst Mattern, 'Stand der Entwicklung des Talsperrenwesens in Deutschland', *WuG* 19, 一九二九年五月一日，863（他提出的數字最低）; Stromberg, 'Bedeutung', 23; Soergel, 'Bedeutung', 12-14。數字有出入的主因是Bachmann納入計算的水壩中，有不少的牆面高度不及十五公尺，但有其他重要之處。

183 Wulff, *Talsperren-Genossenschaften*, 14, 20–445; Ziegler, *Talsperrenbau*, 71-2; Weiser, 'Talsperren', 227-31; Lochert,

135 Abshoff, 'Einiges über Talsperren', 90-3; Regierungsrat Roloff, 'Der Talsperrenbau in Deutschland und Preussen', *ZfB* 59 (1910), 560; Bing, *Vom Edertal zum Edersee*, 9; Völker, *Edder-Talsperre*, 3-5; Sympher, 'Talsperrenbau', 176.

136 Olbrisch, 'Otto Intze', 176-7; Abshoff, 'Talsperren im Wesergebiete', 203.

137 *Die Turbine*(「渦輪」，一九〇四）以柏林為據點，*Die Weisse Kohle*(「白煤」，一九〇八）在慕尼黑。同年的其他新刊物包括*Die Talsperre*（自一九〇三年起發行），*Zeitschrift für das Gesamte Turbinenwesen*（自一九〇五年起發行），*Zentralblatt für Wasserbau und Wasserwirtschaft*（自一九〇六年起發行）與*Zeitschrift für die gesamte Wasserwirtschaft*。有關*Handbuch der Ingenieurwissenschaften*(「工程科學手冊」）新增的一冊，見Koehn, 'Ausbau', 476。

138 Algermissen, 'Talsperren: Weisse Kohle', 154.

139 Koehn, 'Ausbau', 463.

140 'Über die Bedeutung und die Wertung der Wasserkräfte', 4-8; Ziegler, *Talsperrenbau*, 6. 有關煤炭與蒸汽的價值可能被高估的主張，見Berdrow, 'Staudämme', 255。

141 Fischer, 'Ausnützung der Wasserkräfte', 112.

142 引文出自Ziegler, 'Ueber die Nothwendigkeit', 52; Mattern, *Thalsperrenbau*, 74. 亦見Algermissen, 'Talsperren', 153-4; Hennig, 'Deutschlands Wasserkräfte', 209; A. Korn, 'Die "Weisse Kohle"', *TM* 9 (1909),744-6; S. Herzog, 'Ausnutzung der Wasserkräfte für den elektrischen Vollbahnbetrieb', *UTW* (1909), 19-20, 23-4; Koehn, 'Ausbau', 465; Zinssmeister, 'Industrie, Verkehr, Natur', 12-15; Mattern, 'Ausnutzung', 794（這篇著作其實高估了德國剩餘的煤礦藏量）；Karl Micksch在幾年後的文章中也提到太陽能、風力與潮汐能，見Karl Micksch, 'Energie und Wärme ohne Kohle', *Die Gartenlaube* 68 (1920), 81-3。

143 E. Freytag, 'Der Ausbau unserer Wasserwirtschaft und die Bewertung der Wasserkräfte', *TuW* (1908), 401, 文中指出，H. 維比（H. Wiebe）教授較早的計算和他自己的計算（一九〇八年）顯示，水能單位現在與蒸氣能量單位的八〇%等值。

144 Koehn, 'Wasserkraftanlagen', 111. 亦見Mattern, *Thalsperrenbau*, 68; Meurer, *Wasserbau*, 105-8; Hennig, 'Deutschlands Wasserkräfte', 208-9; and Thomas P. Hughes, *Networks of Power: Electrification in Western Society, 1880-1930* (Baltimore, 1983), 129-35。

145 Mattern, *Ausnutzung*, 2-3; Koehn, 'Ausbau', 462-3; Meurer, *Wasserbau*, 71-2; Hughes, *Networks of Power*, 263.

146 'Über die Bedeutung', 8; Kretz, 'Zur Frage der Ausnutzung des Wassers des Oberrheins', *ZfBi* 13 (1906), 361.

147 Hennig, 'Deutschlands Wasserkräfte', 209.

148 Ziegler, *Talsperrenbau*, v; Kreuzkam, 'Zur Verwertung der Wasserkräfte', 951-2. 早期在沙夫豪森（Schaffhausen）利用萊茵河水力的歷史，見Hanns Günther, *Pioniere der Technik: Acht Lebensbilder grosser Manner der Tat* (Zurich, 1920), 91-119 ('Heinrich Moser: Ein Pionier der "weissen Kohle"')。

149 Friedrich Vogel, 'Die wirtschaftliche Bedeutung deutscher Gebirgswasserkräfte', *ZfS* 8 (1905), 607-14; Jakob Zinssmeister, 'Die Beziehungen zwischen Talsperren und Wasserabfluss', *WK* 2, 一九〇九年二月二十五日，47; Koehn, 'Wasserkraftanlagen', 174-6; Algermissen, 'Talsperren: Weisse Kohle', 141。

150 Ernst von Hesse-Wartegg, 'Der Niagara in Fesseln', *Die Gartenlaube* (1905), 34-8; Koehn, 'Ausbau', 463-4; Korn, 'Weisse Kohle', 746; Kreuzkam, 'Zur Verwertung', 919.

151 Eugen Eichel, 'Ausnutzung der Wasserkräfte', *EKB* 8 (1910), 一九一〇年一月二十四日，52-4; Wilhelm Müller, 'Wasserkraft-Anlagen in Kalifornien', *Die Turbine* (1908), 32-5。有關加州，見Hughes, *Networks of Power*, 262-84。

152 Koehn, 'Ausbau', 464.

153 Mattern, *Ausnutzung*, 795.

154 Koehn, 'Ausbau', 464（一九〇五年數字）; Kreuzkam, 'Zur Verwertung', 951 (1908); Ziegler, *Talsperrenbau*, v (1911)。

155 W. Halbfaß, 'Die Projekte von Wasserkraftanlagen am Walchensee und Kochelsee in Oberbayern', *Globus* 88 (1905), 296-7; Peter Fessler, 'Bayerns staatliche Wasserkraftprojekte', *EPR* 27, 一九一〇年一月二十六日，31-4; Hennig, 'Deutschlands Wasserkräfte', 210; Hughes, *Networks of Power*, 334-50。

156 Kretz, 'Zur Frage der Ausnutzung', 368.

157 Koehn, 'Wasserkraftanlagen', 173; Hennig, 'Deutschlands Wasserkräfte', 209-10.

109 同上。

110 Otto Intze, *Bericht über die Wasserverhältnisse der Gebirgsflüsse Schlesiens und deren Verbesserung zur Ausnutzung der Wasserkräfte und zur Verminderung der Hochfluthschäden* (Berlin, 1898).

111 Hennig, 'Otto Intze', 115-16, 119; Berdrow, 'Staudämme', 255.

112 Ziegler, *Talsperrenbau*, vi; Mattern, *Ausnutzung der Wasserkräfte*, 996-9; Olbrisch, 'Otto Intze', 177.

113 Otto Intze, *Talsperrenanlagen in Rheinland und Westfalen, Schlesien und Böhmen. Weltausstellung St. Louis 1904: Sammelausstellung des Königlich Preussichen Ministeriums der Öffentlichen Arbeiten. Wasserbau* (Berlin, 1904); 'Die geschichtliche Entwicklung, die Zwecke und der Bau der Talsperren', 在 *Verein deutscher Ingenieure* 柏林分支發表的演講，一九〇四年二月三日：*ZVDI* 50, 一九〇六年五月五日，673-87。

114 Intze, *Talsperrenanlagen*, 31; Meurer, *Wasserbau*, 112-14; Koehn, 'Wasserkraftanlagen', 113-14; Wilhelm Küppers, 'Die grösste Talsperre Europas bei Gemünd (Eifel)', *Die Turbine* 2, 一九〇五年十二月，61-4, 96-8。

115 Hennig, 'Otto Intze', 119-20; Schatz, 'Otto Intze', 1039; Grassberger, 'Talsperrenwasser', 230-1; 'Talsperrenbauten in Böhmen', *Die Talsperre* (1911), 125-6; A. Meisner, 'Die Flussregulierungsaktion und die Talsperrenfrage', *RTW*, 一九〇九年十一月六日，405-8。有關切哈克，見：Czehak, 'Friedrichswalder Talsperre', 853; 'Auszug aus dem Gutachten des Baurates Ing. V. Czehak', in *Die Marktgemeinde Train und die Trainer Talsperre: Tine Stellungnahme zu den verschiedenen Mängeln des Talsperrenbaues* (Frain, 1935)。

116 Soergel, 'Bedeutung', 103-4; Klössel, 'Errichtung', 120-1; 'Thalsperren am Harz', *GI*, 一九〇二年五月三十一日，167-8.

117 Hennig, 'Otto Intze', 104-5.

118 'Ueber Talsperren', *ZfG* 4 (1902), 253（敘述因茲在馬克里撒水壩的致詞）。

119 Karl Fischer, 'Die Niederschlags- und Abflussbedingungen für den Talsperrenbau in Deutschland', *ZGEB* (1912), 641-55; Hennig, 'Otto Intze', 114; Shackleton, *Europe*, 16, 23.

120 B., 'Die Talsperre bei Mauer am Bober', 609.

121 保守的「農業」作家例子見 'Landwirtschaft und Talsperren', *Volkswohl* 19 (1905), 88-9, 文中明白地將一八九七年的中歐洪水與導致河流縮短及流速加快的河流整治連結起來。

122 P. Ziegler, 'Ueber die Notwendigkeit der Einbeziehung von Thalsperren in die Wasserwirtschaft', *ZfG* 4 (1901), 50-1; Ziegler, *Der Talsperrenbau*, 4-5.

123 H. Chr. Nußbaum, 'Die Wassergewinnung durch Talsperren', *ZGW* (1907), 67-70; Nußbaum, 'Zur Frage der Wirtschaftlichkeit der Anlage von Stau-Seen', *ZfBi* (1906), 463. 類似的看法見 Berdrow, 'Staudämme', 256; Weber, 'Wupper-Talsperren', 314; Stromberg, 'Bedeutung', 29-30。

124 Kunz, 'Binnenschiffahrt', 385-7.

125 同上，396; Kellenbenz, *Wirtschaftsgeschichte*, vol. 2, 276。

126 Hermann Keller, 'Natürliche und künstliche Wasserstrassen', *Die Woche*, 1904, vol. 2, no. 20, 873-5（引文見頁 874）。

127 見第一、二章。

128 Ziegler, *Talsperrenbau*, vi; Mattern, *Thalsperrenbau*, 12-13.

129 Mattern, *Thalsperrenbau*, 6.

130 Soergel, 'Bedeutung', 101.

131 Nikolaus Kelen, *Talsperren* (Berlin and Leipzig, 1931), 10.「巨大船閘」運作時的描述見 Dominik, 'Riesenschleusen im Mittellandkanal', 10。

132 Völker, *Edder-Talsperre*, 3; Emil Abshoff, 'Talsperren im Wesergebiet', *ZfBi* 13 (1906), 202-6.

133 'Zum Kanal-Sturm in Preussen', *HPBl* (1899), 453-62（引文見頁 454）。

134 Bubendey, 'Mittel und Ziele des deutschen Wasserbaues', 500; Georg Gothein, 'Die Kanalvorlage und der Osten', *Die Nation* 16 (1898-9), 368-71; Georg Baumert, 'Der Mittellandkanal und die konservative Partei in Preussen: Von einem Konservativen', *Die Grenzboten* 58 (1899), 57-71; 'Die Ablehnung des Mittellandkanals: Von einem Ostelbier', *Die Grenzboten* 58 (1899), 486-92; Ernst von Eynern, *Zwanzig Jahre Kanalkämpfe* (Berlin, 1901); Hannelore Horn, *Der Kampf um den Bau des Mittellandkanals* (Cologne-Opladen, 1964).

86 Hennig, 'Deutschlands Wasserkräfte', 231; Treue, *Wirtschafts- und Technikgeschichte*, 397-8.

87 有關水車磨坊與居民的比例，見：Karl Lärmer and Peter Beyer (eds.), *Produktivkräfte in Deutschland, 1800 bis 1870* (Berlin, 1990), 310。在符騰堡，直到一八七五年，所有馬力中仍有五三%由水產生；即使在進步的薩克森，這個數字也仍達三一%：出處同上，395。有關薩克森持續使用水力，見Hubert Kiesewetter, *Industrialisierung und Landwirtschaft: Sachsens Stellung zum Industrialisierungsprozess Deutschlands im 19. Jahrhundert* (Cologne, 1988), 458-70。

88 Theodor Koehn, 'Der Ausbau der Wasserkräfte in Deutschland', *ZfdgT* (1908), 462; Wolfgang Feige and Friedrich Becks, *Wasser für das Ruhrgebiet: Das Sauerland als Wasserspeicher* (Münster, 1981), 30-1.

89 Mattern, *Thalsperrenbau*, 65; Martin Lochert, 'Zur Geschichte des Talsperrenbaus im Bergischen Land vor 1914', *NBJ* 2 (1985-6), 110-14.

90 Weiser, 'Talsperren', 34-5; Weber, 'Wupper-Talsperren', 314-15; Wulff, *Talsperren-Genossenschaften*, 7-8, 14-15; Olmer, *Wasser*, 231.

91 Wulff, *Talsperren-Genossenschaften*, 8-11; Ziegler, *Talsperrenbau*, 69; Weber, 'Wupper-Talsperren', 313-14; *Festschrift… Möhnetalsperre*, 2-4; Olmer, *Wasser*, 230-7.

92 Feige and Becks, *Wasser für das Ruhrgebiet*, 20-9.

93 Weiser, 'Talsperren', 113; Kluge and Schramm, *Wassernöte*, 182.

94 Franz-Josef Brüggemeier and Thomas Rommenspacher, 'Umwelt', in Wolfgang Köllmann, Hermann Korte, Dietmar Petzina and Wolfhard Weber (eds.), *Das Ruhrgebiet im Industriezeitalter*, vol. 2 (Düsseldorf, 1990), 518-26; Cioc, *The Rhine*, 88-91.

95 Link, 'Talsperren des Ruhrgebiets', 99-101; Link, 'Bedeutung', 67-9; Feige and Becks, *Wasser für das Ruhrgebiet*, 12, 33; Weiser, 'Talsperren', 39-41; Olmer, *Wasser*, 181-246; Ulrike Gilhaus, *'Schmerzenskinder der Industrie': Umweltverschmutzung, Umweltpolitik und sozialer Protest in Westfalen 1845-1914* (Paderborn, 1995), 93-4.

96 Olmer, *Wasser*, 230.

97 *Festschrift… Möhnetalsperre*, 6-7; Olmer, *Wasser*, 237.

98 自法國占領期間施行《民法典》(Code civil）以來的法律立場，見Dr Biesantz, 'Das Recht zur Nutzung der Wasserkraft rheinischer Flüsse', *RAZS* 7 (1911), 48-66。

99 Wulff, *Talsperren-Genossenschaften*, 16-17; *Festschrift…Möhnetalsperre*, 6-7; Olmer, *Wasser*, 238-9.

100 Wulff, *Talsperren-Genossenschaften*, 17; *Festschrift…Möhnetalsperre*, 7-11; Link, 'Bedeutung'; Link, 'Talsperren des Ruhrgebiets', 101; Splittgerber, 'Entwicklung', 257-8; Weiser, 'Talsperren', 112-17.

101 Bechstein, 'Vom Ruhrtalsperrenverein', 135-9; Cioc, *The Rhine*, 92-3.

102 Wulff, *Talsperren-Genossenschaften*, 19.

103 有關RTV的建設計畫，見Wulff, *Talsperren-Genossenschaften*, 18-20; Link, 'Talsperren des Ruhrgebiets'; Weiser, 'Talsperren', 112-53; Olmer, *Wasser*, 246-62; Kluge and Schramm, *Wassernöte*, 161-8。

104 有關默訥河水壩，見*Festschrift…Möhnetalsperre*; Schönhoff, 'Die Möhnetalsperre bei Soest', 684-6。計算蓄水量的依據是下列著作中的表格，Mattern, *Ausnutzung der Wasserkräfte*, 940-3; Carl Borchardt, *Denkschrift zur Einweihung der Neye-Talsperre bei Wipperfürth* (Remscheid, 1909), 109-10; Such, 'Entwicklung', 68。

105 二十年後，巨大的索佩水壩也由他負責建造。有關他在兩座水壩建設中的角色，見Ernst Link, 'Ruhrtalsperrenverein, Möhne- und Sorpetalsperre', *MLWBL* (1927), 1-11; Ernst Link, 'Die Sorpetalsperre und die untere Versetalsperre im Ruhrgebiet als Beispiele hoher Erdstaudämme in neuzeitlicher Bauweise', *DeW*, 一九三二年三月一日，41-5, 71-2。

106 'Die Wasser- und Wetterkatastrophen dieses Hochsommers', *Die Gartenlaube* (1897), 571. 在波西米亞造成的衝擊，見R. Grassberger, 'Erfahrungen über Talsperrenwasser in Österreich', *Bericht über den XIV. Internationalen Kongress für Hygiene und Demographie, Berlin 1907*, vol. 3 (Berlin, 1908), 230-1; Viktor Czehak, 'Über den Bau der Friedrichswalder Talsperre', *ZöIAV* 49, 一九〇七年十二月六日，853。

107 'Die Wasser- und Wetterkatastrophen', 571.

108 同上，572。

59 Borchardt, *Remscheider Stauweiheranlage*; Föhl and Hamm, *Industriegeschichte*, 132.

60 Hennig, 'Deutschlands Wasserkräfte', 232.

61 Borchardt, *Remscheider Stauweiheranlage*, 98-9.

62 Borchardt, *Remscheider Stauweiheranlage*, iv; Meurer, *Wasserbau*, 109-12.

63 Berdrow, 'Staudämme', 255.

64 Borchardt, *Remscheider Stauweiheranlage*, iii.

65 Guido Gustav Weigend, 'Water Supply of Central and Southern Germany', dissertation, University of Chicago (1946), 3-4. 當然，有時候地下水源只是單純的乾涸了，見：Georg Adam, 'Wasserwirtschaft und Wasserrecht früher und jetzt', *ZGW* 1, 一九〇六年七月一日，3。

66 M. Hans Klössel, 'Die Errichtung von Talsperren in Sachsen', *PVbl* (1904), 120-1; Meyer, 'Bedeutung der Talsperren', 126-7; Such, 'Entwicklung', 69-71.

67 Sympher, 'Talsperrenbau', 177-8. 紀念碑是一面鐵製牌匾，上有因茲浮雕像（他兒子的作品），周圍有暗色的玄武岩熔岩，頂部是有三根柱子的結構。

68 Richard Hennig, 'Otto Intze, der Talsperren-Erbauer (1843-1904)', in *Buch berühmter Ingenieure*, 104-21.

69 Theodor Koehn, 'Über einige grosse europäische Wasserkraftanlagen und ihre wirtschaftliche Bedeutung', *Die Turbine* (1909), 112; *Festschrift ... Möhnetalsperre*, 13; Hennig, 'Deutschlands Wasserkräfte', 233; Josef Stromberg, 'Die volkswirtschaftliche Bedeutung der deutschen Talsperren', dissertation, University of Cologne (1932), 10, 62; Föhl and Hamm, *Industriegeschichte*, 128; Völker, *Edder-Talsperre*, 22; Kreuzkam, 'Deutschlands Talsperren', 657; Heinrich Gräf, 'Über die Verwertung von Talsperren für die Wasserversorgung vom Standpunkte der öffentlichen Gesundheitspflege', *ZHI* 62. (1909), 485.

70 Sympher, 'Talsperrenbau', 159.

71 這個人物小傳的主要依據是 Hennig, 'Otto Intze'; Hans-Dieter Olbrisch, 'Otto Intze', *NDB*, vol. 10 (Berlin, 1974), 176-7; Oskar Schatz, 'Otto Intze: Zur 125. Wiederkehr des Geburtsjahres des Begründers des neuzeitlichen deutschen Talsperrenbaus', *GWF* 109, 一九六八年九月，1037-9。

72 Otto Intze, *Zweck und Bau sogenannter Thalsperren* (Aachen, 1875).

73 J. L. Algermissen, 'Talsperren: Weisse Kohle', *Soziale Revue* 6 (1906), 144; O. Feeg, 'Wasserversorgung', *JbN* 16 (1901), 336.

74 Hennig, 'Otto Intze', 105.

75 Donald C. Jackson, 'Engineering in the Progressive Era: A New Look at Frederick Haynes Newell and the US Reclamation Service', *TC* 34 (1993), 556.

76 Jürgen Giesecke, Hans-Jürgen Glasebach and Uwe Müller, 'German Standardization in Dam Construction', in Franke (ed.), *Dams in Germany*, 81; Martin Schmidt, 'Before the Intze Dams: Dams and Dam Construction in the German States Prior to 1890', 同上，10-35。

77 Meurer, *Wasserbau*, 118.

78 Wulff, *Talsperren-Genossenschaften*, 2-3.

79 舉例而言，見 *Thalsperren im Gebiet der Wupper: Vortrag des Prof. Intze ... am 18. Oktober 1889* (Barmen, 1889), 4-9。

80 Such, 'Entwicklung', 67.

81 Föhl and Hamm, *Industriegeschichte*, 131. 有關他「不知疲倦的活動」，見 Borchardt, *Remscheider Stauweiheranlage*, 111; 亦見 'Einiges über Talsperren', 271。

82 Dr Bachmann, 'Die Talsperren in Deutschland', *WuG* 17, 一九二七年八月十五日，1134; Such, 'Entwicklung', 69, 特別是有關恩斯特・林克（1873-1952）的部分。

83 'Die Wasserkräfte des Riesengebirges', *Die Gartenlaube* (1897), 239-40; Hennig, 'Otto Intze', 105.

84 Hennig, 'Otto Intze', 119.

85 Kellenbenz, *Wirtschaftsgeschichte*, vol. 1, 105-7, 150-62, 252-5; Eckart Schremmer, *Die Wirtschaft Bayerns: Vom hohen Mittelalter bis zum Beginn der Industrialisierung* (Munich, 1970), 331-45. 有關河流能源的運用，見 Leopold, *View of the River*, 245。

32 Dominik, *Wunderland*, 32, 33.
33 David E. Nye, *American Technological Sublime* (Cambridge, Mass., 1994).
34 Leo Marx, *The Machine in the Garden* (New York, 1965); John Kasson, *Civilizing the Machine* (New York, 1977).
35 Bernhard Rieger, '"Modern Wonders": Technological Innovation and Public Ambivalence in Britain and Germany between the 1890s and 1933', *HWJ* 55 (2003), 154-78; Peter Fritzsche, *A Nation of Flyers* (Cambridge, Mass., 1992); Joachim Radkau與Michael Salewski的文章，見Salewski and Ilona Stölken-Fitschen (eds.), *Moderne Zeiten: Technik und Zeitgeschichte im 19. und 20. Jahrhundert* (Stutgart, 1994); Blackbourn, *Fontana History of Germany*, 394-5。
36 Bendt, 'Jubiläum', 527.
37 引用於Zweckbronner, 'Je besser der Techniker', 337.
38 *Die Umschau* (1904), 668: 編輯語。
39 Kollbach, 'Urfttalsperre'; Christiane Karin Weiser, 'Die Talsperren in den Einzugsgebieten der Wupper und der Ruhr als funktionierendes Element in der Kulturlandschaft in ihrer Entwicklung bis 1945', dissertation, University of Bonn, 1991, 191, 194.
40 J. Weber, 'Die Wupper-Talsperren', *BeH* 4, 一九三〇年八月，313; Bing, *Vom Edertal zum Edersee*, 10; W. Mügge, 'Über die Gestaltung von Talsperren und Talsperrenlandschaften', *DW* 37 (1942), 405。
41 Kluge and Schramm, *Wassernöte*, 151.
42 W. Abercron, 'Talsperren in der Landschaft: Nach Beobachtungen aus der Vogelschau', *VuW* 6, 一九三八年六月，33-9。
43 Leo Sympher, 'Der Talsperrenbau in Deutschland', *ZdB* 27 (1907), 169.
44 Borchardt, *Remscheider Stauweiheranlage*, 99.
45 Schönhoff, 'Möhnetalsperre', 685; Russwurm, 'Talsperren und Landschaftsbild', *Der Harz* 34 (1927), 50; Weiser, 'Talsperren', 191-2; Manfred Bierganz, 'Wirtschaft und Verkehr', in *Die Eifel 1888-1988* (Düren, 1989), 597; *Festschrift… Möhnetalsperre*, 70; Peter Franke (ed.), *Dams in Germany* (Düsseldorf, 2001), 138-9.
46 Fritzsche, *Nation of Flyers*, 17.
47 Schwoerbel, 'Technik und Wasser', 379; Günther Garbrecht, 'Der Sadd-el-Kafara, die älteste Talsperre der Welt', in Garbrecht (ed.), *Historische Talsperren* (Stuttgart, 1987), 97-109.
48 Rolf Meurer, *Wasserbau und Wasserwirtschaft in Deutschland* (Berlin, 2000), 54-60; Martin Schmidt, 'Die Oberharzer Bergbauteiche', in Garbrecht (ed.), *Historische Talsperren*, 327-85; P. Ziegler, *Der Talsperrenbau*, 86; Norman Smith, *A History of Dams* (London, 1971), 157.
49 Gerhard Rouvé, 'Die Geschichte der Talsperren in Mitteleuropa', in Garbrecht (ed.), *Historische Talsperren*, 300-10; Meurer, *Wasserbau*, 117-18.
50 Kurt Soergel, 'Die Bedeutung der Talsperren in Deutschland für die Landwirtschaft', dissertation, University of Leipzig (1929), 39-42.
51 Martin Steinert, 'Die geographische Bedeutung der Talsperren', dissertation, University of Jena (1910), 17-18; Soergel, 'Bedeutung', 40-1; Rouvé, 'Talsperren in Mitteleuropa', 310-11.
52 Soergel, 'Bedeutung', 41-2; Ziegler, *Talsperrenbau*, 67-8; C. Wulff, *Die Talsperren-Genossenschaften im Ruhr- und Wuppergebiet* (Jena, 1908), 6-7.
53 Wulff, *Talsperren-Genossenschaften*, 2.
54 Soergel, 'Bedeutung', 39-53, Steinert, 'Die geographische Bedeutung', 66-8.
55 Axel Föhl and Manfred Hamm, *Die Industriegeschichte des Wassers* (Düsseldorf, 1985), 128; Wolfram Such, 'Die Entwicklung der Trinkwasserversorgung aus Talsperren in Deutschland', in *GWF* 139: *Special Talsperren* (1998), 66.
56 Ernst Mattern, *Die Ausnutzung der Wasserkräfte* (Leipzig, 1921), 6.
57 Beate Olmer, *Wasser. Historisch: Zu Bedeutung und Belastung des Umweltmediums im Ruhrgebiet 1870-1930* (Frankfurt/Main, 1998), 229; Kluge and Schramm, *Wassernöte*, 138-41. 類似的限制讓特里爾的居民也獲得了相似結論，見：Zenz, *Trier*, vol. 2, 225-7。
58 Weiser, 'Talsperren', 53-8; Kluge and Schramm, *Wassernöte*, 140-1.

7 Fischer-Reinau, Ingenieur, 'Die wirtschaftliche Ausnützung der Wasserkräfte', *BIG* (1908), 103; 'Uber die Bedeutung und die Wertung der Wasserkräfte in Verbindung mit elektrischer Kraftübertragung', *ZGW* (1907), nr. 1, 4; *Festschrift zur Weihe der Möhnetalsperre, Ein Rückblick auf die Geschichte des Ruhrtalsperrenvereins und den Talsperrenbau im Ruhrgebiet* (Essen, 1913), 2; W. Berdrow, 'Staudämme und Thalsperren', *Die Umschau* (1898), 255.

8 Ernst Mattern, *Thalsperrenbau*, 99. 參見頁 50。馬特恩引用的是席勒的〈鐘之歌〉(The Song of the Bell),但並未完全忠於原文。

9 Jakob Zinssmeister, 'Industrie, Verkehr, Natur und moderne Wasserwirtschaft', 14.

10 *Festschrift… Möhnetalsperre*, 4.

11 見 O. Bechstein, 'Vom Ruhrtalsperrenverein', *Prometheus* 28, 一九一六年十月七日,138; L. Ernst, 'Die Riesentalsperre im Urftal [sic]', *Die Umschau* (1904), 667-8; A. Splittgerber, 'Die Entwicklung der Talsperren und ihre Bedeutung', *WuG* 8, 一九一八年七月一日,255。

12 Karl Kollbach, 'Die Urft-Talsperre', *ÜLM* 92 (1913-14), 694-5.

13 V. A. Carus, *Führer durch das Gebiet der Riesentalsperre zwischen Gemünd und Heimbach-Eifel mit nächster Umgebung* (Trier, 1904).

14 Schönhoff, 'Möhnetalsperre', 685-6.

15 Adolf Ernst, *Kultur und Technik* (Berlin, 1888), 30.

16 Dienel, 'Homo Faber', 60-1.

17 有關河流模型與恩格斯的實驗室,見 Martin Reuss, 'The Art of Scientific Precision: River Research in the United States Army Corps of Engineers to 1945', *TC* 40 (1999), 294-301。柏林—夏洛騰堡(Berlin-Charlottenburg)、布藍什外格(Braunschweig)、但澤與卡爾斯魯厄的科技大學也建立了類似的模型。

18 見慕尼黑教授克魯特(Franz Kreuter)的文章(一九〇七年,原為公開演講),'Die wissenschaftlichen Bestrebungen auf dem Gebiet des Wasserbaues und ihre Erfolge', *Beiträge zur Allgemeinen Zeitung* (Munich) 1 (1908), 1-20,文中他對於水利工程師不願坦承錯誤表達遺憾。

19 Dienel, 'Homo Faber', 61.

20 Mitcham, *Thinking through Technology*, 26-9.

21 Franz Bendt, 'Zum fünfzigjahrigen Jubiläum des "Vereins deutscher Ingenieure"', *Die Gartenlaube* (1906), 527-8.

22 H. F. Bubendey, 'Die Mittel und Ziele des deutschen Wasserbaues am Beginn des 20. Jahrhunderts', *ZVDI* 43 (1899), 499.

23 Mikael Hard, 'German Regulation: The Integration of Modern Technology into National Culture', in Hard and Andrew Jamison (eds.), *The Intellectual Appropriation of Technology: Discourses on Modernity, 1900-1939* (Cambridge, Mass., 1998), 37.

24 Charles Kindleberger, *Economic Growth in France and Britain* (London, 1964), 158.

25 Mitcham, *Thinking through Technology*, 26.

26 李伯引文出處:Gerhard Zweckbronner, '"Je besser der Techniker, desto einseitiger sein Blick?" Probleme des technischen Fortschritts und Bildungsfragen in der Ingenieurzeitung im Deutschen Kaiserreich', in Ulrich Troitzsch and Gabriele Wohlauf (eds.), *Technikgeschichte* (Frankfurt/Main, 1980), 340。

27 埃德水壩是「最高等級的文化作品」:Geheimer Oberbaurat Keller,引用於 'Einiges über Talsperren', *ZfBi* (1904), 271。

28 John M. Staudenmaier, *Technology's Storytellers* (Cambridge, Mass., 1985).

29 Richard Hennig, 'Deutschlands Wasserkräfte und ihre technische Auswertung', *Die Turbine* (1909), 208-11, 230-4; 'Aufgaben der Wasserwirtschaft in Südwestafrika', 同上,331-3; 'Die grossen Wasserfälle der Erde in ihrer Beziehung zur Industrie und zum Naturschutz', *ÜLM* 53 (1910-11), 872-3。

30 Richard Hennig, *Buch berühmter Ingenieure: Grosse Manner der Technik ihr Lebensgang und ihr Lebenswerk. Für die reifere Jugend und für Erwachsene geschildert* (Leipzig, 1911).

31 Hans Dominik, 'Riesenschleusen im Mittellandkanal', *Die Gartenlaube* (1927), 10; *Im Wunderland der Technik: Meisterstücke und neue Errungenschaften, die unsere Jugend kennen sollte* (Berlin, 1922).

247 Wermuth, *Erinnerungen*, 48-50.

248 引用於Johannes Baptist Kissling, *Geschichte des Kulturkampfes im Deutschen Reiche*, 3 vols. (Freiburg, 1911-16), vol. 3, 58。

249 見第二章。

250 J. T. Carlton and J. B. Geller, 'Ecological Roulette: The Global Transport of Non-indigenous Marine Organisms', *Science*, 261 (1993), 78-83. 有關水生物種入侵，見McNeill, *Something New under the Sun*, 257-60。

251 George Perkins Marsh, *Man and Nature*, edited by David Lowenthal (Cambridge, Mass, 1965), Chapter IV ('The Waters'), esp. 304-10.

252 Marsh, *Man and Nature*, 310 note 31; Thomas Kluge and Engelbert Schramm, *Wassernöte: Umwelt- und Sozialgeschichte des Trinkwassers* (Aachen, 1986), 183-7. 有關圖拉，見第二章。

253 Karl Fraas, *Klima und Pflanzenwelt in der Zeit, ein Beitrag zur Geschichte* (Landshut, 1847). 見Zirnstein, *Ökologie*, 135-6。

254 Daum, *Wissenschaftspopularisierung*, 138-53, 193-210; Dominick, *Environmental Movement*, 39.

255 創世紀，第一章二十八節：「要生養眾多、遍滿地面、治理這地；也要管理海裡的魚、空中的鳥，和地上各樣行動的活物。」有關基督教傳統中的其他支系，見Glacken, *Traces*; William Leiss, *The Domination of Nature* (New York, 1972), 29-35; Ernst Oldemeyer, 'Entwurf einer Typologie des menschlichen Verhältnisses zur Natur', in Großklaus und Oldemeyer (eds.), *Natur als Gegenwelt*, 28-30; Ruth Groh and Dieter Groh, *Weltbild und Naturaneignung* (Frankfurt/Main, 1991), 11-91。

256 Dominick, *Environmental Movement*, 34.

257 Ernst Rudorff, 'Ueber das Verhältniss des modernen Lebens zur Natur', *PJbb* 45 (1880), 261-76.

258 植物學者勞特波恩在他的著作中引述了里爾對「荒野」的看法，見'Beiträge zur Fauna und Flora des Oberrheins und seiner Umgebung', *Pollichia* 19 (1903), 42-130: Preuß, 'Naturschutz', 233。有關里爾模稜兩可的觀點，亦見Applegate, *Nation of Provincials*, 34-42; Dominick, *Environmental Movement*, 22-3; Lekan, *Imagining the Nation in Nature*, 6-7; Sieferle, *Fortschrittsfeinde?*

259 見Schneider (ed.), *Deutsche Landschaften*, xvii-xviii。

260 Fontane, *WMB*, vol. 2, 101-2, 108-9.

261 *WMB*, vol. 1, 351, 593; vol. 2, 101.

262 Wilhelm Raabe, *Stopfkuchen*, 譯者為Barker Fairley（他的譯本以小說主角Tubby Schaumann為名），見：*Wilhelm Raabe, Novels* (New York, 1983), 176。

263 同上，175：「大自然母親讓所有事物都好好的清洗過了。」

264 Blumenberg, *Heimat am Jadebusen*，書中廣泛探討了「拯救」這片田野的努力。

265 Makowski and Buderath, *Die Natur*, 226; 亦見本書引言。

266 Küster, *Geschichte der Landschaft*, 274, 341.

267 同上，328-30; Jäger, *Einführung*, 54; Deneke, 'Eingriffe der Menschen'。

268 Lekan, *Imagining the Nation in Nature*, 14-16, 亦見第五章。

第四章：築壩大業與二十世紀初期

1 Josef Ott and Erwin Marquardt, *Die Wasserversorgung der kgl. Stadt Brüx in Böhmen mit bes. Berücks. der in den Jahren 1911 bis 1914 erbauten Talsperre* (Vienna, 1918), Vorwort, 54.

2 Ludwig Bing (ed.), *Vom Edertal zum Edersee: Eine Landschaft ändert ihr Gesicht* (Korbach and Bad Wildungen, 1973), 6.

3 H. Völker, *Die Eder-Talsperre* (Bettershausen bei Marburg, 1913), 7, 25.

4 Carl Borchardt, *Die Remscheider Stauweiheranlage sowie Beschreibung von 450 Stauweiheranlagen* (Munich and Leipzig, 1897), 97-9; B. [Bachmann?], 'Die Talsperre bei Mauer am Bober', *ZdB* 32, 一九一四年十一月十六日，611; Hermann Schönhoff, 'Die Möhnetalsperre bei Soest', *Die Gartenlaube* (1913), 686。

5 'Die Thalsperren im Sengbach-, Ennepe- und Urft-Thal', *Prometheus*, 744 (1904), 250.

6 Dr Kreuzkam, 'Zur Verwertung der Wasserkräfte', *VW* (1908), nr. 36, 952.

220 Ernst Schick, *Ausführliche Beschreibung merkwürdiger Bauwerke, Denkmale, Brücken, Anlagen, Wasserbauten, Kunstwerke, Maschinen, Instrumente, Erfindungen und Unternehmungen der neueren und neuesten Zeit. Zur belehrenden Unterhaltung für die reifere Jugend bearbeitet* (Leipzig, 1838).

221 Ernst Kapp, *Vergleichende allgemeine Erdkunde* (Braunschweig, 1868), 647-9.

222 Starklof, *Vier Briefe*; Blackbourn, *Fontana History of Germany*, 119.

223 Karl Mathy, 'Eisenbahnen und Canäle, Dampfboote und Dampfwagentransport', in C. Rotteck and C. Welcker (eds.), *Staats-Lexikon*, vol. 4 (Altona, 1846), 228-89（引文見頁231）。

224 Mitcham, *Thinking through Technology*, 20-4.

225 Ernst Meyer, *Rudolf Virchow* (Wiesbaden, 1956); Arnold Bauer, *Rudolf Virchow: Der politische Arzt* (Berlin, 1982).

226 Hans-Liudger Diemel, 'Homo Faber: Der technische Zugang zur Natur', in Werner Nachtigall and Charlotte Schönbeck (eds.), *Technik und Natur* (Düsseldorf, 1994), 66.

227 Frank Otto［奧圖・斯班莫筆名］, *'Hilf Dir Selbst!' Lebensbilder durch Selbsthülfe und Thatkraft emporgekommener Männer: Gelehrte und Forscher, Erfinder, Techniker, Werkleute. Der Jugend und dem Volke in Verbindung mit Gleichgesinnten zur Aneiferung vorgeführt* (Leipzig, 1881)。

228 Carl Ritter, 'The External Features of the Earth in their Influence on the Course of History' [1850], *Geographical Studies by the Late Professor Carl Ritter of Berlin*, translated by William Leonard Gage (Cincinnati and New York, 1861), 311-56. 還有很多例子見 Kapp, *Vergleichende allgemeine Erdkunde*。

229 Ritter, *Geographical Studies*, 257-63, 267, 335-6.

230 懷特（Patrick White）偉大的小說《探險家沃斯》（*Voss*，1957）以他的遠征為藍本。

231 Richard Oberländer, *Berühmte Reisende, Geographen und Länderentdecker im 19. Jahrhundert* (Leipzig, 1892), 28-64, 引文見頁59。

232 See Felix Lampe, *Grosse Geographen* (Leipzig and Berlin, 1915), 245-51.

233 Eugen von Enzberg, *Heroen der Nordpolarforschung. Der reiferen deutschen Jugend und einem gebildten Leserkreise nach den Quellen dargestellt* (Leipzig, 1905), 128-75（引文見頁175）; Reinhard A. Krause, *Die Gründungsphase deutscher Polarforschung 1865-1875* (Bremerhaven, 1992); *125 Jahre deutsche Polarforschung: Alfred-Wegener-Institut für Polar- und Meeresforschung* (Bremerhaven, 1993). 考德魏對第一次與第二次遠征的記述分別出版於一八七一年和一八七三至七四年。

234 Daum, *Wissenschaftspopularisierung*, 104-5, 108-9. 以不來梅為例，洪堡協會（Humboldt Association）在一八六〇年左右成立，自然科學協會（Natural Science Association）在一八六四年成立，而地理學會（Geographical Society）在一八七六年成立；出處同上，93, 141；Hamm, *Naturkundliche Chronik*, 176。

235 Louis Thomas, *Das Buch wunderbarer Erfindungen* (Leipzig, 1860), 3.

236 見 'Die neue deutsche Lyrik', *Die Gegenwart*, vol. 8 (1853), 49。

237 Cioc, 'Die Rauchplage am Rhein', 48-53.

238 Thomas Rommelspacher, 'Das natürliche Recht auf Wasserverschmutzung', in Franz-Josef Brüggemeier and Rommelspacher (eds.), *Besiegte Natur: Geschichte der Umwelt im 19. und 20. Jahrhundert* (Munich, 1987), 54.

239 同上，44。

240 Wilhelm Raabe, *Pfisters Mühle* (1884); Jeffrey L. Sammons, *Wilhelm Raabe: The Fiction of the Alternative Community* (Princeton, 1987), 269-82.

241 Friedrich Nietzsche, *On the Genealogy of Morals* (1887), Part III, section 9. 我的翻譯。

242 Kobell, *Wildanger*, 10, 248.

243 同上，248-9; Makowski and Buderath, *Die Natur*, 236; Hamm, *Naturkundliche Chronik*, 195.

244 Makowski and Buderath, *Die Natur*, 80; Zirnstein, *Ökologie*, 181; Raymond H. Dominick, *The Environmental Movement in Germany: Prophets and Pioneers, 1871–1971* (Bloomington, IN, 1992), 53.

245 Zirnstein, *Ökologie*, 143-6.

246 Daum, *Wissenschaftspopularisierung*, 332-5; Zirnstein, *Ökologie*, 143-72; Makowski and Buderath, *Die Natur*, 236. 有關提尼曼，見第四章。

190 同上，127-8。亦見169，有較為接近Hugo或Quin風格的傳統敘述，描繪「點綴著蒸汽船」的萊茵河。
191 見Sternberger, *Panorama*。
192 見Wolfgang Schivelbusch, *The Railway Journey* (New York, 1979)。
193 Hugo, *The Rhine*, 139; Quin, *Steam Voyages*, vol. 2, 121-2; Karl Immermann, *Reisejournal* (1833), 引用於Schneider (ed.), *Deutsche Landschaften*, 331。
194 有關萊茵河浪漫主義和觀光業（以及英國人），見：Tümmers, *Der Rhein*, 248-61; Hugo, *The Rhine*, 83-4; Hill, *Rhine Roamings*, 262-3。
195 Quin, *Steam Voyages*, vol. 2, 116. 這是當時旅人常見的看法，他們認為到了科隆以下和美因茲以上的地方，「萊茵河便失去了魅力」（Hill, *Rhine Roamings*, 52）。
196 Friedrich Engels, 'Siegfrieds Heimat' (1840), 引用於Schneider (ed.), *Deutsche Landschaften*, 335。
197 Helmut Frühauf, *Das Verlagshaus Baedeker in Koblenz 1827-1872* (Koblenz, 1992). 貝德克將德國分為五個地區：東北、西北、南部、萊茵蘭和柏林。
198 見Applegate, *A Nation of Provincials*。
199 David Blackbourn, '"Taking the Waters": Meeting Places of the Fashionable World', in Martin H. Geyer and Johannes Paulmann (eds.), *The Mechanics of Internationalism* (Oxford, 2001), 435-57.
200 Fontane, *WMB*, vol. 1, 553-5.
201 馮塔納對夫來恩瓦德帶著溫和嘲諷的描述見*WMB*, vol. 1, 591-2。
202 Fontane, *WMB*, vol. 1, 29-31, 871, 分別提到在卡爾威（Carwe）與檀姆索的假想戰；Marion Gräfin Dönhoff, *Namen die keiner mehr nennt* (Dösseldorf and Cologne, 1962), 112-13, 描述了一七五〇年在霍亨索倫萊茵斯堡的慶祝活動。
203 Tümmers, *Der Rhein*, 73-4. 有關康斯坦士湖在十九世紀中期後的觀光開發，見Gerd Zang (ed.), *Provinzialisierung einer Region* (Frankfurt/Main, 1978)。
204 H. S. Bakker, *Norderney* (Bremen, 1956); *Saison am Strand: Badeleben an Nord- und Ostsee – 200 Jahre*, catalogue, Altonaer Museum in Hamburg/Norddeutsches Landesmuseum (Herford, 1986).
205 Dönhoff, *Namen die keiner mehr nennt*, 42.
206 有關「萊茵河愛國主義」(Rhine patriotism)，見Tümmers, *Der Rhein*；Irmline Veit-Brause, *Die deutsch-französische Krise von 1840* (Cologne, 1967)。
207 Hans-Georg Bluhm, 'Landschaftsbild im Wandel', in *Saison am Strand*, 30.
208 H. Kohl (ed.), *Briefe Ottos von Bismarck an Schwester und Schwager* (Leipzig, 1915), 15. *Saison am Strand*, 97重印了一張照片，裡面是兩名持槍的男性訪客，其中一名的手臂被一名女性挽著。兩名男子在弗爾島遭殺害的六隻海豹屍體後方驕傲留影。
209 Deeters, 'Kleinstaat und Provinz', 171-3; Hamm, *Naturkundliche Chronik*, 158, 162.
210 Blackbourn, *Fontana History of Germany*, 203, 273-5.
211 Ferdinand Grautoff, 'Ein Kanal, der sich selber bauen sollte', *Die Gartenlaube* (1925), 520.
212 Norman Davies and Roger Moorhouse, *Microcosm: Portrait of a Central European City* (London, 2002), 262.
213 Hans J. Reichhardt, 'Von Treckschuten und Gondeln zu Dampfschiffen', in *Zwischen Oberspree und Unterhavel: Von Sport und Freizeit auf Berlins Gewässern – Eine Ausstellung des Landesarchivs Berlin, 3. Juli bis 30. September 1985* (Berlin, 1985), 19, 26-8. 感謝薩皮利卡（John Czaplicka）告知我此一資訊。
214 施萊克在*Vossische Zeitung*中所寫，引述出處同上，42。
215 Andreas Daum, *Wissenschaftspopularisierung im 19. Jahrhundert* (Munich, 1998), 127.
216 Hermann von Helmholtz, *Science and Culture: Popular and Philosophical Essays*, ed. David Cahan (Chicago, 1995), 206-7. 有關這些年會的「辭令」，亦見Daum, *Wissenschaftspopularisierung*, 125-9。
217 Ernst Kapp, *Grundlinien einer Philosophic der Technik* (Braunschweig, 1877), 138.
218 Hamm, *Naturkundliche Chronik*, 155; Kellenbenz, *Wirtschaftsgeschichte*, vol. 2, 117, 139, 279; Andreas Kunz, 'Seeschiffahrt', in Wengenroth (ed.), *Technik und Wirtschaft*, 371.
219 Kunz, 'Seeschiffahrt', 368-9; Spelde, *Geschichte der Lotsen-Brüderschaften*, 26-8, 85-8; Hamm, *Naturkundliche Chronik*, 169.

將近一千四百萬馬克。

159 Wegener, 'Besiedlung', 159-60; Stumpfe, *Besiedelung*, 333-87.

160 Fontane, *WMB*, vol. 1, 346-53. 泥炭督察也出現在馮塔納的其他作品中，包括*Allerlei Glück*、*Frau Jenny Treibel*、*Mathilde Möhring*及*Effi Briest and Der Stechlin*。見*WMB*, vol. 3注釋，頁876。

161 Stumpfe, *Besiedelung*, 307.

162 Starklof, *Vier Briefe*, 37.

163 Niemann (ed.), *Ludwig Starklof*, 167-8; Friedl, 'Ludwig Starklof, 26; Lampe, 'Wirtschaft und Verkehr', 724, 745.

164 Edwin J. Clapp, *The Navigable Rhine* (Boston, 1911), 40-1; Tümmers, *Der Rhein*, 243-4; Cioc, *Rhine*, 55-8. 對未經調節的中萊茵河有哪些危險的當代描述，見Victor Hugo, *The Rhine* (New York, 1845), 132, 141。

165 Franz Kreuter, 'Die wissenschaftlichen Bestrebungen auf dem Gebiet des Wasserbaues und ihre Erfolge', *Beiträge zur Allgemeinen Zeitung* I (1908), 1-20; Treue, *Wirtschafts- und Technikgeschichte*, 375; Günther Garbrecht, 'Hydrotechnik und Natur: Gedanken eines Ingenieurs', in *100 Jahre Deutsche Verbände der Wasserwirtschaft 1891-1991: Wasserwirtschaft im Wandel der Zeit* (Bonn, 1991), 32-6; Hamm, *Naturkundliche Chronik*, 165; Tietze, *Oderschiffahrt*, 7, 26-33.

166 Tietze, *Oderschiffahrt*, 14.

167 Ernst Mattern, *Der Thalsperrenbau und die Deutsche 'Wasserwirtschaft* (Berlin, 1902), 4.

168 彙整自Wolfgang Köllmann (ed.), *Quellen zur Bevölkerungs-, Sozial- und Wirtschaftsstatistik Deutschlands 1815-1875*, vol. 2 (Boppard, 1989), 331, 392, 463, 531, 608, 681。

169 關於筏運，見：Andreas Kunz, 'Binnenschiffahrt', in Ulrich Wengenroth (ed.), *Technik und Wirtschaft* (Düsseldorf, 1993), 391; Musall, *Kulturlandschaft*, 111, 145; Jürgen Delfs, *Die Flösserei im Stromgebiet der Weser* (Hanover, 1952); Makowski and Buderath, *Die Natur*, 176-7。

170 Hugo, *The Rhine*, 276. Michael J. Quin對萊茵河有類似的描述，見*Steam Voyages on the Seine, the Moselle & the Rhine*, 2 vols. (London, 1843), vol. 2, 99。

171 Kellenbenz, *Wirtschaftsgeschichte*, vol. 2, 56, 114; Clapp, *Navigable Rhine*, 14-16; Tümmers, *Der Rhein*, 232-33.

172 Ludwig Bamberger, *Erinnerungen* (Berlin, 1899), 49-50; Clapp, *Navigable Rhine*, 23-4; Tümmers, *Der Rhein*, 230-2.

173 Kellenbenz, *Wirtschaftsgeschichte*, vol. 2, 114.

174 Victor Hugo (*The Rhine*, 277) 引述了一句著名的俗話，即排筏生意的投機者應該有三座首都：一個在萊茵河上，第二個在岸上，第三個在自己口袋裡。

175 Fontane, *WMB*, vol. 1, 550-3.

176 Friedrich Wickert, *Der Rhein und sein Verkehr* (Stuttgart, 1903), 22-3, 131-2; Kellenbenz, *Wirtschaftsgeschichte*, vol. 2, 114, 189 Kurt Andermann (ed.), *Baden: Land – Staat – Volk 1806-1871* (Karlsruhe, 1890) 86.

177 Hugo, *The Rhine*, 276 (「神父的街道」，或Pfaffengasse，是對萊茵河常見的嘲諷)；Eberhard Gothein, *Geschichtliche Entwicklung der Rheinschiffahrt im 19. Jahrhundert* (Leipzig, 1903), 297。亦見Musall, *Kulturlandschaft*, 237。

178 事實上還不到完全反過來：一九〇七年，往上游的運輸量是往下游運輸量的兩倍，見：Clapp, *Navigable Rhine*, 34; Cioc, *Rhine*, 73。

179 Kunz, 'Binnenschiffahrt', 385-7.

180 Dolf Sternberger, *Panorama of the Nineteenth Century* (Oxford, 1977), 20-3.

181 有關鐵路在昔日「流浪短工」(tramping journeymen) 之間受歡迎的程度，見Blackbourn, *Fontana History of Germany*, 273；有關奧得河的蒸汽船，見Fontane, *WMB*, vol. 1, 553-5。

182 Tümmers, *Der Rhein*, 226.

183 Niemann (ed.), *Ludwig Starklof*, 168, 216.

184 Emil Zenz, *Geschichte der Stadt Trier im 19. Jahrhundert*, vol. 2 (Trier, 1980), 146.

185 Fontane, *WMB*, vol. 1, 561.

186 Quin, *Steam Voyages*, vol. 2, 83.

187 Mark Cioc, 'Die Rauchplage am Rhein vor dem Ersten Weltkrieg', *BzR* 51 (1999), 48; Tümmers, *Der Rhein*, 226-34.

188 Quin, *Steam Voyages*, vol. 2, 99; Hugo, *The Rhine*, 131.

189 Lucy A. Hill, *Rhine Roamings* (Boston, 1880).

130 Stumpfe舉了許多這類問題的例子。在東邊的托伊佛茲莫爾，有一條運河在十八世紀中為了運輸泥煤而開鑿，但不到五十年後就因為維護費用太高而荒廢，見Hansemann, 'Entwicklung des Torfabbaues im Toten Moor', 134；對早期運河「Wildwachs」的批評，見Deeters, 'Kleinstaat und Provinz', 156；而針對原來的亨特河—埃母河運河的批評，見Lampke, 'Wirtschaft und Verkehr', 745。

131 Hamm, *Naturkundliche Chronik*, 170.

132 關於水庫與運河，見第四章。

133 Alfred Hugenberg, *Innere Colonisation im Nordwesten Deutschlands* (Strasbourg, 1891), 359.

134 Stumpfe在評論中將沼地殖民者（Fehntjer）的衰落與各種手工藝在公會系統終結後的衰落相比，見：*Besiedelung*, 402-3。

135 Deeters, 'Kleinstaat und Provinz', 166-7; Wassermann, 'Siedlungsgeschichte', 106.

136 Stumpfe, *Besiedelung*, 139, 142, 175; Gunther Hummerich and Wolfgang Lüdde, *Dorfschiffer* (Norden, 1992).

137 在帕朋堡，數字從一百八十二（一八六九）跌至七十一（一八九〇）、三十八（一八九五）和十八（一九〇一）；在大沼地，數字從五十三（一八六九至一八八二年）掉到二十七（一八九〇）、二十二（一八九五）和八（一九〇一）；在柏艾克翟特勒沼地（Boekzeteler Fen）從二十三（一八六九）掉到十六（一八八二）、十三（一八九〇）、七（一八九五）和二（一九〇一）。西勞德沼地是這段期間唯一的例外。數字所依據的表格見Stumpfe, *Besiedelung*, 252-3。位於西奧登堡、可連結至埃姆河的內陸港巴塞爾（Barssel）經歷了類似的過程。一八七〇年，停泊在這裡的帆船仍有四十艘，最遠航行至美國與地中海；不過十年後，遠洋航運已急劇衰落，見：Lampe, 'Wirschaft und Verkehr', 745。

138 Kurs, 'Die künstlichen Wasserstrassen', 611.

139 Fontane, *WMB*, vol. 2, 103. 楷體字處的原文格式為斜體字。在此馮塔納說的是哈非爾蘭，而他將當地泥炭開採中心里能姆（Linum）稱為當地的「新堡」（Newcastle），也是在影射泥炭的競爭對手煤炭。

140 Stumpfe, *Besiedelung*, 184.

141 同上，252-3。

142 Schwalb認為是十六世紀，見頁39-41。

143 Hamm, *Naturkundliche Chronik*, 81; Wegener, 'Besiedlung', 164.

144 Wassermann, 'Siedlungsgeschichte', 107.

145 Andrew Steele, *The Natural and Agricultural History of Peat-Moss or Turf-Bog* (Edinburgh, 1826), 53-4. Steele的整本書都用於說明焚燒沼地表面的好處。

146 燒荒的科學與歐洲面向，見：Pyne, *Vestal Fire*, 168-76。

147 Wassermann, 'Siedlungsgeschichte', 109.

148 同上，107-11; Deeters, 'Kleinstaat und Provinz', 166; Stumpfe, *Besiedelung*, 68-82。

149 Schwalb, *Entwicklung der bäuerlichen Kulturlandschaft*, 41; Wassermann, 'Siedlungsgeschichte', 109-11; Hamm, *Naturkundliche Chronik*, 194; Küster, *Geschichte der Landschaft*, 276; Makowski and Buderath, *Die Natur*, 230; Pyne, *Vestal Fire*, 171, 175.

150 Schwalb, *Entwicklung der bäuerlichen Kulturlandschaft*, 17-18. 若計入極晚和極早的霜降，盛夏時從未有霜降紀錄的日子只有十二天。

151 Wegener, 'Besiedlung', 158.

152 H. Schoolmann, *Pioniere der Wildnis: Geschichte der Kolonie Moordorf* (n.p., 1973); H. Rechenbach (ed.), *Moordorf: Ein Beitrag zur Siedlungsgeschichte und zur sozialen Frage* (Berlin, 1940).

153 Wegener, 'Besiedlung', 158. 史塔克洛夫針對煙霧瀰漫而破落的房舍所做的評論，反映出相對於東菲士蘭繁榮的泥沼聚落，他對於一八四〇年代奧登堡既有沼地聚落的負面評價。

154 Wassermann, 'Siedlungsgeschichte', 110.

155 Stumpfe, *Besiedelung*, 310-n; Wegener, 'Besiedlung', 159-60.

156 Stumpfe, *Besiedelung*, 263-74（引文見頁267）。

157 同上，319-32。

158 Deeters, 'Kleinstaat und Provinz', 181（引文）; Kurs, 'Die künstlichen Wasserstrassen', 612頁提供的運河總造價為

99 Wolfgang Schwarz, 'Ur- und Frühgeschichte', in Behre and van Lengen (eds.), *Ostfriesland*, 51-2（插圖非常精美）；August Hinrichs, 'Zwischen Marsch, Moor und Geest', in *August Hinrichs über Oldenburg*, 35。

100 *Etwas von der Teich-Arbeit, vom nützlichen Gebrauch des Torff-Moores, von Verbesserung der Wege aus bewährter Erfahrung mitgetheilet von Johann Wilhelm Hönert* (Bremen, 1772), 82-3, 130-1.

101 Küster, *Geschichte der Landschaft*, 270.

102 Hinrichs, 'Zwischen Marsch, Moor und Geest', 35-6; Makowski and Buderath, *Die Natur*, 221-5; Hamm, *Naturkundliche Chronik*, 194; Jörg Hansemann, 'Die historische Entwicklung des Torfabbaues im Toten Moor bei Neustadt am Rübenberge', *Telma* 14 (1984), 133.

103 Angela Wegener, 'Die Besiedlung der nordwestdeutschen Hochmoore', *Telma* 15 (1985), 152.

104 建立年代很晚的是奧里希爾維斯莫爾沼地；一八八〇年代另有兩處沼地聚落做為既有聚落的延伸而建立，分別為威爾海姆斯沼地一和二。

105 H. Tebbenhoff, *Grossefehn: Seine Geschichte* (Ostgrossefehn, 1963); Ekkehard Wassermann, 'Siedlungsgeschichte der Moore', in Behre and van Lengen (eds.), *Ostfriesland*, 101-7; Deeters, 'Kleinstaat und Provinz', 147, 156, 166-7; Stumpfe, *Besiedelung*, 104-33, 170–87; Wegener, 'Besiedlung', 154-6; Küster, *Geschichte der Landschaft*, 270-3.

106 Stumpfe, *Besiedelung*, 196-208.

107 Deeters, 'Kleinstaat und Provinz', 173-4.

108 E. Schöningh, *Das Bourtanger Moor: Seine Besiedlung und wirtschaftliche Erschliessung* (Berlin, 1914); Stumpfe, *Besiedelung*, 214-20, 312-19. 普魯士思維的改變見後文。

109 Robert Glass, 'Die Besiedlung der Moore und anderer Ödländerein', *HHO* 2 (1913), 335-55, 這是當地一名沼地督察的成果；L. Stöve, *Die Moorwirtschaft im Freistaate Oldenburg, unter besonderer Berücksichtigung der inneren Kolonisation* (Würzburg, 1921); Stumpfe, *Besiedelung*, 274-309。

110 A. Geppert, *Die Stadt am Kanal: Papenburgs Geschichte* (Ankum, 1955).

111 L[udwig] Starklof, *Moor-Kanäle und Moor-Colonien zwischen Hunte und Ems: Vier Briefe* (Oldenburg, 1847).

112 這個小傳依據的基礎是 *Ludwig Starklof 1789-1850: Erinnerungen. Theater, Erlebnisse, Reisen*, ed. by Harry Niemann, with contributions from Hans Friedl, Lu-Ramona Fries, Karl Veit Riedel, Friedrich-Wilhelm Schaer (Oldenburg, 1986)。亦見 Eckhardt and Schmidt (eds.), *Geschichte des Landes Oldenburg*, 289, 299, 317, 319, 322-3, 594, 606, 891, 931, 938, 949, 958; Rüthning的 *Oldenburgische Geschichte* 以史塔克洛夫的自傳為重要依據，但未注明來源。

113 Starklof, *Vier Briefe*, 40.

114 同上，10-13。

115 同上，37-8。

116 同上，17-18。

117 同上，27-8。

118 同上，20。

119 同上，23, 28。

120 Niemann (ed.), *Ludwig Starklof*, 170-82; Hans Friedl, 'Ludwig Starklof (1789-1850): Hofrat und Rebell', 同上，27-35; Rüthning, *Oldenburgische Geschichte*, vol. 2, 544-6。

121 Kurs, 'Die künstlichen Wasserstrassen', 611-13; Stumpfe, *Besiedelung*, 275-9; Klaus Lampe, 'Wirtschaft und Verkehr im Landkreis Oldenburg von 1800 bis 1945', in Eckhardt and Schmidt (eds.), *Geschichte des Landes Oldenburg*, 745.

122 Tebbenhoff, *Großefehn*.

123 Starklof, *Vier Briefe*, 47.

124 Stumpfe, *Besiedelung*, 197-204（引文見頁 199）。

125 引用於 Stumpfe, *Besiedelung*, 219。

126 Starklof, *Vier Briefe*, 40-8; Stumpfe, *Besiedelung*, 204-6.

127 Hans Pflug, *Deutsche Flüsse – Deutsche Lebensadern* (Berlin, 1939), 61.

128 這些運河比較小，也少有側流（Inwieken），見：Stumpfe, *Besiedelung*, 135。

129 Wassermann, 'Siedlungsgeschichte', 101, 書中有描繪運河與聚落布局的精美插圖，見頁 103-4。

66 Krohn, *Vierzig Jahre*, 64-5; Schwanhäuser, *Chronik*, 3; Murken, 'Kaleidoscop', 372.

67 Blackbourn, *Fontana History of Germany*, 205-6.

68 Wiese, *Hafenbauarbeiter*, 42-7; Uphoff, *Entstehungsgeschichte*, 89-90.

69 W. Krüger, 'Die Baugeschichte der Hafenanlagen', *JbHG* 4 (1922), 98.

70 Schwanhäuser, *Chronik*, 7-8; Wiese, *Hafenbauarbeiter*, 67-9.

71 見 Uphoff, *Entstehungsgeschichte*, 頁 202-6 的表格。數字可能低報的一個主因是病重的當地工人會回家等死。

72 Schwanhäuser, *Chronik*, 16-17; Murken, 'Kaleidoscop', 372; Wiese, *Hafenbauarbeiter*, 72-8, 84-8.

73 Norden, *Bevölkerung*, 106-10; Ernst Hinrichs, 'Grundzüge der neuzeitlichen Bevölkerungsgeschichte des Landes Oldenburg', *Vorträge der Oldenburgischen Landschaft* 13 (1985), 20-1; Waldemar Reinhardt, 'Die Stadt Wilhelmshaven in preussischer Zeit', in Eckhardt and Schmidt (eds.), *Geschichte*, 640.

74 Dr P. Mühlens, 'Bericht über die Malariaepidemie des Jahres 1907 in Bant, Heppens, Neuende und Wilhelmshaven sowie in der weiteren Umgegend', *KJb* 19 (1907), 56.

75 Hamm, *Naturkundliche Chronik*, 163.

76 克隆回憶，當時「發燒得厲害，非常厲害」，見 Krohn, *Vierzig Jahre*, 12；工人中有「太多受害者」，見 Koch, *50 Jahre*, 12。

77 Krohn, *Vierzig Jahre*, 15-16, 27, 30.

78 這個階層的人數有多「少」可以從這個數字略微窺知：一八六一年住在普魯士屬地的八百五十八人中（很多人散入了周圍的奧登堡屬地），只有三十六戶人家屬於這個階層，見：Koch, *50 Jahre*, 38。

79 Koch, *50 jahre*, 71; Krohn, *Vierzig Jahre*, 75.

80 Koch, *50 Jahre*, 11; Schwanhäuser, *Chronik*, 12-13.

81 Schwanhäuser, *Chronik*, 9, 28; Krohn, *Vierzig Jahre*, 67, 120, 125; Krüger, 'Baugeschichte', 98.

82 Koch, *50 Jahre*, 17; Krohn, *Vierzig Jahre*, 128; Schwanhäuser, *Chronik*, 19-20, 58, 102.

83 Schwanhäuser, *Chronik*, 37.

84 Krohn, *Vierzig Jahre*, 9, 64-5; Schwanhäuser, *Chronik*, 6.

85 Koch, *50 Jahre*, 26-9; Uphoff, *Entstehungsgeschichte*, 112-14; Rüthning, *Oldenburgische Geschichte*, vol. 2, 605; Grundig, *Chronik*, vol. 2, 193-6.

86 Koch, *50 Jahre*, 82; Murken, 'Vom Dorf zur Grossstadt', 179-80.

87 Schwanhäuser, *Chronik*, 41; Koch, *50 Jahre*, 66-7.

88 Krohn, *Vierzig Jahre*, 219; Mühlens, 'Bericht'.

89 有關羅爾夫斯，見 Grundig, *Chronik*, vol. 2, 647；有關那次展覽，見 Schwanhäuser, *Chronik*, 86。

90 Krohn, *Vierzig Jahre*, 252.

91 這是他在一八九八年九月二十三日於斯泰丁啟用一座新港口時說的話。

92 Wolfgang Günther, 'Freistaat und Land Oldenburg (1918-1946)', in Eckhardt and Schmidt (eds.), *Geschichte des Landes Oldenburg*, 404-13.

93 'Land und Leute in Oldenburg', in *August Hinrichs über Oldenburg*, compiled by Gerhard Preuß (Oldenburg, 1986), 39.

94 有關埃母河—雅德灣運河，見：Victor Kurs, 'Die künstlichen Wasserstrassen im Deutschen Reiche', *GZ* (1898), 611-12; Hamm, *Naturkundliche Chronik*, 177。

95 Karl-Ernst Behre, 'Die Entstehung und Entwicklung der Natur- und Kulturlandschaft der ostfriesischen Halbinsel', in Behre and van Lengen (eds.), *Ostfriesland*, 7-12; Makowski and Buderath, *Die Natur*, 201-20.

96 Kurs, 'Die künstlichen Wasserstrassen', 611.

97 有關高沼地的誕生，以及低沼地和高沼地之間的不同，見：Behre, 'Entstehung und Entwicklung', 30-1; Mechthild Schwalb, *Die Entwicklung der bäuerlichen Kulturlandschaft in Ostfriesland und Westoldenburg* (Bonn, 1953), 12-14。

98 E. Stumpfe, *Die Besiedelung der deutschen Moore mit besonderer Berücksichtigung der Hochmoor- und Fehnkolonisation* (Leipzig and Berlin, 1903), 52-3, 69. 數字次高的地方是普魯士的漢諾威省，沼地覆蓋了七分之一的地表。

34 Behme, *Meeresspiegelbewegungen und Siedlungsgeschichte*, 34-5; Heinrich Schmidt, 'Grafschaft Oldenburg', 123-4; Sello, *Jadebusen*, 10-16.

35 Küster, *Geschichte der Landschaft*, 213-21; Jäger, *Einführung*, 28-31; Dietrich Deneke, 'Eingriffe der Menschen in die Landschaft: Historische Entwicklung – Folgen – erhaltene Relikte', in Ernst Schubert and Bernd Herrmann (eds.), *Von der Angst vor der Ausbeutung: Umweltgeschichte zwischen Mittelalter und Neuzeit* (Frankfurt/Main, 1994), 61, 68. 亦見L. Carbognin, 'Land Subsidence: A Worldwide Environmental Hazard', in Goudie (ed.), *Human Impact Reader*, 30-1。

36 Woebcken, *Deiche und Sturmfluten*, 88.

37 Kramer, *Kein Deich – Kein Land – Kein Leben*, 72-99; Rüthning, *Oldenburgische Geschichte*, vol. 2, 97-114; Küster, *Geschichte der Landschaft*, 221.

38 Coldewey, 'Bevor die Preussen kamen', 174; Woebcken, *Entstehung des Jadebusen*, 50-4; Hamm, *Naturkundliche Chronik*, 70.

39 Sello, *Jadebusen*, 34; Kramer, *Kein Deich – Kein Land – Kein Leben*, 76-7; Walter Deeters, 'Kleinstaat und Provinz', in Karl-Ernst Behre and Hajo von Langen (eds.), *Ostfriesland: Geschichte und Gestalt einer Kulturlandschaft* (Aurich, 1995), 155-6.

40 Jakubowski-Tiessen, *Sturmflut 1717*, 242.

41 Kramer, *Kein Deich – Kein Land – Kein Leben*, 100-2.

42 Jakubowski-Tiessen對某次重大水災的後續效應有精采檢視，見Jakubowski-Tiessen, *Sturmflut 1717*, chs 6-9。

43 Woebcken, *Jeverland*, 98; Jäger, *Einführung*, 30-1.

44 Woebcken, *Deiche und Sturmfluten*, 90-3; Küster, *Geschichte der Landschaft*, 218-19.

45 Grundig, *Chronik*, vol. 1, 52.

46 Jakubowski-Tiessen, *Sturmflut 1717*, 44-78; Woebcken, *Deiche und Sturmfluten*, 93-7; Wilhelm Norden, *Eine Bevölkerung in der Krise: Historischdemographische Untersuchungen zur Biographie einer norddeutschen Küstenregion (Butjadingen 1600-1850)* (Hildesheim, 1984), 76-80; Rüthning, *Oldenburgische Geschichte*, vol. 2, 114-21. Kramer提出的人類與家畜死亡數更高，見Kramer, *Kein Deich – Kein Land – Kein Leben*, 40。

47 Woebcken, *Deiche und Sturmfluten*, 99-108, 引文見頁101; Kramer, *Kein Deich – Kein Land – Kein Leben*, 40-1。

48 Waldemar Reinhardt, 'Die Besiedlung der Landschaft an der Jade', in Grunewald (ed.), *Wilhelmshaven*, 139-40; Uphoff, *Entstehungsgeschichte*, 11-29. 在海灣對岸的布特亞丁根也有相似的趨勢，見Norden, *Bevölkerung*, 283-94，有關沼澤農民的特殊地位，見Küster, *Geschichte der Landschaft*, 222。

49 Uphoff, *Entstehungsgeschichte*, 62.

50 Murken, 'Vom Dorf zur Grossstadt', 180; Uphoff, *Entstehungsgeschichte*, 60-3.

51 Coldewey, 'Bevor die Preussen kamen', 174-5; Catharine Schwanhäuser, *Aus der Chronik Wilhelmshavens* (Wilhelmshaven, 1974 [1926]), 33; Grundig, *Chronik*, vol. 1, 13-14, 438-9; Schmidt, 'Grafschaft Oldenburg', 207.

52 'Die deutsche Kriegsflotte', 450, 459-60.

53 Schwanhäuser, *Chronik*, 3.

54 Theodor Murken, 'Wilhelmshavener Kaleidoscop', in Grunewald (ed.), *Wilhelmshaven*, 371.

55 Koch, *50 Jahre*, 8-14.

56 Waldemar Reinhardt, 'Witterung und Klima im Raum Wilhelmshaven', in Grunewald (ed.), *Wilhelmshaven*, 32-40.

57 Louise von Krohn, *Vierzig Jahre in einem deutschen Kriegshafen Heppens-Wilhelmshaven: Erinnerungen* (Rostock, 1911), iii.

58 同上，3-4。

59 同上，17。

60 同上，65；Archibald Hurd and Henry Castle, *German Sea-Power* (London, 1913), 85。

61 Koch, *50 Jahre*, 19-22; Schwanhäuser, *Chronik*, 7; Woebcken, *Deiche und Sturmfluten*, 108.

62 Uphoff, *Entstehungsgeschichte*, 80-3; Günther Spelde, *Geschichte der Lotsen-Brüderschaften an der Aussenweser und an der jade* (Bremen, n.d. [1985]), 169; Woebcken, *Deiche und Sturmfluten*, 108; Hamm, *Naturkundliche Chronik*, 161.

63 Koch, *50 Jahre*, 16, 21-2.

64 Axel Wiese, *Die Hafenbauarbeiter an der Jade* (1853-1871) (Oldenburg, 1998), 40-1.

65 同上，52-3。

9 Uphoff, *Entstehungsgeschichte*, 36; [英國駐普魯士大使]納皮爾勳爵(Lord Napier)致[英國首相]羅素伯爵(Earl Russell)信,一八六五年四月二十日,見:Veit Valentin (ed.), *Bismarcks Reichsgründung im Urteil englischer Diplomaten* (Amsterdam, 1937), 522。蓋伯勒在一八五二年八月給曼陶菲爾的備忘錄中也將建立一支普魯士艦隊形容為一種征服(「這次征服……是的,這是征服」)。

10 P. Koch, *50 Jahre Wilhelmshaven: Ein Rückblick auf die Werdezeit* (Berlin, n.d. [1919]), 5-6; Gustav Rüthning, *Oldenburgische Geschichte*, vol. 2 (Bremen, 1911), 589-90; Grundig, *Chronik*, vol. 1, 441-60; Uphoff, *Entstehungsgeschichte*, 36-40.

11 Grundig, *Chronik*, vol. 1, 475.

12 Bär, *Flotte*, 222. 這時克里米亞戰爭已經開打,因此在奧地利與境外的反應都很平淡。

13 關於協商過程與條件,包括普魯士同意解決奧登堡與本廷克(Bentinck)家族繼承人之間針對克尼普豪森主權的長期爭議,見 'Geschichte des Vertrages vom 20.7.1853 über die Anlegung eines Kriegshafens an der Jade. Aus den Aufzeichnungen des verstorbenen Geheimen Rats Erdmann', *OJ* 9 (1900), 35-9; Rüthning, *Oldenburgische Geschichte*, vol. 2, 590-4。

14 Theodor Murken, 'Vom Dorf zur Großstadt', in Grunewald (ed.), *Wilhelmshaven*, 178; Uphoff, *Entstehungsgeschichte*, 58-9.

15 Carl Woebcken, *Jeverland* (Jever, 1961), 15-16; Wilhelm Stukenberg, *Aus der Kulturentwicklung des Landes Oldenburg* (Oldenburg, 1989), 21.

16 Georg Sello, *Der Jadebusen* (Varel, 1903), 40.

17 Werner Haarnagel, *Probleme der Küstenforschung im südlichen Nordseegebiet* (Hildesheim, 1950).

18 Klaus Brandt, 'Vor- und Frühgeschichte der Marschengebiete', in Albrecht Eckhardt and Heinrich Schmidt (eds.), *Geschichte des Landes Oldenburg* (Oldenburg, 1987), 15-3 5; Johann Kramer, *Kein Deich – Kein Land – Kein Leben* (Leer, 1989), 56-8.

19 Heinrich Schmidt, 'Grafschaft Oldenburg und oldenburgisches Friesland im Mittelalter und Reformationszeit', in Eckhardt and Schmidt (eds.), *Geschichte*, 101-9; Sello, *Jadebusen*, 10-16.

20 Stukenberg, *Aus der Kulturentwicklung des Landes Oldenburg*, 22.

21 Carl Woebcken, *Die Entstehung des Jadebusen* (Aurich, 1934).

22 Sello, *Jadebusen*, 21; Adolf Blumenberg, *Heimat am Jadebusen: Von Menschen, Deichen und versunkenem Land* (Nordenham-Blexen, 1997), 19-101.

23 Sello, *Jadebusen*, 20-2; Carl Woebcken, *Deiche und Sturmfluten an der deutschen Nordseeküste* (Bremen and Wilhelmshaven, 1924), 140-2. 參見胡蘇姆鎮(Husum),這裡因為盧恩霍特在一三六二年遭淹沒而富裕起來,出處同前,頁75-6。

24 Sello, *Jadebusen*, 8.

25 地圖見 Dettmar Coldewey, 'Bevor die Preußen kamen', in Grunewald (ed.), *Wilhelmshaven*, 156; Woebcken, *Deiche und Sturmfluten*, 140。

26 Hans Walter Flemming, *Wüsten, Deiche und Turbinen* (Göttingen, 1957), 150.

27 Erich Heckmann, 'Überliefertes Brauchtum in einer jungen Stadt', in Grunewald (ed.), *Wilhelmshaven*, 406-8; Woebcken, *Deiche und Sturmfluten*, 195-210.

28 Jakubowski-Tiessen, *Sturmflut* 1717, 217-25.

29 Flemming, *Wüste, Deiche und Turbinen*, 154.

30 Theodor Storm, *Der Schimmelreiter* (Berlin, 1888).

31 有一個好例子是 Kramer, *Kein Deich – Kein Land – Kein Leben*。有關「自然力量的危險效應」,以及相對於此的「我們可以真心以現代技術為傲」之主張,見 Flemming, *Wüsten, Deiche und Turbinen*, 150, 171。

32 Karl Tillessen, 'Gezeiten, Sturmfluten, Deiche und Fahrwasser', in Grunewald (ed.), *Wilhelmshaven*, 41-64; Woebcken, *Deiche und Sturmfluten*, 30-1; Kramer, *Kein Deich – Kein Land – Kein Leben*, 29-31.

33 見 Haarnagel, *Probleme der Küstenforschung and Karl-Ernst Behre, Meeresspiegelbewegungen und Siedlungsgeschichte in den Nordseemarschen* (Oldenburg, 1987)。舒特(Heinrich Schütte)最初在二十世紀早期發展出來的「下沉海岸」(sinking coast)理論對於激發相關研究至關重要。見 Schütte, *Sinkendes Land an der Nordsee?* (Oehringen, 1939)。

131 Leopold and Roma Schua, *Wasser – Lebenselement und Umwelt: Die Geschichte des Gewässerschutzes in ihrem Entwicklungsgang dargestellt und dokumentiert* (Freiburg and Munich, 1981), 150.

132 F[ritz] André, *Bemerkungen über die Rectification des Oberrheins und die Schilderung der furchtbaren Folgen, welche dieses Unternehmen für die Bewohner des Mittel- und Niederrheins nach sich Ziehen wird* (Hanau, 1828), iv.

133 Löbert, *Oberrheinkorrektion*, 43-8; Bernhardt, 'Zeitgenössische Kontroversen', 299-311; Cioc, *Rhine*, 69-72. 一八二六年七月十四日反對圖拉提案的那份普魯士備忘錄至關重要，重印於Schua and Schua, *Wasser*, 146-50。埃托維恩於於一七九〇年在奧得布魯赫擔任堤防督察，也就是一七八五年重大水災的五年之後。

134 Schulte-Mäter, *Auswirkungen der Korrektion*, 59-60. *GLA* 237/23985中有關於金齊希河與蘭希河整治的資料，見頁1803-28。

135 Bernhardt, 'Zeitgenössische Kontroversen', 313-17; Bernhardt, 'Correction of the Upper Rhine', 192-4, 197-9; Cioc, *Rhine*, 72. 有關杭瑟爾，見Wittmann, 'Tulla, Honsell, Rehbock', 15-16, R. Fuchs, *Dr. ing. Max Honsell* (Karlsruhe, 1912), 5-6, 47-77，以及杭瑟爾自己所寫的*Die Korrektion des Oberrheins*（「導正上萊茵河」）。

136 Tümmers, *Der Rhein*, 158; Gerd-Peter Kossler, *Natur und Landschaft im Rhein-Main-Gebiet* (Frankfurt/Main, 1996), 124. Kossler, 129中也提出了戲劇化的例子，顯示側流被截斷前留存水的能力，他指出，一八三三年的洪水在斯托克斯塔特（Stockstadt）附近的側流區製造了九公尺深的水潭。

137 *GLA* 237/24112: Die Hochwasserschäden im Jahre 1844; 237/24113: Das Hochwasser im Jahre 1851; 237/30826: Die Ergänzung und Verstärkung der Rheindämme; 237/24141-55: Das Hochwasser und Beschädigungen im Jahre 1876; 237/24088-9: Die Ergänzung und Verstärkung der Rheindämme in den Rheingemeinden des Amtsbezirkes Lörrach und Freiburg; 237/24156-76: Die Hochwasserschäden im Jahre 1877; 237/24091: Die Ergänzung und Verstärkung der Rheindämme auf Gemarkung Daxlanden, Knielingen und Neuburgweier 1879-1880; 237/24177-92: Die Hochwasserschäden im Jahre 1879. 1880. – 如此一直到一八八〇年代與一八九〇年代。

138 Kunz, 'Flussbauliche Massnahmen am Oberrhein', 47.

139 有關為了保育及防洪而將萊茵河「回復自然」並且恢復奧恩瓦爾德的努力，見第六章。本書尾聲中也針對奧得河討論了相同議題。

140 Zier, 'Lebensbild', 419-20.

141 Roy E. H. Mellor, *The Rhine: A Study in the Geography of Water Transport* (Aberdeen, 1983), 22-4; Cioc, *Rhine*, 73-5; Mock, 'Auswirkungen', 186-90.

142 Cioc的*Rhine*一書中就有一章名為「水的魔法」（Water Sorcery）。

第三章 黃金年代

1 對克斯特的描述來自他在奧登堡的朋友厄爾德曼。海軍中將巴奇（Batsch）說他「熱血而有些粗野。」見Edgar Grundig, *Chronik der Stadt Wilhelmshaven*, 2 vols. (Wilhelmshaven, 1957), vol. 1, 456-7。

2 關於辛寇迪，見Albrecht Funk, *Polizei und Rechtsstaat* (Frankfurt/Main, 1986), 60-70。

3 Grundig, *Chronik*, vol. 1, 456-8, 464-6.

4 見蓋伯勒一八五二年八月寫給曼陶菲爾、措辭巧妙而語帶奉承的備忘錄：Heinrich von Poschinger (ed.), *Unter Friedrich Wilhelm IV. Denkwürdigkeiten des Ministerpräsidenten Otto Freiherr von Manteuffel, Zweiter Band: 1851-1854* (Berlin, 1901), 233-4。有關蓋伯勒的上司辛寇迪對海軍的熱衷，見Adolf Wermuth, *Ein Beamtenleben: Erinnerungen* (Berlin, 1922), 15。

5 Grundig, *Chronik*, 467-9; Helmuth Gießler, 'Wilhelmshaven und die Marine', in Arthur Grunewald (ed.), *Wilhelmshaven: Tidekurven einer Seestadt* (Wilhelmshaven, 1969), 229-30; *Festschrift: 75 Jahre Marinewerft Wilhelmshaven* (Oldenburg, 1931), 18-20; Rolf Uphoff, *'Hier lasst uns einen Hafen bau'n!' Entstehungsgeschichte der Stadt Wilhelmshaven. 1848-1890* (Oldenburg, 1995), 40-1, 56-8. 關於拍賣艦隊，見Max Bär, *Die deutsche Flotte 1848-1852* (Leipzig, 1898), 207-18。

6 Giles MacDonogh, *Prussia: The Perversion of an Idea* (London, 1994), 167.

7 'Die deutsche Kriegsflotte', *Die Gegenwart*, vol. 1 (Leipzig, 1848), 441.

8 同上，442。

102 Kuhn, *Fischerei*, 186.

103 Paul, 'Alte Berufe am Rhein', 273; Fluck, 'Die Fischerei', 477; Koßmann, 'Fische und Fischerei', 206; Tittizer and Krebs, *Ökosystemforschung*, 37-8.

104 Kuhn, *Fischerei*, 57-9, 63; Cioc, *Rhine*, 158-67; Lelek and Buhse, *Fische des Rheins*, 37-40.

105 有關白梭吻鱸，見 Lelek and Buhse, *Fische des Rheins*, 177-9。

106 同上，160-3。

107 Kuhn, *Fischerei*, 79-90, 156-63.

108 Willi Gutting, *Die Aalfischer: Roman vom Oberrhein* (Bayreuth, 1943).

109 同上，213。

110 我未能找到古廷名為 Sicht von oben（「俯瞰的風景」）的簡短回憶錄，Diehl引用了這本著作，但未提供詳細書目資訊，見 Diehl, 'Poesie und Dichtung', 381。

111 Gutting, *Die Aalfischer*, 8.

112 同上，31, 56。

113 同上，189, 190-1, 225。與《浮士德》情節相似的段落出現在頁 183-96。古廷在他的另一本小說中也強調保護村民「多產土地」的堤防，見 *Glückliches Ufer* (Bayreuth, 1943)。

114 Löbert, *Oberrheinkorrektion*, 95-100.

115 Gutting, *Die Aalfischer*, 189.

116 同上，188。

117「戶外幾何」一詞是美國保育人士利奧波德（Aldo Leopold）談及德國時所說。Cioc引用了利奧波德所說，所有德國河川看來「都像一條死蛇一樣直」的評論，見 Cioc, *Rhine*, 167。

118 會議文章刊登於 Hailer (ed.), *Natur und Landschaft am Oberrhein*。

119 Carl Zuckmayer, *A Part of Myself* (New York, 1984), 100 (first German edition 1966).

120 有關勞特波恩，見 Cioc, *Rhine*, 173-5 及 Ragnar Kinzelbach, 'Vorwort', in Kinzelbach (ed.), *Die Tierwelt des Rheins*; 有關他的先行者，見 Georg Philippi, 'Änderung der Flora und Vegetation am Oberrhein', in Hailer (ed.), *Natur und Landschaft am Oberrhein*, 87。

121 Musall, *Kulturlandschaft*, 95; Robert Mürb, 'Landwirtschaftliche Aspekte beim Ausbau von Fliessgewässern', in Böhm and Deneke (eds.), *Wasser*, 120; Tittizer and Krebs, *Ökosystemforschung* (the subtitle of which is *Der Rhein und seine Auen: Eine Bilanz*); Cioc, *Rhine*, 150-4. 有關棲地碎塊化，見 D. S. Wilcove, C. H. McLellan and A. P. Dobson, 'Habitat Fragmentation in the Temperate Zone', in Andrew Goudie (ed.), *The Human Impact Reader* (Oxford, 1997), 342-55。

122 Ragnar Kinzelbach, 'Veränderungen der Fauna im Oberrhein', in Hailer (ed.), *Natur und Landschaft am Oberrhein*, 78; see also Cioc, *Rhine*, 12.

123 Cioc, *Rhine*, 156-7.

124 Kinzelbach, 'Veränderungen der Fauna', 66-83. Tittizer and Krebs (eds.), *Ökosystemforschung*一書也強調生物多樣性的衰減有多重而彼此相關的原因，單是對汙染就以超過一百頁篇幅討論。

125 引用於 Günter Preuß, 'Naturschutz', in Geiger, Preuß and Rothenberger (eds.), *Der Rhein und die Pfälzische Rheinebene*, 238-9。

126 引用於 Philippi, 'Änderung der Flora und Vegetation', in Hailer (ed.), *Natur und Landschaft am Oberrhein*, 92

127 Philippi, 'Änderung der Flora und Vegetation', 98.

128 Herbert Schwarzmann, 'War die Tulla'sche Oberrheinkorrektion eine Fehlleistung im Hinblick auf ihre Auswirkungen?', *DW* 54 (1964), 279-87; Egon Kunz, 'Flussbauliche Massnahmen am Oberrhein', 39; Tümmers, *Der Rhein*, 148-50; Cioc, *Rhine*, 54. Garbrecht在書中（*Wasser*, 188）為圖拉辯護，理由是以當代標準而言，他的導正工程「大膽而原則上正確」。

129 Philippi, 'Änderung der Flora und Vegetation', 89; Schulte-Mäter, *Auswirkungen der Korrektion*, 19-20, 27-38; Tümmers, *Der Rhein*, 172-4.

130 見 Kinzelbach, 'Veränderungen der Flora', 67-8; Philippi, 'Änderung der Flora und Vegetation', 98-9; Musall, Preuß and Rothenberger, 'Der Rhein und seine Aue', 69-72。

71 Zier, 'Lebensbild', 429.

72 史匹澤與貝克語，引用於 Wolfgang Diehl, 'Poesie und Dichtung der Rheinebene', in Geiger, Preuß and Rothenberger (eds.), *Der Rhein und die Pfälzische Rheinebene*, 379, 384。有關貝克與他在詮釋帕拉丁地貌上的重要性，見 Celia Applegate, *A Nation of Provincials*, 39, 55-7, 79, 123。

73 引言出自 Heinrich Wittmann, *Flussbau und Siedlung* (Ankara, 1960), 20。

74 Die Rheinpfalz, 4 Oct. 2002.

75 Tulla, *Über die Rectification des Rheines*, 52.

76 Honsell, *Korrektion*, 71-5; Tümmers, *Rhein*, 147-8.

77 Dipper, *Deutsche Geschichte 1648-1789*, 19.

78 Schulte-Mäter, *Auswirkungen der Korrektion*, 53, 70.

79 Harald Fauter, 'Malaria am Oberrhein in Vergangenheit und Gegenwart', dissertation, University of Tübingen (1956); Honsell, *Korrektion*, 75; Löbert, *Oberrheinkorrektion*, 53-5; Bernhardt, 'Correction of the Upper Rhine', 183. 有關分叉區的相反意見由 Dr Preuß 在一九七七年於斯派爾舉行的研討會討論中提出，見：Hailer (ed.), *Natur und Landschaft am Oberrhein*, 45-6。早期的作者也有同樣主張，如范德維契克（一八四六年）和偉大的自然學者勞特波恩（Robert Lauterborn，一九三八年），見：Bernhardt, 'Zeitgenössische Kontroversen', 303-4。

80 有關圖拉的計畫與曼海姆的成長，見 Dieter Schott, 'Remodeling "Father Rhine": The Case of Mannheim 1825-1914', in Anderson and Tabb (eds.), *Water, Culture, and Politics*, 203-35。

81 Carl Lepper, *Die Goldwäscherei am Rhein* (Heppenheim, 1980); Gustav Albiez, 'Die Goldwäscherei am Rhein', in Kurt Klein (ed.), *Land um Rhein und Schwarzwald* (Kehl, 1978), 268-71.

82 Musall, *Kulturlandschaft*, 106.

83 Paul, 'Alte Berufe am Rhein', 277; Trimmers, *Der Rhein*, 142.

84 Musall, *Kulturlandschaft*, 143.

85 同上，190; Schulte-Mäter, *Auswirkungen der Korrektion*, 62。

86 Lepper, *Goldwäscherei*, 76; Paul, 'Alte Berufe am Rhein', 279.

87 *GLA* 237/44817: Goldwaschen im Rhein 1824-1946; Tümmers, *Der Rhein*, 142-3; Albiez, 'Goldwäscherei', 271.

88 Tümmers, *Der Rhein*, 142.

89 Paul, 'Alte Berufe am Rhein', 279; Schulte-Mäter, *Auswirkungen der Korrektion*, 74-6; Musall, *Kulturlandschaft*, 236.

90 來自埃根斯坦、德滕海姆與新堡地區的例子見 Musall, *Kulturlandschaft*, 190。

91 Horst Koßmann, 'Fische und Fischerei', in Geiger, Preuß and Rothenberger (eds.), *Der Rhein und die Pfälzische Rheinebene*, 204; Schulte-Mäter, *Auswirkungen der Korrektion*, 47-8, 54; Paul, 'Alte Berufe am Rhein', 273.

92 Musall, *Kulturlandschaft*, 142.

93 Hans-Rüdiger Fluck, 'Die Fischerei im Hanauerland', *BH* 50 (1970), 484.

94 Anton Lelek and Günter Buhse, *Fische des Rheins – früher und heute* (Berlin and Heidelberg, 1992), 34. 四十五種魚只比萊茵河全域共有的四十七種魚少了兩種。

95 Koßmann, 'Fische und Fischerei', 205; Götz Kuhn, *Die Fischerei am Oberrhein* (Stuttgart, 1976), 21-2.

96 Jäger, *Einführung*, 202; Kuhn, *Fischerei*, 24.

97 Paul, 'Alte Berufe am Rhein', 273; Kuhn, *Fischerei*, 54.

98 Kunz, 'Flussbauliche Massnahmen am Oberrhein', 39; Kuhn, *Fischerei*, 55.

99 赫倫巴赫河的漁業租約（Pacht）價格在一八二八至一八五三年間從一百八十五盾跌至十三盾；利竇夏姆（Liedolsheim）附近的國王湖（Königsee）漁業租約在同一期間從三十盾跌至僅僅一盾，見：Musall, *Kulturlandschaft*, 235。

100 有關一八六〇年代萊茵豪森的四十一名漁民與菲利普斯堡的十九名漁民，見 Musall, *Kulturlandschaft*, 236；有關直到一八八〇年代仍存在的布來沙赫捕魚家庭，見 Schulte-Mäter, *Auswirkungen der Korrektion*, 40-2。

101 Ragnar Kinzelbach, 'Zur Entstehung der Zoozönose der Rheins', in Kinzelbach (ed.), *Die Tierwelt des Rheins einst und jetzt* (Mainz, 1985), 31; Tittizer and Krebs, *Ökosystemforschung*, 27-40; Lelek and Buhse, *Fische des Rheins*, 13-23, 184-5.

by Large-Scale Water Engineering', in Susan C. Anderson and Bruce H. Tabb (eds.), *Water, Culture, and Politics in Germany and the American West* (New York, 2001), 183-202; Cioc, *Rhine*, 49-50.

47 Henrik Froriep, 'Rechtsprobleme der Oberrheinkorrektion im Grossherzogtum Baden', dissertation, Mainz (1953), 14-17.

48 Johannes Gut, 'Die badisch-französische sowie die badisch-bayerische Staatsgrenze und die Rheinkorrektion', *ZGO* 142 (1994), 215-32.

49 Peter Sahlins, 'Natural Frontiers Revisited: France's Boundaries since the Seventeenth Century', *AHR* 95 (1990), 1440.

50 同上，1442。

51 Froriep, 'Rechtsprobleme', 17-21.

52 同上，78-90。

53 Thomas Nipperdey, *Deutsche Geschichte 1800-1866* (Munich, 1983), 11.

54 Honsell, *Korrektion*; Wittmann, 'Tulla, Honsell, Rehbock', 11-12; Egon Kunz, 'Flussbauliche Massnahmen am Oberrhein von Tulla bis heute mit ihren Auswirkungen', in Norbert Hailer (ed.), *Natur und Landschaft am Oberrhein: Versuch einer Bilanz* (Speyer, 1982), 38; Cioc, *Rhine*, 51-3.

55 *GLA* 237/44858: Den Bedarf an Faschinenholzern für die Rheinbauten und Flussbauten sowie die Bewirtschaftung der Faschinenwaldungen auf den Rheininseln und den Rheinvorlanden betr. 這個階段的支出約為每年十萬盾。

56 Cassinone and Spiess, *Tulla*, 55-87.

57 計算依據為下述著作中的圖十二（Figure 12）：Heinz Musall, Günter Preuß and Karl-Heinz Rothenberger, 'Der Rhein und seine Aue', in Geiger, Preuß and Rothenberger (eds.), *Der Rhein und die Pfälzische Rheinebene*, 55. See also Musall, *Kulturlandschaft*, 199-201; Tümmers, *Rhein*, 146。

58 Schulte-Mäter, *Auswirkungen der Korrektion*, 61.

59 有關卡洛林王朝時期的先例，見 *Fossa Carolina – 1200 Jahre Karlsgraben*, special issue of *Zeitschrift der Bayerischen Staatsbauverwaltung* (Munich, 1993); Walter Keller, *Der Karlsgraben: 12.00 Jahre, 793-1993* (Treuchtlingen, 1993); Paolo Squatritti, 'Digging Ditches in Early Medieval Europe', *PP* 176 (2002), 11-65. 有關投入萊茵河整治的勞動力，見 Cassinone and Spiess, *Tulla*, 59: Roland Paul, 'Alte Berufe am Rhein', in Geiger, Preuß and Rothenberger (eds.), *Der Rhein und die Pfälzische Rheinebene*, 280。

60 Musall, *Kulturlandschaft*, 154-5; Honsell, *Korrektion*, 6; Wittmann, 'Tulla, Honsell, Rehbock', 11; Traude Löbert, *Die Oberrheinkorrektion in Baden: Zur Umweltgeschichte des 19. Jahrhunderts* (Karlsruhe, 1997), 68-80;
Christoph Bernhardt, 'Zeitgenössische Kontroversen über die Umweltfolgen der Oberrheinkorrektion im 19. Jahrhundert', *ZGO* 146 (1998), 297-9.

61 Zier, 'Lebensbild', 431.

62 同上。

63 同上，440。

64 同上，431, 440。

65 同上，431。

66 一八二五年備忘錄的完整標題是 *Über die Rectification des Rheines, vom seinem Austritt aus der Schweiz bis zu seinem Eintritt in das Großherzogtum Hessen*。有一份複本收錄於 *GLA* 237/35060: Die Rheinkorrektionen，讓人不忘這是用於實際工作的文件而非抽象智慧的表述。

67 *GLA*, Nachlass Sprenger, 1, 16. 有關圖拉與西布萊恩爾的關係，見 *GLA*,14：西布萊恩爾致圖拉信，一八二四年一月二十八日，信中，年輕的西布萊恩爾回報他在前一年代表圖拉進行的委託工作，同時（與年輕時的圖拉一樣）技巧地提到繁重的旅行已經讓他透支了零用金。

68 Zier, 'Lebensbild', 437; Cassinone and Spiess, *Tulla*, 60-2.

69 Zier, 428, 439-40.

70 Tulla, *Denkschrift: Die Rectification des Rheines* (Karlsruhe, 1822), 7. 這份一八二二年備忘錄後面的文字再度表達了同樣的觀點：「在經過墾殖的土地上，河床應被賦予固定而不變的水道，並且被維持在其中」（出處同上，41）。

25 同上，399。
26 Cassinone and Spiess, *Tulla*, 15-17; Zier, 'Lebensbild', 380, 406-13.
27 *GLA*, Nachlass Sprenger, 6: 圖拉致溫特（Landbaumeister Winter）信，一八一四年八月三十日。
28 Cassinone and Spiess, *Tulla*, 20-32; Zier, 'Lebensbild', 417-29; Wittmann, 'Tulla, Honsell, Rehbock', 7.
29 有關尼爾斯河，見Josef Smets, 'De l'eau et des hommes dans le Rhin inférieure du siècle des Lumières à la pré-industrialisation', *Francia* 21 (1994), 95-127。有關奧得河請見第一章，有關一七九〇與一七九一年由貝林辰（Bellinchen）與盧諾夫村（Lunow）進行的三次截流（稱為Lunower Durchstiche（「盧諾夫截流」），見Berghaus, *Landbuch*, vol. 3, 4。
30 David Gilly, *Grundriß zu den Vorlesungen über das Praktische bei verschiedenen Gegenständen der Wasserbaukunst* (Berlin, 1795); David Gilly, *Fortsetzung der Darstellung des Land- und Wasserbaus in Pommern, Preussen und einem Teil der Neu- und Kurmark* (Berlin, 1797); David Gilly and Johann Albert Eytelwein (eds.), *Praktische Anweisung zur Wasserbaukunst* (Berlin, 1805). 有關埃托維恩的計畫，見Walter Tietze, 'Die Oderschiffahrt: Studien zu ihrer Geschichte und zu ihrer wirtschaftlichen Bedeutung', dissertation, Breslau 1906, 23-7; 有關埃托維恩對圖拉的影響，見Wittmann, 'Tulla, Honsell, Rehbock', 10。
31 Johann Beckmann, *Anleitung zur Technologie* (1777). 見Mitcham, *Thinking through Technology*, 131。
32 Karmarsch, *Geschichte der Technologie*, 863; Wilhelm Treue, *Wirtschaftsund Technikgeschichte Deutschlands* (Berlin and New York, 1984), 221.
33 Zier, 'Lebensbild', 383.
34 同上，431-2。
35 J. G. Tulla, *Die Grundsätze, nach welchen die Rheinbauarbeiten künftig zu führen seyn möchten; Denkschrift* vom *1.3.1812*.
36 引用於Trimmers, *Der Rhein*, 145。
37 見第一章。
38 Lindenfeld, *Practical Imagination*, 77-8; Wittmann, 'Tulla, Honsell, Rehbock', 7; Zier, 'Lebensbild', 427-8.
39 Tulla, *Über die Grundsätze*, 引用於Max Honsell, *Die Korrektion des Oberrheins von der Schweizer Grenze unterhalb Basel bis zur Grossh. Hessischen Grenze unterhalb Mannheim* (Karlsruhe, 1885), 5。
40 Carl von Clausewitz, *On War*, ed. Michael Howard and Peter Paret (Princeton, 1976), book 8, ch. 2, 591-2.
41 有關帝國的崩潰以及巴登等國家從中獲得的領土利益，見David Blackbourn, *The Fontana History of Germany 1780-1918: The Long Nineteenth Century* (London, 1997), 61-4, 75-7。
42 H. Schmitt, 'Germany without Prussia: A Closer Look at the Confederation of the Rhine', *GSR* 6 (1983), 9-39.
43 Lloyd E. Lee, 'Baden between Revolutions: State-Building and Citizenship, 1800-1848', *CEH* 24 (1991), 248-67.
44 卡爾斯魯厄大量的檔案紀錄中有許多提到這類議題，一些例子請見*GLA* 237/16806: Die Abgabe von Faschinenholz an die Flussbauverwaltung und die Bewirtschaftung derjenigen Waldungen, welche der Flussbaudienstbarkeit unterstellt sind; 237/44858: Den Bedarf an Faschinenhölzern für die Rheinbauten und Flussbauten, sowie die Bewirtschaftung der Faschinenwaldungen auf den Rheininseln und denRheinvorlanden; 237/30617: Das Flussbauwesen, die Regulierung der Flussbaumaterialienpreise an Faschinen, Pfählen etc, die Bestimmung der Forstgebühren bei Abgaben der Faschinen, das Kiesgraben zum Behuf der Rheinbauten; 237/30623: Die Festsetzung und Erhebung der Fluss- und Dammbaukostenbeiträge; 237/30624: Normen zur Feststellung und Erhebung der Flussbausteuer und Dammbaubeiträge; 237/30802: Die an Private zu leistenden Entschädigungen für abgetretenes Grundeigentum zu Dammbauten. Betr. Dettenheim, Eggenstein, Erlach, Diersheim, Rheinbischoffsheim; 237/30793: Die Rheinrektifikation, insb. das Eigentum der durch künstliche Rheinbauten entstehenden Altwasser und Verlandungen。誰該從新形成的土地得益一直到一八五五年制定了一項法律後才獲得確認。見*GLA* 237/35062。
45 *GLA* 237/35060: Die Rheinkorrektionen und die Entschädigung derjenigen, denen durch die vorgenomennen Durchschnitte Güter verloren gegangen oder deterioriert worden, I. 一八一九至一八三九檔案的關注主題看似很小（起因是達克斯藍登附近的一處「截流」），但是這些國家部門都表達了意見。
46 Christoph Bernhardt, 'The Correction of the Upper Rhine in the Nineteenth Century: Modernizing Society and State

188 Neuhaus, *Colonisation*, 4.

189 有關磨坊導致水位上升並「改變了地貌一部分」的詳細分析，相關紀錄見 Bruno Krüger, *Die Kietzsiedlungen im nördlichen Mitteleuropa* (Berlin, 1962), 109。

190 Makowski and Buderath, *Die Natur*, 172-3; Glacken, *Traces*, 698-702.

191 Elizabeth Ann R. Bird, 'The Social Construction of Nature: Theoretical Approaches to the Study of Environmental Problems', *ER* 11 (1987), 261.

第二章：馴服萊茵河的男子

1 Nikolaus Hofen, 'Sagen und Mythen aus der Vorderpfalz', in Michael Geiger, Günter Preuß and Karl-Heinz Rothenberger (eds.), *Der Rhein und die Pfälzische Rheinebene* (Landau, 1991), 396-7.

2 Hans Biedermann, *Dictionary of Symbolism* (New York, 1994), 36-7.

3 流傳於布蘭登堡的類似傳說請見 Bauer, *Mark Brandenburg*, 57。

4 Heinz Musall, *Die Entwicklung der Kulturlandschaft der Rheinniederung zwischen Karlsruhe und Speyer vom Ende des 16. bis zum Ende des 19. Jahrhunderts* (Heidelberg, 1969), 53, 57, 69, 78.

5 同上，44, 54-6, 67-8, 160-1。

6 Tümmers, *Der Rhein*, 139-40; Fritz Schulte-Mäter, *Beiträge über die geographischen Auswirkungen der Korrektion des Oberrheins* (Leipzig, 1938), 27-9, 59, 77.

7 有關萊茵河的地形與水文，見：Jean Dollfus, *L'Homme et le Rhin: Géographie Humaine* (Paris, 1960), 10-32; Michael Geiger, 'Die Pfälzische Rheinebene – Eine natur- und kulturräumliche Skizze', in Geiger, Preuß and Rothenberger (eds.), *Der Rhein und die Pfälzische Rheinebene*, 17-45; Thomas Tittizer and Falk Krebs (eds.), *Ökosystemforschung: Der Rhein und seine Auen – Eine Bilanz* (Berlin and Heidelberg, 1996), 9-21; Cioc, *The Rhine*: 11-36。

8 這幅畫作名為 *Blick vom Isteiner Klotz rheinaufwärts gegen Basel*（從巴塞爾上游伊斯坦懸崖所見景色），收藏於 Kunstmuseum Basel（巴塞爾美術館）。

9 有關河流動力學的精采描述，見 Luna B. Leopold, *A View of the River* (Cambridge, Mass., 1994); E. C. Pielou, *Fresh Water* (Chicago, 1998), 80-148。

10 在此我特別仰賴的著作為 Musall, *Kulturlandschaft*。

11 同上，121。

12 同上，152。

13 Emmanuel Le Roy Ladurie, 'Writing the History of the Climate', *The Territory of the Historian* (Chicago, 1979), 287-91; Christof Dipper, *Deutsche Geschichte 1648-1789* (Frankfurt/Main, 1991), 10-18; Brian Fagan, *The Little Ice Age* (New York, 2000).

14 Musall, *Kulturlandschaft*, 151; Josef Mock, 'Auswirkungen des Hochwasserschutzes', in Hans Reiner Böhm and Michael Deneke (eds.), *Wasser: Eine Einführung in die Umweltwissenschaften* (Darmstadt, 1992), 176-84.

15 Musall, *Kulturlandschaft*, 120.

16 同上，119, 161-2。

17 Heinrich Cassinone and Heinrich Spiess, *Johann Gottfried Tulla, der Begründer der Wasser- und Strassenbauverwaltung in Baden: Sein Leben und Wirken* (Karlsruhe, 1929), 41-2; Hans Georg Zier, 'Johann Gottfried Tulla: Ein Lebensbild', *BH* 50 (1970), 445.

18 Dollfus, *L'Homme et le Rhin*, 118.

19 Heinrich Wittmann, 'Tulla, Honsell, Rehbeck', *BA* 4 (1949), 14; Cioc, *Rhine*, 54.

20 有關圖拉的早年生活與學徒時期，見 Cassinone and Spiess, *Tulla*, 1-17。

21 Zier, 'Lebensbild', 390-3.

22 同上，394。

23 Cassinone and Spiess, *Tulla*, 8-14.

24 Zier, 'Lebensbild', 398.

of the Machine, 4; Schaffer, 'Enlightened Automata', 142-3.

167 Thomas, *Man and the Natural World*, 91, 285.

168 Novalis, 'Die Christenheit oder Europa', cited in Rolf Peter Sieferle, *Fortschrittsfeinde? Opposition gegen Technik und Industrie von der Romantik bis zur Gegenwart* (Munich, 1984), 46.

169 Biese, *Feeling for Nature*, 238-45; Jost Hermand, *Grüne Utopien in Deutschland* (Frankfurt/Main, 1991), 35. 安納克里昂派詩人包括烏茲（Johann Peter Uz）、格萊姆（J. W. L. Gleim）與克雷斯特（Ewald von Kleist）。

170 Biese, *Feeling for Nature*, 251.

171 Bernoulli, *Reisen*, vol. 1, 38-9.

172 Hermand, *Grüne Utopien*, 36.

173 Götz Großklaus, 'Der Naturraum des Kulturbürgers', in Großklaus and Oldemeyer (eds.), *Natur als Gegenwelt*: 171; Glacken, *Traces*, 594.

174 引述文字來自施密特（Wilhelm August Schmidt）的一首詩，其中有下列詩句：

O dann kann ich oft im wüsten Bruch
Oft im wilden Wald mich selbst vergessen

Wohl mir, o Natur, dass ich mich dein
Mehr, als über Ball und Maske freue, …

施密特居住的斯普雷森林（Spreewald）很像排水前的奧得布魯赫與瓦爾塔布魯赫。見 Schneider (ed.), *Deutsche Landschaften*, 51。

175 Goethe, *The Sorrows of Young Werther* (Vintage Classics, 1990), 65.

176 同上，15。

177 同上，49。

178 Fontane, *WMB*, vol. 2, 104-5（引述 Klöden）；Neuhaus, *Colonisation*, 8-9（引述 Stubenrauch）；Künkel, *Auf den kargen Hügeln der Neumark*, 33（引述那位不知名的丹麥教授）。

179 Hermand, *Grüne Utopien*, 36. 這種文類作品的一個例子是 Adolph Knigge 的 *Dream of Herr Brick* (1783)。

180 Richard Grove, *Green Imperialism: Scientists, Ecological Crises, and the History of Environmental Concern, 1600-1860* (Cambridge, 1994), 314-28.

181 Glacken, *Traces*, 541-2; Grove, *Green Imperialism*, 328.

182 有關第一波「綠潮」的說法，見 Henning Eichberg, 'Stimmung über die Heide – Vom romantischen Blick zur Kolonisierung des Raumes', in Großklaus and Oldemeyer (eds.), *Natur als Gegenwelt*, 217；有關「綠色烏托邦」，見 Hermand, *Grüne Utopien*。

183 Künkel, *Auf den kargen Hügeln der Neumark*, 30.

184 Fernand Braudel, *Civilization and Capitalism*, vol. 1 (London, 1981), 69-70.

185 例如影響廣泛的美國學者沃斯特（Donald Worster）在 *The Wealth of Nature* (New York, 1993) 一書中的主張。比較接近我所表達觀點的著述，見 William Cronon, 'The Uses of Environmental History'; Michael Williams, 'The Relations of Environmental History and Historical Geography', *JHG* 20 (1994), 3-21; David Demeritt, 'Ecology, Objectivity and Critique in Writings on Nature and Human Societies', *JHG* 20 (1994), 22-37; Joachim Radkau, 'Was ist Umweltgeschichte?'。混沌理論對生態學的影響在 Pimm 的著作中有清楚闡述，見 Pimm, *Balance of Nature*, 99-134。

186 T. Dunin-Wasowicz, 'Natural Environment and Human Settlement over the Central European Lowland in the 13th Century', in Peter Brindlecombe and Christian Pfister (eds.), *The Silent Countdown: Essays in European Environmental History* (Berlin and Heidelberg, 1990), 90-105; B. Prehn and S. Griesa, 'Zur Besiedlung des Oderbruches von der Bronze- bis zur Slawenzeit', in H. Brachmann and H.-J. Vogt (eds.), *Mensch und Umwelt* (Berlin, 1992), 27-32.

187 這幅畫作與其分析見 Makowski and Buderath, *Die Natur*, 158。

Geschichte der Churmark Brandenburg, 2 vols. (Berlin, 1765), 書中描述了正在轉變中的事物。亦見 Noeldeschen, *Oekonomische Briefe*, 28-37; Wentz, 'Geschichte des Oderbruches', 88-92; Christiani, *Oderbruch*, 11-25; Breitkreutz, *Oderbrucb*, 3-6; Krenzlin, *Dorf, Feld und Wirtschaft*, 68-9; Herrmann, *'Nun blüht es von End' zu End' all überall'*, 11-32。

140 Fred Pearce, *The Dammed* (London, 1992), 32-3. 亦見 H. C. Darby, *The Draining of the Fens* (Cambridge, 1940)。

141 Breitkreutz, *Oderbruch*, 14-15; Borkenhagen, *Oderbruch*, 16. 有關英國沼地排水早期的暴動與騷亂，見 Wagret, *Polderlands*, 91。

142 Künkel, *Auf den kargen Hügeln der Neumark*, 54. 腓特烈於一七五四年六月下達的嚴苛政令見 Breitkreutz, *Oderbruch*, 15。

143 Christiani, *Oderbruch*, 40; Detto, 'Besiedlung', 198-200.

144 Noeldeschen, *Oekonomische und staatswissenschaftliche Briefe*, 69; Fontane, *WMB*, vol. 1, 565; Rudolf Schmidt, *Wriezen*, vol. 2 (Bad Freienwalde, 1932), 20-1; Herrmann, *'Nun blüht es von End' zu End' all überall'*, 25-32.

145 「魚和蟹……」之語見 Fontane, *WMB*, vol. 3, 578 (following Buchholtz)。

146 Gudermann, *Morastwelt und Paradies*.

147 Scott, *Seeing Like a State*.

148 Schmidt, *Wriezen*, vol. 2, 21.

149 同上，7, 11-12, 31。亦見 Herrmann, *'Nun blüht es von End' zu End' all überall'*, 170-1。

150 Breitkreutz, *Oderbruch*, 36; Froese, *Kolonisationswerk*, 24; Schwarz, 'Brenckenhoffs Berichte', 60; Knobelsdorff-Brenkenhoff, *Eine Provinz*, 86.

151 'Die ersten haben den Tod, die zweiten die Not, die dritten das Brot': Peters, Harnisch and Enders, *Märkische Bauerntagebücher*, 53.

152 一七七九年為林恩勒赫（Rhinluch）的新墾殖地致阿姆茨拉特・克勞斯厄斯（Amtsrat Clausius）信，見：Beheim-Schwarzbach, *Colonisationen*, 277。

153 Breitkreutz, *Oderbruch*, 87-8.

154 這是阿爾弗雷德・克勞斯比的用語，見：Alfred Crosby, *Ecological Imperialism: The Biological Expansion of Europe, 900-1900* (Cambridge, 1986), 22。

155 見第三章與第五章。

156 Breitkreutz, *Oderbruch*, 117.

157 Christiani, *Oderbruch*, 49-66; Borkenhagen, *Oderbruch*, 15-16, 19. 有關一九九七年水災見尾聲。

158 Stadelmann, *Preussens Könige*, vol. 2, 52-4; Kaplick, *Warthebruch*, 14-15.

159 腓特烈・威廉一世在上奧得布魯赫的工作對下奧得布魯赫產生了負面效應；海爾倫姆在科斯琴附近的奧得河畔築堤，導致河水沖破堤防並在下瓦爾塔河產生洪水倒灌。有時候問題被「輸出」了，例如，為了阻擋阿勒河的高水抵達德呂穆林南部與西部的改良方案，反而為漢諾威與布蘭茲維領域製造了問題，見：Hamm, *Naturkundliche Chronik*, 116, 120-1。

160 Michalsky, *Zur Geschichte*, 12. 有關東德人相信他們終於馴服了奧得河，見第六章。

161 見 *Die Melioration der der Ueberschwemmung ausgesetzten Theile des Nieder- und Mittel-Oderbruchs* (Berlin, 1847); Wehrmann, *Die Eindeichung des Oderbruches* (Berlin, 1861); Christiani, *Oderbruch*, 49-81; Mengel, 'Die Deichverwaltung des Oderbruches', in Mengel (ed.), *Oderbruch*, vol. 2, 299-389; Hans-Peter Trömel, *Deichverbände im Oderbruch* (Bad Freienwalde, 1988)。

162 這是第二場，因為一九四七年也發生了嚴重水患。

163 Dunbar, *Essays on the History of Mankind in Rude and Cultivated Ages*, cit. Glacken, Traces, 600.

164 Fontane, *WMB*, vol. 1, 585.

165 Karl Eckstein, 'Etwas von der Tierwelt des Oderbruches', in Mengel (ed.), *Oderbruch*, vol. 2, 143-74; Herrmann, *'Nun blüht es von End' zu End' all überall'*, 176-80; Martina Kaup, 'Die Urbarmachung des Oderbruchs: Umwelthistorische Annäherung an ein bekanntes Thema', in Günter Bayerl, Norman Fuchsloch and Torsten Meyer (eds.), *Umweltgeschichte – Methoden, Themen, Potentiale* (Münster, 1996), 111-31.

166 Siegfried Giedion, *Mechanization Takes Command* (New York, 1948), 34-6; Bredekamp, *The Lure of Antiquity and the Cult*

108 同上，271.

109 H. C. Johnson, *Frederick the Great and his Officials* (London, 1975).

110 這是Gerhard Ritter的用語，見*Frederick the Great*, 155。

111 Müller-Weil, *Absolutismus*, 267.

112 有關貝倫肯霍夫（Brenckenhoff，有時拼法為Brenkenhoff，或Brenkenhof），見Meissner, *Brenkenhof*，與Knobelsdorff-Brenkenhoff, *Eine Provinz*。關於他識字不多，見Dr Rehmann的'Kleine Beiträge zur Charakteristik Brenkenhoffs', *SVGN* 22 (1908), 106，文中引用普魯士官員Johann Georg Scheffler有關貝倫肯霍夫欠缺文字素養的證據：他連簽署自己的名字時，拼字和書寫都會出錯，這大概也是他唯一會寫的字。

113「靠自己起家的人」(self-made man)是Koser的用語，見Koser, *Geschichte*, vol. 3, 342-3。對貝倫肯霍夫的另一個描述是他是「美國典型」(American type)，見Hans Künkel, *Auf den kargen Hügeln der Neumark: Zur Geschichte eines Schäferund Bauerngeschlechts im Warthebruch* (Würzburg, 1962), 26。

114 Ritter, *Frederick the Great*, 151-3; Müller-Weil, *Absolutismus*, 267.

115 Beheim-Schwarzbach, *Colonisationen*, 275.

116 Breitkreutz, *Oderbruch*, 82-5; Detto, 'Besiedlung', 183.

117 Koser, *Geschichte*, vol. 3, 343. 亦見Knobelsdorff-Brenkenhoff, *Eine Provinz*, 59-63; Rehmann, 'Kleine Beiträge', 101-2。

118 西利西亞官員收到指令要參訪貝倫肯霍夫在涅茨河與瓦爾塔河沼澤的工作（「你們在那裡會看到很多好而有用的東西」），關於此，見Knobelsdorff-Brenkenhoff, *Eine Provinz*, 80 ('intrigues and deceptions'); Koser, *Geschichte*, vol. 3, 202。

119 Knobelsdorff-Brenkenhoff, *Eine Provinz*, 79（「密切注意」）；Müller-Weil, *Absolutismus*, 270（「不要對他形成任何阻礙」）。

120 Beheim-Schwarzbach, *Colonisationen*, 269.

121 海爾倫姆與佩特里致瑞佐信，一七五四年八月十五日，見：Detto, 'Besiedlung', 174。

122 Rehmann, 'Kleine Beiträge', 111.

123 Koser, *Geschichte*, vol. 3, 342.

124 同上。

125 佩特里致瑞佐信（寫自Liezegöricke），一七五六年五月三十一日，見：Detto, 'Besiedlung', 183-4。

126 Goethe, *Faust*, Part II, lines 11, 123-4. 亦見Marshall Berman, *All That Is Solid Melts into Air: The Experience of Modernity* (Harmondsworth, 1988), 60-5; Gerhard Kaiser, 'Vision und Kritik der Moderne in Goethes Faust II', *Merkur* 48/7 (July 1994), 594-604。

127 Goethe, *Faust*, Part II, lines 11, 541, 11, 563-4.

128 Fontane, *WMB*, vol. 1, 560.

129 Rehmann, 'Kleine Beiträge', 115.

130 Christiani, *Oderbruch*, 92-100.

131 作物與牲口的紀錄見Schwarz, 'Brenckenhoffs Berichte'。

132 *Grundsätze der rationellen Landwirtschaft*（「理性農業原理」）的第一冊於一八〇九年出版，第二冊至第四冊於一八一〇至一二年間出版。一八〇六年，德國第一座科學農業學術機構在默格林成立。關於特爾，亦見H. H. Freudenberger, 'Die Landwirtschaft des Oderbruches', in Mengel (ed.), *Oderbruch*, vol. 2, 200-3。

133 Christiani, *Oderbruch*, 'Vorwort'; Breitkreutz, *Oderbruch*, iii, 116. 瓦爾塔布魯赫是一座「盛開花園」(blooming garden)的描述，見Künkel, *Auf den kargen Hügeln der Neumark*, 32。

134 Theodor Fontane, *Before the Storm*, ed. R. J. Hollingdale (Oxford, 1985), 123-4 (first published as Vor dem Sturm in 1878). 這段描述來自幾十年後，被馮塔納挪用至拿破崙戰爭年間。

135 Fontane, *WMB*, vol. 1, 559-60.

136 William H. McNeill, *Plagues and Peoples* (New York, 1976), 218.

137 Fernand Braudel, *Capitalism and Material Life 1400-1800* (London, 1974), 37-54.

138 Wagret, *Polderlands*, 45.

139 Fontane, *WMB*, vol. 1, 574-81, 這段描述與許多後來的記述一樣，取材自Pastor S. Buchholtz的*Versuch einer*

亦見第三章。

77 Neuhaus, *Colonisation*, 28-9. Hamm在他有關德國西北部的彙編著作*Naturkundliche Chronik*中也使用相似的編年史來源。

78 Berghaus, *Landbuch*, vol. 3, 27 (table VIII); Christiani, *Oderbruch*, 28-33; *Aus Wriezen's Vergangenheit*, 11-14; Herrmann, *'Nun blüht es von End' zu End' all überall'*, 68-72.

79 Jones, *European Miracle*, 137-47.

80 Glacken, *Traces*, 604-6, 659-65, 670, 680-1, 688-9, 702-3; Franklin Thomas, *The Environmental Basis of Society* (New York, 1925), 230-2; Yi-Fu Tuan, *Passing Strange and Wonderful: Aesthetics, Nature and Culture* (Washington DC, 1993), 61, 68, 76-7.

81 Paul Wagret, *Polderlands* (London, 1968), 46-7; Breitkreutz, *Oderbruch*, 6.

82 一七七六年六月七日詔令，見：Stadelmann, *Preussens Könige*, vol. 2, 81。

83 Meissner, *Brenkenhof*, 80-1.

84 Johanniter-Ordens-Kammerrat Stubenrauch於一七七八年所說，見：Neuhaus, *Colonisation*, 8-9。

85 Bergér, *Friedrich der Grosse*, 10-11.

86 Beheim-Schwarzbach, *Colonisationen*, 289-97; Detto, 'Besiedlung', 180-1; Bergér, *Friedrich der Grosse*, 9-19; Reboly, *Friderizianische Kolonisation*, 10-11, 30-40, 76-7; Froese, *Kolonisationswerk*, 8-9; W. O. Henderson, *Studies in the Economic Policy of Frederick the Great* (London, 1963), 127.

87 Otto Kaplick, *Das Warthebruch: Eine deutsche Kulturlandschaft im Osten* (Würzburg, 1956), 80-1.

88 Beheim-Schwarzbach, *Colonisationen*, 369. 二千七百一十二戶家庭（一萬一千四百八十六人）的資產總值幾達二十八萬三千塔勒銀幣。

89 計算係依據Bergér, *Friedrich der Grosse*, 91 (Anhang Nr. 7: 'Verzeichnis der im Jahre 1747 nach Pommern abgegangenen Pfälzer-Transporte')。我在某個團體為例的資料中未能發現農民與工匠的比例以及該團體財富程度之間的相關性；不過農民最多的團體（同時也是最小的團體）平均現金資產最高。

90 Bergér, *Friedrich der Grosse*, 90 ('Specification', Anhang Nr. 6).

91 P. Schwarz, 'Brenkenhoffs Berichte über seine Tätigkeit in der Neumark', *SVGN* 20 (1907), 46. 關於移墾者帶來的資產，亦見於Beheim-Schwarzbach, *Colonisationen*, 573; Neuhaus, *Colonisation*, 90; Froese, *Kolonisationswerk*, 24-5。

92 Beheim-Schwarzbach, *Colonisationen*, 330-1.

93 Bergér, *Friedrich der Grosse*, 81.

94 Siegfried Maire, 'Beiträge zur Besiedlungsgeschichte des Oderbruchs', *AdB* 13 (1911), 37-8.

95 Alfred Biese, *The Development of the Feeling for Nature in the Middle Ages and Modern Times* (London, 1905), 286.

96 關於較早期的薩爾茲堡人，見Mack Walker, *The Salzburg Transaction: Expulsion and Redemption in Eighteenth-Century Germany* (Ithaca, 1992)。

97 Detto, 'Besiedlung', 183.

98 Breitkreutz, *Oderbruch*, 53-7; Detto, 'Besiedlung', 180-2.

99 Carsten Küther, *Räuber und Gauner in Deutschland* (Göttingen, 1976).

100 Wolfgang Jacobeit, *Schafhaltung und Schäfer in Zentraleuropa* (East Berlin, 1961), 99-111.

101 Neuhaus, *Colonisation*, 29.

102 例子可見Beheim-Schwarzbach, *Colonisationen*, 396。

103 同上，371。

104 見Froese, *Kolonisationswerk*, 47-8（以及後續頁面中的照片）。

105 Johannes Kunisch, *Absolutismus: Europäische Geschichte vom Westfälischen Frieden bis zur Krise des Ancien Regime* (Göttingen, 1986), 911. 關於聚落的幾何形狀亦見Müller-Weil, *Absolutismus*, 315-22。

106 Simon Schaffer, 'Enlightened Automata', in William Clark, Jan Golinski and Simon Schaffer (eds.), *The Sciences in Enlightened Europe* (Chicago, 1999), 139-48; Horst Bredekamp, *The Lure of Antiquity and the Cult of the Machine* (Princeton, 1995), 4; Carl Mitcham, *Thinking through Technology* (Chicago, 1994), 206, 289.

107 Beheim-Schwarzbach, *Colonisationen*, 446.

51 有關貝倫肯霍夫，見August Gottlob Meissner, *Leben Franz Balthasar Schönberg von Brenkenhof* (Leipzig, 1782); Benno von Knobelsdorff-Brenkenhoff, *Eine Provinz im Frieden erobert: Brenckenhoff als Leiter der friderizianischen Retablissements in Pommern 1762-1780* (Cologne and Berlin, 1984)。

52 有關馬格德堡平原，見Alice Reboly, *Friderizianische Kolonisation im Herzogtum Magdeburg* (Burg, 1940); 有關埃姆斯蘭，見F. Hamm, *Naturkundliche Chronik Nordwestdeutschlands* (Hanover, 1976), 103 ff., 亦見第三章；有關多瑙莫斯（Donaumoos），見Hermann Kellenbenz, *Deutsche Wirtschaftsgeschichte*, 2 vols. (Munich, 1977-81), vol. 1, 324。

53 Keith Tribe, 'Cameralism and the Science of Government', *JMH* 56 (1984), 163-84; David F. Lindenfeld, *The Practical Imagination: The German Sciences of State in the Nineteenth Century* (Chicago, 1997), 11-45. 十八世紀官房學書目共列出一萬四千種著作，見：Magdelene Humpert, *Bibliographie der Kameralwissenschaften* (Cologne, 1937)。

54 Bernard Heise, 'From Tangible Sign to Deliberate Delineation: The Evolution of the Political Boundary in the Eighteenth and Early Nineteenth Centuries', in Wolfgang Schmale and Reinhard Stauber (eds.), *Menschen und Grenzen in der frühen Neuzeit* (Berlin, 1998), 171-86; Anne Buttimer, *Geography and the Human Spirit* (Baltimore, 1993), 105.

55 Müller-Weil, *Absolutismus*, 307-15.

56 Henning Eichberg, 'Ordnen, Messen, Disziplinieren', in Johannes Kunisch (ed.), *Staatsverfassung und Heeresverfassung in der europäischen Geschichte der frühen Neuzeit* (Berlin, 1986), 347-75.

57 Hamm, *Naturkundliche Chronik*, 122.

58 Knobelsdorff-Brenkenhoff強調了這一點，見Knobelsdorff-Brenkenhoff, *Eine Provinz*, 56-7, 158。

59 Beheim-Schwarzbach, *Colonisationen*, 266.

60 Rene Descartes, *Discourse on Method and Related Writings*, transl. Desmond M. Clarke (Harmondsworth, 1999), 44; Georges-Louis Leclerc, Comte de Buffon, *Histoire Naturelle*, 44 vols. (Paris, 1749-1804), vol. 12, 14. Glacken, *Traces*, chs. 3-4, 為這一主題提供了精采導引。

61 關於一六六四年維瑞曾/奧得布魯赫大火，見C. A. Wolff, *Wriezen und seine Geschichte im Wort, im Bild und im Gedichte* (Wriezen, 1912), 41-2; [anon], *Aus Wriezen's Vergangenheit* (Wriezen, 1864), 3-6。

62 Stadelmann, *Preussens Könige*, vol. 2, 224-5; E. L. Jones, *The European Miracle: Environments, Economies and Geopolitics in the History of Europe and Asia* (Cambridge, 1981), 143-4.

63 Stephen Pyne, *Vestal Fire*, 203.

64 Pyne, *Vestal Fire*, 186-99; James C. Scott, *Seeing Like a State* (New Haven, 1998), 11-22.

65 腓特烈致伏爾泰信，一七七六年一月十日，見: Stadelmann, *Preussens Könige*, vol. 2, 43。

66 同上，51, 57, 60-1。

67 Friedrich Engels, 'Landschaften' [1840], in Helmut J. Schneider (ed.), *Deutsche Landschaften* (Frankfurt/Main, 1981), 477.

68 在英國有相似情形，見Keith Thomas, *Man and the Natural World* (London, 1983), 274。關於「不名譽職業」，見Werner Danckert, *Unehrliche Leute: Die verfemten Berufe* (Berne, 1963)。

69 Stadelmann, *Preussens Könige*, vol. 1, 172-6, vol. 2, 220-2. 遭撲殺的麻雀數量總計約每年三十五萬隻。Keith Thomas在*Man and the Natural World*頁274指出，一七七九年在林肯郡（Lincolnshire）一座村落有四一五二隻麻雀遭撲殺，一七六四至七四年間在貝德福郡（Bedfordshire）一座村落有一萬四千隻遭殺。

70 Franz von Kobell, *Wildanger* (Munich, 1936 [1854]), 121, 136; Makowski and Buderath, *Natur*, 132.

71 Stadelmann, *Preussens Könige*, vol. 1, 171-2, vol. 2, 81, 222-3.

72 腓特烈致東普魯士首長哥馮・德哥茲信，一七八六年六月二十四日：同上，vol. 2, 651。

73 同上，vol. 2, 52。

74 Barry Holstun Lopez, *Of Wolves and Men* (New York, 1978). 英國的相似情況見Thomas, *Man and the Natural World*, 40-1, 61。

75 Makowski and Buderath, *Natur*, 132; Hamm, *Naturkundliche Chronik*, 106-18; Kobell, *Wildanger*, 119-24, 139, 147.

76 Manfred Jakubowski-Tiessen, *Sturmflut 1717; Die Bewältigung einer Naturkatastrophe in der frühen Neuzeit* (Munich, 1992).

25 Bergér, *Friedrich der Grosse,* 70; Henry Makowski and Bernhard Buderath, *Die Natur dem Menschen untertan* (Munich, 1983), 64.

26 Koser, *Geschichte,* vol. 2, 246.

27 Koser, *Geschichte,* vol. 3, 184.

28 Simon Leonhard von Haerlem, 'Gutachten vom 6. Januar 1747', 重印於 Herrmann, *'Nun blüht es von End' zu End' all überall',* 88-121 (quotation: 107); Albert Detto, 'Die Besiedlung des Oderbruches durch Friedrich den Grossen', *FBPG* 16 (1903), 165。

29 Matthias G. von Schmettow, *Schmettau und Schmettow: Geschichte eines Geschlechts aus Schlesien* (Büderich, 1961), 379-80.

30 普勞恩運河連接哈非爾河與易北河。與一七四六年完成的奧得河—芬諾河運河一樣，普勞恩運河的建造屬於 Wolffsohn 所稱的「第一階段」運河建設（一七四〇至四六），與排水、再造和墾殖無關，見：Seew Wolffsohn, *Wirtschaftliche und soziale Entwicklungen in Brandenburg, Preussen, Schlesien und Oberschlesien in den Jahren 1640-1853* (Frankfurt/Main, Berlin and New York, 1985), 40-2。

31 Herrmann, *'Nun blüht es von End' zu End' all überall',* 80, 86, 122-3.

32 'Eulogium of Euler', in *Letters of Euler on Different Subjects in Physics and Philosophy Addressed to a German Princess,* translated from the French by Henry Hunter, 2 vols. (London, 1802), lxv. Hunter 也將歐拉（Euler）的名字與牛頓相連。見 Preface, xxiii。

33 Karl Karmarsch, *Geschichte der Technologie seit der Mitte des 18. Jahrhunderts* (Munich, 1872), 13-14; Robert Gascoigne, *A Chronology of the History of Science* (New York, 1987), 71-3, 421-3, 507-9.

34 *Letters of Euler,* xxxiii-liii, 187.

35 'Eulogium of Euler', xxxvi-xxxvii; Bernoulli, *Reisen,* vol. 5, 10; Roger D. Masters, *Fortune is a River,* 132. 有關柏努利與歐拉，見 Günther Garbrecht, *Wasser: Vorrat, Bedarf und Nutzung in Geschichte und Gegenwart* (Reinbek, 1985), 178-81。

36 *Letters of Euler,* 187

37 報告文字見 Christiani, *Oderbruch,* 82-9 與 Herrmann, *'Nun blüht es von End' zu End' all überall',* 124-9。

38 Christiani, *Oderbruch*: 此詩重印於書末未編號書頁。

39 照片見 Nippert, *Oderbruch,* 100。關於奧得布魯赫地區的許多腓特烈紀念碑，包括在新哈登堡（Neuhardenberg）、雷茨琴（Letschin）、新勒文（Neulewin）、新特雷賓（Neutrebbin）、古斯特畢斯（Güstebiese）與奧楚德尼茨（Altrüdnitz），見 Rudolf Schmidt, 'Volkskundliches aus dem Oderbruch', in Mengel (ed.), *Oderbruch,* vol. 2, 111。

40 'Fragen eines lesenden Arbeiters', *Die Gedichte von Bertolt Brecht in einem Band* (Frankfurt/Main, 1981), 656-7.

41 相關敘述包括 Fontane, *WMB,* vol. 1, 569-74; Christiani, *Oderbruch,* 36-40; Detto, 'Besiedlung', 163-72; Ernst Breitkreutz, *Das Oderbruch im Wandel der Zeit* (Remscheid, 1911), 11-26; G. Wentz, 'Geschichte des Oderbruches', in Mengel (ed.), *Das Oderbruch,* vol. 1 (Eberswalde, 1930), 85-238; Borkenhagen, *Oderbruch,* 10-12; *Das Oderbruch im Wandel der Zeit,* 14-18。

42 有關稱為 Teichgrabers 的十八世紀專家，見 Ludwig Hempel, 'Zur Entwicklung der Kulturlandschaft in Bruchländereien', *BdL* 11 (1952), 73; 有關普魯士這個地區日益上漲的時薪，見 Neuhaus, *Colonisation,* 39-40。

43 Michalsky, *Zur Geschichte,* 5; Detto, 'Besiedlung', 167-71; Udo Froese, *Das Kolonisationswerk Friedrich des Grossen* (Heidelberg, 1938), 17.

44 Ulrike Müller-Weil, *Absolutismus und Aussenpolitik in Preussen* (Stuttgart, 1992), 107. 事實上，數量龐大的常備軍士兵普遍用於填補警察、消防員與海關官員不足的空缺，也擔任工匠與勞工。

45 海爾倫姆與佩特里致瑞佐信，一七五三年七月十八日，見：Detto, 'Besiedlung', 171。

46 Fontane, *WMB,* vol. 1, 547; Christiani, *Oderbruch,* 46; Koser, *Geschichte,* vol. 3, 97.

47 Fontane, *WMB,* vol. 1, 570.

48 Stadelmann, *Preussens Könige,* vol. 2, 63-72: Fontane, *WMB,* vol. 2,103-7.

49 腓特烈致東普魯士首長馮・德哥茲信，一七八六年八月一日，見：Stadelmann, *Preussens Könige,* vol. 2, 655。

50 Neuhaus, *Colonisation,* 33. 有關腓特烈與馮・里奇夫人，見 Fontane, *WMB,* vol. 1, 894-907。

貝殼符合當代對美與精緻的觀念。它們能抓住目光，同時刺激心智並提供消遣。見 Bettina Dietz, 'Exotische Naturalien als Statussymbol', in Hans-Peter Bayerdörfer and Eckhardt Hellmuth (eds.), *Exotica: Inszenierung und Konsum des Fremden 1750-1900* (Minister, 2003)。

5 Bernoulli, *Reisen*, vol. 1, 26-31, 38-9. 古索瓦的改良是後述著作中引用的主要證據：Antje Jakupi, Peter M. Steinsiek and Bernd Herrmann, 'Early Maps as Stepping Stones for the Reconstruction of Historic Ecological Conditions and Biota', *Naturwissenschaften*, 90 (2003), 360-5。

6 Bernoulli, *Reisen*, vol. 1, 39.

7 Theodore Fontane, *Wanderungen durch die Mark Brandenburg* [WMB], Hanser Verlag edition, 3 vols. (Munich and Vienna, 1991), vol. 1, 550; Christiani, *Das Oderbruch*, 13. 許多後來的作者參考 Friedrich Wilhelm Noeldechen, *Oekonomische und staatswissenschaftliche Briefe über das Niederoderbruch und den Abbau oder die Verteilung der Königlichen Ämter und Vorwerke im hohen Oderbruch* (Berlin, 1800), 28, 他在著作中提到一片「貧瘠的沼澤」與「荒野」。

8 Dr Müller, 'Aus der Kolonisationszeit des Netzebruchs', *SVGN* 39 (1921), 3.

9 Anneliese Krenzlin, *Dorf, Feld und Wirtschaft im Gebiet der grossen Täler und Flatten östlich der Elbe: Eine siedlungsgeographische Untersuchung* (Remagen, 1952), 10-15; Margaret Reid Shackleton, *Europe: A Regional Geography* (London, 1958), 242-63.

10 Shackleton, *Europe*, 252.

11 這幅版畫請見 Matthäus Merian, *Topographia Electorat Brandenburgici et Ducatus Pomeraniae, das ist, Beschreibung der Vornembsten und bekantisten Stätte und Plätze in dem hochlöblichsten Churfürstenthum und March Brandenburg*, facsimile of 1652 edn. (Kassel and Basel, 1965)。

12 請見 Bernd Herrmann, with Martina Kaup, *'Nun blüht es von End' zu End' all überall'. Die Eindeichung des Nieder-Oderbruches 1747-1753* (Münster, 1997), 32–5, 關於馮塔納的討論見頁 35-40。

13 Johann Christoph Bekmann, *Historische Beschreibung der Chur- und Mark Brandenburg* (Berlin, 1751), 引用於 Fontane, *WMB*, vol. 1, 566。

14 Fontane, *WMB*, vol. 1, 568; Hermann Borkenhagen, *Das Oderbruch in Vergangenheit und Gegenwart* (Neu-Barnim, 1905), 8; Werner Michalsky, *Zur Geschichte des Oderbruchs: Die Entwässerung* (Seelow, 1983), 3-4; Erwin Nippert, *Das Oderbruch* (Berlin, 1995), 92; Herrmann, *'Nun blüht es von End' zu End' all überall'*, 63-4.

15 Glacken, *Traces*, 476; Norman Smith, *Man and Water: A History of Hydro-Technology* (London, 1976), 28-40. 有關北歐各地的荷蘭移墾者請見 Max Beheim-Schwarzbach, *Hohenzollernsche Colonisationen* (Leipzig, 1874), 418, 他指出他們「在開墾土地，尤其改良並排乾沼澤與草澤方面傑出的能力與用處」。

16 腓特烈・威廉送給新婚妻子 Luise 一片新荷蘭，同樣這幾年間，Jobst von und zu Hertefeld 建立了另一個新荷蘭，這裡後來成為王室所有。這些地方與其他地方通稱為 Holländereien。請見 Beheim-Schwarzbach, *Colonisationen*, 36-8; Jan Peters, Hartmut Harnisch and Lieselott Enders, *Märkische Bauerntagebücher des 18. und 19. Jahrhunderts* (Weimar, 1989), 18-26。

17 Kloeden 對哈非爾蘭沼澤的描述，見：Fontane, *WMB*, vol. 2, 105。

18 Fontane, *WMB*, vol. 1, 568; Christiani, *Das Oderbruch*, 34.

19 Fontane, *WMB*, vol. 1, 569; Peter Fritz Mengel, 'Die Deichverwaltung des Oderbruches', in Mengel (ed.), *Das Oderbruch*, vol. 2 (Eberswalde, 1934), 292-3; Borkenhagen, *Oderbruch*, 8-10; Herrmann, *'Nun blüht es von End' zu End' all überall'*, 65-72. 有關一六九四至一七三六年間的九次重大水災，見：Heinrich Carl Berghaus, *Landbuch der Mark Brandenburg*, 3 vols. (Brandenburg, 1854-6), vol. 3, 27 (table VIII)。

20 Erich Neuhaus, *Die Fridericianische Colonisation im Netze- und Warthebruch* (Landsberg, 1905), 30.

21 Noeldeschen, *Oekonomische Briefe*, 29-30; Fontane, *WMB*, vol. 1, 568-9; Herrmann, *'Nun blüht es von End' zu End' all überall'*, 72-3.

22 Gerhard Ritter, *Frederick the Great*, transl. Peter Paret (Berkeley, 1968), 26-31.

23 Leopold von Ranke, *Zwölf Bücher preussischer Geschichte*, vol. 3 (Leipzig, 1874), 127, cit. Heinrich Bergér, *Friedrich der Grosse als Kolonisator* (Giessen, 1896), 5; Rudolph Stadelmann, *Preussens Könige in ihrer Thätigkeit für die Landescultur*, vol. 2 (Leipzig, 1882), 5-6; Heinrich Bauer, *Die Mark Brandenburg* (Berlin, 1954), 128.

24 寫自萊茵斯堡的信，一七三七年九月十二日，見：Bergér, *Friedrich der Grosse*, 6。

Umweltverträgliches Wirtschaften in historischer Perspektive: Acht Beiträge (Göttingen, 1994), 11-28, esp. 14-16.

22 Marcus Aurelius, *Meditations*, bk. 4, sect. 43; Machiavelli, *The Prince*, ch. 25. 亦請見 Roger D. Masters, *Fortune is a River* (New York, 1999), 10-11。

23 Hans Boldt (ed.), *Der Rhein: Mythos und Realität eines europäischen Stromes* (Cologne, 1988).

24 Cited H. C. Darby, 'The Relations of Geography and History', in Griffith Taylor (ed.), *Geography in the Twentieth Century* (London, 1957), 640.

25 同上，641。

26 Marc Bloch, *The Historian's Craft* (Manchester, 1954), 26.

27 Joshua Meyrowitz, *No Sense of Place: The Impact of Electronic Media on Social Behaviour* (Oxford, 1989). 亦請見 Marc Augé, *Non-Places: Introduction to an Anthropology of Supermodernity* (London and New York, 1995)。

28 Georges Duby, *History Continues* (Chicago, 1994), 27, 28.

29 Hartmut Lehmann and James Van Horn Melton (eds.), *Paths of Continuity: Central European Historiography from the 1930s to the 1950s* (Cambridge, 1994); Jürgen Kocka, 'Ideological Regression and Methodological Innovation: Historiography and the Social Sciences in the 1930s and 1940s', *HM* 2 (1990), 130-7; Willi Oberkrome, *Volksgeschichte: Methodische Innovation und völkische Ideologisierung in der deutschen Geschichtswissenschaft* 1918-1945 (Göttingen, 1993); Peter Schöttler, 'Das "Annales-Paradigma" und die deutsche Historiographie (1929-1939)', in Lothar Jordan and Bernd Korländer (eds.), *Nationale Grenzen und internationaler Austausch: Studien zum Kultur- und Wissenschaftstransfer in Europa* (Tübingen, 1995), 200-20.

30 William Vitek and Wes Jackson, *Rooted in the Land: Essays on Community and Place* (New Haven, 1996).

31 'Land und Leute' 是里爾所著 *Die Naturgeschichte des Volkes als Grundlage einer deutschen Social-Politik* 的第一冊，現行英文版為 *The Natural History of the German People*, transl. David Diephouse (Lewiston, NY, 1990). 關於里爾請見 George L. Mosse, *The Crisis of German Ideology: Intellectual Origins of the Third Reich* (London, 1966), 19-24; Celia Applegate, *A Nation of Provincials: The German Idea of Heimat* (Berkeley, 1990), 34-42, 78-9, 217-18; Jasper von Altenbockum, *Wilhelm Heinrich Riehl* 1823-1897 (Cologne, 1994)。

32 請見 Stephen Pyne, *Vestal Fire: An Environmental History Told through Fire, of Europe and Europe's Encounter with the World* (Seattle, 1997), 我在第一章與第三章中引用此作品。這是 Pyne 所著 Cycle of Fire 系列中的第五冊。亦請見 Johann Goudsblom, *Fire and Civilization* (London, 1992)。

33 Rita Gudermann, *Morastwelt und Paradies: Ökonomie und Ökologie in der Landwirtschaft am Beispiel der Meliorationen in Westfalen und Brandenburg* (1830–1880) (Paderborn, 2000); Sabine Doering-Manteuffel, *Die Eifel: Geschichte einer Landschaft* (Frankfurt/Main, 1995); Horst Johannes Tümmers, *Der Rhein: Ein europäischer Fluss und seine Geschichte* (Munich, 1994); Mark Cioc, *The Rhine: An Eco-Biography* 1815-2000 (Seattle, 2002); Rainer Beck, *Unterfinning: Ländliche Welt vor Anbruch der Moderne* (Munich, 1993). 亦請見下列著作書目中所列文獻：Küster, *Geschichte der Landschaft*, and Norbert Fischer, 'Der neue Blick auf die Landschaft', AfS 36 (1996), 434-42。

34 Heinrich Wiepking-Jürgensmann, 'Gegen den Steppengeist', *DSK*, 16 Oct. 1942. 亦請見 Mark Bassin, 'Race contra Space: The Conflict between German Geopolitik and National Socialism', *PGQ* 6 (1987), 115-34.

35 H. H. Bechtluft, 'Das nasse Geschichtsbuch', in W. Franke and G. Hugenberg (eds.), *Moor im Emsland* (Sögel, 1979), 40-59.

第一章：征服野蠻

1 Koser, *Geschichte*, vol. 2, 247.

2 Hugh West, 'Göttingen and Weimar: The Organization of Knowledge and Social Theory in Eighteenth-Century Germany', *CEH* 11 (1978), 150-61.

3 Johann [Jean] Bernoulli, *Reisen durch Brandenburg, Pommern, Preussen, Curland, Russland und Pohlen, in den Jahren 1777 und 1778*, 6 vols. (Leipzig, 1779-80).

4 Bernoulli, *Reisen*, vol. 1, 31-8. 貝殼，尤其是罕見的「異國」標本備受十八世紀收集者珍視，因為這些

注釋

引言　德國歷史中的自然與地貌

1　Thomas Lekan, *Imagining the Nation in Nature: Landscape Preservation and German Identity*, 1885-1945 (Cambridge, Mass., 2004), 74.

2　August Trinius (1916)，引用於 William H. Rollins, *A Greener Vision of Home: Cultural Politics and Environmental Reform in the German Heimatschutz Movement*, 1904-1918 (Ann Arbor, 1997), 246。

3　Clarence Glacken, *Traces on the Rhodian Shore: Nature and Culture in Western Thought from Ancient Times to the End of the Eighteenth Century* (Berkeley, 1967), 600.

4　Reinhold Koser, *Geschichte Friedrich des Grossen*, 3 vols. (Darmstadt, 1974), vol. 3, 97; Walter Christiani, *Das Oderbruch: Historische Skizze* (Freienwalde, 1901), 46.

5　Freud, 'Thoughts for the Times on War and Death', *The Penguin Freud Library*, vol. 12 (Harmondsworth, 1991), 62, 64.

6　Walter Benjamin, 'The Work of Art in the Age of Mechanical Reproduction', in Benjamin, *Illuminations*, transl. Harry Zohn (London, 1973), 242.

7　P. Ziegler, *Der Talsperrenbau* (Berlin, 1911), 5.

8　Jakob Zinssmeister, 'Industrie, Verkehr, Natur und moderne Wasserwirtschaft', *WK*, Jan. 1909, 14.

9　Professor [Heinrich] Wiepking-Jürgensmann, 'Das Grün im Dorf und in der Feldmark', *BSW* 20 (1940), 442.

10　Goethe, *Faust*, Part II, line 11, 541.

11　近年的絕佳例子請見 John McNeill, *Something New under the Sun: An Environmental History of the Twentieth Century* (London and New York, 2000)。

12　關於「蛋殼效應」(Humpty-Dumpty effects) 請見 Stuart L. Pimm, *The Balance of Nature: Ecological Issues in the Conservation of Species and Communities* (Chicago, 1991), 258–9。

13　Wolfgang Welsch, 'Postmoderne: Pluralität zwischen Konsens und Dissens', AfK 73 (1991), 193-214 (quotation, 211), 其中扼要重述了 Theodor Adorno 與 Max Horkheimer 的主張，*The Dialectic of Enlightenment* (New York, 1972), first published as Dialektik der Aufklärung (New York, 1944)。

14　請見 K. Blaschke, 'Environmental History: Some Questions for a New Subdiscipline of History', in Peter Brindlecombe and Christian Pfister (eds.), *The Silent Countdown: Essays in European Environmental History* (Berlin, 1990), 68-72; William C. Cronon, 'The Uses of Environmental History', *EHR* 17 (1993), 1-22; T. C. Smout, 'Problems for Global Environmental Historians', *EH* 8 (2002), 107-16, esp. 112, 116。Cronon 與另一位頂尖美國環境史學者 Richard White 對這個問題的思考格外深入；德國學者如 Joachim Radkau 與 Franz-Josef Brüggemeier 亦然。

15　Richard White, *The Organic Machine: The Remaking of the Columbia River* (New York, 1995), 112.

16　Ernst Candèze, *Die Talsperre*, 譯自法文原文 (Leipzig, 1901)。Candèze 的擬人化昆蟲當然不能取代生態紀錄；但是作者的技巧與同理心，讓他的敘事成為其他來源的重要資訊，而且是一種很有幫助的補充說明。有關 Toynbee，請見 McNeill, *Something New under the Sun*, xxii-xxiii。

17　Donald Worster, 'Thinking like a River', in Worster, *The Wealth of Nature* (New York, 1993), 123-34.

18　這個中心主張見於 Hansjörg Küster, *Geschichte der Landschaft in Mitteleuropa* (Munich, 1995)。Helmut Jäger 在著作中也針對北海海岸的泥灘 (Watt) 主張這一點，見 *Einführung in die Umweltgeschichte* (Darmstadt, 1994), 229。

19　Henry Makowski and Bernhard Buderath, *Die Natur dem Menschen untertan: Ökologie im Spiegel der Landschaftsmalerei* (Munich, 1983), 226.

20　Wolfgang Diehl 引述 Becker，見 Wolfgang Diehl, 'Poesie und Dichtung der Rheinebene', in Michael Geiger, Günter Preuß and Karl-Heinz Rothenberger (eds.), *Der Rhein und die Pfälzische Rheinebene* (Landau i. d. Pfalz, 1991), 384。

21　這類例子請見 Götz Großklaus and Ernst Oldemeyer (eds.), *Natur als Gegenwelt: Beiträge zur Geschichte der Natur* (Karlsruhe, 1983); Joachim Radkau, 'Was ist Umweltgeschichte?', in Werner Abelshauer (ed.), *Umweltgeschichte.*

Zinssmeister, Jakob, 'Wertbestimmung von Wasserkräften und von Wasserkraftanlagen', *WK* 2, 5 Jan. 1909, 1-3.
Zuckmayer, Carl, *A Part of Myself* (New York, 1984).
'Zum Kanal-Sturm in Preussen', *HPBl* (1899), 453-62.

網站與其他網路資料來源

BUND-Berlin, 'Ökologische Hochwasserschutz': http://www.bund-berlin.de.
'Deichreparatur am Oderbruch offenbart Grauen des Krieges': http://www.wissenschaft.de/wissen/news/drucken/156089.html.
Deutsche Bundesstiftung Umwelt, 'Hochwasserschutz und Naturschutz':
http://www.umweltstiftung.de/pro/hochwasser.html.
http://www.bundjugend-berlin.de/presse/pm2002-11.html.
http://www.oekofuehrerschein.de.
http://www.pages.unibe.ch/highlights/archiveo3/poliwoda.html.
http://www.zalf.de/lsad/drimipro/elanus/html_projekt/pkt31/pkt.htm.
'Immer noch vermisst', ZDF-TV broadcast, n . Nov. 2003: http://www.zdf/. de/ZDFde/inhalt/5/0,1872.
'"Jahrhundertflut" an der Oder': http://www.mlur.brandenburg.de.
Land Brandenburg, 'Alte Oder', http://www..mlur.brandenburg.de.
LEADER Aktionsgruppe Oderbruch: http://www.gruenliga.de/projekt/nre.
'Leben lernen im Oderbruch': http://www.unternehmen.region.de/_media/InnoRegio_Dokumentation_2000_S08-31.pdf.
Mackentum, Gerald, 'Gen-Mais im Oderbruch', Barnimer Aktionsbündnis gegen
Gentechnik: http://www.dosto.de/gengruppe/region/oderbruch/monsanto_moz.html.
Peuker, Birgit and Katja Vaupel (updated by Esther Rewitz), 'Gefährliche Gentechnik', BUND Brandenburg: http://www.bundnessel.de/47_gen.html.
'Wasserhaushaltsuntersuchungen im Oderbruch': http://www.wasy.de/deutsch/consulting/grund/oderbruch/index.html.

Nr. 1, 4-8.

'Ueber Talsperren', *ZfG* 4 (1902), 252-4.

Ulbricht, Walter, *Whither Germany?* (Dresden, 1966).

Umlauf, J., 'Der Stand der Raumordnungsplanung für die eingegliederten Ostgebiete', *NB* 34 (1942), 281-93.

Valentin, Veit (ed.), *Bismarcks Reichsgründung im Urteil englischer Diplomaten* (Amsterdam, 1937).

Vasmer, Max, 'Die Urheimat der Slawen', in Volz (ed.), *Der Ostdeutsche Volksboden*, 118-43.

Venatier, Hans, *Vogt Bartold: Der grosse Zug nach dem Osten* (Leipzig, 1944).

———. 'Vergessen?', *Land unserer Liebe: Ostdeutsche Gedichte* (Düsseldorf, 1953), 28-9.

Vogel, Friedrich, 'Die wirtschaftliche Bedeutung deutscher Gebirgswasserkräfte', *ZfS* 8 (1905), 607-14.

Vogt, Martin (ed.), *Herbst 1941 im 'Führerhauptquartier'* (Koblenz, 2002).

Völker, H., *Die Edder-Talsperre* (Bettershausen bei Marburg, 1913).

Volz, Wilhelm (ed.), *Der ostdeutsche Volksboden: Aufsätze zu den Fragen des Ostens. Erweiterte Ausgabe* (Breslau, 1926).

Von der Konfrontation zur Kooperation: 50 Jahre Landsmannschaft Weichsel-Warthe (Wiesbaden, 1999).

Weber, J., 'Die Wupper-Talsperren', *BeH* 4, August 1930, 313-23.

Weber, Marianne, *Max Weber: A Biography*, transl. and ed. Harry Zohn (New York, 1975).

Weber, Max, 'Capitalism and Society in Rural Germany', in Hans Gerth and C. Wright Mills (eds.), *From Max Weber: Essays in Sociology* (London, 1952), 363-85.

'Wehrbauer im deutschen Osten', *Wir sind Daheim: Mitteilungsblatt der deutschen Umsiedler im Reich*, 20 Feb. 1944.

Wehrmann, *Die Eindeichung des Oderbruches* (Berlin, 1861).

Weissbach, Christian, *Wie der Mensch das Wasser bändigt und beherrscht: Der Talsperrenbau im Ostharz* (Leipzig and Jena, 1958).

Wermuth, Adolf, *Ein Beamtenleben: Erinnerungen* (Berlin, 1922).

Werth, Heinrich, 'Die Gestaltung der deutschen Landschaft als Aufgabe der Volksgemeinschaft', *NB* 34 (1942), 109-11.

Wichert, Ernst, *Heinrich von Plauen: Historischer Roman*, 2 vols. (Dresden, 1929, 22nd edn.).

Wickert, Friedrich, *Der Rhein und sein Verkehr* (Stuttgart, 1903).

Winters, Jochen, 'The Flood', *Deutschland: Magazine on Politics, Culture, Business and Science*, Oct. 1997, 14-17.

Wickop, Walter, 'Grundsätze und Wege der Dorfplanung', in *Neue Dorflandschaften*, 46-57.

Wiepking-Jürgensmann, Heinrich Friedrich, 'Friedrich der Grosse und wir', *DG* 33 (1920), 69-78.

———. 'Der deutsche Osten: Eine vordringliche Aufgabe für unsere Studierenden', *DG* 52 (1939), 193.

———. 'Das Grün im Dorf und in der Feldmark', *BSW* 20 (1940), 442-5.

———. 'Aufgaben und Ziele deutscher Landschaftspolitik',*DG* 53 (1940), 81-96.

———. 'Gegen den Steppengeist', *DSK*, 16 Oct. 1942, 4.

———. 'Dorfbau und Landschaftsgestaltung', in *Neue Dorflandschaften*, 24-43.

Wingendorf, Rolf, *Polen: Volk zwischen Ost und West* (Berlin, 1939).

Woldt, Richard, *Im Reiche der Technik: Geschichte für Arbeiterkinder* (Dresden, 1910).

Wolf, Christa, *Kindheitsmuster* (Berlin and Weimar, 1976), transl. as *A Model Childhood* (New York, 1980).

Wolf, Kurt, 'Über die Wasserversorgung mit besonderer Berücksichtigung der Talsperren', *MCWäL* (1906), 633-4.

Wolff, C.A., *Wriezen und seine Geschichte im Wort, im Bild und im Gedichte* (Wriezen, 1912).

Wulff, C , *Die Talsperren-Genossenschaften im Ruhr- und Wuppergebiet* (Jena,1908).

Zantke, S., 'Die Heimkehr der Wolhyniendeutschen', *NSM 11* (1940), 169-71.

Zeymer, Werner, 'Erste Ergebnisse des Ostaufbaus', *NB* 32 (1940), 415.

Ziegfeld, A. Hillen, 1000 *Jahre deutsche Kolonisation und Siedlung: Rückblick und Vorschau zu neuem Aufbruch* (Berlin, n.d. [1942]).

Ziegler, P., 'Ueber die Notwendigkeit der Einbeziehung von Thalsperren in die Wasserwirtschaft', *ZfG* 4 (1901), 49-58.

———. *Der Talsperrenbau* (Berlin, 1911).

Zigler, Emil, 'Unsere Wasserkrafte und ihre Verwendung', *ZbWW* 6, 20 Jan. 1911, 33-5, 51-3.

Zinssmeister, Jakob, 'Industrie, Verkehr, Natur und moderne Wasserwirtschaft', *WK*, January 1909, 12-15.

———. 'Die Beziehungen zwischen Talsperren und Wasserabflusss', *WK* 2, 25 Feb. 1909, 45-7.

———. *Im Zeitalter des Lebendigen* (Dresden, 1941).
———. 'Die Schiffbarmachung der Mosel', *NuL* 34 (1959), 54-5.
Sello, Georg, *Der Jadebusen* (Varel, 1903).
Seraphim, Peter-Heinz (ed.), *Polen und seine Wirtschaft* (Königsberg, 1937).
———. *Das Judentum im osteuropäischen Raum* (Essen, 1938).
Sering, Max, *Die innere Kolonisation im östlichen Deutschland* (Leipzig, 1893).
Soergel, Kurt, 'Die Bedeutung der Talsperren in Deutschland für die Landwirtschaft', dissertation, Leipzig 1929.
Soldan, W. and C[arl] Heßler, *Die Waldecker Talsperre im Eddertal* (Marburg and Bad Wildungen, 1911).
Späth, Lothar, *Wende in die Zukunft: Die Bundesrepublik auf dem Weg in die Informationsgesellschaft* (Reinbek, 1985).
Splittgerber, A., 'Die Entwicklung der Talsperren und ihre Bedeutung', *WuG* 8, 1 July 1918, 205-12, 253-61.
Stadelmann, Rudolph, *Preussens Könige in ihrer Thätigkeit für die Landescultur,* 3 vols. (Leipzig, 1878-85).
Staden, Berndt von, 'Erinnerungen an die Umsiedlung', *JbbD* 41 (1994), 62-75.
Staritz, Ekkehart, *Die West-Ostbewegung in der deutschen Geschichte* (Breslau, 1935).
Starklof, L[udwig], *Moor-Kanäle und Moor-Kolonien zwischen Hunte und Ems: Vier Briefe* (Oldenburg, 1847).
Steele, Andrew, *The Natural and Agricultural History of Peat-Moss or Turf-Bog* (Edinburgh, 1826).
Steinert, Martin, 'Die geographische Bedeutung der Talsperren', dissertation, Jena 1910.
Storm, Theodor, *Der Schimmelreiter* (Berlin, 1888).
Stove, L., *Die Moorwirtschaft im Freistaate Oldenburg, unter besonderer Berücksichtigung der inneren Kolonisation* (Würzburg, 1921).
Stromberg, Josef, 'Die volkswirtschaftliche Bedeutung der deutschen Talsperren', dissertation, Cologne 1932.
Stumpfe, E., *Die Besiedelung der deutschen Moore mit besonderer Berücksichtigung der Hochmoor- und Fehnkolonisation* (Leipzig and Berlin, 1903).
Sympher, Leo, 'Der Talsperrenbau in Deutschland', *ZdB* 27 (1907), 159-61, 167-71, 175-8
'Talsperrenbauten in Böhmen', *Die Talsperre* (1911), 125-6.
Teschner, Clara, 'Landschaftsgestaltung in den Ostgebieten', *Odal* 11 (1942), 567-7.0
Thalsperren am Harz', *GI,* 31 May 1902, 167-8.
Thielsch, K., 'Baukosten von Wasserkraftanlagen', *ZfgdT,* 20 Aug. 1908, 357-62.
Thienemann, A[ugust], 'Hydrobiologische und fischereiliche Untersuchungen an den westfälischen Talsperren', *LJbb* 41 (1911), 535-716.
Thiesing, Professor, 'Chemische und physikalische Untersuchungen an Talsperren, insbesondere der Eschbachtalsperre bei Remscheid', *Mitteilungen aus der Königlichen Prüfungsanstalt für Wasserversorgung und Abwässerbeseitigung zu Berlin* 15 (1911), 42-3, 140-1.
Thomas, Louis, *Das Buch wunderbarer Erfindungen* (Leipzig, 1860).
Tietze, Walter, 'Die Oderschiffahrt: Studien zu ihrer Geschichte und zu ihrer wirtschaftlichen Bedeutung', dissertation, Breslau 1906.
Timm, Gerhard, 'Die offizielle Ökologiedebatte in der DDR', in Redaktion.Deutschland Archiv, *Umweltprobleme in der DDR* (Cologne, 1985).
Treitschke, Heinrich von, *Origins of Prussianism (The Teutonic Knights)* [1862], transl. Eden and Cedar Paul (New York, 1969).
———. *Deutsche Geschichte im 19. Jahrhundert, Erster Teil* [1879] (Königstein/Ts, 1981).
Tulla, J[ohann] G[ottfried], *Die Grundsätze, nach welchen die Rheinbauarbeiten künftig zu führen seyn möchten: Denkschrift vom 1.3.1812* (Karlsruhe, 1812).
———. *Denkschrift: Die Rectification des Rheines* (Karlsruhe, 1822).
———. *Über die Rectification des Rheines, von seinem*
Austritt aus der Schweiz bis zu seinem Eintritt in das Großherzogtum Hessen (Karlsruhe, 1825).
Turner, Frederick Jackson, 'The Significance of the Frontier in American History' [1893], in *The Frontier in American History* (Tucson, 1986), 1-38.
'Über die Bedeutung und die Wertung der Wasserkrafte in Verbindung mit elektrischer Kraftübertragung', *ZGW* (1907),

P[owidaj], L[udwik], 'Polacy i Indianie', I, *Dzennik Literacki* 53, 9 Dec. 1864
Präg, Werner and Wolfgang Jacobmeyer (eds.), *Das Diensttagebuch des deutschen Generalgouverneurs in Rolen 1939–1945* (Stuttgart, 1975).
'Prinzip Archimedes', *Der Spiegel*, 14/1986, 77-9.
Quin, Michael J., *Steam Voyages on the Seine, the Moselle & the Rhine*, 2 vols. (London, 1843).
Raabe, Wilhelm, *Pfisters Mühle* (1884).
——. *Stopfkuchen*, transl. Barker Fairley as 'Tubby Schaumann': Wilhelm Raabe, *Novels*, ed. Volkmar Sander (New York, 1983), 155-311.
Rappaport, Philipp A., 'Talsperren im Landschaftsbilde und die architektonische Behandlung von Talsperren', *WuG* 5, 1 Nov. 1914, 15-18.
Rauter-Wilberg, Paula, 'Die Kücheneinrichtung', in *Neue Dorflandschaften*, 133-6.
Rehmann, Dr., 'Kleine Beiträge zur Charakteristik Brenkenhoffs', *SVGN* 22(1908), 101-31.
Reifenrath, Joachim, 'Verlassenes Dorf', *Land unserer Liebe: Ostdeutsche Gedichte* (Düsseldorf, 1953), 7.
Richau, Joachim and Wolfgang Kil, *Land ohne Übergang: Deutschlands neue Grenze* (Berlin, 1992).
Riehl, Wilhelm Heinrich, *The Natural History of the German People*, transl. David Diephouse (Lewiston, NY, 1990).
Ritter, Carl, 'The External Features of the Earth in Their Influence on the Course of History' [1850], *Geographical Studies by the Late Professor Carl Ritter of Berlin*, transl. William Leonard Gage (Cincinnati and New York, 1861).
Roloff, Regierungsrat, 'Der Talsperrenbau in Deutschland und Preussen', *ZfB* 59 (1910), 555-72.
Rössler, Mechtild and Sabine Schleiermacher (eds.), *Der 'Generalplan Ost'* (Berlin, 1993).
Rudorff, Ernst, 'Ueber das Verhältniss des modernen Lebens zur Natur', *PJbb* 45 (1880), 261-76.
Russwurm, 'Talsperren und Landschaftsbild', *Der Harz* 34 (1927), 50.
Schauroth, Udo von, 'Raumordnungsskizzen und Ländliche Planung', *NB* 33 (1941), 123-8.
Schepers, Hansjulius, 'Pripet-Polesien: Land und Leute', *ZfGeo* 19 (1942), 278-87.
Schick, Ernst, *Ausführliche Beschreibung merkwürdiger Bauwerke, Denkmale, Brücken, Anlagen, Wasserbauten, Kunstwerke, Maschinen, Instrumente, Erfindungen und Unternehmungen der neueren und neuesten Zeit, zur belehrenden Unterhaltung für die reifere Jugend bearbeitet* (Leipzig, 1838).
Schlögel, Karl, 'Strom zwischen den Welten. Stille der Natur nach den Katastrophen der Geschichte: Die Oder, eine Enzyklopädie Mitteleuropas', *PAZ*, 13 Nov. 1999 ('Bilder und Zeiten').
Schlüter, Otto, *Wald, Sumpf und Siedelungsland in Altpreussen vor der Ordenszeit* (Halle, 1921).
Schmidt, Albert, 'Die Erhöhung der Talsperrenmauer in Lennep', *ZfB* (1907), 227-32.
Schoenichen, Walter, *Zauber der Wildnis in deutscher Heimat* (Neudamm, 1935).
Schönhoff, Hermann, 'Die Möhnetalsperre bei Soest', *Die Gartenlaube* (1913), 684-6.
Schöningh, E., *Das Bourtanger Moor: Seine Besiedlung und wirtschaftliche Erschliessung* (Berlin, 1914).
Schroder, Arno, *Mit der Partei vorwärts! Zehn Jahre Gau Westfalen-Nord* (Detmold, 1940).
Schultze-Naumburg, Paul, Ästhetische und allgemeine kulturelle Grundsätze bei der Anlage von Talsperren', *Der Harz* 13 (1906), 353-60.
——. 'Kraftanlagen und Talsperren', *Der Kunstwart* 19 (1906), 130.
Schütte, Heinrich, *Sinkendes Land an der Nordsee?* (Oehringen, 1939).
Schwanhäuser, Catharine, *Aus der Chronik Wilhelmshavens* [1926] (Wilhelmshaven, 1974).
Schwarz, Paul, 'Brenkenhoffs Berichte über seine Tätigkeit in der Neumark', *SVGN* 20 (1907), 37-101.
Schwenkel, Hans, 'Landschaftspflege und Landwirtschaft: Gefahren der zerstörten Landschaft, Aufgaben der Zukunft', *FD* 15 (1943), 118-37.
Schwenkel, Hans, 'Landschaftspflege und Landwirtschaft', *NB* 35 (1943), 7-1.8
Seifert, Alwin, 'Die Versteppung Deutschlands', in *Die Versteppung Deutschlands? Kulturwasserbau und Heimatschutz* (Berlin and Leipzig, n.d. [1938]), 4-10.
——. 'Die Zukunft der ostdeutschen Landschaft', *BSW* 20 (1940), 312-16.

———. 'Meine Salzburger Ahnen', *Ostland* (Jena, 1940), reprinted in *Es war ein Land: Gedichte und Geschichten aus Ostpreussen* (Cologne, 1983).
———. 'Zum Gedächtnis', *Du aber bleibst in mir: Flüchtlingsgedichte* (1949).
———. *Die Meinen: Erinnerungen* (Düsseldorf and Cologne, 1951).
———. 'Es war ein Land' [1952], *Es war ein Land: Gedichte und Geschichten aus Ostpreussen* (Cologne, 1983).
———. Truso' [1958], *Es war ein Land: Gedichte und Geschichten aus Ostpreussen* (Cologne, 1983).
Miller, Oskar von, 'Die Ausnutzung der deutschen Wasserkräfte', *ZfA*, August 1908, 401-5.
Ministerium für Umwelt, Baden-Württemberg, *Hochwasserschutz und Ökologie: Ein 'integriertes Rheinprogramm' schützt vor Hochwasser und erhält naturnahe Flussauen* (Stuttgart, 1988).
Mitteilungen der deutschen Volksräte Polens und Westpreussens, 14 Mar. 1919.
Monologe im Führer-Hauptquartier 1941-1944: Die Aufzeichnungen Heinrich Heims, ed. Werner Jochmann (Hamburg, 1980).
Morgen, Herbert, 'Ehemals russisch-polnische Kreise des Reichsgaues Wartheland: Aus einem Reisebericht', *NB* 32 (1940), 320-6.
———. 'Forstwirtschaft und Forstpolitik im neuen Osten', *NB* 33 (1941), 103-7.
Mügge, W, 'Über die Gestaltung von Talsperren und Talsperrenlandschaften', *DW* 37 (1942), 404-18.
Mühlenbein, C, 'Fische und Vögel der bergischen Talsperren', *BeH* 4, August 1930, 326-7.
Mühlens, Dr P., 'Bericht liber die Malariaepidemie des Jahres 1907 in Bant, Heppens, Neuende und Wilhelmshaven sowie in der weiteren Umgegend', *KJb* 19 (1907), 39-78.
Müller, Dr, 'Aus der Kolonisationszeit des Netzebruchs', *SVGN* 39 (1921), 1-13.
Müller, Wilhelm, 'Wasserkraft-Anlagen in Kalifornien', *Die Turbine* (1908), 32–5.
Nankivell, Joice M. and Sydney Loch, *The River of a Hundred Ways* (London, 1924).
Naumann, Arno, 'Talsperren und Naturschutz', *BzN* 14 (1930), 77-85.
Neue Dorflandschaften: Gedanken und Plane zum ländlichen Aufbau in den neuen Ostgebieten und im Altreich. Herausgegeben vom Stabshauptamt des Reichskommissars für die Festigung deutschen Volkstums, Planungsamt sowie vom Planungsbeauftragten für die Siedlung und ländliche Neuordnung (Berlin, 1943).
Neuhaus, Erich, *Die Fridericianische Colonisation im Netze- und Warthebruch* (Landsberg, 1905)
Niemann, Harry (ed.), *Ludwig Starklof 1789-1850: Erinnerungen, Theater, Erlebnisse, Reisen* (Oldenburg, 1986).
Nietzsche, Friedrich, *On the Genealogy of Morals* (1887).
Noeldeschen, Friedrich Wilhelm, *Oekonomische und staatswissenschaftliche Briefe über das Niederoderbruch und den Abbau oder die Verteilung der Königlichen Ämter und Vorwerke im hohen Oderbruch* (Berlin, 1800).
Nußbaum, H. Chr., 'Zur Frage der Wirtschaftlichkeit der Anlage von Stau-Seen', *ZfBi* (1906), 463.
Nußbaum, H. Chr., 'Die Wassergewinnung durch Talsperren', *ZGW* (1907), 67-70.
Oberländer, Richard, *Berühmte Reisende: Geographen und Länderentdecker im 19. Jahrhundert* (Leipzig, 1892).
Oberländer, Theodor, *Die agrarische Überbevölkerung Polens* (Berlin, 1935).
Ott, Josef and Erwin Marquardt, *Die Wasserversorgung der kgl. Stadt Brüx in Böhmen mit bes. Berücks. der in den]ahren 1911 bis 1914 erbauten Talsperre* (Vienna, 1918).
Otto, Frank [pseud. for Otto Spamer], *'Hilf Dir Selbst!' Lebensbilder durch Selbsthülfe und Thatkraft emporgekommener Männer: Gelehrte und Forscher, Erfinder, Techniker, Werkleute. Der Jugend und dent Volke in Verbindung mit Gleichgesinnten zur Aneiferung vorgefubrt* (Leipzig, 1881).
Paul, Gustav, *Grundzüge der Rassen- und Raumgeschichte des deutschen Volkes*(Munich, 1935).
Paul, Wolfgang, 'Flüchtlinge', *Land unserer Liebe: Ostdeutsche Gedichte* (Düsseldorf, 1953), 17.
Pauli, Jean, 'Talsperrenromantik', *BeH* 4, August 1930, 331-2.
Paxmann, 'Bruch der Talsperre bei Black River Falls in Wisconsin', *ZdB*, 25 May 1912, 274-5.
Pflug, Hans, *Deutsche Flüsse – Deutsche Lebensadern* (Berlin, 1939).
Poschinger, Heinrich von (ed.), *Unter Friedrich Wilhelm IV: Denkwürdigkeiten des Ministerpräsidenten Otto Freiherr von Manteuffel, Zweiter Band: 1851-1854* (Berlin, 1901).

———. *If Not Now, When?* (Harmondsworth, 1986).
———. *Moments of Reprieve: A Memoir of Auschwitz* (New York, 1987).
Lieckfeldt, 'Die Lebensdauer der Talsperren', *ZdB,* 28 Mar. 1906, 167-8.
Lindner, Werner, *Ingenieurwerk und Naturschutz* (Berlin, 1926).
Link, E[rnst], 'Die Zerstörung der Austintalsperre in Pennsylvanien (Nordamerika) II', *ZdB,* 20 Jan. 1912, 36-9.
———. 'Talsperren des Ruhrgebiets', *ZDWW,* June 1922, 99-102.
———. 'Ruhrtalsperrenverein, Möhne- und Sorpetalsperre', *MLWBL* (1927), 1-11.
———. 'Die Sorpetalsperre und die untere Versetalsperre im Ruhrgebiet als Beispiele hoher Erdstaudämme in neuzeitlicher Bauweise', *DeW,* 1 Mar. 1932, 41-5 , 71-2.
———. 'Die Bedeutung der Talsperrenbauten für die Wasserwirtschaft des Ruhrgebiets', *Zement* 25 (1936), 67-71.
Loacker, Albert, 'Die Ausnutzung der Wasserkräfte', *Die Turbine* 6 (1910), 230-8.
Lorenzen, Ingrid, *An der Weichsel zu Haus* (Berlin, 1999).
M., 'Landschaftsgestaltung im Osten', *NB* 36 (1944), 201-11.
Machiavelli, Niccolo, *The Prince,* ed. Harvey C. Mansfield (Chicago, 1985).
Machui, Artur von, 'Die Landgestaltung als Element der Volkspolitik', *DA* 42 (1942), 287-305.
Mackensen, Lutz (ed.), *Deutsche Heimat ohne Deutsche: Ein ostdeutsches Heimatbuch* (Braunschweig, 1951).
Mäding, Erhard, 'Kulturlandschaft und Verwaltung', *Reichsverwaltungsblatt* (1939), 432–5.
———. *Landschaftspflege: Die Gestaltung der Landschaft als Hoheitsrecht und Hoheitspflicht* (Berlin, 1942).
———. 'Die Gestaltung der Landschaft als Hoheitsrecht und Hoheitspflicht', *NB* 35 (1943), 22-4.
———. *Regeln für die Gestaltung der Landschaft: Einführung in die Allgemeine Anordnung Nr. 20/VI/42 des Reichsführers SS, Reichskommissars fur die Festigung deutschen Volkstums* (Berlin, 1943).
Maire, Siegfried, 'Beiträge zur Besiedlungsgeschichte des Oderbruchs', *AdB* (1911), 21-160.
Marsh, George Perkins, *Man and Nature,* ed. David Lowenthal (Cambridge, Mass., 1965).
Mathy, Karl, 'Eisenbahnen und Canäle, Dampfboote und Dampfwagentransport', in C. Rotteck and C. Welcker (eds.), *Staats-Lexikon,* vol. 4 (Altona,1846), 228-89.
Mattern, Ernst, *Der Thalsperrenbau und die deutsche Wasserwirtschaft* (Berlin, 1902).
———. 'Ein französisches Urteil über deutsche Bauweise von Staudämmen und Sperrmauern', *ZdB,* 24 Jun. 1905, 319-20.
———. 'Die Zerstörung der Austintalsperre in Pennsylvanien (Nordamerika) I', *ZdB,* 13 Jan. 1912, 25-7.
———. *Die Ausnutzung der Wasserkräfte* (Leipzig, 1921).
———. 'Stand der Entwicklung des Talsperrenwesens in Deutschland', *WuG* 19, 1 May 1929, 858-66.
Meinhold, Helmut, 'Das Generalgouvernement als Transitland: Ein Beitrag zur Kenntnis der Standortslage des Generalgouvernements', *Die Burg* 2 (1941), Heft 4, 24-44.
Meisner, A., 'Die Flussregulierungsaktion und die Talsperrenfrage', *RTW,* 6. Nov. 1909, 405-8.
Merian, Matthäus, *Topographia Electorat Brandenburgici et Ducatus Pomeraniae, das ist, Beschreibung der Vornembsten und bekantisten Stätte und Plätze in dem hochlöblichsten Churfürstenthum und March Brandenburg,* facsimile of 1652 edn. (Kassel and Basel, 1965).
Meyer, Aug[ust], 'Die Bedeutung der Talsperren für die Wasserversorgung in Deutschland', *WuG* 13, 1 Dec. 1932, 121-5.
Meyer, Konrad, 'Planung und Ostaufbau', *RuR* 5 (1941), 392-7.
———. 'Der Osten als Aufgabe und Verpflichtung des Germanentums', *NB* 34 (1942), 205-8.
———. 'Zur Einführung', *Neue Dorflandschaften,* 7. Berlin, 1943.
Micksch, Karl, 'Energie und Wärme ohne Kohle', *Die Gartenlaube* 68 (1920), 81-3.
Middelhoff, Hans, *Die volkswirtschaftliche Bedeutung der Aggertalsperrenanlagen* (Gummersbach, 1929).
Miegel, Agnes, 'Die Fähre', *Gedichte und Spiele* (Jena, 1920).
———. 'Abschied vom Kinderland', *Aus der Heimat: Gesammelte Werke,* vol. 5 (Düsseldorf and Cologne, 1954), 126-31.
———. 'Gruss der Türme', *Unter hellem Himmel* (1936), reprinted in *Aus der Heimat,* 118-25.
———. 'Kriegergräber', *Ostland* (Jena, 1940).

Kaplick, Otto, *Das Warthebruch: Line deutsche Kulturlandschaft im Osten* (Würzburg, 1956).

Kapp, Ernst, *Vergleichende allgemeine Erdkunde* (Braunschweig, 1868).

———. *Grundlinien einer Philosophie der Technik* (Braunschweig, 1877).

Karmarsch, Karl, *Geschichte der Technologie seit der Mitte des 18. Jahrhunderts* (Munich, 1872).

Kelen, Nikolaus, *Talsperren* (Berlin and Leipzig, 1931).

Keller, Hermann, 'Natürliche und künstliche Wasserstrassen', *Die Woche* (1904), vol. 2, no. 20, 873-5.

Keyser, Erich, *Westpreussen und das deutsche Volk* (Danzig, 1919).

———. 'Die deutsche Bevölkerung des Ordenslandes Preussen', in Volz (ed.), *Der ostdeutsche Volksboden*. Breslau, 1926.

Kirschner, O., 'Zerstörung und Schutz von Talsperren und Dämmen', *SB* 67, 24 May 1949, 277-81, 300-3.

Kissling, Johannes Baptist, *Geschichte des Kulturkampfes im Deutschen Reiche,* 3 vols. (Freiburg, 1911-16).

Klössel, M. Hans, 'Die Errichtung von Talsperren in Sachsen', *PVbl* (1904), 120-1.

Kobbe, Ursula, *Der Kampf mit dem Stausee* (Berlin, 1943).

Kobell, Franz von, *Wildanger* [1854] (Munich, 1936).

Köbl, J., 'Die Wirkungen der Talsperren auf das Hochwasser', *ANW* 38 (1904), 507-10.

Koch, L., 'Im Zeichen des Wassermangels', *Die Turbine* (1909), 491-4.

Koch, P., 50 *Jahre Wilhelmshaven: Ein Rückblick auf die Werdezeit* [1919] (Berlin, n.d.).

Koehn, Theodor, 'Der Ausbau der Wasserkrafte in Deutschland', *ZfdgT* (1908), 462-5, 476-80, 491-6.

———. 'Über einige grosse europäische Wasserkraftanlagen und ihre wirtschaftliche Bedeutung', *Die Turbine* (1909), 110-19,153-6, 168-76, 190-6.

Kohl, H. (ed.), *Briefe Ottos von Bismarck an Schwester und Schwager* (Leipzig, 1915).

Kollbach, Karl, 'Die Urft-Talsperre', *ÜLM* 92 (1913), 694-5.

Korn, A., 'Die "Weisse Kohle"', *TM* 9 (1909), 744-6.

Kossinna, Gustav, *Die Herkunft der Germanen* (Würzburg, 1911).

Kötzschke, Rudolf, 'Über den Ursprung und die geschichtliche Bedeutung der ostdeutschen Siedlung', in Volz (ed.), *Der Ostdeutsche Volksboden*, 7-26.

Krannhals, Hanns von, 'Die Geschichte Ostdeutschlands', in Mackensen (eds.), *Deutsche Heimat ohne Deutsche,* 38-64.

Kretz, 'Zur Frage der Ausnutzung des Wassers des Oberrheins', *ZfBi* 13 (1906), 361-8.

Kreuter, Franz, 'Die wissenschaftlichen Bestrebungen auf dem Gebiet des Wasserbaues und ihre Erfolge', *Beiträge zur Allgemeinen Zeitung* 1 (1908), 1-20.

Kreutz, W., 'Methoden der Klimasteuerung: Praktische Wege in Deutschland und der Ukraine', *FD* 15 (1943), 256-81.

Kreuzkam, Dr, 'Zur Verwertung der Wasserkräfte', *VW* (1908), 919-22, 950-2.

Krohn, Louise von, *Vierzig Jahre in einem deutschen Kriegshafen Heppens-Wilhelmshaven: Erinnerungen* (Rostock, 1911).

Kruedener, Arthur Freiherr von, 'Landschaft und Menschen des osteuropäischen Gesamtraumes', *ZfGeo* 19 (1942), 366-74.

Krüger, W., 'Die Baugeschichte der Hafenanlagen', *JbHG* 4 (1922), 97-105.

Kullrich, 'Der Wettbewerb für die architektonische Ausbildung der Möhnetalsperre', *ZbB* 28, 1 Feb. 1908, 61-5.

Künkel, Hans, *Auf den kargen Hügeln der Neumark: Zur Geschichte eines Schäfer- und Bauerngeschlechts im Warthebruch* (Würzburg, 1962).

Küppers, Wilhelm, 'Die grösste Talsperre Europas bei Gemünd (Eifel)', *Die Turbine* 2 (1905), 61-4, 96-8.

Kurs, Victor, 'Die künstlichen Wasserstrassen im Deutschen Reiche', *GZ* (1898), 611-12.

Lampe, Felix, *Grosse Geographen* (Leipzig and Berlin, 1915).

'Landwirtschaft und Talsperren', *Volkswohl* 19 (1905), 88-9.

Lauterborn, Robert, 'Beiträge zur Fauna und Flora des Oberrheins und seiner Umgebung', *Pollichia* 19 (1903), 42-130.

Leclerc, Georges-Louis, Comte de Buffon, *Histoire Naturelle,* 44 vols. (Paris,1749-1804), vol. 12.

Letters of Euler on Different Subjects in Physics and Philosophy Addressed to a German Princess, transl. from the French by Henry Hunter, 2 vols. (London, 1802).

Levi, Primo, *If This is a Man; The Truce* (Harmondsworth, 1979).

Günther, Hans, *Rassenkunde des deutschen Volkes* (Munich, 1922).

Günther, Werner, 'Der Ausbau der oberen Saale durch Talsperren', dissertation, Jena 1930.

Gutting, Willi, *Die Aalfischer: Roman vom Oberrhein* (Bayreuth, 1943).

———. *Glückliches Ufer* (Bayreuth, 1943).

Halbfaß, W[ilhelm], 'Die Projekte von Wasserkraftanlagen am Walchensee und Kochelsee in Oberbayern', *Globus* 88 (1905), 33-4.

Halfeld, Adolf, *Amerika und der Amerikanismus* (Jena, 1927).

Hamm, F., *Naturkundliche chronik Nordwestdeutschlands* (Hanover, 1976).

Hampe, Karl, *Der Zug nach dem Osten: Die kolonisatorische Grosstat des deutschen Volkes im Mittelalter* (Leipzig and Berlin, 1935; first edn. 1921).

Heidegger, Martin, *The Question Concerning Technology and Other Essays*[1954] (New York, 1977).

Helmholtz, Hermann von, *Science and Culture: Popular and Philosophical Essays*, ed. David Cahan (Chicago, 1995).

Hennig, Richard, 'Deutschlands Wasserkräfte und ihre technische Auswertung', *Die Turbine* (1909), 208-11, 230-4.

Hennig, Richard, 'Aufgaben der Wasserwirtschaft in Südwestafrika', *Die Turbine*(1909), 331-3.

Hennig, Richard, 'Die grossen Wasserfälle der Erde in ihrer Beziehung zur Industrie und zum Naturschutz', *ÜLM* 53 (1910-n), 872-3.

———. *Buch berühmter Ingenieure: Grosse Männer der Technik, ihr Lebensgang und ihr Lebenswerk. Für die reifere Jugend und für Erwachsene geschildert* (Leipzig, 1911).

———. 'Otto Intze, der Talsperren-Erbauer (1843-1904)', in Hennig, *Buch berühmter Ingenieure*, 104-21.

Herzog, S., 'Ausnutzung der Wasserkrafte für den elektrischen Vollbahnbetrieb', *UTW* (1909), 19-20, 23-4.

Hesse-Wartegg, Ernst von, 'Der Niagara in Fesseln', *Die Gartenlaube* (1905), 34-8.

Hill, Lucy A., *Rhine Roamings* (Boston, 1880).

Hinrichs, August, 'Land und Leute in Oldenburg', in *August Hinrichs über Oldenburg*, ed. Gerhard Preuß (Oldenburg, 1986).

———. 'Zwischen Marsch, Moor und Geest', in *August Hinrichs über Oldenburg*, ed. Gerhard Preuß (Oldenburg, 1986).

Hitler, Adolf, *Mein Kampf* (Munich, 1943 edn.).

Hoerner, Herbert von, 'Erinnerung', *Land unserer Liebe: Ostdeutsche Gedichte* (Düsseldorf, 1953), 35.

Honsell, Max, *Die Korrektion des Oberrheins von der Schweizer Grenze unterhalb Basel bis zur Grossh. Hessischen Grenze unterhalb Mannheim* (Karlsruhe, 1885).

Hugenberg, Alfred, *Innere Colonisation im Nordwesten Deutschlands* (Strasbourg, 1891).

Hugo, Victor, *The Rhine* (New York, 1845).

Hummel, Bernhard, 'Nach uns die Sintflut', *Jungle World* 32, 5 Aug. 1998.

Hurd, Archibald and Henry Castle, *German Sea-Power* (London, 1913).

Internationale Kommission zum Schutze des Rheins gegen Verunreinigung, *Ökologisches Gesamtkonzept für den Rhein: 'Lachs 2000'* (Koblenz, 1991).

Intze, Otto, *Zweck und Bau sogenannter Thalsperren* (Aachen, 1875).

———. *Thalsperren im Gebiet der Wupper: Vortrag des Prof. Intze ... am18. Oktober 1889* (Barmen, 1889).

———. *Bericht über die Wasserverhältnisse der Gebirgsflüsse Schlesiens und deren Verbesserung zur Ausnutzung der Wasserkräfte und zur Verminderung der Hochfluthschäden* (Berlin, 1898).

———. *Talsperrenanlagen in Rheinland und Westfalen, Schlesien und Böhmen. Weltausstellung St. Louis 1904: Sammelausstellung des Königlich Preussischen Ministeriums der Öffentlichen Arbeiten. Wasserbau* (Berlin, 1904).

———. 'Die geschichtliche Entwicklung, die Zwecke und der Bau der Talsperren' [lecture of 3 Feb. 1904], *ZVDI* 50, 5 May 1906, 673-87.

Jacquinot, 'Über Talsperrenbauten', *ZdB*, 29 Sep. 1906, 503-5.

Jaeckel, Otto, *Gefahren der Entwässerung unseres Landes* (Greifswald, 1922).

Kaminski, A.J., *Nationalsozialistische Besatzungspolitik in Polen und der Tschechoslovakei 1939-1945: Dokumente* (Bremen, 1975).

Kann, Friedrich, 'Die Neuordnung des deutschen Dorfes', in *Neue Dorflandschaften*, 97-102.

Fraas, Karl, *Klima und Pflanzenwelt in der Zeit: Ein Beitrag zur Geschichte* (Landshut, 1847).
Frank, Herbert, 'Das natürliche Fundament', in *Neue Dorflandschaften*, 9-23.
———. 'Dörfliche Planung im Osten', *Neue Dorflandschaften*, 44–5.
Freud, Sigmund, 'Thoughts for the Times on War and Death', *The Penguin Freud Library*, vol. 12 (Harmondsworth, 1991), 57-89.
Freudenberger, Hermann-Heinrich, 'Probleme der agrarischen Neuordnung Europas', *FD* 5 (1943), 166-7.
Freytag, E., 'Der Ausbau unserer Wasserwirtschaft und die Bewertung der Wasserkräfte', *TuW* (1908), 398-401.
Freytag, Gustav, *Soll und Haben* (Berlin, 1855).
Freytag, Kurt, *Raum deutscher Zukunft: Grenzland im Osten* (Dresden, 1933).
Froese, Udo, *Das Kolonisationswerk Friedrich des Grossen* (Heidelberg, 1938).
Fuchs, R., *Dr. ing. Max Honsell* (Karlsruhe, 1912).
50 Jahre nach der Flucht und Vertreibung: Erinnerung – Wandel – Ausblick. 19. Bundestreffen, Landsmannschaft Weichsel-Warthe, 10./11. Juni 1995 (Wiesbaden, 1995).
Gause, Fritz, 'The Contribution of Eastern Germany to the History of German and European Thought and Culture', in *Eastern Germany: A Handbook*, vol. 2, *History*, 429-47. Würzburg, 1963.
Göttingen Research Committee, vol. 2: *History* (Würzburg, 1963), 429-47.
Gehrmann, Karlheinz, 'Vom Geist des deutschen Ostens', in Mackensen (ed.), *Deutsche Heimat ohne Deutsche*. Braunschweig, 1951.
Garvens, Eugenie von, 'Land dem Meere abgerungen', *Die Gartenlaube* (1935), 397-8.
Gerstäcker, Friedrich, *Die Flusspiraten des Mississippi* (Jena, 1848).
———. *Nach Amerika!* (Jena, 1855).
'Geschichte des Vertrages vom 20.7.1853 über die Anlegung eines Kriegshafens an der Jade: Aus den Aufzeichnungen des verstorbenen Geheimen Rats Erdmann', *OJ* 9 (1900), 35-9.
Gilly, David, *Grundriss zu den Vorlesungen über des Praktische bei verschiedenen Gegenständen der Wasserbaukunst* (Berlin, 1795).
Gilly, David, *Fortsetzung der Darstellung des Land- und Wasserbaus in Pommern, Preussen und einem Teil der* New- *und Kurmark* (Berlin, 1797).
Gilly, David and Johann Albert Eytelwein (eds.), *Praktische Anweisung zur Wasserbaukunst* (Berlin, 1805).
Glade, Heinz, *Zwischen Rebenhängen und Haff: Reiseskizzen aus dem Odergebiet* (Leipzig, 1976).
Glass, Robert, 'Die Versiedlung der Moore und anderer Ödländereien', *HHO* 2 (1913), 335-55.
Goethe, Johann Wolfgang von, *The Sorrows of Young Werther* (New York, 1990).
———. *Faust*, Part 2 [1831], Penguin edition (Harmondsworth, 1959).
Gothein, Georg, 'Die Kanalvorlage und der Osten', *Die Nation* 16 (1898-9), 368-71.
———. 'Hochwasserverhütung und Förderung der Flussschiffahrt durch Thalsperren', *Die Nation* 16 (1898-9), 536-9.
Graf, Heinrich, 'Über die Verwertung von Talsperren für die Wasserversorgung vom Standpunkte der öffentlichen Gesundheitspflege', *ZHI* 62 (1909), 461-90.
Grass, Günter, *Über das Selbstverständliche: Folitische Schriften* (Munich, 1969).
———. *Ein weites Feld* (Göttingen, 1995), transl. as *Too Far Afield* (San Diego, New York and London, 2000).
———. *Im Krebsgang* (Göttingen, 2002).
Grassberger, R., 'Erfahrungen über Talsperrenwasser in Österreich', *Bericht über den XIV. Internationalen Kongress für Hygiene und Demographie, Berlin 1907*, vol. 3 (Berlin, 1908), 230-40.
Grautoff, Ferdinand, 'Ein Kanal, der sich selber bauen sollte', *Die Gartenlaube* (1925), No. 26, 520-1.
Grebe, Wilhelm, 'Zur Gestaltung neuer Höfe und Dörfer im deutschen Osten', *NB* 32 (1940), 57-66.
Greifelt, Ulrich, 'Die Festigung deutschen Volkstums im Osten', in Hans-Joachim Schacht (ed.), *Bauhandbuch für den Aufbau im Osten* (Berlin, 1943), 9-13.
Gundt, Rudolf, 'Das Schicksal des oberen Saaletals', *Die Gartenlaube* (1926), no. 11, 214-15.
Günther, Hanns, *Pioniere der Technik: Acht Lebensbilder grosser Manner der Tat* (Zurich, 1920).

'Die deutsche Kriegsflotte', *Die Gegenwart*, vol. 1 (Leipzig, 1848), 439-72.

Die Ennepetalsperre und die mit ihr verbundenen Anlagen des Kreises Schwelm (Schwelm, 1905).

Die Marktgemeinde Frain und die Frainer Talsperre: Fine Stellungnahme zu den verschiedenen Mängeln des Talsperrenbaues (Frain, 1935).

Die Melioration der der Ueberschwemmung ausgesetzten Theile des Nieder- und Mittel-Oderbruchs (Berlin, 1847).

Die Polnische Schmach: Was würde der Verlust der Ostprovinzen für das deutsche Volk bedeuten? Fin Mahnwort an alle Deutschen, hsg. vom Reichsverband Ostschutz (Berlin, 1919).

'Die Thalsperren im Sengbach-, Ennepe- und Urft-Thal', *Prometheus* 744 (1904), 249–53.

'Die Wasser- und Wetterkatastrophen dieses Hochsommers', *Die Gartenlaube* (1897), 571–2.

'Die Wasserkräfte des Riesengebirges', *Die Gartenlaube* (1897), 239-40.

Döblin, Alfred, *Reise in Polen* [1926] (Olten and Freiburg, 1968).

Dominik, Hans, *Im Wunderland der Technik: Meisterstücke und neue Errungenschaften, die unsere Jugend kennen sollte* (Berlin, 1922).

———. 'Riesenschleusen im Mittellandkanal', *Die Gartenlaube* (1927),10.

Dönhoff, Marion Gräfin, *Namen, die keiner mehr nennt* (Düsseldorf and Cologne, 1962).

———. *Kindheit in Ostpreussen* (Berlin, 1988).

Doubek, Franz A., 'Die Böden des Ostraumes in ihrer landbaulichen Bedeutung', *NB* 34 (1942), 145-50.

Ehlers, 'Bruch der Austintalsperre und Grundsätze für die Erbauung von Talsperren', *Zdb*, 8 May 1912, 238-40.

Ehnert, Regierungsbaurat, 'Gestaltungsaufgaben im Talsperrenbau', *Der Bauingenieur* 10 (1929), 651-6.

Eichel, Eugen, 'Ausnutzung der Wasserkräfte', *EKB* 8 (1910), 24 Jan. 1910, 62-4.

Eigen, P., 'Die Insektenfauna der bergischen Talsperren', *BeH* 4, August 1930, 327-31.

'Eine Dammbruchkatastrophe in Amerika', *Die Gartenlaube* (1911), 1028.

'Einiges liber Talsperren, insbesondere über die Edertalsperre', *ZfBi* (1904), 270-1.

Ellenberg, Heinz, 'Deutsche Bauernhaus-Landschaften als Ausdruck von Natur, Wirtschaft und Volkstum', *GZ* 47 (1941), 72-87.

Engels, Friedrich, 'Siegfrieds Heimat' [1840], in Schneider (ed.), *Deutsche Landschaften*, 335-9.

———. 'Landschaften' [1840], in Schneider (ed.), *Deutsche Landschaften, 476-83.*

Enss, Helmut, *Marienau: Ein Werderdorf zwischen Weichsel und Nogat* (Lübeck, 1998).

Enzberg, Eugen von, *Heroen der Nordpolarforschung: Der reiferen deutschen Jugend und einem gebildeten Leserkreise nach den Quellen dargestellt* (Leipzig,1905).

Ernst, Adolf, *Kultur und Technik* (Berlin, 1888).

Ernst, L., 'Die Riesentalsperre im Urftal', *Die Umschau* (1904), 666-9.

Etwas von der Teich-Arbeit, vom nützlichen Gebrauch des Torff-Moores, von Verbesserung der Wege aus bewährter Erfahrung mitgetheilet von Johann Wilhelm Hönert (Bremen, 1772).

Eynern, Ernst von, *Zwanzig Jahre Kanalkämpfe* (Berlin, 1901).

Fechter, Paul, *Zwischen Haff und Weichsel* (Gütersloh, 1954).

———. *Deutscher Osten: Bilder aus West- und Ostpreussen* (Gütersloh, 1955).

Feeg, O., 'Wasserversorgung', *JbN 16* (1901), 334-6.

Fessler, Peter, 'Bayerns staatliche Wasserkraftprojekte', *EPR* 27, 26 Jan. 1910, 31-4.

Festschrift: 75 Jahre Marinewerft Wilhelmshaven (Oldenburg, 1931).

Festschrift zur Weihe der Möhnetalsperre: Ein Rückblick auf die Geschichte des Ruhrtalsperrenvereins und den Talsperrenbau im Ruhrgebiet (Essen, 1913).

Fischer, Karl, 'Die Niederschlags- und Abflussbedingungen für den Talsperrenbau in Deutschland', *ZGEB* (1912), 641-55.

Fischer-Reinau, 'Die wirtschaftliche Ausnützung der Wasserkräfte', *BIG* (1908), 71-7, 92-7, 102-6, 111-12.

Fontane, Theodor, *Wanderungen dutch die Mark Brandenburg [WMB]*, Hanser Verlag edition, 3 vols. (Munich, 1992).

———. *Before the Storm* [1878], ed. R. J. Hollingdale (Oxford, 1985).

Forstreuter, Adalbert, *Der endlose Zug: Die deutsche Kolonisation in ihrem geschichtlichen Ablauf* (Munich, 1939).

Benjamin, Walter, 'The Work of Art in the Age of Mechanical Reproduction', in *Iluminations,* transl. Harry Zohn (London, 1973), 219-53.

Berdrow, W., 'Staudämme und Thalsperren', *Die Umschau* (1898), 255-9.

Bergér, Heinrich, *Friedrich der Grosse als Kolonisator* (Giessen, 1896).

Berghaus, Heinrich Carl, *Landbuch der Mark Brandenburg,* 3 vols. (Brandenburg, 1854-56).

Bergius, Richard, 'Die Pripetsümpfe als Entwässerungsproblem', *ZfGeo* 18 (1941), 667-8.

Bernoulli, Johann [Jean], *Reisen durch Brandenburg, Pommern, Preussen,Curland, Russland und Pohlen in den Jahren 1777 und* 1778, 6 vols. (Leipzig,1779-80).

Biesantz, Dr., 'Das Recht zur Nutzung der Wasserkraft rheinischer Flüsse', *RAZS* 7 (1911)5 48-66.

Biese, Alfred, *The Development of the Feeling for Nature in the Middle Ages and Modern Times* (London, 1905).

Borchardt, Carl, *Die Remscheider Stauweiheranlage sowie Beschreibung von 450 Stauweiheranlagen* (Munich and Leipzig, 1897).

———. *Denkschrift zur Einweihung der Neye-Talsperre bei Wipperfürth* (Remscheid, 1909).

Borkenhagen, Hermann, *Das Oderbruch in Vergangenheit und Gegenwart* (Neu-Barnim, 1905).

Boyd, Louise, 'The Marshes of Pinsk', *GR* 16 (1936), 376-95.

Brecht, Bertolt, *Die Gedichte von Bertolt Brecht in einem Band* (Frankfurt/Main, 1981).

Breitkreutz, Ernst, *Das Oderbruch im Wandel der Zeit* (Remscheid, 1911).

Brusch, G., 'Betonfertigteile im Landbau des Ostens', in Hans-Joachim Schacht. (ed.), *Bauhandbuch für den Aufbau im Osten* (Berlin, 1943), 188-98.

Bubendey, H. F., 'Die Mittel und Ziele des deutschen Wasserbaues am Beginn des 20. Jahrhunderts', *ZVDI* 43 (1899), 499-501.

Buchbender, Ortwin and Reinhold Sterz (eds.), *Das andere Gesicht des Krieges: Deutsche Feldpostbriefe 1939-1945* (Munich, 1982).

Buck, J., 'Landeskultur und Natur', *DLKZ* 2 (1937), 48-54.

Bürgener, Martin, *Pripet-Polessie: Das Bild einer polnischen Ostraum-Landschaft. Petermanns Geographische Mitteilungen, Ergänzungsheft 237* (Gotha, 1939).

Bürgener, Martin, 'Geographische Grundlagen der politischen Neuordnung in den Weichsellandschaften', *RuR* 4 (1940), 344-53.

Candèze, Ernst, *Die Talsperre: Tragisch abenteuerliche Geschichte eines Insektenvölkchens,* transl. from the French (Leipzig, 1901).

Carus, V.A., *Führer durch das Gebiet der Riesentalsperre zwischen Gemünd und Heimbach-Eifel mit nächster Umgebung* (Trier, 1904).

Cassinone, Heinrich and Heinrich Spiess, *Johann Gottfried Tulla, der Begründer der Wasser- und Strassenbauverwaltung in Baden: Sein Leben und Wirken* (Karlsruhe, 1929).

Christaller, Walter, 'Grundgedanken zum Siedlungs- und Verwaltungsaufgaben im Osten', *NB* 32 (1940), 305-12.

Christiani, Walter, *Das Oderbruch: Historische Skizze* (Freienwalde, 1901).

Clapp, Edwin J., *The Navigable Rhine* (Boston, 1911).

Claus, Heinrich, 'Die Wasserkraft in statischer und sozialer Beziehung', *Wasserund Wegebau* (1905), 413-16.

Clausewitz, Carl von, *On War,* ed. Michael Howard and Peter Paret (Princeton, 1976).

Clauß, Ludwig Ferdinand, *Rasse und Seele* (Munich, 1926).

Csallner, Heinz, *Zwischen Weichsel und Warthe: 300 Bilder von Städten und Dörfern aus dem damaligen Warthegau und Provinz Rosen vor 1945* (Friedberg, 1989).

Czehak, Viktor, 'Über den Bau der Friedrichswalder Talsperre', *Z6IAV* 49, 6 Dec. 1907, 853-9.

Dagerman, Stig, *German Autumn* (London, 1988).

Deichmann, Thomas, 'Trittin greift nach der Grünen Gentechnik', *Die Welt,* 9 Oct. 2002.

Descartes, Rene, *Discourse on Method and Related Writings,* transl. Desmond M. Clarke (Harmondsworth, 1999).

Detto, Albert, 'Die Besiedlung des Oderbruches durch Friedrich den Grossen', *FBPG* 16 (1903), 163-205.

Deutscher Volksrat: Zeitschrift für deutsches Volkstum und deutsche Kultur im Osten (Danzig), 1/19, 13 Aug. 1919.

'Die Ablehnung des Mittellandkanals: Von einem Ostelbier', *Die Grenzboten* 58 (1899), 486-92.

'Die biologische Bedeutung der Talsperren', *TuW* 11, April 1918, 144.

書目

本書使用許多不同的原始文獻來源：檔案收藏、書籍、文章以及技術說明、文學作品（以成人與兒童為對象的都在內）、地圖、畫作、照片和（在「尾聲」中的）電子出版品。書目中列出所有引述的手稿和印刷與電子文獻。基於篇幅原因，二手文獻列於注釋。提供資料來源的報紙與期刊全名可在注釋前的略稱表中找到。

檔案收藏

Generallandesarchiv Karlsruhe [GLA]

有關萊茵河「導正」與氾濫的資料位於 237/16806, 24088-91, 24112-13, 24156, 24177, 30617, 30623-4, 30793, 30802, 30823, 30826, 35060-2, 44817, 44858

有關尤翰・圖拉的資料位於 Nachlass Sprenger

印刷文獻與文件集

Abercron, W., 'Talsperren in der Landschaft: Nach Beobachtungen aus der Vogelschau', *VuW* 6, June 1938, 33-9.

Abshoff, Emil, 'Talsperren im Wesergebiet', *ZfBi* 13 (1906), 202-6.

Adam, Georg, 'Wasserwirtschaft und Wasserrecht früher und jetzt', *ZGW* 1, 1 July 1906, 2-6.

Algermissen, J. L., 'Talsperren: Weisse Kohle', *Soziale Revue* 6 (1906), 137-64.

Allgemeine Anordnung Nr. 20/VI/42 über die Gestaltung der Landschaft in den eingegliederten Ostgebieten, in Rössler and Schleiermacher (eds.), *'Generalplan Ost,* 136-47.

Anderson, Emily (ed.), *The Letters of Beethoven,* vol. 2 (New York, 1985).

André, F[ritz], *Bemerkungen über die Rectification des Oberrheins und die Schilderung der furchtbaren Folgen, welche dieses Unternehmen für die Bewohner des Mittel- und Niederrheins nach sich Ziehen wird* (Hanau, 1828).

"Anleitung für Bau und Betrieb von Sammelbecken", *ZbWW,* 20 July 1907, 321-4.

Aubin, Hermann, 'Die historische Entwicklung der ostdeutschen Agrarverfassung und ihre Beziehungen zum Nationalitätsproblem der Gegenwart', in W. Volz(ed.), *Der ostdeutsche Volksboden.* Breslau, 1926.

Aus Wriezen's Vergangenheit (Wriezen, 1864).

B. [Bachmann?], 'Die Talsperre bei Mauer am Bober', *ZdB* 32, 16 Nov. 1914, 609-11.

Bachmann, C , 'Die Talsperren in Deutschland', *WuG* 17, 15 Aug. 1927, 1133-56.

———. C, 'Wert des Hochwasserschutzes und der Wasserkraft des Hochwasserschutzraumes der Talsperren', *DeW* (1938), 65-9.

Badermann, 'Die Frage der Ausnutzung der staatlichen Wasserkräfte in Bayern', *Kommunalfinanzen* (1911), 154-5.

Bahro, Rudolf, *The Alternative in Eastern Europe* (London, 1978).

Bamberger, Ludwig, *Erinnerungen* (Berlin, 1899).

Bar, Max, *Die deutsche Flotte 1848-1852* (Leipzig, 1898).

Barth, Fr., 'Talsperren', *BIG* (1908), 261-72, 279-83, 287-8.

Baumert, Georg, 'Der Mittellandkanal und die konservative Partei in Preussen:Von einem Konservativen', *Die Grenzboten* 58 (1899), 57-71.

Bechstein, O., 'Vom Ruhrtalsperrenverein', *Prometheus* 28, 7 Oct. 1916, 135-9.

Becker, 'Beiträge zur Pflanzenwelt der Talsperren des Bergischen Landes und ihrer Umgebung', *BeH* 4, Aug. 1930, 323-6.

Beheim-Schwarzbach, Max, *Hohenzollernsche Colonisationen* (Leipzig, 1874).

Bendt, Franz, 'Zum fünfzigjährigen Jubiläum des "Vereins deutscher Ingenieure"', *Die Gartenlaube* (1906), 527-8.

TM Technologisches Magazin
TuW Technik und Wirtschaft
ÜLM Über Land und Meer
UTW Uhlands Technische Wochenschrift
VfZ Vierteljahresheft für Zeitgeschichte
VuW Volk und Welt
VW Verkehrstechnische Woche
WK Die Weisse Kohle
WMB Wanderungen durch die Mark Brandenburg (Theodor Fontane)
WuG Wasser und Gas
YES Yearbook for European Studies
ZbWW Zentralblatt für Wasser und Wasserwirtschaft
ZdB Zentralblatt der Bauverwaltung
ZDWW Zeitschrift der Deutschen Wasserwirtschafts- und Wasserkraftverbandes
ZfA Zeitschrift für Agrarpolitik
ZfB Zeitschrift für Bauwesen
ZfBi Zeitschrift für Binnenschiffahrt
ZfdgT Zeitschrift für das gesamte Turbinenwesen
ZfG Zeitschrift für Gewässerkunde
ZfGeo Zeitschrift für Geopolitik
ZfO Zeitschrift für Ostforschung
ZfS Zeitschrift für Sozialwissenschaft
ZGEB Zeitschrift der Gesellschaft für Erdkunde zu Berlin
ZGO Zeitschrift für die Geschichte des Oberrheins
ZGW Zeitschrift für die Gesamte Wasserwirtschaft
ZHI Zeitschrift für Hygiene und Infektionskrankheiten
ZöIAV Zeitschrift des österreichischen Ingenieur- und Architekten-Vereines
ZVDI Zeitschrift des Vereins Deutscher Ingenieure

略稱表

AAAG Annals of the Association of American Geographers
AdB Archiv der 'Brandenburgia' Gesellschaft für Heimatkunde
der Provinz Brandenburg
AfK Archiv für Kulturgeschichte
AfS Archiv für Sozialgeschichte
AHR American Historical Review
ANW Alte und Neue Welt
AS Die Alte Stadt
BA Bautechnik-Archiv
BdL Berichte zur deutschen Landeskunde
BeH Bergische Heimat
BH Badische Heimat
BIG Bayerisches Industrie- und Gewerbeblatt
BSW Bauen/Siedeln/Wohnen
BZN Beiträge zur Naturdenkmalpflege
BzR Beiträge zur Rheinkunde
CEH Central European History
DA Deutsche Arbeit
DeW Deutsche Wasserwirtschaft
DG Die Gartenkunst
DLKZ Deutsche Landeskulturzeitung
DSK Das Schwarze Korps
DT Deutsche Technik
DW Die Wasserwirtschaft
EH Environment and History
EHR Environmental History Review
EKB Elektrische Kraftbetrieb und Bahnen
ER Environmental Review
FAZ Frankfurter Allgemeine Zeitung
FBPG Forschungen zur Brandenburgischen und Preussischen Geschichte
FD Forschungsdienst
GG Geschichte und Gesellschaft
GI Gesundheits-Ingenieur
GLA Badisches Generallandesarchiv Karlsruhe
GLL German Life and Letters
GR Geographical Review
GSR German Studies Review
GWF Das Gas- und Wasserfach
GZ Geographische Zeitschrift
HGN History of Geography Newsletter
HM History and Memory
HHO Heimatkunde des Herzogtums Oldenburg
HPB1 Historisch-Politische Blätter für das katholische Deutschland
HWJ History Workshop Journal
HSR Historical Social Research
HZ Historische Zeitschrift
JbbD Jahrbuch des baltischen Deutschtums
JbN Jahrbuch der Naturwissenschaften
JbHG Jahrbuch der Hafenbautechnischen Gesellschaft
JHG Journal of Historical Geography
JMH Journal of Modern History
KJb Klinisches Jahrbuch
KuT Kultur und Technik
LJbb Landwirtschaftliche Jahrbücher
MCWäL Medicinisches Correspondenzblatt des württembergischen ärztlichen Landesvereins
MGM Militärgeschichtliche Mitteilungen
MLWBL Mitteilungen der Landesanstalt für Wasser-, Boden- und Lufthygiene
NB Neues Bauerntum
NBJ Neues Bergisches Jahrbuch
NDB Neue Deutsche Biographie
NSM Nationalsozialistische Monatshefte
NuL Natur und Landschaft
NuN Naturschutz- und Naturparke
OJ Oldenburger Jahrbuch
PGQ Political Geography Quarterly
PHG Progress in Human Geography
PJbb Preussische Jahrbücher
PlP Planning Perspectives
PÖ Politische Ökologie
PP Past and Present
PVBl Preussisches Verwaltungsblatt
RAZS Rheinisches Archiv für Zivil- und Strafrecht
RKFDV Reichskommissariat für die Festigung deutschen Volkstums
RTV Ruhr-Talsperrenverein
RTW Rundschau für Technik und Wirtschaft
RuR Raumforschung und Raumordnung
SB Schweizerische Bauzeitung
SVGN Schriften des Vereins für Geschichte der Neumark
TC Technology and Culture

環境系 04

征服自然：
二百五十年的環境變遷與近現代德國的形成
The Conquest of Nature：Water, Landscape, and the Making of Modern Germanye

作者——大衛・布拉克伯恩 David Blackbourn
譯者——胡宗香
總編輯——莊瑞琳
責任編輯——王梵、吳崢鴻
行銷企畫——甘彩蓉
封面設計——井十二設計研究室
排版設計——張瑜卿

社長——郭重興
發行人兼出版總監——曾大福
出版——衛城出版／遠足文化事業股份有限公司
發行——遠足文化事業股份有限公司
地址——二三一四一 新北市新店區民權路一〇八-二號九樓
電話——〇二-二二一八一四一七
傳真——〇二-八六六七一〇六五
客服專線——〇八〇〇-二二一〇二九
法律顧問——華洋國際專利商標事務所 蘇文生律師
製版——瑞豐電腦製版印刷股份有限公司
初版——二〇一八年十月
定價——五九〇元

國家圖書館出版品預行編目資料

征服自然：二百五十年的環境變遷與近現代德國的形成
大衛・布拉克伯恩（David Blackbourn）著；胡宗香翻譯.
－－初版.－－新北市：衛城，遠足文化，2018.10
面；公分.－－（環境系；04）
譯自：The conquest of nature : water, landscape, and the making of modern Germany
ISBN 978-986-96817-8-0（平裝）
1.環境保護 2.景觀工程 3.德國史
445.99 107016020

ACRO POLIS 衛城

EMAIL acropolis@bookrep.com.tw
BLOG www.acropolis.pixnet.net/blog
FACEBOOK http://zh-tw.facebook.com/acropolispublish

填寫本書線上回函